AutoCAD 2018 中文版园林设计从入门到精通

■贾燕 编著

人民邮电出版社

北京

图书在版编目（CIP）数据

AutoCAD 2018中文版园林设计从入门到精通 / 贾燕编著. -- 北京 : 人民邮电出版社, 2019.4（2022.12重印）
ISBN 978-7-115-50390-9

Ⅰ. ①A… Ⅱ. ①贾… Ⅲ. ①园林设计—计算机辅助设计—AutoCAD软件 Ⅳ. ①TU986.2-39

中国版本图书馆CIP数据核字(2018)第276908号

内 容 提 要

本书通过大量实例讲述了 AutoCAD 2018 园林绘图的方法和技巧，全书分为基础知识篇、园林设计单元篇和综合实例篇。基础知识篇包括 AutoCAD 2018 入门、二维绘图命令、基本绘图工具、编辑命令、辅助工具；园林设计单元篇详细介绍了园林各组成部分的绘制方法，包括园林设计基本概念、地形、园林建筑图绘制、园林建筑小品、园林水景图绘制、园林绿化设计；综合实例篇综合介绍了不同特性的园林的设计过程和方法，包括街旁绿地设计、综合公园绿地设计和某生态采摘园园林设计。

本书可以作为园林设计初学者的入门教程，也可以作为园林工程技术人员的参考书。

◆ 编　　著　贾　燕
　责任编辑　俞　彬
　责任印制　马振武
◆ 人民邮电出版社出版发行　　北京市丰台区成寿寺路 11 号
　邮编　100164　　电子邮件　315@ptpress.com.cn
　网址　https://www.ptpress.com.cn
　涿州市京南印刷厂印刷
◆ 开本：787×1092　1/16
　印张：20　　　　　　　　2019 年 4 月第 1 版
　字数：574 千字　　　　　2022 年 12 月河北第 4 次印刷

定价：59.00 元

读者服务热线：(010)81055410　印装质量热线：(010)81055316
反盗版热线：(010)81055315
广告经营许可证：京东市监广登字 20170147 号

前　言

园林（garden and park）是指在一定地域内运用工程技术和艺术手段，因地制宜，采用改造地形、整治水系、栽种植物、营造建筑和布置园路等方法创建的优美的游憩境域。

园林学（landscape architecture，garden architecture）是指综合运用生物科学技术、工程技术和美学理论来保护和合理利用自然环境资源，协调环境与人类经济和社会发展，创造生态健全、景观优美、具有文化内涵和可持续发展的人居环境的科学和艺术。

AutoCAD是用户群最庞大的CAD软件之一。经过多年的发展，其功能不断完善，现已覆盖机械、建筑、服装、电子、气象、地理等多个学科，在全球建立了牢固的用户网络。目前，在计算机辅助园林设计领域，AutoCAD是应用非常广泛的软件之一。

一、本书特色

鉴于AutoCAD强大的功能和深厚的工程应用底蕴，我们力图开发一套全方位介绍AutoCAD在各个工程行业应用情况的书籍。具体就每本书而言，我们不求事无巨细地将AutoCAD知识点全面讲解清楚，而是针对相关行业需要，将AutoCAD大体知识脉络作为线索，以实例作为“抓手”，帮助读者掌握利用AutoCAD进行本行业工程设计的基本技能和技巧。

在CAD园林设计方面，本书具有一些相对明显的特色。

① 实例、案例、实践练习丰富，通过大量实践达到高效学习之目标。

书中引用的实例都来自园林设计工程实践，典型且实用。经过作者精心提炼和改编之后，在确保读者明确知识点的基础上，更好地掌握操作技能。

② 经验、技巧、注意事项较多，注重图书的实用性，让读者少走弯路。

本书是作者总结了多年的设计经验以及教学心得体会，精心编著而成的，力求全面、细致地展现AutoCAD 2018在园林设计各个应用领域的功能和使用方法。

③ 精选综合实例、大型案例，为读者成为园林设计工程师打下坚实基础。

本书从全面提升园林设计与AutoCAD应用能力的角度出发，结合具体的案例来讲解如何利用AutoCAD 2018进行园林设计，帮助读者在学习案例的过程中掌握AutoCAD 2018软件操作技巧，提升工程设计实践能力，进而可以独立地完成各种园林设计。

二、本书的组织结构和主要内容

本书以AutoCAD 2018版本为演示平台，全面介绍AutoCAD软件在园林设计领域从基础到应用的知识，帮助读者实现从入门到精通的跨越。全书分为3篇共14章。各部分内容如下。

1. 基础知识篇——全面介绍二维绘图相关知识

第1章主要介绍AutoCAD 2018入门知识。

第2章主要介绍二维绘图命令。

第3章主要介绍基本绘图工具。

第4章主要介绍二维编辑命令。

第5章主要介绍辅助工具。

2. 园林设计单元篇——全面介绍园林设计单元类型的绘制方法

第6章主要介绍园林设计基本概念。

第7章主要介绍地形的绘制。

第8章主要介绍园林建筑图的绘制。

第9章主要介绍园林小品的绘制。

第10章主要介绍园林水景图的绘制。

第11章主要介绍园林绿化设计。

3. 综合实例篇——全面介绍不同特性园林的设计过程和方法

第12章主要介绍街旁绿地设计。

第13章主要介绍综合公园绿地设计。

第14章主要讲解某生态采摘园园林设计与绘制。

三、扫码看视频

为了方便读者学习，本书以二维码的方式提供了大量视频教程，扫描“云课”二维码即可获得全书视频，也可扫描正文中的二维码观看对应章节的视频。

云课

四、本书资源

本书除了采用传统的纸面讲解方式外，随书配送了丰富的学习资源，扫描“资源下载”二维码，即可获得下载方式。

资源下载

另外，为了拓展读者的学习范围，进一步丰富电子资源的知识含量，还赠送了AutoCAD官方认证考试大纲和考试样题、AutoCAD应用技巧大全、实用AutoCAD图样100套，以及长达1000分钟的相应操作过程的录音讲解动画。

提示：关注“职场研究社”公众号，回复关键词“50390”即可获得所有资源的获取方式。

五、致谢

本书由河北传媒学院的贾燕副教授编著，胡仁喜、张俊生、刘昌丽、王义发、王玉秋、王艳池、王玮、王敏、李亚莉、王培合、李兵、杨雪静、甘勤涛、卢园、孟培、闫聪聪等为本书编写提供了大量帮助，在此向他们表示感谢！

由于时间仓促，加上编者水平有限，书中不足之处在所难免，望广大读者联系renruichi@ptpress.com.cn批评指正，编者将不胜感激。

作者

2019年2月

目　录

第一篇　基础知识篇

第二篇 园林设计单元篇

第三篇 综合实例篇

第一篇　基础知识篇

通过本篇的学习，读者将掌握AutoCAD制图技巧，为后面的AutoCAD园林设计学习打下初步的基础。

第1章 AutoCAD 2018 入门

本章将循序渐进地讲解 AutoCAD 2018 绘图的基本知识，帮助读者了解如何设置图形的系统参数、样板图，掌握建立新的图形文件、打开已有文件的方法等。

学习要点和目标任务

- 操作界面
- 配置绘图系统
- 设置绘图环境
- 图形显示工具
- 基本输入操作

1.1 操作界面

AutoCAD的操作界面是AutoCAD显示、编辑图形的区域。启动AutoCAD 2018后的默认界面如图1-1所示。

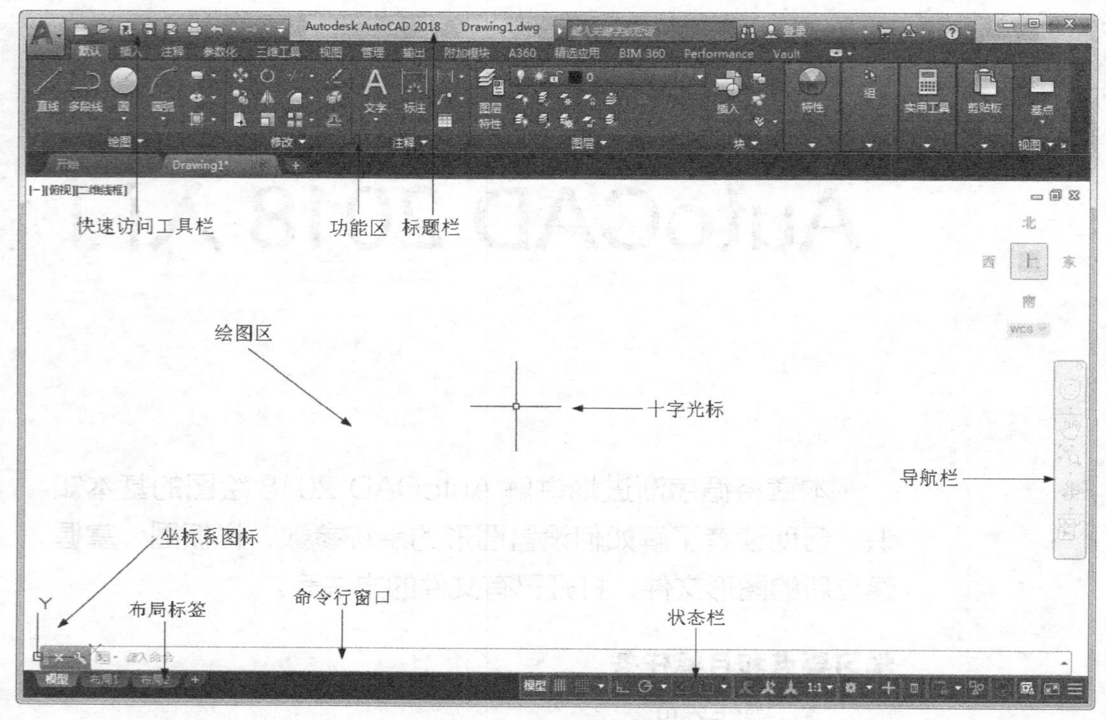

图1-1 AutoCAD 2018 中文版操作界面

不同风格操作界面的具体转换方法如下。单击界面右下角的“切换工作空间”按钮，在弹出的菜单中选择“草图与注释”选项，如图1-2所示，系统即转换到草图与注释界面。

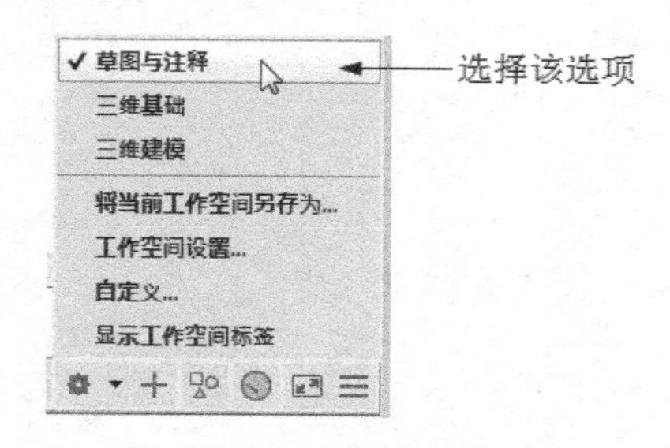

图1-2 工作空间转换

一个完整的草图与注释操作界面如图1-1所示，它包括标题栏、功能区、绘图区、十字光标、坐标系图标、命令行窗口、状态栏、布局标签、导航栏和快速访问工具栏等。

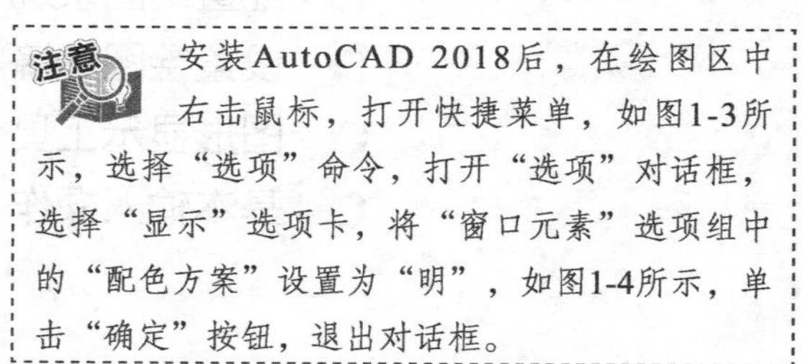

注意 安装AutoCAD 2018后，在绘图区中右击鼠标，打开快捷菜单，如图1-3所示，选择“选项”命令，打开“选项”对话框，选择“显示”选项卡，将“窗口元素”选项组中的“配色方案”设置为“明”，如图1-4所示，单击“确定”按钮，退出对话框。

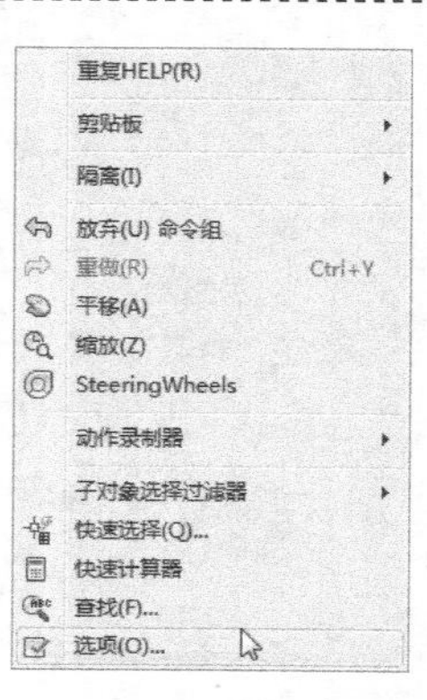

图1-3 快捷菜单

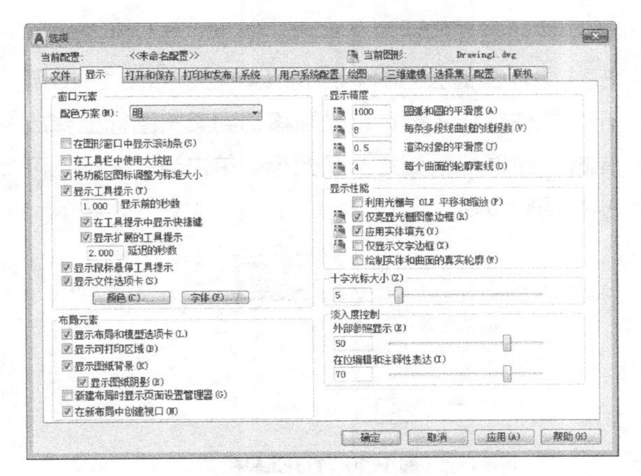

图 1-4 “选项”对话框

1.1.1 标题栏

AutoCAD 2018操作界面的最上端是标题栏，标题栏显示了当前软件的名称和用户正在使用的图形文件，“DrawingN.dwg”（N是数字）是AutoCAD默认的图形文件名。操作界面右上角的3个按钮分别用于控制AutoCAD 2018当前的状态：最小化、最大化和关闭。

1.1.2 菜单栏

在AutoCAD快速访问工具栏处可以调出菜单栏，如图1-5所示，调出的菜单栏如图1-6所示。

与Windows程序一样，AutoCAD的菜单也是下拉形式的，并在菜单中包含子菜单，是执行各种操作的途径之一，如图1-7所示。

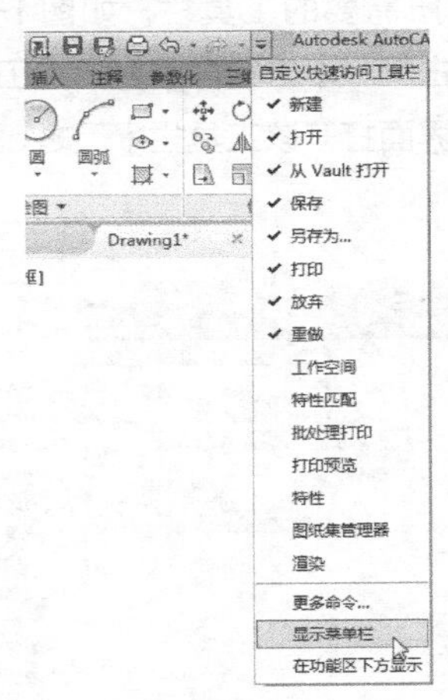

图 1-5 调出菜单栏

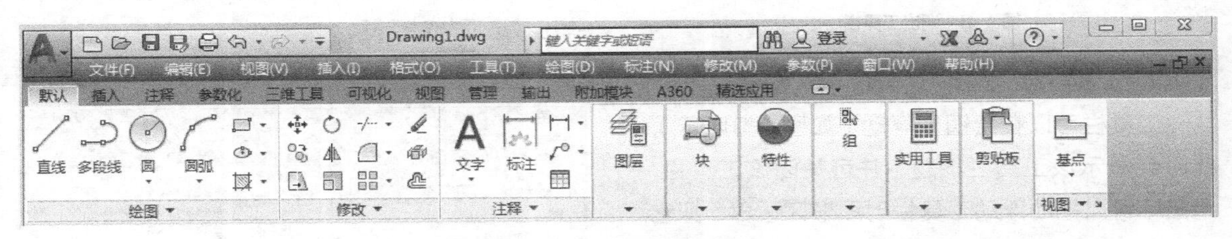

图 1-6 菜单栏显示界面

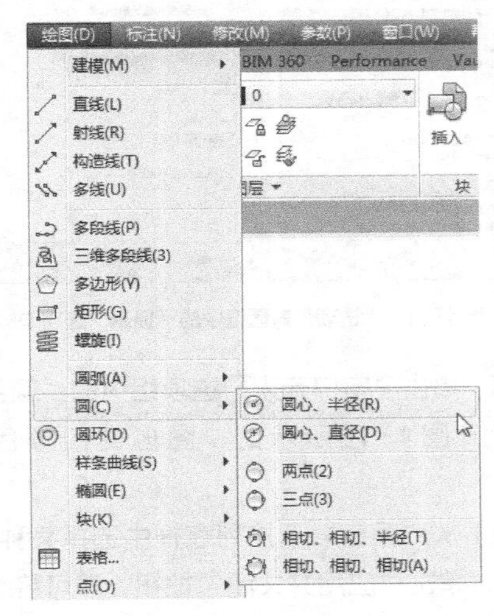

图 1-7 下拉菜单

一般来讲，AutoCAD 2018的下拉菜单有以下3种类型。

（1）右边带有小三角形的菜单项，这表示该菜单后面带有子菜单，将光标放在上面会弹出它的子菜单。

（2）右边带有省略号的菜单项，这表示单击该菜单项后会弹出一个对话框。

（3）右边没有任何内容的菜单项，这表示选择它可以直接执行一个相应的AutoCAD命令，在命令提示窗口中会显示相应的提示。

1.1.3 工具栏

工具栏是执行各种操作最方便的途径。工具栏是一组图标型按钮的集合，单击这些图标按钮就可调用相应的AutoCAD命令。AutoCAD 2018的标准菜单提供了几十种工具栏，每一个工具栏都有一个名称。对工具栏可以进行如下操作。

1. 设置工具栏

选择菜单栏中的“工具”/“工具栏”/“AutoCAD”命令，调出所需要的工具栏，如图1-8所示。用鼠标左键单击某一个未在界面显示的工具栏名，系统会自动在界面打开该工具栏；反之，则会关闭工具栏。

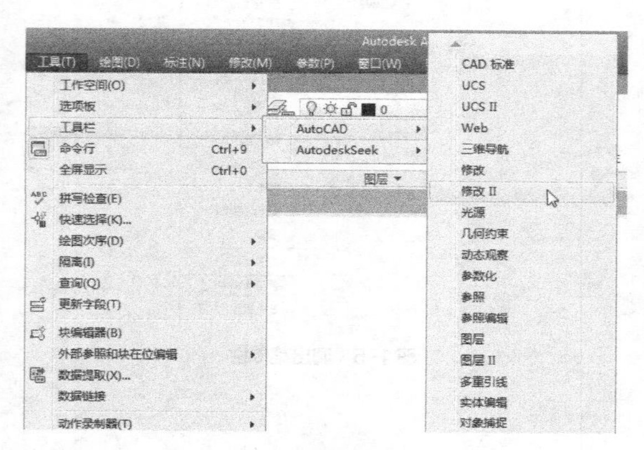

图1-8 调出工具栏

2. 工具栏的“固定”“浮动”与“打开”

工具栏可以在绘图区浮动（如图1-9所示），此时会显示该工具栏标题，并可关闭该工具栏，用鼠标可以拖动浮动工具栏到图形区边界，把它变为固定工具栏，此时该工具栏标题隐藏。反过来，也可以把固定工具栏拖出，使它成为浮动工具栏。

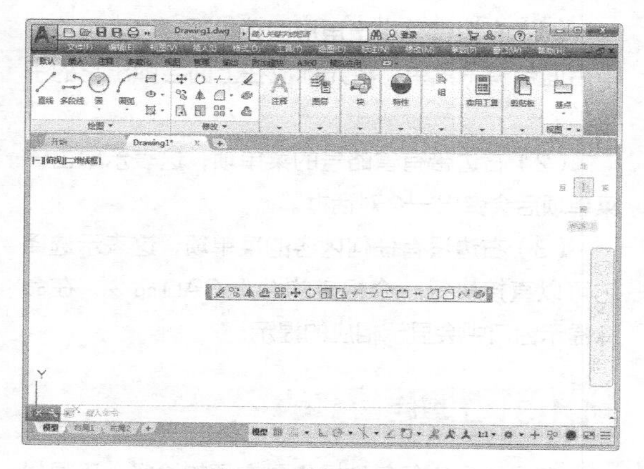

图1-9 “浮动”工具栏

有些图标的右下角带有一个小三角，在图标上按住鼠标左键会打开相应的工具栏，如图1-10所示，按住鼠标左键，将光标移动到某一图标上释放鼠标，该图标就变为当前图标。单击当前图标，可执行相应命令。

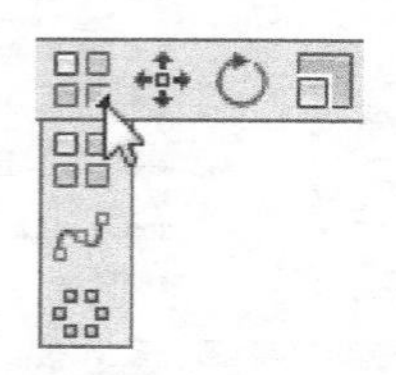

图1-10 打开工具栏

1.1.4 绘图区

绘图区是显示、绘制和编辑图形的矩形区域。左下角是坐标系图标，表示当前使用的坐标系和坐标方向，根据工作需要，用户可以打开或关闭该图标的显示。十字光标由鼠标控制，其交叉点的坐标值显示在状态栏中。

1. 改变绘图窗口的颜色

（1）选择菜单栏中的“工具”/“选项”命令，弹出“选项”对话框。

（2）选择“显示”选项卡，如图1-11所示。

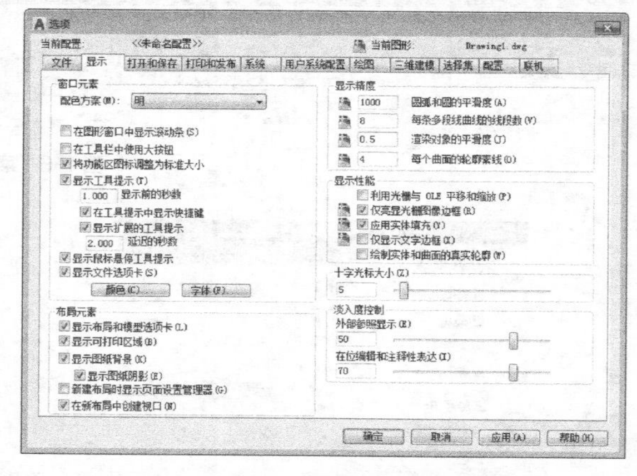

图1-11 “选项”对话框中的“显示”选项卡

（3）单击“窗口元素”选项组中的“颜色”按钮，打开图1-12所示的“图形窗口颜色”对话框。

（4）从“颜色”下拉列表框中选择某种颜色，如白色，单击“应用并关闭”按钮，即可将绘图窗口的颜色改为白色。

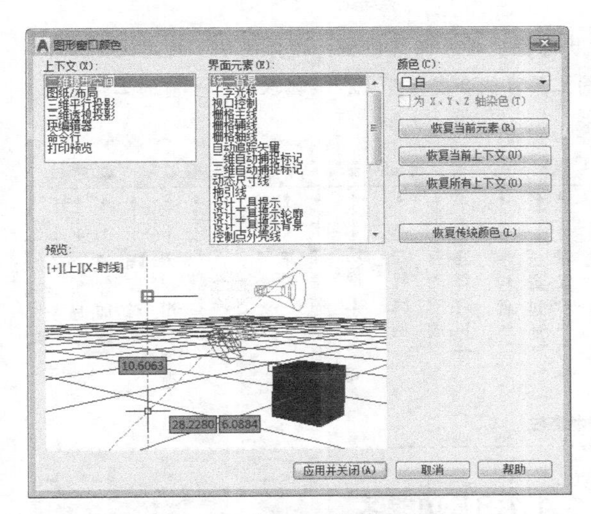

图 1-12 “图形窗口颜色”对话框

2. 改变十字光标的大小

在图1-11所示的“显示”选项卡中拖动“十字光标大小”选项组的滑块，或在文本框中直接输入数值，即可对十字光标的大小进行调整。

3. 设置自动保存时间和位置

（1）选择菜单栏中的“工具”/“选项”命令，弹出“选项”对话框。

（2）选择“打开和保存”选项卡，如图1-13所示。

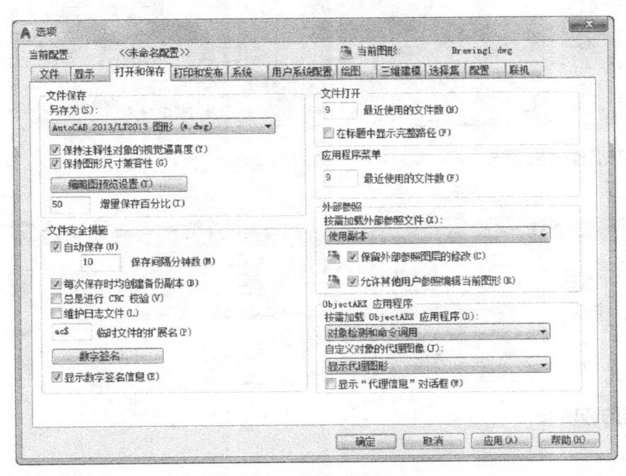

图 1-13 “选项”对话框中的“打开和保存”选项卡

（3）选中“文件安全措施”选项组中的“自动保存”复选框，在其下方的文本框中输入自动保存的间隔分钟数。建议设置为10 ~ 30分钟。

（4）在“文件安全措施”选项组中的“临时文件的扩展名”文本框中，可以改变临时文件的扩展名。默认为ac$。

（5）打开“文件”选项卡，在“自动保存文件”中设置自动保存文件的路径，单击“浏览”按钮修改自动保存文件的存储位置。单击“确定”按钮即可完成设置。

4. 模型与布局标签

绘图窗口左下角的模型空间标签和布局标签用来实现模型空间与布局之间的转换。模型空间提供了设计模型（绘图）的环境。布局是指可访问的图纸显示，专用于打印。AutoCAD 2018可以在一个布局上建立多个视图，同时，一张图纸可以建立多个布局且每一个布局都有相对独立的打印设置。

1.1.5 命令行窗口

命令行窗口位于操作界面的底部，是用户与AutoCAD进行交互的窗口。在“命令：”提示下，AutoCAD接受用户使用各种方式输入的命令，然后显示出相应的提示，如命令选项、提示信息和错误信息等。

命令行中显示文本的行数可以改变，将光标移至命令行上边框处，光标变为双箭头后，按住鼠标左键拖动即可。命令行的位置可以在操作界面的上方或下方，也可以浮动在绘图窗口内。将光标移至该窗口左边框处，光标变为箭头，单击并拖动即可。按F2键能放大显示命令行。

1.1.6 状态栏

状态栏在屏幕的底部，包含“坐标”“模型空间”“栅格”“捕捉模式”“推断约束”“动态输入”“正交模式”“极轴追踪”“等轴测草图”“对象捕捉追踪”“二维对象捕捉”“线宽”“透明度”“选择循环”“三维对象捕捉”“动态UCS”“选择过滤”“小控件”“注释可见性”“自动缩放”“注释比例”“切换工作空间”“注释监视器”“单位”“快捷特性”“图形性能”“锁定用户界面”“隔离对象”“全屏显示”和“自定义”等功能按钮。单击这些开关按钮，可以实现相应功能的开启和关闭。

注意 默认情况下，不会显示所有工具，可以通过状态栏上最右侧的按钮，选择要从“自定义”菜单显示的工具，如图1-14所示。状态栏上显示的工具可能会发生变化，具体取决于当前的工作空间以及当前显示的是“模型”选项卡还是“布局”选项卡。

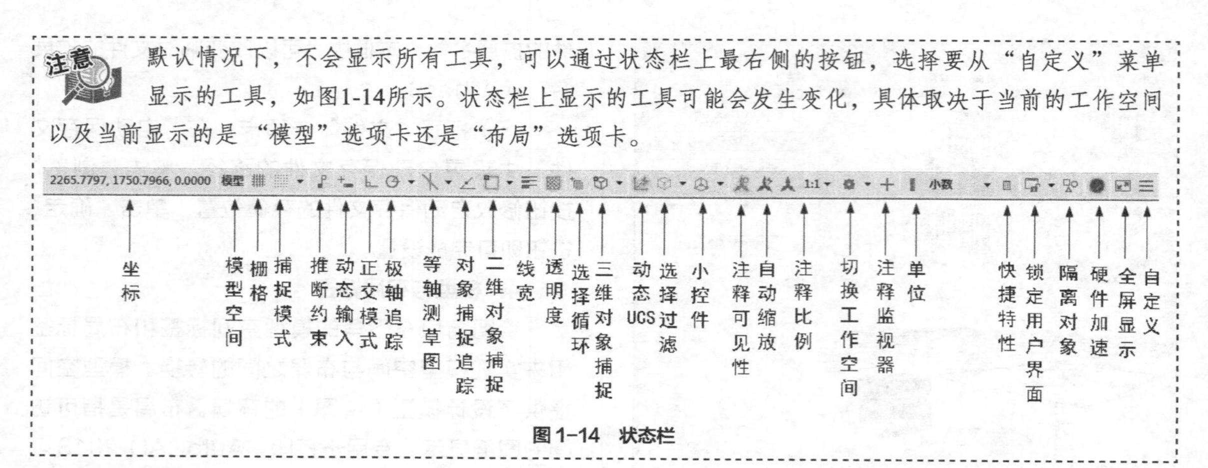

图1-14 状态栏

1.1.7 快速访问工具栏和交互信息工具栏

1. 快速访问工具栏

该工具栏包括“新建”“打开”“保存”“另存为”“打印”“放弃”“重做”和“工作空间”等常用的工具。用户也可以单击本工具栏后面的下拉按钮设置需要的常用工具。

2. 交互信息工具栏

该工具栏包括“搜索”“Autodesk A360”“Autodesk Exchange应用程序”“保持连接”和“帮助”等常用的数据交互访问工具。

1.1.8 功能区

在默认情况下，功能区包括“默认”选项卡、“插入”选项卡、“注释”选项卡、“参数化”选项卡、“视图”选项卡、“管理”选项卡、“输出”选项卡、“附加模块”选项卡、“A360”以及“精选应用”等选项卡，如图1-15所示（所有的选项卡显示面板如图1-16所示）。每个选项卡集成了相关的操作工具，方便了用户的使用。用户可以单击功能区选项后面的按钮控制功能的展开与收缩。

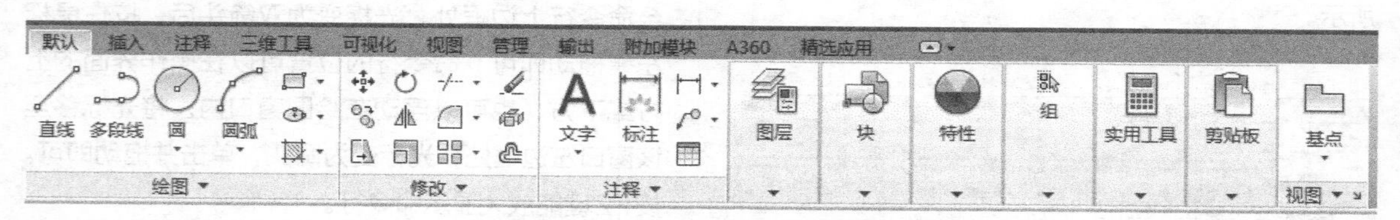

图1-15 默认情况下出现的选项卡

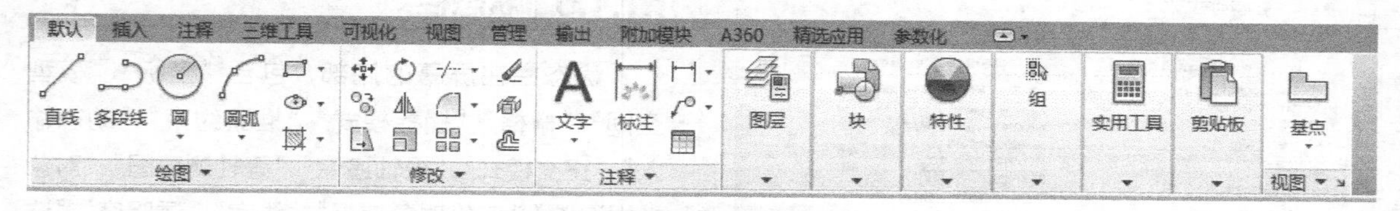

图1-16 所有的选项卡

（1）设置选项卡。将光标放在面板中任意位置处，单击鼠标右键，打开图1-17所示的快捷菜单。用鼠标左键单击某一个未在功能区显示的选项卡名称，系统自动在功能区打开该选项卡。反之，关闭选项卡（调出面板的方法与调出选项板的方法类似，这里不再赘述）。

（2）选项卡中面板的固定与浮动。面板可以在绘图区浮动（如图1-18所示），将鼠标放到浮动面板的右上角，显示“将面板返回到功能区”，如图1-19所示。鼠标左键单击此处，可使它变为固定面板。也可以把固定面板拖出，使它成为浮动面板。

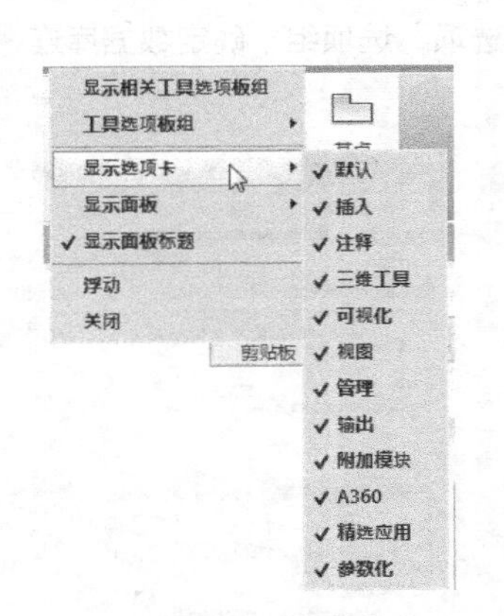

图 1-17　快捷菜单

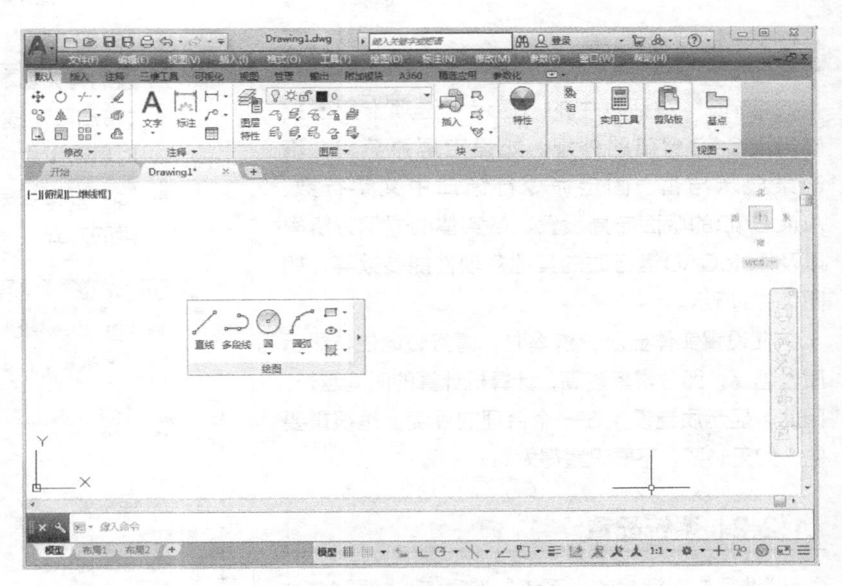

图 1-18　浮动面板

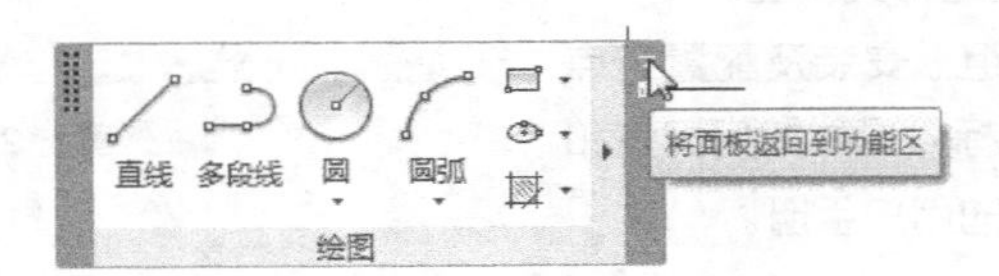

图 1-19　“绘图”面板

执行“功能区”命令主要有如下2种方法。

① 在命令行中输入“PREFERENCES”命令。

② 选择菜单栏中的“工具”/“选项板”/“功能区”命令。

1.2　配置绘图系统

由于每台计算机所使用的显示器、输入设备和输出设备的类型不同，用户喜好的风格及计算机的目录设置也不同，所以每台计算机都是独特的。一般来讲，使用AutoCAD 2018的默认配置就可以绘图，但为了更好地兼容用户的定点设备或打印机，以及提高绘图的效率，AutoCAD推荐用户在开始作图前先进行必要的配置。

执行“选项”命令主要有如下3种方法。

（1）在命令行中输入“PREFERENCES”命令。

（2）选择菜单栏中的“工具”/“选项”命令。

（3）在图1-20所示的快捷菜单中选择“选项”命令。

执行上述命令后，系统自动打开“选项”对话框。用户可以在该对话框中选择有关选项，对系统进行配置。下面只对其中主要的选项进行说明，其他配置选项在后面用到时再做具体说明。

图 1-20　快捷菜单

1.2.1 显示配置

“选项”对话框中的“显示”选项卡用于控制AutoCAD窗口的外观，如设定屏幕菜单、滚动条显示与否、固定命令行窗口中文字行数、AutoCAD的版面布局设置、各实体的显示分辨率以及AutoCAD运行时的其他各项性能参数等，如图1-11所示。

在设置实体显示分辨率时，请务必记住，显示质量越高，即分辨率越高，计算机计算的时间越长，因此，显示质量设定在一个合理的程度上是很重要的，如无必要，不要设置得太高。

1.2.2 系统配置

“选项”对话框的“系统”选项卡（如图1-21所示）用来设置AutoCAD系统的有关特性。

- “当前定点设备”选项组：安装及配置定点设备，如数字化仪和鼠标。具体如何配置和安装，请参照定点设备的用户手册。
- “常规选项”选项组：确定是否选择系统配置的有关基本选项。
- “布局重生成选项”选项组：确定切换布局时是否重生成或缓存模型选项卡和布局。
- “数据库连接选项”选项组：确定数据库连接的方式。

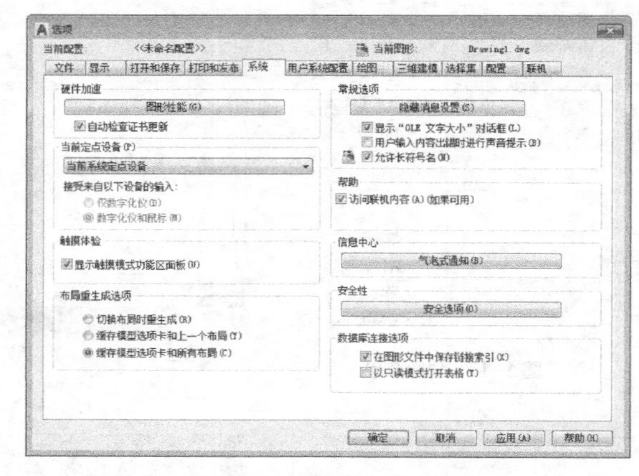

图1-21 “系统”选项卡

1.3 设置绘图环境

1.3.1 绘图单位设置

设置绘图单位的命令主要有如下2种调用方法。

（1）在命令行中输入“DDUNITS”或“UNITS”命令。

（2）选择菜单栏中的“格式”/“单位”命令。

执行上述命令后，系统打开“图形单位”对话框（如图1-22所示），用于定义单位和角度格式。对话框中的各参数设置如下。

- “长度”选项组：指定测量长度的当前单位及当前单位的精度。
- “角度”选项组：指定测量角度的当前单位、精度及旋转方向，默认方向为逆时针。
- “用于缩放插入内容的单位”下拉列表框：控制使用工具选项板（如DesignCenter或i-drop）拖入当前图形的块的测量单位。如果块或图形创建时使用的单位与该选项指定的单位不同，则在插入这些块或图形时，将对其按比例缩放。插入比例是源块或图形使用的单位与目标图形使用的单位之比。如果插入块时不按指定单位缩放，则选择“无单位”选项。

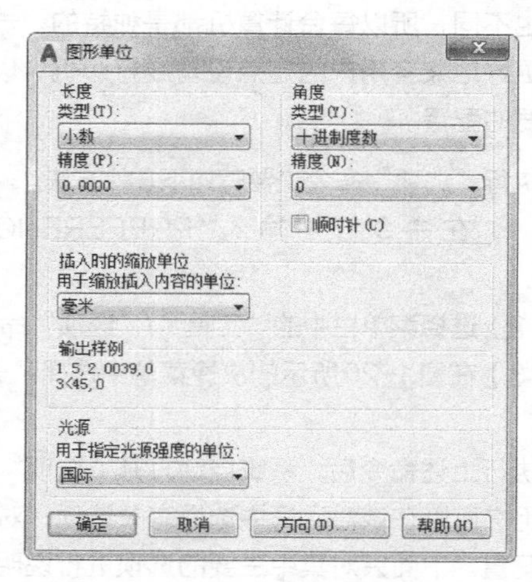

图1-22 “图形单位”对话框

- “输出样例”选项组：显示当前输出的样例值。
- “光源”选项组：用于指定光源强度的单位。
- “方向”按钮：单击该按钮，在弹出的“方向控制”对话框中可进行方向控制设置，如图1-23所示。

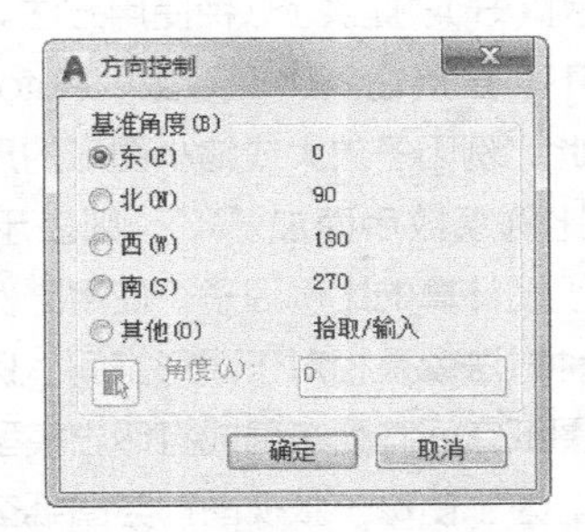

图1-23 “方向控制”对话框

1.3.2 图形边界设置

执行“图形界限”命令主要有如下2种方法。

（1）在命令行中输入“LIMITS”命令。

（2）选择菜单栏中的“格式”/“图形界限”命令。

执行上述命令后，根据系统提示输入图形边界左下角的坐标后回车，输入图形边界右上角的坐标后回车。执行该命令时，命令行提示各选项的含义如下。

- 开（ON）：使绘图边界有效。系统在绘图边界以外拾取的点视为无效。
- 关（OFF）：使绘图边界无效。用户可以在绘图边界以外拾取点或实体。
- 动态输入角点坐标：可以直接在屏幕上输入角点坐标，输入横坐标值后按下“,”键，接着输入纵坐标值，如图1-24所示。也可以在光标位置直接按下鼠标左键确定角点位置。

图1-24 动态输入

1.4 图形显示工具

对于一个较为复杂的图形来说，在观察整幅图形时往往无法对其局部细节进行查看和操作，而当在屏幕上显示一个细部时又看不到其他部分，为解决这类问题，AutoCAD提供了缩放、平移、视图、鸟瞰视图和视口等图形显示控制命令，可以用来任意地放大、缩小或移动屏幕上的图形，或者同时从不同的角度、部位来显示图形。AutoCAD还提供了重画和重新生成命令来刷新屏幕、重新生成图形。

1.4.1 图形缩放

图形缩放命令类似于照相机的镜头，可以放大或缩小屏幕所显示的范围，只改变视图的比例，但是对象的实际尺寸并不发生变化。当放大图形一部分的显示尺寸时，可以更清楚地查看这个区域的细节；相反，如果缩小图形的显示尺寸，则可以查看更大的区域，如整体浏览。

图形缩放功能在绘制大幅面机械图，尤其是装配图时非常有用，是使用频率最高的命令之一。这个命令可以透明地使用，也就是说，该命令可以在其他命令执行时运行。用户完成涉及透明命令的过程时，AutoCAD会自动返回到用户调用透明命令前正在运行的命令。执行缩放视图命令主要有以下4种方法。

（1）在命令行中输入“ZOOM”命令。

（2）选择菜单栏中的“视图”/“缩放”/“实时”命令。

（3）单击“标准”工具栏中的“实时缩放”按钮。

（4）单击“视图”选项卡“导航”面板中的“范围”下拉菜单中的“实时”按钮。

按住鼠标左键垂直向上或向下移动，可以放大或缩小图形。

- 实时：这是“缩放”命令的默认操作，即在输入“ZOOM”命令后，直接按回车键，将自动执行实时缩放操作。实时缩放就是可以通过上下移动鼠标交替进行放大和缩小。在使用实时缩放时，系统会显示一个“+”号或“-”号。当缩放比例接近极限时，AutoCAD将不再与光标一起显示“+”号或“-”号。需要从实时缩放操作中退出时，可按回车键、Esc键或是从菜单中选择“退出”命令。

- 全部（A）：执行ZOOM命令后，在提示文字后输入“A”，即可执行“全部（A）”缩放操作。不论图形有多大，该操作都将显示图形的边界或范围，即使对象不包括在边界以内，它们也将被显示。因此，使用“全部（A）”缩放选项，可查看当前视口中的整个图形。
- 中心点（C）：通过确定一个中心点，该选项可以定义一个新的显示窗口。操作过程中需要指定中心点以及输入比例或高度。默认新的中心点就是视图的中心点，默认的输入高度就是当前视图的高度，直接按回车键后，图形将不会被放大。输入比例，则数值越大，图形放大倍数也将越大。也可以在数值后面紧跟一个“X”，如“3X”，表示在放大时不是按照绝对值变化，而是按相对于当前视图的相对值缩放。
- 动态（D）：通过操作一个表示视口的视图框，可以确定所需显示的区域。选择该选项，在绘图窗口中出现一个小的视图框，按住鼠标左键左右移动可以改变该视图框的大小，定形后放开左键，再按下鼠标左键移动视图框，确定图形中的放大位置，系统将清除当前视口并显示一个特定的视图选择屏幕。这个特定屏幕，由与当前视图及有效视图有关的信息所构成。
- 范围（E）：可以使图形缩放至整个显示范围。图形的范围由图形所在的区域构成，剩余的空白区域将被忽略。应用这个选项，图形中所有的对象都能尽可能地被放大。
- 上一个（P）：在绘制一幅复杂的图形时，有时需要放大图形的一部分以进行细节的编辑。当编辑完成后，有时希望回到前一个视图。这种操作可以使用“上一个（P）”选项来实现。当前视口由“缩放”命令的各种选项或“移动”视图、视图恢复、平行投影或透视命令引起的任何变化，系统都将做保存。每一个视口最多可以保存10个视图。连续使用“上一个（P）”选项可以恢复前10个视图。
- 比例（S）：提供了3种使用方法。在提示信息下，直接输入比例系数，AutoCAD将按照此比例因子放大或缩小图形的尺寸。如果在比例系数后面加“X”，则表示相对于当前视图计算的比例因子。使用比例因子的第三种方法就是相对于图形空间，例如，可以在图纸空间阵列布局或打印出模型的不同视图。为了使每一张视图都与图纸空间单位成比例，可以使用“比例（S）”选项，每一个视图可以有单独的比例。
- 窗口（W）：最常使用的选项。通过确定一个矩形窗口的两个对角来指定所需缩放的区域，对角点可以由鼠标指定，也可以输入坐标确定。指定窗口的中心点将成为新的显示屏幕的中心点。窗口中的区域将被放大或者缩小。调用ZOOM命令时，可以在没有选择任何选项的情况下，利用鼠标在绘图窗口中直接指定缩放窗口的两个对角点。
- 对象（O）：缩放以便尽可能大地显示一个或多个选定的对象并使其位于视图的中心。可以在启动ZOOM命令前后选择对象。

说明　这里提到的诸如放大、缩小或移动的操作，仅仅是对图形在屏幕上的显示进行控制，图形本身并没有任何改变。

1.4.2 图形平移

当图形幅面大于当前视口时，例如使用图形缩放命令将图形放大后，如果需要在当前视口之外观察或绘制一个特定区域，可以使用图形平移命令来实现。平移命令能将在当前视口以外的图形的一部分移动进来查看或编辑，但不会改变图形的缩放比例。执行“实时平移”命令主要有以下4种方法。

（1）在命令行中输入“PAN”命令。

（2）选择菜单栏中的“视图”/“平移”/“实时”命令。

（3）单击“标准”工具栏中的“实时平移”按钮。

（4）单击“视图”选项卡“导航”面板中的“平移”按钮。

执行上述操作，激活平移命令之后，光标将变成一只“小手”，可以在绘图窗口中任意移动，以示当前正处于平移模式。单击并按住鼠标左键将光标锁定在当前位置，即“小手”已经抓住图形，然后拖动图形使其移动到所需位置上。松开鼠标左键将停止平移图形。可以反复按下鼠标左键，拖动，松开，将图形平移到其他位置上。

平移命令预先定义了一些不同的菜单选项与按钮，它们可用于在特定方向上平移图形，在激活平移命令后，这些选项可以从菜单“视图”/“平移”/“*”中调用。

- 实时：平移命令中最常用的选项，也是默认选项，前面提到的平移操作都是指实时平移，通过鼠标的拖动来实现任意方向上的平移。
- 点：这个选项要求确定位移量，这就需要确定图形移动的方向和距离。可以通过输入点的坐标或用鼠标指定点的坐标来确定位移。
- 左：通过该选项移动图形，可使屏幕左部的图形进入显示窗口。
- 右：通过该选项移动图形，可使屏幕右部的图形进入显示窗口。
- 上：通过该选项向底部平移图形后，使屏幕顶部的图形进入显示窗口。
- 下：通过该选项向顶部平移图形后，使屏幕底部的图形进入显示窗口。

1.5 基本输入操作

在AutoCAD中有一些基本的命令输入方法，这些方法是进行AutoCAD绘图的必备知识，也是深入学习AutoCAD的前提。

1.5.1 命令输入方式

应用AutoCAD交互绘图必须输入必要的指令和参数，有多种AutoCAD命令输入方式（以画直线为例）。

1. 在命令行窗口输入命令名

命令字符可不区分大小写。例如：“命令：LINE↙”。执行命令时，在命令行提示中经常会出现命令选项。例如，输入绘制直线命令LINE后，在命令行的提示下在屏幕上指定一点或输入一个点的坐标，当命令行提示“指定下一点或[放弃(U)]：”时，选项中不带括号的提示为默认选项，因此可以直接输入直线段的起点坐标或在屏幕上指定一点，如果要选择其他选项，则应该首先输入该选项的标识字符，如“放弃”选项的标识字符“U”，然后按系统提示输入数据即可。在命令选项的后面有时还带有尖括号，尖括号内的数值为默认数值。

2. 在命令行窗口输入命令缩写字

如L（Line）、C（Circle）、A（Arc）、Z（Zoom）、R（Redraw）、M（More）、CO（Copy）、PL（Pline）、E（Erase）等。

3. 选择“绘图”菜单直线选项

选取该选项后，在状态栏中可以看到对应的命令说明及命令名。

4. 选取工具栏中的对应图标

选取该图标后，在状态栏中也可以看到对应的命令说明及命令名。

5. 在绘图区右击打开快捷菜单

如果在前面刚使用过要输入的命令，可以在绘图区打开右键快捷菜单，在“最近的输入”子菜单中选择需要的命令，如图1-25所示。“最近的输入”子菜单中存储最近使用的几个命令，如果经常重复使用某个命令，这种方法就比较简捷。

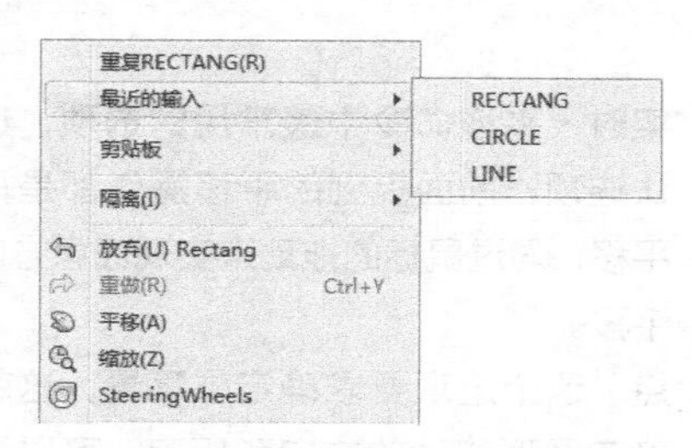

图1-25　绘图区快捷菜单

6. 在命令行按回车键

如果用户要重复使用上次使用的命令，可以直接在命令行按回车键，系统立即重复执行上次使用的命令，这种方法适用于重复执行某个命令。

1.5.2 命令的重复、撤销、重做

1. 命令的重复

在命令行窗口中按回车键可重复调用上一个命令，不管上一个命令是完成了还是被取消了。

2. 命令的撤销

在命令执行的任何时刻都可以取消和终止命令的执行。调用该命令的方式有如下4种。

（1）在命令行中输入“UNDO”命令。

（2）选择菜单栏中的“编辑”/“放弃”命令。

（3）单击“标准”工具栏中的“放弃”按钮↶。

（4）利用快捷键Esc。

3. 命令的重做

已被撤销的命令还可以恢复重做，该命令的调用方式有如下3种。

（1）在命令行中输入“REDO”命令。

（2）选择菜单栏中的“编辑”/“重做”命令。

（3）单击“标准”工具栏中的“重做”按钮↷。

该命令可以一次执行多重放弃和重做操作。单击UNDO或REDO列表箭头，可以选择要放弃或重做的操作，如图1-26所示。

1.5.3 透明命令

在AutoCAD 2018中有些命令不仅可以直接在命令行中使用，而且还可以在其他命令的执行过程中插入并执行，待该命令执行完毕后，系统继续执行原命令，这种命令称为透明命令。透明命令一般多为修改图形设置或打开辅助绘图工具的命令。

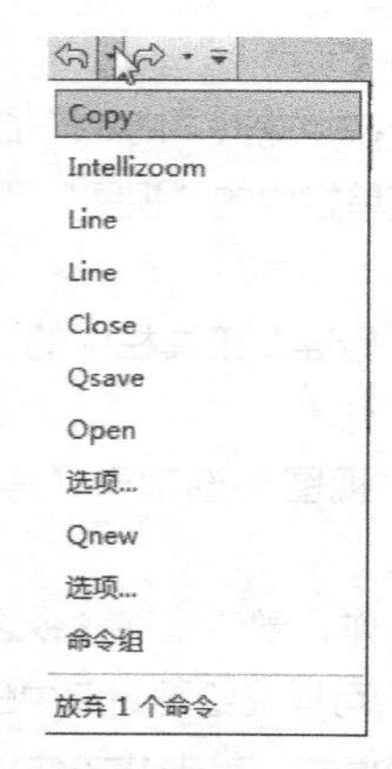

图1-26　多重放弃或重做

命令重复、撤销、重做的执行方式同样适用于透明命令的执行。例如，执行“圆弧”命令时，在命令行提示“指定圆弧的起点或［圆心（C）]：”时输入“ZOOM”，则透明使用显示缩放命令，按Esc键退出该命令，则恢复执行ARC命令。

1.5.4 按键定义

在AutoCAD 2018中，除了可以通过在命令行窗口中输入命令、单击工具栏图标或选择菜单命令来执行某种操作外，还可以使用键盘上的功能键或快捷键，如按F1键，系统调用AutoCAD帮助对话框。

系统使用AutoCAD传统标准（Windows之前）或Microsoft Windows标准解释快捷键。有些功能键或快捷键在AutoCAD的菜单中已经指出，如“粘贴”的快捷键为Ctrl+V，这些只要用户在使用的过程中多加留意，就会熟练掌握。

1.5.5 命令执行方式

有的命令有两种执行方式，通过对话框或命令行输入命令。如指定使用命令行窗口方式，可以在命令名前加短划线来表示，如“_LAYER”表示用命令行方式执行“图层”命令。而如果在命令行中输入“LAYER”，系统则会自动打开“图层”对话框。

另外，有些命令同时存在命令行、菜单栏、工具栏和功能区4种执行方式，这时如果选择菜单栏、工具栏方式或功能区，命令行会显示该命令，并在

前面加一下划线，如通过菜单栏、工具栏方式或功能区方式执行“直线”命令时，命令行会显示“_line”，命令的执行过程和结果与命令行方式相同。

1.5.6 坐标系统与数据的输入方法

1. 坐标系

AutoCAD采用两种坐标系：世界坐标系（WCS）与用户坐标系（UCS）。用户刚进入AutoCAD时的坐标系统就是世界坐标系，是固定的坐标系统。世界坐标系也是坐标系统中的基准，绘制图形时多数情况下都是在这个坐标系统下进行的。

调用用户坐标系命令的方法有如下3种。

（1）在命令行中输入“UCS”命令。

（2）选择菜单栏中的“工具”/“新建UCS”命令。

（3）单击UCS工具栏中的“UCS”按钮。

AutoCAD有两种视图显示方式：模型空间和图纸空间。模型空间是指单一视图显示法，我们通常使用的都是这种显示方式；图纸空间是指在绘图区域创建图形的多视图。用户可以对其中的每一个视图进行单独操作。在默认情况下，当前UCS与WCS重合。图1-27（a）所示为模型空间下的UCS坐标系图标，通常放在绘图区左下角处；也可以将它放在当前UCS的实际坐标原点位置，如图1-27（b）所示；图1-27（c）所示为布局空间下的坐标系图标。

2. 数据输入方法

在AutoCAD 2018中，点的坐标可以用直角坐标、极坐标、球面坐标和柱面坐标来表示，每一种坐标又分别具有两种坐标输入方式：绝对坐标和相对坐标。其中直角坐标和极坐标最为常用，下面主要介绍它们的输入方法。

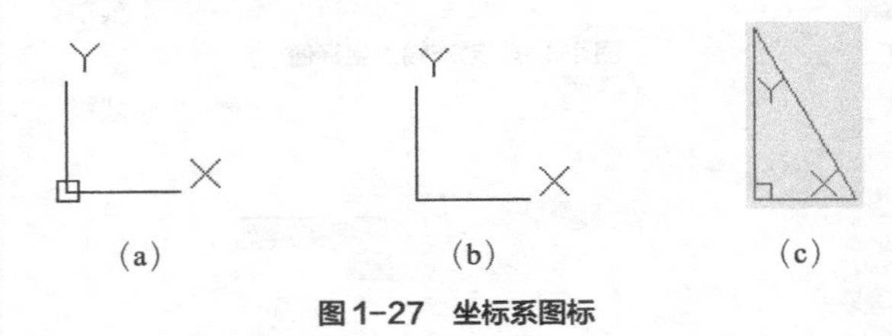

图1-27 坐标系图标

（1）直角坐标法。用点的X、Y坐标值表示的坐标。

例如，在命令行中输入点的坐标提示下，输入“15，18”，则表示输入了一个X、Y的坐标值分别为15、18的点，此为绝对坐标输入方式，表示该点的坐标是相对于当前坐标原点的坐标值，如图1-28（a）所示。如果输入“@10，20”，则为相对坐标输入方式，表示该点的坐标是相对于前一点的坐标值，如图1-28（c）所示。

（2）极坐标法。用长度和角度表示的坐标，只能用来表示二维点的坐标。

在绝对坐标输入方式下，表示为“长度<角度”，如“25<50”，其中长度为该点到坐标原点的距离，角度为该点至原点的连线与X轴正向的夹角，如图1-28（b）所示。

在相对坐标输入方式下，表示为“@长度<角度”，如“@25<45”，其中长度为该点到前一点的距离，角度为该点至前一点的连线与X轴正向的夹角，如图1-28（d）所示。

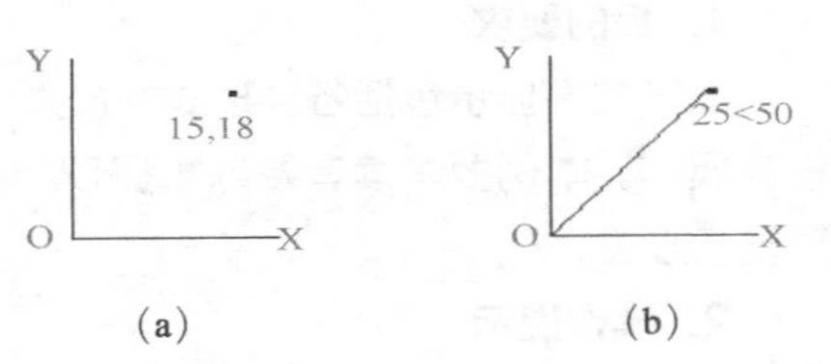

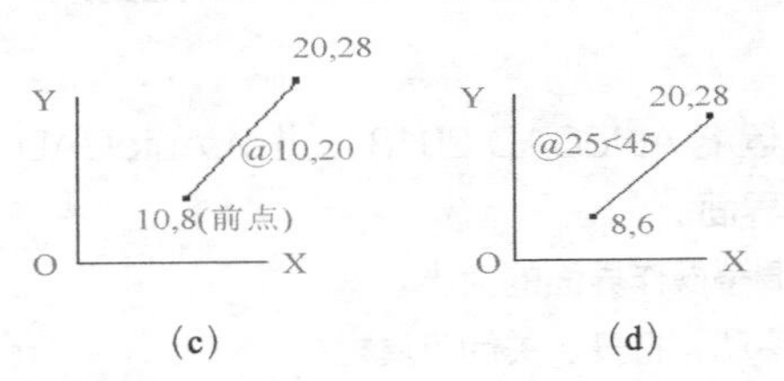

图1-28 数据输入方法

3. 动态数据输入

单击状态栏中的“动态输入”按钮，系统打开动态输入功能，可以在屏幕上动态地输入某些参数。例如，绘制直线时，在光标附近会动态地显示“指定第一个点”，以及后面的坐标框，当前显示的是光标所在位置，可以输入数据，两个数据之间以逗号隔开，如图1-29所示。指定第一个点后，系统动态显示直线的角度，同时要求输入线段长度值，如图1-30所示，其输入效果与“@长度<角度”方式相同。

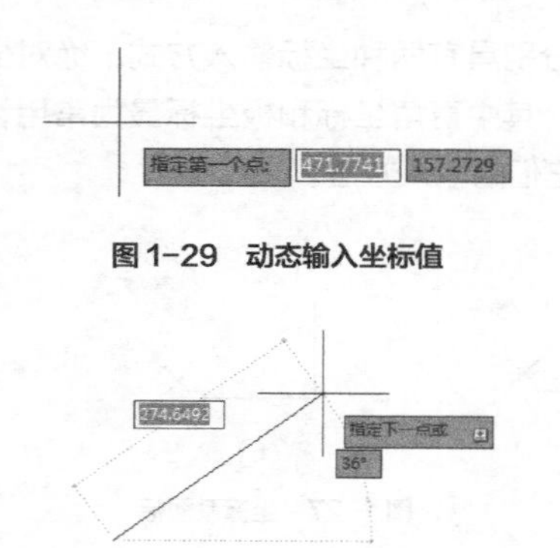

图 1-29　动态输入坐标值

图 1-30　动态输入长度值

下面分别讲述点与距离值的输入方法。

（1）点的输入。绘图过程中，常需要输入点的位置，AutoCAD 提供了如下几种输入点的方式。

① 用键盘直接在命令行窗口中输入点的坐标。直角坐标有两种输入方式：“*x*，*y*”（点的绝对坐标值，如“100，50”）和“@*x*，*y*”（相对于上一点的相对坐标值，如“@50，-30”）。坐标值均相对于当前的用户坐标系。

② 极坐标的输入方式为：“长度<角度”（其中，长度为点到坐标原点的距离，角度为原点至该点连线与*X*轴的正向夹角，如“20<45”）或“@长度<角度”（相对于上一点的相对极坐标，如“@50 <-30”）。

③ 用鼠标等定标设备移动光标，单击鼠标左键在屏幕上直接取点。

④ 用目标捕捉方式捕捉屏幕上已有图形的特殊点（如端点、中点、中心点、插入点、交点、切点、垂足点等）。

⑤ 直接距离输入。先用光标拖拉出橡筋线确定方向，然后用键盘输入距离。这样有利于准确控制对象的长度等参数，如要绘制一条 10mm 长的线段，在命令行提示下指定起点，这时在屏幕上移动鼠标指明线段的方向，但不要单击鼠标左键确认，如图 1-31 所示，然后在命令行中输入“10”，这样就在指定方向上准确地绘制了长度为 10mm 的线段。

图 1-31　绘制直线

（2）距离值的输入。在 AutoCAD 命令中，有时需要提供高度、宽度、半径、长度等距离值。AutoCAD 提供了两种输入距离值的方式：一种是用键盘在命令行窗口中直接输入数值；另一种是在屏幕上拾取两点，以两点的距离值定出所需数值。

1.6 上机实验

通过前面的学习，相信读者对本章知识已有了大体的了解，本节通过几个操作练习帮助读者进一步掌握本章知识要点。

【实验 1】熟悉 AutoCAD 2018 的操作界面。

（1）运行 AutoCAD 2018，进入 AutoCAD 2018 操作界面。

（2）调整操作界面的大小。

（3）移动、打开、关闭工具栏。

（4）设置绘图窗口的颜色和十字光标的大小。

（5）利用下拉菜单和工具栏按钮随意绘制图形。

（6）切换到 CAD 的各种界面。

【实验 2】显示图形文件。

1. 目的要求

图形文件显示包括各种形式的放大、缩小和平移等操作。本例要求读者熟练掌握 DWG 文件的各种显示方法。

2. 操作提示

（1）选择菜单栏中的“文件”/“打开”命令，打开“选择文件”对话框。

（2）打开一个图形文件。

（3）将其进行实时缩放、局部放大等显示操作。

第2章

二维绘图命令

二维图形是指在二维平面空间绘制的图形，AutoCAD提供了大量的绘图工具，可以帮助用户完成二维图形的绘制。

学习要点和目标任务

- 直线类
- 圆类图形
- 平面图形
- 点
- 多段线
- 样条曲线
- 多线

2.1 直线类

直线类命令包括“直线”“射线”和“构造线”等。这几个命令是AutoCAD中最简单的绘图命令。

2.1.1 绘制直线段

“直线”命令主要有如下4种调用方法。

（1）在命令行中输入“LINE”或“L”命令。

（2）选择菜单栏中的“绘图”/“直线”命令。

（3）单击“绘图”工具栏中的“直线”按钮。

（4）单击“默认”选项卡“绘图”面板中的“直线”按钮。

执行上述命令后，根据系统提示输入直线段的起点，可以用鼠标指定点或者给定点的坐标。再输入直线段的端点，此时也可以用鼠标指定一定角度后，直接输入直线的长度。在命令行提示下输入一直线段的端点。输入“U”选项表示放弃前面的输入；单击鼠标右键或按回车键，结束命令。在命令行提示下输入下一直线段的端点，或输入“C”选项使图形闭合，结束命令。使用“直线”命令绘制直线时，命令行提示中各选项的含义如下。

- 若按回车键响应“指定第一个点”提示，系统会把上次绘制图线的终点作为本次图线的起始点。若上次操作为绘制圆弧，按回车键响应后则绘出通过圆弧终点并与该圆弧相切的直线段，该线段的长度为光标在绘图区指定的一点与切点之间线段的距离。
- 在“指定下一点”提示下，用户可以指定多个端点，从而绘出多条直线段。但每一段直线是一个独立的对象，可以单独进行编辑操作。
- 绘制两条以上直线段后，若输入“C”选项响应“指定下一点”提示，系统会自动连接起始点和最后一个端点，从而绘出封闭的图形。
- 若输入“U”选项响应提示，则删除最近一次绘制的直线段。
- 若设置正交方式（单击状态栏中的“正交模式”按钮），只能绘制水平线段或垂直线段。
- 若设置动态数据输入方式（单击状态栏中的“动态输入”按钮），则可以动态输入坐标或长度值，效果与非动态数据输入方式类似。除了特别需要，以后不再强调，只按非动态数据输入方式输入相关数据。

2.1.2 绘制构造线

构造线是指在两个方向上无限延长的直线。构造线主要用作绘图时的辅助线。当绘制多视图时，为了保持投影联系，可先画出若干条构造线，再以构造线为基准画图。构造线的绘制方法有“指定点”“水平”“垂直”“角度”“二等分”和“偏移”6种。

执行“构造线”命令主要有如下4种方法。

（1）在命令行中输入“XLINE”或“XL”命令。

（2）选择菜单栏中的“绘图”/“构造线”命令。

（3）单击“绘图”工具栏中的“构造线”按钮。

（4）单击“默认”选项卡“绘图”面板中的“构造线”按钮。

执行上述命令后，根据系统提示指定起点和通过点，绘制一条双向无限长直线。在命令行提示“指定通过点：”后继续指定点来绘制直线，按回车键可结束命令。

2.1.3 实例——标高符号

本实例利用“直线”命令绘制连续线段，从而绘制标高符号，绘制流程图如图2-1所示。

扫一扫

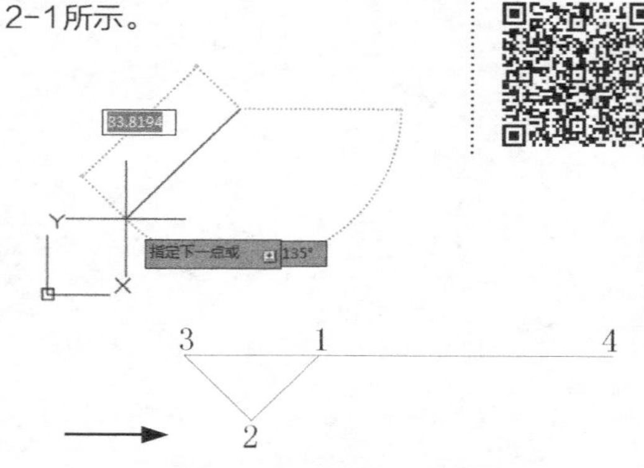

图 2-1 绘制标高符号流程图

STEP 绘制步骤

（1）单击“默认”选项卡“绘图”面板中的“直线”按钮，绘制标高符号。

（2）在命令行提示“指定第一点：”后输入“100，100”（1点）。

（3）在命令行提示“指定下一点或[放弃(U)]：”后输入“@40<-135”（2点，也可以单击状态栏上的“DYN”按钮，在鼠标位置为135°时，动态输入“40”，如图2-2所示，下同）。

（4）在命令行提示“指定下一点或[放弃(U)]：”后输入“@40<135”（3点，相对极坐标数值输入方法，此方法便于控制线段长度）。

（5）在命令行提示“指定下一点或[闭合(C)/放弃(U)]：”后输入“@180，0”。

（6）在命令行提示“指定下一点或[闭合(C)/放弃(U)]：”后回车，结束“直线”命令。

结果如图2-3所示。

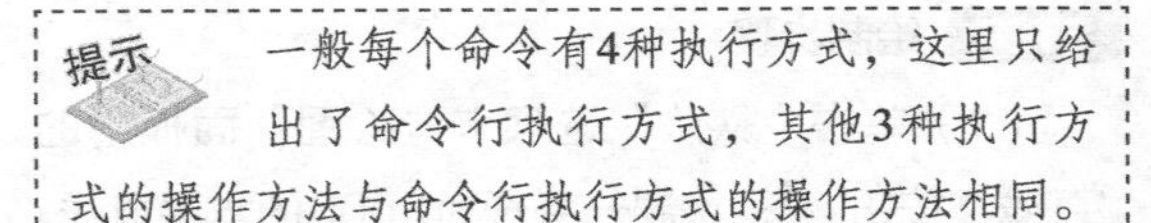
提示 一般每个命令有4种执行方式，这里只给出了命令行执行方式，其他3种执行方式的操作方法与命令行执行方式的操作方法相同。

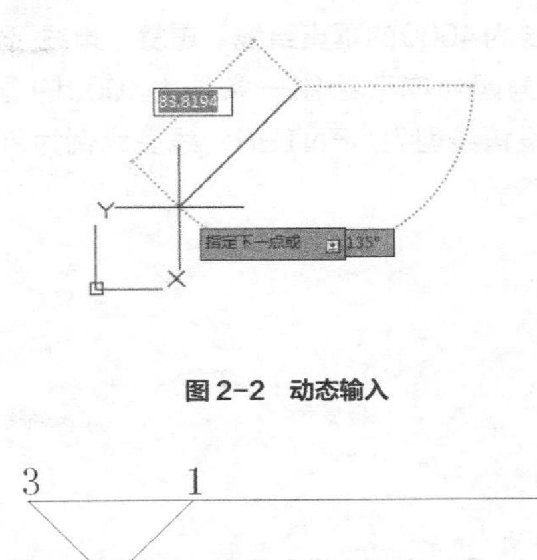

图 2-2 动态输入

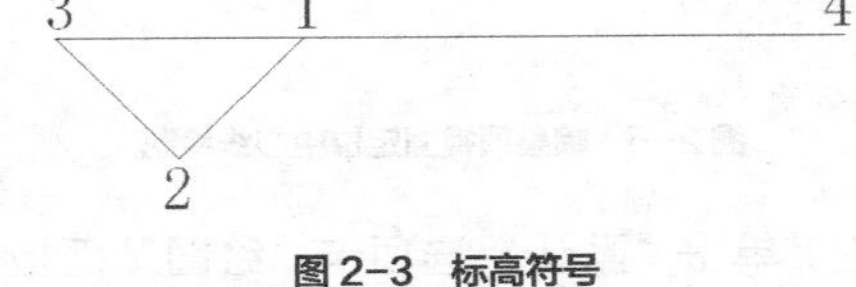

图 2-3 标高符号

2.2 圆类图形

圆类命令主要包括“圆”“圆弧”“椭圆”“椭圆弧”和“圆环”等，这几个命令是AutoCAD中最简单的圆类命令。

2.2.1 绘制圆

执行“圆”命令主要有如下4种方法。

（1）在命令行中输入“CIRCLE”或“C”命令。

（2）选择菜单栏中的“绘图”/“圆”命令。

（3）单击“绘图”工具栏中的“圆”按钮。

（4）单击“默认”选项卡“绘图”面板中的“圆”下拉菜单。

执行上述命令后，根据系统提示指定圆心位置。在命令行提示“指定圆的半径或[直径(D)]：”后直接输入半径数值或用鼠标指定半径长度。在命令行提示“指定圆的直径<默认值>”后输入直径数值或用鼠标指定直径长度。使用“圆”命令时，命令行提示中各选项的含义如下。

- 三点(3P)：用指定圆周上3点的方法画圆。依次输入3个点，即可绘制出一个圆。
- 两点(2P)：根据直径的两端点画圆。依次输入两个点，即可绘制出一个圆，两点间的距离为圆的直径。
- 相切、相切、半径(T)：先指定两个相切对象，后给出半径的方法画圆。
- 相切、相切、相切(A)：依次拾取相切的第一个圆弧、第二个圆弧和第三个圆弧。

2.2.2 实例——喷泉水池

扫一扫

应用“直线”和“圆”命令绘制喷泉水池，绘制流程图如图2-4所示。

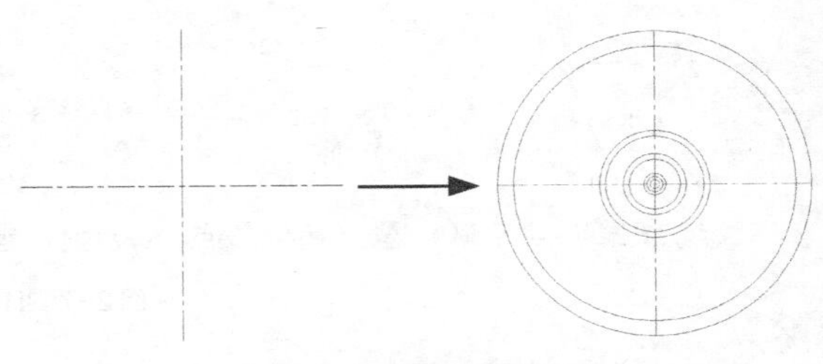

图 2-4 绘制喷泉水池流程图

STEP 绘制步骤

（1）单击“默认”选项卡“绘图”面板中的“直线”按钮，绘制一条长为8000的水平直线。重复“直线”命令，以大约中点位置为起点向上绘制一条长为4000的垂直直线；重复“直线”命令，以中点为起点向下绘制一条长为4000的垂直直线，并设置线型为CENTER，线型比例为20，如图2-5所示。

图 2-5　喷泉顶视图定位中心线绘制

（2）单击“默认”选项卡“绘图”面板中的“圆”按钮，绘制圆。

① 在命令行提示“指定圆的圆心或[三点(3P)/两点(2P)/切点、切点、半径(T)]:”后指定中心线交点。

② 在命令行提示“指定圆的半径或[直径(D)]:”后输入“120”。

（3）重复“圆”命令，绘制同心圆，圆的半径分别为200、280、650、800、1250、1400、3600、4000。

结果如图2-6所示。

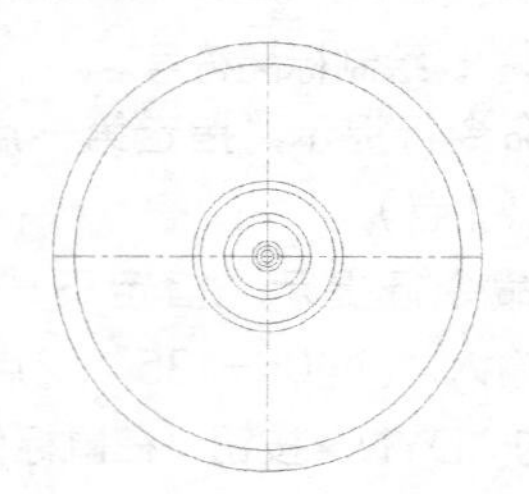
图 2-6　喷泉水池

2.2.3 绘制圆弧

执行“圆弧”命令主要有如下4种方法。

（1）在命令行中输入“ARC”或“A”命令。

（2）选择菜单栏中的“绘图”/“圆弧”命令。

（3）单击“绘图”工具栏中的“圆弧”按钮。

（4）单击“默认”选项卡“绘图”面板中的“圆弧”按钮。

下面以“三点”法为例讲述圆弧的绘制方法。

执行上述命令后，根据系统提示指定起点和第二个点，在命令行提示时指定末端点。

需要强调的是“继续”方式，以该方式绘制的圆弧与上一线段或圆弧相切。继续绘制圆弧段，只提供端点即可。图2-7所示为11种圆弧绘制方法。

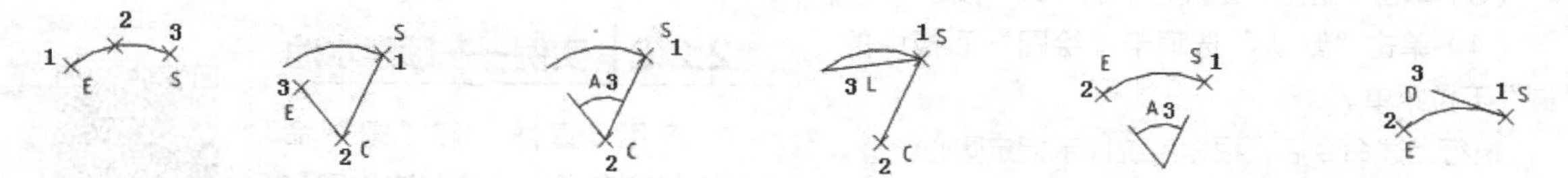

(a) 三点　(b) 起点、圆心、端点　(c) 起点、圆心、角度　(d) 起点、圆心、长度　(e) 起点、端点、角度　(f) 起点、端点、方向

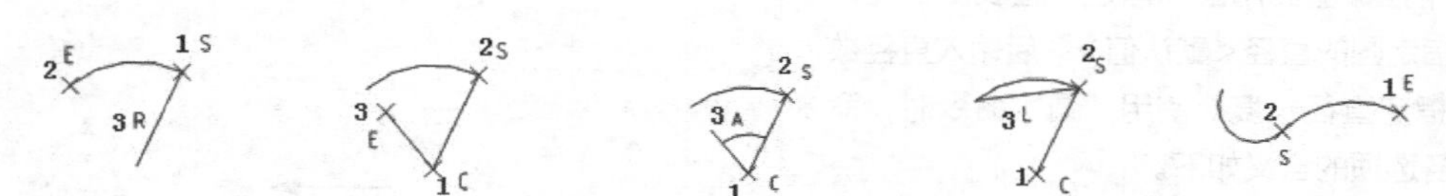

(g) 起点、端点、半径　(h) 圆心、起点、端点　(i) 圆心、起点、角度　(j) 圆心、起点、长度　(k) 继续

图 2-7　11 种圆弧绘制方法

2.2.4 实例——五瓣梅

扫一扫

利用“圆弧”命令绘制五瓣梅，绘制流程图如图2-8所示。

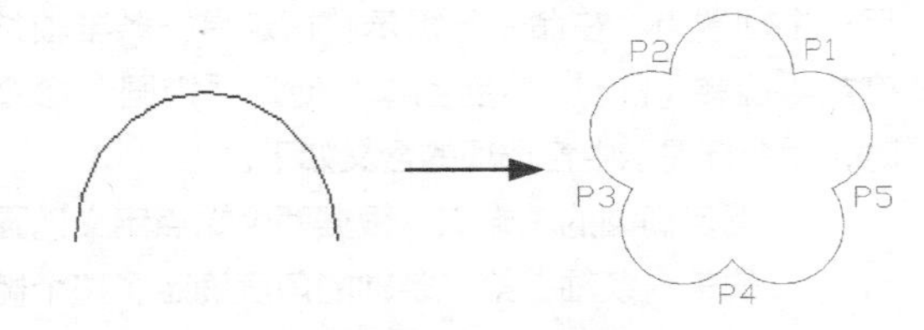

图 2-8 绘制五瓣梅流程图

STEP 绘制步骤

（1）在命令行中输入“NEW”命令，或选择菜单栏中的“文件”/“新建”命令，或单击“标准”工具栏中的“新建”按钮，或单击“快速访问”工具栏中的“新建”按钮，系统创建一个新图形。

（2）单击“默认”选项卡“绘图”面板中的“圆弧”按钮，绘制第一段圆弧。

① 在命令行提示“指定圆弧的起点或［圆心（C）］：”后输入“140，110”。

② 在命令行提示“指定圆弧的第二个点或［圆心（C）/端点（E）］：”后输入“E”。

③ 在命令行提示“指定圆弧的端点：”后输入“@40<180”。

④ 在命令行提示“指定圆弧的中心点（按住Ctrl键以切换方向）或［角度（A）/方向（D）/半径（R）］：”后输入“R”。

⑤ 在命令行提示“指定圆弧的半径（按住Ctrl键以切换方向）：”后输入“20”。

结果如图2-9所示。

（3）单击“默认”选项卡“绘图”面板中的“圆弧”按钮，绘制第二段圆弧。

① 在命令行提示“指定圆弧的起点或［圆心（C）］：”后选择刚才绘制的圆弧端点P2。

② 在命令行提示“指定圆弧的第二个点或［圆心（C）/端点（E）］：”后输入“E”。

③ 在命令行提示“指定圆弧的端点：”后输入“@40<252”。

④ 在命令行提示“指定圆弧的中心点（按住Ctrl键以切换方向）或［角度（A）/方向（D）/半径（R）］：”后输入“A”。

⑤ 在命令行提示“指定夹角（按住Ctrl键以切换方向）：”后输入“180”。

（4）单击“默认”选项卡“绘图”面板中的“圆弧”按钮，绘制第三段圆弧。

① 在命令行提示“指定圆弧的起点或［圆心（C）］：”后选择步骤（3）中绘制的圆弧端点P3。

② 在命令行提示“指定圆弧的第二个点或［圆心（C）/端点（E）］：”后输入“C”。

③ 在命令行提示“指定圆弧的圆心：”后输入“@20<324”。

④ 在命令行提示“指定圆弧的端点（按住Ctrl键以切换方向）或［角度（A）/弦长（L）］：”后输入“A”。

⑤ 在命令行提示“指定夹角（按住Ctrl键以切换方向）：”后输入“180”。

（5）单击“默认”选项卡“绘图”面板中的“圆弧”按钮，绘制第四段圆弧。

① 在命令行提示“指定圆弧的起点或［圆心（C）］：”后选择步骤（4）中绘制圆弧的端点P4。

② 在命令行提示“指定圆弧的第二个点或［圆心（C）/端点（E）］：”后输入“C”。

③ 在命令行提示“指定圆弧的圆心：”后输入“@20<36”。

④ 在命令行提示“指定圆弧的端点（按住Ctrl键以切换方向）或［角度（A）/弦长（L）］：”后输入“L”。

⑤ 在命令行提示“指定弦长（按住Ctrl键以切换方向）：”后输入“40”。

（6）单击“默认”选项卡“绘图”面板中的“圆弧”按钮，绘制第五段圆弧。

① 在命令行提示“指定圆弧的起点或［圆心（C）］：”后选择步骤（5）中绘制的圆弧端点P5。

② 在命令行提示“指定圆弧的第二个点或［圆心（C）/端点（E）］：”后输入“E”。

③ 在命令行提示“指定圆弧的端点：”后选择圆弧起点P1。

④ 在命令行提示“指定圆弧的中心点（按住Ctrl键以切换方向）或［角度（A）/方向（D）/半径（R）］：”后输入“D”。

⑤ 在命令行提示“指定圆弧的相切方向（按住Ctrl键以切换方向）：”后输入“@20<20”。

完成五瓣梅的绘制，最终绘制结果如图2-10所示。

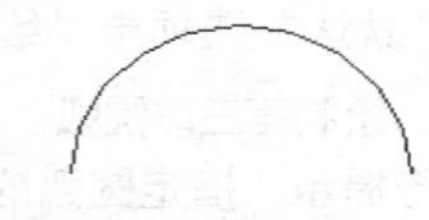
图 2-9 绘制第一段圆弧

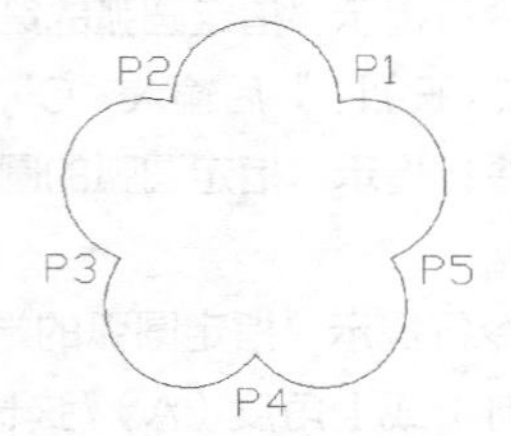

图 2-10 五瓣梅

提示 绘制圆弧时，注意圆弧的曲率是遵循逆时针方向的，所以在选择指定圆弧两个端点和半径模式时，需要注意端点的指定顺序，否则有可能导致圆弧的凹凸形状与预期的相反。

2.2.5 绘制圆环

执行“圆环”命令主要有如下3种方法。

（1）在命令行中输入“DONUT”命令。

（2）选择菜单栏中的“绘图”/“圆环”命令。

（3）单击“默认”选项卡“绘图”面板中的“圆环”按钮◎。

执行上述命令后，指定圆环内径和外径，再指定圆环的中心点。

- 若指定内径为零，则画出实心填充圆。
- 用FILL命令可以控制圆环是否填充，根据系统提示选择“开”表示填充，选择“关”表示不填充。

2.2.6 绘制椭圆与椭圆弧

执行“椭圆”与“椭圆弧”命令主要有如下4种方法。

（1）在命令行中输入“ELLIPSE”或“EL”命令。

（2）选择菜单栏中的“绘图”/“椭圆”命令下的子命令。

（3）单击“绘图”工具栏中的“椭圆”按钮⭘或“椭圆弧”按钮◌。

（4）单击“默认”选项卡“绘图”面板中的“椭圆”下拉菜单。

执行上述命令后，根据系统提示指定轴端点和另一个轴端点。在命令行提示“指定另一条半轴长度或 [旋转（R）]：”后回车。使用“椭圆”命令时，命令行提示中各选项的含义如下。

- 指定椭圆的轴端点：根据两个端点定义椭圆的第一条轴，第一条轴的角度确定了整个椭圆的角度。第一条轴既可定义椭圆的长轴，也可定义其短轴。
- 中心点（C）：通过指定的中心点创建椭圆。
- 圆弧（A）：用于创建一段椭圆弧，与单击“绘图”工具栏中的“椭圆弧”按钮◌功能相同。其中第一条轴的角度确定了椭圆弧的角度。第一条轴既可定义椭圆弧长轴，也可定义其短轴。

执行该命令后，根据系统提示输入“a”。之后指定端点或输入“C”并指定另一端点。在命令行提示下指定另一条半轴长度或输入“R”并指定起始角度、指定适当点或输入“P”。在命令行提示“指定端点角度或 [参数（P）/ 夹角（I）]：”后指定适当点。其中各选项的含义如下。

- 起点角度：指定椭圆弧端点的两种方式之一，光标与椭圆中心点连线的夹角为椭圆端点位置的角度。
- 参数（P）：指定椭圆弧端点的另一种方式，该方式同样是指定椭圆弧端点的角度，但通过以下矢量参数方程式创建椭圆弧。$p(u)=c+a\times\cos(u)+b\times\sin(u)$：其中，$c$是椭圆的中心点，$a$和$b$分别是椭圆的长轴和短轴，$u$为光标与椭圆中心点连线的夹角。
- 夹角（I）：定义从起始角度开始的包含角度。

2.2.7 实例——马桶

本实例主要介绍椭圆弧绘制方法的具体应用。首先应用“椭圆弧”命令绘制马桶外沿，然后应用“直线”命令绘制马桶后沿和水箱，绘制流程图如图2-11所示。

扫一扫

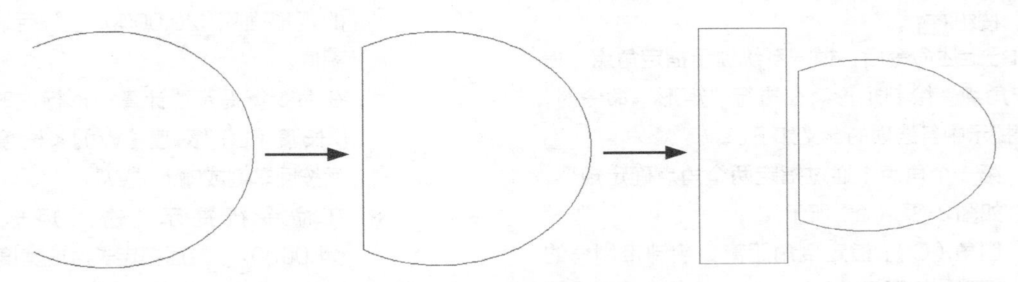

图 2-11 绘制马桶流程图

STEP 绘制步骤

（1）单击“默认”选项卡“绘图”面板中的“椭圆弧”按钮，绘制马桶外沿。

① 在命令行提示“指定椭圆弧的轴端点或 [中心点（C）]：”后输入“C”。

② 在命令行提示“指定椭圆弧的中心点：”后指定一点。

③ 在命令行提示“指定轴的端点：”后适当指定一点。

④ 在命令行提示“指定另一条半轴长度或 [旋转（R）]：”后适当指定一点。

⑤ 在命令行提示“指定起点角度或 [参数（P）]：”后指定下面适当位置一点。

⑥ 在命令行提示“指定端点角度或 [参数（P）/ 夹角（I）]：”后指定正上方适当位置一点。

绘制结果如图 2-12 所示。

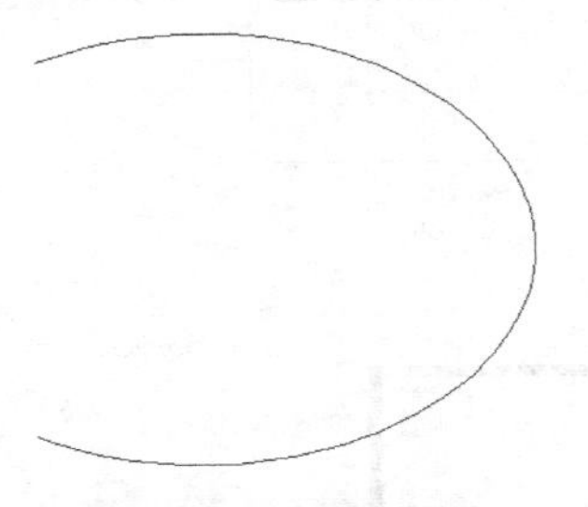

图 2-12 绘制马桶外沿

（2）单击“默认”选项卡“绘图”面板中的“直线”按钮，连接椭圆弧两个端点，绘制马桶后沿。结果如图 2-13 所示。

（3）单击“默认”选项卡“绘图”面板中的“直线”按钮，取适当的尺寸，在左边绘制一个矩形框作为水箱。最终结果如图 2-14 所示。

> 提示 本例中指定起点角度和端点角度的点时不要将两个点的顺序指定反了，因为系统默认的旋转方向是逆时针，如果指定反了，得出的结果可能和预期的刚好相反。

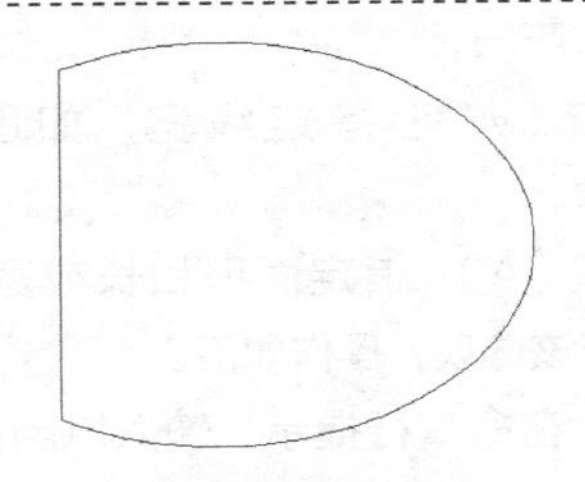

图 2-13 绘制马桶后沿

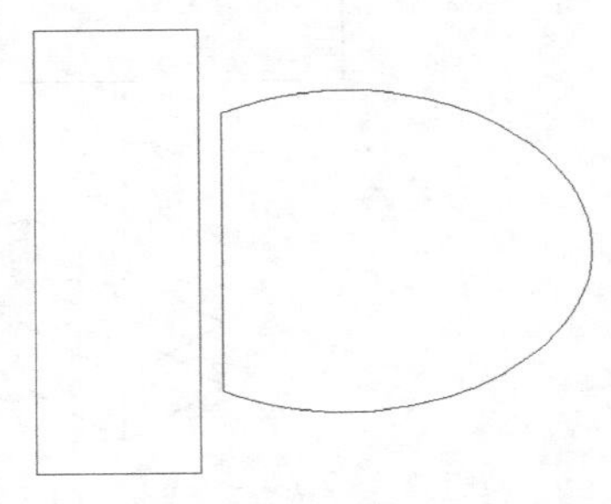

图 2-14 马桶

2.3 平面图形

2.3.1 绘制矩形

执行“矩形”命令主要有如下 4 种方法。

（1）在命令行中输入“RECTANG”或“REC”命令。

（2）选择菜单栏中的“绘图”/“矩形”命令。

（3）单击“绘图”工具栏中的“矩形”按钮。

（4）单击“默认”选项卡“绘图”面板中的

“矩形”按钮▭。

执行上述命令后，根据系统提示指定角点，指定另一角点，绘制矩形。在执行“矩形”命令时，命令行提示中各选项的含义如下。

- 第一个角点：通过指定两个角点确定矩形，如图2-15（a）所示。
- 倒角（C）：指定倒角距离，绘制带倒角的矩形，如图2-15（b）所示。每一个角点的逆时针和顺时针方向的倒角可以相同，也可以不同，其中第一个倒角距离是指角点逆时针方向倒角距离，第二个倒角距离是指角点顺时针方向倒角距离。
- 标高（E）：指定矩形标高（*Z*坐标），即把矩形放置在标高为*Z*并与*XOY*坐标面平行的平面上，并作为后续矩形的标高值。
- 圆角（F）：指定圆角半径，绘制带圆角的矩形，如图2-15（c）所示。
- 厚度（T）：指定矩形的厚度，如图2-15（d）所示。
- 宽度（W）：指定线宽，如图2-15（e）所示。
- 面积（A）：指定面积和长或宽创建矩形。选择该选项，操作如下。
  - 在命令行提示“输入以当前单位计算的矩形面积<20.0000>：”后输入面积值。
  - 在命令行提示“计算矩形标注时依据[长度（L）/宽度（W）]<长度>：”后按回车键或输入“W”。
  - 在命令行提示“输入矩形长度<4.0000>：”后指定长度或宽度。
  - 指定长度或宽度后，系统自动计算另一个维度，绘制出矩形。如果矩形被倒角或圆角，则长度或面积计算中也会考虑此设置，如图2-16所示。
- 尺寸（D）：使用长和宽创建矩形，第二个指定点将矩形定位在与第一角点相关的4个位置之一内。
- 旋转（R）：使所绘制的矩形旋转一定角度。选择该选项，操作如下。
  - 在命令行提示“指定旋转角度或[拾取点（P）]<135>：”后指定角度。
  - 在命令行提示“指定另一个角点或[面积（A）/尺寸（D）/旋转（R）]：”后指定另一个角点或选择其他选项。
  - 指定旋转角度后，系统按指定角度创建矩形，如图2-17所示。

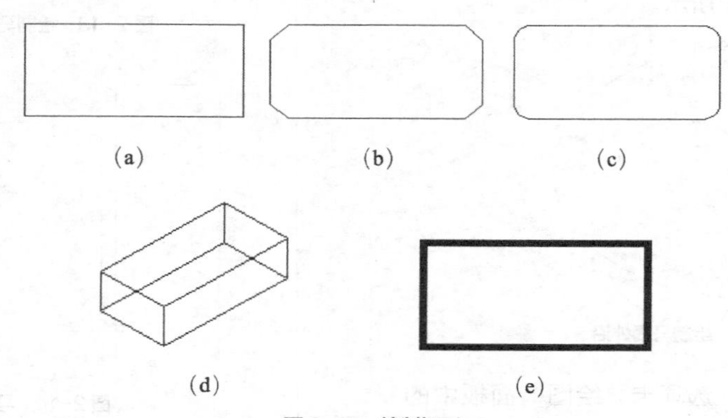

（a）　（b）　（c）

（d）　（e）

图2-15　绘制矩形

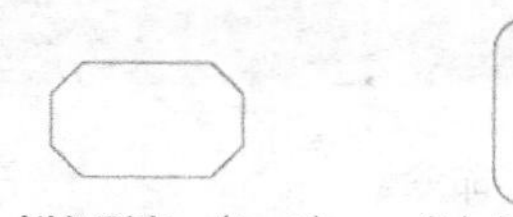

（a）倒角距离：（1，1）　（b）圆角半径：1.0

面积：20 长度：6　面积：20 长度：6

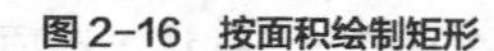

图2-16　按面积绘制矩形

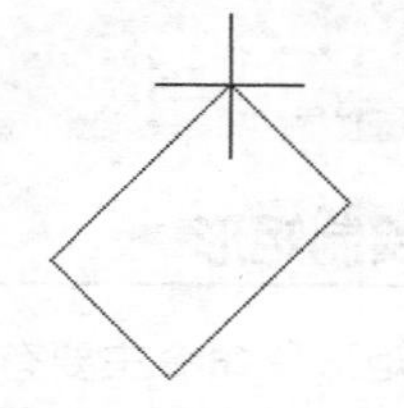

图2-17　按指定旋转角度创建矩形

2.3.2 实例——方形园凳

应用“矩形”命令绘制方形园凳，绘制流程图如图2-18所示。

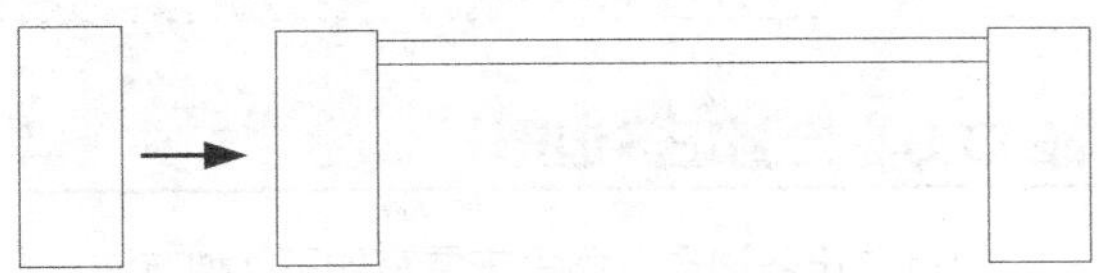

图 2-18 绘制方形园凳流程图

STEP 绘制步骤

（1）单击“默认”选项卡“绘图”面板中的“矩形”按钮，绘制矩形。

① 在命令行提示“指定第一个角点或[倒角(C)/标高(E)/圆角(F)/厚度(T)/宽度(W)]:”后输入“100，100”。

② 在命令行提示“指定另一个角点或[面积(A)/尺寸(D)/旋转(R)]:”后输入“300，570”。

结果如图2-19所示。

（2）重复“矩形”命令，继续绘制另外一个矩形。

① 在命令行提示“指定第一个角点或[倒角(C)/标高(E)/圆角(F)/厚度(T)/宽度(W)]:”后输入“1500，100”。

② 在命令行提示“指定另一个角点或[面积(A)/尺寸(D)/旋转(R)]:”后输入“D”。

③ 在命令行提示“指定矩形的长度<10.0000>:”后输入“200”。

④ 在命令行提示“指定矩形的宽度<10.0000>:”后输入“470”。

结果如图2-20所示。

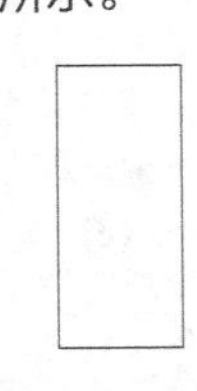

图 2-19 绘制矩形

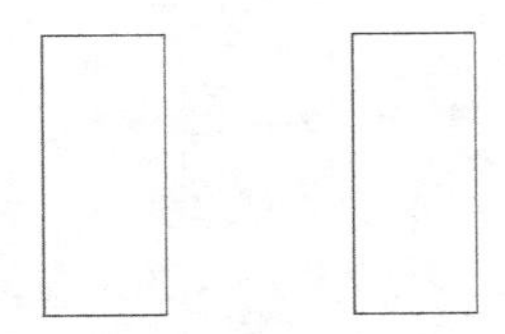

图 2-20 绘制另一个矩形

（3）单击状态栏上的“对象捕捉”右侧的小三角按钮，在弹出的快捷菜单中选择“对象捕捉设置”命令，如图2-21所示，打开“草图设置”对话框，如图2-22所示，单击“全部选择”按钮，选择所有的对象捕捉模式，再单击“确定”按钮关闭该对话框。

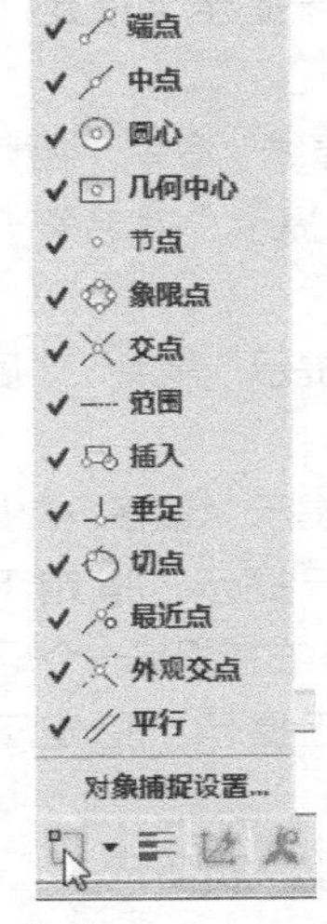

图 2-21 快捷菜单

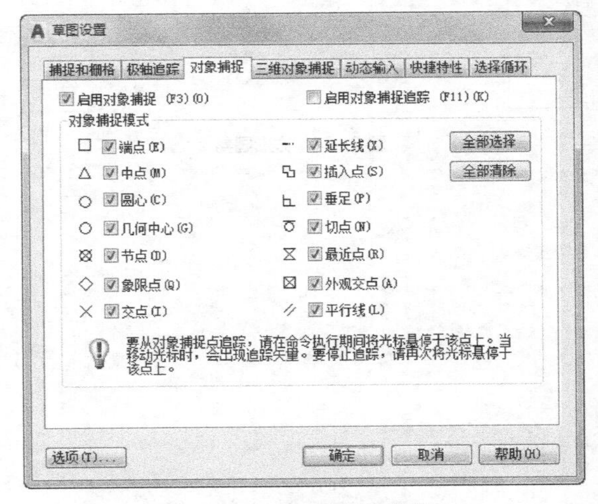

图 2-22 “草图设置”对话框

（4）单击“默认”选项卡“绘图”面板中的“直线”按钮，绘制直线。

① 在命令行提示“指定第一个点:”后输入“300，500”。

② 在命令行提示“指定下一点或[放弃(U)]:”后水平向右捕捉另一个矩形上的垂足，如图2-23所示。

图 2-23　捕捉垂足

③ 在命令行提示“指定下一点或[放弃(U)]：”后回车。

(5)重复“直线”命令，继续绘制直线。

① 在命令行提示“指定第一个点：”后输入“from”。

② 在命令行提示“基点：”后捕捉刚绘制直线的起点。

③ 在命令行提示“<偏移>：”后输入“@0，50”。

④ 在命令行提示“指定下一点或[放弃(U)]：”后水平向右捕捉另一个矩形上的垂足。

⑤ 在命令行提示“指定下一点或[放弃(U)]：”后回车。

最终结果如图2-24所示。

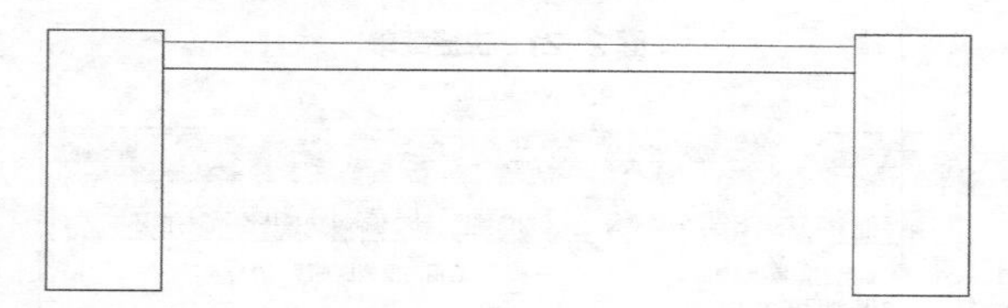

图 2-24　方形园凳

提示　从本例可以看出，为了提高绘图速度，可以采取以下两种方式。

(1)当重复执行命令时，可以直接回车。

(2)采用命令的快捷方式。

2.3.3 绘制正多边形

执行“正多边形”命令主要有如下4种方法。

(1)在命令行中输入“POLYGON”或“POL”命令。

(2)选择菜单栏中的“绘图”/“多边形”命令。

(3)单击“绘图”工具栏中的“多边形”按钮。

(4)单击“默认”选项卡“绘图”面板中的“多边形”按钮。

执行上述命令后，根据系统提示指定多边形的边数和中心点，之后指定是内接于圆或外切于圆，并输入外接圆或内切圆的半径。在执行“正多边形”命令的过程中，命令行提示中各选项的含义如下。

- 边(E)：选择该选项，则只要指定多边形的一条边，系统就会按逆时针方向创建该正多边形，如图2-25(a)所示。
- 内接于圆(I)：选择该选项，绘制的多边形内接于圆，如图2-25(b)所示。
- 外切于圆(C)：选择该选项，绘制的多边形外切于圆，如图2-25(c)所示。

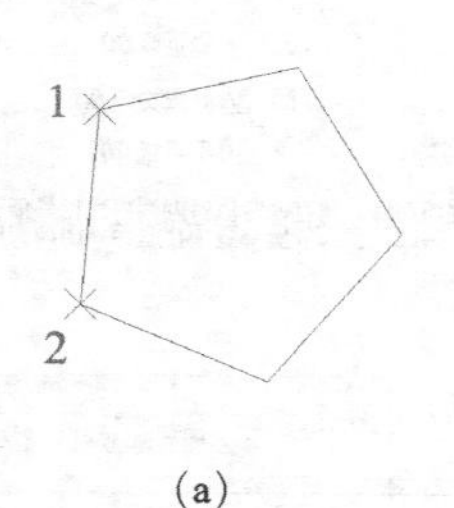

(a)

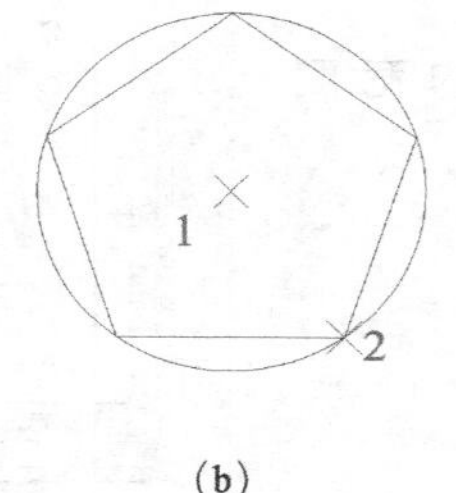

(b)

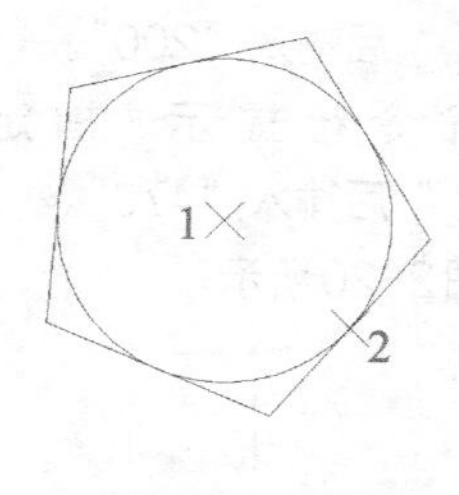

(c)

图 2-25　画正多边形

2.3.4 实例——八角凳

本实例主要应用“正多边形”命令绘制外轮廓和内轮廓，绘制流程图如图2-26所示。

扫一扫

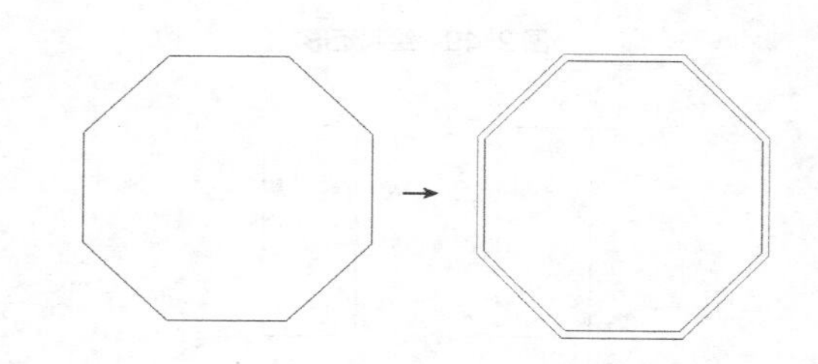

图 2-26　绘制八角凳流程图

STEP 绘制步骤

（1）单击“默认”选项卡“绘图”面板中的“多边形”按钮，绘制外轮廓线。

① 在命令行提示“输入侧面数 <8>：”后输入“8”。

② 在命令行提示“指定正多边形的中心点或[边（E）]：”后输入“0，0”。

③ 在命令行提示“输入选项[内接于圆（I）/外切于圆（C）]<I>：”后输入“C”。

④ 在命令行提示“指定圆的半径：”后输入“100”。

绘制结果如图2-27所示。

（2）用同样方法绘制另一个中心点在（0，0）的正八边形，其内切圆半径为95。绘制结果如图2-28所示。

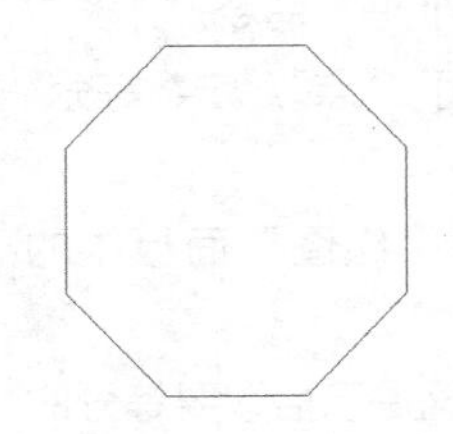

图 2-27 绘制轮廓线

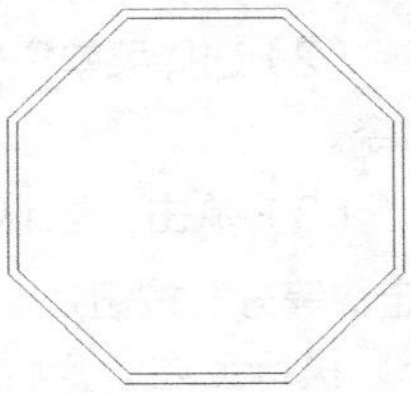

图 2-28 八角凳

2.4 点

点在AutoCAD中有多种不同的表示方式，用户可以根据需要进行设置，也可以设置等分点和测量点。

2.4.1 绘制点

执行“点”命令主要有如下4种方法。

（1）在命令行中输入“POINT”或“PO”命令。

（2）选择菜单栏中的“绘图”/“点”命令。

（3）单击“绘图”工具栏中的“点”按钮。

（4）单击“默认”选项卡“绘图”面板中的“多点”按钮。

执行“点”命令之后，在命令行提示后输入点的坐标或使用鼠标在屏幕上单击，即可完成点的绘制。

- 通过菜单方法进行操作时（如图2-29所示），“单点”命令表示只输入一个点，“多点”命令表示可输入多个点。
- 可以单击状态栏中的“对象捕捉”开关按钮，设置点的捕捉模式，帮助用户拾取点。
- 点在图形中的表示样式共有20种。可通过“DDPTYPE”命令或选择“格式”/“点样式”命令，打开“点样式”对话框来设置点样式，如图2-30所示。

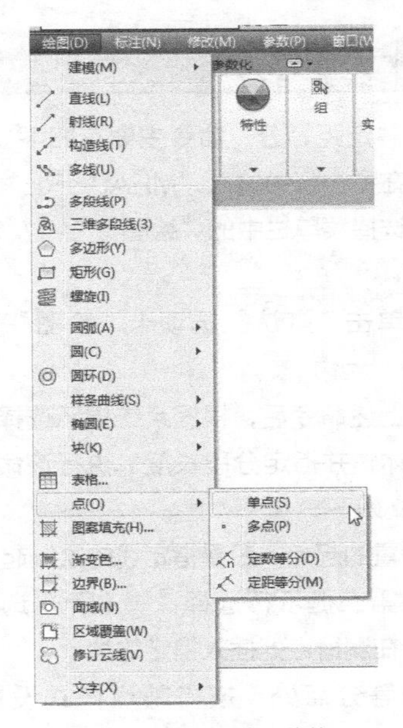

图 2-29 “点”子菜单

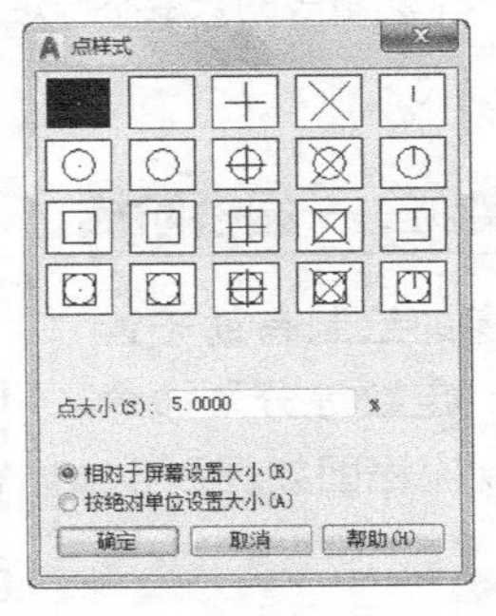

图 2-30 “点样式”对话框

2.4.2 定数等分点

执行“定数等分”命令主要有如下3种方法。

（1）在命令行中输入“DIVIDE”命令。

（2）选择菜单栏中的“绘图”/“点”/“定数等分”命令。

（3）单击“默认”选项卡“绘图”面板中的“定数等分”按钮。

执行上述命令后，根据系统提示拾取要等分的对象，并输入等分数。创建等分点。执行该命令时，各参数的含义如下。

- 等分数目范围为2～32767。
- 在等分点处，按当前点样式设置画出等分点。
- 在第二提示行选择“块（B）”选项时，表示在等分点处插入指定的块。

2.4.3 定距等分点

执行“定距等分”命令主要有如下3种方法。

（1）在命令行中输入“MEASURE”命令。

（2）选择菜单栏中的“绘图”/“点”/“定距等分”命令。

（3）单击“默认”选项卡“绘图”面板中的“定距等分”按钮。

执行上述命令后，根据系统提示选择要设置测量点的实体，并指定分段长度。执行该命令时，各参数的含义如下。

- 设置的起点一般是指定线的绘制起点。
- 在第二提示行选择“块（B）”选项时，表示在测量点处插入指定的块。
- 在等分点处，按当前点样式设置绘制测量点。
- 最后一个测量段的长度不一定等于指定分段长度。

2.4.4 实例——园桥阶梯

园桥阶梯的绘制有助于读者熟练掌握“定数等分”命令的运用，绘制流程图如图2-31所示。

扫一扫

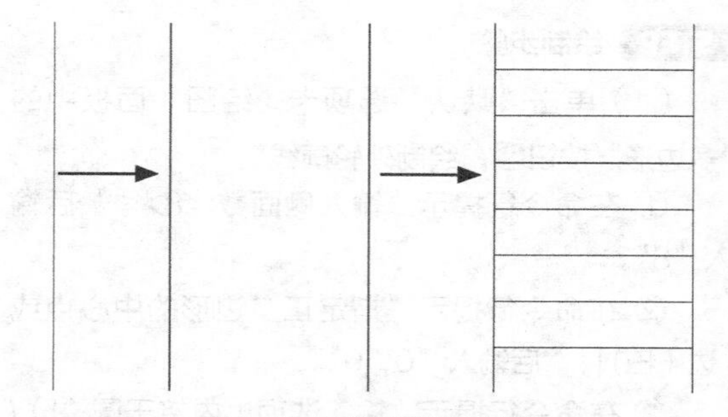

图 2-31 绘制园桥阶梯流程图

STEP 绘制步骤

（1）打开状态栏上的“对象捕捉”按钮和“极轴追踪”按钮。

（2）单击“默认”选项卡“绘图”面板中的“直线”按钮，绘制一条适当长度的竖直线段，如图2-32所示。

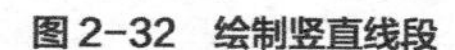

图 2-32 绘制竖直线段

（3）单击“默认”选项卡“绘图”面板中的“直线”按钮，将鼠标指向刚绘制线段的起点，显示捕捉点标记，向右移动鼠标，拉出一条追踪标记虚线，如图2-33所示，在适当位置按下鼠标左键，确定线段的起点位置。再将鼠标指向刚绘制的线段的终点，同样显示捕捉点标记，向右移动鼠标，拉出一条追踪标记虚线，如图2-34所示，在适当位置按下鼠标左键，确定线段的终点位置，如图2-35所示。

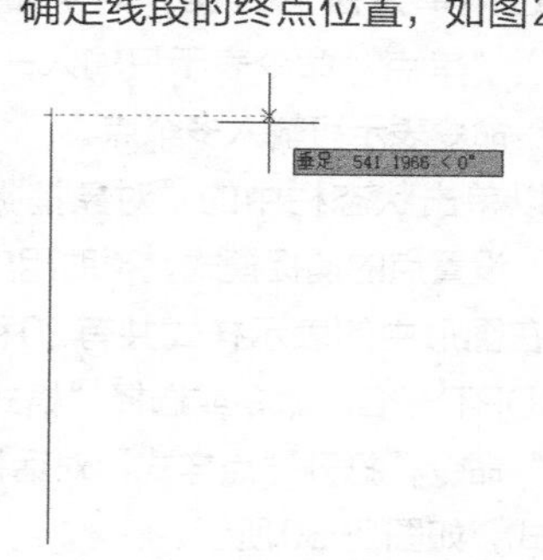

图 2-33 捕捉追踪绘制线段起点

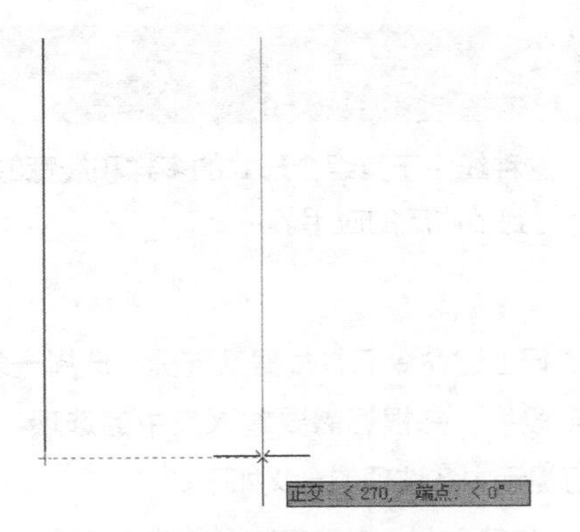

图2-34 捕捉追踪绘制线段起点

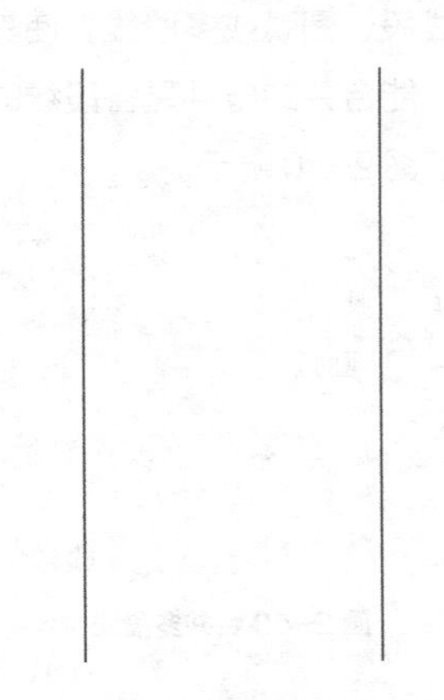

图2-35 绘制边线

（4）设置点样式。单击“默认”选项卡“实用工具”面板中的“点样式”按钮，打开“点样式”对话框，如图2-36所示，在该对话框中选择X样式。

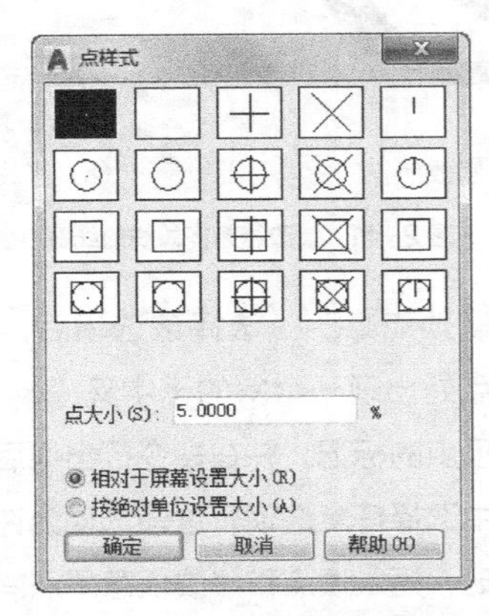

图2-36 “点样式”对话框

（5）选择菜单栏中的“绘图”/“点”/“定数等分”命令，以左边线段为对象，设置数目为8，绘制等分点，如图2-37所示。

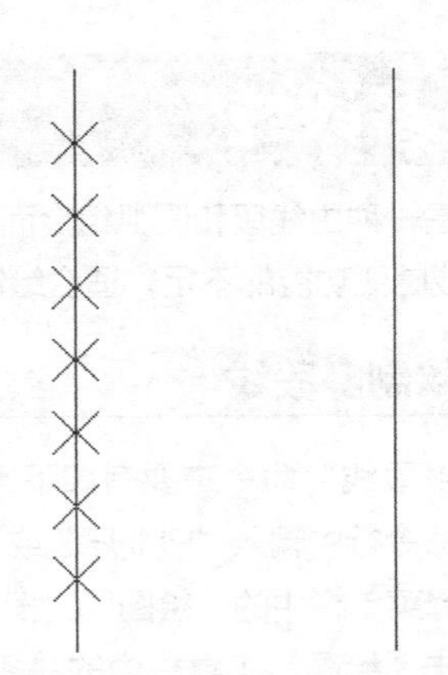

图2-37 绘制等分点

（6）分别以等分点为起点，捕捉右边直线上的垂足为终点绘制水平线段，如图2-38所示。

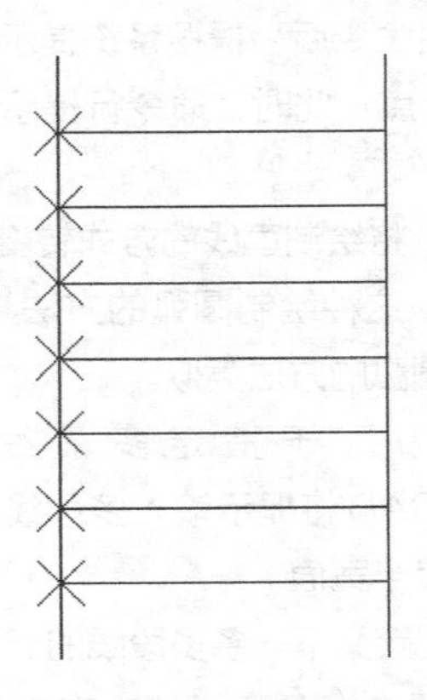

图2-38 绘制水平线段

（7）删除绘制的等分点，如图2-39所示。

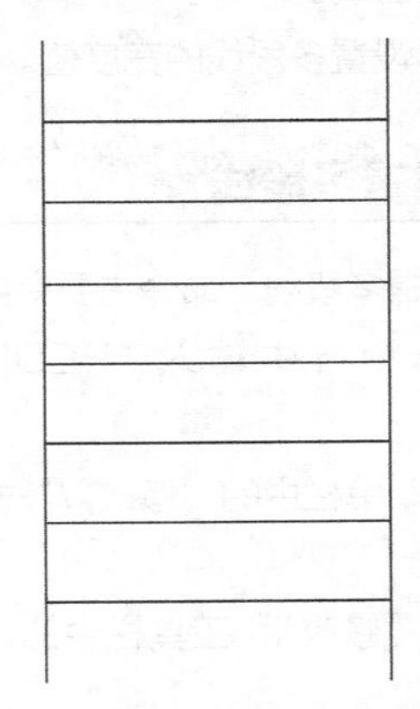

图2-39 园桥阶梯

从本例可以看出，灵活运用精确绘图工具，可以准确快速地绘制对象。

2.5 多段线

多段线是一种由线段和圆弧组合而成的、不同线宽的多线，这种线由于其组合形式的多样和线宽的不同，弥补了直线或圆弧功能的不足，适合绘制复杂的图形轮廓，因而得到了广泛的应用。

2.5.1 绘制多段线

执行“多段线”命令主要有如下4种方法。

（1）在命令行中输入“PLINE”或“PL”命令。

（2）选择菜单栏中的“绘图”/“多段线”命令。

（3）单击“绘图”工具栏中的“多段线”按钮。

（4）单击“默认”选项卡“绘图”面板中的“多段线”按钮。

执行上述命令后，根据系统提示指定多段线的起点和下一个点。此时，命令行提示中各选项的含义如下。

- 圆弧：将绘制直线的方式转变为绘制圆弧的方式，这种绘制圆弧的方法与用ARC命令绘制圆弧的方法类似。
- 半宽：用于指定多段线的半宽值，AutoCAD将提示输入多段线的起点半宽值与终点半宽值。
- 长度：定义下一条多段线的长度，AutoCAD将按照上一条直线的方向绘制这一条多段线。如果上一段是圆弧，则将绘制与此圆弧相切的直线。
- 宽度：设置多段线的宽度值。

2.5.2 编辑多段线

执行“编辑多段线”命令主要有如下5种方法。

（1）在命令行中输入“PEDIT”或“PE”命令。

（2）选择菜单栏中的“修改”/“对象”/“多段线”命令。

（3）单击“修改II”工具栏中的“编辑多段线”按钮。

（4）单击“默认”选项卡“修改”面板中的“多段线”按钮。

（5）选择要编辑的多线段，在绘图区右击，在弹出的快捷菜单中选择“多段线编辑”命令。

执行上述命令后，根据系统提示选择一条要编辑的多段线，并根据需要输入其中的选项，此时，命令行提示中各选项的含义如下。

- 合并（J）：以选中的多段线为主体，合并其他直线段、圆弧或多段线，使其成为一条多段线。能合并的条件是各段线的端点首尾相连，如图2-40所示。

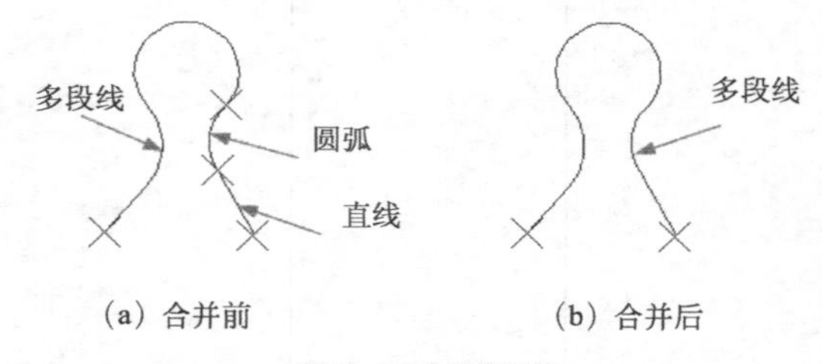

（a）合并前　　（b）合并后

图 2-40 合并多段线

- 宽度（W）：修改整条多段线的线宽，使其具有同一线宽，如图2-41所示。

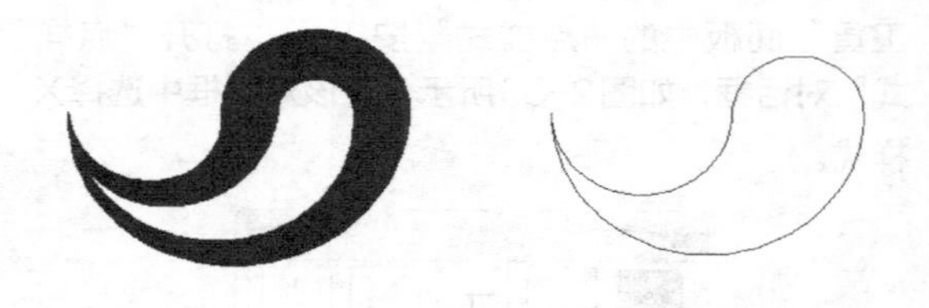

（a）修改前　　（b）修改后

图 2-41　修改整条多段线的线宽

- 编辑顶点（E）：选择该选项后，在多段线起点处出现一个斜的十字叉“×”，它为当前顶点的标记，并在命令行出现后续操作提示中选择任意选项，这些选项允许用户进行移动、插入顶点和修改任意两点间的线的线宽等操作。
- 拟合（F）：从指定的多段线生成由光滑圆弧连接而成的圆弧拟合曲线，该曲线经过多段线的各顶点，如图2-42所示。

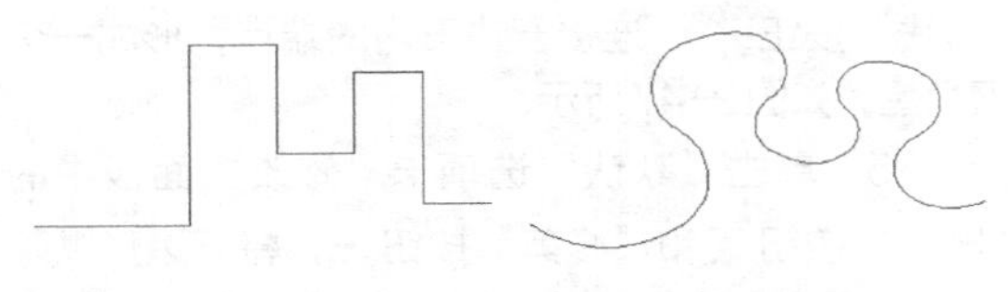

（a）修改前　　（b）修改后

图 2-42 生成圆弧拟合曲线

- 样条曲线（S）：以指定的多段线的各顶点作为控制点生成B样条曲线，如图2-43所示。

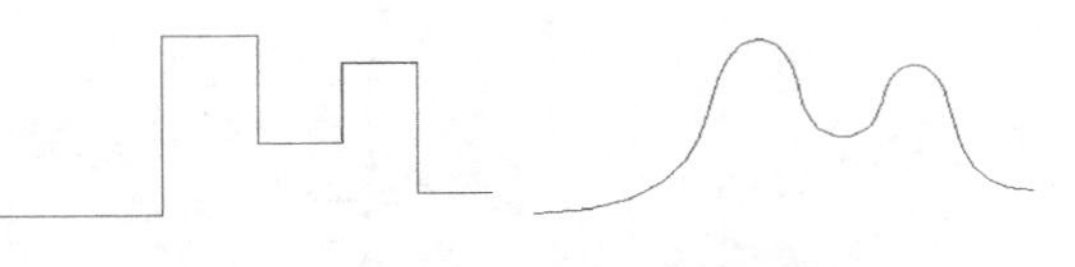

（a）修改前　　（b）修改后

图 2-43 生成 B 样条曲线

- 非曲线化（D）：用直线代替指定的多段线中的圆弧。对于选择“拟合（F）”或“样条曲线（S）”选项后生成的圆弧拟合曲线或样条曲线，删去其生成曲线时新插入的顶点，则恢复成由直线段组成的多段线。
- 线型生成（L）：当多段线的线型为点划线时，控制多段线的线型生成方式开关。选择ON时，将在每个顶点处允许以短划线开始或结束生成线型，选择OFF时，将在每个顶点处允许以长划线开始或结束生成线型。“线型生成”不能用于包含带变宽的线段的多段线，如图2-44所示。
- 反转（R）：反转多段线顶点的顺序。使用此选项可反转使用包含文字线型的对象的方向。例如，根据多段线的创建方向，线型中的文字可能会倒置显示。

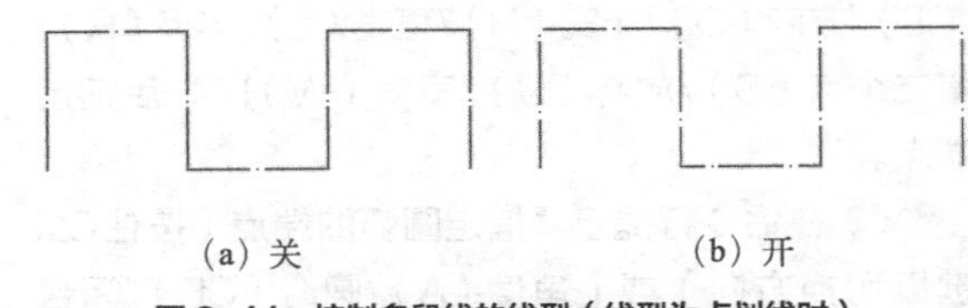

（a）关　　（b）开

图 2-44 控制多段线的线型（线型为点划线时）

2.5.3 实例——紫荆花瓣

应用“多段线”命令绘制紫荆花瓣，绘制流程如图2-45所示。

扫一扫

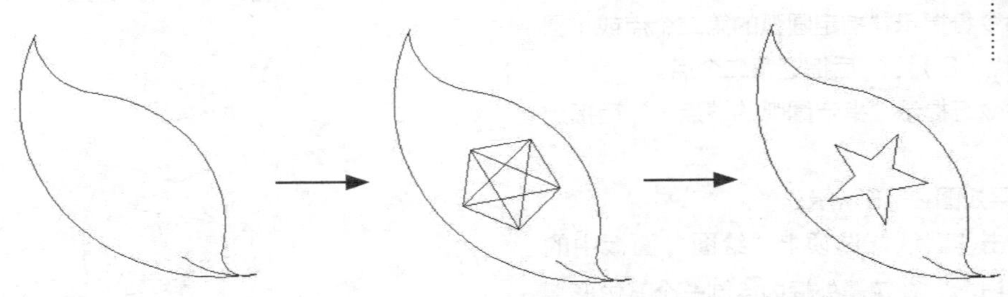

图 2-45 绘制紫荆花瓣流程图

STEP 绘制步骤

（1）单击“默认”选项卡“绘图”面板中的“多段线”按钮，绘制花瓣外框。

① 在命令行提示“指定起点：”后指定一点。

② 在命令行提示“指定下一个点或［圆弧（A）/半宽（H）/长度（L）/放弃（U）/宽度（W）］：”后输入“A”。

③ 在命令行提示“指定圆弧的端点（按住Ctrl键以切换方向）或［角度（A）/圆心（CE）/方向（D）/半宽（H）/直线（L）/半径（R）/第二个点（S）/放弃（U）/宽度（W）］：”后输入“S”。

④ 在命令行提示“指定圆弧上的第二个点：”后指定第二个点。

⑤ 在命令行提示“指定圆弧的端点：”后指定端点。

⑥ 在命令行提示“指定圆弧的端点（按住Ctrl键以切换方向）或［角度（A）/圆心（CE）/闭合（CL）/方向（D）/半宽（H）/直线（L）/半径（R）/第二个点（S）/放弃（U）/宽度（W）］：”后输入“S”。

⑦ 在命令行提示“指定圆弧上的第二个点：”后指定第二个点。

⑧ 在命令行提示“指定圆弧的端点：”后指定

端点。

⑨ 在命令行提示“指定圆弧的端点（按住Ctrl键以切换方向）或［角度（A）/圆心（CE）/闭合（CL）/方向（D）/半宽（H）/直线（L）/半径（R）/第二个点（S）/放弃（U）/宽度（W）］：”后输入“D”。

⑩ 在命令行提示“指定圆弧的起点切向：”后指定起点切向。

⑪ 在命令行提示“指定圆弧的端点（按住Ctrl键以切换方向）：”后指定端点。

⑫ 在命令行提示“指定圆弧的端点（按住Ctrl键以切换方向）或［角度（A）/圆心（CE）/闭合（CL）/方向（D）/半宽（H）/直线（L）/半径（R）/第二个点（S）/放弃（U）/宽度（W）］：”后指定端点。

⑬ 在命令行提示“指定圆弧的端点（按住Ctrl键以切换方向）或［角度（A）/圆心（CE）/闭合（CL）/方向（D）/半宽（H）/直线（L）/半径（R）/第二个点（S）/放弃（U）/宽度（W）］：”后回车。

（2）单击“默认”选项卡“绘图”面板中的“圆弧”按钮，绘制一段圆弧。

① 在命令行提示“指定圆弧的起点或［圆心（C）］：”后指定刚绘制的多段线下端点。

② 在命令行提示“指定圆弧的第二个点或［圆心（C）/端点（E）］：”后指定第二个点。

③ 在命令行提示“指定圆弧的端点：”后指定端点。

绘制结果如图2-46所示。

（3）单击“默认”选项卡“绘图”面板中的“多边形”按钮，在花瓣外框内绘制一个五边形。

（4）单击“默认”选项卡“绘图”面板中的“直线”按钮，连接五边形内的端点，形成一个五角星，如图2-47所示。

（5）单击“默认”选项卡“修改”面板中的“删除”按钮和“修剪”按钮，将五边形删除并修剪掉多余的直线，最终完成紫荆花瓣的绘制，如图2-48所示。

图2-46 花瓣外框

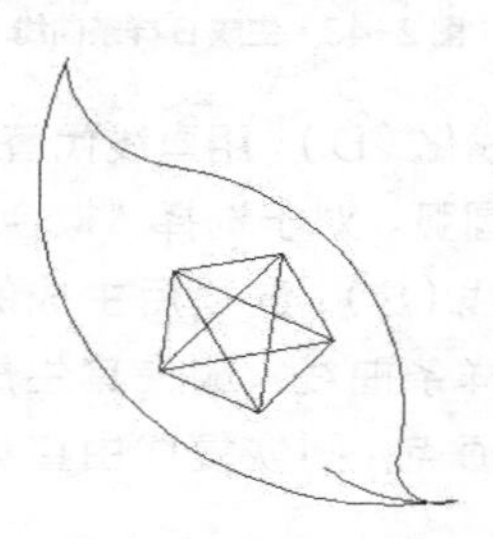

图2-47 绘制五角星

图2-48 修剪五角星

2.6 样条曲线

AutoCAD提供了一种被称为非一致有理B样条（NURBS）曲线的特殊样条曲线类型。NURBS曲线在控制点之间产生一条光滑的样条曲线，如图2-49所示。样条曲线可用于创建形状不规则的曲线，如在地理信息系统（GIS）应用或汽车设计环节绘制轮廓线。

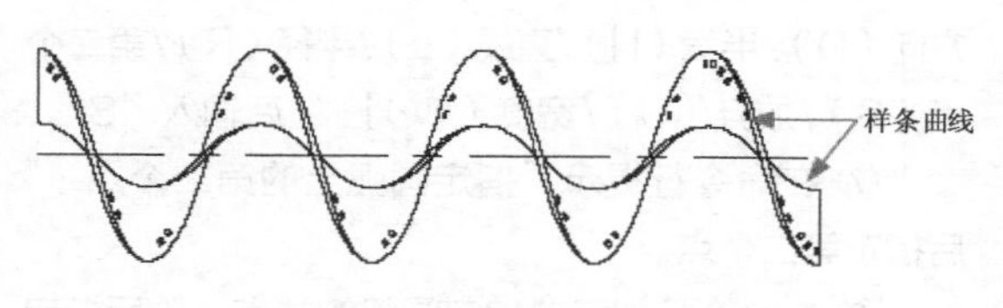

图2-49 样条曲线

2.6.1 绘制样条曲线

执行“样条曲线”命令主要有如下4种方法。

（1）在命令行中输入“SPLINE”或“SPL”命令。

（2）选择菜单栏中的“绘图”/“样条曲线”命令。

（3）单击“绘图”工具栏中的“样条曲线”按钮。

（4）单击“默认”选项卡“绘图”面板中的“样条曲线拟合”按钮或“样条曲线控制点”按钮。

执行上述命令后，根据系统提示指定一点或选择“对象（O）”选项。在命令行提示下指定一点。执行“样条曲线”命令后，系统将提示指定样条曲线的点，在绘图区依次指定所需位置的点即可创建出样条曲线。绘制样条曲线的过程中，命令行提示中各选项的含义如下。

- 对象（O）：将二维或三维的二次或三次样条曲线的拟合多段线转换为等价的样条曲线，然后（根据DELOBJ系统变量的设置）删除该拟合多段线。
- 闭合（C）：将最后一点定义与第一点一致，并使其在连接处相切，以闭合样条曲线。选择该项，在命令行提示下指定点或按回车键，用户可以指定一点来定义切向矢量，或单击状态栏中的“对象捕捉”按钮，使用“切点”和“垂足”对象捕捉模式使样条曲线与现有对象相切或垂直。
- 拟合公差（F）：修改当前样条曲线的拟合公差。根据新的拟合公差，以现有点重新定义样条曲线。拟合公差表示样条曲线拟合时所指定的拟合点集的拟合精度。拟合公差越小，样条曲线与拟合点越接近。公差为0时，样条曲线将通过该点。输入大于0的拟合公差时，将使样条曲线在指定的公差范围内通过拟合点。在绘制样条曲线时，可以通过改变样条曲线的拟合公差以查看效果。
- 起点切向（T）：定义样条曲线的第一个点和最后一个点的切向。如果在样条曲线的两端都指定切向，可以输入一个点或使用“切点”和“垂足”对象捕捉模式使样条曲线与已有的对象相切或垂直。如果按回车键，系统将计算默认切向。

2.6.2 编辑样条曲线

执行“编辑样条曲线”命令主要有如下4种方法。

（1）在命令行中输入“SPLINEDIT”命令。

（2）选择菜单栏中的“修改”/“对象”/“样条曲线”命令。

（3）选择要编辑的样条曲线，在绘图区右击，在弹出的快捷菜单中选择“编辑样条曲线”命令。

（4）单击“修改II”工具栏中的“编辑样条曲线”按钮。

执行上述命令后，根据系统提示选择要编辑的样条曲线。若选择的样条曲线是用SPLINE命令创建的，其近似点以夹点的颜色显示出来；若选择的样条曲线是用PLINE命令创建的，其控制点以夹点的颜色显示出来。此时，命令行提示中各选项的含义如下。

- 拟合数据（F）：编辑近似数据。选择该选项后，创建该样条曲线时指定的各点将以小方格的形式显示出来。
- 移动顶点（M）：移动样条曲线上的当前点。
- 精度（R）：调整样条曲线的定义精度。
- 反转（E）：翻转样条曲线的方向，该项操作主要用于应用程序。

2.6.3 实例——碧桃花瓣

本实例绘制碧桃花瓣，主要介绍样条曲线的具体应用，如图2-50所示。

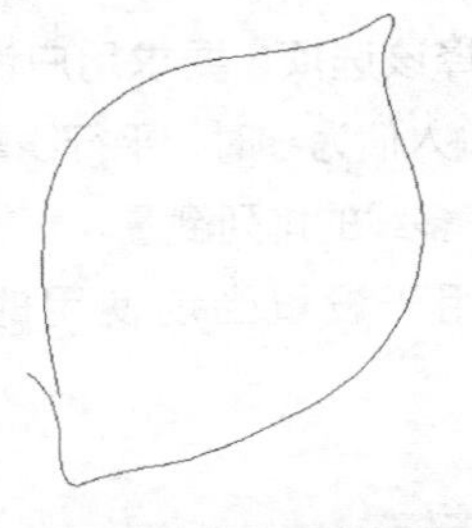

图 2-50 绘制碧桃花瓣

STEP 绘制步骤

单击“默认”选项卡“绘图”面板中的“样条曲线拟合”按钮，绘制碧桃花瓣。

（1）在命令行提示“指定第一个点或［方式（M）/节点（K）/对象（O）］：”后指定一个点。

（2）在命令行提示“输入下一个点或 [起点切向（T）/公差（L）]：”后适当指定下一个点。

（3）在命令行提示“输入下一个点或 [端点相切（T）/公差（L）/放弃（U）]：”后适当指定下一个点。

（4）在命令行提示“输入下一个点或 [端点相切（T）/公差（L）/放弃（U）/闭合（C）]：”后适当指定下一个点。

（5）在命令行提示“输入下一个点或 [端点相切（T）/公差（L）/放弃（U）/闭合（C）]：”后回车。

结果如图2-50所示。

2.7 多线

多线是一种复合线，由连续的直线段复合组成。多线的一个突出优点是能够提高绘图效率，保证图线之间的统一性。

2.7.1 绘制多线

执行“多线”命令主要有如下2种方法。

（1）在命令行中输入“MLINE”或“ML”命令。

（2）选择菜单栏中的“绘图”/“多线”命令。

执行此命令后，根据系统提示指定起点和下一个点。在命令行提示下继续指定下一个点绘制线段；输入“U”，则放弃前一段多线的绘制；右击或按回车键，结束命令。在命令行提示下继续指定下一点绘制线段；输入“C”，则闭合线段，结束命令。在执行“多线”命令的过程中，命令行提示中各主要选项的含义如下。

- 对正（J）：该选项用于指定绘制多线的基准。共有“上”“无”和“下”3种对正类型。其中，“上”表示以多线上侧的线为基准，其他两项依此类推。
- 比例（S）：选择该选项，要求用户设置平行线的间距。输入值为零时，平行线重合；输入值为负时，多线的排列倒置。
- 样式（ST）：用于设置当前使用的多线样式。

2.7.2 定义多线样式

执行“多线样式”命令主要有如下2种方法。

（1）在命令行中输入“MLSTYLE”命令。

（2）选择菜单栏中的“格式”/“多线样式”命令。

执行上述命令后，系统弹出图2-51所示的“多线样式”对话框。在该对话框中，用户可以对多线样式进行定义、保存和加载等操作。

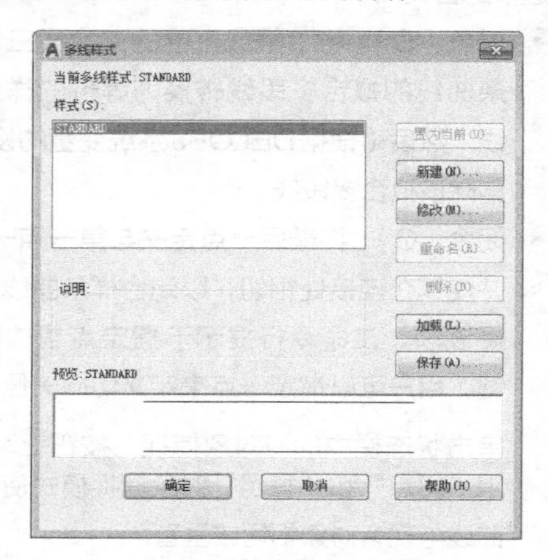

图 2-51 “多线样式”对话框

2.7.3 编辑多线

应用“编辑多线”命令，可以创建和修改多线样式。执行该命令主要有如下2种方法。

（1）选择菜单栏中的“修改”/“对象”/“多线”命令。

（2）在命令行中输入“MLEDIT”命令。

执行上述操作后，弹出“多线编辑工具”对话框，如图2-52所示。

利用“多线编辑工具”对话框，可以创建或修改多线的模式，其中分4列显示了示例图形：第1列管理十字交叉形式的多线；第2列管理T形多线；第3列管理拐角接合点和节点形式的多线；第4列管理多线被剪切或连接的形式。

单击选择某个示例图形，然后单击“关闭”按钮，就可以调用该项编辑功能。

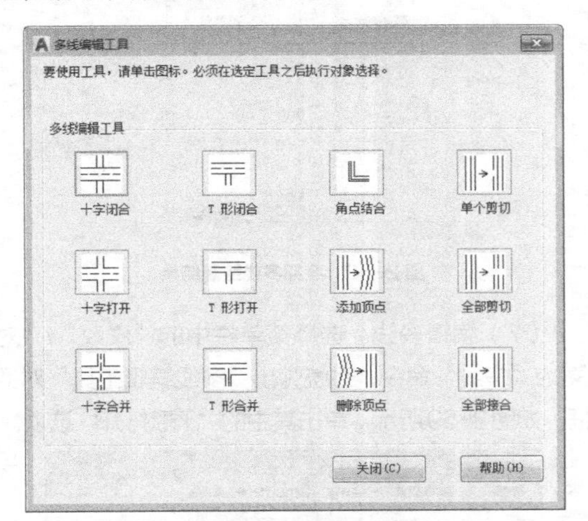

图 2-52 “多线编辑工具”对话框

2.7.4 实例——墙体

本例应用“多线”命令绘制墙体，绘制流程图如图2-53所示。

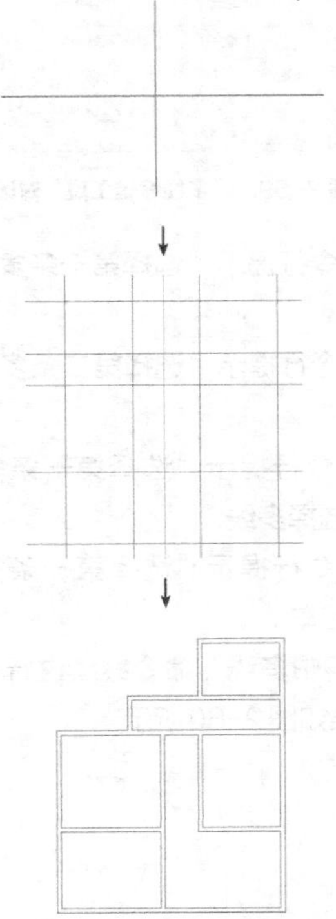

图 2-53 绘制墙体流程图

STEP 绘制步骤

（1）单击“默认”选项卡“绘图”面板中的“构造线”按钮，绘制出一条水平构造线和一条竖直构造线，组成“十”字形辅助线，如图2-54所示。

（2）按回车键。

① 在命令行提示“指定点或［水平（H）/垂直（V）/角度（A）/二等分（B）/偏移（O）］：”后输入“O”。

② 在命令行提示“指定偏移距离或［通过（T）］<通过>：”后输入“4200”。

③ 在命令行提示“选择直线对象：”后选择水平构造线。

④ 在命令行提示“指定向哪侧偏移：”后指定上边一点。

⑤ 在命令行提示“选择直线对象：”后继续选择水平构造线。

⑥ 绘制辅助线。

（3）用相同方法，将绘制得到的水平构造线依次向上偏移4200、5100、1800和3000，偏移得到的水平构造线如图2-55所示。重复“偏移”命令，将垂直构造线依次向右偏移3900、1800、2100和4500，结果如图2-56所示。

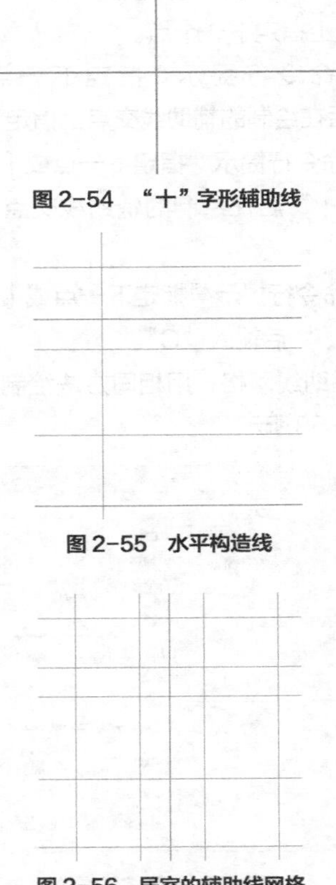

图 2-54 “十”字形辅助线

图 2-55 水平构造线

图 2-56 居室的辅助线网格

（4）选择菜单栏中的“格式”/“多线样式”命令，系统打开“多线样式”对话框，单击“新建”按钮，系统打开“创建新的多线样式”对话框，在“新样式名”文本框中输入“墙体线”，单击“继续”按钮。

（5）系统弹出“新建多线样式：墙体线”对话框，按图2-57所示进行设置。

（6）选择菜单栏中的“绘图”/“多线”命令，绘制墙体。

① 在命令行提示“指定起点或［对正（J）/比例（S）/样式（ST）］：”后输入“S”。

② 在命令行提示“输入多线比例<20.00>：”后输入“1”。

③ 在命令行提示“指定起点或［对正（J）/比例（S）/样式（ST）］：”后输入“J”。

④ 在命令行提示“输入对正类型［上（T）/无（Z）/下（B）］<上>：”后输入“Z”。

⑤ 在命令行提示“指定起点或［对正（J）/比例（S）/样式（ST）］：”后在绘制的辅助线交点上指定一个点。

⑥ 在命令行提示“指定下一点：”后在绘制的辅助线交点上指定下一个点。

⑦ 在命令行提示“指定下一点或［放弃（U）］：”后在绘制的辅助线交点上指定下一个点。

⑧ 在命令行提示“指定下一点或［闭合（C）/放弃（U）］：”后在绘制的辅助线交点上指定下一个点。

⑨ 在命令行提示“指定下一点或［闭合（C）/放弃（U）］：”后输入“C”。

根据辅助线网格，用相同方法绘制多线，绘制结果如图2-58所示。

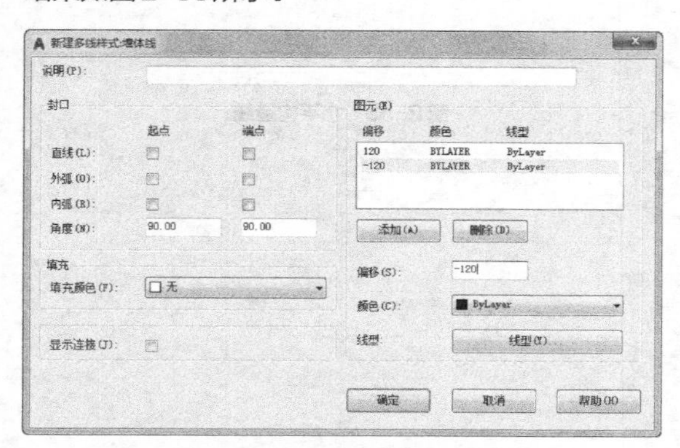

图2-57　设置多线样式

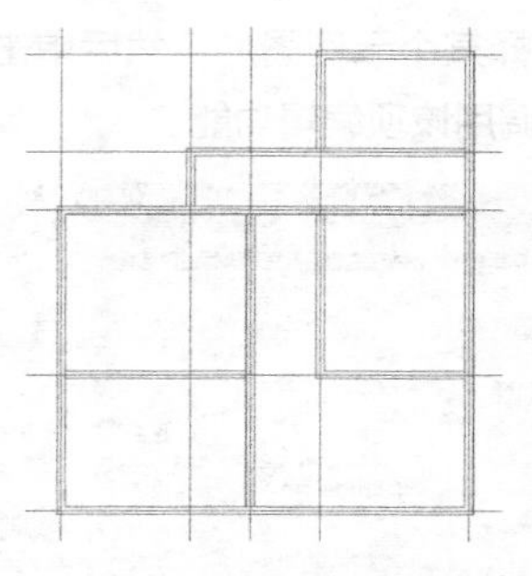

图2-58　全部多线绘制结果

（7）编辑多线。选择菜单栏中的“修改”/“对象”/“多线”命令，系统弹出“多线编辑工具”对话框，如图2-59所示。单击其中的“T形打开”选项。

图2-59　“多线编辑工具”对话框

① 在命令行提示“选择第一条多线：”后选择多线。

② 在命令行提示“选择第二条多线：”后选择多线。

③ 在命令行提示“选择第一条多线或［放弃（U）］：”后选择多线。

④ 在命令行提示“选择第一条多线或［放弃（U）］：”后回车。

重复“编辑多线”命令继续进行多线编辑，编辑的最终结果如图2-60所示。

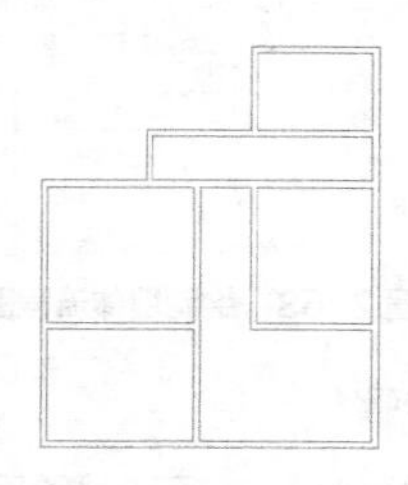

图2-60　墙体

2.8 上机实验

通过前面的学习，相信读者对本章知识已有了大体的了解，本节通过几个操作练习帮助读者进一步掌握本章知识要点。

【实验 1】绘制图 2-61 所示的壁灯。

1. 目的要求

本例应用“矩形”命令绘制底座，然后应用“直线”和“圆弧”命令绘制灯罩，最后应用“样条曲线”命令绘制装饰物，希望读者通过本例的学习熟练掌握“样条曲线”命令的运用。

2. 操作提示

（1）绘制底座。

（2）绘制灯罩。

（3）绘制装饰物。

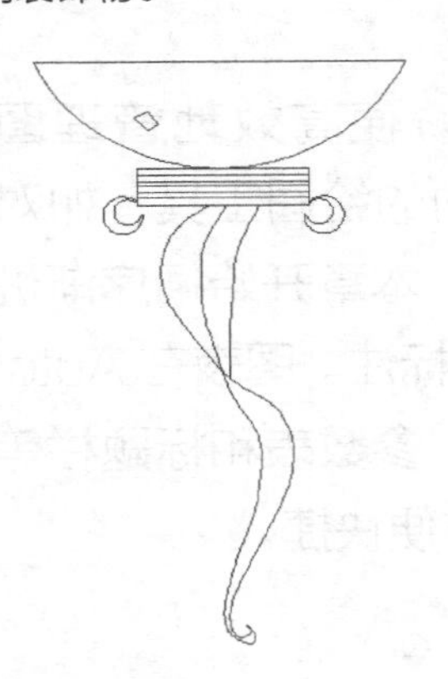

图 2-61 壁灯

【实验 2】绘制图 2-62 所示的圆桌。

1. 目的要求

本例图形涉及的命令主要是“圆”命令。希望读者通过本例的学习灵活掌握圆的绘制方法。

2. 操作提示

（1）利用“圆”命令绘制外沿。

（2）利用“圆”命令结合对象捕捉功能绘制同心内圆。

图 2-62 圆桌

第3章 基本绘图工具

为了快捷准确地绘制图形和方便高效地管理图形，AutoCAD 提供了多种必要的和辅助的绘图工具，如对象捕捉工具、图层管理器及定位工具等。本章开始循序渐进地讲解 AutoCAD 2018 的尺寸和文字的标注。图表在 AutoCAD 图形中也有大量的应用，如明细表、参数表和标题栏等，熟练应用图表功能将使图表绘制变得方便快捷。

学习要点和目标任务

- 图层设置
- 绘图辅助工具
- 对象约束
- 尺寸标注

3.1 图层设置

AutoCAD中的图层就如同在手工绘图中使用的重叠透明图纸，如图3-1所示，可以使用图层来组织不同类型的信息。在AutoCAD中，图形的每个对象都位于一个图层上，所有图形对象都具有图层、颜色、线型和线宽这4个基本属性。在绘图时，图形对象将创建在当前的图层上。每个CAD文档中图层的数量是不受限制的，每个图层都有自己的名称。

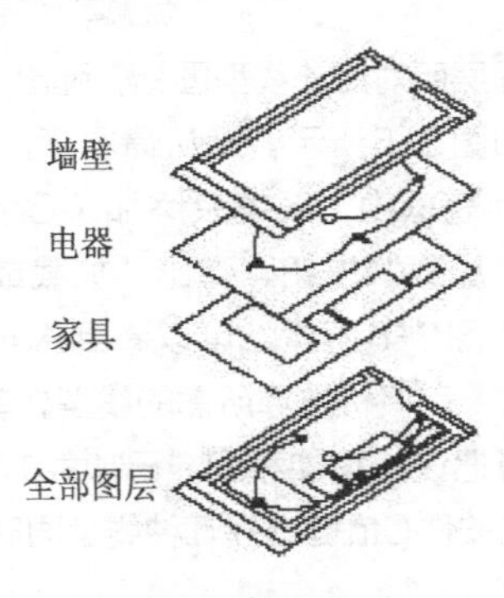

图 3-1　图层示意图

3.1.1 建立新图层

新建的CAD文档中只能自动创建一个名为“0”的特殊图层。默认情况下，图层0将被指定使用7号颜色、Continuous线型、默认线宽以及NORMAL打印样式，并且不能被删除或重命名。通过创建新的图层，可以将类型相似的对象指定给同一个图层使其相关联。例如，可以将构造线、文字、标注和标题栏置于不同的图层上，并为这些图层指定通用特性。通过将对象分类放到各自的图层中，可以快速有效地控制对象的显示以及对其进行更改。执行上述功能主要有如下4种方法。

（1）在命令行中输入“LAYER”或“LA”命令。

（2）选择菜单栏中的“格式”/“图层”命令。

（3）单击“图层”工具栏中的“图层特性管理器”按钮，如图3-2所示。

（4）单击“默认”选项卡“图层”面板中的“图层特性”按钮。

图 3-2　“图层”工具栏

执行上述命令后，系统弹出“图层特性管理器”对话框，如图3-3所示。单击“图层特性管理器”对话框中的“新建图层”按钮，建立新图层，默认的图层名为“图层1”。可以根据绘图需要，更改图层名。在一个图形中可以创建的图层数以及在每个图层中可以创建的对象数实际上是无限的，图层最长可使用255个字符的字母或数字命名。图层特性管理器按名称的字母顺序排列图层。

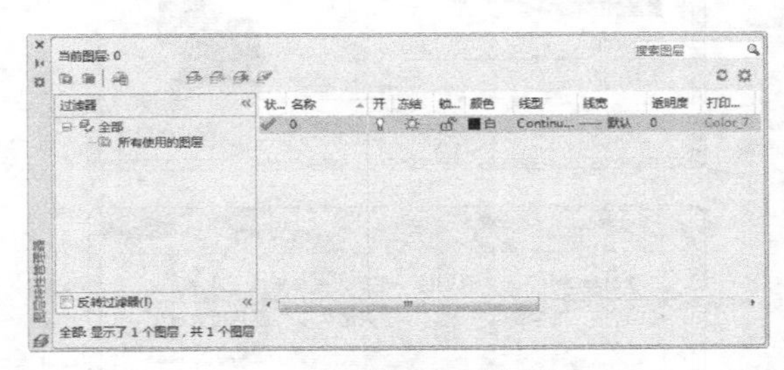

图 3-3　“图层特性管理器”对话框

提示　如果要建立不止一个图层，无须重复单击“新建”按钮。更有效的方法是：在建立一个新的图层“图层1”后，改变图层名，在其后输入逗号“，”，这样系统会自动建立一个新图层“图层1”，改变图层名，再输入一个逗号，又一个新的图层建立了，这样可以依次建立各个图层。也可以按两次回车键，建立另一个新的图层。

图层属性包括图层名称、关闭/打开图层、冻结/解冻图层、锁定/解锁图层、图层线条颜色、图层线条线型、图层线条宽度、图层打印样式以及图层是否打印9个参数。下面将分别讲述如何设置这些图层参数。

1. 设置图层线条颜色

在工程图中，整个图形包含多种不同功能的图形对象，如实体、剖面线与尺寸标注等，为了便于直观地区分它们，有必要针对不同的图形对象使用不同的颜色，例如实体层使用白色、剖面线层使用青色等。

要改变图层的颜色时，单击图层所对应的颜色图标，弹出“选择颜色”对话框，如图3-4所示。它是一个标准的颜色设置对话框，可以使用“索引颜色”“真彩色”“配色系统”3个选项卡中的参数来设置颜色。

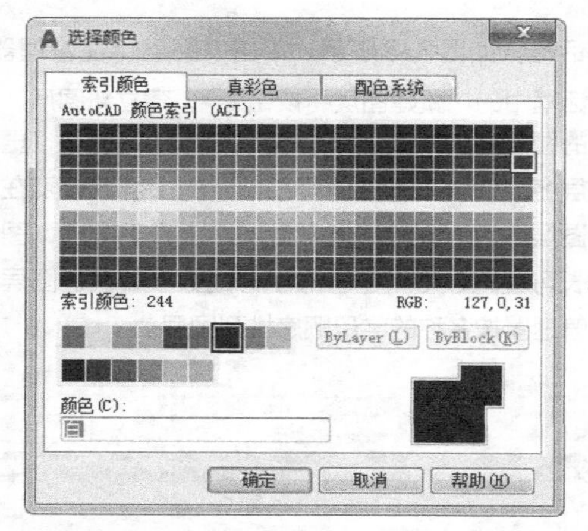

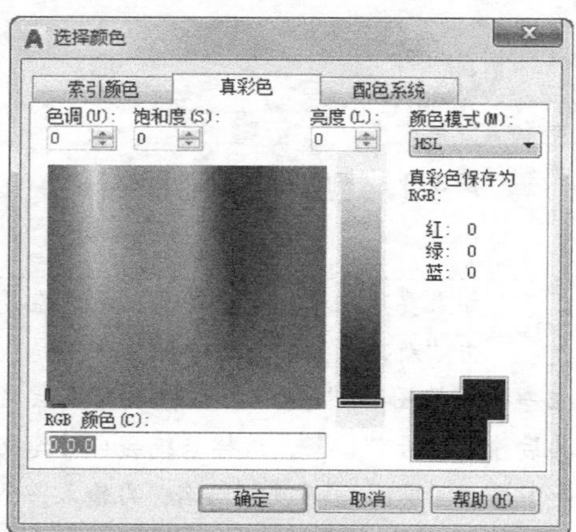

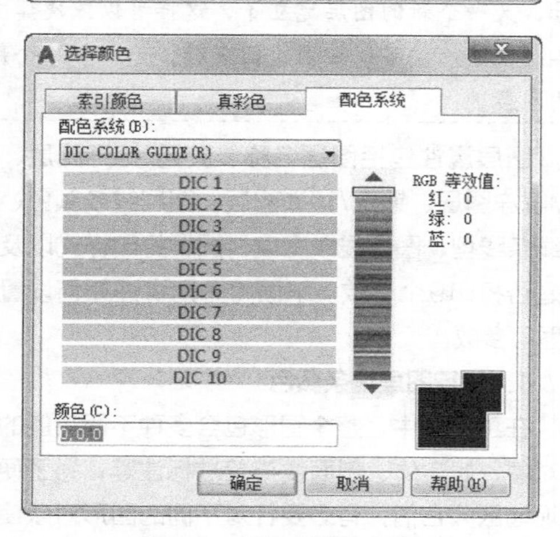

图3-4 “选择颜色”对话框

2. 设置图层线型

线型是指作为图形基本元素的线条的组成和显示方式，如实线、点划线等。在许多绘图工作中，常常以线型划分图层，为某一个图层设置适合的线型。在绘图时，只需将该图层设为当前工作层，即可绘制出符合线型要求的图形对象，极大地提高了绘图效率。

单击图层所对应的线型图标，弹出“选择线型”对话框，如图3-5所示。默认情况下，在“已加载的线型”列表框中，系统只添加了Continuous线型。单击“加载”按钮，弹出“加载或重载线型”对话框，如图3-6所示，可以看到AutoCAD提供了许多线型，用鼠标选择所需的线型，单击“确定”按钮，即可把该线型加载到“已加载的线型”列表框中，可以按住Ctrl键选择几种线型同时加载。

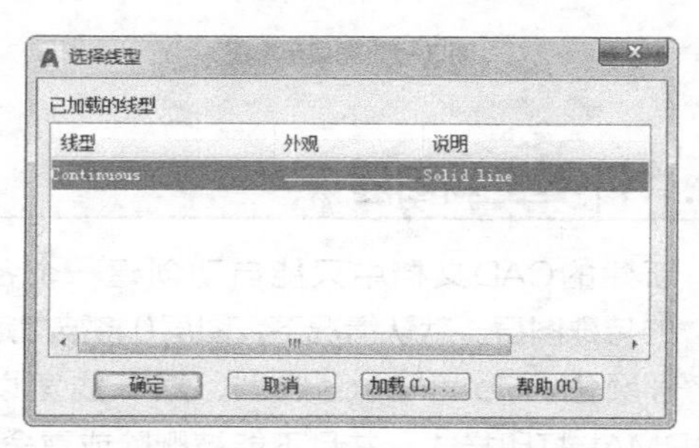

图3-5 “选择线型”对话框

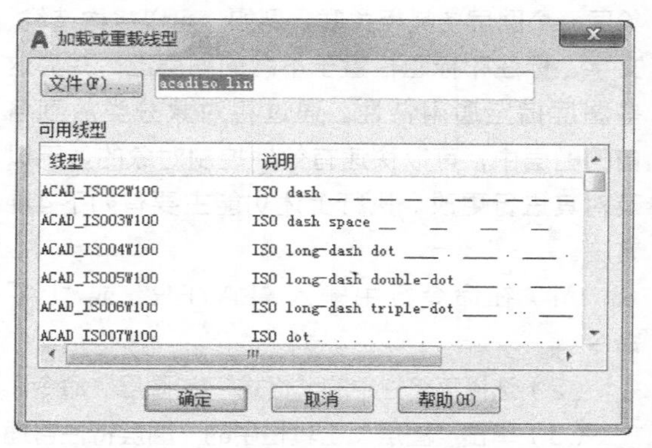

图3-6 “加载或重载线型”对话框

3. 设置图层线宽

线宽设置，顾名思义就是改变线条的宽度。用不同宽度的线条表现图形对象的类型，可以提高图形的表达能力和可读性，例如绘制外螺纹时大径使用粗实线，小径使用细实线。

单击“图层特性管理器”对话框中图层所对应

的线宽图标，弹出“线宽”对话框，如图3-7所示。选择一个线宽，单击“确定”按钮完成对图层线宽的设置。

图层线宽的默认值为0.25mm。在状态栏为“模型”状态时，显示的线宽同计算机的像素有关。线宽为零时，显示为一个像素的线宽。单击状态栏中的“显示/隐藏线宽”按钮☰，能显示图形的线宽与实际线宽成比例，如图3-8所示，但线宽不随着图形的放大和缩小而变化。线宽功能关闭时，不显示图形的线宽，图形的线宽均为默认宽度值显示。可以在“线宽”对话框中选择所需的线宽。

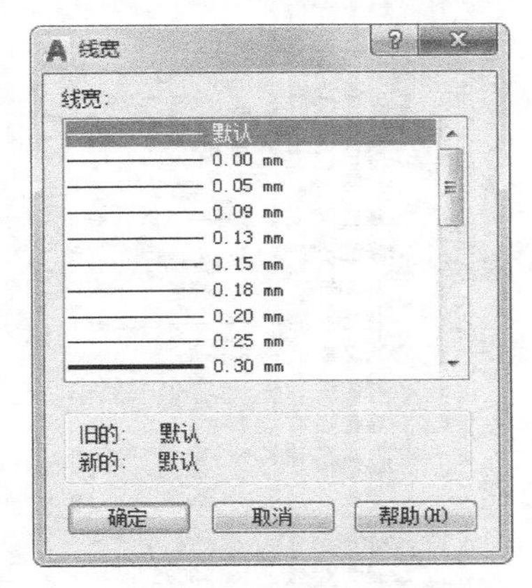

图 3-7 “线宽”对话框

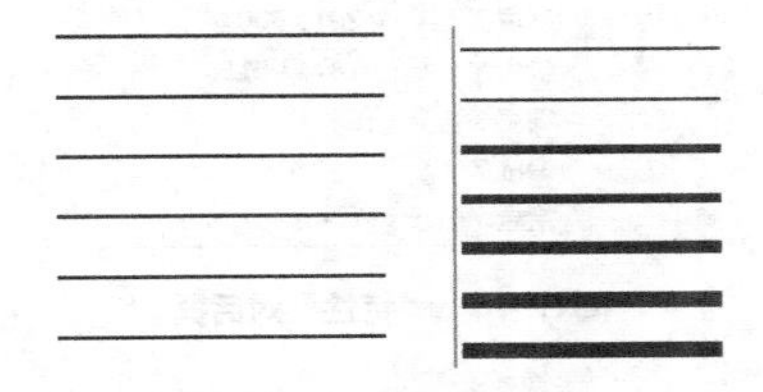

图 3-8 线宽显示效果图

3.1.2 设置图层

除了前面讲述的通过图层管理器设置图层的方法外，还有其他几种简便方法可以设置图层的颜色、线宽、线型等参数。

1. 直接设置图层

可以直接通过命令行或菜单设置图层的颜色、线宽、线型等参数。

（1）设置颜色。执行“颜色”命令主要有如下2种方法。

① 在命令行中输入“COLOR”命令。

② 选择菜单栏中的“格式”/“颜色”命令。

执行上述命令后，AutoCAD打开图3-4所示的“选择颜色”对话框。该对话框与前面讲述的相关知识相同，不再赘述。

（2）设置线宽。执行“线宽”命令主要有如下2种方法。

① 在命令行中输入“LINEWEIGHT”命令。

② 选择菜单栏中的“格式”/“线宽”命令。

执行上述命令后，系统打开“线宽设置”对话框，如图3-9所示。该对话框的使用方法与图3-7所示的“线宽”对话框类似。

（3）设置线型。执行“线型”命令主要有如下2种方法。

① 在命令行中输入“LINETYPE”命令。

② 选择菜单栏中的“格式”/“线型”命令。

执行上述命令后，系统弹出“线型管理器”对话框，如图3-10所示。该对话框的使用方法与图3-5所示的“选择线型”对话框类似。

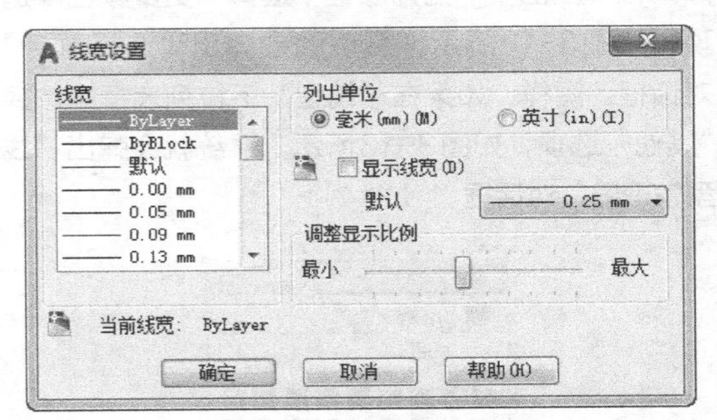

图 3-9 “线宽设置”对话框

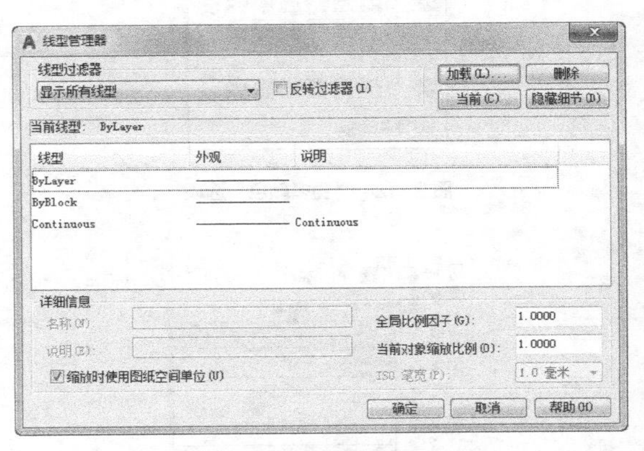

图 3-10 “线型管理器”对话框

2. 利用“特性”面板设置图层

AutoCAD提供了一个“特性”面板，如图3-11

所示。用户可以利用面板上的图标快速地察看和改变所选对象的颜色、线型、线宽等属性。“特性”面板增强了查看和编辑对象属性的功能，在绘图区选择任意对象都将在面板上自动显示它所在的图层、颜色、线型等属性。

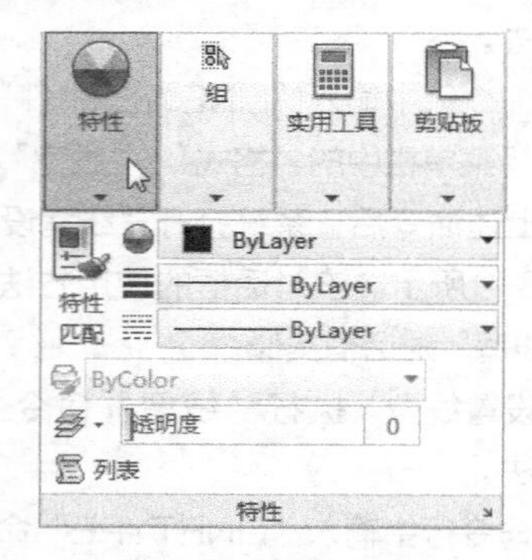

图 3-11 “特性”面板

也可以在“特性”面板的“颜色”“线型”“线宽”“打印样式”下拉列表框中选择需要的参数值。如果在“颜色”下拉列表框中选择“更多颜色”选项，如图3-12所示，系统就会弹出“选择颜色”对话框。同样，如果在“线型”下拉列表框中选择“其他”选项，如图3-13所示，系统就会弹出“线型管理器”对话框。

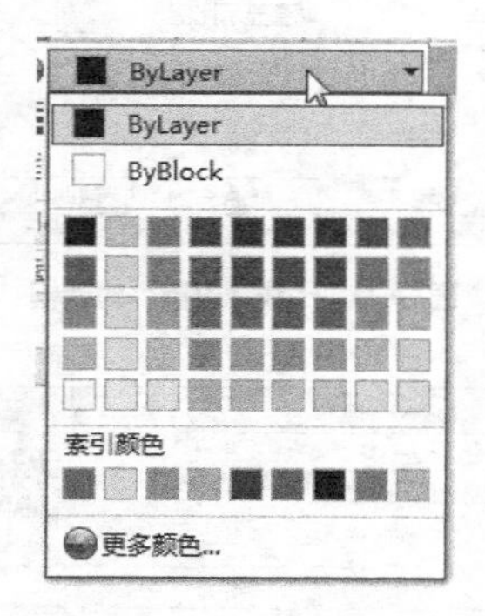

图 3-12 “更多颜色”选项

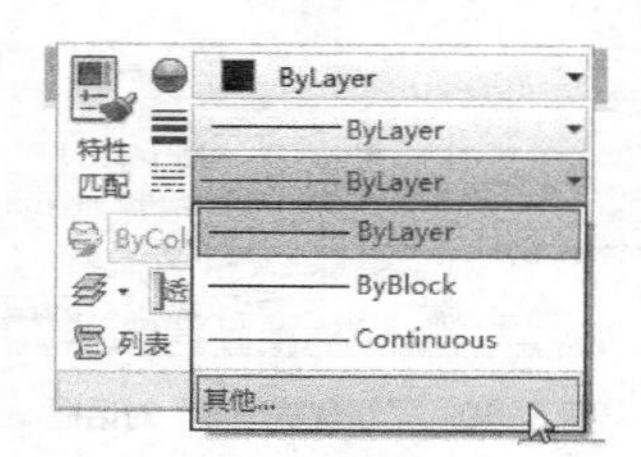

图 3-13 “其他”选项

3. 用“特性”对话框设置图层

执行“特性”命令主要有以下4种方法。

（1）在命令行中输入“DDMODIFY”或“PROPERTIES”命令。

（2）选择菜单栏中的“修改”/“特性”命令。

（3）单击“标准”工具栏中的“特性”按钮。

（4）单击“默认”选项卡“特性”面板中的“对话框启动器”按钮。

执行上述命令后，系统弹出“特性”对话框，如图3-14所示，在其中可以方便地设置或修改图层、颜色、线型、线宽等属性。

图 3-14 “特性”对话框

3.1.3 控制图层

1. 切换当前图层

不同的图形对象需要绘制在不同的图层中，在绘制前，需要将工作图层切换到所需的图层上来。单击“默认”选项卡“图层”面板中的“图层特性”按钮，弹出“图层特性管理器”选项板，选择图层，单击“置为当前”按钮即可完成设置。

2. 删除图层

在“图层特性管理器”选项板的图层列表框中选择要删除的图层，单击“删除图层”按钮即可删除该图层。从图形文件定义中删除选定的图层时，只能删除未参照的图层。参照图层包括图层0及

DEFPOINTS、包含对象（包括块定义中的对象）的图层、当前图层和依赖外部参照的图层。不包含对象（包括块定义中的对象）的图层、非当前图层和不依赖外部参照的图层都可以删除。

3. 关闭/打开图层

在“图层特性管理器”选项板中单击💡图标，可以控制图层的可见性。图层打开时，图标小灯泡呈鲜艳的颜色，该图层上的图形可以显示在屏幕上或绘制在绘图仪上。单击该属性图标后，图标小灯泡呈灰暗色，该图层上的图形不显示在屏幕上，而且不能被打印输出，但仍然作为图形的一部分保留在文件中。

4. 冻结/解冻图层

在“图层特性管理器”选项板中单击☼或❄图标，可以冻结图层或将图层解冻。图标呈雪花灰暗色时，该图层处于冻结状态；图标呈太阳鲜艳色时，该图层处于解冻状态。冻结图层上的对象不能显示，也不能打印，同时也不能编辑修改。在冻结了图层后，该图层上的对象不影响其他图层上对象的显示和打印。例如，在使用HIDE命令消隐对象时，被冻结图层上的对象不隐藏。

5. 锁定/解锁图层

在“图层特性管理器”选项板中单击🔓或🔒图标，可以锁定图层或将图层解锁。锁定图层后，该图层上的图形依然显示在屏幕上并可打印输出，也可以在该图层上绘制新的图形对象，但不能对该图层上的图形进行编辑修改操作。可以对当前图层进行锁定，也可以对锁定图层上的图形对象进行查询或捕捉。锁定图层可以防止对图形的意外修改。

6. 打印样式

在AutoCAD 2018中，可以使用一个名为“打印样式”的对象特性。打印样式控制对象的打印特性，包括颜色、抖动、灰度、笔号、虚拟笔、淡显、线型、线宽、线条端点样式、线条连接样式和填充样式。打印样式功能给用户提供了很大的灵活性，用户可以设置打印样式来替代其他对象特性，也可以根据需要关闭这些替代设置。

7. 打印/不打印

在“图层特性管理器”选项板中单击🖨或🖨图标，可以设定该图层是否打印，以保证在图形可见性不变的条件下，控制图形的打印特征。打印功能只对可见的图层起作用，对于已经被冻结或被关闭的图层不起作用。

8. 新视口冻结

新视口冻结功能用于控制在当前视口中图层的冻结和解冻，不解冻图形中设置为“关”或“冻结”的图层，对于模型空间视口不可用。

9. 透明度

控制所有对象在选定图层上的可见性。对单个对象应用透明度时，对象的透明度特性将替代图层的透明度设置。

10. 说明

（可选）描述图层或图层过滤器。

3.2 绘图辅助工具

要快速、准确地完成图形绘制工作，有时要借助一些辅助工具，如用于准确确定绘制位置的精确定位工具和调整图形显示范围与显示方式的图形显示工具等。下面简要介绍这两种非常重要的辅助绘图工具。

3.2.1 精确定位工具

在绘制图形时，可以使用直角坐标和极坐标精确定位点，但是有些点（如端点、中心点等）的坐标我们是不知道的，如果想精确地指定这些点是很困难的，有时甚至是不可能的。AutoCAD中提供了精确定位工具，使用这类工具，可以很容易地在屏幕中捕捉到这些点，进行精确绘图。

1. 推断约束

可以在创建和编辑几何对象时自动应用几何约束。

启用“推断约束”模式后，系统会自动在正在创建或编辑的对象与对象捕捉的关联对象或点之间应用约束。

与AUTOCONSTRAIN命令相似，约束也只在对象符合约束条件时才会应用。推断约束后不会重新定位对象。

打开“推断约束”时，用户在创建几何图形时指定的对象捕捉将用于推断几何约束。但不支持下列对象捕捉：交点、外观交点、延长线和象限点。

无法推断下列约束：固定、平滑、对称、同心、等于、共线。

2. 捕捉模式

捕捉是指AutoCAD可以生成一个隐含分布于屏幕上的栅格，这种栅格能够捕捉光标，使光标只能落到其中的某一个栅格点上。捕捉可分为矩形捕捉和等轴测捕捉两种类型，默认设置为矩形捕捉，即捕捉点的阵列类似于栅格，如图3-15所示。用户可以指定捕捉模式在*X*轴方向和*Y*轴方向上的间距，也可改变捕捉模式与图形界限的相对位置。与栅格不同之处在于，捕捉间距的值必须为正实数，且捕捉模式不受图形界限的约束。等轴测捕捉表示捕捉模式为等轴测模式，此模式是绘制正等轴测图时的工作环境，如图3-16所示。在等轴测捕捉模式下，栅格和光标十字线呈绘制等轴测图时的特定角度。

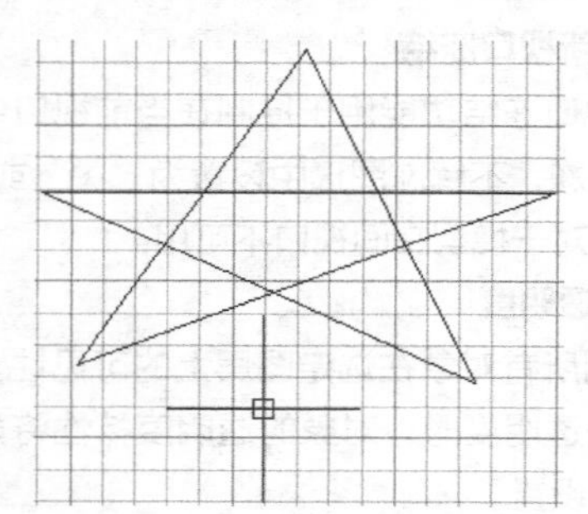

图 3-15　矩形捕捉

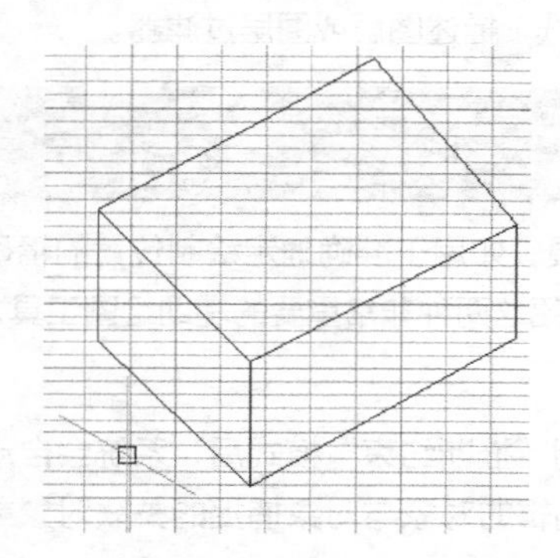

图 3-16　等轴测捕捉

在绘制图3-15和图3-16所示的图形时，输入参数点时光标只能落在栅格点上。两种模式切换方法为：打开“草图设置”对话框，选择“捕捉和栅格”选项卡，在“捕捉类型”选项组中选中“矩形捕捉”或“等轴测捕捉”单选按钮。

3. 栅格显示

AutoCAD中的栅格由有规则的点的矩阵组成，延伸到指定为图形界限的整个区域。使用栅格绘图与在坐标纸上绘图是十分相似的，利用栅格可以对齐对象并直观显示对象之间的距离。如果放大或缩小图形，可能需要调整栅格间距，使其适合新的比例。虽然栅格在屏幕上是可见的，但它并不是图形对象，因此不会被打印成图形中的一部分，也不会影响在何处绘图。

可以单击状态栏中的“栅格显示”按钮▦或按F7键打开或关闭栅格。启用栅格并设置栅格在*X*轴方向和*Y*轴方向上的间距的方法如下。

（1）在命令行中输入“DSETTINGS或DS，SE或DDRMODES”命令。

（2）选择菜单栏中的“工具”/“绘图设置”命令。

（3）右击“栅格”按钮，在弹出的快捷菜单中选择“设置”命令。

执行上述命令，系统弹出“草图设置”对话框，如图3-17所示。

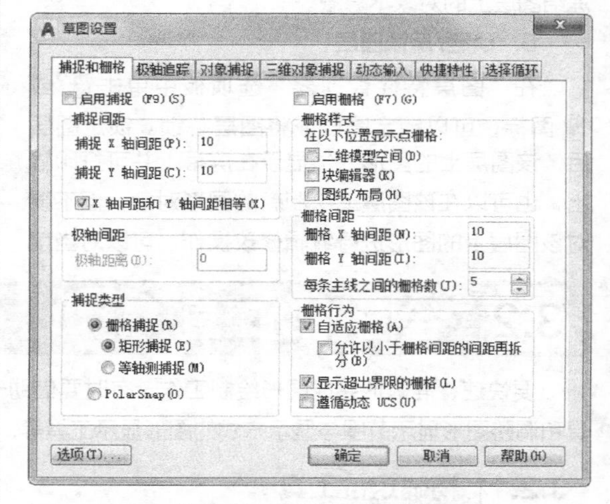

图 3-17　“草图设置”对话框

如果要显示栅格，需选中“启用栅格”复选框。在“栅格X轴间距”文本框中输入栅格点之间的水平距离，单位为“毫米”。如果使用相同的间距设置垂直和水平分布的栅格点，则按Tab键。否则，在“栅格Y轴间距”文本框中输入栅格点之间的垂直距离。

用户可改变栅格与图形界限的相对位置。默

认情况下，栅格以图形界限的左下角为起点，沿着与坐标轴平行的方向填充整个由图形界限所确定的区域。

> 提示 如果栅格的间距设置得太小，当进行打开栅格操作时，AutoCAD将在命令行中显示“栅格太密，无法显示”提示信息，而不在屏幕上显示栅格点。使用缩放功能时，将图形缩放得很小，也会出现同样的提示，不显示栅格。

使用捕捉功能可以使用户直接使用鼠标快速地定位目标点。捕捉模式有几种不同的形式：栅格捕捉、对象捕捉、极轴捕捉和自动捕捉，在下文中将详细讲解。

另外，还可以使用“GRID”命令通过命令行方式设置栅格，功能与“草图设置”对话框类似，不再赘述。

4. 正交绘图

正交绘图模式，即在命令的执行过程中，光标只能沿*X*轴或者*Y*轴移动。所有绘制的线段和构造线都将平行于*X*轴或*Y*轴，因此它们相互垂直呈90°相交，即正交。使用正交绘图模式，对于绘制水平线和垂直线非常有用，特别是绘制构造线时经常使用。而且当捕捉模式为等轴测模式时，它还迫使直线平行于3个坐标轴中的一个。

设置正交绘图模式，可以直接单击状态栏中的“正交模式”按钮∟，或按F8键，相应地会在文本窗口中显示开/关提示信息。也可以在命令行中输入“ORTHO”命令，执行开启或关闭正交绘图模式的操作。

5. 极轴捕捉

极轴捕捉是在创建或修改对象时，按事先给定的角度增量和距离增量来追踪特征点，即捕捉相对于初始点且满足指定极轴距离和极轴角的目标点。

极轴追踪设置主要是设置追踪的距离增量和角度增量，以及与之相关联的捕捉模式。这些设置可以通过“草图设置”对话框中的“捕捉和栅格”和“极轴追踪”选项卡来实现。

（1）设置极轴距离。如图3-17所示，在“草图设置”对话框的“捕捉和栅格”选项卡中，可以设置极轴距离增量，单位为毫米。绘图时，光标将按指定的极轴距离增量进行移动。

（2）设置极轴角度。在“草图设置”对话框的“极轴追踪”选项卡中，可以设置极轴角增量角度，如图3-18所示。设置时，可以在“增量角”下拉列表框中选择预设的角度，也可以直接输入其他任意角度。光标移动时，如果接近极轴角，将显示对齐路径和工具栏提示。例如，图3-19所示为当极轴角增量设置为30°，光标移动时显示的对齐路径。

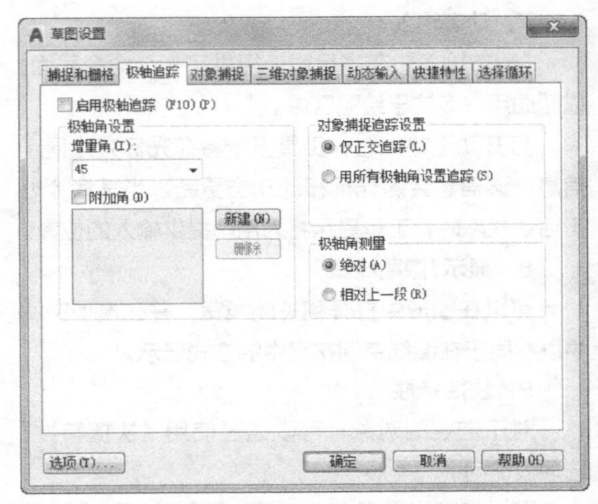

图3-18 “极轴追踪”选项卡

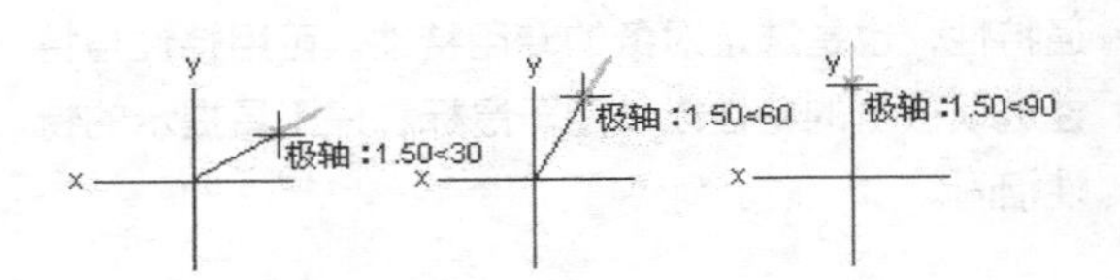

图3-19 极轴捕捉

“附加角”用于设置极轴追踪时是否采用附加角度追踪。选中“附加角”复选框，通过“增加”或者“删除”按钮来增加、删除附加角度值。

（3）对象捕捉追踪设置。用于设置对象捕捉追踪的模式。如果在“极轴追踪”选项卡的“对象捕捉追踪设置”选项组中选中“仅正交追踪”单选按钮，则当采用追踪功能时，系统仅在水平和垂直方向上显示追踪数据；如果选中“用所有极轴角设置追踪”单选按钮，则当采用追踪功能时，系统不仅可以在水平和垂直方向上显示追踪数据，还可以在设置的极轴追踪角度与附加角度所确定的一系列方向上显示追踪数据。

（4）极轴角测量。用于设置极轴角的角度测量采用的参考基准。“绝对”则是相对水平方向逆时针测量，“相对上一段”则是以上一段对象为基准进行测量。

6. 允许/禁止动态UCS

使用动态UCS功能，可以在创建对象时使UCS的*XY*平面自动与实体模型上的平面临时对齐。

使用绘图命令时，可以通过在面的一条边上移动指针对齐UCS，而无须使用UCS命令。结束该命令后，UCS将恢复到其上一个位置和方向。

7. 动态输入

“动态输入”在光标附近提供了一个命令界面，以帮助用户专注于绘图区域。

打开动态输入时，工具提示将在光标旁边显示信息，该信息会随光标移动动态更新。当某命令处于活动状态时，工具提示将为用户提供输入的位置。

8. 显示/隐藏线宽

可以在图形中打开和关闭线宽，并在模型空间中以不同于在图纸空间布局中的方式显示。

9. 快捷特性

对于选定的对象，可以通过使用“快捷特性”选项板访问。

可以自定义显示在“快捷特性”选项板上的特性。选定对象后所显示的特性是所有对象类型的共通特性，也是选定对象的专用特性。可用特性与特性选项板上的特性以及用于鼠标悬停工具提示的特性相同。

3.2.2 对象捕捉工具

1. 对象捕捉

AutoCAD给所有的图形对象都定义了特征点，对象捕捉则是指在绘图过程中，通过捕捉这些特征点，迅速准确地将新的图形对象定位在现有对象的确切位置上，如圆的圆心、线段中点或两个对象的交点等。在AutoCAD 2018中，可以通过单击状态栏中的“对象捕捉追踪”按钮，或在“草图设置”对话框的“对象捕捉”选项卡中选中“启用对象捕捉”复选框，来启用对象捕捉功能。在绘图过程中，对象捕捉功能的调用可以通过以下方式完成。

（1）使用“对象捕捉”工具栏。在绘图过程中，当系统提示需要指定点的位置时，可以单击“对象捕捉”工具栏中相应的特征点按钮，如图3-20所示，再把光标移动到要捕捉对象的特征点附近，AutoCAD会自动提示并捕捉到这些特征点。例如，如果需要用直线连接一系列圆的圆心，可以将圆心设置为捕捉对象。如果有多个可能的捕捉点落在选择区域内，AutoCAD将捕捉离光标中心最近的符合条件的点。在指定位置有多个符合捕捉条件的对象时，需要检查哪一个对象捕捉有效，在捕捉点之前，按Tab键可以遍历所有可能的点。

（2）使用“对象捕捉”快捷菜单。在需要指定点的位置时，还可以按住Ctrl键或Shift键并右击，弹出“对象捕捉”快捷菜单，如图3-21所示。在该菜单上同样选择某一种特征点执行对象捕捉，把光标移动到要捕捉对象的特征点附近，即可捕捉到这些特征点。

图3-20 “对象捕捉”工具栏

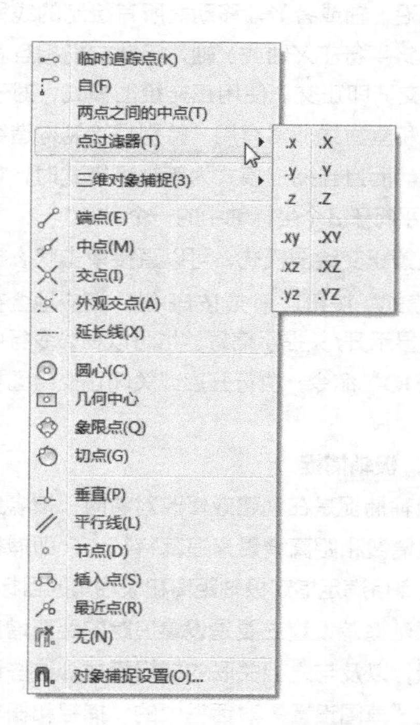

图3-21 “对象捕捉”快捷菜单

（3）使用命令行。当需要指定点的位置时，在命令行中输入相应特征点的关键字，然后把光标移动到要捕捉对象的特征点附近，即可捕捉到这些特征点。对象捕捉特征点的关键字如表3-1所示。

表3-1 对象捕捉特征点的关键字

模式	关键字	模式	关键字	模式	关键字
临时追踪点	TT	捕捉自	FROM	端点	END
中点	MID	交点	INT	外观交点	APP
延长线	EXT	圆心	CEN	象限点	QUA
切点	TAN	垂足	PER	平行线	PAR
节点	NOD	最近点	NEA	无捕捉	NON

提示 （1）对象捕捉不可单独使用，必须配合其他绘图命令一起使用。仅当AutoCAD提示输入点时，对象捕捉才生效。如果试图在命令行提示下使用对象捕捉，AutoCAD将显示错误信息。

（2）对象捕捉只影响屏幕上可见的对象，包括锁定图层上的对象、布局视口边界和多段线上的对象，不能捕捉不可见的对象，如未显示的对象、关闭或冻结图层上的对象或虚线的空白部分。

2. 三维对象捕捉

控制三维对象的执行对象捕捉设置。使用执行对象捕捉设置（也称为对象捕捉），可以在对象上的精确位置指定捕捉点。选择多个选项后，将应用选定的捕捉模式，以返回距离靶框中心最近的点。按Tab键以在这些选项之间循环。

打开三维对象捕捉：打开和关闭三维对象捕捉。当对象捕捉打开时，在“三维对象捕捉模式”下选定的三维对象捕捉处于活动状态。

3. 对象捕捉追踪

在绘制图形的过程中，使用对象捕捉的频率非常高，如果每次在捕捉时都要先选择捕捉模式，将使工作效率大大降低。出于此种考虑，AutoCAD提供了自动对象捕捉模式。如果启用了自动捕捉功能，当光标距指定的捕捉点较近时，系统会自动精确地捕捉这些特征点，并显示出相应的标记以及该捕捉的提示。在“草图设置”对话框的“对象捕捉”选项卡中选中“启用对象捕捉追踪”复选框，可以调用自动捕捉功能，如图3-22所示。

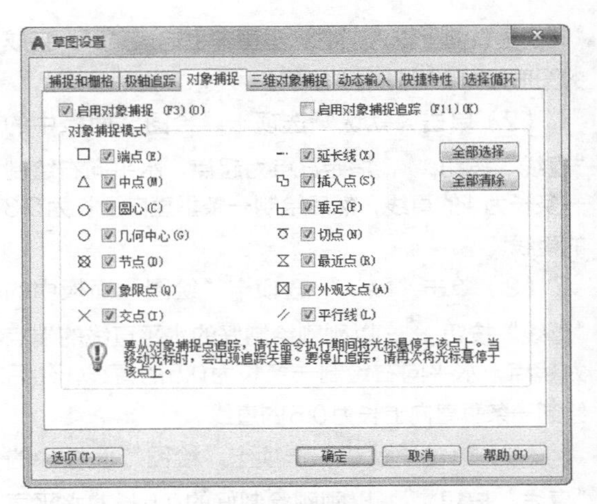

图3-22 “对象捕捉”选项卡

提示 用户可以设置自己经常要用的捕捉方式。这样在每次运行时，所设定的目标捕捉方式就会被激活，而不是仅对一次选择有效，当同时使用多种捕捉方式时，系统将捕捉距光标最近，同时又满足多种目标捕捉方式之一的点。当光标距要获取的点非常近时，按Shift键将暂时不获取对象。

3.2.3 实例——路灯杆

扫一扫

本例路灯杆的绘制将帮助读者掌握对象捕捉的技巧，绘制流程图如图3-23所示。

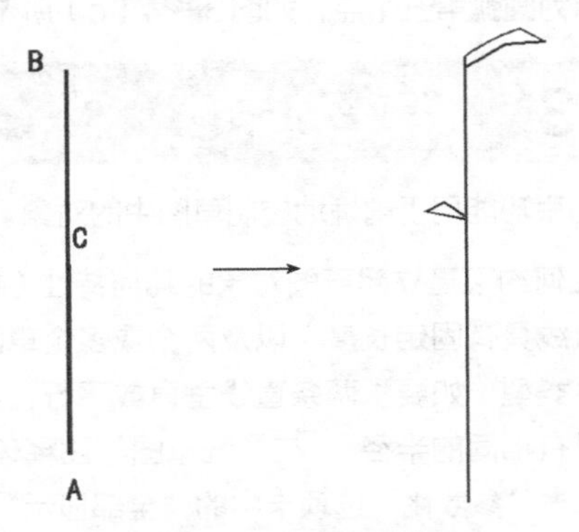

图3-23 绘制路灯杆流程图

STEP 绘制步骤

（1）单击“默认”选项卡“绘图”面板中的“多段线”按钮，绘制路灯杆。指定A点为起点，输入“W”设置多段线的宽为0.05，然后垂直向上输入“1.4”、垂直向上输入“2.6”、垂直向上输入

"1"、垂直向上输入"4"、垂直向上输入"2"。完成的图形如图3-24（a）所示。

（2）单击"默认"选项卡"绘图"面板中的"直线"按钮，指定*B*点为起点，水平向右绘制一条长为1的直线，然后绘制一条垂直向上长为0.3的直线。

（3）单击"默认"选项卡"绘图"面板中的"直线"按钮，以刚刚绘制好的水平直线的端点为起点，水平向右绘制一条长为0.5的直线，然后绘制一条垂直向上长为0.6的直线。

（4）单击"默认"选项卡"绘图"面板中的"直线"按钮，以刚刚绘制好的0.5长的水平直线的右端点为起点，水平向右绘制一条长为0.5的直线，然后绘制一条垂直向上长为0.35的直线。

（5）单击"默认"选项卡"绘图"面板中的"多段线"按钮，绘制灯罩。指定*F*点为起点，输入"W"设置多段线的宽为0.05，指定*D*点为第二个点，指定*E*点为第三个点。完成的图形如图3-24（b）所示。

（6）单击"默认"选项卡"绘图"面板中的"多段线"按钮，绘制灯罩。指定*B*点为起点，输入"W"设置多段线的宽为0.03，输入"A"来绘制圆弧，在状态栏中单击"对象捕捉"按钮，打开"对象捕捉"，指定*G*点为圆弧第二个点，指定*H*点为圆弧第三个点，指定*I*点为圆弧第四个点，指定*E*点为圆弧第五个点，如图3-24（c）所示。

（7）单击"默认"选项卡"修改"面板中的"删除"按钮（在第4章中将详细讲述），删除多余的直线，然后单击"默认"选项卡"绘图"面板中的"多段线"按钮，绘制剩余图形，结果如图3-25所示。

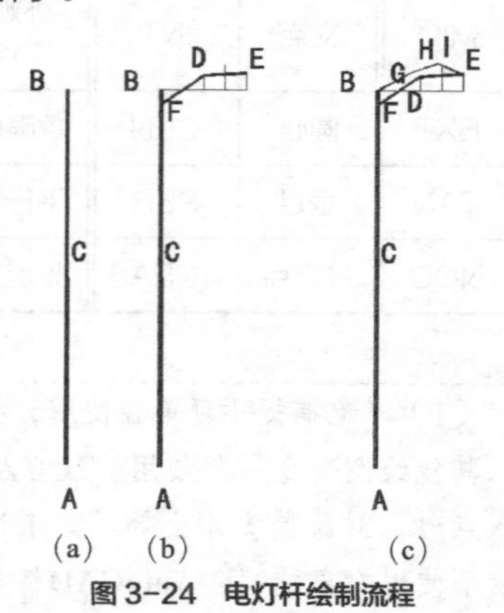

图3-24 电灯杆绘制流程

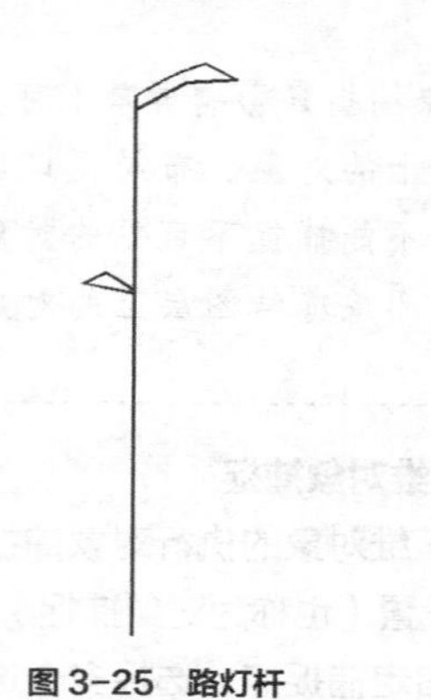

图3-25 路灯杆

3.3 对象约束

约束功能用于精确地控制草图中的对象。草图约束有两种类型：尺寸约束和几何约束。

几何约束建立起草图对象的几何特性（如要求某一直线具有固定长度）以及两个或多个草图对象的关系类型（如要求两条直线垂直或平行，或是几个弧具有相同的半径）。在二维草图与注释环境下，可以单击"参数化"选项卡中的"全部显示""全部隐藏"或"显示"按钮来显示有关信息，并显示代表这些约束的直观标记（如图3-26所示的水平标记和共线标记等）。

尺寸约束用于建立草图对象的大小（如直线的长度、圆弧的半径等）以及两个对象之间的关系（如两点之间的距离）。图3-27所示为一带有尺寸约束的示例。

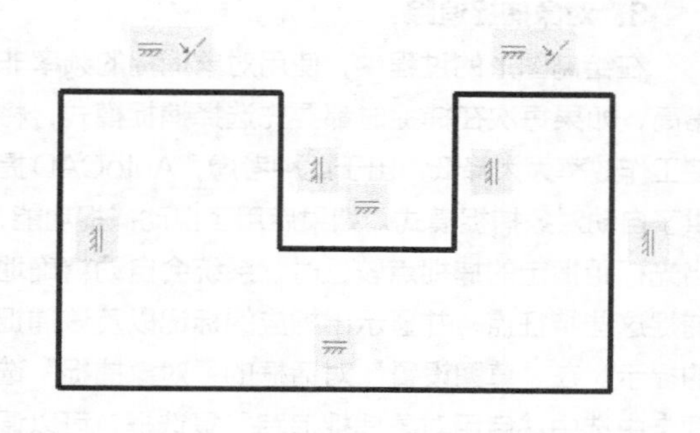

图3-26 "几何约束"示意图

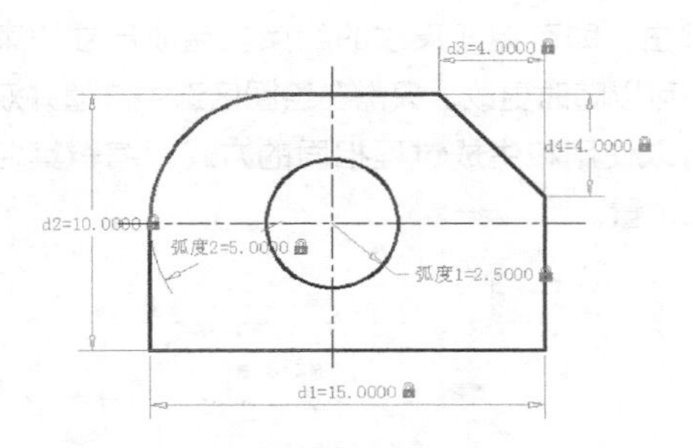

图 3-27 “尺寸约束”示意图

3.3.1 建立几何约束

使用几何约束，可以指定草图对象必须遵守的条件，或是草图对象之间必须维持的关系。“几何”面板（在二维草图与注释环境下的“参数化”选项卡中）及“几何约束”工具栏（AutoCAD经典环境）如图3-28所示，其主要几何约束选项的功能如表3-2所示。

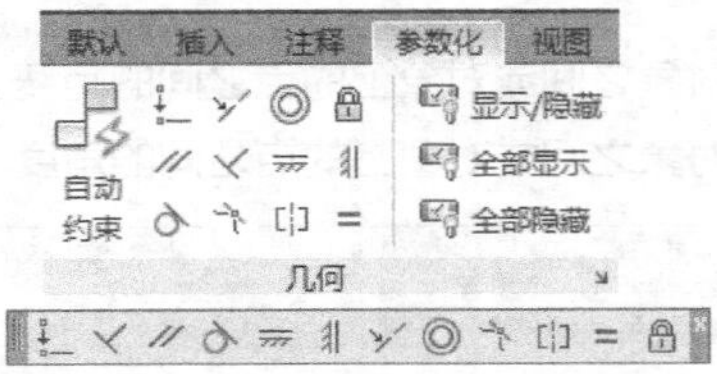

图 3-28 “几何”面板及“几何约束”工具栏

绘图中可指定二维对象或对象上的点之间的几何约束。之后编辑受约束的几何图形时，将保留约束。因此，通过使用几何约束，可以在图形中包括设计要求。

3.3.2 几何约束设置

在使用AutoCAD绘图时，使用“约束设置”对话框可以控制显示或隐藏的几何约束类型。执行该命令主要有如下4种方法。

（1）在命令行中输入“CONSTRAINTSETTINGS”命令。

（2）选择菜单栏中的“参数”/“约束设置”命令。

（3）单击功能区中的“参数化/几何/对话框启动器”按钮。

（4）单击工具栏中的“参数化”/“约束设置”按钮。

表3-2 几何约束模式及功能

约束模式	功能
重合	约束两个点使其重合，或者约束一个点使其位于曲线（或曲线的延长线）上。可以使对象上的约束点与某个对象重合，也可以使其与另一对象上的约束点重合
共线	使两条或多条直线段沿同一直线方向
同心	将两个圆弧、圆或椭圆约束到同一个中心点，与将重合约束应用于曲线的中心点所产生的结果相同
固定	将几何约束应用于一对对象时，选择对象的顺序以及选择每个对象的点都可能会影响对象彼此间的放置方式
平行	使选定的直线位于彼此平行的位置。平行约束在两个对象之间应用
垂直	使选定的直线位于彼此垂直的位置。垂直约束在两个对象之间应用
水平	使直线或点位于与当前坐标系的X轴平行的位置。默认选择类型为对象
竖直	使直线或点位于与当前坐标系的Y轴平行的位置
相切	将两条曲线约束为保持彼此相切或其延长线保持彼此相切。相切约束在两个对象之间应用
平滑	将样条曲线约束为连续，并与其他样条曲线、直线、圆弧或多段线保持连续性
对称	使选定对象受对称约束，相对于选定直线对称
相等	将选定的圆弧和圆重新调整为相同的半径，或将选定的直线重新调整为长度相同

执行上述命令后，系统弹出“约束设置”对话框，如图3-29所示，利用“几何”选项卡可以控制约束栏上约束类型的显示。对话框中各参数的含义如下。

- “约束栏显示设置”选项组：此选项组控制图形编辑器中是否为对象显示约束栏或约束点标记。例如，可以为水平约束和竖直约束隐藏约束栏的显示。
- “全部选择”按钮：选择几何约束类型。
- “全部清除”按钮：清除选定的几何约束类型。
- “仅为处于当前平面中的对象显示约束栏”复选框：仅为当前平面上受几何约束的对象显示约束栏。
- “约束栏透明度”选项组：设置图形中约束

栏的透明度。

- “将约束应用于选定对象后显示约束栏”复选框：手动应用约束后或使用AUTOCONSTRAIN命令时显示相关约束栏。
- “选定对象时显示约束栏”复选框：临时显示选定对象的约束栏。

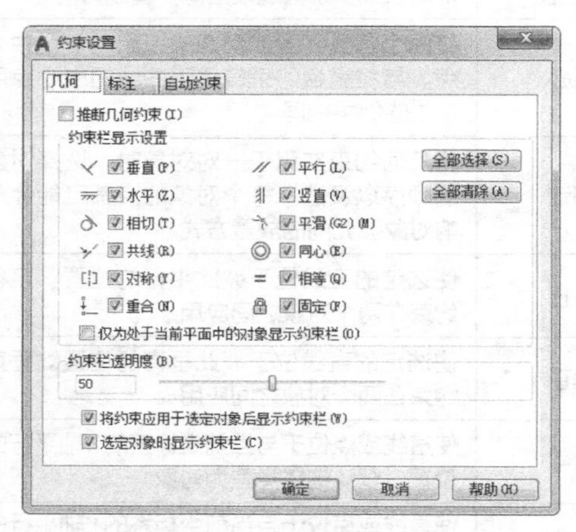

图 3-29 “约束设置”对话框

3.3.3 建立尺寸约束

建立尺寸约束就是限制图形几何对象的大小，与在草图上标注尺寸相似，同样设置尺寸标注线，与此同时建立相应的表达式，不同的是可以在后续的编辑工作中实现尺寸的参数化驱动。“标注”面板（在二维草图与注释环境下的“参数化”选项卡中）及“标注约束”工具栏（AutoCAD经典环境）如图3-30所示。

生成尺寸约束时，用户可以选择草图曲线、边、基准平面或基准轴上的点，以生成水平、竖直、平行、垂直或角度尺寸。

生成尺寸约束时，系统会生成一个表达式，其名称和值显示在一个弹出的文本区域中，如图3-31所示，用户可以接着编辑该表达式的名称和值。

图 3-30 “标注”面板及“标注约束”工具栏

生成尺寸约束时，只要选中了几何体，其尺寸、延伸线和箭头就会全部显示出来。将尺寸拖动到位后单击，即可完成尺寸的约束。完成尺寸约束后，用户可以随时更改。只需在绘图区选中该值并双击，就可以使用和生成过程相同的方式，编辑其名称、值和位置。

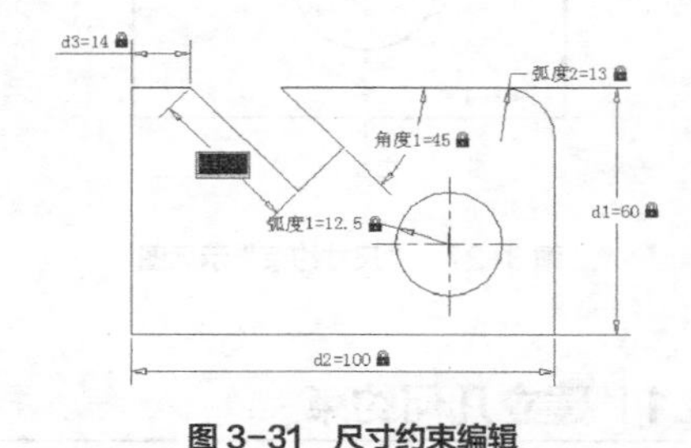

图 3-31 尺寸约束编辑

3.3.4 尺寸约束设置

在使用AutoCAD绘图时，使用“约束设置”对话框内的“标注”选项卡可以控制显示标注约束时的系统配置，如图3-32所示。尺寸可以约束以下内容。

- 对象之间或对象上的点之间的距离。
- 对象之间或对象上的点之间的角度。

图 3-32 “标注”选项卡

“标注”选项卡中各参数的含义如下。

- “标注约束格式”选项组：在该选项组中可以设置标注名称格式以及锁定图标的显示。
- “名称和表达式”下拉列表框：选择应用标注约束时显示的文字指定格式。
- “为注释性约束显示锁定图标”复选框：针对已应用注释性约束的对象显示锁定图标。
- “为选定对象显示隐藏的动态约束”复选

框：显示选定时已设置为隐藏的动态约束。

3.3.5 自动约束

通过“约束设置”对话框中的“自动约束”选项卡可以控制自动约束相关参数，如图3-33所示。对话框中各参数的含义如下。

- “约束类型”列表框：显示自动约束的类型以及优先级。可以通过“上移”和“下移”按钮调整优先级的先后顺序。可以单击✔图标选择或去掉某约束类型作为自动约束类型。
- “相切对象必须共用同一交点”复选框：指定两条曲线必须共用一个点（在距离公差范围内指定），以便应用相切约束。
- “垂直对象必须共用同一交点”复选框：指定直线必须相交，或者一条直线的端点必须与另一条直线或直线的端点重合（在距离公差范围内指定）。
- “公差”选项组：设置可接受的“距离”和“角度”公差值以确定是否可以应用约束。

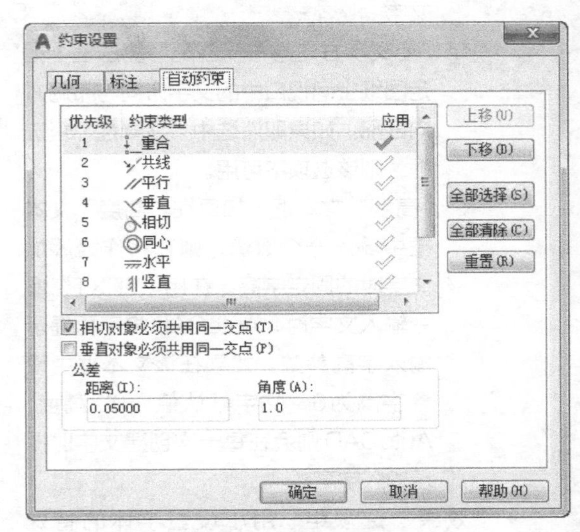

图 3-33 “自动约束”选项卡

3.4 文字

在工程制图中，文字标注是必不可少的环节。AutoCAD 2018提供了相应命令来进行文字的输入与标注。

3.4.1 文字样式

通过AutoCAD 2018提供的“文字样式”对话框，可方便、直观地设置需要的文字样式，或对已有的样式进行修改。执行该命令主要有以下4种方法。

（1）在命令行中输入“STYLE”或“DDSTYLE”命令。

（2）选择菜单栏中的“格式”/“文字样式”命令。

（3）单击“文字”工具栏中的“文字样式”按钮A。

（4）单击“默认”选项卡“注释”面板中的“文字样式”按钮A，或单击“注释”选项卡“文字”面板上的“文字样式”下拉菜单中的“管理文字样式”按钮，或单击“注释”选项卡“文字”面板中“对话框启动器”按钮↘。

执行上述命令，系统弹出“文字样式”对话框，如图3-34所示。

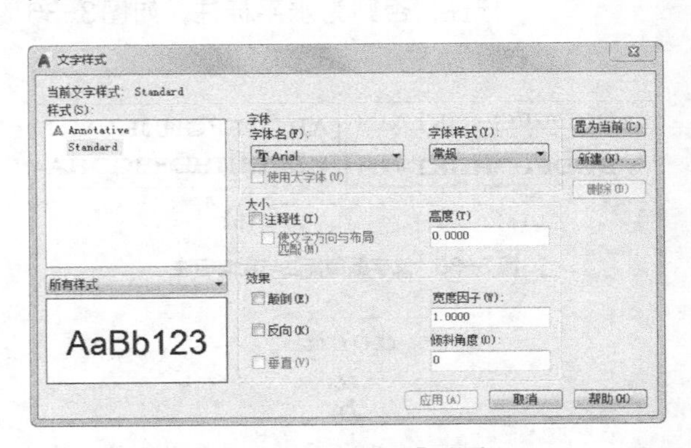

图 3-34 “文字样式”对话框

- “字体”选项组：确定字体式样。在AutoCAD中，除了固有的SHX字体外，还可以使用TrueType字体（如宋体、楷体、italic等）。一种字体还可以设置不同的效果。
- “大小”选项组：用来确定文字样式使用的

字体文件、字体风格及字高等。

- "注释性"复选框：指定文字为注释性文字。
- "使文字方向与布局匹配"复选框：指定图纸空间视口中的文字方向与布局方向匹配。如果取消选中"注释性"复选框，则该选项不可用。
- "高度"文本框：如果在"高度"文本框中输入一个数值，则它将作为添加文字时的固定字高，在用"TEXT"命令输入文字时，AutoCAD将不再提示输入字高参数。如果在该文本框中设置字高为0，文字默认值为0.2高度，AutoCAD则会在每一次创建文字时提示输入字高。

- "效果"选项组：用于设置字体的特殊效果。
  - "颠倒"复选框：选中该复选框，表示将文本文字倒置标注，如图3-35（a）所示。
  - "反向"复选框：确定是否将文本文字反向标注，如图3-35（b）所示。
  - "垂直"复选框：确定文本是水平标注还是垂直标注。选中该复选框为垂直标注，否则为水平标注，如图3-36所示。

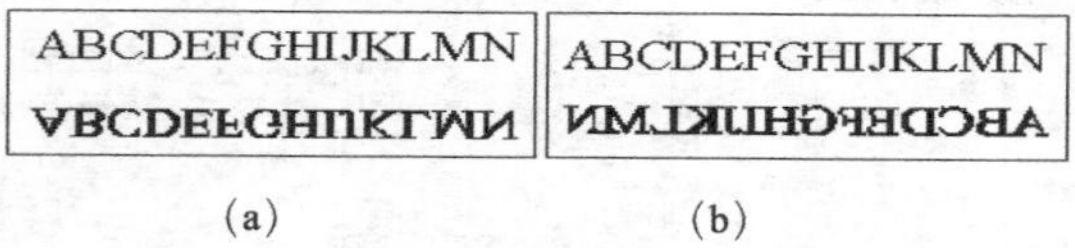

ABCDEFGHIJKLMN	ABCDEFGHIJKLMN
ABCDEFGHIJKLMN（颠倒）	ABCDEFGHIJKLMN（反向）
(a)	(b)

图3-35　文字颠倒标注与反向标注

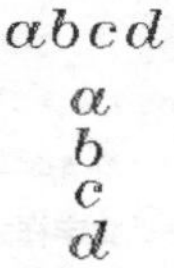

abcd

a
b
c
d

图3-36　垂直标注文字

- "宽度因子"文本框：用于设置宽度系数，确定文本字符的宽高比。当宽度因子为1时，表示将按字体文件中定义的宽高比标注文字；小于1时文字会变窄，反之变宽。
- "倾斜角度"文本框：用于确定文字的倾斜角度。角度为0时不倾斜，为正时向右倾斜，为负时向左倾斜。

3.4.2 单行文本标注

执行"单行文字"命令，主要有以下4种方法。

（1）在命令行中输入"TEXT"命令。

（2）选择菜单栏中的"绘图"/"文字"/"单行文字"命令。

（3）单击"文字"工具栏中的"单行文字"按钮A。

（4）单击"默认"选项卡"注释"面板中的"单行文字"按钮A，或单击"注释"选项卡"文字"面板中的"单行文字"按钮A。

执行上述命令后，根据系统提示指定文字的起点或选择选项。执行该命令，命令行提示主要选项的含义如下。

- 指定文字的起点：在此提示下直接在作图屏幕上取一点作为文本的起始点并在此提示下输入一行文本后回车，AutoCAD继续显示"输入文字："提示，可继续输入文本，待全部输入完成后在此提示下直接回车，则退出TEXT命令。可见，由TEXT命令也可创建多行文本，只是这种多行文本每一行是一个对象，不能对多行文本同时进行操作。
- 对正（J）：在上面的提示下输入"J"，用于确定文本的对齐方式，对齐方式决定文本的哪一部分与所选的插入点对齐。执行此选项，根据系统提示选择选项作为文本的对齐方式。当文本串水平排列时，AutoCAD为标注文本串定义了顶线、中线、基线和底线以及各种对齐方式，大写字母对应上述提示中的各命令。
- 样式（S）：指定文字样式，文字样式决定文字字符的外观。创建的文字使用当前文字样式。

实际绘图时，有时需要标注一些特殊字符，例如直径符号、上划线或下划线、温度符号等，由于这些符号不能直接从键盘上输入，AutoCAD提供了一些控制码，用来实现这些要求。控制码用两个百分号（%%）加一个字符构成，常用的控制码如表3-3所示。

表3-3 AutoCAD常用控制码

符号	功能	符号	功能
%%O	上划线	\u+0278	电相位
%%U	下划线	\u+E101	流线
%%D	“度”符号	\u+2261	标识
%%P	正负符号	\u+E102	界碑线
%%C	直径符号	\u+2260	不相等
%%%	百分号（%）	\u+2126	欧姆
\u+2248	几乎相等	\u+03A9	欧米加
\u+2220	角度	\u+214A	低界线
\u+E100	边界线	\u+2082	下标2
\u+2104	中心线	\u+00B2	上标2
\u+0394	差值		

其中，%%O和%%U分别是上划线和下划线的开关，第一次出现此符号则时开始画上划线和下划线，第二次出现此符号则上划线和下划线终止。例如，在“输入文字：”提示后输入“I want to %%U go to Beijing%%U”，则得到图3-37（a）所示的文本行，输入“50%%D+%%C75%%P12”，则得到图3-37（b）所示的文本行。

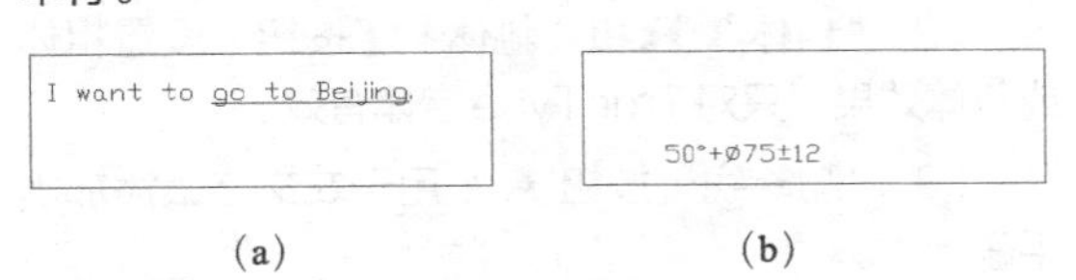

图3-37 文本行

用“TEXT”命令可以创建一个或若干个单行文本，也就是说此命令可用于标注多行文本。在“输入文字：”提示下输入一行文本后按回车键，用户可输入第二行文本，依此类推，直到文本全部输完，再在此提示下按回车键，结束文本输入命令。每按一次回车键就结束一个单行文本的输入。

用“TEXT”命令创建文本时，在命令行中输入的文字同时显示在屏幕上，而且在创建过程中可以随时改变文本的位置，只要将光标移到新的位置单击，则当前行结束，随后输入的文本出现在新的位置上。用这种方法可以把多行文本标注到屏幕的任何地方。

3.4.3 多行文本标注

执行“多行文字”命令主要有以下4种方法。

（1）在命令行中输入“MTEXT”命令。

（2）选择菜单栏中的“绘图”/“文字”/“多行文字”命令。

（3）单击“绘图”工具栏中的“多行文字”按钮**A**，或“文字”工具栏中的“多行文字”按钮**A**。

（4）单击“默认”选项卡“注释”面板中的“多行文字”按钮**A**，或单击“注释”选项卡“文字”面板中的“多行文字”按钮**A**。

执行上述命令后，根据系统提示指定矩形框的范围，创建多行文字。命令行提示中各选项的含义如下。

- 指定对角点：直接在屏幕上拾取一个点作为矩形框的第二个角点，AutoCAD以这两个点为对角点形成一个矩形区域，其宽度作为将来要标注的多行文本的宽度，而且第一个点作为第一行文本顶线的起点。响应后系统弹出图3-38所示的“文字编辑器”选项卡和“多行文字编辑器”，可利用此编辑器输入多行文本并对其格式进行设置。对话框中各选项的含义与编辑器功能，稍后再详细介绍。

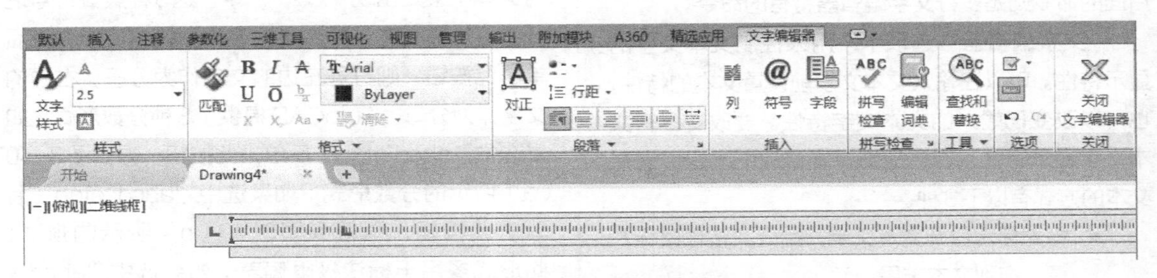

图3-38 “文字编辑器”选项卡和“多行文字编辑器”

- 对正（J）：确定所标注文本的对齐方式。选择此选项，根据系统提示选择对齐方式，这些对齐方式与“TEXT”命令中的各对齐方式相同，不再重复。选取一种对齐方式后回车，AutoCAD回到上一级提示。
- 行距（L）：确定多行文本的行间距，这里所说的行间距是指相邻两文本行的基线之间的垂直距离。根据系统提示输入行距类型，在此提示下有两种方式确定行间距，即“至少”方式和“精确”方式。“至少”方式下AutoCAD根据每行文本中最大的字符自动调整行间距。“精确”方式下AutoCAD给多行文本赋予一个固定的行间距。可以直接输入一个确切的间距值，也可以输入“*nx*”的形式，其中*n*是一个具体数，表示行间距设置为单行文本高度的*n*倍，而单行文本高度是本行文本字符高度的1.66倍。
- 旋转（R）：确定文本行的倾斜角度。根据系统提示输入倾斜角度。
- 样式（S）：确定当前的文字样式。
- 宽度（W）：指定多行文本的宽度。可在屏幕上拾取一点，将其与前面确定的第一个角点组成的矩形框的宽度作为多行文本的宽度，也可以输入一个数值，精确设置多行文本的宽度。
- 栏（C）：根据栏宽、栏间距宽度和栏高组成矩形框，打开图3-38所示的“文字编辑器”选项卡和“多行文字编辑器”。

在多行文字绘制区域，单击鼠标右键，系统打开右键快捷菜单，如图3-39所示。该快捷菜单提供标准编辑命令和多行文字特有的命令。菜单顶层的命令是基本编辑命令，如剪切、复制和粘贴等，后面的命令则是多行文字编辑器特有的命令。

“文字编辑器”选项卡：用来控制文本文字的显示特性。可以在输入文本文字前设置文本的特性，也可以改变已输入的文本文字特性。要改变已有文本文字显示特性，首先应选择要修改的文本，选择文本的方式有以下3种。

- 将光标定位到文本文字开始处，按住鼠标左键，拖到文本末尾。

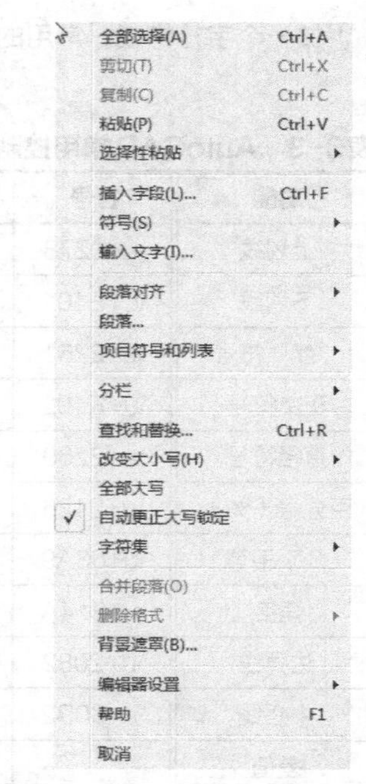

图3-39　右键快捷菜单

- 双击某个文字，则该文字被选中。
- 3次单击鼠标，则选中全部内容。

下面介绍选项卡中部分选项的功能。

1．“格式”面板

（1）“高度”下拉列表框：确定文本的字符高度，可在文本编辑框中直接输入新的字符高度，也可从下拉列表中选择已设定过的高度。

（2）“粗体” **B** 和“斜体” *I* 按钮：设置粗体或斜体效果，只对TrueType字体有效。

（3）“删除线”按钮 A̶ ：用于在文字上添加水平删除线。

（4）“下划线” U̲ 与“上划线” Ō 按钮：设置或取消上（下）划线。

（5）“堆叠”按钮 ：即层叠/非层叠文本按钮，用于层叠所选的文本，也就是创建分数形式。当文本中某处出现“/”“^”“#”这3种层叠符号之一时可层叠文本，方法是选中需层叠的文字，然后单击此按钮，则符号左边的文字作为分子，右边的文字作为分母。AutoCAD提供了3种分数形式，如果选中“abcd/efgh”后单击此按钮，得到图3-40（a）所示的分数形式；如果选中“abcd^efgh”后单击此按钮，则得到图3-40（b）所示的形式，此形式多用于标注极限偏差；如果选中“abcd #

efgh”后单击此按钮，则创建斜排的分数形式，如图3-40（c）所示。如果选中已经层叠的文本对象后单击此按钮，则恢复到非层叠形式。

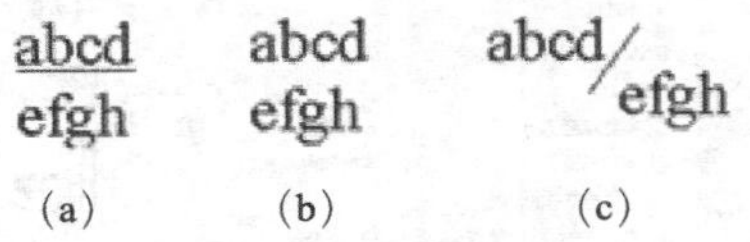

abcd
efgh
abcd
efgh
abcd/
efgh
(a)
(b)
(c)

图 3-40 文本层叠

（6）“倾斜角度”下拉列表框 0/ ：设置文字的倾斜角度，如图3-41所示。

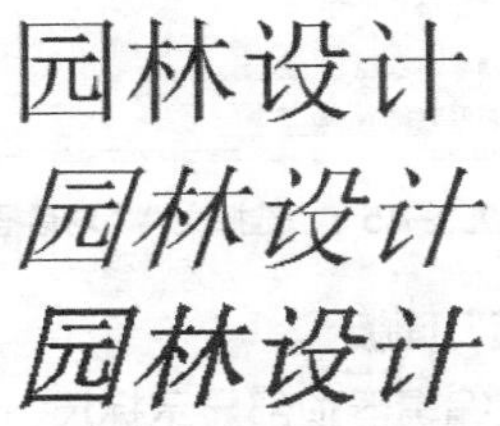

园林设计
园林设计
园林设计

图 3-41 倾斜角度与斜体效果

（7）“符号”按钮 @ ：用于输入各种符号。单击该按钮，系统打开符号列表，如图3-42所示，可以从中选择符号输入到文本中。

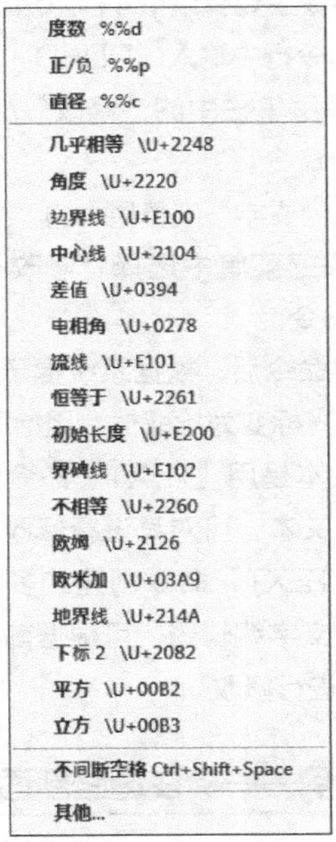

度数 %%d
正/负 %%p
直径 %%c
几乎相等 \U+2248
角度 \U+2220
边界线 \U+E100
中心线 \U+2104
差值 \U+0394
电相角 \U+0278
流线 \U+E101
恒等于 \U+2261
初始长度 \U+E200
界碑线 \U+E102
不相等 \U+2260
欧姆 \U+2126
欧米加 \U+03A9
地界线 \U+214A
下标 2 \U+2082
平方 \U+00B2
立方 \U+00B3
不间断空格 Ctrl+Shift+Space
其他...

图 3-42 符号列表

（8）“插入字段”按钮 ：插入一些常用或预设字段。单击该命令，系统打开“字段”对话框，如图3-43所示，用户可以从中选择字段插入到标注文本中。

字段
字段类别(C):
全部
字段名称(N):
Diesel 表达式(X):
字段表达式:
%<\AcDiesel>%
确定
取消
帮助(H)

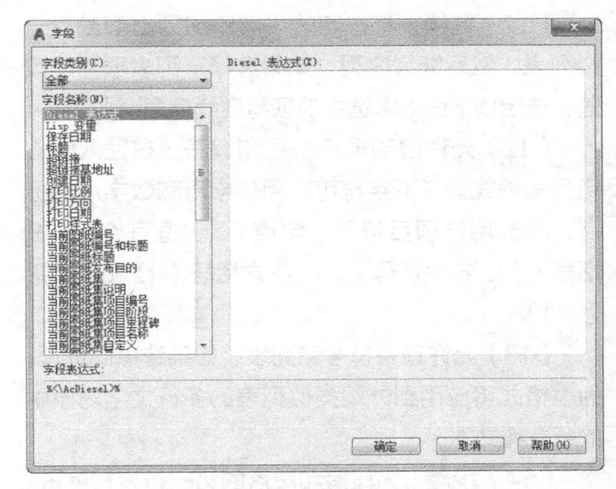

图 3-43 “字段”对话框

（9）“追踪”按钮 a·b ：增大或减小选定字符之间的空隙。

2.“段落”面板

（1）“多行文字对正”按钮 ：显示“多行文字对正”菜单，并且有9个对齐选项可用。

（2）“宽度因子”按钮 ：扩展或收缩选定字符。

（3）“上标” X^2 按钮：将选定文字转换为上标，即在键入线的上方设置稍小的文字。

（4）“下标” X_2 按钮：将选定文字转换为下标，即在键入线的下方设置稍小的文字。

（5）“清除格式”下拉列表：删除选定字符的字符格式，或删除选定段落的段落格式，或删除选定段落中的所有格式。

（6）关闭：如果选择此选项，将从应用了列表格式的选定文字中删除字母、数字和项目符号。不更改缩进状态。

（7）以数字标记：将带有句点的数字用于列表中的项。

（8）以字母标记：将带有句点的字母用于列表中的项。如果列表含有的项多于字母中含有的字母，可以使用双字母继续序列。

（9）以项目符号标记：将项目符号用于列表中的项。

（10）起点：在列表格式中启动新的字母或数

字序列。如果选定的项位于列表中间，则选定项下面的未选中的项也将成为新列表的一部分。

（11）继续：将选定的段落添加到上面最后一个列表，然后继续序列。如果选择了列表项而非段落，选定项下面的未选中的项将继续序列。

（12）允许自动项目符号和编号：在键入时应用列表格式。以下字符可以用作字母和数字后的标点，不能用作项目符号：句点（.）、逗号（,）、右括号（)）、右尖括号（>）、右方括号（]）和右花括号（}）。

（13）允许项目符号和列表：如果选择此选项，列表格式将应用到外观类似列表的多行文字对象中的所有纯文本。

（14）段落：为段落和段落的第一行设置缩进。指定制表位和缩进，控制段落对齐方式、段落间距和段落行距，如图3-44所示。

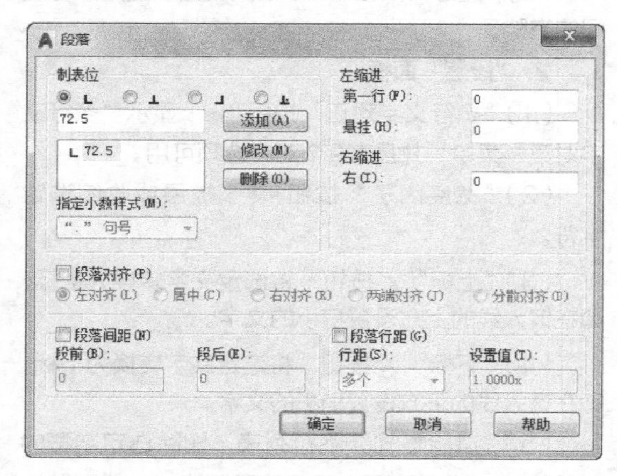

图3-44 “段落”对话框

3.“拼写检查”面板

（1）拼写检查：确定键入时拼写检查功能处于打开还是关闭状态。

（2）编辑词典：显示“词典”对话框，从中可添加或删除在拼写检查过程中使用的自定义词典。

4.“工具”面板

输入文字：选择此项，系统打开“选择文件”对话框，如图3-45所示。选择任意ASCII或RTF格式的文件。输入的文字保留原始字符格式和样式特性，但可以在多行文字编辑器中编辑和格式化输入的文字。选择要输入的文本文件后，可以替换选定的文字或全部文字，或在文字边界内将插入的文字附加到选定的文字中。输入文字的文件必须小于32KB。

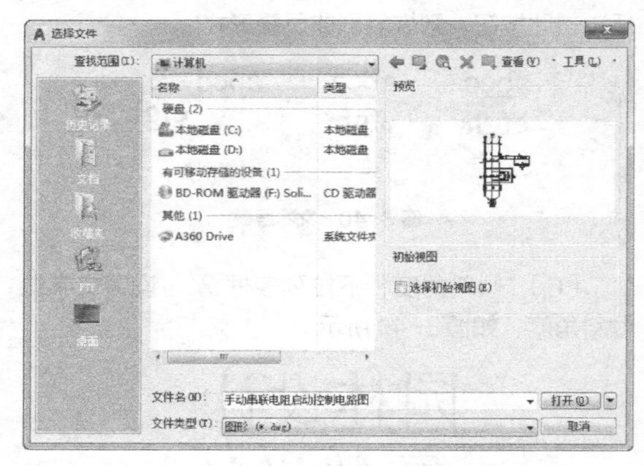

图3-45 “选择文件”对话框

5.“选项”面板

标尺：在编辑器顶部显示标尺。拖动标尺末尾的箭头可更改文字对象的宽度。列模式处于活动状态时，还显示高度和列夹点。

3.4.4 文本编辑

执行该命令主要有以下4种方法。

（1）在命令行中输入“DDEDIT”命令。

（2）选择菜单栏中的“修改”/“对象”/“文字”/“编辑”命令。

（3）单击“文字”工具栏中的“编辑”按钮。

（4）在快捷菜单中选择“修改多行文字”或“编辑文字”命令。

执行上述命令后，根据系统提示选择想要修改的文本，同时光标变为拾取框。用拾取框单击对象，如果选取的文本是用“TEXT”命令创建的单行文本，则深显该文本，可对其进行修改。如果选取的文本是用“MTEXT”命令创建的多行文本，选取后则打开多行文字编辑器，可根据前面的介绍对各项设置或内容进行修改。

3.4.5 实例——标注道路断面图说明文字

应用“多行文字”命令标注道路断面图说明文字，流程图如图3-46所示。

扫一扫

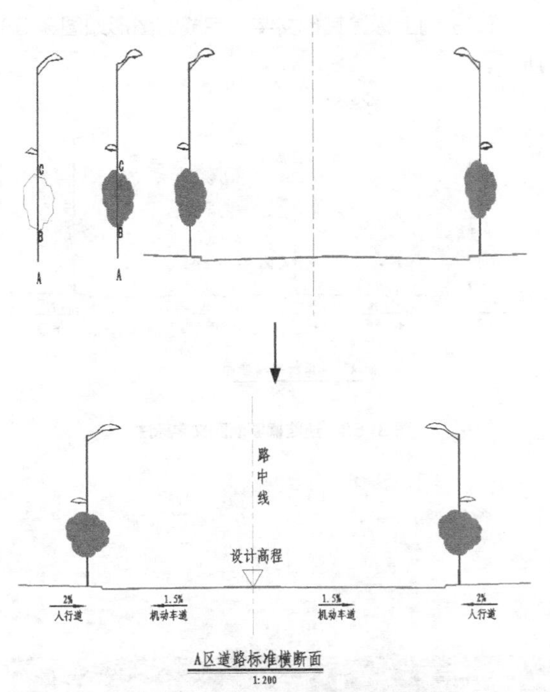

图 3-46 标注道路断面图说明文字流程图

打开源文件中的“园林道路断面图”，如图3-47所示。

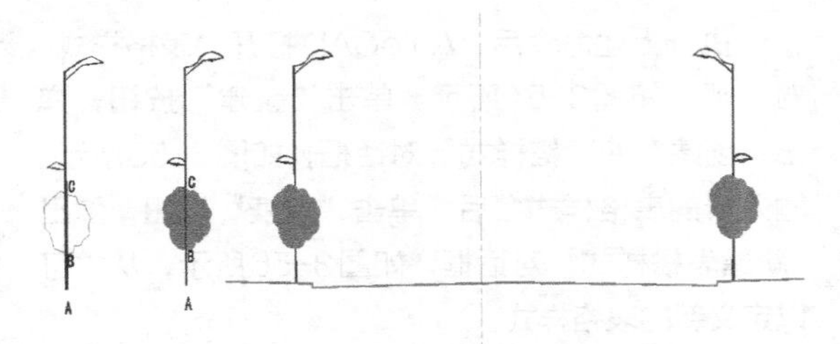

图 3-47 园林道路断面图

STEP 绘制步骤

1. 设置图层

单击“默认”选项卡“图层”面板中的“图层特性”按钮，新建一个“文字”图层，设置如图3-48所示。

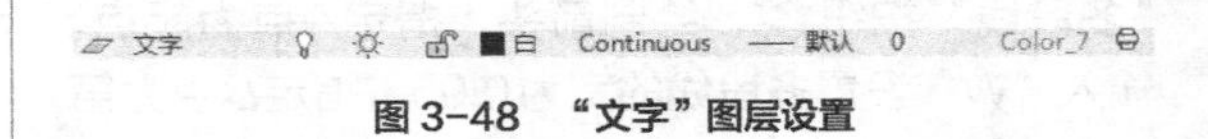

图 3-48 “文字”图层设置

2. 文字样式的设置

单击“默认”选项卡“注释”面板中的“文字样式”按钮，进入“文字样式”对话框，设置“字体名”为“仿宋_GB2312”，“宽度因子”为0.8，其他设置如图3-49所示。

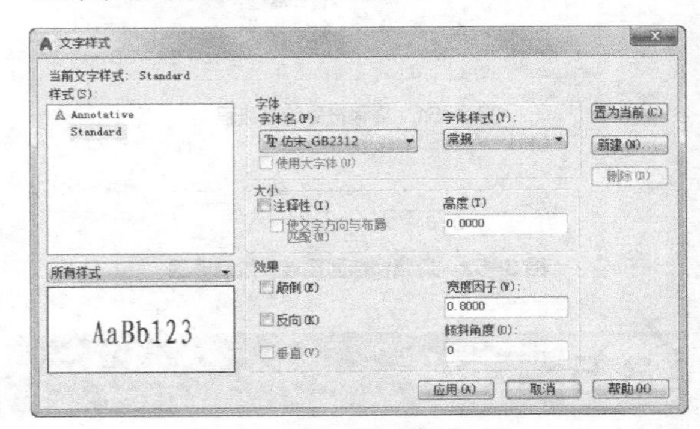

图 3-49 “文字样式”对话框

3. 绘制高程符号

（1）把“尺寸线”图层设置为当前图层。单击“默认”选项卡“绘图”面板中的“多边形”按钮，在平面上绘制一个封闭的倒立正三角形*ABC*。

（2）把“文字”图层设置为当前图层。单击“默认”选项卡“注释”面板中的“多行文字”按钮，打开“文字编辑器”选项卡和“多行文字编辑器”，如图3-50所示，标注标高文字“设计高程”，指定的高度为0.7，旋转角度为0°。操作流程如图3-51所示。

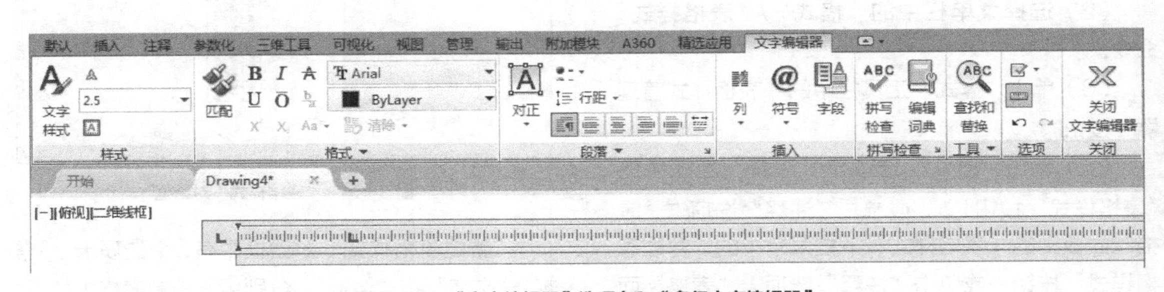

图 3-50 “文字编辑器”选项卡和“多行文字编辑器”

4. 绘制箭头以及标注文字

（1）单击“默认”选项卡“绘图”面板中的“多段线”按钮，绘制箭头。指定*A*点为起点，输入“W”设置多段线的宽为0.05，指定*B*点为第二个点，输入“W”指定起点宽度为0.15，指定端点宽度为0，指定*C*点为第三个点。

（2）单击“默认”选项卡“注释”面板中的“多行文字”按钮A，标注标高“1.5%”，指定的高度为0.5，旋转角度为0°，输入文字后如图3-52所示。

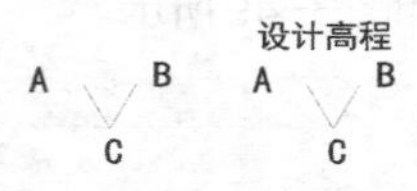

图3-51 高程符号绘制流程

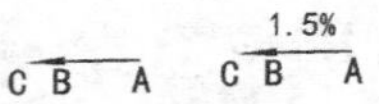

C B A C B A 1.5%

图3-52 道路横断面图坡度绘制流程

（3）同上标注其他文字，完成的图形如图3-53所示。

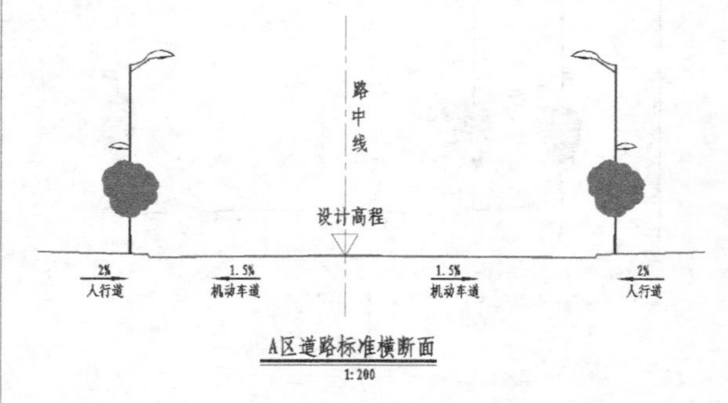

图3-53 道路横断面图文字标注

3.5 表格

使用AutoCAD提供的表格功能可方便地创建表格，用户可以直接插入设置好样式的表格，而不用由单独的图线重新绘制。

3.5.1 定义表格样式

表格样式是用来控制表格基本形状和间距的一组设置。和文字样式一样，所有AutoCAD图形中的表格都有和其相对应的表格样式。当插入表格对象时，AutoCAD使用当前设置的表格样式。模板文件“acad.dwt”和“acadiso.dwt”中定义了名为Standard的默认表格样式。执行“表格样式”命令主要有以下4种方法。

（1）在命令行中输入“TABLESTYLE”命令。

（2）选择菜单栏中的“格式”/“表格样式”命令。

（3）单击“样式”工具栏中的“表格样式管理器”按钮。

（4）单击“默认”选项卡“注释”面板中的“表格样式”按钮，或单击“注释”选项卡“表格”面板上的“表格样式”下拉菜单中的“管理表格样式”按钮，或单击“注释”选项卡“表格”面板中“对话框启动器”按钮。

执行上述命令后，AutoCAD打开“表格样式”对话框，如图3-54所示。单击“新建”按钮，弹出“创建新的表格样式”对话框，如图3-55所示。输入新的表格样式名后，单击“继续”按钮，弹出“新建表格样式”对话框，如图3-56所示，从中可以定义新的表格样式。

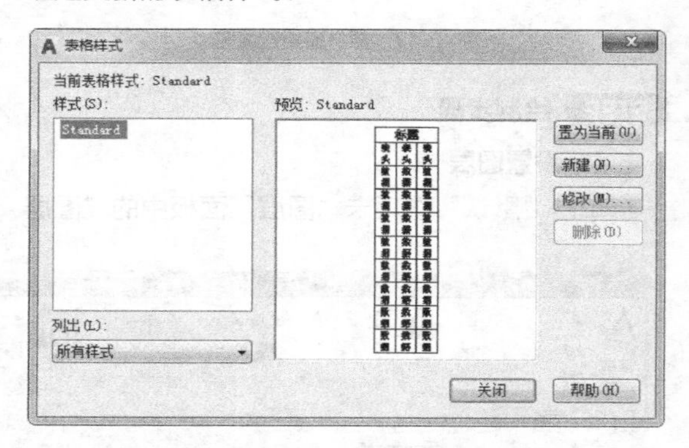

图3-54 “表格样式”对话框

“新建表格样式”对话框中有3个选项卡：“常规”“文字”和“边框”，分别用于控制表格中数据、表头和标题的有关参数，如图3-57所示。

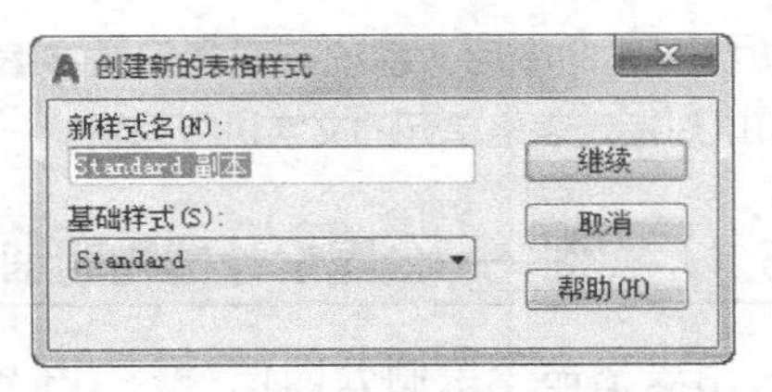

图 3-55 “创建新的表格样式”对话框

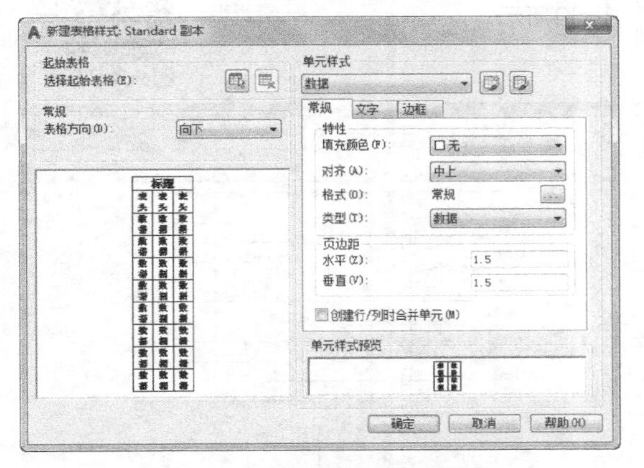

图 3-56 “新建表格样式”对话框

标题		
表头	表头	表头
数据	数据	数据
数据	数据	数据
数据	数据	数据
数据	数据	数据
数据	数据	数据
数据	数据	数据
数据	数据	数据
数据	数据	数据

图 3-57 表格样式

1.“常规”选项卡

（1）“特性”选项组。

①“填充颜色”下拉列表框：用于指定填充颜色。

②“对齐”下拉列表框：用于为单元内容指定一种对齐方式。

③ 格式”选项框：用于设置表格中各行的数据类型和格式。

④“类型”下拉列表框：将单元样式指定为标签或数据，在包含起始表格的表格样式中插入默认文字时使用。也用于在工具选项板上创建表格工具的情况。

（2）“页边距”选项组。

①“水平”文本框：设置单元中的文字或块与左右单元边界之间的距离。

②“垂直”文本框：设置单元中的文字或块与上下单元边界之间的距离。

③“创建行/列时合并单元”复选框：将使用当前单元样式创建的所有新行或列合并到一个单元中。

2.“文字”选项卡

（1）“文字样式”下拉列表框：用于指定文字样式。

（2）“文字高度”文本框：用于指定文字高度。

（3）“文字颜色”下拉列表框：用于指定文字颜色。

（4）“文字角度”文本框：用于设置文字角度。

3.“边框”选项卡

（1）“线宽”下拉列表框：用于设置边界的线宽。

（2）“线型”下拉列表框：通过单击边框按钮，设置线型以应用于指定的边框。

（3）“颜色”下拉列表框：指定颜色以应用于显示的边界。

（4）“双线”复选框：选中该复选框，指定选定的边框为双线。

3.5.2 创建表格

设置好表格样式后，用户可以利用“TABLE”命令创建表格。执行“表格”命令主要有以下4种方法。

（1）在命令行中输入“TABLE”命令。

（2）选择菜单栏中的“绘图”/“表格”命令。

（3）单击“绘图”工具栏中的“表格”按钮▦。

（4）单击“默认”选项卡“注释”面板中的“表格”按钮▦，或单击“注释”选项卡“表格”面板中的“表格”按钮▦。

执行上述命令后，AutoCAD打开“插入表格”对话框，如图3-58所示。对话框中各选项组的含义如下。

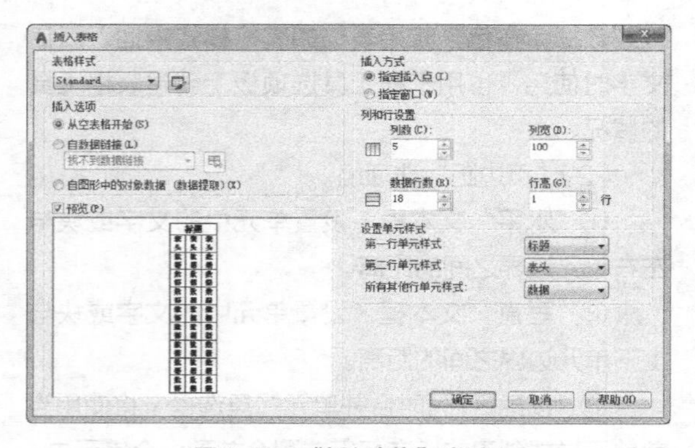

图 3-58 “插入表格”对话框

- “表格样式”选项组：可以在“表格样式名称”下拉列表框中选择一种表格样式，也可以单击后面的“”按钮新建或修改表格样式。
- “插入方式”选项组：“指定插入点”单选按钮用于指定表格左上角的位置。可以使用定点设备，也可以在命令行中输入坐标值。如果将表的方向设置为由下而上读取，则插入点位于表格的左下角。“指定窗口”单选按钮用于指定表格的大小和位置。可以使用定点设备，也可以在命令行中输入坐标值。选中此单选按钮时，行数、列数、列宽和行高取决于窗口的大小以及列和行的设置。
- “列和行设置”选项组：指定列和行的数目以及列宽与行高。

在“插入表格”对话框中进行相应设置后，单击“确定”按钮，系统在指定的插入点或窗口自动插入一个空表格，并显示多行文字编辑器，用户可以逐行逐列输入相应的文字或数据，如图3-59所示。

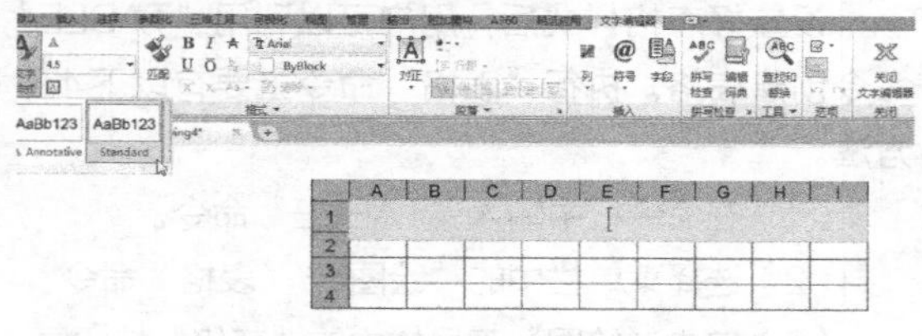

图 3-59 多行文字编辑器

3.5.3 表格文字编辑

执行“文字编辑”命令主要有以下3种方法。

（1）在命令行中输入“TABLEDIT”命令。

（2）在快捷菜单中选择“编辑文字”命令。

（3）在表格单元内双击。

执行上述命令后，系统打开多行文字编辑器，用户可以对指定表格单元的文字进行编辑。

3.5.4 实例——公园设计植物明细表

利用表格命令绘制公园设计植物明细表，绘制流程图如图3-60所示。

扫一扫

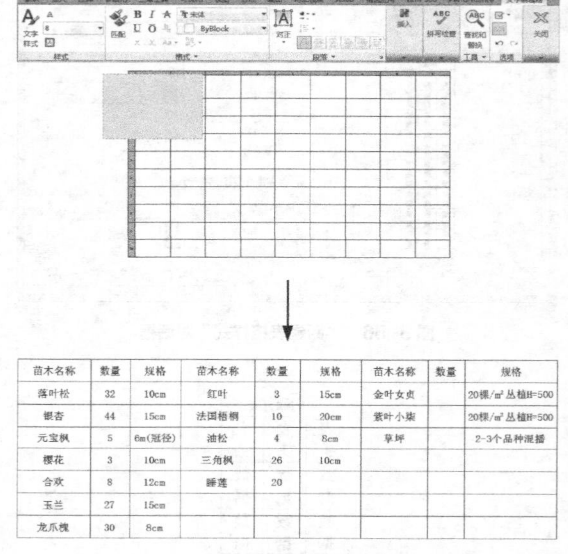

苗木名称	数量	规格	苗木名称	数量	规格	苗木名称	数量	规格
落叶松	32	10cm	红叶	3	15cm	金叶女贞		20棵/m² 丛植H=500
银杏	44	15cm	法国梧桐	10	20cm	紫叶小柒		20棵/m² 丛植H=500
元宝枫	5	6m(冠径)	油松	4	8cm	草坪		2-3个品种混播
樱花	3	10cm	三角枫	26	10cm			
合欢	8	12cm	睡莲	20				
玉兰	27	15cm						
龙爪槐	30	8cm						

图 3-60 绘制植物明细表流程图

STEP 绘制步骤

（1）单击“默认”选项卡“注释”面板中的“表格样式”按钮，系统打开“表格样式”对话框，如图3-61所示。

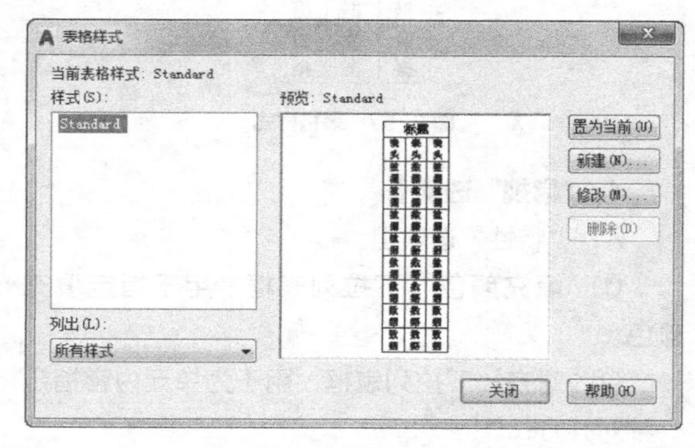

图 3-61 “表格样式”对话框

（2）单击“新建”按钮，系统打开“创建新的表格样式”对话框，如图3-62所示。输入新的表格名称后，单击“继续”按钮，系统打开“新建表格样式”对话框，在“单元样式”对应的下拉列表框中选择“数据”选项，其对应的“常规”选项卡设置如图3-63所示，“文字”选项卡设置如图3-64所示。同理，在“单元样式”对应的下拉列表框中分别选择“标题”和“表头”选项，分别设置对齐为正中，文字高度为6。创建好表格样式后，确定并退出“表格样式”对话框。

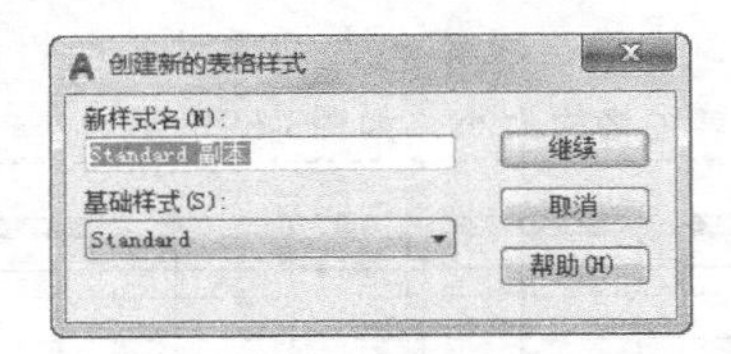

图 3-62 “创建新的表格样式”对话框

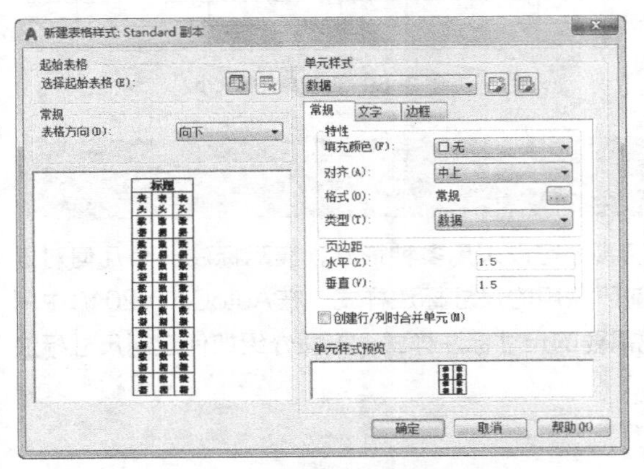

图 3-63 “常规”选项卡设置

（3）选择菜单栏中的“绘图”/“表格”命令，系统打开“插入表格”对话框，设置如图3-65所示。

（4）单击“确定”按钮，系统在指定的插入点或窗口自动插入一个空表格，并显示多行文字编辑器，用户可以逐行逐列输入相应的文字或数据，如图3-66所示。

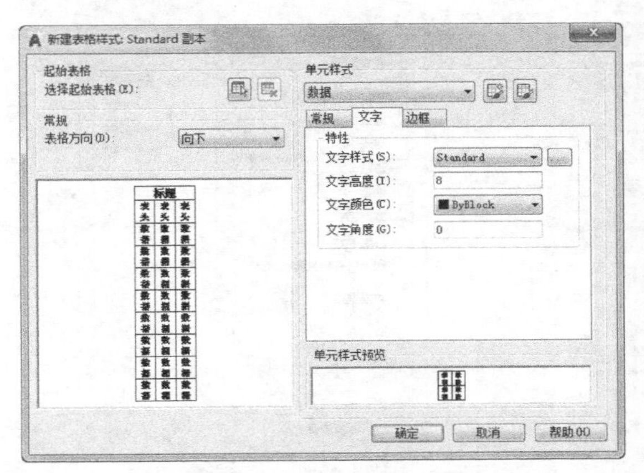

图 3-64 “文字”选项卡设置

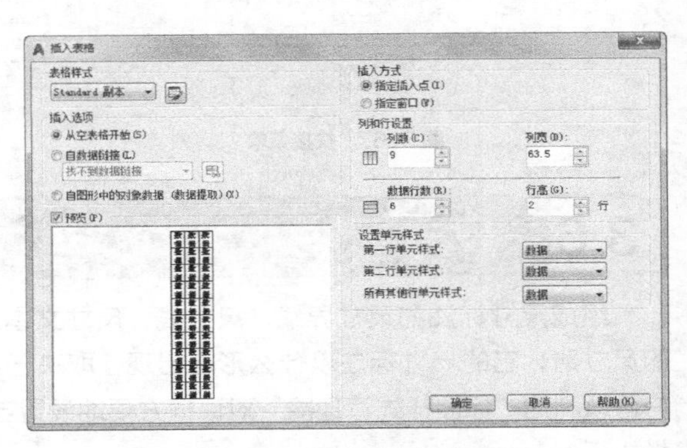

图 3-65 “插入表格”对话框

（5）若编辑完成的表格有需要修改的地方，可用“TABLEDIT”命令来完成（也可在要修改的表格上单击鼠标右键，在弹出的快捷菜单中选择“编辑文字”命令，如图3-67所示）。在命令行提示“拾取表格单元：”后用鼠标单击需要修改文本的表格单元，多行文字编辑器会再次出现，用户可以进行修改，结果如图3-68所示。

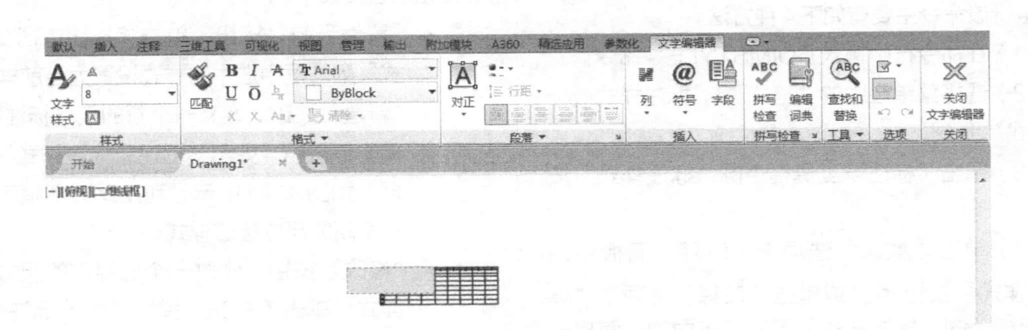

图 3-66 “多行文字编辑器”选项卡

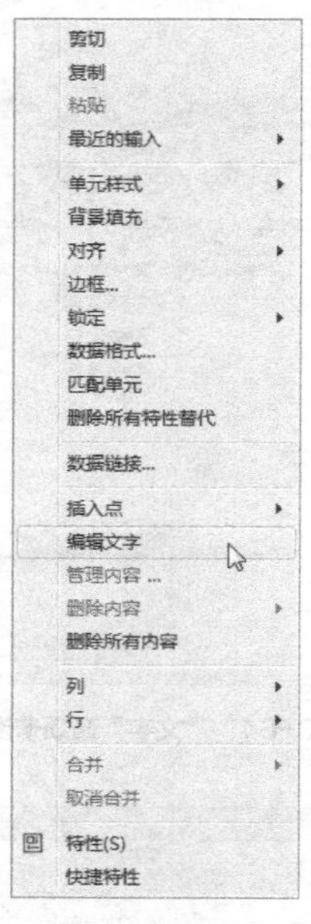

图 3-67　快捷菜单

苗木名称	数量	规格	苗木名称	数量	规格	苗木名称	数量	规格
落叶松	32	10cm	红叶	3	15cm	金叶女贞		20棵/m² 丛植H=500
银杏	44	15cm	法国梧桐	10	20cm	紫叶小柒		20棵/m² 丛植H=500
元宝枫	5	6m(冠径)	油松	4	8cm	草坪		2-3个品种混播
樱花	3	10cm	三角枫	26	10cm			
合欢	8	12cm	睡莲	20				
玉兰	27	15cm						
龙爪槐	30	8cm						

图 3-68　植物明细表

> 提示　在插入的表格中选择某一个单位格，单击后出现钳夹点，通过移动钳夹点可以改变单元格的大小，如图3-69所示。

图 3-69　改变单元格大小

3.6　尺寸标注

组成尺寸标注的尺寸界线、尺寸线、尺寸文本及箭头等可以采用多种形式，实际标注一个几何对象的尺寸时，它的尺寸标注以什么形态出现，取决于当前所采用的尺寸标注样式。在AutoCAD 2018中用户可以利用“标注样式管理器”对话框方便地设置自己需要的尺寸标注样式。下面介绍如何定制尺寸标注样式。

3.6.1　尺寸样式

在进行尺寸标注之前，要建立尺寸标注的样式。如果用户不建立尺寸样式而直接进行标注，系统使用默认名称为Standard的样式。用户如果认为使用的标注样式有某些设置不合适，也可以进行修改。

执行该命令主要有如下4种方法。

（1）在命令行中输入“DIMSTYLE”命令。

（2）选择菜单栏中的“格式”/“标注样式或标注/样式”命令。

（3）单击“标注”工具栏中的“标注样式”按钮。

（4）单击“默认”选项卡“注释”面板中的“标注样式”按钮，或单击“注释”选项卡“标注”面板上的“标注样式”下拉菜单中的“管理标注样式”按钮，或单击“注释”选项卡“标注”面板中的“对话框启动器”按钮。

执行上述命令后，系统打开“标注样式管理器”对话框，如图3-70所示。利用此对话框可方便直观地定制和浏览尺寸标注样式，包括产生新的标注样式、修改已存在的样式、设置当前尺寸标注样式、样式重命名以及删除一个已有样式等。该对话框中各按钮的含义如下。

- “置为当前”按钮：单击该按钮，把在“样式”列表框中选中的样式设置为当前样式。
- “新建”按钮：定义一个新的尺寸标注样式。单击该按钮，弹出“创建新标注样式”对话框，如图3-71所示，利用此对话框可创建一个新的尺寸标注样式。
- “修改”按钮：修改一个已存在的尺寸标注样式。单击该按钮，弹出“修改标注样式”对话框，该对话框中的各选项与“创建新标注样式”对话框中完全相同，用户可以对已有标注样式进行修改。

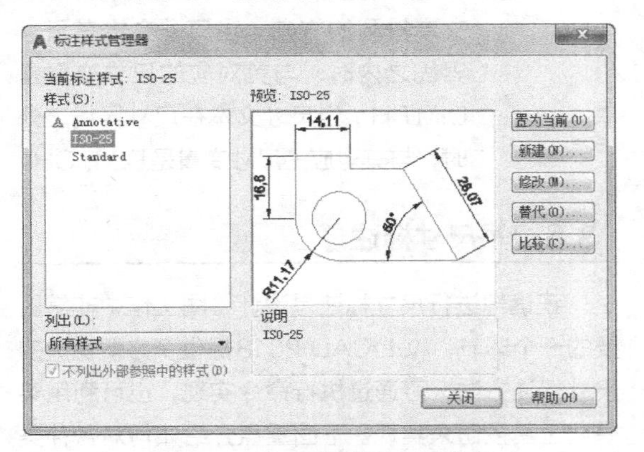

图 3-70 “标注样式管理器”对话框

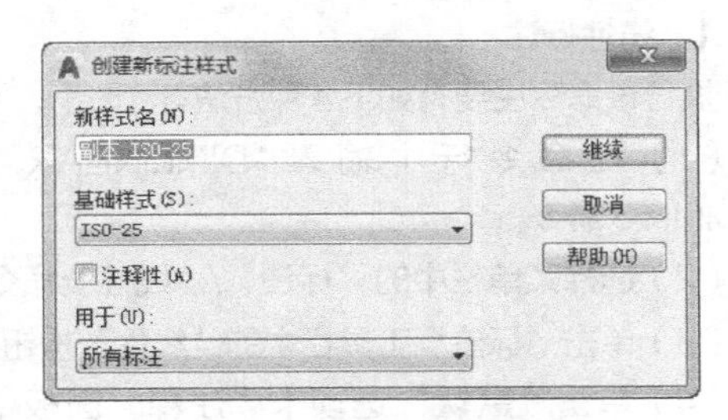

图 3-71 “创建新标注样式”对话框

- “替代”按钮：设置临时覆盖尺寸标注样式。单击该按钮，弹出“替代当前样式”对话框，如图3-72所示。用户可改变选项的设置覆盖原来的设置，但这种修改只对指定的尺寸标注起作用，而不影响当前尺寸变量的设置。

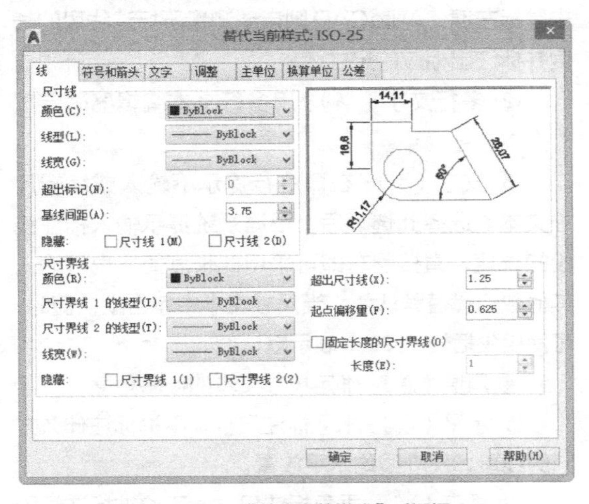

图 3-72 “替代当前样式”对话框

- “比较”按钮：比较两个尺寸标注样式在参数上的区别，或浏览一个尺寸标注样式的参数设置。单击该按钮，弹出“比较标注样式”对话框，如图3-73所示。可以把比较结果复制到剪贴板上，然后再粘贴到其他的Windows应用软件上。

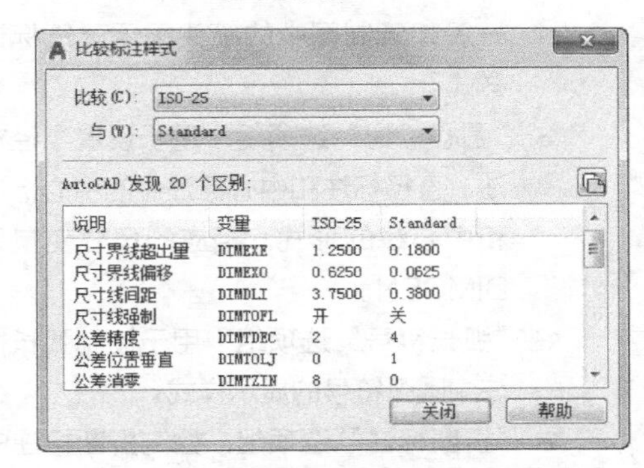

图 3-73 “比较标注样式”对话框

下面对“新建标注样式”对话框中的主要选项卡进行简要说明。

- 线：该选项卡可对尺寸线、尺寸界线的形式和特性等参数进行设置，包括尺寸线的颜色、线宽、超出标记、基线间距、隐藏等参数，尺寸界线的颜色、线宽、超出尺寸线、起点偏移量、隐藏等参数。
- 符号和箭头：该选项卡主要用于对箭头、圆心标记、弧长符号和半径折弯标注的形式和特性进行设置，如图3-74所示。包括箭头的大小、引线、形状等参数以及圆心标记的类型和大小等参数。

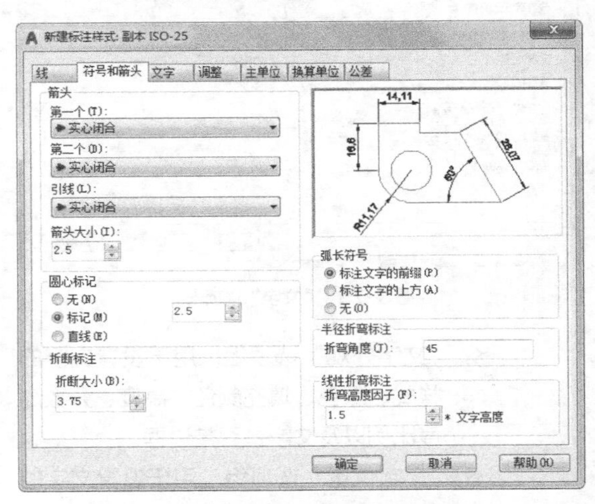

图 3-74 “符号和箭头”选项卡

- “箭头”选项组：用于设置尺寸箭头的形式。系统提供了多种箭头形状，列在“第一个”和“第二个”下拉列表框中。另外，还允许采用用户自定义的箭头形状。两个尺寸箭头可以采用相同的形式，也可以采用不同的形式。一般建筑制图中的箭头采用建筑标记样式。
- “圆心标记”选项组：用于设置半径标注、直径标注和中心标注中的中心标记和中心线的形式。相应的尺寸变量是DIMCEN。
- “弧长符号”选项组：用于控制弧长标注中圆弧符号的显示样式。
- “折断标注”选项组：控制折断标注的间隙宽度。
- “半径折弯标注”选项组：控制折弯（Z字型）半径标注的显示样式。
- “线性折弯标注”选项组：控制线性标注折弯的显示样式。

- 文字：该选项卡用于对文字的外观、位置、对齐方式等各个参数进行设置，如图3-75所示。

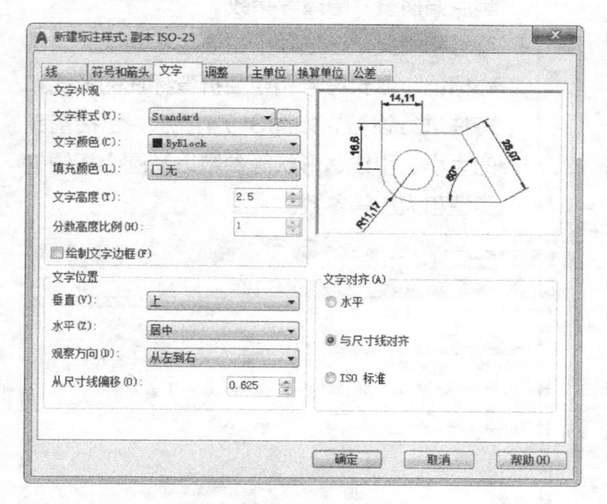

图 3-75 “文字”选项卡

- “文字外观”选项组：用于设置文字的样式、颜色、填充颜色、高度、分数高度比例以及文字是否带边框。
- “文字位置”选项组：用于设置文字的位置是垂直还是水平，以及从尺寸线偏移的距离。
- “文字对齐”选项组：用于控制尺寸文本排列的方向。当尺寸文本在尺寸界线之内时，与其对应的尺寸变量是DIMTIH；当尺寸文本在尺寸界线之外时，与其对应的尺寸变量是DIMTOH。

3.6.2 尺寸标注

正确地进行尺寸标注是设计绘图工作中非常重要的一个环节，AutoCAD 2018提供了方便快捷的尺寸标注方法，可通过执行命令实现，也可利用菜单或工具按钮来实现。下面重点介绍如何对各种类型的尺寸进行标注。

1. 线性标注

执行该命令主要有如下4种方法。

（1）在命令行中输入“DIMLINEAR”或“DIMLIN”命令。

（2）选择菜单栏中的“标注”/“线性”命令。

（3）单击“标注”工具栏中的“线性”按钮。

（4）单击“默认”选项卡“注释”面板中的“线性”按钮，或单击“注释”选项卡“标注”面板中的“线性”按钮。

执行上述命令后，根据系统提示直接回车选择要标注的对象或确定尺寸界线的起始点，命令行提示中各选项的含义如下。

① 指定尺寸线位置：确定尺寸线的位置。用户可移动鼠标选择合适的尺寸线位置，然后回车或单击鼠标左键，AutoCAD则自动测量所标注线段的长度并标注出相应的尺寸。

② 多行文字（M）：用多行文本编辑器确定尺寸文本。

③ 文字（T）：在命令行提示下输入或编辑尺寸文本。选择此选项后，根据系统提示输入标注线段的长度，直接回车即可采用此长度值，也可输入其他数值代替默认值。当尺寸文本中包含默认值时，可使用尖括号“<>”表示默认值。

④ 角度（A）：确定尺寸文本的倾斜角度。

⑤ 水平（H）：水平标注尺寸，不论标注什么方向的线段，尺寸线均水平放置。

⑥ 垂直（V）：垂直标注尺寸，不论被标注线段沿什么方向，尺寸线总保持垂直。

⑦ 旋转（R）：输入尺寸线旋转的角度值，旋转标注尺寸。

2. 对齐标注

执行该命令主要有如下4种方法。

（1）在命令行中输入“DIMALIGNED”命令。

（2）选择菜单栏中的“标注”/“对齐”命令。

（3）单击“标注”工具栏中的“对齐”按钮。

（4）单击“默认”选项卡“注释”面板中的“对齐”按钮，或单击“注释”选项卡“标注”面板中的“对齐”按钮。

执行上述命令后，使用“对齐标注”命令标注的尺寸线与所标注的轮廓线平行，标注的是起始点到终点之间的距离尺寸。

3. 基线标注

基线标注用于产生一系列基于同一条尺寸界线的尺寸标注，适用于长度尺寸标注、角度标注和坐标标注等。在使用基线标注方式之前，应该先标注出一个相关的尺寸。执行“基线”标注命令的方法主要有如下4种。

（1）在命令行中输入“DIMBASELINE”命令。

（2）选择菜单栏中的“标注”/“基线”命令。

（3）单击“标注”工具栏中的“基线”按钮。

（4）单击“注释”选项卡“标注”面板中的“基线”按钮。

执行上述命令后，根据系统提示指定第二条尺寸界线原点或选择其他选项。

4. 连续标注

连续标注又叫尺寸链标注，用于产生一系列连续的尺寸标注，后一个尺寸标注均把前一个标注的第二条尺寸界线作为第一条尺寸界线，适用于长度尺寸标注、角度标注和坐标标注等。在使用连续标注方式之前，应该先标注出一个相关的尺寸。

执行“连续”标注命令的方法主要有如下4种。

（1）在命令行中输入“DIMCONTINUE”命令。

（2）选择菜单栏中的“标注”/“连续”命令。

（3）单击“标注”工具栏中的“连续”按钮。

（4）单击“注释”选项卡“标注”面板中的“连续”按钮。

执行上述命令后，各选项与基线标注中的选项完全相同，在此不再赘述。

5. 引线标注

AutoCAD提供了引线标注功能，利用该功能不仅可以标注特定的尺寸，如圆角、倒角等，还可以在图中添加多行旁注、说明。在引线标注中，指引线可以是折线，也可以是曲线；指引线端部可以有箭头，也可以没有箭头。

利用“QLEADER”命令可快速生成指引线及注释，而且可以通过命令行优化对话框进行用户自定义，由此可以消除不必要的命令行提示，提高工作效率。“引线”标注命令的调用方法如下。

（1）在命令行中输入“QLEADER”命令。

执行上述命令后，根据系统提示指定第一个引线点或选择其他选项。也可以在上面的操作过程中选择“设置（S）”选项弹出“引线设置”对话框，进行相关参数设置，该对话框中包含“注释”“引线和箭头”和“附着”3个选项卡，下面分别进行介绍。

（2）“注释”选项卡：用于设置引线标注中注释文本的类型、多行文本的格式并确定注释文本是否多次使用，如图3-76所示。

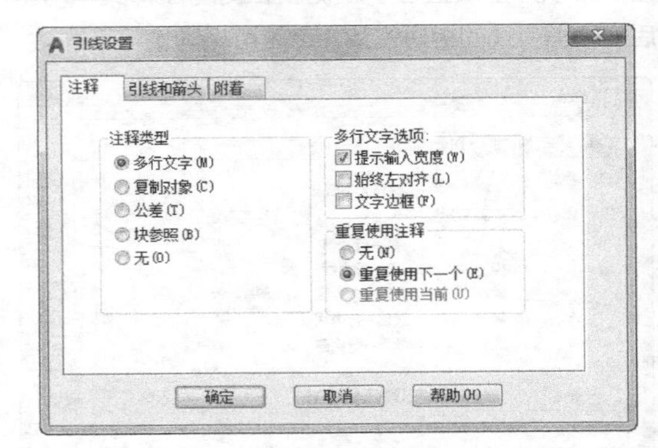

图3-76 “注释”选项卡

（3）“引线和箭头”选项卡：用于设置引线标注中引线和箭头的形式，如图3-77所示。其中，“点数”选项组用于设置执行“QLEADER”命令时提示用户输入的点的数目。例如，执行QLEADER命令时当用户在提示下指定3个点后，AutoCAD自动提示用户输入注释文本。

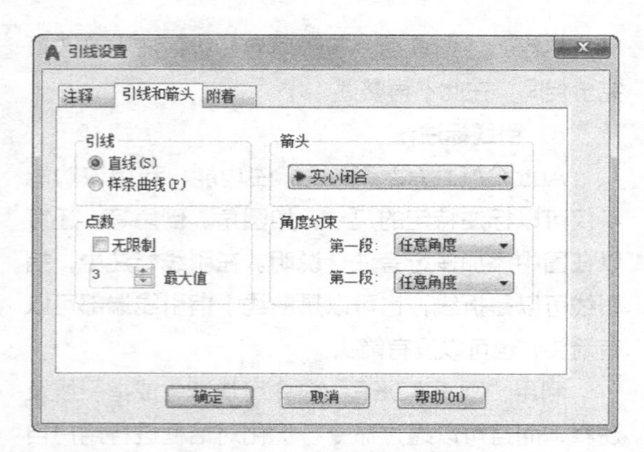

图 3-77 “引线和箭头”选项卡

需要注意的是，设置的点数要比用户希望的指引线段数多1。如果选中“无限制”复选框，AutoCAD会一直提示用户输入点直到连续按回车键两次为止。“角度约束”选项组用于设置第一段和第二段指引线的角度约束。

（4）“附着”选项卡：用于设置注释文本和指引线的相对位置，如图3-78所示。如果最后一段指引线指向右边，系统自动把注释文本放在右侧；如果最后一段指引线指向左边，系统自动把注释文本放在左侧。利用该选项卡中左侧和右侧的单选按钮，可以分别设置位于左侧和右侧的注释文本与最后一段指引线的相对位置，二者可相同也可不同。

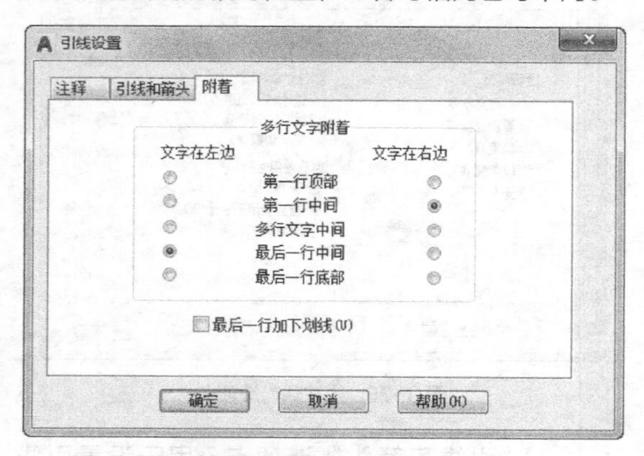

图 3-78 “附着”选项卡

3.6.3 实例——桥边墩平面图

使用“直线”命令绘制桥边墩轮廓定位中心线，使用“直线”和“多段线”命令绘制桥边墩轮廓线，使用“线性”和“连续”标注命令标注尺寸，使用“多行文字”命令标注文字，完成桥边墩平面图的绘制，绘制流程图如图3-79所示。

扫一扫

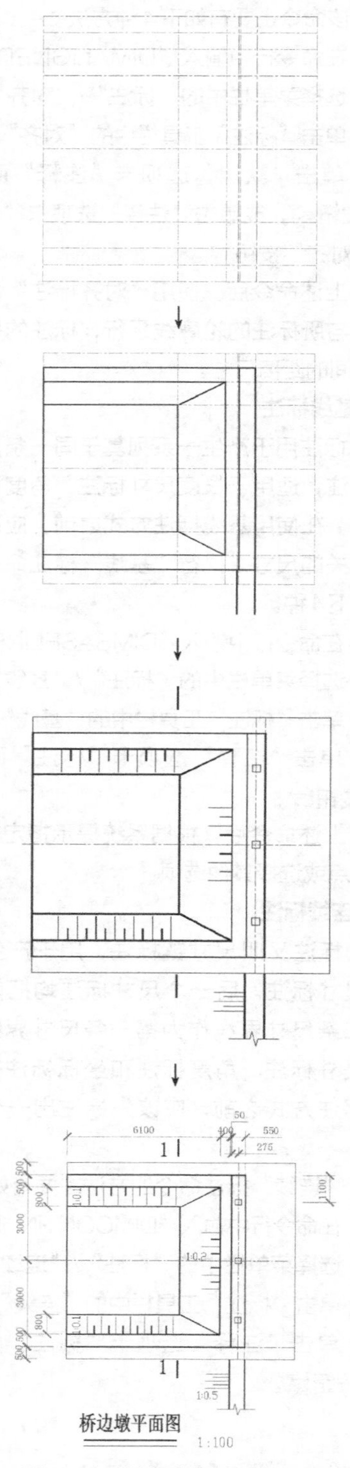

图 3-79 绘制桥边墩平面图流程图

STEP 绘制步骤

1. 前期准备以及绘图设置

（1）根据图形决定绘图的比例，建议采用1:1的比例绘制，1:100的比例出图。

（2）建立新文件。打开AutoCAD 2018应用程序，建立新文件，将新文件命名为“桥边墩平面图.dwg”并保存。

（3）设置图层。设置“尺寸”“中心线”“轮廓线”和“文字”4个图层，把这些图层设置成不同的颜色，使图纸上表示更加清晰，将“中心线”图层设置为当前图层。设置好的图层如图3-80所示。

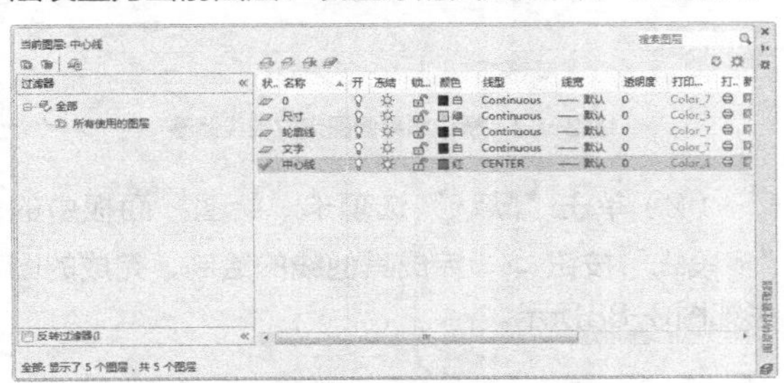

图 3-80 桥边墩平面图图层设置

（4）文字样式的设置。单击“默认”选项卡“注释”面板中的“文字样式”按钮，进入“文字样式”对话框，选择宋体，宽度因子设置为0.8。

（5）标注样式的设置。单击“默认”选项卡“注释”面板中的“标注样式”按钮，打开“标注样式管理器”对话框，如图3-81所示，单击“修改”按钮，进入“修改标注样式：ISO-25”对话框，然后分别对线、符号和箭头、文字、主单位进行设置，如图3-82 ~图3-85所示。

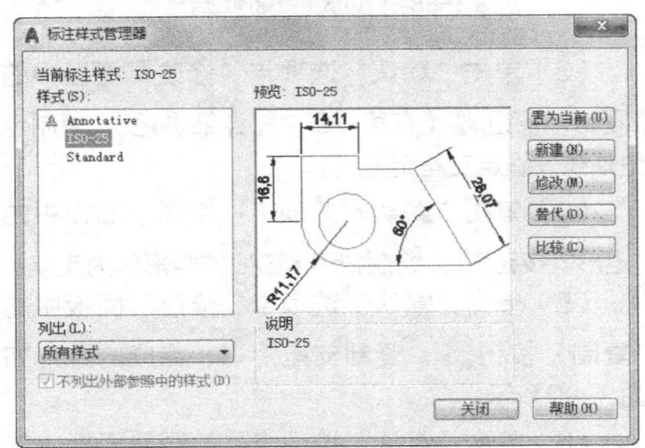

图 3-81 “标注样式管理器”对话框

2. 绘制桥边墩轮廓定位中心线

（1）在状态栏中单击“正交模式”按钮，打

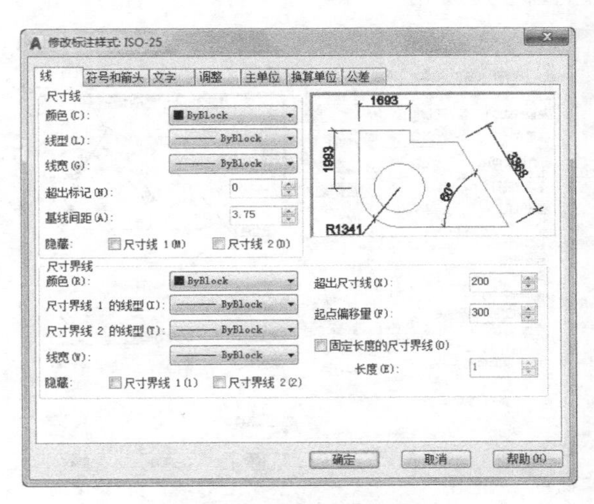

图 3-82 设置“线”选项卡

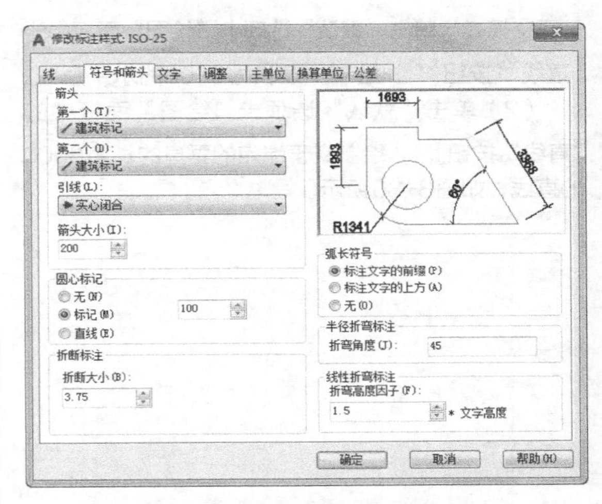

图 3-83 设置“符号和箭头”选项卡

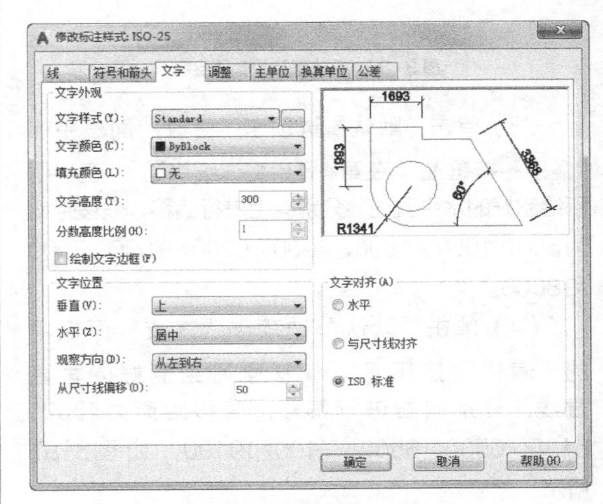

图 3-84 设置“文字”选项卡

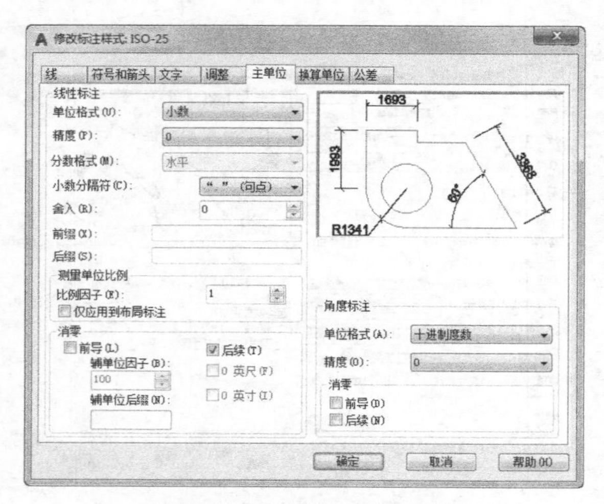

图 3-85 设置“主单位”选项卡

开正交模式；单击“默认”选项卡“绘图”面板中的“直线”按钮，绘制一条长为9100的水平直线。

（2）单击“默认”选项卡“绘图”面板中的“直线”按钮，绘制交于端点的垂直的长为8000的直线，如图3-86所示。

图 3-86 桥边墩定位轴线绘制

（3）单击“默认”选项卡“修改”面板中的“偏移”按钮（在第4章中将详细讲述），偏移刚刚绘制好的水平直线，分别向上进行偏移，偏移距离为500、1000、1800、4000、6200、7000、7500和8000。

（4）单击“默认”选项卡“修改”面板中的“偏移”按钮，偏移刚刚绘制好的垂直直线，分别向右进行偏移，偏移距离为4500、6100、6500、6550、7100和9100，如图3-87所示。

3. 绘制桥边墩平面轮廓线

（1）将“轮廓线”图层设置为当前图层，单击“默认”选项卡“绘图”面板中的“多段线”按钮，绘制桥边墩轮廓线，输入“W”，设置起点和端点的宽度为30。

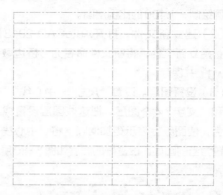

图 3-87 桥边墩平面图定位轴线偏移

（2）单击“默认”选项卡“绘图”面板中的“多段线”按钮，完成其他线的绘制，完成的图形如图3-88所示。

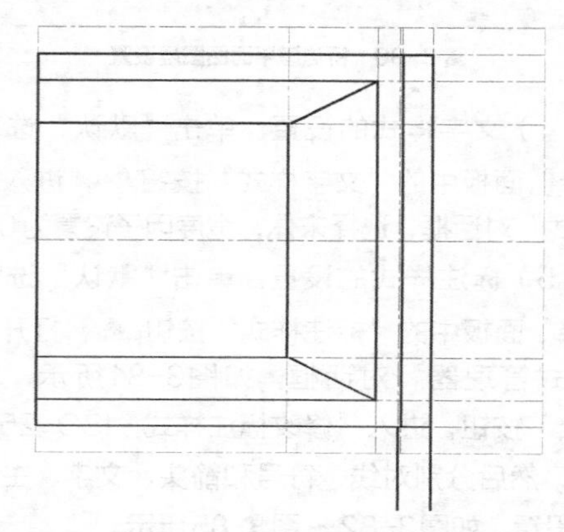

图 3-88 桥边墩平面轮廓线绘制 1

（3）单击“默认”选项卡“修改”面板中的“复制”按钮（在第4章中将详细讲述），复制定位轴线去确定支座定位线。

（4）单击“默认”选项卡“绘图”面板中的“矩形”按钮，绘制250×220的矩形作为支座。

（5）单击“默认”选项卡“修改”面板中的“复制”按钮，复制支座矩形。完成的图形如图3-89所示。

（6）单击“默认”选项卡“绘图”面板中的“直线”按钮和“多段线”按钮，绘制坡度和水位线。

（7）单击“默认”选项卡“绘图”面板中的

“多段线”按钮，绘制剖切线。然后单击“默认”选项卡“绘图”面板中的“直线”按钮，绘制折断线，如图3-90所示。

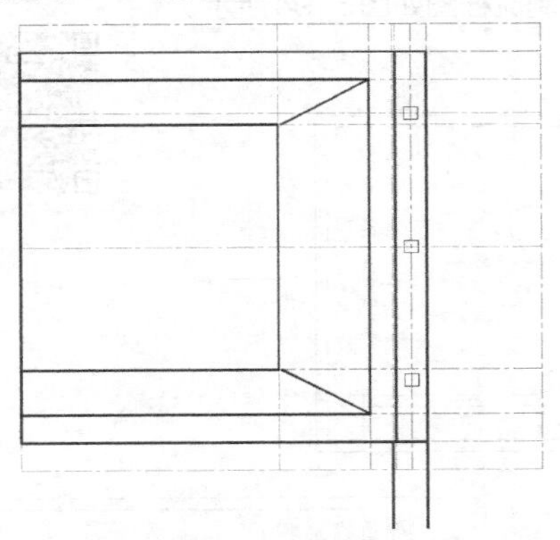

图 3-89 桥边墩平面轮廓线绘制 2

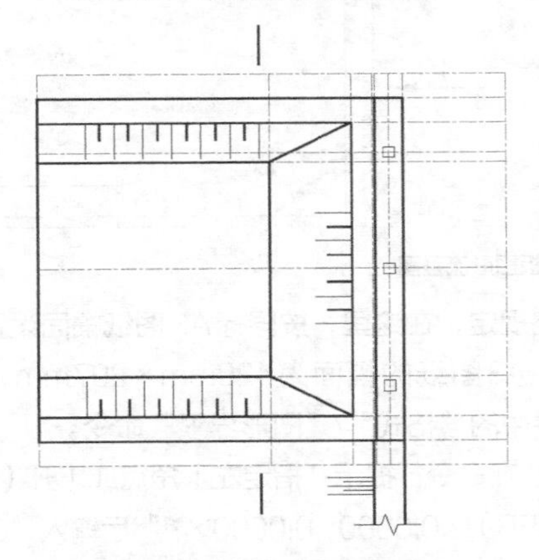

图 3-90 桥边墩平面轮廓线绘制 3

（8）单击“默认”选项卡“修改”面板中的“删除”按钮，删除多余定位线，并整理图形，如图3-91所示。

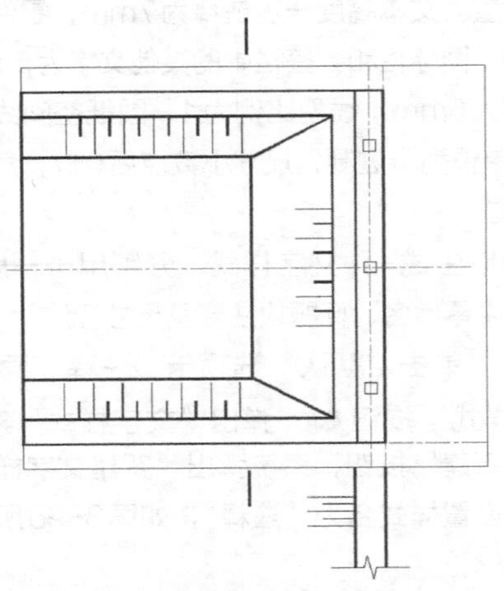

图 3-91 桥边墩平面轮廓线绘制 4

4. 标注尺寸

将“尺寸”图层设置为当前图层，单击“标注”工具栏中的“线性”按钮和“连续”按钮，标注尺寸，如图3-92所示。

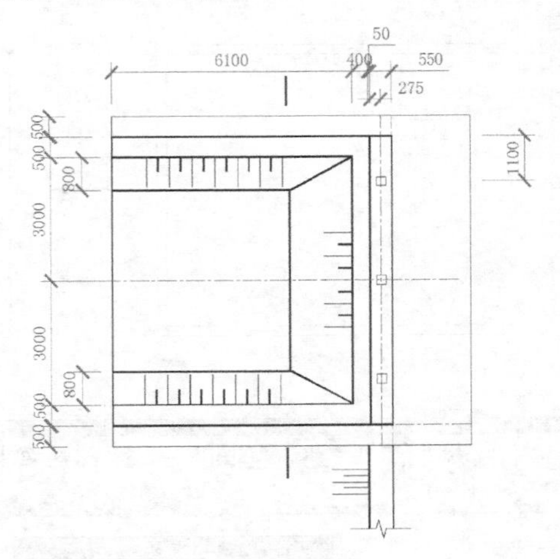

图 3-92 标注尺寸

5. 标注文字

（1）将“文字”图层设置为当前图层，单击“默认”选项卡“注释”面板中的“多行文字”按钮，标注剖切数值，单击“默认”选项卡“注释”面板中的“文字样式”按钮，新建“样式1”，设置字体为txt.shx，高度为300，宽度因子为1，然后单击“默认”选项卡“注释”面板中的“多行文字”按钮，标注比例。

（2）单击“默认”选项卡“绘图”面板中的“直线”按钮、“多段线”按钮和“多行文字”按钮，标注图名，结果如图3-93所示。

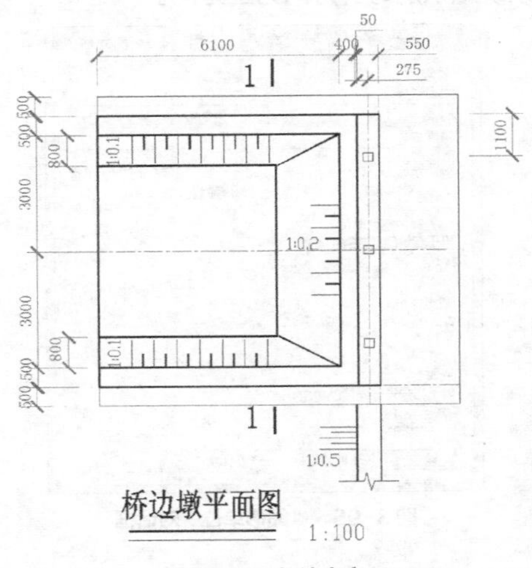

图 3-93 标注文字

3.7 综合演练——绘制A3市政工程图纸样板图

下面绘制一个市政工程样板图形，包含图标栏和会签栏，绘制流程图如图3-94所示。

扫一扫

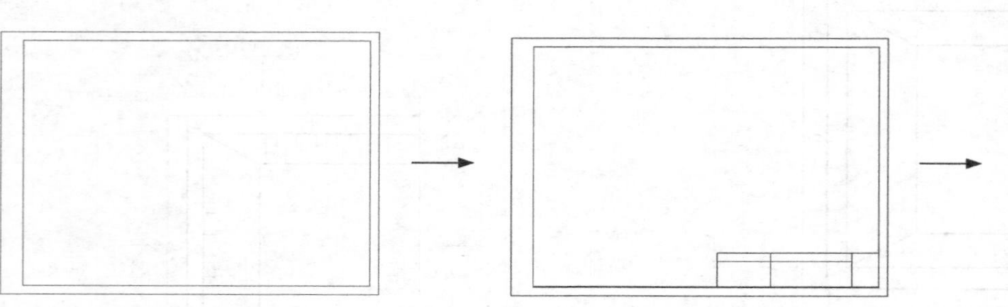

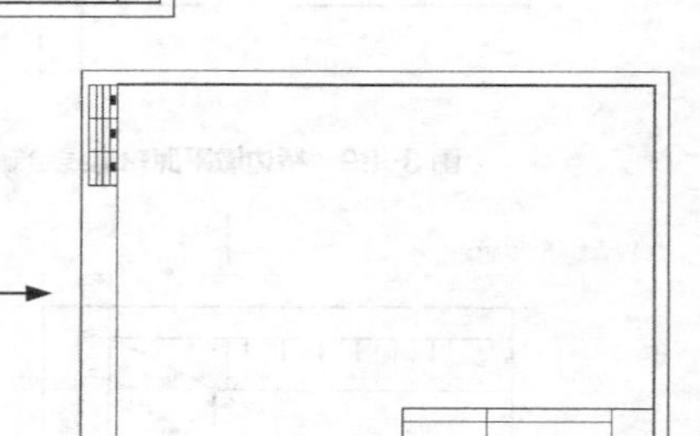

图3-94 绘制A3市政工程图纸样板图形流程图

STEP 绘制步骤

1. 设置单位和图形边界

（1）打开AutoCAD 2018应用程序，系统自动建立一个新的图形文件。

（2）设置单位。选择菜单栏中的“格式”/“单位”命令，弹出“图形单位”对话框，如图3-95所示。设置长度的“类型”为“小数”，“精度”为0；角度的“类型”为“十进制度数”，“精度”为0，系统默认逆时针方向为正方向。

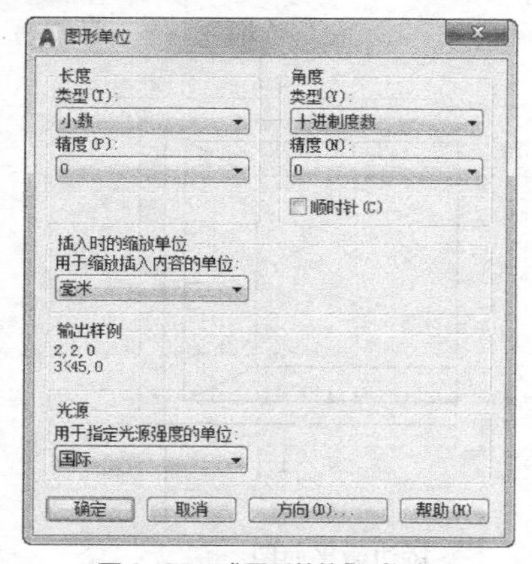

图3-95 “图形单位”对话框

（3）设置图形边界。国标对图纸的幅面大小做了严格规定，在这里，按国标A3图纸幅面设置图形边界。A3图纸的幅面为420mm×297mm，选择菜单栏中的“格式”/“图形界限”命令。

① 在命令行提示“指定左下角点或［开（ON）/关（OFF）］<0.0000，0.0000>：”后输入“0，0”。

② 在命令行提示“指定右上角点<12.0000，9.0000>：”后输入“420，297”。

2. 设置文本样式

下面列出一些本练习中的格式，请按如下约定进行设置。文本高度一般注释为7mm，零件名称为10mm，图标栏和会签栏中的其他文字为5mm，尺寸文字为5mm；线型比例为1，图纸空间线型比例为1；单位为十进制，尺寸小数点后0位，角度小数点后0位。

可以生成4种文字样式，分别用于一般注释、标题块中零件名、标题块注释及尺寸标注。

（1）单击“默认”选项卡“注释”面板中的“文字样式”按钮，弹出“文字样式”对话框，单击“新建”按钮，系统弹出“新建文字样式”对话框，设置样式名为“注释”，如图3-96所示，确认退出。

（2）系统返回“文字样式”对话框，在“字体名”下拉列表框中选择“仿宋_GB2312”选项，设置“高度”为7，如图3-97所示。单击“应用”按钮，再单击“关闭”按钮。其他文字样式进行类似的设置。

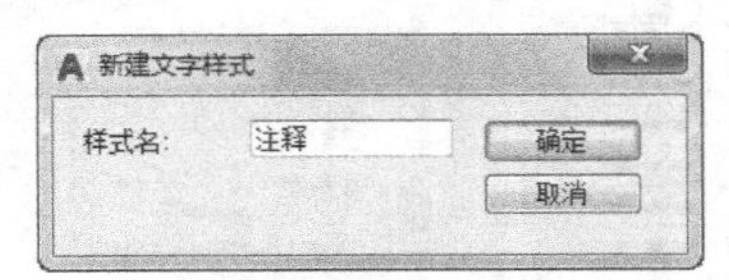

图 3-96 “新建文字样式”对话框

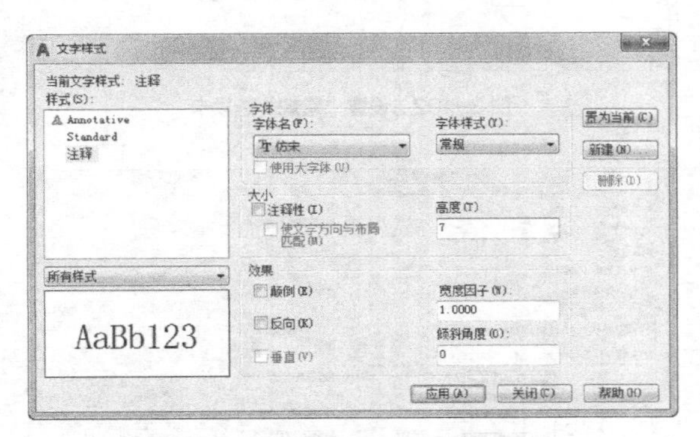

图 3-97 “文字样式”对话框

3. 绘制图框线和标题栏

（1）单击“默认”选项卡“绘图”面板中的“矩形”按钮，两个角点的坐标分别为（25，10）和（410，287），绘制一个420mm×297mm（A3图纸大小）的矩形作为图纸范围，如图3-98所示（外框表示设置的图纸范围）。

图 3-98 绘制图框线

（2）单击“默认”选项卡“绘图”面板中的“直线”按钮，绘制标题栏。坐标分别为{（230，10）、（230，50）、（410，50）}，{（280，10）、（280,50）}，{（360，10）、（360，50）}，{（230，40）、（360，40）}，如图3-99所示。（大括号中的数值表示一条独立连续线段的端点坐标值。）

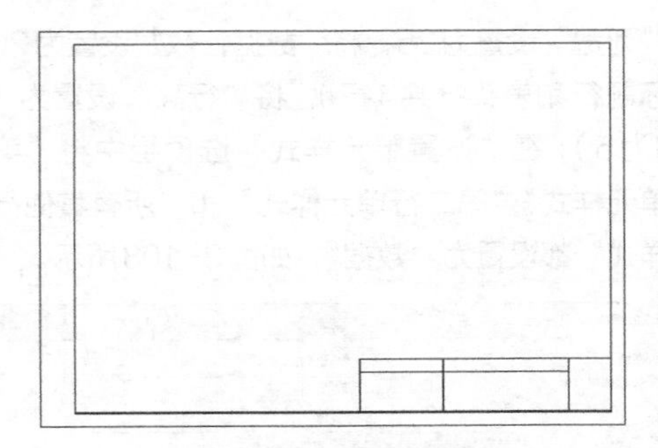

图 3-99 绘制标题栏

4. 绘制会签栏

（1）单击“默认”选项卡“注释”面板中的“表格样式”按钮，打开“表格样式”对话框，如图3-100所示。

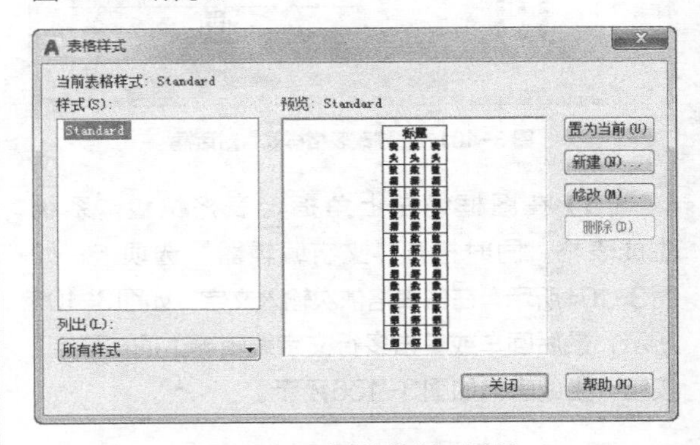

图 3-100 “表格样式”对话框

（2）单击“修改”按钮，系统打开“修改表格样式”对话框，在“单元样式”下拉列表框中选择“数据”选项，在下面的“文字”选项卡中设置“文字高度”为3，如图3-101所示。再打开“常规”选项卡，将“页边距”选项组中的“水平”和“垂直”都设置成1，对齐为“正中”，如图3-102所示。同理，在“单元样式”下拉列表框中分别选择“标题”和“表头”选项，设置对齐为“正中”，文字高度为3。

表格的行高=文字高度+2×垂直页边距，此处设置为3+2×1=5。

（3）系统回到“表格样式”对话框，单击“关闭”按钮退出。

（4）单击“默认”选项卡“注释”面板中的“表格”按钮，系统打开“插入表格”对话框，在“列和行设置”选项组中将“列数”设置为3，将“列宽”设置为25，将“数据行数”设置为2(加上标题行和表头行共4行)，将“行高”设置为1行(即为5)；在“设置单元样式”选项组中将“第一行单元样式”“第二行单元样式”和“所有其他行单元样式”都设置为“数据”，如图3-103所示。

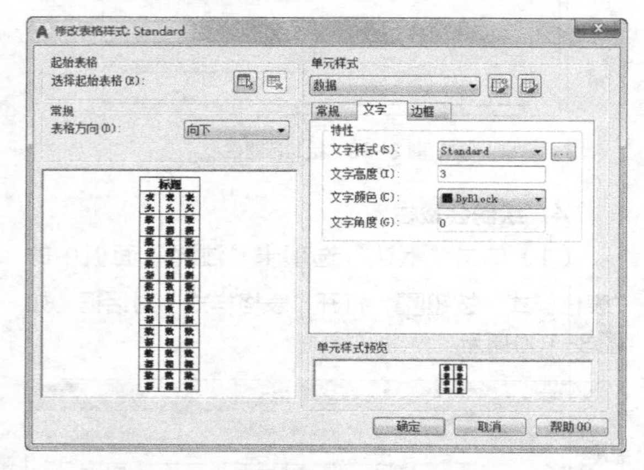

图 3-101 “修改表格样式”对话框

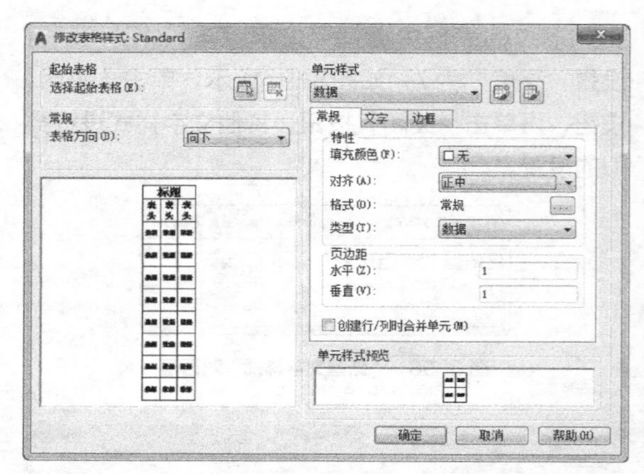

图 3-102 设置“常规”选项卡

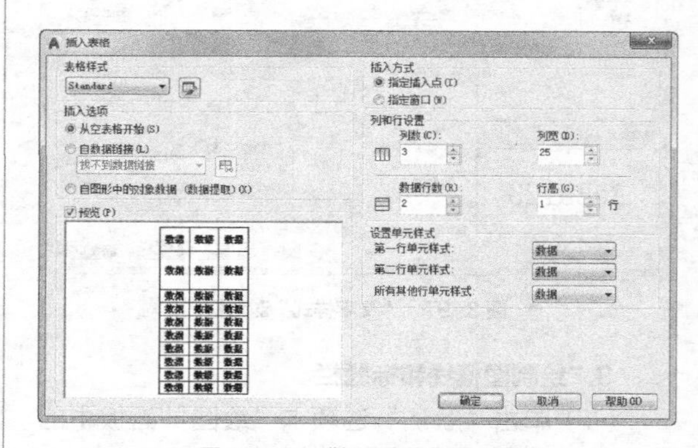

图 3-103 “插入表格”对话框

(5) 在图框线左上角指定表格位置，系统生成表格，同时打开“文字编辑器”选项卡，如图3-104所示，在各表格依次输入文字，如图3-105所示，最后回车或单击多行文字编辑器上的“确定”按钮，生成表格如图3-106所示。

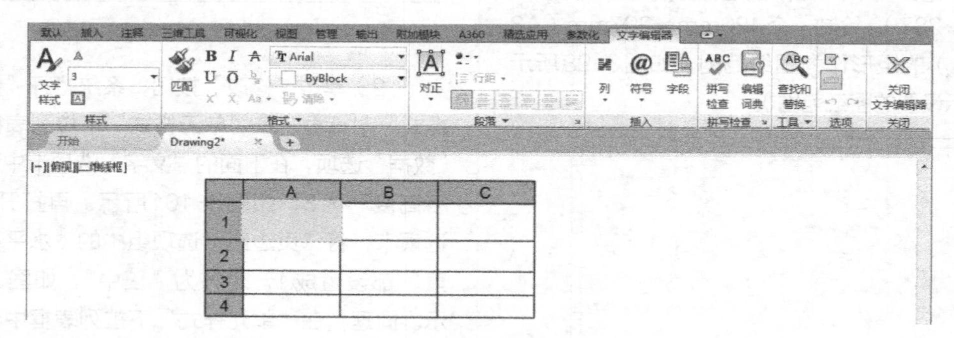

图 3-104 生成表格

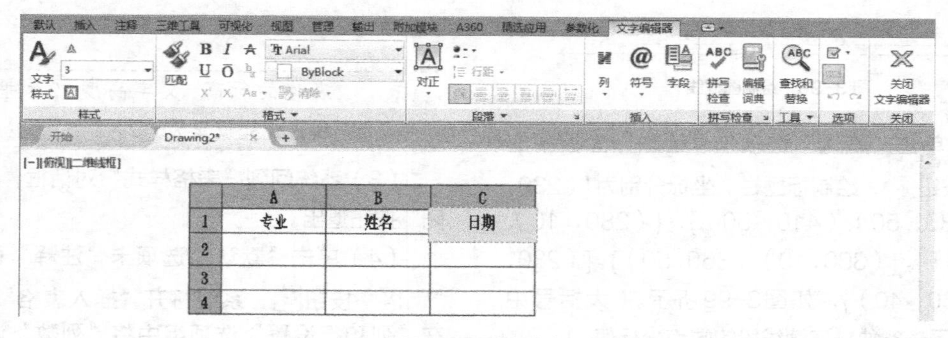

图 3-105 输入文字

（6）单击“默认”选项卡“修改”面板中的“旋转”按钮（在第4章中将详细讲述），把会签栏旋转-90°。

结果如图3-107所示。这就得到了一个样板图形，带有自己的图标栏和会签栏。

5. 保存成样板图文件

样板图及其环境设置完成后，可以将其保存成样板图文件。单击“快速访问”工具栏中的“保存”按钮或“另存为”命令，弹出“保存”或“图形另存为”对话框。在“文件类型”下拉列表框中选择“AutoCAD图形样板（*.dwt）”选项，输入文件名为A3，单击“保存”按钮保存文件。

下次绘图时，可以打开该样板图文件，在此基础上开始绘图。

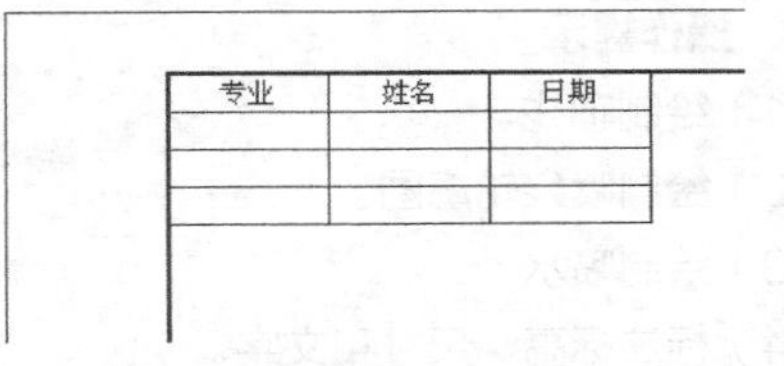

图 3-106 完成表格

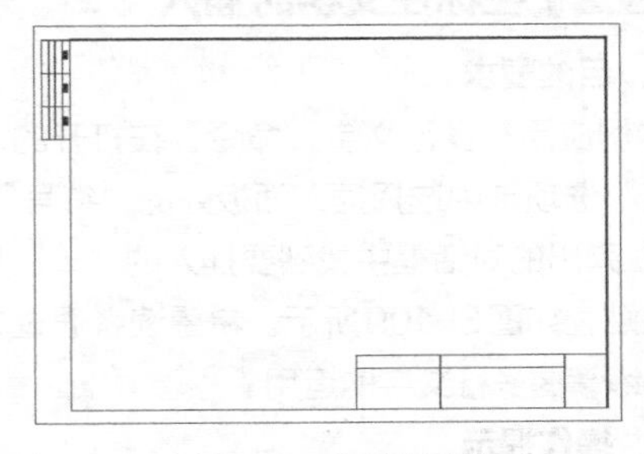

图 3-107 旋转会签栏

3.8 上机实验

通过前面的学习，相信读者对本章知识已有了大体的了解，本节通过几个操作练习帮助读者进一步掌握本章知识要点。

【实验 1】绘制图 3-108 所示的喷泉立面图。

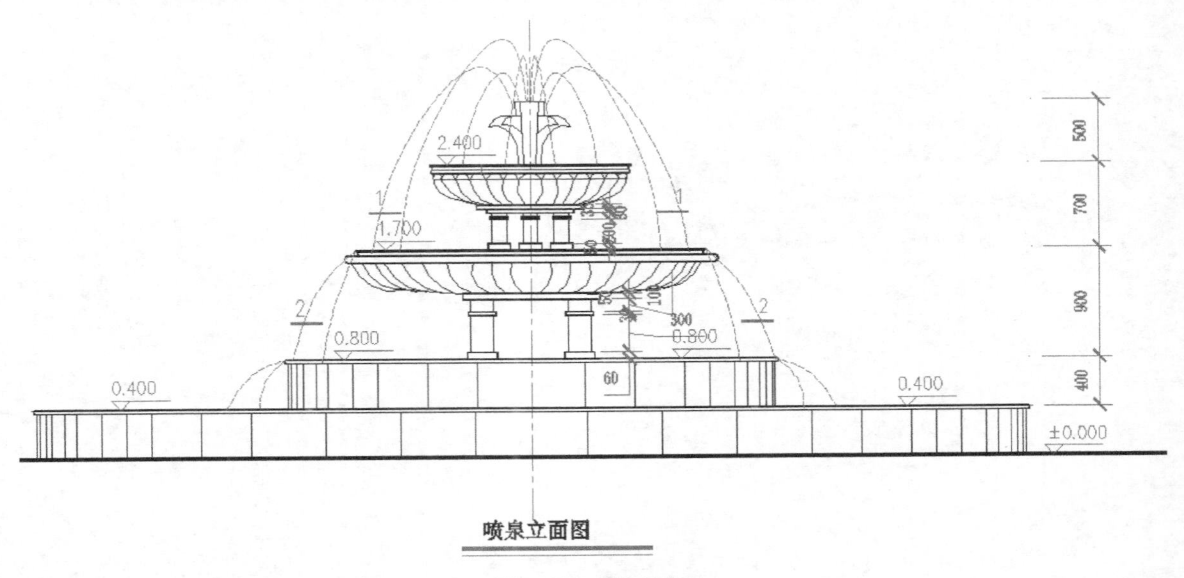

图 3-108 喷泉立面图

1. 目的要求

本例应用二维绘图和“修改”命令绘制喷泉立面图，然后应用“直线”和“多行文字”命令绘制标高符号，最后应用“线性”标注命令标注尺寸，希望读者通过本例的学习熟练掌握标注尺寸和文字的运用。

2. 操作提示

（1）绘制轴线。

（2）绘制喷泉轮廓图。

（3）绘制喷水。

（4）标注标高、尺寸和文字。

【实验 2】在标注文字时插入“±”号。

1. 目的要求

本例应用“多行文字”命令，在打开的“文字编辑器”选项卡中选择插入面板处的“符号”/“其他”，在弹出的对话框中找到要插入的“±”号进行复制粘贴，如图3-109所示。希望读者通过本例的学习熟练掌握多行文字的运用。

2. 操作提示

（1）执行“多行文字”命令。

（2）插入“±”号。

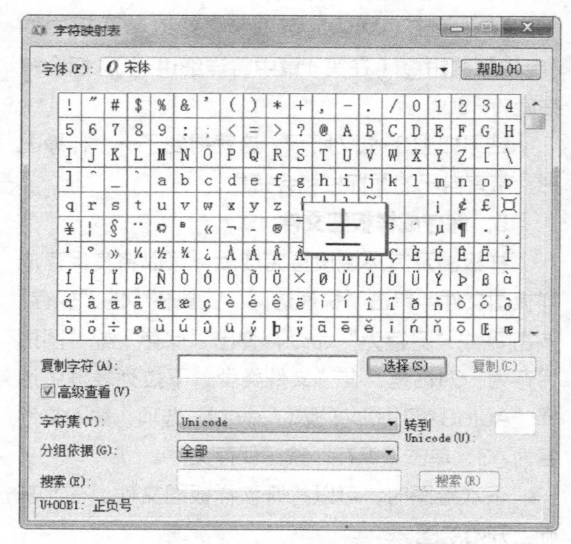

图 3-109 “字符映射表”对话框

第4章 编辑命令

编辑命令和绘图命令配合使用可以进一步完成复杂图形对象的绘制工作，便于用户合理安排和组织图形，保证绘图质量，减少重复劳动，因此，对编辑命令的熟练掌握和使用有助于提高设计和绘图的效率。

学习要点和目标任务

- 选择对象
- 删除及恢复类命令
- 复制类命令
- 图案填充
- 改变位置类命令
- 对象编辑
- 改变几何特性类命令

4.1 选择对象

AutoCAD 2018提供了两种编辑图形的途径。

（1）先执行编辑命令，然后选择要编辑的对象。

（2）先选择要编辑的对象，然后执行编辑命令。

这两种途径的执行效果是相同的，但选择对象是进行编辑的前提。AutoCAD 2018提供了多种对象选择方法，如点取对象、用选择窗口选择对象、用选择线选择对象、用对话框选择对象等。AutoCAD可以把选择的多个对象组成整体，如选择集和对象组，进行整体编辑与修改。

4.1.1 构造选择集

选择集可以仅由一个图形对象构成，也可以是一个复杂的对象组，如位于某一特定层上的具有某种特定颜色的一组对象。选择集的构造可以在调用编辑命令之前或之后进行。

AutoCAD提供了以下4种方法来构造选择集。

（1）先选择一个编辑命令，然后选择对象，用回车键结束操作。

（2）使用“SELECT”命令。

（3）用点取设备选择对象，然后调用编辑命令。

（4）定义对象组。

无论使用哪种方法，AutoCAD 2018都将提示用户选择对象，并且光标的形状由十字光标变为拾取框。

下面结合“SELECT”命令说明选择对象的方法。

“SELECT”命令可以单独使用，即在命令行中输入“SELECT”命令后回车，也可以在执行其他编辑命令时被自动调用。此时，屏幕出现提示“选择对象：”，等待用户以某种方式选择对象作为回答。AutoCAD提供了多种选择方式，可以输入“？”查看这些选择方式。选择该选项后，出现如下提示：“需要点或窗口（W）/上一个（L）/窗交（C）/框选（BOX）/全部（ALL）/栏选（F）/圈围（WP）/圈交（CP）/编组（G）/添加（A）/删除（R）/多个（M）/上一个（P）/放弃（U）/自动（AU）/单选（SI）/子对象（SU）/对象（O）”选择对象。

主要选项的含义如下（用加粗的方式代替选择后的图形颜色的变化）。

- 点：该选项表示直接通过点取的方式选择对象。用鼠标或键盘移动拾取框，使其框住要选取的对象，然后单击，就会选中该对象并以高亮度显示。
- 窗口（W）：用由两个对角顶点确定的矩形窗口选取位于其范围内部的所有图形，与边界相交的对象不会被选中。在指定对角顶点时，应该按照从左向右的顺序，如图4-1所示。

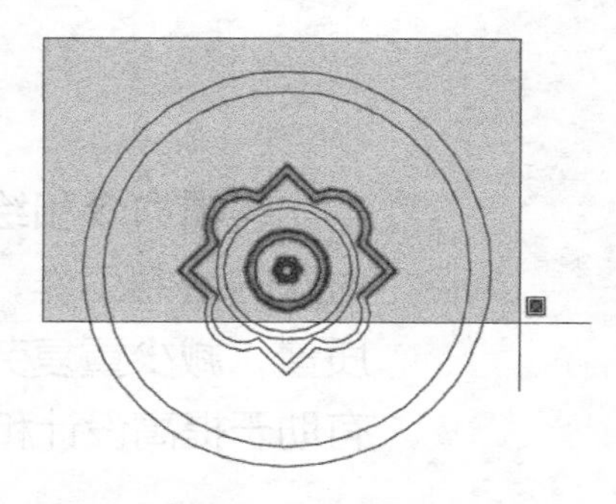

（a）图中深色覆盖部分为选择窗口

（b）选择后的图形

图 4-1 “窗口”对象选择方式

- 上一个（L）：在“选择对象：”提示下输入“L”后回车，系统会自动选取最后绘出的一个对象。
- 窗交（C）：该方式与上述“窗口”方式类似，区别在于，它不但选中矩形窗口内部的对象，也选中与矩形窗口边界相交的对象。选择的对象如图4-2所示。

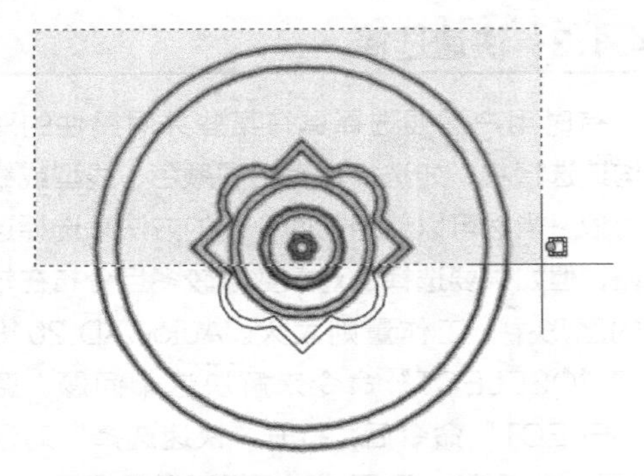

(a) 图中深比例色覆盖部分为选择窗口

(b) 选择后的图形

图 4-2 “窗交”对象选择方式

- 框选（BOX）：使用时，系统根据用户在屏幕上给出的两个对角点的位置而自动引用“窗口”或“窗交”方式。若从左向右指定对角点，则为“窗口”方式；反之，则为“窗交”方式。
- 全部（ALL）：选取图面上的所有对象。
- 栏选（F）：用户临时绘制一些直线，这些直线不必构成封闭图形，凡是与这些直线相交的对象均被选中。执行结果如图4-3所示。
- 圈围（WP）：使用一个不规则的多边形来选择对象。根据提示，用户顺次输入构成多边形的所有顶点的坐标，最后按回车键，系统将自动依次连接各个顶点，形成封闭的多边形。凡是被多边形围住的对象均被选中（不包括边界）。执行结果如图4-4所示。

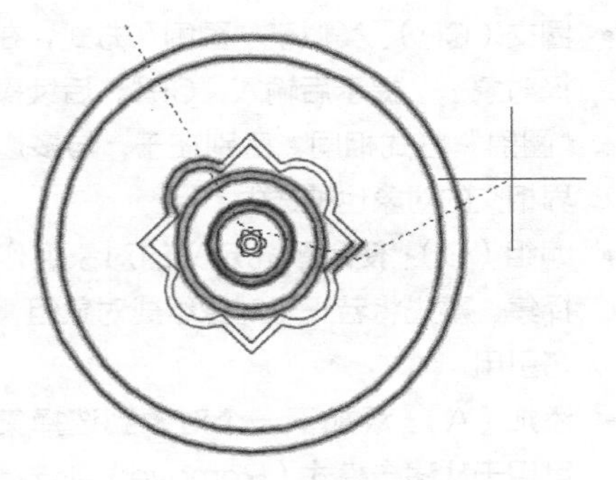

(a) 图中虚线为选择栏

(b) 选择后的图形

图 4-3 “栏选”对象选择方式

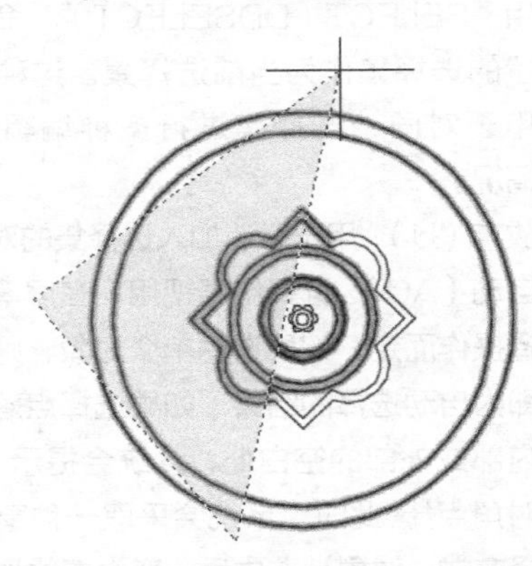

(a) 图中十字线所拉出深色多边形为选择窗口

(b) 选择后的图形

图 4-4 “圈围”对象选择方式

- 圈交（CP）：类似于“圈围”方式，在“选择对象：”提示后输入“CP”，后续操作与“圈围”方式相同。区别在于，与多边形边界相交的对象也被选中。
- 编组（G）：使用预先定义的对象组作为选择集。事先将若干个对象组成对象组，用组名引用。
- 添加（A）：添加下一个对象到选择集。也可用于从移走模式（Remove）到选择模式的切换。
- 删除（R）：按住Shift键选择对象，可以从当前选择集中移走该对象。对象由高亮度显示状态变为正常显示状态。
- 多个（M）：指定多个点，不高亮度显示对象。这种方法可以加快在复杂图形上选择对象进度。若两个对象交叉，两次指定交叉点，则可以选中这两个对象。
- 上一个（P）：用关键字P回应“选择对象：”的提示，则把上次编辑命令中的最后一次构造的选择集或最后一次使用“SELECT（DDSELECT）”命令预置的选择集作为当前选择集。这种方法适用于对同一选择集进行多种编辑操作的情况。
- 放弃（U）：用于取消加入选择集的对象。
- 自动（AU）：选择结果视用户在屏幕上的选择操作而定。如果选中单个对象，则该对象即为自动选择的结果；如果选择点落在对象内部或外部的空白处，系统会提示：“指定对角点”，此时，系统会采取一种窗口的选择方式。对象被选中后，变为虚线形式，并以高亮度显示。

提示 若矩形框从左向右定义，即第一个选择的对角点为左侧的对角点，矩形框内部的对象被选中，矩形框外部及与矩形框边界相交的对象不会被选中。若矩形框从右向左定义，矩形框内部及与矩形框边界相交的对象都会被选中。

- 单个（SI）：选择指定的第一个对象或对象集，而不继续提示进行下一步的选择。

4.1.2 快速选择

有时用户需要选择具有某些共同属性的对象来构造选择集，如选择具有相同颜色、线型或线宽的对象，当然可以使用前面介绍的方法来选择这些对象，但如果要选择的对象数量较多且分布在较复杂的图形中，工作量则太大。AutoCAD 2018提供了“QSELECT”命令来解决这个问题。调用“QSELECT”命令后，打开“快速选择”对话框（如图4-5所示），利用该对话框可以根据用户指定的过滤标准快速创建选择集。

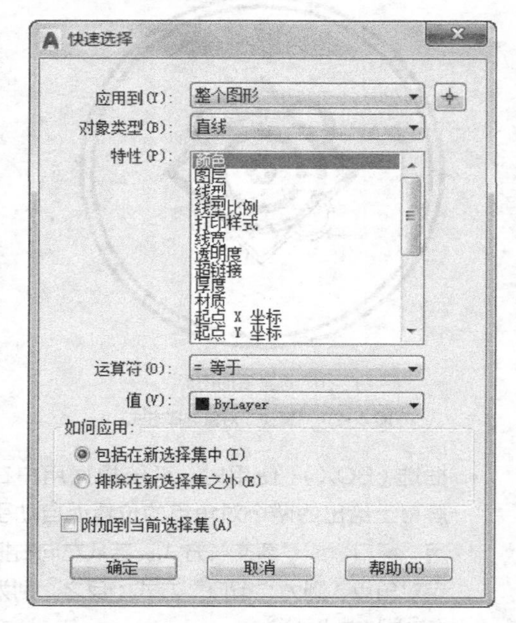

图4-5 “快速选择”对话框

执行“快速选择”命令，主要有以下3种方法。

（1）在命令行中输入“QSELECT”命令。

（2）选择菜单栏中的“工具”/“快速选择”命令。

（3）在右键快捷菜单中选择“快速选择”（如图4-6所示）命令，或单击“特性”选项板中的“快速选择”按钮（如图4-7所示）。

执行上述命令后，在打开的“快速选择”对话框中可以选择符合条件的对象或对象组。

4.1.3 构造对象组

对象组与选择集并没有本质的区别，当把若干个对象定义为选择集并想让它们在以后的操作中始终作为一个整体时，为了简捷，可以给这个选择集命名并保存起来，这个命名了的对象选择集就是对象组，它的名字称为组名。

如果对象组可以被选择（位于锁定层上的对象组不能被选择），那么可以通过它的组名引用该对象组，并且一旦组中任何一个对象被选中，那么组中的全部对象成员都被选中。该命令的调用方法主要是通过在命令行中输入“GROUP”命令。

执行上述命令后，系统打开“对象编组”对话框。利用该对话框可以查看或修改存在的对象组的属性，也可以创建新的对象组。

图 4-6 右键快捷菜单 图 4-7 “特性”选项板中的快速选择

4.2 删除及恢复类命令

删除及恢复类命令主要用于删除图形的某部分或对已被删除的部分进行恢复，包括“删除”“恢复”和“清除”等命令。

4.2.1 “删除”命令

如果所绘制的图形不符合要求或错绘了图形，则可以使用“删除”命令把它删除。执行“删除”命令主要有以下6种方法。

（1）在命令行中输入“ERASE”命令。

（2）选择菜单栏中的“修改”/“删除”命令。

（3）单击“修改”工具栏中的“删除”按钮。

（4）在快捷菜单中选择“删除”命令。

（5）单击“默认”选项卡“修改”面板中的“删除”按钮。

（6）利用快捷键Delete。

可以先选择对象后调用“删除”命令，也可以先调用“删除”命令然后再选择对象。选择对象时可以使用前面介绍的对象选择的方法。

当选择多个对象时，多个对象都被删除；若选择的对象属于某个对象组，则该对象组的所有对象都被删除。

4.2.2 “恢复”命令

若不小心误删除了图形，可以使用“恢复”命令恢复。执行“恢复”命令主要有以下3种方法。

（1）在命令行中输入“OOPS”或“U”命令。

（2）单击“标准”工具栏中的“放弃”按钮，或单击“快速访问”工具栏中的“放弃”按钮。

（3）利用快捷键Ctrl+Z。

执行上述命令后，在命令窗口的提示行中输入“OOPS”，然后按回车键。

4.3 复制类命令

应用复制类命令，可以方便地编辑和绘制图形。

4.3.1 “镜像”命令

镜像对象是指把选择的对象以一条镜像线为对称轴进行镜像后的对象。镜像操作完成后，可以保留源对象也可以将其删除。执行“镜像”命令主要有如下4种方法。

（1）在命令行中输入“MIRROR”命令。

（2）选择菜单栏中的“修改”/“镜像”命令。

（3）单击“修改”工具栏中的“镜像”按钮。

（4）单击“默认”选项卡“修改”面板中的“镜像”按钮。

执行上述命令后，系统提示选择要镜像的对象，并指定镜像线的第一个点和第二个点，并确定是否删除源对象。这两点确定一条镜像线，被选择的对象以该线为对称轴进行镜像。包含该线的镜像平面与用户坐标系统的*XY*平面垂直，即镜像操作工作在与用户坐标系统的*XY*平面平行的平面上。

4.3.2 实例——庭院灯灯头

本例绘制庭院灯灯头，首先绘制左侧图形，然后通过“镜像”命令将左侧的图形进行镜像，绘制流程图如图4-8所示。

扫一扫

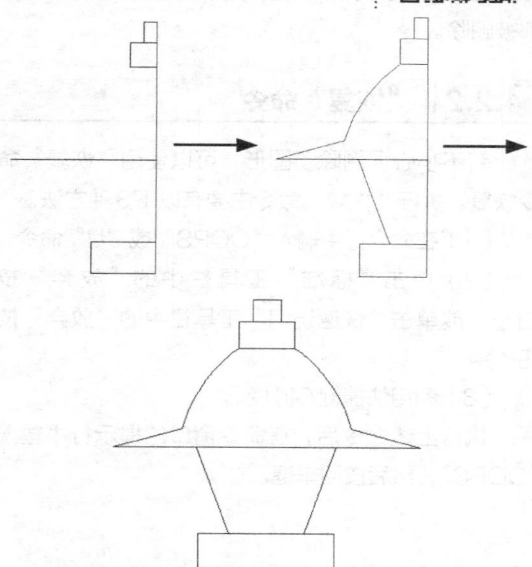

图4-8 绘制庭院灯灯头流程图

STEP 绘制步骤

（1）单击“默认”选项卡“绘图”面板中的“直线”按钮，绘制一系列直线，尺寸适当选取，如图4-9所示。

（2）单击“默认”选项卡“绘图”面板中的“直线”按钮和“圆弧”按钮，补全图形，如图4-10所示。

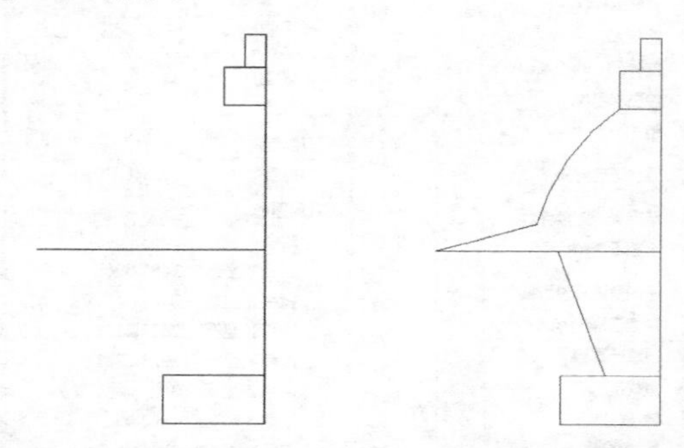

图4-9 绘制直线　　图4-10 绘制圆弧和直线

（3）单击“默认”选项卡“修改”面板中的“镜像”按钮，镜像图形。

① 在命令行提示“选择对象：”后选取除最右边直线外的所有图形。

② 在命令行提示“选择对象：”后回车。

③ 在命令行提示“指定镜像线的第一点：”后捕捉最右边直线上的点。

④ 在命令行提示“指定镜像线的第二点：”后捕捉最右边直线上另一点。

⑤ 在命令行提示“要删除源对象吗？［是（Y）/否（N）]<否>：”后回车。

绘制结果如图4-11所示。

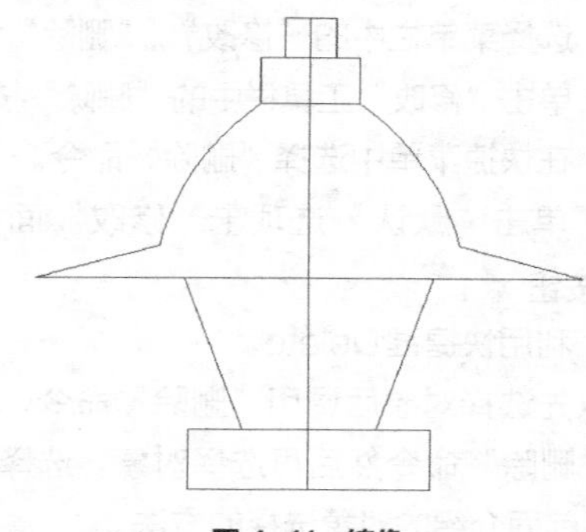

图4-11 镜像

（4）把中间竖直直线删除，最终结果如图4-12所示。

4.3.3 “偏移”命令

偏移对象是指保持选择对象的形状、在不同的

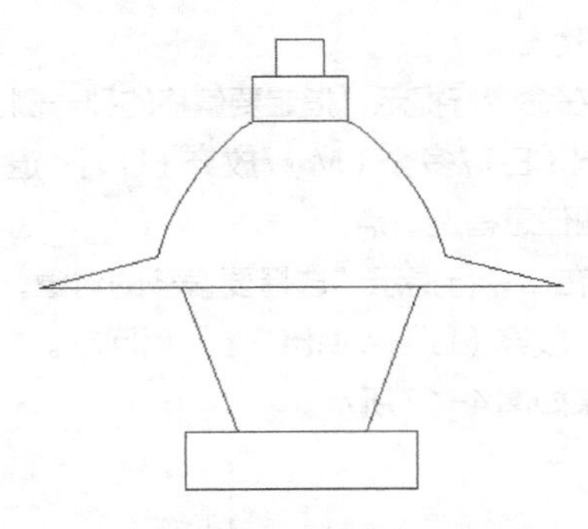

图 4-12　庭院灯灯头

位置以不同的尺寸大小新建的一个对象。执行“偏移”命令主要有如下4种方法。

（1）在命令行中输入“OFFSET”命令。

（2）选择菜单栏中的“修改”/“偏移”命令。

（3）单击“修改”工具栏中的“偏移”按钮。

（4）单击“默认”选项卡“修改”面板中的“偏移”按钮。

执行上述命令后，将提示指定偏移距离或选择选项，选择要偏移的对象并指定偏移方向。使用“偏移”命令绘制构造线时，命令行提示中各选项的含义如下。

- 指定偏移距离：输入一个距离值，或回车使用当前的距离值，系统把该距离值作为偏移距离，如图4-13所示。

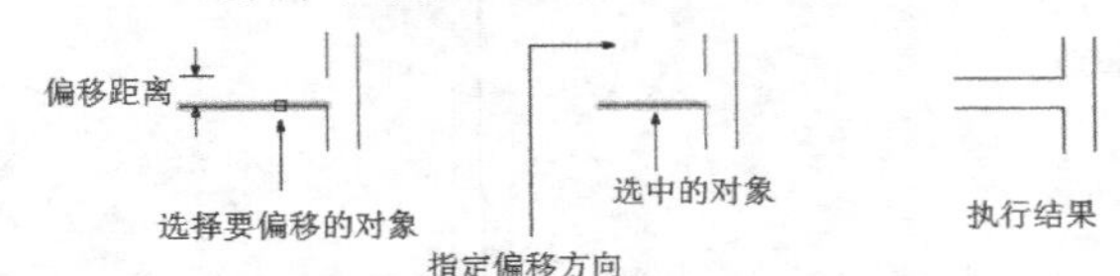

图 4-13　指定距离偏移对象

- 通过（T）：指定偏移的通过点。选择该选项后选择要偏移的对象后回车，并指定偏移对象的一个通过点。操作完毕后系统根据指定的通过点绘出偏移对象，如图4-14所示。

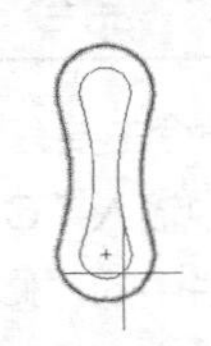
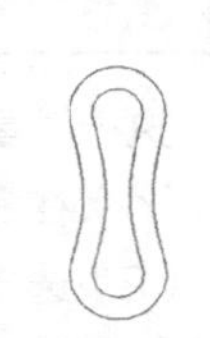

（a）要偏移的对象　（b）指定通过点　（c）执行结果

图 4-14　指定通过点偏移对象

- 删除（E）：偏移后，将源对象删除。
- 图层：确定将偏移对象创建在当前图层上还是源对象所在的图层上。选择该选项后输入偏移对象的图层选项，操作完毕后系统根据指定的图层绘出偏移对象。

4.3.4 实例——庭院灯灯杆

希望通过本例庭院灯灯杆的绘制，读者能熟练掌握“偏移”命令的使用方法，绘制流程图如图4-15所示。

扫一扫

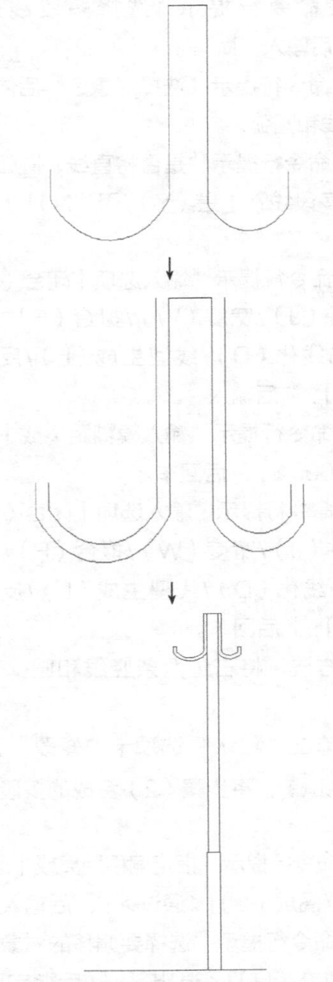

图 4-15　绘制庭院灯灯杆流程图

STEP 绘制步骤

（1）单击“默认”选项卡“绘图”面板中的“直线”按钮和“圆弧”按钮，绘制初步图形，最上面水平线段长度为50，其他尺寸大体参照选取，如图4-16所示。

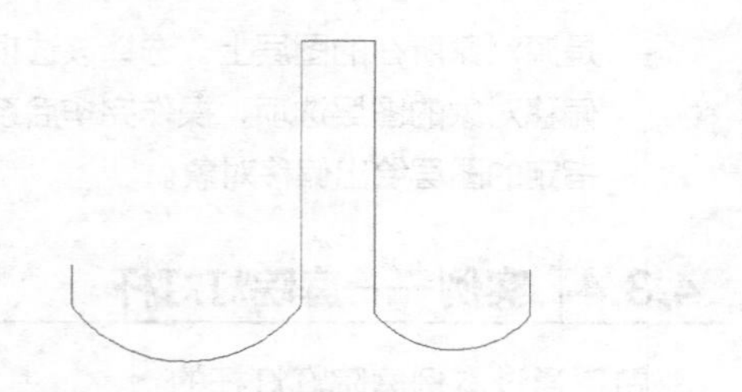

图 4-16　绘制圆弧和线段

（2）选择菜单栏中的“修改”/“对象”/“多段线”命令，合并直线和圆弧。

① 在命令行提示“选择多段线或 [多条（M）]：”后输入“M”。

② 在命令行提示“选择对象：”后依次选择左边两条竖线和圆弧。

③ 在命令行提示“是否将直线、圆弧和样条曲线转换为多段线？ [是（Y）/ 否（N）]？<Y>”后回车。

④ 在命令行提示“输入选项 [闭合（C）/ 打开（O）/ 合并（J）/ 宽度（W）/ 拟合（F）/ 样条曲线（S）/ 非曲线化（D）/ 线型生成（L）/ 反转（R）/ 放弃（U）]：”后输入“J”。

⑤ 在命令行提示“输入模糊距离或 [合并类型（J）] <0.0000>：”后回车。

⑥ 在命令行提示“输入选项 [闭合（C）/ 打开（O）/ 合并（J）/ 宽度（W）/ 拟合（F）/ 样条曲线（S）/ 非曲线化（D）/ 线型生成（L）/ 反转（R）/ 放弃（U）]：”后回车。

同样方法，将右边两条竖线和圆弧合并成多段线。

（3）单击“默认”选项卡“修改”面板中的“偏移”按钮，将步骤（2）合成的多段线进行偏移操作。

① 在命令行提示“指定偏移距离或 [通过（T）/ 删除（E）/ 图层（L）] <通过>：”后输入“15”。

② 在命令行提示“选择要偏移的对象，或 [退出（E）/ 放弃（U）] <退出>：”后指定刚合并的多段线。

③ 在命令行提示“指定要偏移的那一侧上的点，或 [退出（E）/ 多个（M）/ 放弃（U）] <退出>：”后向内侧任意指定一点。

④ 在命令行提示“选择要偏移的对象，或 [退出（E）/ 放弃（U）] <退出>：”后指定刚合并的另一多段线。

⑤ 在命令行提示“指定要偏移的那一侧上的点，或 [退出（E）/ 多个（M）/ 放弃（U）] <退出>：”后向内侧任意指定一点。

⑥ 在命令行提示“选择要偏移的对象，或 [退出（E）/ 放弃（U）] <退出>：”后回车。

结果如图 4-17 所示。

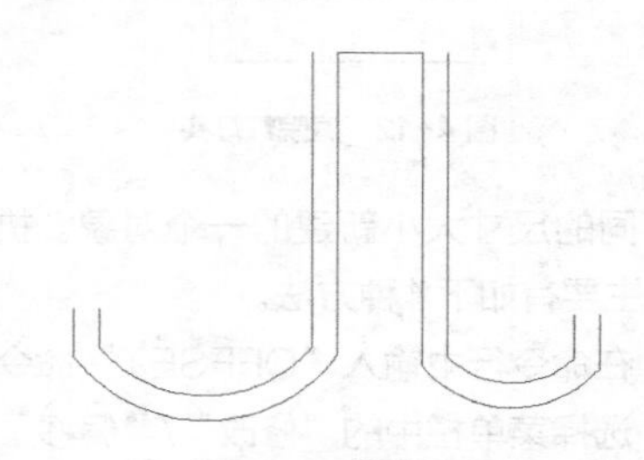

图 4-17　偏移处理

（4）单击“默认”选项卡“绘图”面板中的“直线”按钮，将图线补充完整，尺寸适当选取，最终结果如图 4-18 所示。

图 4-18　庭院灯灯杆

4.3.5　“复制”命令

执行“复制”命令主要有以下 5 种方法。

（1）在命令行中输入“COPY”命令。

（2）选择菜单栏中的“修改”/“复制”命令。

（3）单击“修改”工具栏中的“复制”按钮。

（4）选择快捷菜单中的“复制选择”命令。

（5）单击“默认”选项卡“修改”面板中的“复制”按钮。

执行上述命令，将提示选择要复制的对象。回车结束选择操作。在命令行提示“指定基点或 [位移(D)/模式(O)]<位移>：”后指定基点或位移。使用“复制“命令时，命令行提示中各选项的含义如下。

- 指定基点：指定一个坐标点后，AutoCAD 2018把该点作为复制对象的基点，并提示指定第二个点。指定第二个点后，系统将根据这两点确定的位移矢量把选择的对象复制到第二点处。如果此时直接回车，即选择默认的“用第一点作位移”，则第一个点被当作相对于*X*、*Y*、*Z*的位移。例如，如果指定基点为(2，3)并在下一个提示下按回车键，则该对象从它当前的位置开始在*X*方向上移动2个单位，在*Y*方向上移动3个单位。复制完成后，根据提示指定第二个点或输入选项，这时可以不断指定新的第二点，从而实现多重复制。
- 位移(D)：直接输入位移值，表示以选择对象时的拾取点为基准，以拾取点坐标为移动方向纵横比，以移动指定位移后确定的点为基点。例如，选择对象时拾取点坐标为(2，3)，输入位移为5，则表示以(2，3)点为基准，沿纵横比为3 ：2的方向移动5个单位所确定的点为基点。
- 模式(O)：控制是否自动重复该命令。确定复制模式是单个还是多个。

4.3.6 实例——两火喇叭形庭院灯

本例首先打开前面绘制的庭院灯灯头和灯杆，然后利用“移动”和“复制”命令完成两火喇叭形庭院灯的绘制，绘制流程图如图4-19所示。

STEP 绘制步骤

(1) 打开AutoCAD 2018应用程序，建立新文件，将新文件命名为“两火喇叭形庭院灯.dwg”并保存。

(2) 打开前面绘制的庭院灯灯头和灯杆，将其复制到“两火喇叭形庭院灯”实例中，如图4-20所示。

(3) 单击“默认”选项卡“修改”面板中的“移动”按钮，将庭院灯灯头移动到庭院灯灯杆处，如图4-21所示。

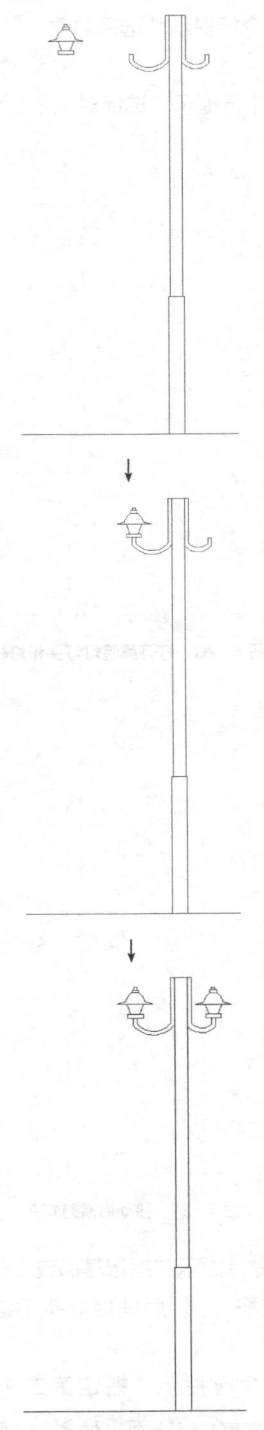

图 4-19 绘制两火喇叭形庭院灯流程图

(4) 单击“默认”选项卡“修改”面板中的“复制”按钮，将庭院灯灯头复制到庭院灯灯杆的另一侧。

① 在命令行提示“选择对象：”后选择庭院灯灯头。

② 在命令行提示“选择对象：”后回车。

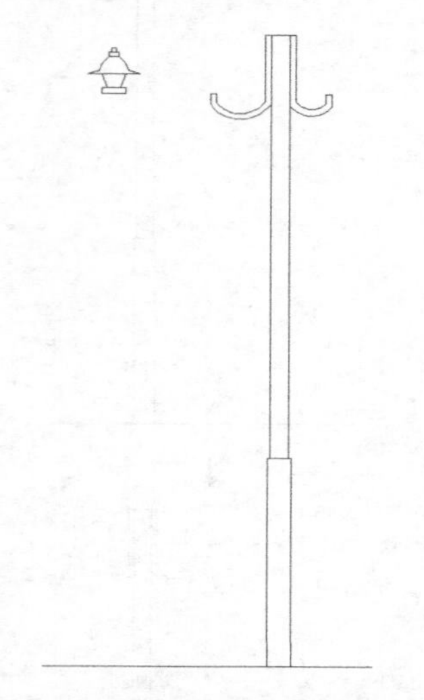

图 4-20 打开庭院灯灯头和灯杆

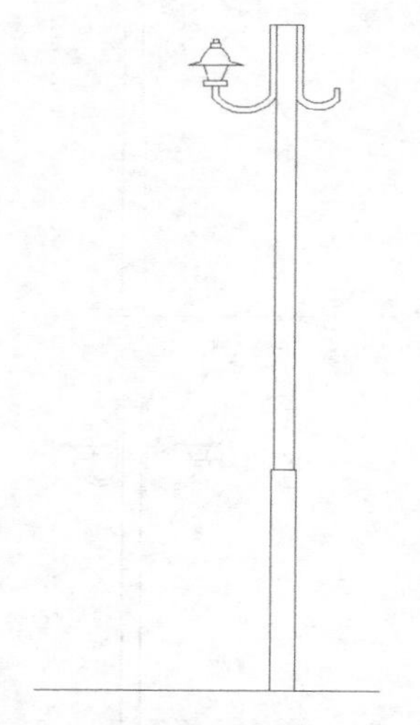

图 4-21 移动庭院灯灯头

③ 在命令行提示“指定基点或［位移（D）/模式（O）]<位移>：”后捕捉灯头下边矩形的底边中点。

④ 在命令行提示“指定第二个点或［阵列（A）]<使用第一个点作为位移>：”后水平向右捕捉灯杆右侧水平线的中点。

⑤ 在命令行提示“指定第二个点或［阵列（A）/退出（E）/放弃（U）]<退出>：”后回车。

绘制结果如图4-22所示。

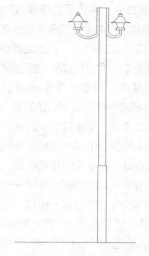

图 4-22 复制庭院灯灯头

4.3.7 “阵列”命令

建立阵列是指多重复制选择的对象并把这些副本按矩形、路径或环形排列。把副本按矩形排列称为建立矩形阵列，把副本按路径排列称为建立路径阵列，把副本按环形排列称为建立极阵列。建立极阵列时，应该控制复制对象的次数和对象是否被旋转；建立矩形阵列时，应该控制行和列的数量以及对象副本之间的距离。

执行“阵列”命令主要有如下4种方法。

（1）在命令行中输入“ARRAY”命令。

（2）选择菜单栏中的“修改”/“阵列”命令。

（3）单击“修改”工具栏中的“阵列”按钮 。

（4）单击“默认”选项卡“修改”面板中的“矩形阵列”按钮 /“路径阵列”按钮 /“环形阵列”按钮 。

执行“阵列”命令后，根据系统提示选择对象，回车结束选择后输入阵列类型。在命令行提示下选择路径曲线或输入行列数。在执行“阵列”命令的过程中，命令行提示中各主要选项的含义如下。

- 方向（O）：控制选定对象是否将相对于路径的起始方向重定向（旋转），然后再移动到路径的起点。
- 表达式（E）：使用数学公式或方程式获取值。

- 基点（B）：指定阵列的基点。
- 关键点（K）：对于关联阵列，在源对象上指定有效的约束点（或关键点）以用作基点。如果编辑生成的阵列的源对象，阵列的基点保持与源对象的关键点重合。
- 定数等分（D）：沿整个路径长度平均定数等分项目。
- 全部（T）：指定第一个和最后一个项目之间的总距离。
- 关联（AS）：指定是否在阵列中创建项目作为关联阵列对象，或作为独立对象。
- 项目（I）：编辑阵列中的项目数。
- 行数（R）：指定阵列中的行数和行间距，以及它们之间的增量标高。
- 层级（L）：指定阵列中的层数和层间距。
- 对齐项目（A）：指定是否对齐每个项目以与路径的方向相切。对齐相对于第一个项目的方向。
- Z方向（Z）：控制是否保持项目的原始Z方向或沿三维路径自然倾斜项目。
- 退出（X）：退出命令。

4.3.8 实例——碧桃

扫一扫

本例应用“环形阵列”命令完成碧桃的绘制，绘制流程图如图4-23所示。

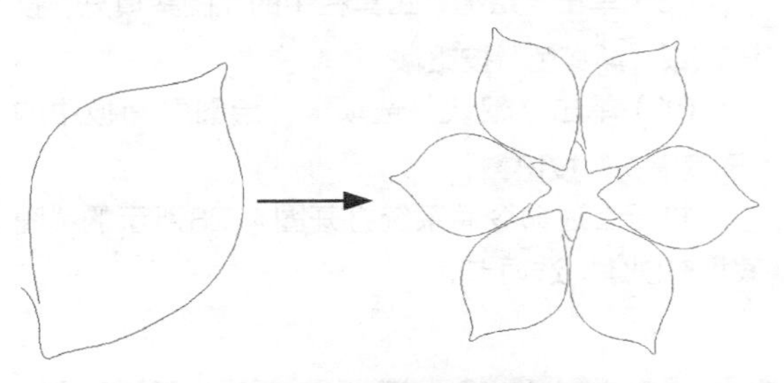

图4-23 绘制碧桃流程图

STEP 绘制步骤

（1）打开源文件中的“碧桃花瓣”，如图4-24所示，将其另存为“碧桃.dwg”。

（2）单击“默认”选项卡“修改”面板中的“环形阵列”按钮，阵列碧桃花瓣。

① 在命令行提示“选择对象：”后选择碧桃花瓣。

② 在命令行提示“选择对象：”后回车。

③ 在命令行提示“指定阵列的中心点或［基点（B）/旋转轴（A）］：”后适当指定一点。

④ 在命令行提示“选择夹点以编辑阵列或［关联（AS）/基点（B）/项目（I）/项目间角度（A）/填充角度（F）/行（ROW）/层（L）/旋转项目（ROT）/退出（X）］<退出>：”后输入“I”。

⑤ 在命令行提示“输入阵列中的项目数或［表达式（E）］<6>：”后输入“6”。

⑥ 在命令行提示“选择夹点以编辑阵列或［关联（AS）/基点（B）/项目（I）/项目间角度（A）/填充角度（F）/行（ROW）/层（L）/旋转项目（ROT）/退出（X）］<退出>：”后输入“F”。

⑦ 在命令行提示“指定填充角度（+=逆时针、-=顺时针）或［表达式（EX）］<360>：”后回车。

⑧ 在命令行提示“选择夹点以编辑阵列或［关联（AS）/基点（B）/项目（I）/项目间角度（A）/填充角度（F）/行（ROW）/层（L）/旋转项目（ROT）/退出（X）］<退出>：”后回车。

最终结果如图4-25所示。

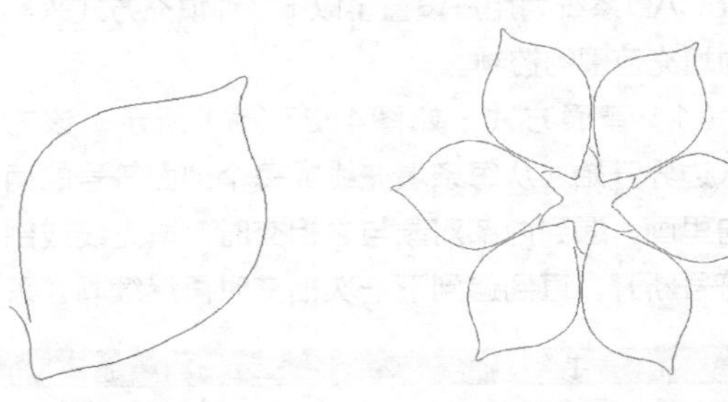

图4-24 碧桃花瓣　　图4-25 碧桃

4.4 图案填充

当用户需要用一个重复的图案（pattern）填充某个区域时，可以使用“BHATCH”命令建立一个相关联的填充阴影对象，即所谓的图案填充。

4.4.1 基本概念

1. 图案边界

当进行图案填充时，首先要确定图案填充的边界。定义边界的对象只能是直线、双向射线、单向射线、多段线、样条曲线、圆弧、圆、椭圆、椭圆弧、面域等或用这些对象定义的块，而且作为边界的对象，在当前屏幕上必须全部可见。

2. 孤岛

在进行图案填充时，我们把位于总填充域内的封闭区域称为孤岛，如图4-26所示。在用"BHATCH"命令进行图案填充时，AutoCAD允许用户以拾取点的方式确定填充边界，即在希望填充的区域内任意拾取一点，AutoCAD会自动确定出填充边界，同时也确定该边界内的孤岛。如果用户是以点取对象的方式确定填充边界的，则必须确切地点取这些孤岛，有关知识将在4.4.2节中介绍。

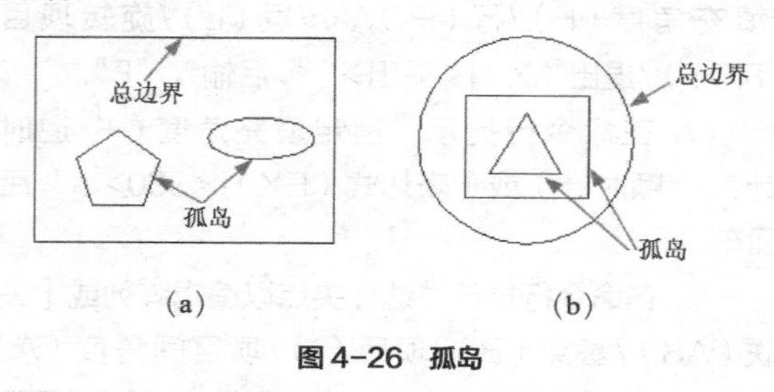

图4-26 孤岛

3. 填充方式

在进行图案填充时，需要控制填充的范围，AutoCAD系统为用户设置了以下3种填充方式来实现对填充范围的控制。

（1）普通方式：如图4-27（a）所示，该方式从边界开始，从每条填充线或每个剖面符号的两端向里画，遇到内部对象与之相交时，填充线或剖面符号断开，直到遇到下一次相交时再继续画。采用这种方式时，要避免填充线或剖面符号与内部对象的相交次数为奇数。该方式为系统内部的默认方式。

（2）最外层方式：如图4-27（b）所示，该方式从边界开始，向里画剖面符号，只要在边界内部与对象相交，则剖面符号由此断开，而不再继续画。

（3）忽略方式：如图4-27（c）所示，该方式忽略边界内部的对象，所有内部结构都被剖面符号覆盖。

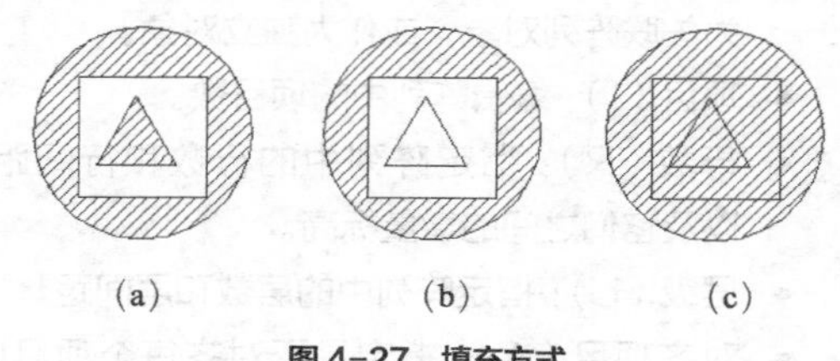

图4-27 填充方式

4.4.2 图案填充的操作

在AutoCAD 2018中，可以对图形进行图案填充，图案填充是在"图案填充创建"选项卡中进行的。打开"图案填充创建"选项卡主要有如下4种方法。

（1）在命令行中输入"BHATCH"命令。

（2）选择菜单栏中的"绘图"/"图案填充"命令。

（3）单击"绘图"工具栏中的"图案填充"按钮或"渐变色"按钮。

（4）单击"默认"选项卡"绘图"面板中的"图案填充"按钮。

执行上述命令后系统打开图4-28所示的"图案填充创建"选项卡。

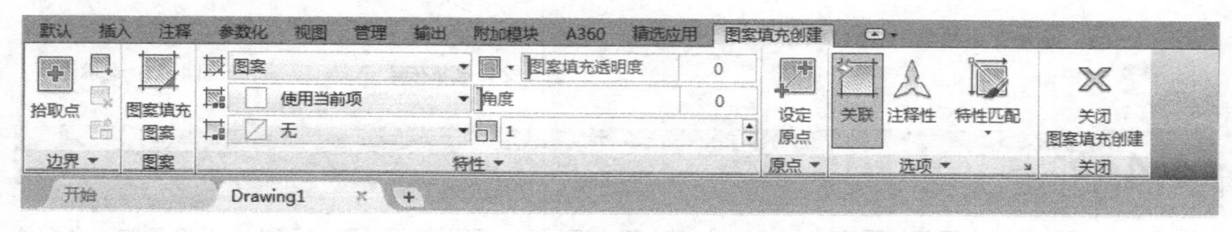

图4-28 "图案填充创建"选项卡

各选项组和按钮的含义如下。

1."边界"面板

（1）拾取点：通过选择由一个或多个对象形成的封闭区域内的点，确定图案填充边界（如图4-29所示）。指定内部点时，可以随时在绘图区域中单击鼠标右键以显示包含多个选项的快捷菜单。

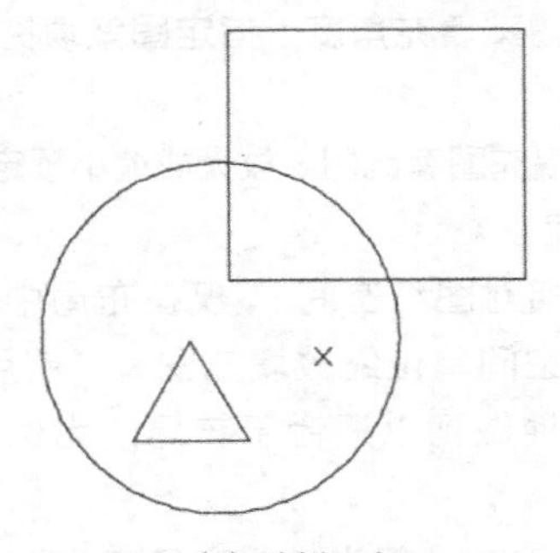

（a）选择一点

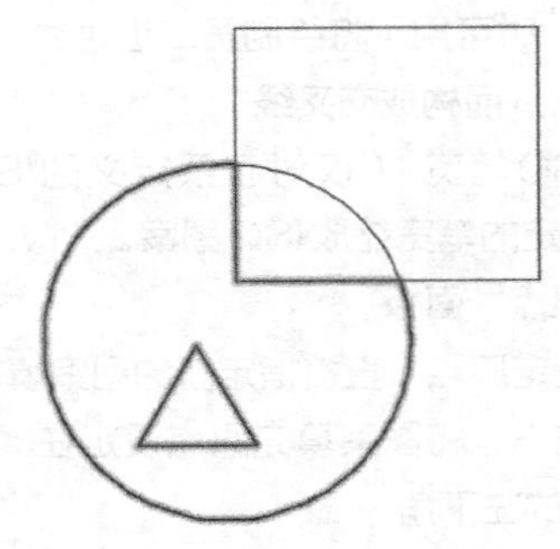

（b）填充区域

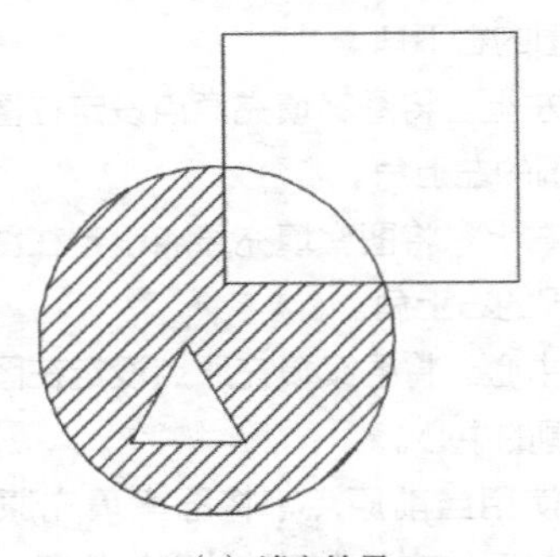

（c）填充结果

图4-29 边界确定

（2）选择边界对象：指定基于选定对象的图案填充边界。使用该选项时，不会自动检测内部对象，必须选择选定边界内的对象，以按照当前孤岛检测样式填充这些对象（如图4-30所示）。

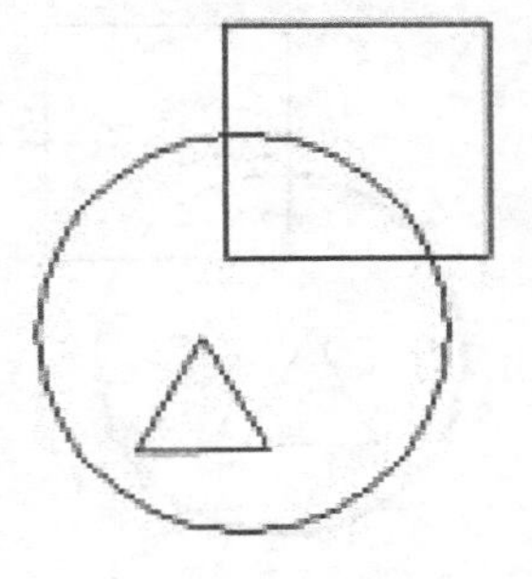

（a）原始图形

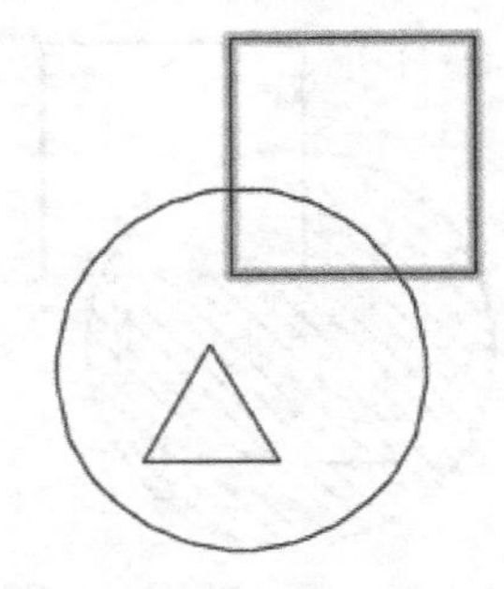

（b）选取边界对象

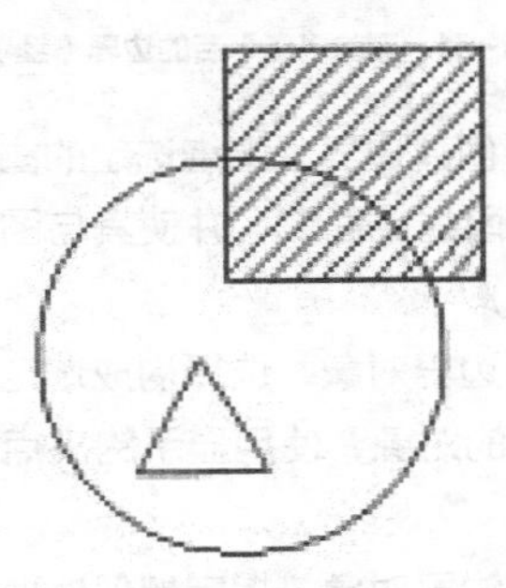

（c）填充结果

图4-30 选取边界对象

（3）删除边界对象：从边界定义中删除之前添加的任何对象（如图4-31所示）。

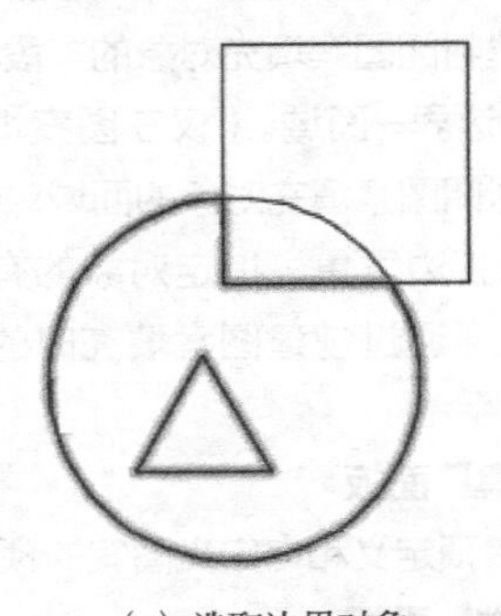

（a）选取边界对象

图4-31 删除"岛"后的边界

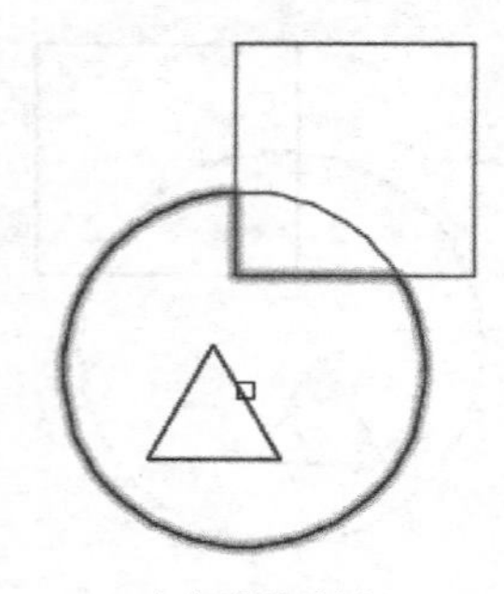

（b）删除边界

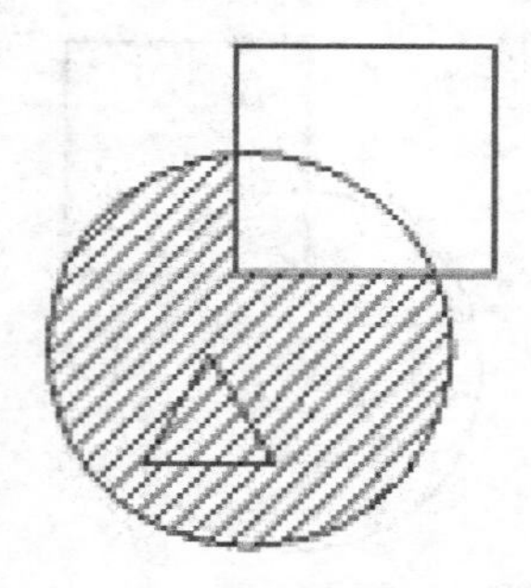

（c）填充结果

图 4-31 删除“岛”后的边界（续）

（4）重新创建边界：围绕选定的图案填充或填充对象创建多段线或面域，并使其与图案填充对象相关联（可选）。

（5）显示边界对象：选择构成选定关联图案填充对象的边界的对象，使用显示的夹点可修改图案填充边界。

（6）保留边界对象：指定如何处理图案填充边界对象。包括如下选项。

① 不保留边界。（仅在图案填充创建期间可用）不创建独立的图案填充边界对象。

② 保留边界 - 多段线。（仅在图案填充创建期间可用）创建封闭图案填充对象的多段线。

③ 保留边界 - 面域。（仅在图案填充创建期间可用）创建封闭图案填充对象的面域对象。

④ 选择新边界集。指定对象的有限集（称为边界集），以便通过创建图案填充时的拾取点进行计算。

2.“图案”面板

显示所有预定义和自定义图案的预览图像。

3.“特性”面板

（1）图案填充类型：指定是使用纯色、渐变色、图案还是用户定义的填充。

（2）图案填充颜色：替代实体填充和填充图案的当前颜色。

（3）背景色：指定填充图案背景的颜色。

（4）图案填充透明度：设定新图案填充或填充的透明度，替代当前对象的透明度。

（5）图案填充角度：指定图案填充或填充的角度。

（6）填充图案比例：放大或缩小预定义或自定义填充图案 。

（7）相对图纸空间：（仅在布局中可用）相对于图纸空间单位缩放填充图案。使用此选项，可很容易地做到以适合于布局的比例显示填充图案。

（8）双向：（仅当“图案填充类型”设定为“用户定义”时可用）将绘制第二组直线，与原始直线呈 90°，从而构成交叉线。

（9）ISO 笔宽：（仅对于预定义的 ISO 图案可用）基于选定的笔宽缩放 ISO 图案。

4.“原点”面板

（1）设定原点：直接指定新的图案填充原点。

（2）左下：将图案填充原点设定在图案填充边界矩形范围的左下角。

（3）右下：将图案填充原点设定在图案填充边界矩形范围的右下角。

（4）左上：将图案填充原点设定在图案填充边界矩形范围的左上角。

（5）右上：将图案填充原点设定在图案填充边界矩形范围的右上角。

（6）中心：将图案填充原点设定在图案填充边界矩形范围的中心。

（7）使用当前原点：将图案填充原点设定在 HPORIGIN 系统变量中存储的默认位置。

（8）存储为默认原点：将新图案填充原点的值存储在 HPORIGIN 系统变量中。

5.“选项”面板

（1）关联：指定图案填充或填充为关联图案填充。关联的图案填充或填充在用户修改其边界对象时将会更新。

（2）注释性：指定图案填充为注释性。此特性会自动完成缩放注释过程，从而使注释能够以正确的大小在图纸上打印或显示。

（3）特性匹配。

① 使用当前原点：使用选定图案填充对象（除图案填充原点外），设定图案填充的特性。

② 使用源图案填充的原点：使用选定图案填充对象（包括图案填充原点），设定图案填充的特性。

（4）允许的间隙：设定将对象用作图案填充边界时可以忽略的最大间隙。默认值为0，此值指定对象必须封闭区域而没有间隙。

（5）创建独立的图案填充：控制当指定了几个单独的闭合边界时，是创建单个图案填充对象，还是创建多个图案填充对象。

（6）孤岛检测。

① 普通孤岛检测：从外部边界向内填充。如果遇到内部孤岛，填充将关闭，直到遇到孤岛中的另一个孤岛。

② 外部孤岛检测：从外部边界向内填充。此选项仅填充指定的区域，不会影响内部孤岛。

③ 忽略孤岛检测：忽略所有内部的对象，填充图案时将通过这些对象。

（7）绘图次序：为图案填充或填充指定绘图次序。选项包括不更改、后置、前置、置于边界之后和置于边界之前。

6．“关闭”面板

关闭“图案填充创建”：退出HATCH并关闭上下文选项卡。也可以按Enter键或Esc键退出HATCH。

4.4.3 编辑填充的图案

在对图形对象以图案进行填充后，还可以对填充图案进行编辑操作，如更改填充图案的类型、比例等。更改填充图案主要有以下5种方法。

（1）在命令行中输入“HATCHEDIT”命令。

（2）选择菜单栏中的“修改”/“对象”/“图案填充”命令。

（3）单击“修改II”工具栏中的“编辑图案填充”按钮。

（4）选中填充的图案右击，在打开的快捷菜单中选择“图案填充编辑”命令。

（5）直接选择填充的图案，打开“图案填充编辑器”选项卡。

执行上述命令后，根据系统提示选取关联填充对象后，系统弹出图4-32所示的“图案填充编辑器”选项卡。

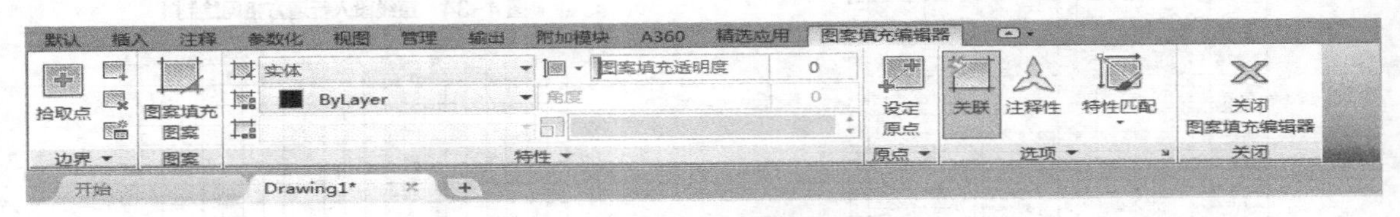

图4-32 “图案填充编辑器”选项卡

在图4-32中，只有正常显示的选项才可以对其进行操作。该选项卡中各项的含义与“图案填充创建”选项卡中各项的含义相同。利用该选项卡，可以对已弹出的图案进行一系列的编辑修改。

4.4.4 实例——铺装大样

本例使用“矩形阵列”命令绘制网格，使用“图案填充”命令填充铺装区域，绘制流程图如图4-33所示。

扫一扫

STEP 绘制步骤

（1）单击“默认”选项卡“绘图”面板中的“直线”按钮，绘制一条长为6600的水平直线。重复“直线”命令，绘制一条长为4500的垂直直线。

（2）单击“默认”选项卡“修改”面板中的“矩形阵列”按钮，将垂直直线进行阵列。

① 在命令行提示“选择对象：”后选择垂直直线。

② 在命令行提示“选择对象：”后回车。

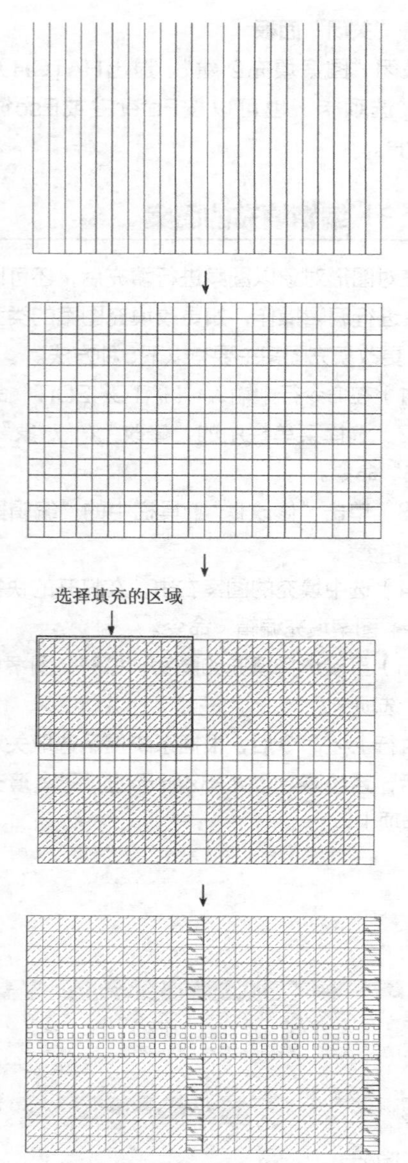

图 4-33　绘制铺装大样流程图

③ 在命令行提示“选择夹点以编辑阵列或 [关联（AS）/基点（B）/计数（COU）/间距（S）/列数（COL）/行数（R）/层数（L）/退出（X）]<退出>：”后输入“COL”。

④ 在命令行提示“输入列数或 [表达式（E）] <4>：”后输入“23”。

⑤ 在命令行提示“指定列数之间的距离或 [总计（T）/表达式（E）]<1>：”后输入“300”。

⑥ 在命令行提示“选择夹点以编辑阵列或 [关联（AS）/基点（B）/计数（COU）/间距（S）/列数（COL）/行数（R）/层数（L）/退出（X）]<退出>：”后输入“R”。

⑦ 在命令行提示“输入行数或 [表达式（E）] <3>：”后输入“1”。

⑧ 在命令行提示“指定行数之间的距离或 [总计（T）/表达式（E）]<4785>：”后回车。

⑨ 在命令行提示“指定行数之间的标高增量或 [表达式（E）]<0>：”后回车。

⑩ 在命令行提示“选择夹点以编辑阵列或 [关联（AS）/基点（B）/计数（COU）/间距（S）/列数（COL）/行数（R）/层数（L）/退出（X）]<退出>：”后回车。

完成的图形如图 4-34 所示。

（3）同理，单击“默认”选项卡“修改”面板中的“矩形阵列”按钮，将水平直线进行阵列，设置行数为16，列数为1，行间距为300，结果如图4-35所示。

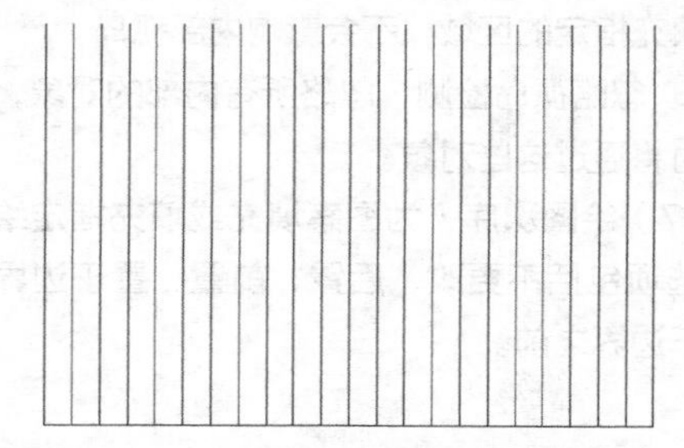

图 4-34　直线段人行道方格网绘制 1

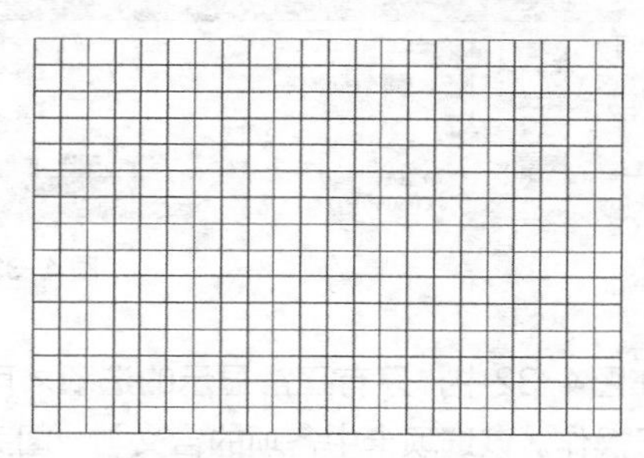

图 4-35　直线段人行道方格网绘制 2

（4）单击“默认”选项卡“绘图”面板中的“图案填充”按钮，打开“图案填充创建”选项卡，如图4-36所示，设置填充图案为ANSI33，比例为30，角度为0，选择直线段人行道方格从左端第1列起至第10列，从左端第1行起至第7行为填充区域，同样依次拾取其他区域填充，结果如图4-37所示。

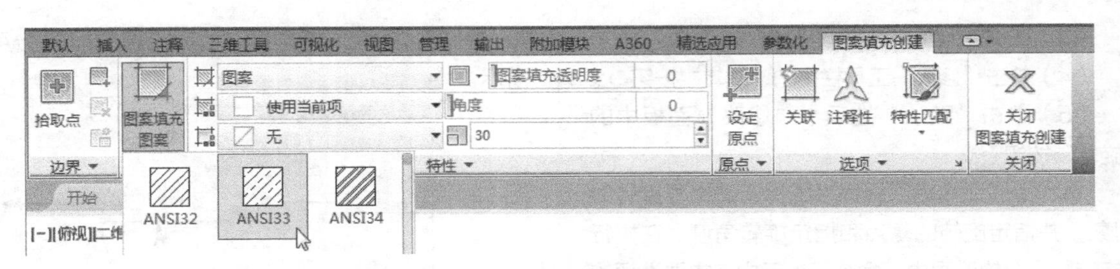

图 4-36 “图案填充创建”选项卡

同上步骤，填充CORK图例，填充比例和角度分别为30和0；填充SQUARE图例，填充比例和角度分别为30和0。填充完的图形如图4-38（a）所示。

（5）单击“默认”选项卡“绘图”面板中的“多段线”按钮，加粗铺装分隔区域。完成的图形如图4-38（b）所示。

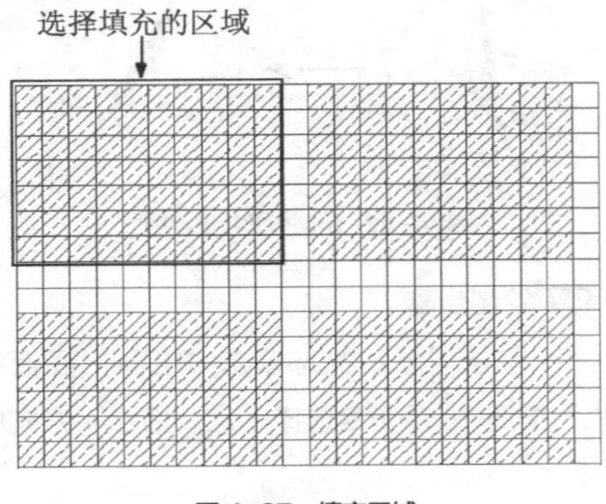

图 4-37 填充区域

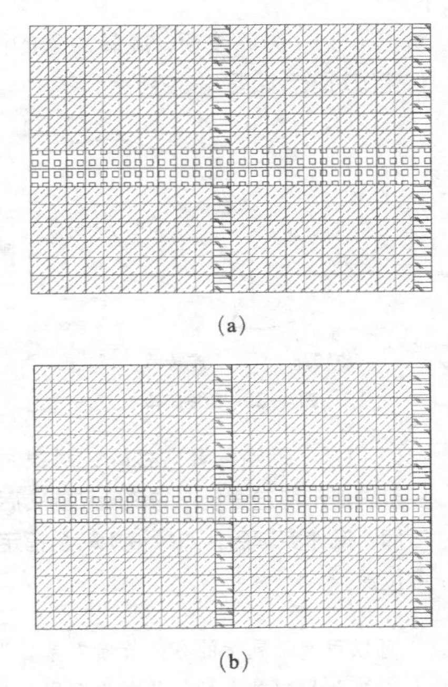

图 4-38 铺装大样绘制

4.5 改变位置类命令

改变位置类命令的功能是按照指定要求改变当前图形或图形某部分的位置，主要包括移动、旋转和缩放等命令。

4.5.1 “移动”命令

执行“移动”命令主要有以下5种方法。

（1）在命令行中输入“MOVE”命令。

（2）选择菜单栏中的“修改”/“移动”命令。

（3）选择快捷菜单中的“移动”命令。

（4）单击“修改”工具栏中的“移动”按钮。

（5）单击“默认”选项卡“修改”面板中的“移动”按钮。

执行上述命令后，根据系统提示选择对象，用回车结束选择。在命令行提示下指定基点或移至点，并指定第二个点或位移量。各选项功能与“COPY”命令相关选项功能相同。所不同的是对象被移动后，原位置处的对象消失。

4.5.2 “旋转”命令

旋转是将所选对象绕指定点（即基点）旋转至指定的角度，以便调整对象的位置。该命令主要有如下5种调用方法。

（1）在命令行中输入“ROTATE”命令。

（2）选择菜单栏中的“修改”/“旋转”命令。

（3）在快捷菜单中选择“旋转”命令。

（4）单击“修改”工具栏中的“旋转”按钮。

（5）单击“默认”选项卡“修改”面板中的“旋转”按钮。

执行上述命令后，根据系统提示选择要旋转的对象，并指定旋转的基点和指定旋转角度。在执行“旋转”命令的过程中，命令行提示中各主要选项的含义如下。

- 复制（C）：选择该项，旋转对象的同时，保留源对象，如图4-39所示。

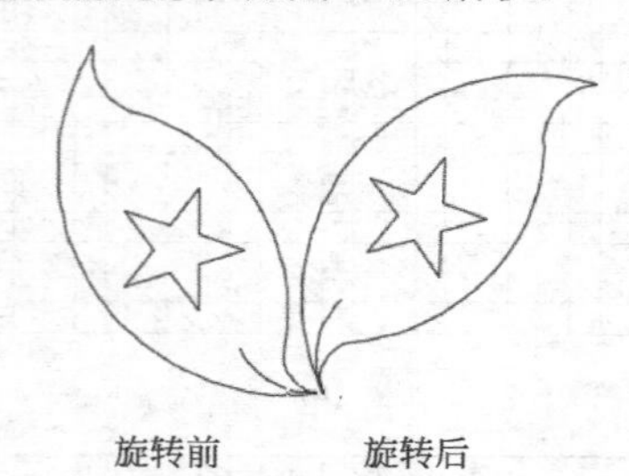

图 4-39　复制旋转

- 参照（R）：采用参考方式旋转对象时，根据系统提示指定要参考的角度和旋转后的角度值，操作完毕后，对象被旋转至指定的角度位置。

提示　可以用拖动鼠标的方法旋转对象。选择对象并指定基点后，从基点到当前光标位置会出现一条连线，鼠标选择的对象会动态地随着该连线与水平方向的夹角的变化而旋转，按回车键，确认旋转操作，如图4-40所示。

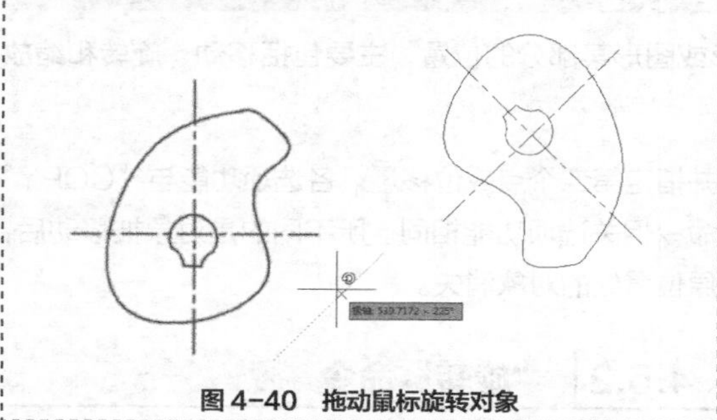

图 4-40　拖动鼠标旋转对象

4.5.3　实例——指北针

应用“直线”“圆”“图案填充”和“多行文字”命令绘制指北针，然后结合“旋转”命令将指北针旋转到合适的角度，绘制流程图如图4-41所示。

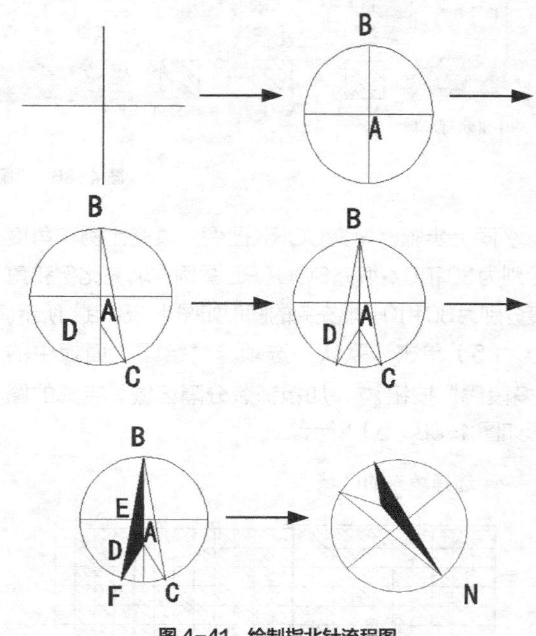

图 4-41　绘制指北针流程图

STEP 绘制步骤

（1）单击“默认”选项卡“绘图”面板中的“直线”按钮，任意选择一点，沿水平方向的距离为30。

（2）单击“默认”选项卡“绘图”面板中的“直线”按钮，选择刚刚绘制好的直线的中点，沿垂直方向向下距离为15，然后沿垂直方向向上距离为30。完成的图形如图4-42（a）所示。

（3）单击“默认”选项卡“绘图”面板中的“圆”按钮，以*A*点作为圆心，绘制半径为15的圆。完成的图形如图4-42（b）所示。

（4）单击“默认”选项卡“修改”面板中的“旋转”按钮，将竖直直线旋转复制。

① 在命令行提示“选择对象：”后选取线段*AB*。

② 在命令行提示“选择对象：”后回车。

③ 在命令行提示“指定基点：”后捕捉*B*点为基点。

④ 在命令行提示“指定旋转角度，或［复制（C）/参照（R）]<0>：”后输入“C”。

⑤ 在命令行提示“指定旋转角度，或［复制（C）/参照（R）]<0>：”后输入“10”。复制的直

线与圆交于C点。

（5）单击“默认”选项卡“绘图”面板中的“直线”按钮，指定C点为第一点，AG直线的中点D点为第二点来绘制直线，如图4-42（c）所示。

（6）单击“默认”选项卡“修改”面板中的“镜像”按钮，镜像BC和CD直线，完成的图形如图4-42（d）所示。

（7）单击“默认”选项卡“绘图”面板中的“图案填充”按钮，打开“图案填充创建”选项卡，设置填充图案为SOLID，在四边形$AEFD$和三角形ABE内各拾取一点填充图形，如图4-42（e）所示。

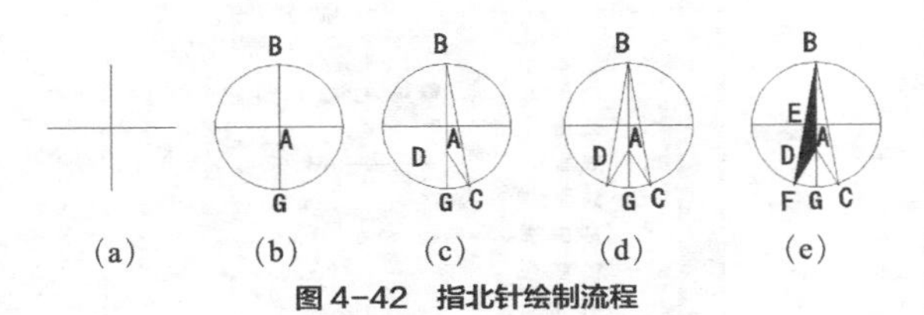

图4-42 指北针绘制流程

（8）单击“默认”选项卡“修改”面板中的“删除”按钮，删除多余的直线，如图4-43所示。

（9）单击“默认”选项卡“修改”面板中的“旋转”按钮，旋转指北针图。圆心作为基点，旋转的角度为220°。

（10）单击“默认”选项卡“注释”面板中的“多行文字”按钮，标注指北针方向，完成的图形如图4-44所示。

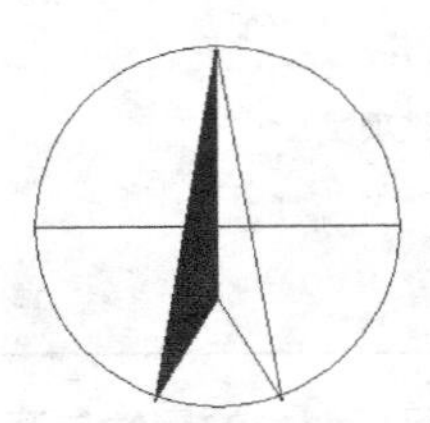

图4-43 删除辅助线

图4-44 指北针

4.5.4 “缩放”命令

缩放是使对象整体放大或缩小，通过指定一个基点和比例因子来缩放对象。执行“缩放”命令主要有以下5种方法。

（1）在命令行中输入“SCALE”命令。

（2）选择菜单栏中的“修改”/“缩放”命令。

（3）在快捷菜单中选择“缩放”命令。

（4）单击“修改”工具栏中的“缩放”按钮。

（5）单击“默认”选项卡“修改”面板中的“缩放”按钮。

执行上述命令后，根据系统提示选择要缩放的对象，指定缩放操作的基点，指定比例因子或选项。在执行“缩放”命令的过程中，命令行提示中主要选项的含义如下。

- 参照（R）：采用参考方向缩放对象时，根据系统提示输入参考长度值并指定新长度值。若新长度值大于参考长度值，则放大对象；否则，缩小对象。操作完毕后，系统以指定的基点按指定的比例因子缩放对象。如果选择“点（P）”选项，则指定两点来定义新的长度。
- 指定比例因子：选择对象并指定基点后，从基点到当前光标位置会出现一条线段，线段的长度即为比例大小。鼠标选择的对象会动态地随着该连线长度的变化而缩放，按回车键，确认缩放操作。
- 复制（C）：选择“复制（C）”选项时，可以复制缩放对象，即缩放对象时，保留源对象，如图4-45所示。

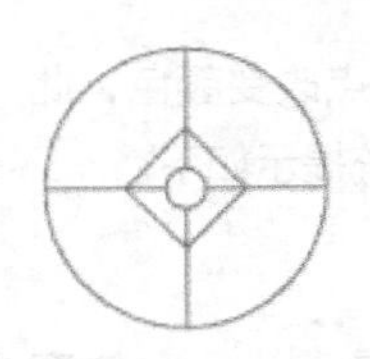
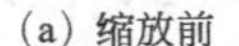

（a）缩放前

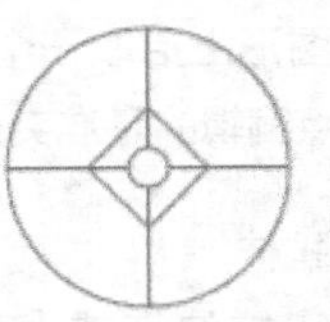
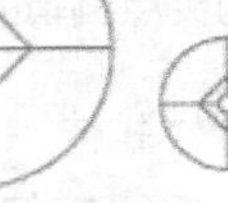

（b）缩放后

图4-45 复制缩放

4.6 对象编辑

在对图形进行编辑时，还可以对图形对象本身的某些特性进行编辑，从而方便图形绘制。

4.6.1 钳夹功能

利用钳夹功能可以快速、方便地编辑对象。AutoCAD在图形对象上定义了一些特殊点，称为夹点，利用夹点可以灵活地控制对象，如图4-46所示。

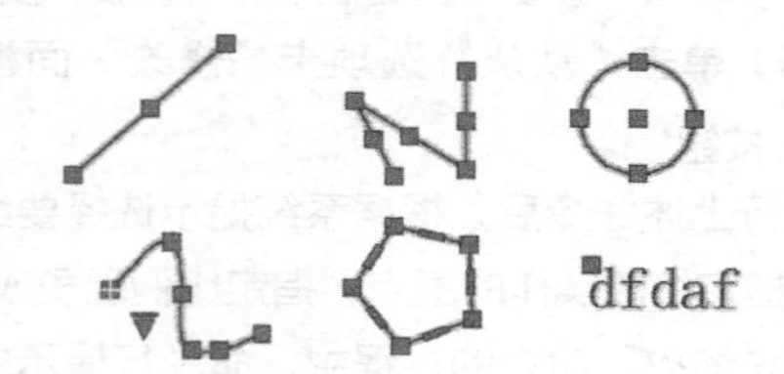

图4-46 夹点

要使用钳夹功能编辑对象，必须先打开钳夹功能，打开方法是：选择“工具”/“选项”命令，打开“选项”对话框，选择“选择集”选项卡，选中“启用夹点”复选框。在该选项卡中，还可以设置代表夹点的小方格的尺寸和颜色。

也可以通过GRIPS系统变量来控制是否打开钳夹功能，1代表打开，0代表关闭。

打开了钳夹功能后，应该在编辑对象之前先选择对象。夹点表示对象的控制位置。

使用夹点编辑对象时，要选择一个夹点作为基点，称为基准夹点。然后选择一种编辑操作：删除、移动、复制选择、旋转和缩放等。可以用空格键、回车键或键盘上的快捷键循环选择这些功能。

下面仅就其中的拉伸对象操作为例进行讲述，其他操作类似。

在图形上拾取一个夹点，该夹点改变颜色，此点为夹点编辑的基准夹点。这时系统提示如下。

** 拉伸 **

指定拉伸点或 [基点（B）/复制（C）/放弃（U）/退出（X）]:

在上述拉伸编辑提示下，输入“缩放”命令或右击，在弹出的快捷菜单中选择“缩放”命令，系统就会转换为缩放操作，其他操作类似。

4.6.2 修改对象属性

执行该命令主要有以下4种方法。

（1）在命令行中输入“DDMODIFY”或“PROPERTIES”命令。

（2）选择菜单栏中的“修改”/“特性”命令。

（3）单击“标准”工具栏中的“特性”按钮。

（4）单击“视图”选项卡“选项板”面板中的“特性”按钮。

执行上述命令后，AutoCAD打开“特性”选项板，如图4-47所示。利用它可以方便地设置或修改对象的各种属性。

不同的对象属性种类和值不同，修改属性值，对象的属性即可改变。

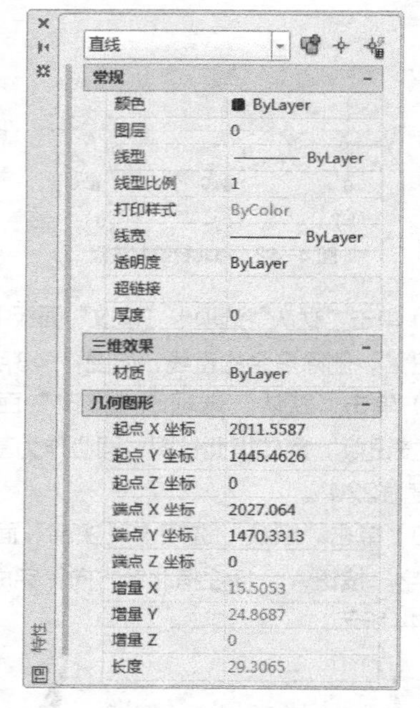

图4-47 “特性”选项板

4.6.3 特性匹配

利用特性匹配功能可以将目标对象的属性与源对象的属性进行匹配，使目标对象的属性与源对象的属性相同。利用特性匹配功能可以方便快捷地修改对象属性，并保持不同对象的属性相同。执行该命令主要有如下3种方法。

（1）在命令行中输入“MATCHPROP”命令。

（2）选择菜单栏中的“修改”/“特性匹配”命令。

（3）单击“默认”选项卡“特性”面板中的

"特性匹配"按钮。

执行上述命令后，根据系统提示选择源对象，选择目标对象。

图4-48（a）所示为两个不同属性的对象，以左边的圆为源对象，对右边的矩形进行属性匹配，结果如图4-48（b）所示。

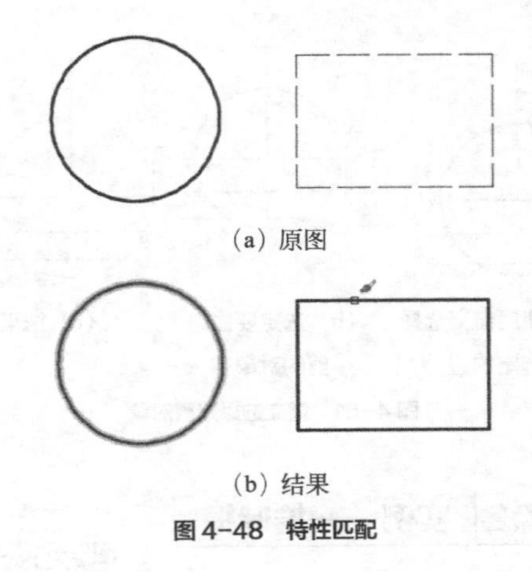

图4-48 特性匹配

4.7 改变几何特性类命令

应用改变几何特性类命令对指定对象进行编辑，可改变编辑对象的几何特性。改变几何特性类命令包括修剪、延伸、拉伸、拉长、倒角、圆角、打断等。

4.7.1 "修剪"命令

执行"修剪"命令主要有以下4种方法。

（1）在命令行中输入"TRIM"命令。

（2）选择菜单栏中的"修改"/"修剪"命令。

（3）单击"修改"工具栏中的"修剪"按钮。

（4）单击"默认"选项卡"修改"面板中的"修剪"按钮。

执行上述命令后，根据系统提示选择剪切边，选择一个或多个对象并按回车键；或者按回车键选择所有显示的对象，回车结束对象选择。使用"修剪"命令对图形对象进行修剪时，命令行提示中主要选项的含义如下。

- 按Shift键：在选择对象时，如果按住Shift键，系统自动将"修剪"命令转换成"延伸"命令，"延伸"命令将在后面章节进行介绍。
- 边（E）：选择此选项时，可以选择对象的修剪方式，即延伸和不延伸。
  - 延伸（E）：延伸边界进行修剪。在此方式下，如果剪切边没有与要修剪的对象相交，系统会延伸剪切边直至与要修剪的对象相交，然后再修剪，如图4-49所示。
- 不延伸（N）：不延伸边界修剪对象。只修剪与剪切边相交的对象。

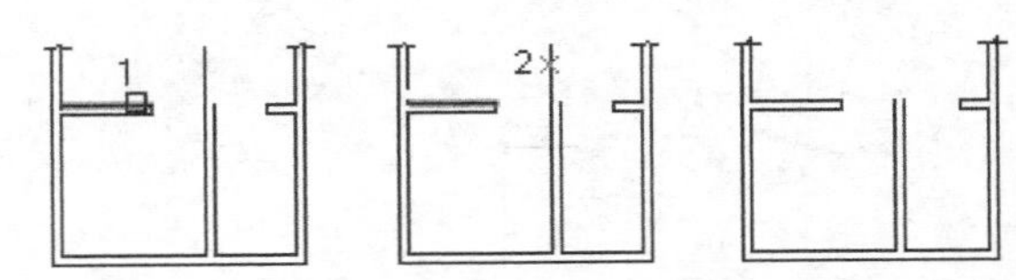

(a) 选择剪切边 (b) 选择要修剪的对象 (c) 修剪后的结果

图4-49 延伸方式修剪对象

- 栏选（F）：选择此选项时，系统以栏选的方式选择被修剪对象，如图4-50所示。

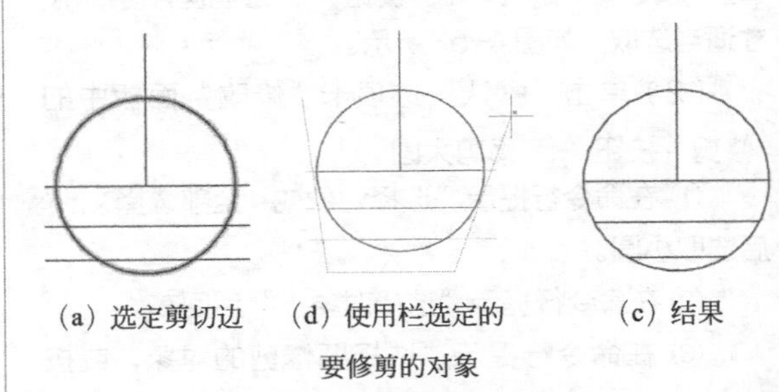

(a) 选定剪切边 (d) 使用栏选定的要修剪的对象 (c) 结果

图4-50 栏选选择修剪对象

- 窗交（C）：选择此选项时，系统以窗交的方式选择被修剪对象，如图4-51所示。

被选择的对象可以互为边界和被修剪对象，此时系统会在选择的对象中自动判断边界。

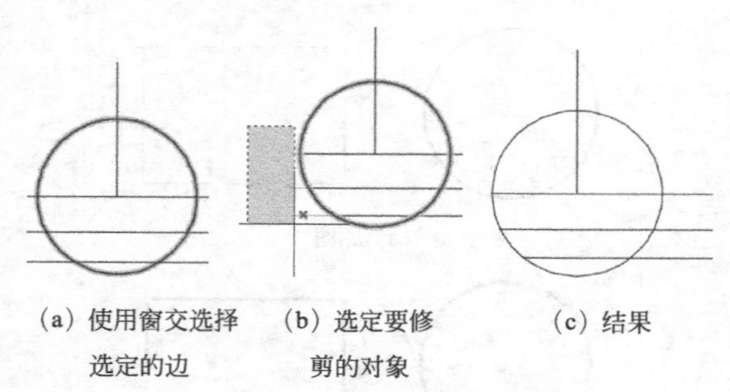

（a）使用窗交选择选定的边　（b）选定要修剪的对象　（c）结果

图 4-51　窗交选择修剪对象

4.7.2　实例——榆叶梅

希望通过本例榆叶梅的绘制，读者能熟练掌握“修剪”命令的运用，绘制流程图如图4-52所示。

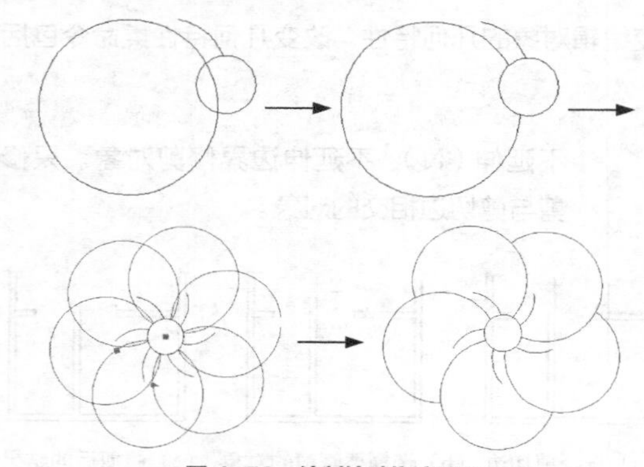

图 4-52　绘制榆叶梅流程图

STEP 绘制步骤

（1）单击“默认”选项卡“绘图”面板中的“圆”按钮和“圆弧”按钮，绘制圆和圆弧尺寸适当选取，如图4-53所示。

（2）单击“默认”选项卡“修改”面板中的“修剪”按钮，修剪大圆。

① 在命令行提示“选择对象或<全部选择>：”后选取小圆。

② 在命令行提示“选择对象：”后回车。

③ 在命令行提示“选择要修剪的对象，或按住Shift键选择要延伸的对象，或［栏选（F）/窗交（C）/投影（P）/边（E）/删除（R）/放弃（U）]:”后选择大圆在小圆里面部分。

④ 在命令行提示“选择要修剪的对象，或按住Shift键选择要延伸的对象，或［栏选（F）/窗交（C）/投影（P）/边（E）/删除（R）/放弃（U）]:”后回车。

结果如图4-54所示。

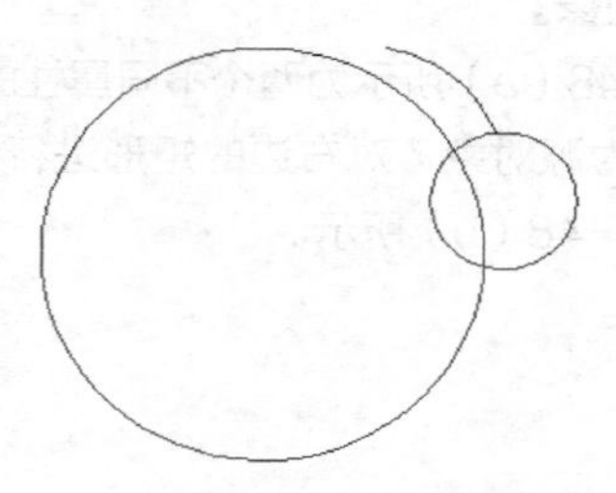

图 4-53　初步图形

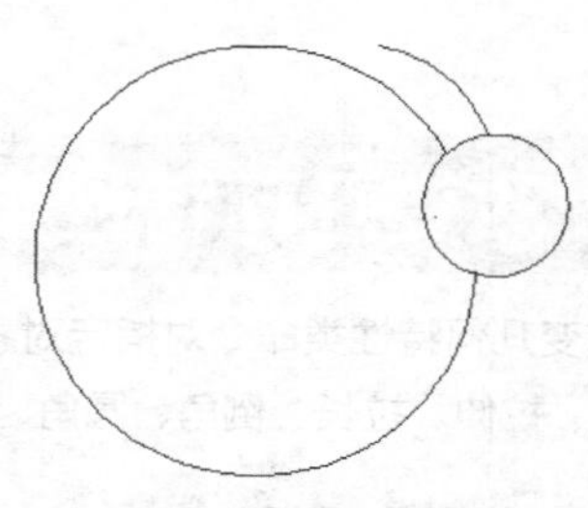

图 4-54　修剪大圆

（3）单击“默认”选项卡“修改”面板中的“环形阵列”按钮，阵列修剪后的图形。

① 在命令行提示“选择对象：”后选择两段圆弧。

② 在命令行提示“选择对象：”后回车。

③ 在命令行提示“指定阵列的中心点或［基点（B）/旋转轴（A）]：”后捕捉小圆圆心，结果如图4-55所示。

④ 在命令行提示“选择夹点以编辑阵列或［关联（AS）/基点（B）/项目（I）/项目间角度（A）/填充角度（F）/行（ROW）/层（L）/旋转项目（ROT）/退出（X）]<退出>：”后输入“I”。

⑤ 在命令行提示“输入阵列中的项目数或［表达式（E）]<6>：”后输入“5”。

⑥ 在命令行提示“选择夹点以编辑阵列或［关联（AS）/基点（B）/项目（I）/项目间角度（A）/填充角度（F）/行（ROW）/层（L）/旋转项目（ROT）/退出（X）]<退出>：”后回车。

结果如图4-56所示。

（4）单击“默认”选项卡“修改”面板中的“修剪”按钮，将多余的圆弧修剪掉，最终结果如图4-57所示。

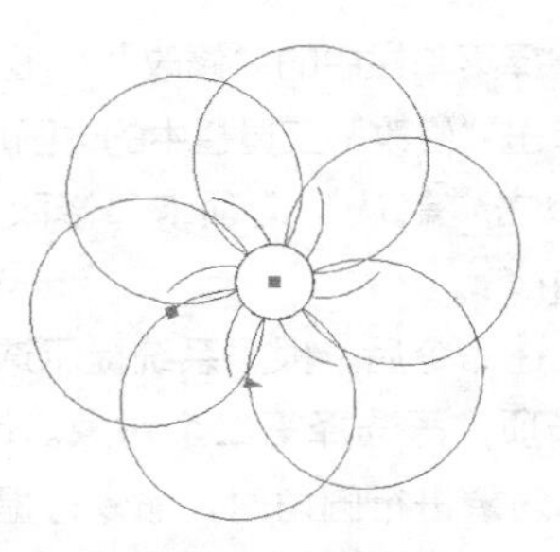

图 4-55 阵列中间过程

图 4-56 阵列结果

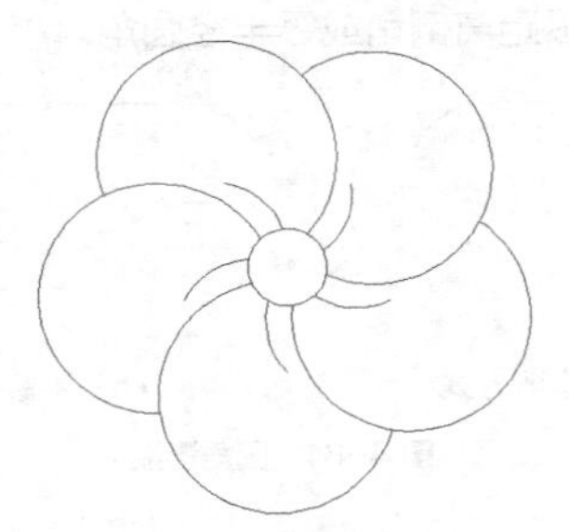

图 4-57 榆叶梅

4.7.3 “延伸”命令

延伸对象是指延伸要延伸的对象直至另一个对象的边界线，如图4-58所示。

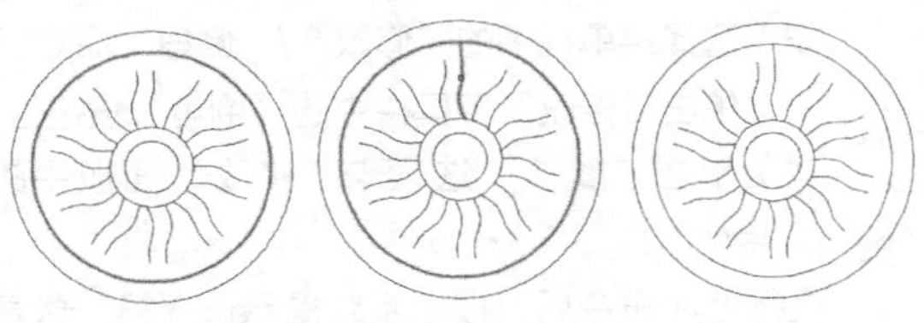

（a）选择边界 （b）选择要延伸的对象 （c）执行结果

图 4-58 延伸对象

执行“延伸”命令主要有以下4种方法。

（1）在命令行中输入“EXTEND”命令。

（2）选择菜单栏中的“修改”/“延伸”命令。

（3）单击“修改”工具栏中的“延伸”按钮--/。

（4）单击“默认”选项卡“修改”面板中的“延伸”按钮--/。

执行上述命令后，根据系统提示选择边界的边，选择边界对象。此时可以选择对象来定义边界。若直接回车，则选择所有对象作为可能的边界对象。

- 如果要延伸的对象是适配样条多段线，则延伸后会在多段线的控制框上增加新节点。如果要延伸的对象是锥形的多段线，系统会修正延伸端的宽度，使多段线从起始端平滑地延伸至新的终止端。如果延伸操作导致新终止端的宽度为负值，则取宽度值为0，如图4-59所示。

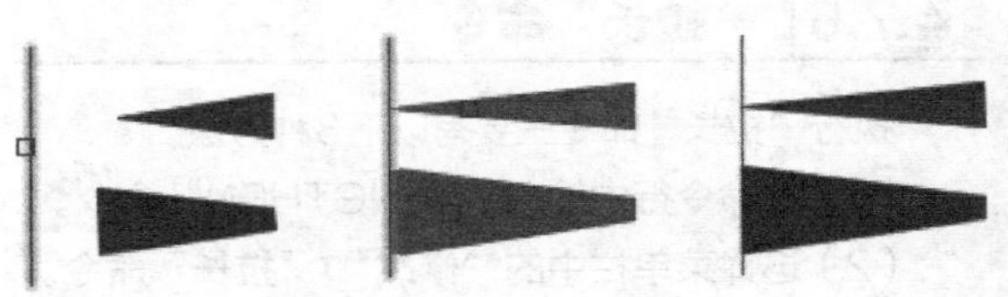

（a）选择边界对象 （b）选择要延伸的多段线 （c）延伸后的结果

图 4-59 延伸对象

- 选择对象时，如果按住Shift键，系统自动将“延伸”命令转换成“修剪”命令。

4.7.4 “拉伸”命令

拉伸对象是指拖拉选择的对象，使其形状发生改变。拉伸对象时，应指定拉伸的基点和移置点。利用一些辅助工具如捕捉、钳夹功能及相对坐标等可以提高拉伸的精度，如图4-60所示。

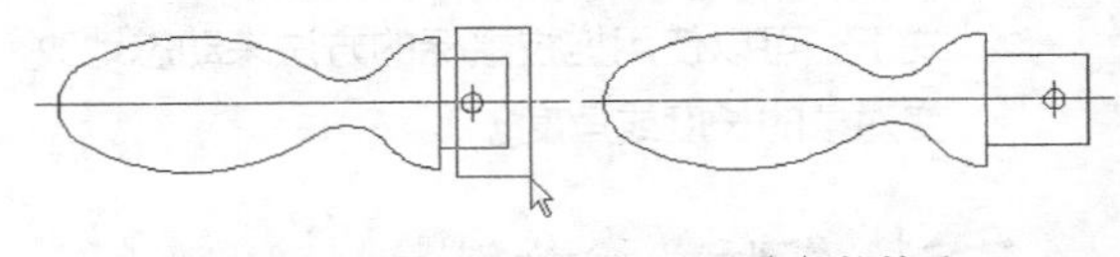

（a）选取对象 （b）拉伸后

图 4-60 拉伸

执行“拉伸”命令主要有以下4种方法。

（1）在命令行中输入“STRETCH”命令。

（2）选择菜单栏中的“修改”/“拉伸”命令。

（3）单击“修改”工具栏中的“拉伸”按钮。

（4）单击“默认”选项卡“修改”面板中的“拉伸”按钮。

执行上述命令后，根据系统提示输入“C”，采用窗交的方式选择要拉伸的对象，指定拉伸的基点和第二个点。

此时，若指定第二个点，系统将根据这两点决定矢量拉伸对象。若直接回车，系统会把第一个点作为X和Y轴的分量值。拉伸至少有一个顶点或端点包含在窗交选择内部的任何对象。完全在窗交选择内部的任何对象会被移动（并不进行拉伸）。

> 提示　执行“STRETCH”命令时，必须采用窗交（C）或圈交（CP）方式选择对象。用窗交选择拉伸对象时，落在窗交选择内的端点被拉伸，落在外部的端点保持不动。

4.7.5 “拉长”命令

执行“拉长”命令主要有以下3种方法。

（1）在命令行中输入“LENGTHEN”命令。

（2）选择菜单栏中的“修改”/“拉长”命令。

（3）单击“默认”选项卡“修改”面板中的“拉长”按钮。

执行上述命令后，根据系统提示选择对象。使用“拉长”命令对图形对象进行拉长时，命令行提示中主要选项的含义如下。

- 增量（DE）：用指定增加量的方法改变对象的长度或角度。
- 百分数（P）：用指定占总长度的百分比的方法改变圆弧或直线段的长度。
- 全部（T）：用指定新的总长度或总角度值的方法来改变对象的长度或角度。
- 动态（DY）：打开动态拖拉模式。在这种模式下，可以使用拖拉鼠标的方法来动态地改变对象的长度或角度。

4.7.6 “圆角”命令

圆角是指用指定半径的一段平滑圆弧连接两个对象。系统规定可以圆角连接一对直线段、非圆弧的多段线段、样条曲线、双向无限长线、射线、圆、圆弧和椭圆。可以在任何时刻用圆角弧线连接非圆弧多段线的每个节点。

执行“圆角”命令主要有以下4种方法。

（1）在命令行中输入“FILLET”命令。

（2）选择菜单栏中的“修改”/“圆角”命令。

（3）单击“修改”工具栏中的“圆角”按钮。

（4）单击“默认”选项卡“修改”面板中的“圆角”按钮。

执行上述命令后，根据系统提示选择第一个对象或其他选项，再选择第二个对象。使用“圆角”命令对图形对象进行圆角时，命令行提示中主要选项的含义如下。

- 多段线（P）：在一条二维多段线的两段直线段的节点处插入圆滑的弧。选择多段线后，系统会根据指定圆弧的半径把多段线各顶点用圆滑的弧连接起来。
- 修剪（T）：决定在圆角连接两条边时，是否修剪这两条边，如图4-61所示。
- 多个（M）：可以同时对多个对象进行圆角编辑，而不必重新启用命令。
- 按住Shift键并选择两条直线，可以快速创建零距离倒角或零半径圆角。

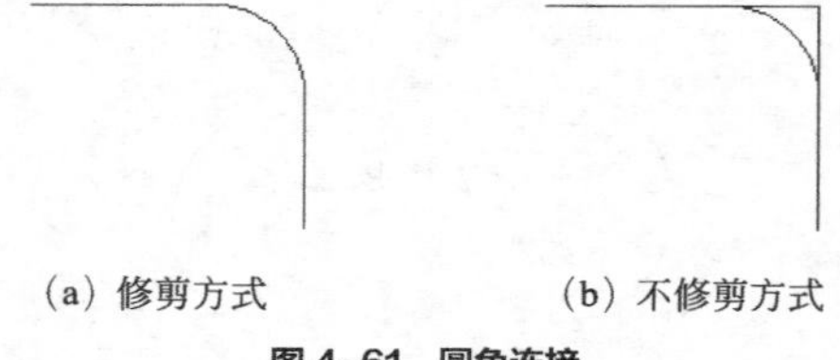

（a）修剪方式　　（b）不修剪方式

图4-61　圆角连接

4.7.7 “倒角”命令

倒角是指用斜线连接两个不平行的线型对象。可以用斜线连接直线段、双向无限长线、射线和多段线。执行“倒角”命令主要有以下4种方法。

（1）在命令行中输入“CHAMFER”命令。

（2）选择菜单栏中的“修改”/“倒角”命令。

（3）单击“修改”工具栏中的“倒角”按钮。

（4）单击“默认”选项卡“修改”面板中的“倒角”按钮。

执行上述命令后，根据系统提示选择第一条直线或其他选项，再选择第二条直线。执行“倒角”命令对图形进行倒角处理时，命令行提示中主要选项的含义如下。

- 距离（D）：选择倒角的两个斜线距离。斜线距离是指从被连接的对象与斜线的交点到被连接的两对象的可能的交点之间的距离，如图4-62所示。这两个斜线距离可以相同也可以不相同，若二者均为0，则系统不绘制连接的斜线，而是把两个对象延伸至相交，并修剪超出的部分。

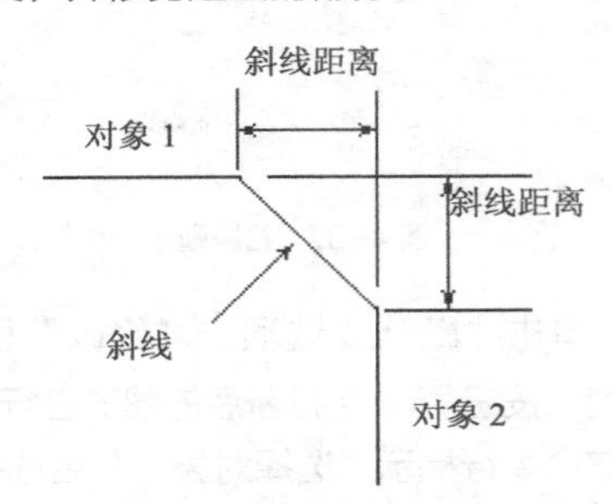

图 4-62 斜线距离

- 角度（A）：选择第一条直线的斜线距离和角度。采用这种方法斜线连接对象时，需要输入两个参数，即斜线与一个对象的斜线距离和斜线与该对象的夹角，如图4-63所示。

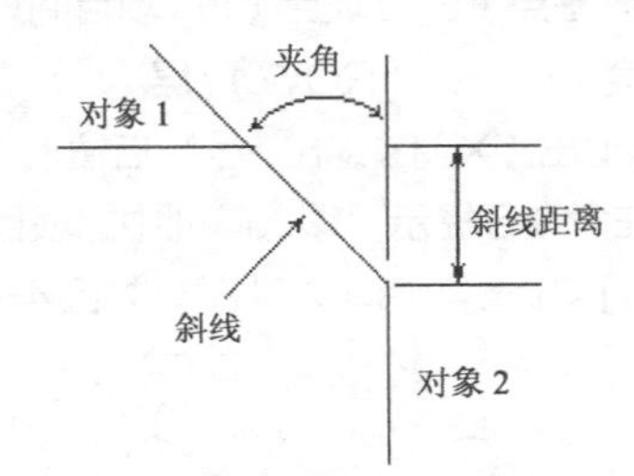

图 4-63 斜线距离与夹角

- 多段线（P）：对多段线的各个交叉点进行倒角编辑。为了得到最好的连接效果，一般设置斜线为相等的值。系统根据指定的斜线距离把多段线的每个交叉点都作斜线连接，连接的斜线成为多段线新的构成部分，如图4-64所示。

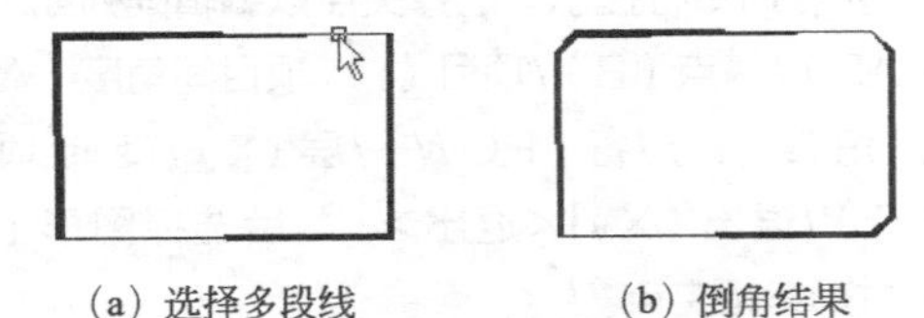

（a）选择多段线　　（b）倒角结果

图 4-64 斜线连接多段线

- 修剪（T）：与圆角连接命令“FILLET”相同，该选项决定连接对象后，是否剪切源对象。
- 方式（E）：决定采用“距离”方式还是“角度”方式来倒角。
- 多个（M）：同时对多个对象进行倒角编辑。

> 提示　有时用户在执行“圆角”和“倒角”命令时，发现命令不执行或执行后没什么变化，那是因为系统默认圆角半径和斜线距离均为0。如果不事先设定圆角半径或斜线距离，系统就以默认值执行命令。

4.7.8 “打断”命令

打断是指通过指定点删除对象的一部分或将对象分断。该命令主要有以下4种方法。

（1）在命令行中输入“BREAK”命令。

（2）选择菜单栏中的“修改”/“打断”命令。

（3）单击“修改”工具栏中的“打断”按钮。

（4）单击“默认”选项卡“修改”面板中的“打断”按钮。

执行上述命令后，根据系统提示选择要打断的对象，并指定第二个打断点或输入“F”，使用“打断”命令对图形对象进行打断。

4.7.9 “打断于点”命令

打断于点是指在对象上指定一点从而把对象在此点拆分成两部分。此命令与“打断”命令类似。该命令主要有如下3种方法。

（1）选择菜单栏中的“修改”/“打断”命令。

（2）单击“修改”工具栏中的“打断于点”按钮。

（3）单击“默认”选项卡“修改”面板中的“打断于点”按钮。

执行上述命令后，根据系统提示选择要打断的对象，并选择打断点，图形在断点被打断。

4.7.10 实例——天目琼花

本例应用“圆”命令绘制初步轮廓，再应用“打断”命令进行修剪，最后应用“阵列”命令完善图形，绘制流程图如图4-65所示。

扫一扫

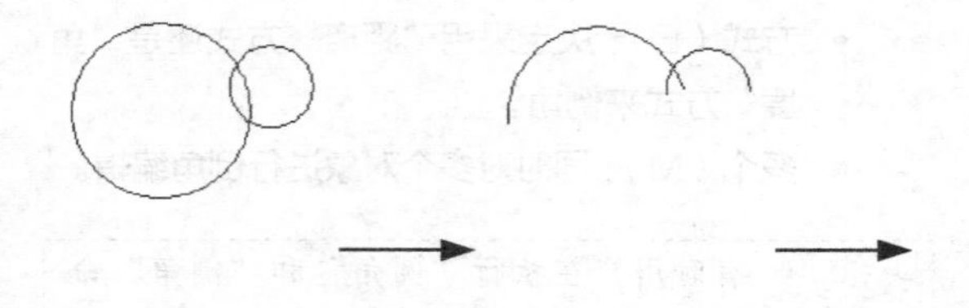

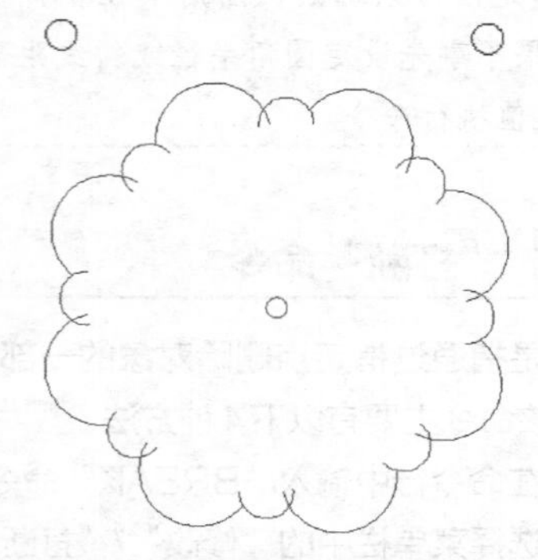

图 4-65　绘制天目琼花流程图

STEP 绘制步骤

（1）单击“默认”选项卡“绘图”面板中的“圆”按钮，绘制3个适当大小的圆，相对位置大致如图4-66所示。

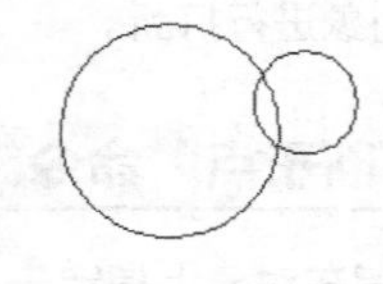

图 4-66　绘制圆

（2）单击“默认”选项卡“修改”面板中的“打断”按钮，将其中的两个圆进行打断处理。

① 在命令行提示“选择对象：”后选择上面大圆上适当一点。

② 在命令行提示“指定第二个打断点或［第一点（F）］：”后选择此圆上适当另一点。

用相同方法修剪上面的小圆，结果如图4-67所示。

> **提示** 系统默认的打断方向是沿逆时针的方向，所以在选择打断点的先后顺序时，要注意顺序方向。

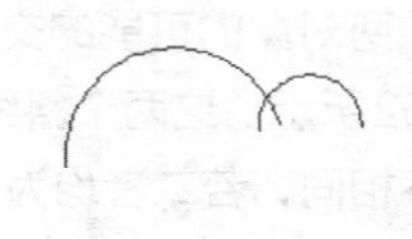

图 4-67　打断圆

（3）单击“默认”选项卡“修改”面板中的“环形阵列”按钮，将打断后的图形进行阵列。

① 在命令行提示“选择对象：”后选择刚打断形成的两段圆弧。

② 在命令行提示“选择对象：”后回车。

③ 在命令行提示“指定阵列的中心点或［基点（B）/旋转轴（A）］：”后捕捉下面圆的圆心。

④ 在命令行提示“选择夹点以编辑阵列或［关联（AS）/基点（B）/项目（I）/项目间角度（A）/填充角度（F）/行（ROW）/层（L）/旋转项目（ROT）/退出（X）］<退出>：”后输入“I”。

⑤ 在命令行提示“输入阵列中的项目数或［表达式（E）］<6>：”后输入“8”，如图4-68所示。

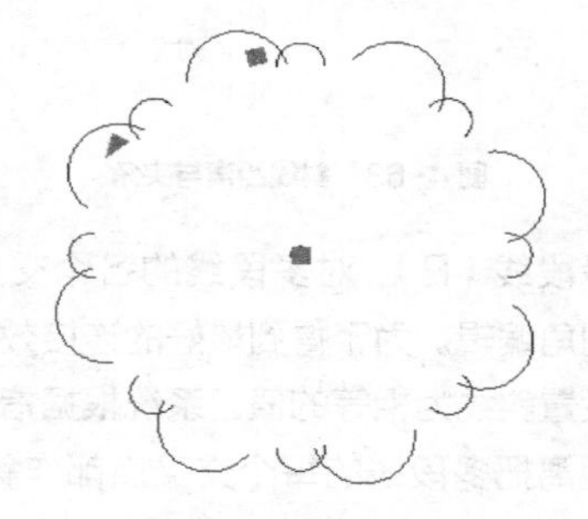

图 4-68　环形阵列

⑥ 在命令行提示“选择夹点以编辑阵列或［关联（AS）/基点（B）/项目（I）/项目间角度（A）/填充角度（F）/行（ROW）/层（L）/旋转项目（ROT）/退出（X）］<退出>：”后选择图形上面蓝色方形编辑夹点。

⑦ 在命令行提示“指定半径”后往下拖动夹点，如图4-69所示，拖到合适的位置，单击鼠标左键，结果如图4-70所示。

⑧ 在命令行提示“选择夹点以编辑阵列或［关联（AS）/基点（B）/项目（I）/项目间角度（A）/

填充角度（F）/行（ROW）/层（L）/旋转项目（ROT）/退出（X）]<退出>：”后回车。

最终结果如图4-71所示。

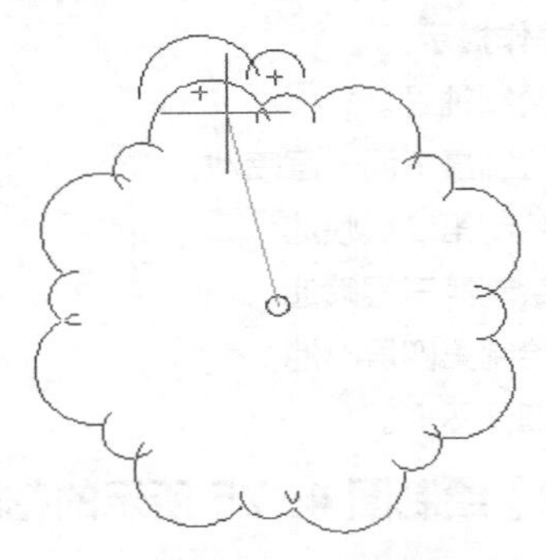

图 4-69 夹点编辑

图 4-70 编辑结果

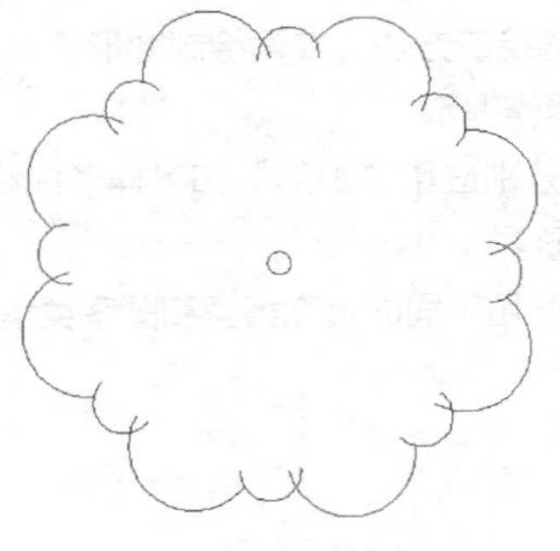

图 4-71 天目琼花

4.7.11 “分解”命令

执行“分解”命令主要有以下4种方法。

（1）在命令行中输入“EXPLODE”命令。

（2）选择菜单栏中的“修改”/“分解”命令。

（3）单击“修改”工具栏中的“分解”按钮。

（4）单击“默认”选项卡“修改”面板中的“分解”按钮。

执行上述命令后，根据系统提示选择要分解的对象。选择一个对象后，该对象会被分解。系统将继续提示该行信息，允许分解多个对象。选择的对象不同，分解的结果就不同。

4.7.12 “合并”命令

利用“合并”命令可以将直线、圆弧、椭圆弧和样条曲线等独立的对象合并为一个对象，如图4-72所示。

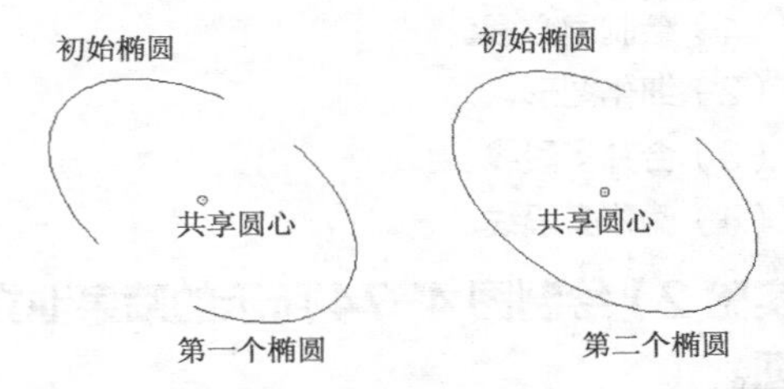

图 4-72 合并对象

执行“合并”命令主要有以下4种方法。

（1）在命令行中输入“JOIN”命令。

（2）选择菜单栏中的“修改”/“合并”命令。

（3）单击“修改”工具栏中的“合并”按钮。

（4）单击“默认”选项卡“修改”面板中的“合并”按钮。

执行上述命令后，根据系统提示选择一个对象，选择要合并到源的另一个对象，合并完成。

4.8 上机实验

通过前面的学习，相信读者对本章知识已有了大体的了解，本节通过几个操作练习帮助读者进一步掌握本章知识要点。

【实验 1】绘制图 4-73 所示的喷泉顶视图。

1. 目的要求

本例应用“圆”命令绘制同心圆，然后应用“圆弧”和“直线”命令细化图形，并结合编辑多段线命令将圆弧和直线合并为多段线，最后应用“偏移”命令对合并的多段线进行偏移。读者可通过本例的学习熟练掌握“偏移”命令的运用。

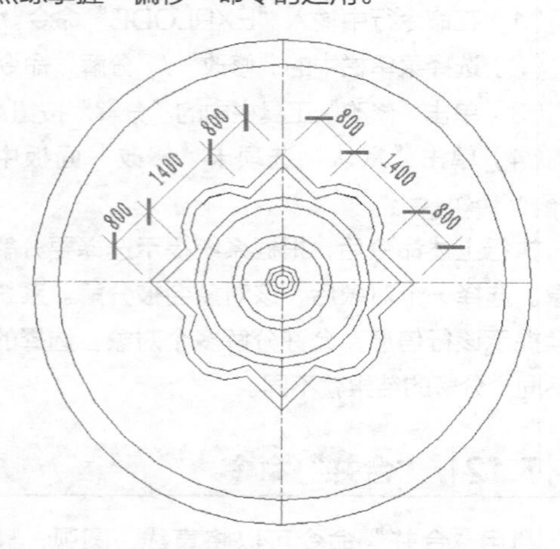

图 4-73　喷泉顶视图

2. 操作提示

（1）绘制同心圆。

（2）细化图形。

（3）合并多段线。

（4）偏移多段线。

【实验 2】绘制图 4-74 所示的喷泉池立面图。

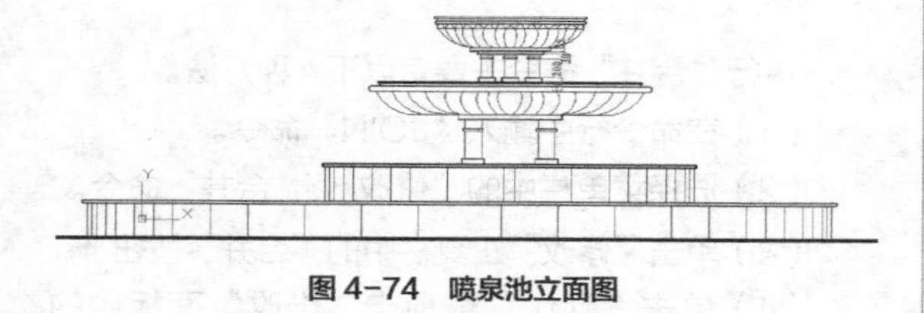

图 4-74　喷泉池立面图

1. 目的要求

本例应用“矩形”和“直线”命令绘制最下面一层喷池，然后结合二维绘图和修改命令绘制二、三、四层喷池。读者可通过本例的学习熟练掌握“镜像”命令的运用。

2. 操作提示

（1）绘制轴线。

（2）绘制最下面一层喷池。

（3）绘制第二层喷池。

（4）绘制第三层喷池。

（5）绘制第四层喷池。

（6）细化图形。

【实验 3】绘制图 4-75 所示的花园一角。

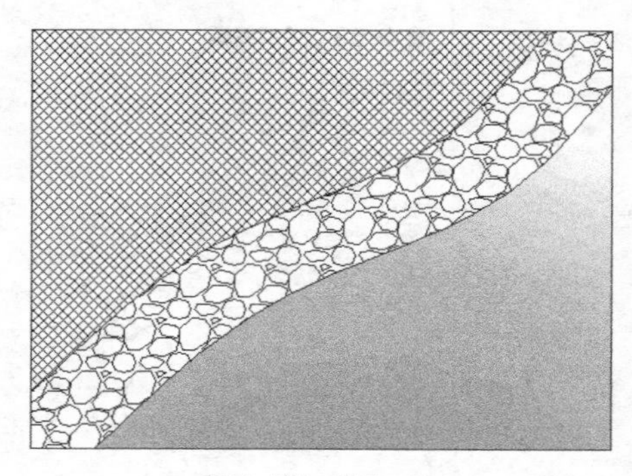

图 4-75　花园一角

1. 目的要求

本实例图形涉及多种命令。希望读者灵活掌握各种命令的绘制方法，准确绘制图形。

2. 操作提示

（1）分别应用“矩形”和“样条曲线”命令绘制花园外形。

（2）选用不同的填充类型和图案类型进行填充。

第5章 辅助工具

在设计绘图过程中经常会遇到一些重复出现的图形（例如园林设计中的桌椅、植物等），如果每次都重新绘制这些图形，不仅造成大量的重复工作，而且存储这些图形及其信息要占据相当大的磁盘空间。AutoCAD 提供了图块和设计中心来解决这些问题。

学习要点和目标任务

- 查询工具
- 图块及其属性
- 设计中心与工具选项板

5.1 查询工具

为方便用户及时了解图形信息，AutoCAD提供了很多查询工具，这里简要进行说明。

5.1.1 距离查询

调用“查询距离”命令的方法主要有如下3种。

（1）在命令行中输入“DIST”命令。

（2）选择菜单栏中的“工具”/“查询”/“距离”命令。

（3）单击“查询”工具栏中的“距离”按钮。

执行上述命令后，根据系统提示指定要查询的第一个点和第二个点。此时，命令行提示中各选项的含义如下。

- 多点：如果使用此选项，将基于现有直线段和当前橡皮线即时计算总距离。

5.1.2 面积查询

调用“面积距离”命令的方法主要有如下3种。

（1）在命令行中输入“MEASUREGEOM”命令。

（2）选择菜单栏中的“工具”/“查询”/“面积”命令。

（3）单击“查询”工具栏中的“面积”按钮。

执行上述命令后，根据系统提示选择查询区域。此时，命令行提示中各选项的含义如下。

- 指定角点：计算由指定点所定义的面积和周长。
- 增加面积：打开“加”模式，并在定义区域时即时保持总面积。
- 减少面积：从总面积中减去指定的面积。

5.2 图块及其属性

把一组图形对象组合成图块加以保存，需要时可以把图块作为一个整体以任意比例和旋转角度插入到图中任意位置，这样不仅避免了大量的重复工作，提高绘图速度和工作效率，而且可大大节省磁盘空间。

5.2.1 图块操作

1. 图块定义

在使用图块时，首先要定义图块。图块的定义方法有如下4种。

（1）在命令行中输入“BLOCK”命令。

（2）选择菜单栏中的“绘图”/“块”/“创建”命令。

（3）单击“绘图”工具栏中的“创建块”按钮。

（4）单击“默认”选项卡“块”面板中的“创建”按钮，或单击“插入”选项卡“块定义”面板中的“创建块”按钮。

执行上述命令后，系统弹出图5-1所示的“块定义”对话框，利用该对话框指定定义对象和基点以及其他参数，可定义图块并命名。

2. 图块保存

图块的保存方法是在命令行中输入“WBLOCK”命令，此时系统弹出图5-2所示的“写块”对话框。利用该对话框可把图形对象保存为图块或把图块转换成图形文件。

图5-1 “块定义”对话框

图 5-2 “写块”对话框

3. 图块插入

执行“插入块”命令主要有以下4种方法。

（1）在命令行中输入“INSERT”命令。

（2）选择菜单栏中的“插入”/“块”命令。

（3）单击“插入”工具栏中的“插入块”按钮，或“绘图”工具栏中的“插入块”按钮。

（4）单击“默认”选项卡“块”面板中的“插入”按钮，或单击“插入”选项卡“块”面板中的“插入”按钮。

执行上述命令，系统弹出“插入”对话框，如图5-3所示。利用该对话框可设置插入点位置、插入比例以及旋转角度，可以指定要插入的图块及插入位置。

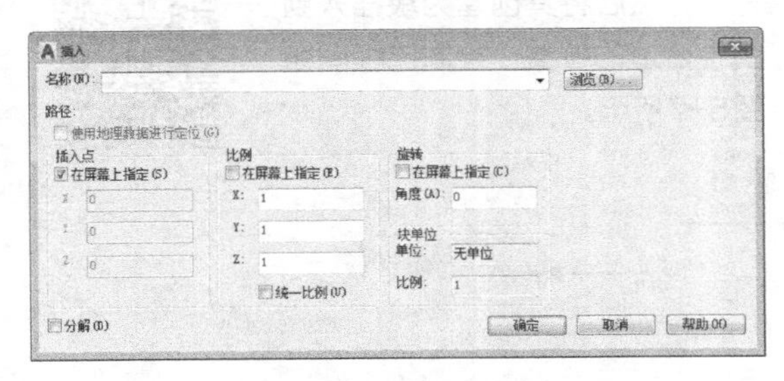

图 5-3 “插入”对话框

5.2.2 图块的属性

1. 属性定义

在使用图块属性前，要对其属性进行定义。定义属性的方法有如下3种。

（1）在命令行中输入“ATTDEF”命令。

（2）选择菜单栏中的“绘图”/“块”/“定义属性”命令。

（3）单击“默认”选项卡“块”面板中的“定义属性”按钮。

执行上述命令，系统弹出“属性定义”对话框，如图5-4所示。对话框中主要选项组的含义如下。

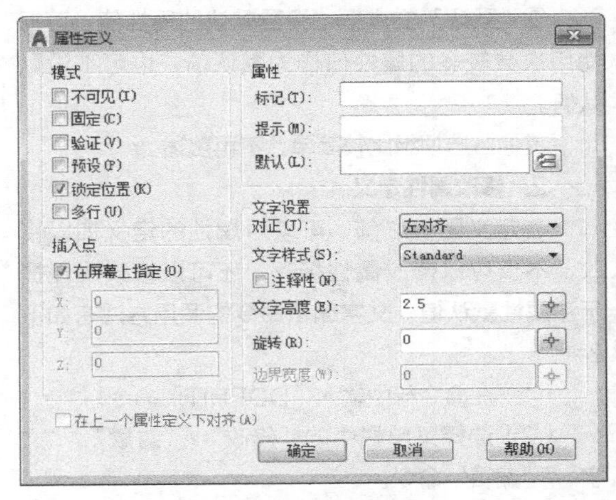

图 5-4 “属性定义”对话框

（4）“模式”选项组。

①“不可见”复选框：选中此复选框，属性为不可见显示方式，即插入图块并输入属性值后，属性值在图中并不显示出来。

②“固定”复选框：选中此复选框，属性值为常量，即属性值在属性定义时给定，在插入图块时，AutoCAD 2018不再提示输入属性值。

③“验证”复选框：选中此复选框，当插入图块时，AutoCAD 2018重新显示属性值让用户验证该值是否正确。

④“预设”复选框：选中此复选框，当插入图块时，AutoCAD 2018自动把事先设置好的默认值赋予属性，而不再提示输入属性值。

⑤“锁定位置”复选框：选中此复选框，当插入图块时，AutoCAD 2018锁定块参照中属性的位置。解锁后，属性可以相对于使用夹点编辑的块的其他部分移动，并且可以调整多行属性的大小。

⑥“多行”复选框：指定属性值可以包含多行文字。

（5）“属性”选项组。

①“标记”文本框：输入属性标签。属性

标签可由除空格和感叹号以外的所有字符组成。AutoCAD 2018自动把小写字母改为大写字母。

②“提示”文本框：输入属性提示。属性提示是在插入图块时AutoCAD 2018要求输入属性值的提示。如果不在此文本框内输入文本，则以属性标签作为提示。如果在“模式”选项组中选中“固定”复选框，即设置属性为常量，则不需设置属性提示。

③“默认”文本框：设置默认的属性值。可把使用次数较多的属性值作为默认值，也可不设默认值。

其他各选项组比较简单，不再赘述。

2. 修改属性定义

在定义图块之前，可以对属性的定义加以修改，不仅可以修改属性标签，还可以修改属性提示和属性默认值。文字编辑命令的调用方法有如下2种。

（1）在命令行中输入“DDEDIT”命令。

（2）选择菜单栏中的“修改”/“对象”/“文字”/“编辑”命令。

执行上述命令后，根据系统提示选择要修改的属性定义，AutoCAD 2018打开“编辑属性定义”对话框，如图5-5所示，可以在该对话框中修改属性定义。

3. 图块属性编辑

图块属性编辑命令的调用方法有如下3种。

（1）在命令行中输入“EATTEDIT”命令。

（2）选择菜单栏中的“修改”/“对象”/“属性”/“单个”命令。

（3）单击“修改II”工具栏中的“编辑属性”按钮。

（4）单击“默认”选项卡“块”面板中的“编辑属性”按钮。

执行上述命令后，在系统提示下选择块后，系统弹出“增强属性编辑器”对话框，如图5-6所示。该对话框不仅可以编辑属性值，还可以编辑属性的文字选项和图层、线型、颜色等特性值。

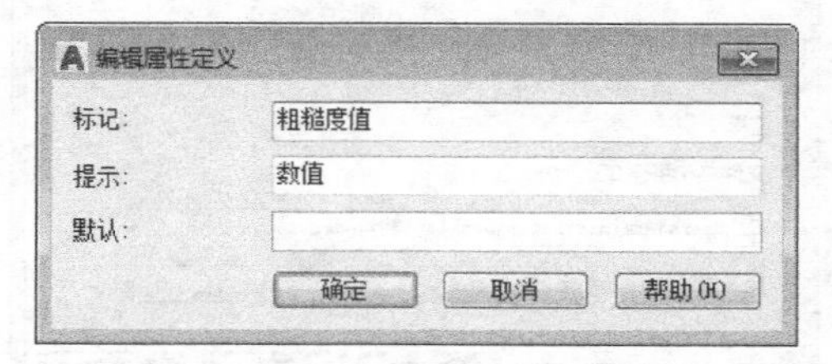

图 5-5 “编辑属性定义”对话框

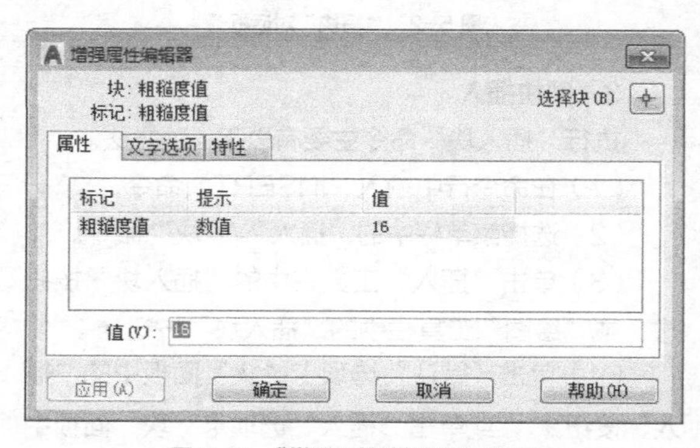

图 5-6 “增强属性编辑器”对话框

5.2.3 实例——标注标高符号

应用“直线”命令绘制标高符号，然后将其创建为块插入到图中合适的位置，绘制流程图如图5-7所示。

扫一扫

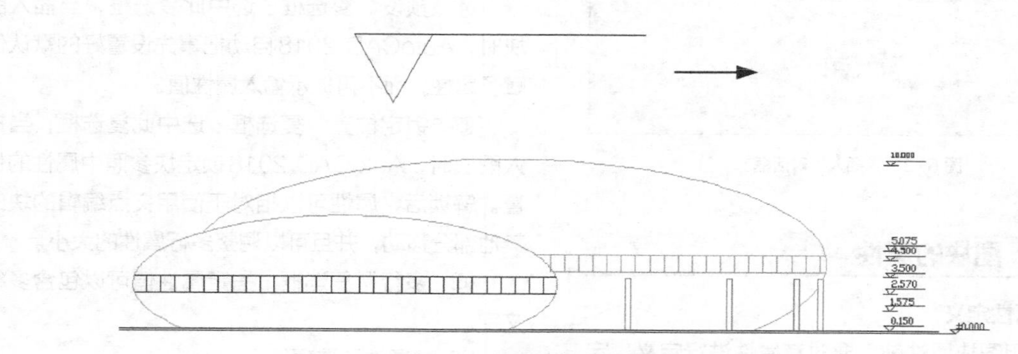

图 5-7 绘制标注标高符号流程图

STEP 绘制步骤

（1）单击“快速访问”工具栏中的“打开”按钮，将“体育馆.dwg”打开，并另存为“标注标高符号.dwg”，如图5-8所示。

（2）单击“默认”选项卡“绘图”面板中的“直线”按钮，绘制图5-9所示的标高符号图形。

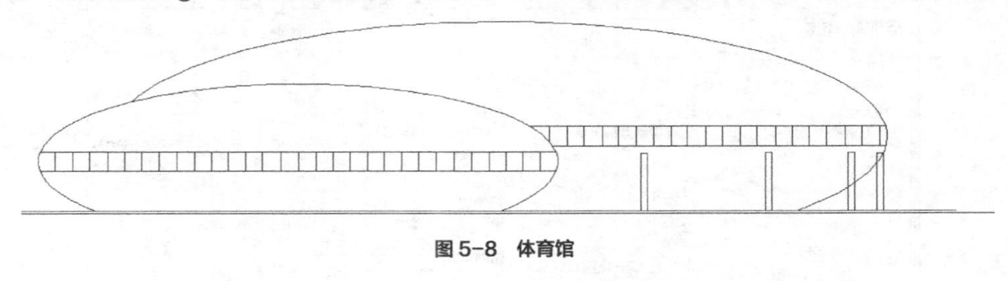

图5-8 体育馆

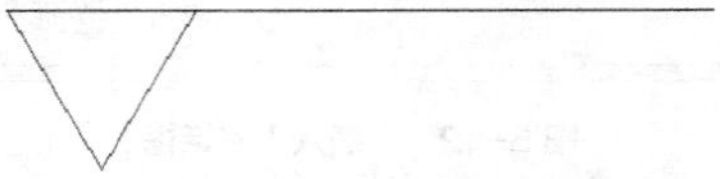

图5-9 绘制标高符号

（3）单击“默认”选项卡“块”面板中的“定义属性”按钮，系统打开“属性定义”对话框，进行图5-10所示的设置，其中模式为“验证”，插入点为粗糙度符号水平线中点，确认退出。

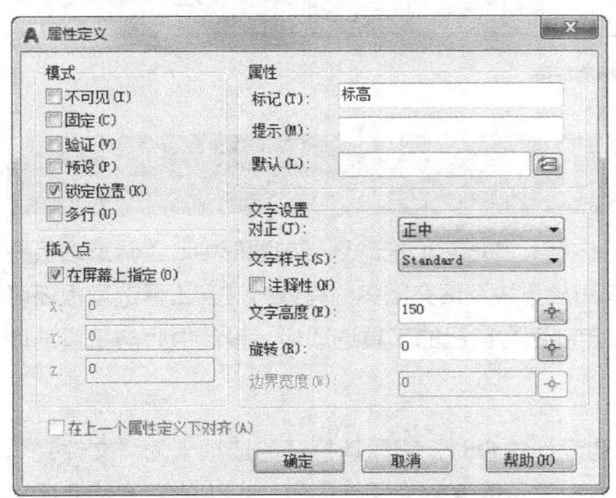

图5-10 “属性定义”对话框

（4）在命令行中输入“WBLOCK”命令，打开“写块”对话框，如图5-11所示。

① 拾取点。单击“拾取点”按钮切换到作图屏幕，选择标高符号为基点，回车返回“写块”对话框。

② 选择对象。单击“选择对象”按钮切换到作图屏幕，拾取整个标高符号图形为对象，回车返回“写块”对话框。

③ 保存图块。单击“目标”选项组中的按钮，打开“浏览图形文件”对话框，在“保存于”下拉列表框中选择图块的存放位置，在“文件名”文本框中输入“标高”，单击“保存”按钮，返回“写块”对话框。

图5-11 “写块”对话框

④ 关闭对话框。单击“确定”按钮，关闭“写块”对话框。

（5）单击“默认”选项卡“块”面板中的“插入”按钮，打开“插入”对话框，如图5-12所示。单击“浏览”按钮找到刚才保存的图块，在屏幕上指定插入点和旋转角度，将该图块插入到图5-13所示的图形中，这时命令行会提示输入属性，并要求验证属性值，此时输入标高数值0.150，就完成了一个标高的标注。

（6）继续插入标高符号图块，并输入不同的属性值作为标高数值，直到完成所有标高符号标注，如图5-13所示。

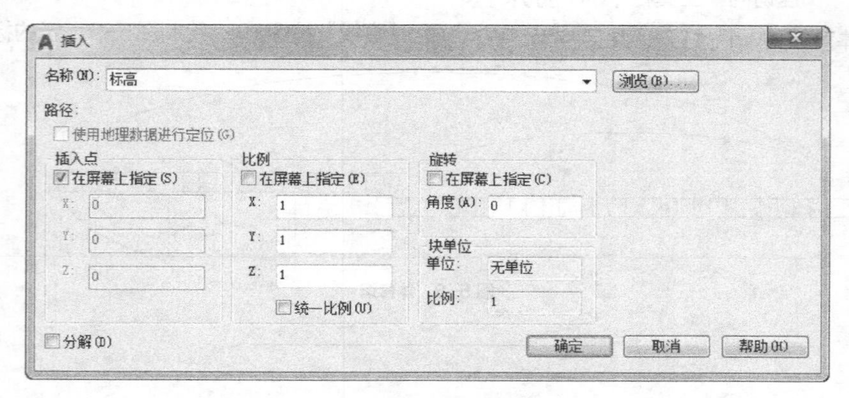

图5-12 “插入”对话框

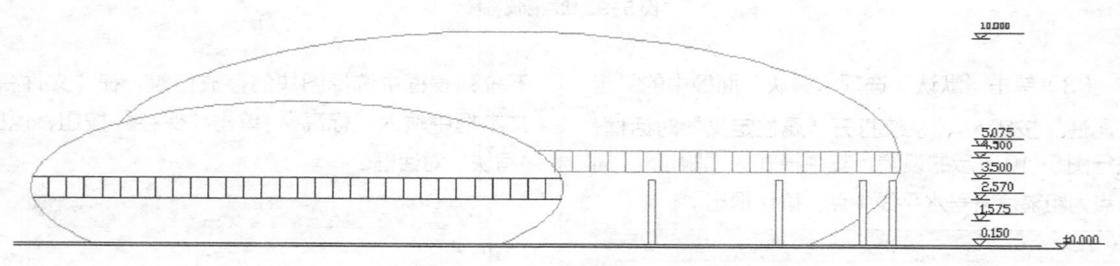

图5-13 标注标高符号

5.3 设计中心与工具选项板

使用AutoCAD 2018设计中心可以很容易地组织设计内容，并把它们拖动到当前图形中。工具选项板是“工具选项板”窗口中选项卡形式的区域，提供组织、共享和放置块及填充图案的有效方法。工具选项板还可以包含由第三方开发人员提供的自定义工具。也可以自行定制适合自己的工具选项板。设计中心与工具选项板的使用大大方便了绘图，加快绘图的效率。

5.3.1 设计中心

1. 启动设计中心

启动设计中心的方法有如下5种。

（1）在命令行中输入“ADCENTER”命令。

（2）选择菜单栏中的“工具”/“选项板”/“设计中心”命令。

（3）单击“标准”工具栏中的“设计中心”按钮▦。

（4）应用快捷键Ctrl+2。

（5）单击“视图”选项卡“选项板”面板中的“设计中心”按钮▦。

执行上述命令，系统打开设计中心。第一次启动设计中心时，它默认打开的选项卡为“文件夹”。内容显示区采用大图标显示，左边的资源管理器采用tree view显示方式显示系统的树形结构，浏览资源的同时，在内容显示区显示所浏览资源的有关细目或内容，如图5-14所示。也可以搜索资源，方法与Windows资源管理器类似。

2. 利用设计中心插入图形

设计中心一个最大的优点是可以将系统文件夹中的DWG图形当成图块插入到当前图形中去。

（1）从查找结果列表框中选择要插入的对象，双击对象。

（2）弹出“插入”对话框，如图5-15所示。

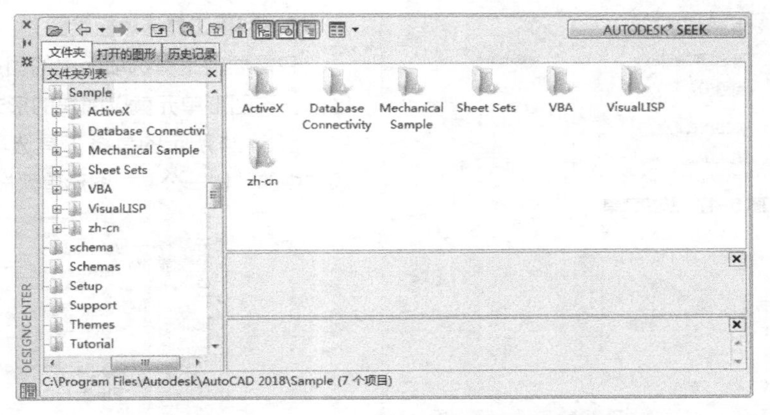

图 5-14 AutoCAD 2018 设计中心的资源管理器和内容显示区

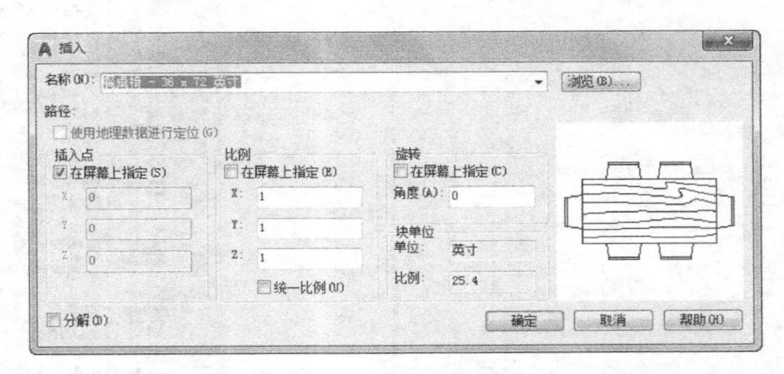

图 5-15 “插入”对话框

（3）在对话框中插入点、比例和旋转角度等数值。

被选择的对象根据指定的参数插入到图形当中。

5.3.2 工具选项板

1. 打开工具选项板

工具选项板的打开方式有如下5种。

（1）在命令行中输入“TOOLPALETTES”命令。

（2）选择菜单栏中的“工具”/“选项板”/“工具选项板窗口”命令。

（3）单击“标准”工具栏中的“工具选项板窗口”按钮。

（4）应用快捷键Ctrl+3。

（5）单击“视图”选项卡“选项板”面板中的“设计中心”按钮。

执行上述操作后，系统自动弹出“工具选项板”窗口，如图5-16所示。单击鼠标右键，在弹出的快捷菜单中选择“新建选项板”命令，如图5-17所示。系统新建一个空白选项卡，可以命名该选项卡，如图5-18所示。

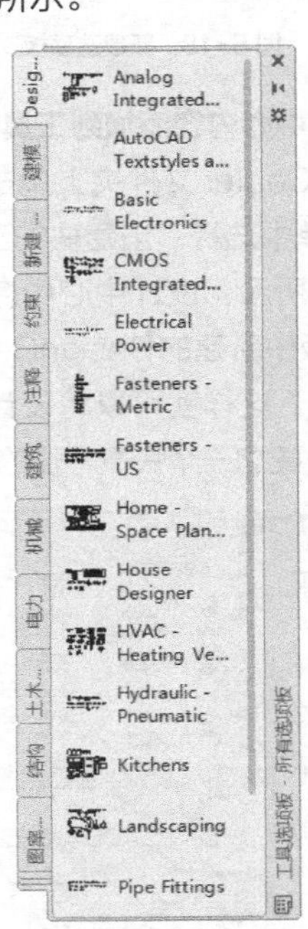

图 5-16 “工具选项板”窗口

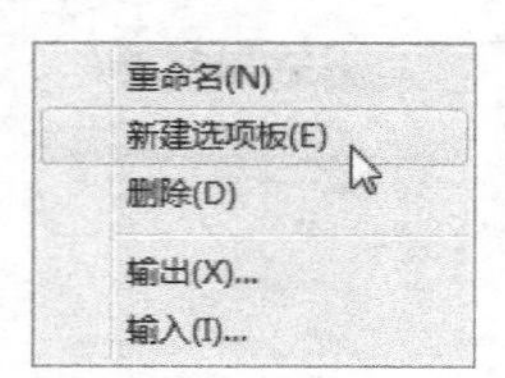

图 5-17　快捷菜单

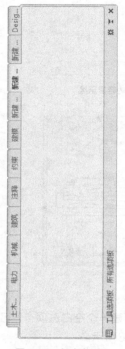

图 5-18　新建选项板

2. 将设计中心内容添加到工具选项板

在DesignCenter文件夹上单击鼠标右键，在弹出的快捷菜单中选择“创建块的工具选项板”命令，如图5-19所示。设计中心中存储的图元就出现在工具选项板中新建的DesignCenter选项卡上，如图5-20所示。这样就可以将设计中心与工具选项板结合起来，建立一个快捷方便的工具选项板。

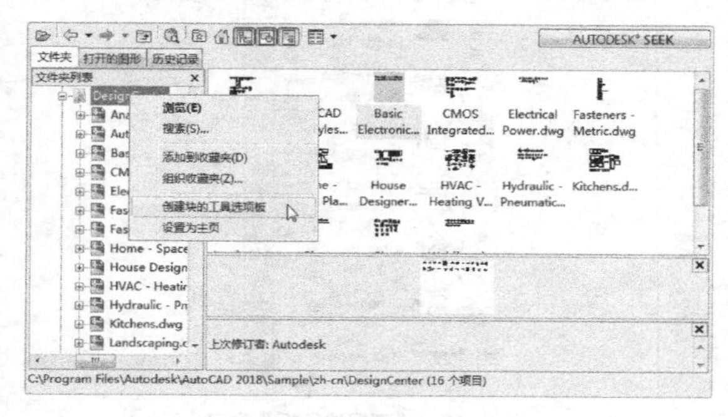

图 5-19　快捷菜单

3. 利用工具选项板绘图

只需要将工具选项板中的图形单元拖动到当前图形，该图形单元就以图块的形式插入到当前图形中。图5-21所示的是将工具选项板中“建筑”选项卡中的“树—公制”图形单元拖到当前图形。

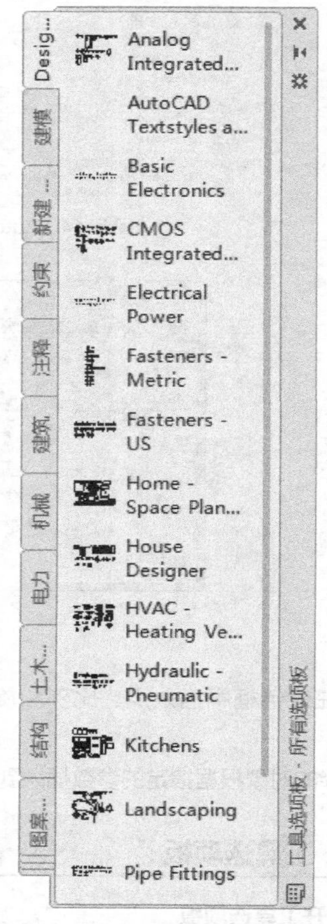

图 5-20　创建工具选项板

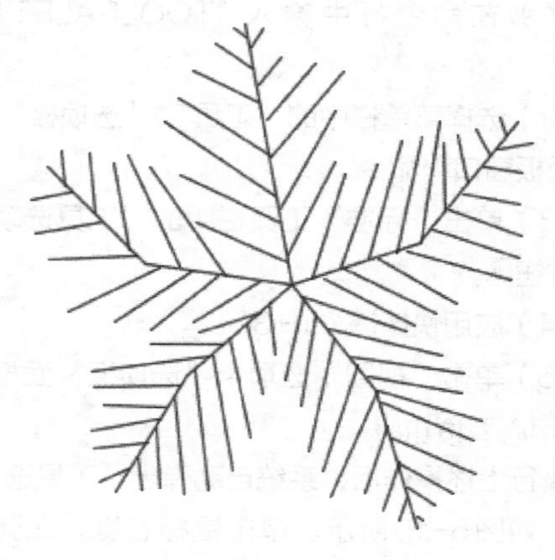

图 5-21　树—公制

5.4 综合演练——屋顶花园绘制

借助设计中心等命令，绘制屋顶花园，如图5-22所示。

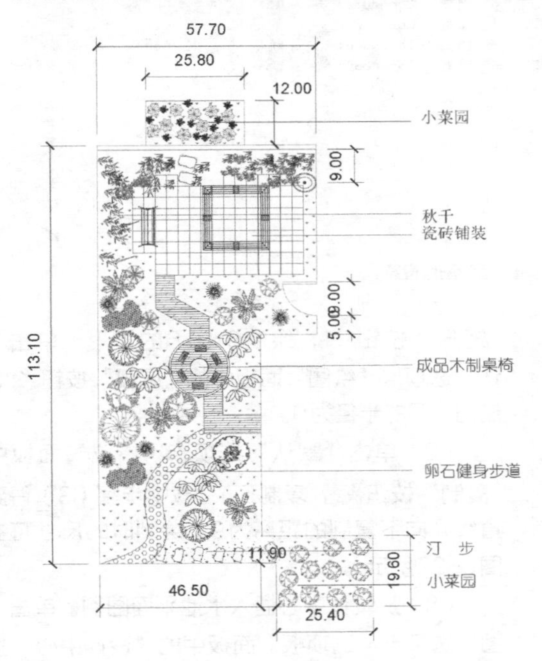

序号	图例	名 称	规 格	备 注
1		花石榴	H0.6M, 50X50CM	意寓旺家春秋开花观果
2		腊 梅	H0.4-0.6M	冬天开花
3		红 枫	H1.2-1.8M	叶色火红，观叶树种
4		紫 薇	H0.5M, 35X35CM	夏秋开花，秋冬枝干秀美
5		桂 花	H0.6-0.8M	秋天开花，花香
6		牡 丹	H0.3M	冬春开花
7		四季竹	H0.4-0.5M	观姿，叶色丰富
8		鸢 尾	H0.2-0.25M	春秋开花
9		海 棠	H0.3-0.45M	春天开花
10		苏 铁	H0.6M, 60X60CM	观姿树种
11		葱 兰	H0.1M	烘托作用
12		芭蕉	H0.35M, 25X25CM	
13		月 季	H0.35M, 25X25CM	春夏秋开花

图5-22 屋顶花园平面图

5.4.1 绘图设置

设置图层、尺寸和文字，以便在绘制过程中快速完成图形的绘制。

STEP 绘制步骤

（1）设置图层。设置以下4个图层："轮廓线""园路""铺地"和"花卉"图层。把"轮廓线"图层设置为当前图层，设置好的各图层的属性如图5-23所示。

（2）标注样式设置。根据绘图比例设置标注样式，对标注样式线、符号和箭头、文字、主单位进行设置，具体如下。

① 线：超出尺寸线为2.5，起点偏移量为3。

② 符号和箭头：第一个为建筑标记，箭头大小为2，圆心标记为标记1.5。

③ 文字：文字高度为3，文字位置为垂直上，从尺寸线偏移为3，文字对齐为ISO标准。

④ 主单位：精度为0.00，比例因子为1。

（3）文字样式的设置。单击"默认"选项卡"注释"面板中的"文字样式"按钮，进入"文字样式"对话框，选择仿宋字体，宽度因子设置为0.8。

5.4.2 绘制屋顶轮廓线

利用"直线""复制"和"线型"标注命令，绘制屋顶轮廓线。

STEP 绘制步骤

（1）在状态栏中单击"正交模式"按钮，打开正交模式；在状态栏中单击"对象捕捉"按钮，打开对象捕捉模式。

（2）单击"默认"选项卡"绘图"面板中的"直线"按钮，绘制屋顶轮廓线。

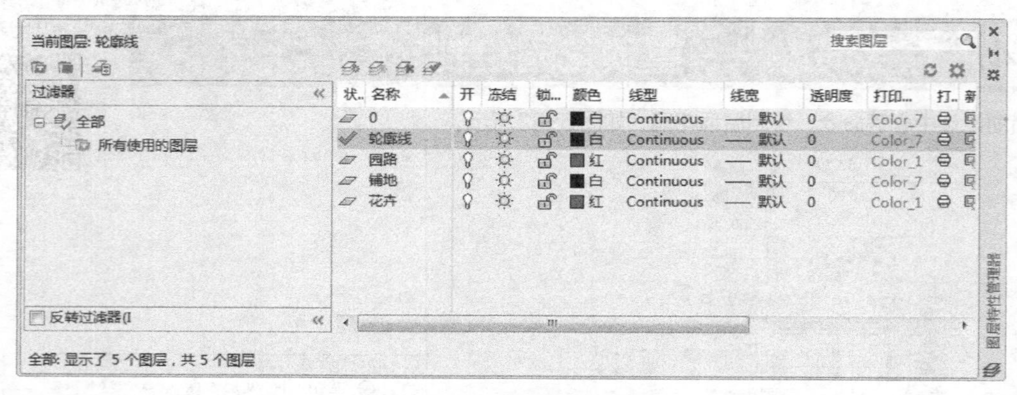

图5-23　屋顶花园平面图图层设置

（3）单击“默认”选项卡“修改”面板中的“复制”按钮，复制上面绘制好的水平直线，向下复制的距离为1.28。

（4）把“标注尺寸”图层设置为当前图层，单击“默认”选项卡“注释”面板中的“线性”按钮，标注外形尺寸。完成的图形和绘制尺寸如图5-24所示。

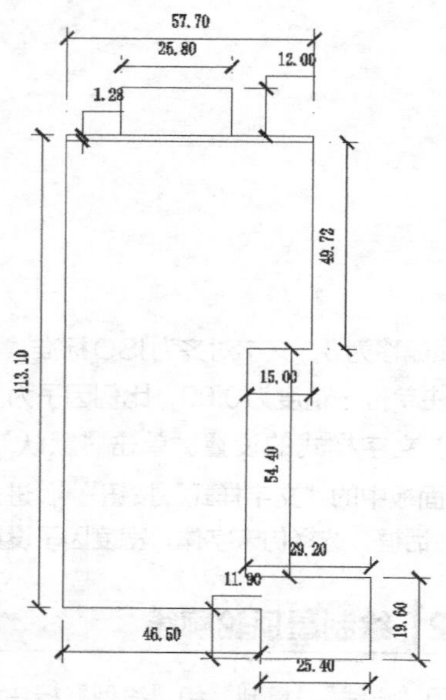

图5-24　屋顶花园平面图外部轮廓绘制

5.4.3　绘制门和水池

首先应用“矩形”和“圆弧”命令绘制门，然后再确定辅助线，最后应用“设计中心”命令将洗脸池作为水池的图例插入到图中。

STEP 绘制步骤

（1）单击“默认”选项卡“绘图”面板中的“矩形”按钮，绘制9×0.6的矩形。单击“默认”选项卡“绘图”面板中的“圆弧”按钮，绘制门，门的半径为9。

（2）单击“默认”选项卡“修改”面板中的“复制”按钮，复制5.4.2节中步骤（3）得到的直线，向下复制的距离为9（绘制时的尺寸可参照图5-27所示）。

（3）从设计中心插入水池平面图例。单击“视图”选项卡“选项板”面板中的“设计中心”按钮，进入“设计中心”对话框，单击“文件夹”按钮，在文件夹列表中单击House Designer.Dwg，然后单击House Designer.Dwg下的块，选择洗脸池作为水池的图例。右击洗脸池图例后，在弹出的快捷菜单中选择“插入块”命令，如图5-25所示，在弹出的“插入”对话框中设置参数，如图5-26所示，单击“确定”按钮进行插入，指定*XYZ*轴比例因子为0.01。

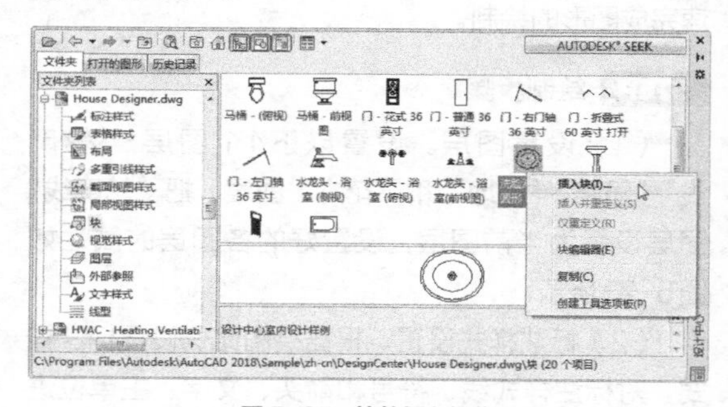

图5-25　块的插入操作

（4）单击“默认”选项卡“修改”面板中的“删除”按钮，将多余的直线和尺寸删除，如图5-27所示。

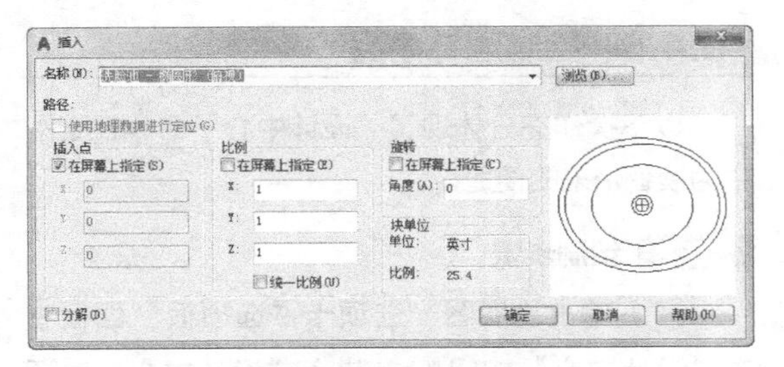

图 5-26 “插入”对话框

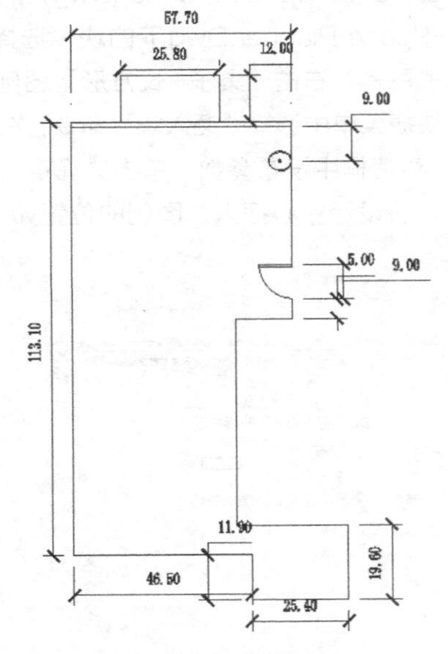

图 5-27 门和水池绘制

5.4.4 绘制园路和铺装

应用二维绘图命令绘制园路，然后结合二维修改命令完成铺装的绘制。

STEP 绘制步骤

（1）把“园路”图层设置为当前图层，单击“默认”选项卡“绘图”面板中的“直线”按钮，绘制定位轴线。

（2）单击“默认”选项卡“绘图”面板中的“样条曲线拟合”按钮，绘制弯曲园路。

（3）单击“默认”选项卡“绘图”面板中的“直线”按钮，绘制直线园路（按图5-28中所给尺寸绘制）。

（4）单击“默认”选项卡“绘图”面板中的“圆”按钮，绘制圆形园路（按图5-28中所给尺寸绘制）。

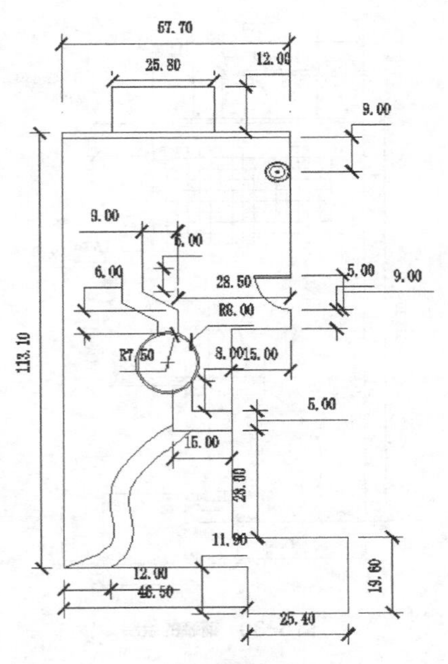

图 5-28 园路的绘制

（5）单击“默认”选项卡“绘图”面板中的“矩形”按钮，绘制3×3的矩形。然后单击“默认”选项卡“修改”面板中的“矩形阵列”按钮，将绘制的矩形进行阵列，设置行数为9，列数为9，行偏移为3，列偏移为3，如图5-29所示。

（6）单击“默认”选项卡“修改”面板中的“复制”按钮，复制绘制好的矩形，完成其他区域铺装的绘制，完成的图形如图5-30所示。

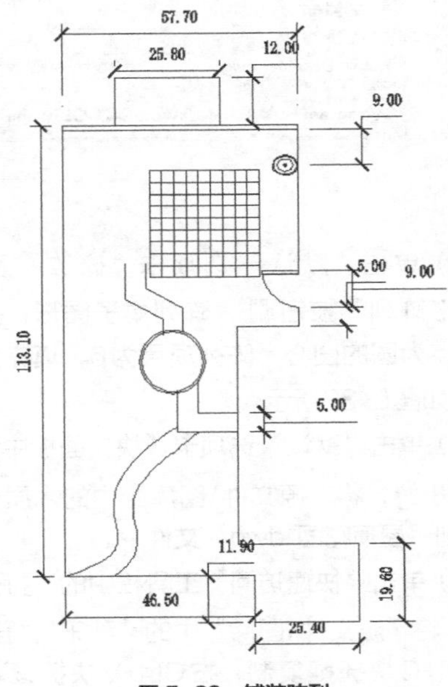

图 5-29 铺装阵列

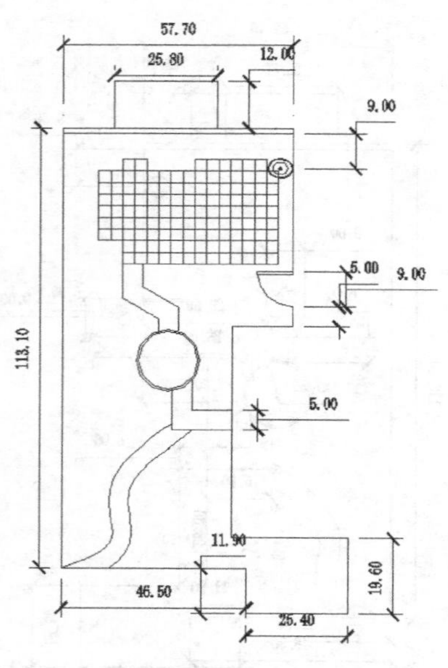

图 5-30 铺装的绘制

5.4.5 绘制园林小品

以下操作充分体现了“设计中心”命令在绘图中为读者带来的便捷。

STEP 绘制步骤

（1）单击“视图”选项卡“选项板”面板中的“设计中心”按钮，进入“设计中心”对话框，单击“文件夹”按钮，在文件夹列表中用鼠标左键单击Home-Space Planner.Dwg，然后单击Home-Space Planner.Dwg下的块，选择桌子-长方形的图例。右击“桌子-长方形”图例后，在弹出的快捷菜单中选择“插入块”命令，在弹出的“插入”对话框中设置参数，单击“确定”按钮进行插入。从设计中心插入，图例的位置如图5-31所示。

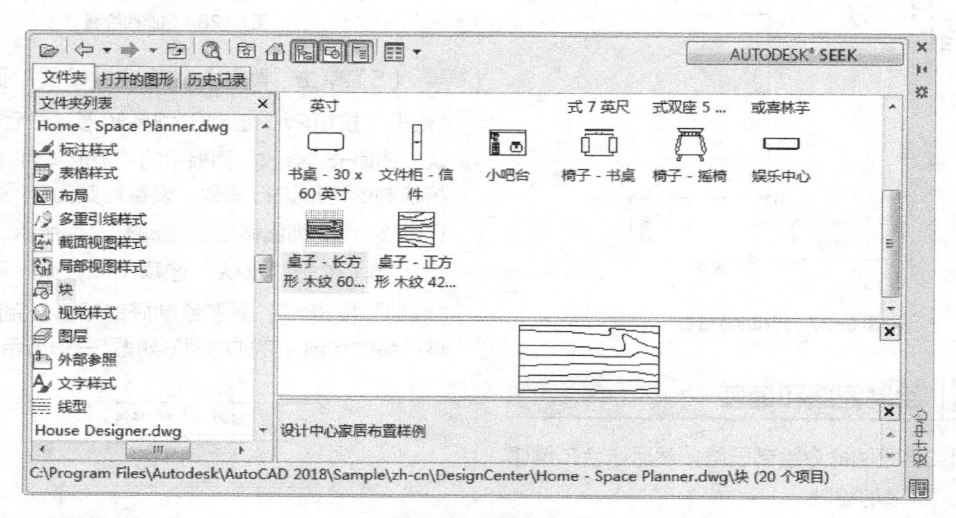

图 5-31 图例位置

（2）单击“默认”选项卡“修改”面板中的“环形阵列”按钮，阵列桌子图形，指定阵列中心点为圆的圆心，阵列项目为6，填充角度为360°，如图5-32所示。

（3）单击“默认”选项卡“块”面板中的“插入”按钮，将“源文件\图库”中的木质环形坐凳插入到“屋顶花园.dwg”文件中。

（4）单击“快速访问”工具栏中的“打开”按钮，将“源文件\图库”中的“秋千”打开，然后按Ctrl+C快捷键复制，按Ctrl+V快捷键粘贴到“屋顶花园.dwg”中。

（5）单击“默认”选项卡“绘图”面板中的“圆”按钮，以前面绘制的圆的圆心为圆心，分别绘制半径为2.11和2.16的圆，完成的图形如图5-33所示。

5.4.6 填充园路和地被

在此节中“图案填充”命令得到了充分的应用，此命令与AutoCAD 2014以前的版本区别较大，在绘制过程中需要读者注意。

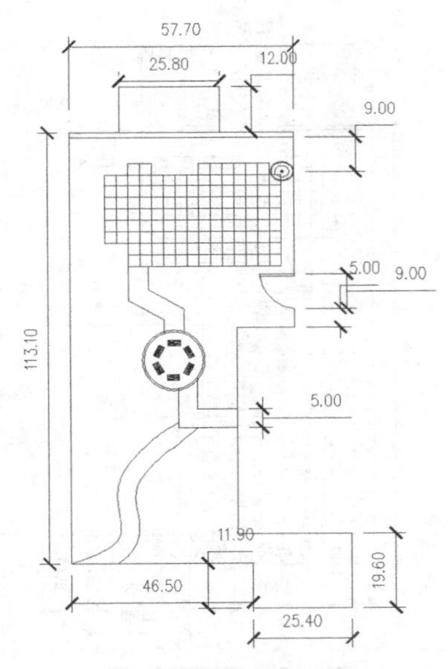

图5-32 桌子阵列的设置

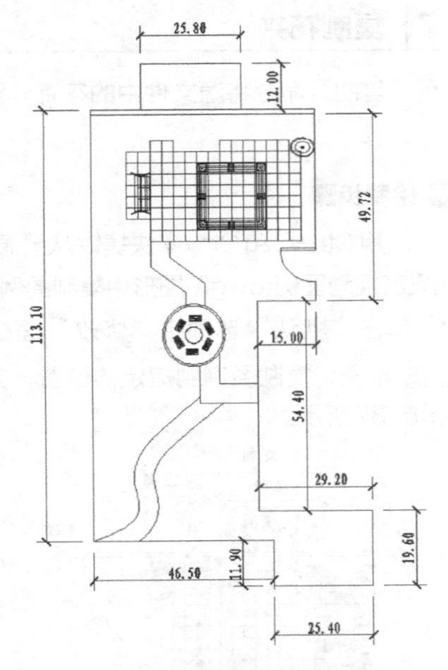

图5-33 园林小品的绘制

STEP 绘制步骤

（1）将“铺地”图层设置为当前图层，单击“默认”选项卡“绘图”面板中的“直线”按钮，和“多段线”按钮，绘制园路分隔区域。

（2）单击“默认”选项卡“绘图”面板中的“图案填充”按钮，打开“图案填充创建”选项卡，设置属性，填充园路和地被。分次设置如下。

①“卵石6”图例，填充比例和角度分别为2和0。

②“DOLMIT”图例，填充比例和角度分别为0.1和0。

③“GRASS”图例，填充比例和角度分别为0.1和0。

（3）图5-34（b）是在图5-34（a）的基础上，单击“默认”选项卡“修改”面板中的“删除”按钮，删除多余分隔区域形成的。

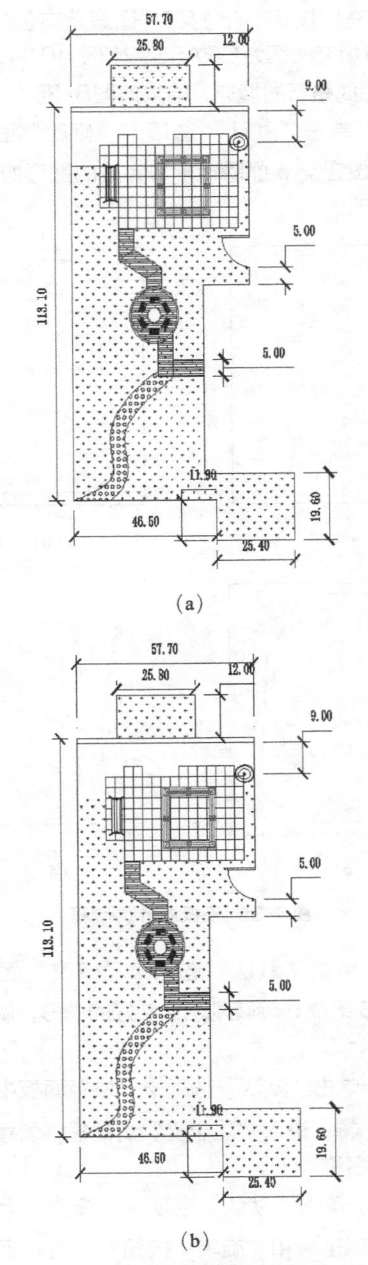

图5-34 填充完的图形

（4）单击“默认”选项卡“绘图”面板中的“矩形”按钮，绘制4×5的矩形，完成的图形如图5-35（a）所示。

（5）单击“默认”选项卡“绘图”面板中的“直线”按钮，绘制石板路石，石板路石的图形没有固定的尺寸形状，外形只要相似即可。完成的图形如图5-35（b）所示。

（6）单击“默认”选项卡“绘图”面板中的“图案填充”按钮，打开“图案填充创建”选项卡，设置填充图案为GRASS，比例为0.04，选择填充区域完成路石的填充，结果如图5-35（c）所示。

（7）单击“默认”选项卡“修改”面板中的“删除”按钮，删除矩形，完成的图形如图5-35（d）所示。

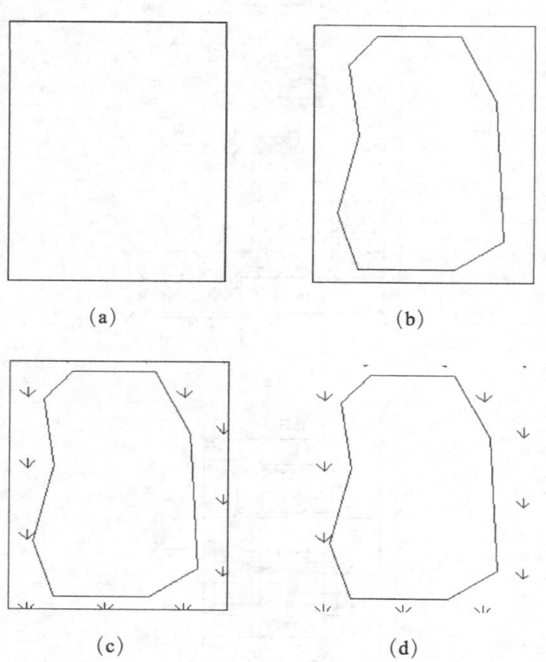

图5-35 石板路石绘制流程

（8）单击“默认”选项卡“修改”面板中的“旋转”按钮，旋转刚刚绘制好的图形，旋转角度为-15°。

（9）单击“默认”选项卡“块”面板中的“创建”按钮，进入“块定义”对话框，创建为块并输入块的名称。

（10）单击“默认”选项卡“修改”面板中的“复制”按钮和“旋转”按钮，将石板路石分布到图中合适的位置处，结果如图5-36所示。

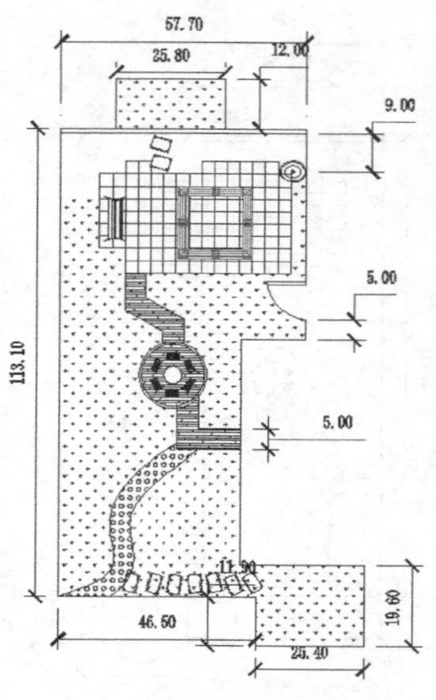

图5-36 石板路石复制

5.4.7 复制花卉

应用“复制”命令将源文件中的花卉分别布置到图中。

STEP 绘制步骤

（1）使用Ctrl+C和Ctrl+V快捷键从“源文件\图库\风景区规划图例.dwg”图形中复制图例。

（2）单击“默认”选项卡“修改”面板中的“复制”按钮，复制图例到指定的位置，完成的图形如图5-37所示。

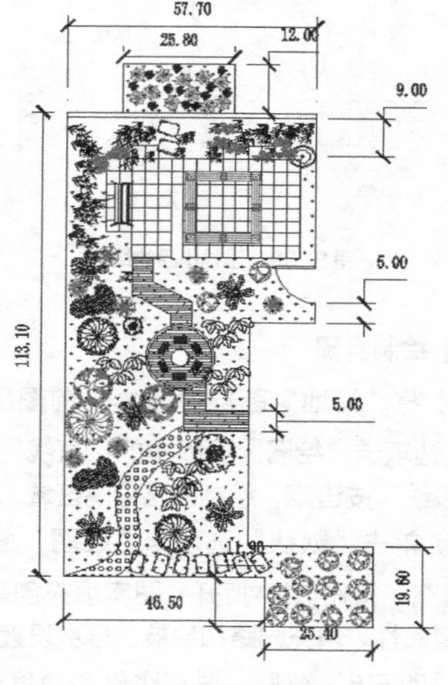

图5-37 花卉的复制

5.4.8 绘制花卉表

本节应用“直线”“矩形阵列”“复制”和“多行文字”命令绘制花卉表，也可以应用“表格”命令直接进行绘制，读者自行体会。

STEP 绘制步骤

（1）单击“默认”选项卡“绘图”面板中的“直线”按钮，绘制一条长110的水平直线。

（2）单击“默认”选项卡“修改”面板中的“矩形阵列”按钮，阵列水平直线，设置行数为15，列数为1，行偏移为6，完成的图形如图5-38（a）所示。

（3）单击“默认”选项卡“绘图”面板中的“直线”按钮，连接水平直线最外端端点。

（4）单击“默认”选项卡“修改”面板中的“复制”按钮，复制垂直直线，如图5-38（b）所示。

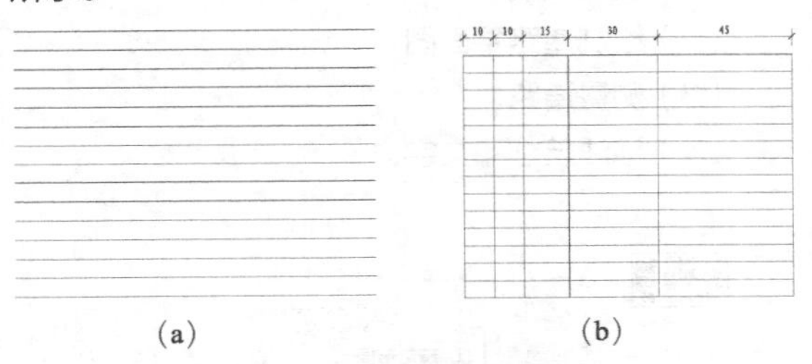

图5-38 花卉表格绘制流程

（5）单击“默认”选项卡“注释”面板中的“多行文字”按钮，标注文字。

（6）单击“默认”选项卡“修改”面板中的“复制”按钮，复制图例到指定的位置，完成的图形如图5-39所示。

序号	图例	名 称	规 格	备 注
1		花石榴	H0.6M，50X50CM	意寓旺家春秋开花观果
2		腊 梅	H0.4-0.6M	冬天开花
3		红 枫	H1.2-1.8M	叶色火红，观叶树种
4		紫 薇	H0.5M，35X35CM	夏秋开花，秋冬枝干秀美
5		桂 花	H0.6-0.8M	秋天开花，花香
6		牡 丹	H0.3M	冬春开花
7		四季竹	H0.4-0.5M	观姿，叶色丰富
8		鸢 尾	H0.2-0.25M	春秋开花
9		海 棠	H0.3-0.45M	春天开花
10		苏 铁	H0.6M，60X60CM	观姿树种
11		葱 兰	H0.1M	烘托作用
12		芭蕉	H0.35M，25X25CM	
13		月 季	H0.35M，25X25CM	春夏秋开花

图5-39 花卉表格文字标注

（7）单击“默认”选项卡“绘图”面板中的“直线”按钮、“多段线”按钮和“多行文字”按钮，标注屋顶花园平面图文字和图名。完成的图形如图5-40所示。

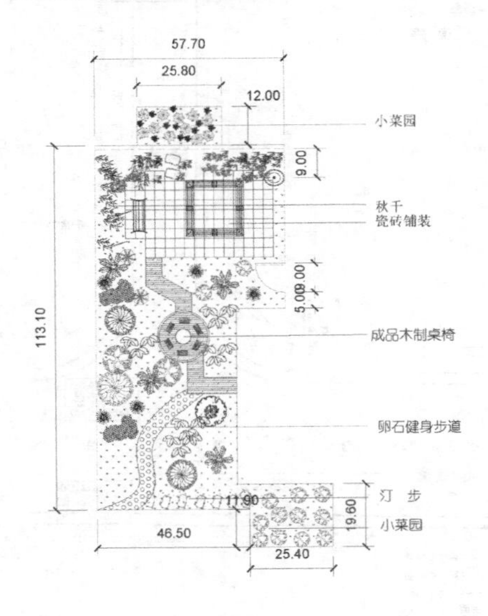

屋顶花园平面图

单位：分米

序号	图例	名 称	规 格	备 注
1		花石榴	H0.6M，50X50CM	意寓旺家春秋开花观果
2		腊 梅	H0.4-0.6M	冬天开花
3		红 枫	H1.2-1.8M	叶色火红，观叶树种
4		紫 薇	H0.5M，35X35CM	夏秋开花，秋冬枝干秀美
5		桂 花	H0.6-0.8M	秋天开花，花香
6		牡 丹	H0.3M	冬春开花
7		四季竹	H0.4-0.5M	观姿，叶色丰富
8		鸢 尾	H0.2-0.25M	春秋开花
9		海 棠	H0.3-0.45M	春天开花
10		苏 铁	H0.6M，60X60CM	观姿树种
11		葱 兰	H0.1M	烘托作用
12		芭蕉	H0.35M，25X25CM	
13		月 季	H0.35M，25X25CM	春夏秋开花

图5-40 屋顶花园

5.5 上机实验

通过前面的学习，相信读者对本章知识已有了大体的了解，本节通过几个操作练习帮助读者进一步掌握本章知识要点。

【实验 1】将图 5-41 所示的枸杞创建为块。

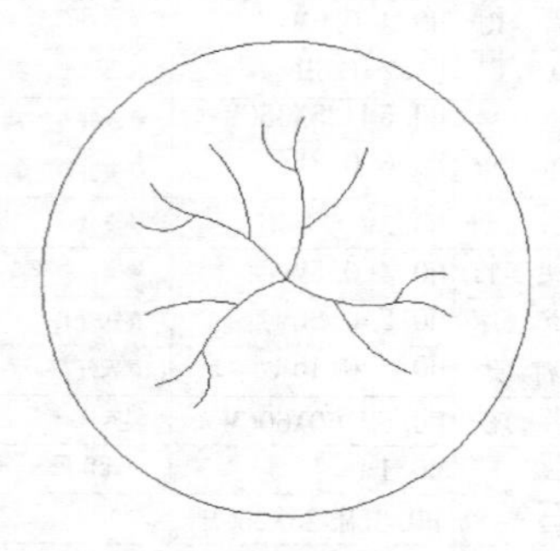

图 5-41 枸杞

1. 目的要求

本例应用“圆”和“圆弧”命令绘制枸杞，然后应用“创建块”命令将其创建为块，希望读者通过本例的学习熟练掌握块的运用。

2. 操作提示

（1）绘制圆。

（2）细化图形。

（3）将枸杞创建为块。

【实验 2】绘制图 5-42 所示的道路平面图。

1. 目的要求

本例应用二维绘图和“修改”命令绘制道路平面图，然后应用距离查询工具测量道路，希望读者通过本例的学习熟练掌握“距离查询”命令的运用。

2. 操作提示

（1）绘制轴线。

（2）绘制道路平面图。

（3）测量道路。

（4）标注尺寸和文字。

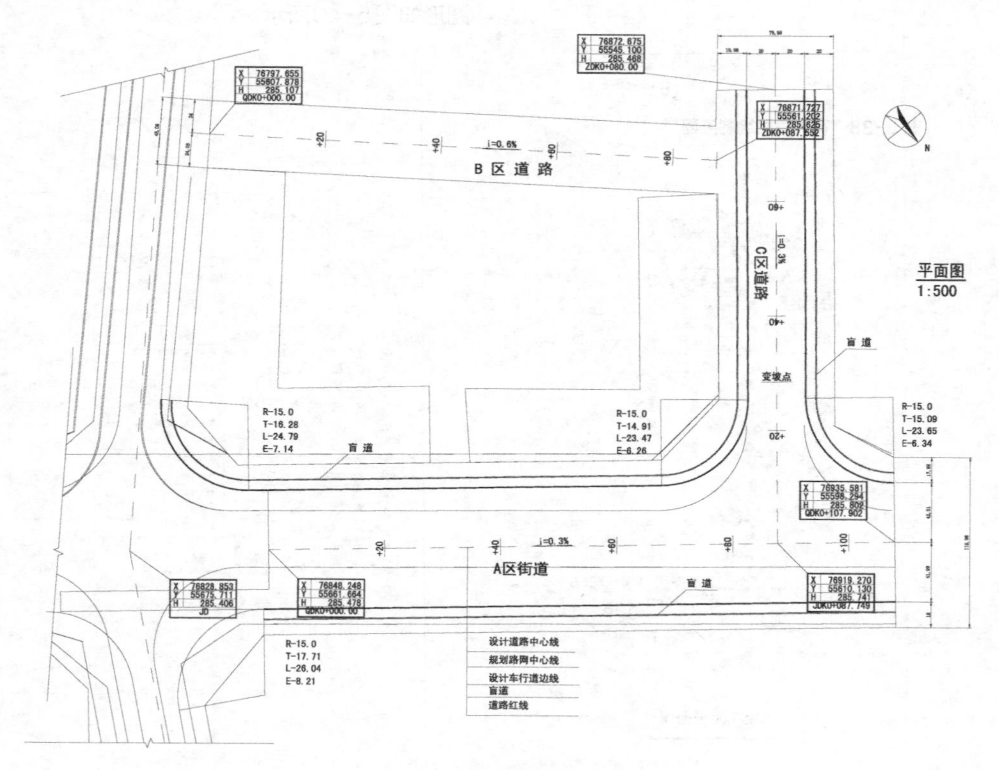

图 5-42 道路平面图

第二篇　园林设计单元篇

本篇主要讲解园林设计单元的设计方法，包括园林建筑、园林小品、园林水景图和绿化设计等。

本篇通过实例加深读者对AutoCAD功能及园林设计单元绘制方法的理解和掌握。

- 第6章　园林设计基本概念
- 第7章　地形
- 第8章　绘制园林建筑图
- 第9章　园林建筑小品
- 第10章　绘制园林水景图
- 第11章　园林绿化设计

第6章

园林设计基本概念

园林是指在一定地域内，运用工程技术和艺术手段，通过因地制宜地改造地形、整治水系、栽种植物、营造建筑和布置园路等方法创建优美的游憩境域。

学习要点和目标任务

- 园林设计的原则
- 园林布局
- 园林设计的程序
- 园林设计图的绘制

6.1 概述

6.1.1 园林设计的意义

园林设计的意义是为人类提供美好的生活环境。纵观古今中外，从《楚辞》中记载的“悬圃”、《山海经》中记载的“归墟”和西方《圣经》中记载的“伊甸园”，到太液池、颐和园、凡尔赛宫，再到现在各国多样的城市公园和绿地，人类历史实现了从理想自然到现实自然的转化。

6.1.2 当前我国园林设计状况

近年来，随着人们生活水平的不断提高，园林行业受到了更多的关注，园林行业的发展也更为迅速，在科技队伍建设和设计水平等方面都取得了巨大的成就。

在科研进展上，建设部早在20世纪80年代初就制定了“园林绿化”科研课题，进行系统研究，并逐步落实；风景名胜和大地景观的科研项目也有所进展。另外，经过多年不懈的努力，园林行业的发展也取得了很大的成绩，建设部在1992年颁布的《城市园林绿化当前产业政策实施办法》中明确了风景园林在社会经济建设中的作用，是国家重点扶持的产业。园林科技队伍建设步伐加快，在各省市都有相关的科研单位和大专院校。

当然，园林设计行业在发展中也存在一些不足，如盲目模仿，一味追求经济效益和迎合领导的意图等情况时有发生。

面对我国园林行业存在的一些现象，我们应该有一些具体的措施：需要制定出一个长久的目标和基本的规划，按照既定的框架和结构，来对相关的技术手段进行提升。其次，还需要重视人才队伍的培养与建设，为相关工作的改进提供更多有专业知识和专业技能的人才，使得每一个部门的每一个细小的工作环节，都有充足的人才资源的储备，这样才能够更好地改进当前人才短缺的情况，为新的发展和进步提供更多力量和保障。

6.1.3 我国园林发展方向

1. 生态园林的建设

随着环境的恶化和人们环境保护意识的提高，以生态学原理与实践为依据建设生态园林将是园林行业发展的趋势，其理念是“创造多样性的自然生态环境，追求人与自然共生的乐趣，提高人们的自然志向，使人们在观察自然、学习自然的过程中，认识到对生态环境保护的重要性”。

2. 园林城市的建设

现在城市园林化已逐步提高到人类生存的角度，园林城市的建设已成为我国城市发展的阶段性目标。

6.2 园林设计的原则

园林设计的最终目的是要创造出景色如画、环境舒适、健康文明的游憩境域。一方面要满足人们精神文明的需要；另一方面要满足人们能够享受高质量的休息与娱乐的物质文明需要。在园林设计中，我们必须要遵循“适用、经济、美观”的原则。

适用包含两层意思，一层意思是指正确选址，因地制宜，巧于因借；另一层意思是园林的功能要适合于服务对象。在考虑“适用”的前提下，要考虑经济问题，尽量在投资少的情况下建设出质量高的园林。最后在“适用”和“经济”的前提下，尽可能做到“美观”，满足园林布局、造景的艺术要求。

在园林设计过程中，“适用、经济、美观”三者之间不是孤立的，而是紧密联系、不可分割的整体。

具体而言，园林设计应遵循以下基本原则。

1. 主景与配景设计原则

无论进行何种艺术创作，均应首先确定主题、副题，重点、一般，主角、配角，主景、配景等关系。园林设计也不例外，应首先在确定主题思想前提下，考虑主要的艺术形象，也就是考虑园林主景。主要景物能通过次要景物的配景、陪衬、烘托得到加强。

为了表现主题，在园林和建筑艺术中通常采用下列手法突出主景。

（1）中轴对称。在布局中，首先确定某方向一轴线，轴线上方通常安排主要景物，在主景前方两侧，常常配置一对或若干对的次要景物，以陪衬主景，如凡尔赛宫殿。

（2）主景升高。主景升高犹如鹤立鸡群，这是普通、常用的艺术手段。主景升高往往与中轴对称方法共用，如华盛顿纪念性园林、人民英雄纪念碑等。

（3）环拱水平视觉四合空间的交汇点。园林中，环拱四合空间主要出现在宽阔的水平面景观或群山环抱的盆地类型园林空间，如杭州西湖中的三潭印月等。自然式园林中，四周由土山和树林环抱的林中草地，也是环拱的四合空间。四周配高杆林带，在视觉交汇点上布置主景，即可起到主景突出作用。

（4）构图重心位能。三角形、圆形等图案的重心为几何构图中心，往往是处理主景突出的最佳位置，能起到较好的位能效应。自然山水园的视觉重心忌居正中。

（5）渐变法。渐变法即园林景物采用渐变的方法布局，从低到高，逐步升级，由次要景物到主景，级级引入。

2. 对比与调和

对比与调和是布局中运用统一与变化的基本规律，创作景物形象的具体表现。对比是采用骤变的景象，以给人生动鲜明的印象，从而增强作品的艺术感染力。调和指事物和现象的各方面相互之间的联系和配合达到完美的境界，也就是多样化中的统一。

园林设计中，对比手法主要包括空间对比、虚实对比、疏密对比、大小对比、方向对比、色彩对比、布局对比、质感对比等。

3. 节奏与韵律

在园林布局中，有一种手法是使同样的景物重复出现，这就是节奏与韵律在园林设计中的应用。韵律可分为连续韵律、渐变韵律、交错韵律、起伏韵律等。

4. 均衡与稳定

在园林布局中，均衡可以分为对称均衡、不对称均衡和质感均衡。一般在主轴线两边以相等距离、体量、形态组成的均衡称为对称均衡；不对称均衡是主轴不在中线上，两边景物的形体、大小、与主轴的距离都不相等，但两边景物又处于动态的均衡之中；质感均衡是指体型差异较大但是从质量上感觉处于平衡之中。

5. 尺度与比例

任何物体，不论任何形状，必有3个方向，即长、宽、高的度量。比例就是研究三者之间的关系。任何园林景观都要研究双重的3个关系，一是景物本身的三维空间，二是整体与局部。园林中的尺度，指园林空间中各个组成部分与具有一定自然尺度的物体的比较。功能、审美和环境特点决定园林设计的尺度。尺度可分为可变尺度和不可变尺度两种。不可变尺度是按一般人体的常规尺寸确定的尺度。可变尺度如建筑形体、雕像的大小、桥景的幅度等都要依具体情况而定。园林中常应用的是夸张尺度，夸张尺度往往是将景物放大或缩小，以达到造园，造景效果的需要。

6.3 园林布局

园林的布局，就是在选定园址（相地）的基础上，根据园林的性质、规模、地形条件等因素进行全园的总布局，通常称之为总体设计。总体设计是对一个园林艺术的构思过程，也是园林的内容与形式统一的创作过程。

6.3.1 立意

立意是指园林设计的总意图，即设计思想。要做到“神仪在心，意在笔先”“情因景生，景为情造”。在园林创作过程中，选择园址、依据现状确定园林主题思想、创造园景这几个方面是不可分割的有机整体。

6.3.2 布局

园林布局是指在园林选址、构思的基础上，设计者在孕育园林作品的过程中所进行的思维活动。主要包括选取、提炼题材；酝酿并确定主景、配景；功能分区；景点、游赏线分布；探索可用的园林形式。

园林的形式需要根据园林的性质、当地的文化传统、意识形态等来决定。构成园林的五大要素分别为地形、植物、建筑、广场与道路，以及园林小品。这在以后的相关章节会详细讲述。园林的布局形式可以分为3类：规则式园林、自然式园林和混合式园林。

1. 规则式园林

又称整形式、建筑式、图案式或几何式园林。西方园林，在18世纪英国风景式园林产生以前，基本上以规则式园林为主，其中以文艺复兴时期意大利台地建筑式园林和17世纪法国勒诺特平面图案式园林为代表。这一类园林以建筑和建筑式空间布局作为园林风景表现的主要题材。规则式园林的特点如下。

（1）中轴线。全园在平面规划上有明显的中轴线，基本上依中轴线进行对称式布置，园地的划分大都呈几何形体。

（2）地形。在平原地区，由不同标高的水平面及缓倾斜的平面组成；在山地及丘陵地，由阶梯式的大小不同的水平台地、倾斜平面及石级组成。

（3）水体设计。外形轮廓均为几何形；多采用整齐式驳岸，园林水景的类型以整形水池、壁泉、整形瀑布及运河等为主，其中常以喷泉作为水景的主题。

（4）建筑布局。不仅个体建筑采用中轴对称均衡的设计，建筑群和大规模建筑组群的布局也采取中轴对称均衡的手法，以主要建筑群和次要建筑群形式的主轴和副轴控制全园。

（5）道路广场。园林中的空旷地和广场外形轮廓均为几何形。封闭性的草坪、广场空间，以对称建筑群或规则式林带、树墙包围。道路均为直线、折线或几何曲线形式，构成方格形或环状放射形，中轴对称或不对称的几何布局。

（6）种植设计。园内花卉布置用以图案为主题的模纹花坛和花境为主，有时布置成大规模的花坛群，树木配置以行列式和对称式为主，并运用大量的绿篱、绿墙以区划和组织空间。树木整形修剪以模拟建筑体形和动物形态为主，如绿柱、绿塔、绿门、绿亭和用常绿树修剪而成的鸟兽等。

（7）园林小品。常采用盆树、盆花、瓶饰、雕像为主要景物。雕像的基座为规则式，雕像多配置于轴线的起点、终点或交点上。

2. 自然式园林

又称为风景式、不规则式、山水派园林等。我国园林从周秦时代开始，无论大型的帝皇苑囿还是小型的私家园林，多以自然式山水园林为主，古典园林中以北京颐和园、三海园林，承德避暑山庄，苏州拙政园、留园为代表。这种布局形式从唐代开始影响日本的园林，18世纪后半期传入英国，从而引起了欧洲园林对古典形式主义的革新运动。自然式园林的特点如下。

（1）地形。平原地带，为自然起伏的和缓地形与人工堆置的若干自然起伏的土丘相结合，其断面为和缓的曲线。在山地和丘陵地，则利用自然地形地貌，除建筑和广场基地以外不做人工阶梯形的地形改造，仅将原有破碎割切的地形地貌加以人工整理，使其自然。

（2）水体。其轮廓为自然的曲线，岸为各种自然曲线的倾斜坡度，如有驳岸也是自然山石驳岸，园林水景的类型以溪涧、河流、自然式瀑布、池沼、湖泊等为主。常以瀑布为水景主题。

（3）建筑。园林内个体建筑为对称或不对称均衡的布局，其建筑群和大规模建筑组群多采取不对称均衡的布局。全园不以轴线控制，而以主要导游线构成的连续构图控制。

（4）道路广场。园林中的空旷地和广场的轮廓为自然形的封闭性的空旷草地和广场，以不对称的建筑群、土山、自然式的树丛和林带包围。道路平面和剖面由自然起伏曲折的平面线和竖曲线组成。

（5）种植设计。园林内种植不成行列式，以反映自然界植物群落自然之美，花卉布置以花丛、花群为主，不用模纹花坛。树木配置以孤立树、树丛、树林为主，不用规则修剪的绿篱，以自然的树丛、树群、树带来区划和组织园林空间。树木整形不作建筑、鸟兽等体形模拟，而以模拟自然界苍老的大树为主。

（6）园林其他景物。除建筑、自然山水、植物群落为主景以外其余尚采用山石、假石、桩景、盆景、雕刻为主要景物，其中雕像的基座为自然式，雕像位置多配置于透视线集中的焦点。

自然式园林在中国的历史悠长，绝大多数古典园林都是自然式园林。游人如置身于大自然之中，足不出户而游遍名山名水。

3. 混合式园林

所谓混合式园林，主要是指规则式、自然式交错组合，全园没有或形不成控制全园的轴线，只有局部景区、建筑以中轴对称布局，或全园没有明显的自然山水骨架，形不成自然格局。

在园林规则中，原有地形平坦的可规划成规则式；原有地形起伏不平，丘陵、水面多的可规划成自然式。大面积园林，以自然式为宜，小面积以规则式较经济。四周环境为规则式宜规划成规则式，四周环境为自然式则宜规划成自然式。

相应地，园林的设计方法也有3种：轴线法、山水法、综合法。

6.3.3 园林布局基本原则

1. 功能明确，组景有方

园林布局是园林综合艺术的最终体现，所以园林必须要有合理的功能分区。以颐和园为例，有宫廷区、生活区、苑林区3个分区，苑林区又可分为前湖区、后湖区。现代园林的功能分区更为明确，如花港观鱼公园共有6个景区。

在合理的功能分区基础上，组织游赏路线，创造构图空间，安排景区、景点，创造意境、情景，是园林布局的核心内容。游赏路线就是园路，园路的职能之一便是组织交通、引导游览路线。

2. 因地制宜，景以境出

因地制宜的原则是造园最重要的原则之一，我们应在园址现状基础上进行布景设点，最大限度地发挥现有地形地貌的特点，以达到“虽由人作，宛如天开”的境界。要注意根据不同的基地条件进行布局安排，高方欲就亭台，低凹可开池沼，稍高的地形堆土使其成假山，而在低洼地上再挖深使其变成池湖。颐和园即在原来的“翁山”和“翁山泊”上建成，圆明园则在“丹棱沜”上设计建造，避暑山庄则是在原来的山水基础上建造出来的风景式自然山水园。

3. 掇山理水，理及精微

人们常用“挖湖堆山”来概括中国园林创作的特征。

理水，首先要沟通水系，即“疏水之去由，察源之来历”，忌水出无源或死水一潭。

掇山，挖湖后的土方即可用来堆山。在堆山的过程中可根据工程的技术要求，设计成土山、石山、土石混合山等不同类型。

4. 建筑经营，时景为精

园林建筑既有使用价值，又能与环境组成景致，供人们游览和休憩。其设计方法概括起来主要有6个方面：立意、选址、布局、借景、尺度与比例、色彩与质感。中国园林的布局手法有以下几点。

（1）山水为主，建筑配合。建筑有机地与周围结合，创造出别具特色的建筑形象。在五大要素中，地形是骨架，建筑是眉目。

（2）统一中求变化，对称中有异象。对于建筑的布局来讲，就是除了主从关系外，还要在统一中求变化，在对称中求灵活。如佛香阁东西两侧的湖山碑和铜亭，位置对称，但碑体和铜亭的高度、造型、性质、功能等却绝然不同，然而正是这样绝然不同的景物却在园中得到了完美的统一。

（3）对景顾盼，借景有方。在园林中，观景点和在具有透景线的条件下所面对的景物之间形成对景。一般透景线穿过水面、草坪，或仰视、俯视空间，两景物之间互为对景。如拙政园内的远香堂对雪香云蔚亭，留园的涵碧山房对可亭，退思园的退思草堂对闹红一轲等。借景始见于《园治》一书，可见借景的重要性，它是丰富园景的重要手法之一。如从颐和园借景园外的玉泉塔，拙政园从绣绮亭和梧竹幽居一带西望北寺塔。

5. 道路系统，顺势通畅

园林中，道路系统的设计是十分重要的，道路的设计形式决定了园林的形式，表现了不同的园林内涵。道路既是园林划分不同区域的界线，又是连接园林各不同区域活动内容的纽带。园林设计过程中，除考虑上述内容外，还要使道路与山体、水系、建筑、花木之间构成有机的整体。

6. 植物造景，四时烂漫

植物造景是园林建设的现代手法，设计者通过运用乔灌木、藤本和草木来创造园林景观，利用植物本身的形体和柔软线条来达到装饰景观的效果，并通过对花草树木配置设计造就相应景观，借以表达自己的思想感情。园林植物按季节分为多种，例如春天的迎春、碧桃等，夏天的紫薇、木槿等，秋天的红枫、银杏等，冬天的油松、龙柏等。园林植物总的配置一般采用三季有花、四季有绿，即所谓“春意早临花争艳，夏有浓荫好乘凉，秋色多变看叶果，冬季苍翠不萧条”的设计原则。

6.4 园林设计的程序

园林设计主要包括以下几个步骤。

6.4.1 园林设计的前提工作

（1）掌握自然条件、环境状况及历史沿革。

（2）图纸资料的准备，如地形图、局部放大图、现状图、地下管线图等。

（3）现场勘查。

（4）编制总体设计任务文件。

6.4.2 总体设计方案阶段

（1）主要设计图纸内容。位置图、现状图、分区图、总体设计方案图、地形图、道路总体设计图、种植设计图、管线总体设计图、电气规划图和园林建筑布局图。

（2）鸟瞰图。直接表达园林设计的意图，通过钢笔画、水彩、水粉等均可。

（3）总体设计说明书。总体设计方案除了图纸外，还要有一份文字说明，全面地介绍设计者的构思、设计要点等内容。

6.5 园林设计图的绘制

6.5.1 园林设计总平面图

1. 园林设计总平面图的内容

园林设计总平面图是设计范围内所有造园要素的水平投影图，它能表明在设计范围内的所有内容。园林设计总平面图是园林设计的最基本图纸，能够反映园林设计的总体思想和设计意图，是绘制其他设计图纸及施工、管理的主要依据，主要包括以下内容。

（1）规划用地区域现状及规划的范围。

（2）对原有地形地貌等自然状况的改造和新的规划设计意图。

（3）竖向设计情况。

（4）景区景点的设置、景区出入口的位置，各种造园素材的种类和位置。

（5）比例尺、指北针、风玫瑰。

2. 园林设计总平面图的绘制

首先要选择合适的比例，常用的比例有1：200、1：500、1：1000等。

绘制图中设计的各种造园要素的水平投影。其中地形用等高线表示，并在等高线的断开处标注设计的高程。设计地形的等高线用实线绘制，原地形的等高线用虚线绘制；道路和广场的轮廓线用中实线绘制；建筑用粗实线绘制其外轮廓线，园林植物用图例表示；水体驳岸用粗线绘制，并用细实线绘制水底的坡度等高线；山石用粗线绘制其外轮廓。

标注定位尺寸和坐标网进行定位。尺寸标注是指以图中某一原有景物为参照物，标注新设计的主要景物和该参照物之间的相对距离；坐标网是以直角坐标的形式进行定位，有建筑坐标网和测量坐标网两种形式，园林上常用建筑坐标网，即以某一点为“零点”并以水平方向为B轴，垂直方向为A轴，按一定距离绘制出方格网。坐标网用细实线绘制。

编制图例图，图中应用的图例，都应在图上编制图例表说明其含义。

绘制指北针、风玫瑰；注写图名、标题栏、比例尺等。

编写设计说明。设计说明是用文字的形式进一步表达设计思想，或作为图纸内容的补充。

6.5.2 园林建筑初步设计图

1. 园林建筑初步设计图的内容

园林建筑是指在园林中与园林造景有直接关系的建筑，园林建筑初步设计图需绘制出平、立、剖面图，并标注出主要控制尺寸，图纸要能反映建筑的形状、大小、周围环境等内容，一般包括建筑总平面图、建筑平面图、建筑立面图、建筑剖面图等图纸。

2. 园林建筑初步设计图的绘制

（1）建筑总平面图。要反映新建建筑的形状、所在位置、朝向及室外道路、地形、绿化等情况，以及该建筑与周围环境的关系和相对位置。绘制时首先要选择合适的比例，其次要绘制图例。建筑总平面图是用建筑总平面图例表达其内容的，其中的新建建筑、保留建筑、拆除建筑等都有对应的图例。接着要标注标高，即新建建筑首层平面的绝对标高、室外地面和周围道路的绝对标高，以及地形等高线的高程数字。最后要绘制比例尺、指北针、风玫瑰、图名、标题栏等。

（2）建筑平面图。用来表示建筑的平面形状、大小、内部的分隔和使用功能，以及墙、柱、门窗、楼梯等的位置。绘制时首先要确定比例，然后绘制定位轴线，接着绘制墙、柱的轮廓线、门窗细部，然后进行尺寸标注、注写标高，最后绘制指北针、剖切符号、图名、比例等。

（3）建筑立面图。主要用于表示建筑的外部造型和各部分的形状及相互关系等，如门窗的位置和形状，阳台、雨篷、台阶、花坛、栏杆等的位置和形状。绘制顺序依次为选择比例、绘制外轮廓线、绘制主要部位的轮廓线、绘制细部投影线、尺寸和标高标注、绘制配景、注写比例和图名等。

（4）建筑剖视图。表示房屋的内部结构及各部位标高，剖切位置应选择在建筑的主要部位或构造较特殊的部位。绘制顺序依次为选择比例、绘制主要控制线、绘制主要结构的轮廓线、绘制细部结构、尺寸和标高标注、注写比例和图名等。

6.5.3 园林施工图绘制的具体要求

园林制图是表达园林设计意图最直接的方法，是每个园林设计师必须掌握的技能。园林AutoCAD制图是风景园林景观设计的基本语言，在园林图纸中，对制图的基本内容都有规定。这些内容包括图纸幅面、标题栏及会签栏、线宽及线型、汉字、字符、数字、符号和标注等。具体可以参考第1章的相关内容。

一套完整的园林施工图一般包括封皮、目录、设计说明、总平面图、施工放线图、竖向设计施工图、植物配置图、照明电气图、喷灌施工图、给排水施工图、园林小品施工详图、铺装剖切断面等。

1. 文字部分

文字部分应包括封皮、目录、总说明、材料表等。

（1）封皮的内容包括工程名称、建设单位、施工单位、时间、工程项目编号等。

（2）目录的内容包括图纸的名称、图别、图号、图幅、基本内容、张数等。图纸编号以专业为单位，各专业各自编排图号。对于大、中型项目，应按照以下专业进行图纸编号：园林、建筑、结构、给排水、电气、材料附图等。对于小型项目，可以按照以下专业进行图纸编号：园林、建筑及结构、给排水、电气等。每一专业图纸应该对图号加以统一标示，以方便查找，如建筑结构施工可以缩写为“建施（JS）”，给排水施工可以缩写为“水施（SS）”，种植施工图可以缩写为“绿施（LS）”。

（3）设计说明主要针对整个工程需要说明的问题。如设计依据、施工工艺、材料数量、规格及其他要求。其具体内容主要包括以下方面。

① 设计依据及设计要求：应注明采用的标准图集及依据的法律规范。

② 设计范围。

③ 标高及标注单位：应说明图纸文件中采用

的标注单位，采用的是相对坐标还是绝对坐标，如为相对坐标，需说明采用的依据以及与绝对坐标的关系。

④ 材料选择及要求：对各部分材料的材质要求及建议；一般应说明的材料包括饰面材料、木材、钢材、防水疏水材料、种植土及铺装材料等。

⑤ 施工要求：强调需注意工种配合及对气候有要求的施工部分。

⑥ 经济技术指标：施工区域总的占地面积，绿地、水体、道路、铺地等的面积及占地百分比，以及绿化率及工程总造价等。

除了总的说明之外，在各个专业图纸之前还应该配备专门的说明，有时施工图纸中还应该配有适当的文字说明。

2. 施工放线

施工放线应该包括施工总平面图、各分区施工放线图、局部放线详图等。

（1）施工总平面图。

① 施工总平面图的主要内容

- 指北针（或风玫瑰图），绘图比例（比例尺），文字说明，景点、建筑物或者构筑物的名称标注，图例表。
- 道路和铺装的位置、尺度、主要点的坐标、标高以及定位尺寸。
- 小品的主要控制点坐标及小品的定位、定形尺寸。
- 地形、水体的主要控制点坐标、标高及控制尺寸。
- 植物种植区域轮廓。
- 对无法用标注尺寸准确定位的自由曲线园路、广场、水体等，应给出该部分局部放线详图，用放线网表示，并标注控制点坐标。

② 施工总平面图绘制的要求

- 布局与比例：图纸应按上北下南方向绘制，根据场地形状或布局，可向左或向右偏转，但不宜超过45°。施工总平面图一般采用1：500、1：1000、1：2000的比例进行绘制。
- 图例：《总图制图标准》（GB/T 50103—2010）中列出了建筑物、构筑物、道路、铁路以及植物等的图例，具体内容如相应的制图标准。如果由于某些原因必须另行设定图例时，应该在总图上绘制专门的图例表进行说明。
- 图线：在绘制总图时应该根据具体内容采用不同的图线，具体内容参照《总图制图标准》（GB/T 50103—2010）。
- 单位：施工总平面图中的坐标、标高、距离宜以米为单位，并应至少取至小数点后两位，不足时以0补齐。详图宜以毫米为单位，如不以毫米为单位，应另加说明。

建筑物、构筑物、铁路、道路方位角（或方向角）和铁路、道路转向角的度数，宜注写到秒，特殊情况应另加说明。

道路纵坡度、场地平整坡度、排水沟沟底纵坡度宜以百分计，并应取至小数点后一位，不足时以0补齐。

- 坐标网格：坐标分为测量坐标和施工坐标。测量坐标为绝对坐标，测量坐标网应画成交叉十字线，坐标代号宜用“*X*、*Y*”表示。施工坐标为相对坐标，相对零点宜选用已有建筑物的交叉点或道路的交叉点，为区别于绝对坐标，施工坐标用大写英文字母*A*、*B*表示。
- 施工坐标网格应以细实线绘制，一般画成100m×100m或者50m×50m的方格网，当然也可以根据需要调整，对于面积较小的场地可以采用5m×5m或者10m×10m的施工坐标网。
- 坐标标注：坐标宜直接标注在图上，如图面无足够位置，也可列表标注，如坐标数字的位数太多，可将前面相同的位数省略，其省略位数应在附注中加以说明。

建筑物、构筑物、铁路、道路等应标注下列部位的坐标：建筑物、构筑物的定位轴线（或外墙线）或其交点；圆形建筑物、构筑物的中心；挡土墙墙顶外边缘线或转折点。表示建筑物、构筑物位置的坐标，宜注其3个角的坐标，如果建筑物、构筑物与坐标轴线平行，可注对角坐标。

平面图上有测量和施工两种坐标系统时，应在附注中注明两种坐标系统的换算公式。

- 标高标注：施工图中标注的标高应为绝对标高，如标注相对标高，则应注明相对标高与绝对标高的关系。

建筑物、构筑物、铁路、道路等应按以下规定标注标高：建筑物室内地坪，标注图中±0.00处的标高，对不同高度的地坪，分别标注其标高；建筑物室外散水，标注建筑物四周转角或两对角的散水坡脚处的标高；构筑物标注其有代表性的标高，并用文字注明标高所指的位置；道路标注路面中心交点及变坡点的标高；挡土墙标注墙顶和墙脚标高，路堤、边坡标注坡顶和坡脚标高，排水沟标注沟顶和沟底标高；场地平整标注其控制位置标高；铺砌场地标注其铺砌面标高。

③ 施工总平面图绘制步骤

- 绘制设计平面图：根据需要确定坐标原点及坐标网格的精度，绘制测量和施工坐标网。
- 标注尺寸、标高：绘制图框、比例尺、指北针，填写标题、标题栏、会签栏，编写说明及图例表。

（2）施工放线图。施工放线图内容主要包括道路、广场铺装、园林建筑小品、放线网格（间距1m或5m或10m不等）、坐标原点、坐标轴、主要点的相对坐标、标高（等高线、铺装等），如图6-1所示。

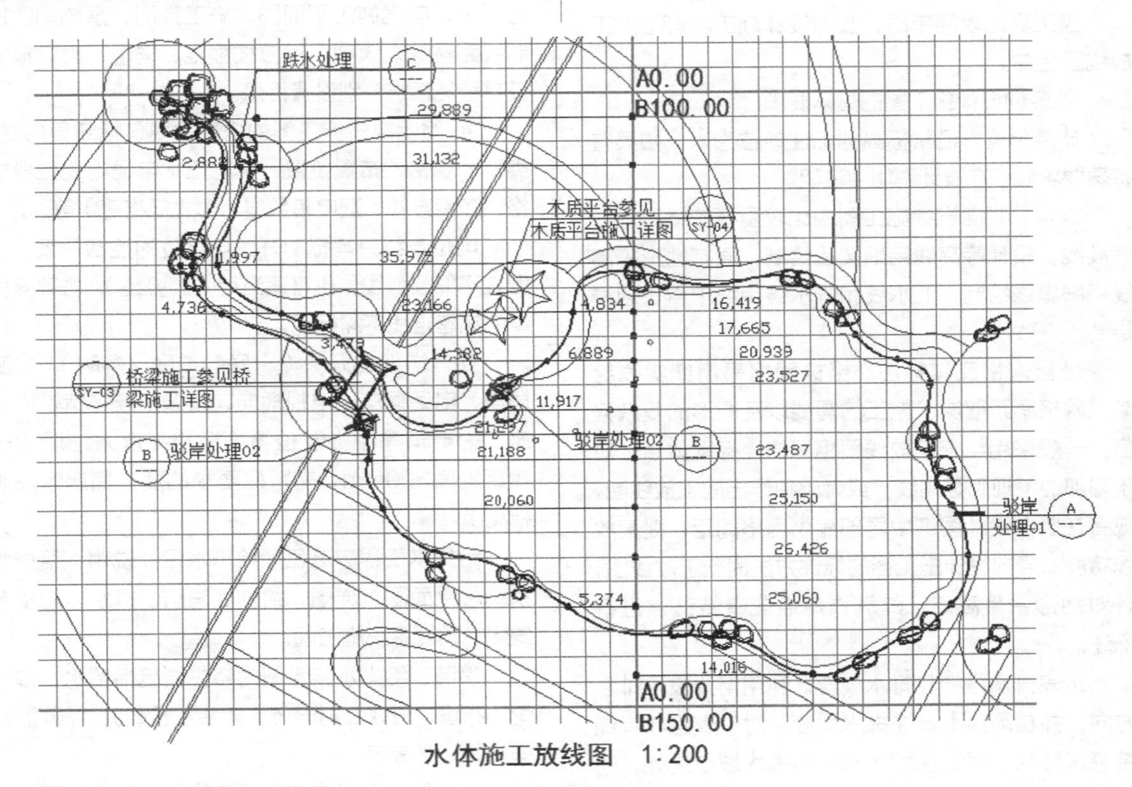

图 6-1 水体施工放线图

3. 土方工程

土方工程应该包括竖向设计施工图和土方调配图。

（1）竖向设计施工图。竖向设计是指在一块场地中进行垂直于水平方向的布置和处理，也就是地形高程设计。

① 竖向设计施工图的内容。

指北针、图例、比例、文字说明和图名。文字说明中应该包括标注单位、绘图比例、高程系统的名称、补充图例等。

现状与原地形标高、地形等高线、设计等高线的等高距一般取0.25 ~ 0.5m，当地形较为复杂时，需要绘制地形等高线放样网格。

最高点或者某些特殊点的坐标及该点的标高。如道路的起点、变坡点、转折点和终点等的设计标高（道路在路面中、阴沟在沟顶和沟底）、纵坡度、纵坡距、纵坡向、平曲线要素、竖曲线半径、关键点坐标；建筑物、构筑物室内外设计标高；挡土墙、护坡或土坡等构筑物的坡顶和坡脚的设计标高；水体驳岸、岸顶、岸底标高，池底标高，水面最低、最高及常水位。

地形的汇水线和分水线，或用坡向箭头标明设计地面坡向，指明地表排水的方向、排水的坡度等。

重点地区、坡度变化复杂的地段的地形断面图，并标注标高、比例尺等。

当工程比较简单时，竖向设计施工图可与施工放线图合并。

② 竖向设计施工图的具体要求。

计量单位。通常标高的标注单位为米，如果有特殊要求应该在设计说明中注明。

线型。竖向设计施工图中比较重要的就是地形等高线，设计等高线用细实线绘制，原有地形等高线用细虚线绘制，汇水线和分水线用细单点长划线绘制。

坐标网格及其标注。坐标网格采用细实线绘制，网格间距取决于施工的需要以及图形的复杂程度，一般采用与施工放线图相同的坐标网体系。对于局部的不规则等高线，或者单独作出施工放线图，或者在竖向设计图纸中局部缩小网格间距，提高放线精度。竖向设计施工图的标注方法同施工放线图，针对地形中最高点、建筑物角点或者特殊点进行标注。

地表排水方向和排水坡度。利用箭头表示排水方向，并在箭头上标注排水坡度，对于道路或者铺装等区域除了要标注排水方向和排水坡度之外，还要标注坡长，一般排水坡度标注在坡度线的上方，坡长标注在坡度线的下方。

其他方面的绘制要求与施工总平面图相同。

（2）土方调配图。在土方调配图上要注明挖填调配区、调配方向、土方数量和每对挖填之间的平均运距。图中的土方调配，仅考虑场内挖方、填方平衡，如图6-2所示（A为挖方，B为填方）。

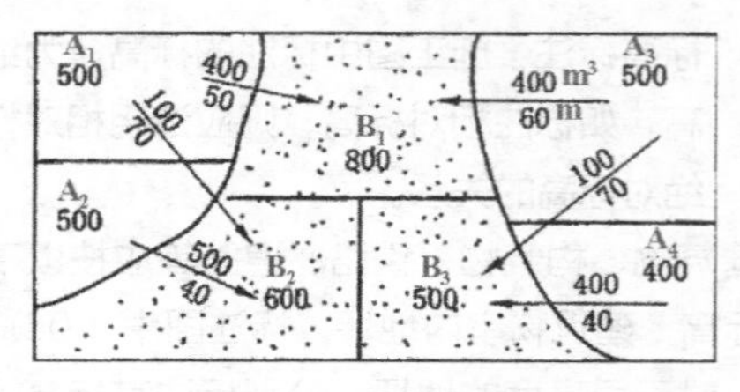

图 6-2 土方调配图

① 建筑工程应该包括建筑设计说明，建筑构造做法一览表，建筑平面图、立面图、剖面图，建筑施工详图等。

② 结构工程应该包括结构设计说明，基础图、基础详图，梁、柱详图，结构构件详图等。

③ 电气工程应该包括电气设计说明，主要设备材料表，电气施工平面图、施工详图、系统图、控制线路图等。大型工程应按强电、弱电、火灾报警及其智能系统分别设置目录。

④ 照明电气施工图的内容主要包括灯具形式、类型、规格、布置位置、配电图（电缆电线型号规格，连接方式；配电箱数量、形式规格等）等。

电位走线只需标明开关与灯位的控制关系，线型宜用细圆弧线（也可适当用中圆弧线），各种强弱电的插座走线不需标明。

要有详细的开关（一联、二联、多联）、电源插座、电话插座、电视插座、空调插座、宽带网插座、配电箱等图标及位置（插座高度未注明的一律距地面300mm，有特殊要求的要在插座旁注明标高）。

给排水工程应该包括给排水设计说明，给排水系统总平面图、详图，给水、消防、排水、雨水系统图，喷灌系统施工图。

喷灌、给排水施工图内容主要包括给水、排水管的布设、管径、材料等，喷头、检查井、阀门井、排水井、泵房等。

园林绿化工程应该包括植物种植设计说明，植物材料表，种植施工图，局部施工放线图，剖面图等。如果采用乔、灌、草多层组合，分层种植设计较为复杂，应该绘制分层种植施工图。

植物配置图的主要内容包括植物种类、规格、配置形式以及其他特殊要求，其主要目的是为苗木购买、苗木栽植提供准确的工程量，如图6-3所示。

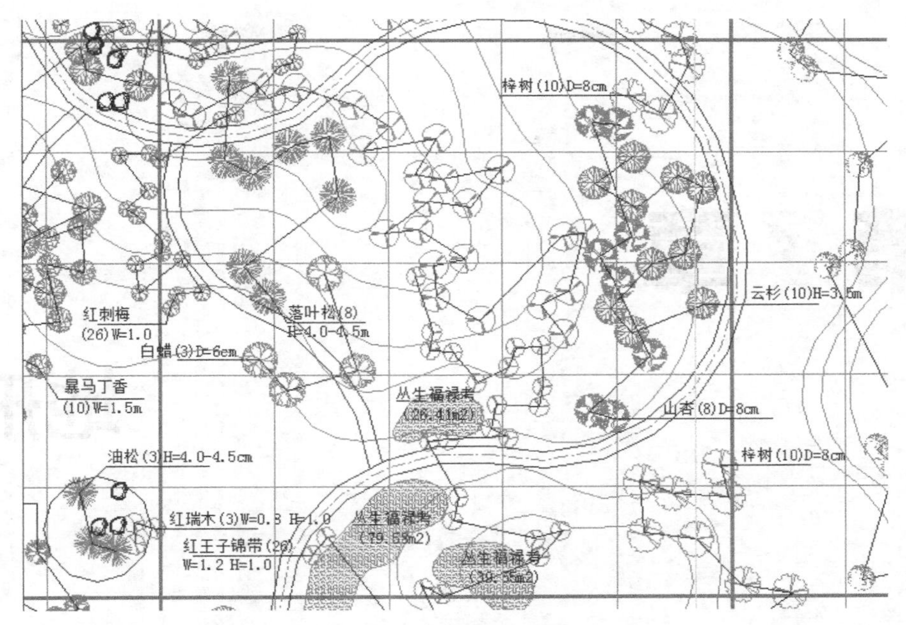

图 6-3 植物配置图

4. 现状植物的表示

（1）行列式栽植。对于行列式的种植形式（如行道树、树阵等）可用尺寸标注出株行距，始末树种植点与参照物的距离。

（2）自然式栽植。对于自然式的种植形式（如孤植树），可用坐标标注种植点的位置或采用三角形标注法进行标注。孤植树往往对植物的造型、规格的要求较严格，应在施工图中表达清楚，除利用立面图、剖面图表示以外，可与苗木表相结合，用文字来加以标注。

5. 图例及尺寸标注

（1）片植、丛植。施工图应绘出清晰的种植范围边界线，标明植物名称、规格、密度等。对于边缘线呈规则的几何形状的片状种植，可用尺寸标注方法标注，为施工放线提供依据，而对边缘线呈不规则的自由线的片状种植，应绘坐标网格，并结合文字标注。

（2）草皮种植。草皮用打点的方法表示，标注时应标明其草坪名、规格及种植面积。

（3）常见图例。园林设计中，经常使用标准化的图例来表示特定的建筑景点或常见的园林植物，如图6-4所示。

图例一览表

图例	名称	图例	名称
	溶洞		垂丝海棠
	温泉		紫薇
	瀑布跌水		含笑
	山峰		龙爪槐
	森林		茶梅+茶花
	古树名木		桂花
	墓园		红枫
	文化遗址		四季竹
	民风民俗		白（紫）玉兰
	桥		广玉兰
	景点		香樟
	规划建筑物		原有建筑物

图例	名称	图例	名称
	龙柏		水杉
	银杏		金叶女贞
	鹅掌秋		鸡爪槭
	珊瑚树		芭蕉
	雪松		杜英
	小花月季球		杜鹃
	小花月季		花石榴
	杜鹃		腊梅
	红花继木		牡丹
	龟甲冬青		鸢尾
	长绿草		苏铁
	剑麻		葱兰

图 6-4 常见图例

第7章

地形

地形是构成园林的骨架，地形设计是园林设计平面图绘制中最基本的一步，涉及园林空间的围合和竖向设计的丰富性。地形主要包括平地、土丘、丘陵、山峦、山峰、凹地、谷地、坞、河流、湖泊、瀑布等，它们的相对位置、高低、大小、比例、尺度、外观形态、坡度的控制和高程关系等都要通过地形设计来解决。地形要素的利用与改造，将影响到园林的形式、建筑的布局、植物配置、景观效果、给排水工程、小气候等诸多因素。在制图中，要将其单独作为一个图层，便于修改、管理，并统一设置图线的颜色、线型、线宽等参数，使得图纸规范、统一、美观。

学习要点和目标任务

- 地形图的处理及应用
- 地形的绘制

7.1 概述

地形是构成园林的骨架，包括陆地和水体两部分。人们经常用“挖湖堆山”来概括中国园林创作的特征。

挖湖即理水，理水首先要沟通水系，忌水出无源或死水一潭。水体设计讲究“知白守黑”，虚实相间，景致万变，可以利用岛、桥、堤来巧妙地增加层次，组织空间。水岸和溪流的设计要达到曲折有致。最后，要注意山水之间的整体关系，山的走势、水的脉络相互穿插、渗透、融汇。

挖湖后的土方即可用来堆山。在堆山的过程中可根据工程的技术要求，设计成土山、石山、土石混合山等不同类型。设计时注意主山、次山要分明，和谐搭配；山形追求“左急右缓”，避免呆板、对称；在较大规模的园林中，要考虑达到山体的“三远效果”；山体设计要变化多端，四面而异，游览时步移景变；最后，同样要注意山水之间的整体关系。另外，微地形的利用与处理在园林设计中也越来越受到重视。

7.1.1 陆地

陆地主要包括平地、土丘、丘陵、山峦、山峰、凹地、谷地、坞、坪等。大体可以分为以下几类。

（1）平地。按地面的材料可分为绿地种植地面、硬质铺装地面、土草地面、砂石地面。为了有利排水，坡度一般要保持在0.55%～40%之间。

（2）坡地。即倾斜的地面，按倾斜角度不同可分为缓坡（8%～10%）、中坡（10%～20%）、陡坡（20%～40%）

（3）山地。坡度一般在50%以上，包括自然山地和假山置石等。按功能可以分为观赏山和登临山，山又有主山、次山、客山之分。山可在园中作主景、前景、障景等。按山的主要构成则可分为土山、石山、土石混合山。

（4）土山。可以利用园内挖湖的土方堆置，其上栽植植物。

（5）石山。有天然山石（北方为主）、人工塑石（南方为主）两种。天然山石有南北太湖石、黄石、灵璧石、卵石、石笋等，可以堆置出各种各样的景观。

（6）土石混合山。一般有石包山和山包石两种做法。

7.1.2 水体

水体是地形组成中不可缺少的部分。水是园林的灵魂，被称为“园林的生命”，是园林中的重要组成因素。

（1）按水流的状态可以分成静水和动水两种类型。静水包括湖泊、池塘、潭、沼等形态，给人以明洁、安静、开朗或幽深的感受；动水常见的形态有河流、溪水、喷泉、瀑布等，给人以欢快、活泼的感受。

（2）按水体的形式可分为3类：自然式、规则式和混合式。自然式水体多见于自然式园林区域，水体形状保持或模仿天然形态的河流、湖泊、山涧、泉水、瀑布等；规则式水体多见于规则式园林区域，形状有几何形状的喷泉、水池、瀑布及运河、水渠等。混合式水体多见于自然式园林区域和混合式园林区域相交界的地方，为两种形式交替穿插或协调使用。

（3）按水体的使用功能可分为观赏水体和开展水上运动的水体。观赏水体面积可以较小，水体可以设岛、堤、桥等，并且可以种植水生植物，注意植物不要太过拥挤，留出足够的空间以形成倒影。驳岸可以做成各种形式，如土基草坪驳岸、自然山石驳岸、砂砾卵石护坡、条石驳岸、钢筋混凝土驳岸等。开展水上运动的水体面积一般比较大，有适当的水深，水质好，运动与观赏相结合。

7.2 地形图的处理及应用

建筑设计的展开与建筑基地状况息息相关。建筑师一般通过两个方面来了解基地状况，一方面是地形图（或称地段图）及相关文献资料，二是实地考察。地形图是总平面图设计的主要依据之一，是总图绘制的基础。科学、合理、熟练地应用地形图是建筑师必备的技能。本节将首先介绍地形图识图的常识，然后介绍在AutoCAD 2018中应用和处理地形图的方法和技巧。

7.2.1 地形图识读

建筑师要能够熟练地识读反映基地状况的地形图，并在脑海里建立起基地状况的空间形象。地形图识读内容大致分为3个方面：一是图廓处的各种注记，二是地物和地貌，三是用地范围。下面简要进行介绍。

1. 各种注记

这些注记包括测绘单位、测绘时间、坐标系、高程系、等高距、比例、图名、图号等信息，如图7-1和图7-2所示。

一般情况下，地形图的纵坐标为X轴，指向正北方向，横坐标为Y轴，指向正东方向。地形图上的坐标称为测量坐标，常以50m×50m或100m×100m的方格网表示。地形图中标有测量控制点，如图7-3所示。施工图中需要借助测量控制点来定位房屋的坐标及高程。

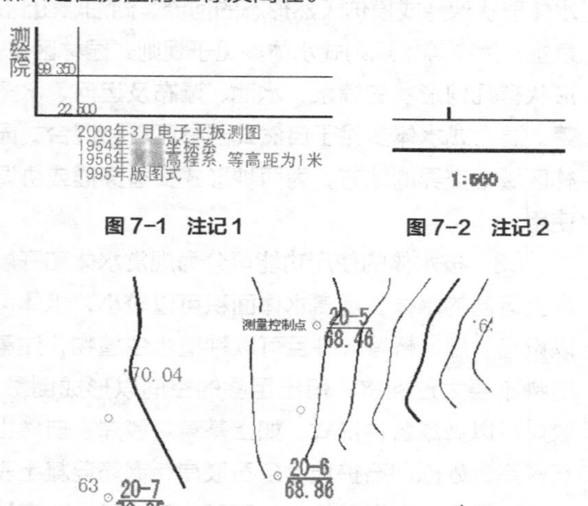

图7-1 注记1　　图7-2 注记2

图7-3 测量控制点

2. 地物和地貌

（1）地物。地物是指地面上人工建造或自然形成的固定性物体，如房屋、道路、水库、水塔、湖泊、河流、林木、文物古迹等。在地形图上，地物通过各种符号来表示，这些符号有比例符号、半比例符号和非比例符号之别。比例符号是将地物轮廓按地形图比例缩小绘制而成，如房屋、湖泊轮廓等。半比例符号是指对于电线、管线、围墙等线状地物，忽略其横向尺寸，而纵向按比例绘制。非比例符号是指较小地物，无法按比例绘制，而用符号在相应位置标注，如单棵树木、烟囱、水塔等，如图7-4所示。认识这些地物情况，便于在进行总图设计时，综合考虑这些因素，合理处理好新建房屋与地物之间的关系。

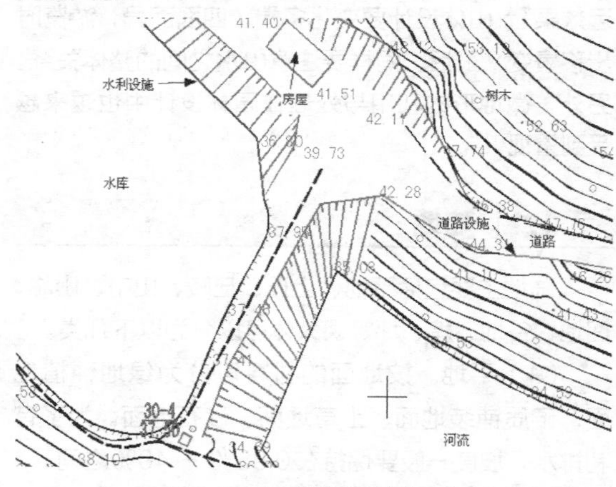

图7-4 各种地物表示方法示意

（2）地貌。地貌是指地面上的高低起伏变化。地形图上用等高线来表示地貌特征，因此识读等高线是重点。对于等高线，以下概念需要明确。

① 等高距：指相邻两条等高线之间的高差。

② 等高线平距：指相邻两条等高线之间的水平距离。距离越大，则坡度越平缓；反之，则越陡峭。

③ 等高线种类：等高线在地形图中一般可细分为首曲线、计曲线、间曲线和助曲线4种类型。首曲线为基本等高线，每两条首曲线之间相差一个等高距，细线表示。计曲线是指每隔4条首曲线加

粗的一条首曲线。间曲线是指两条首曲线之间的半距等高线。助曲线是指1/4等高距的等高线，如图7-5所示。

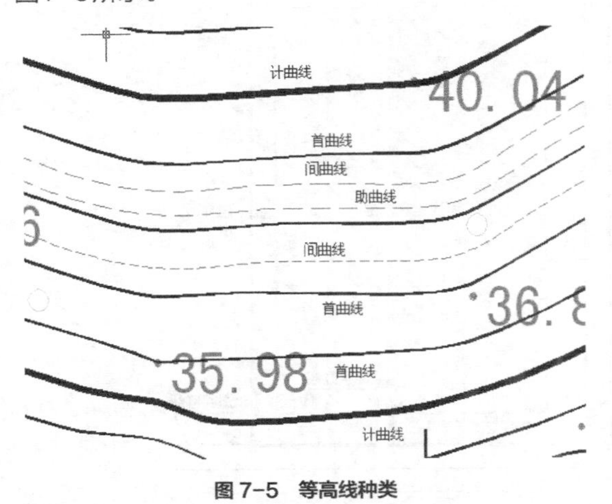

图7-5 等高线种类

常见地貌类型有山谷、山脊、山丘、盆地、台地、边坡、悬崖、峭壁等。山谷与山脊的区别是，山脊处等高线向低处凸出，山谷处等高线向高处凸出。山丘与盆地的区别是，山丘逐渐缩小的闭合等高线海拔越来越高，而盆地逐渐缩小的闭合等高线海拔越来越低，如图7-6～图7-9所示。

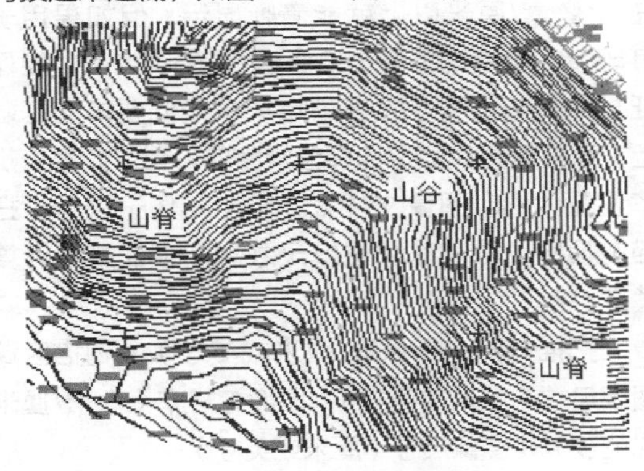

图7-6 山脊、山谷地貌类型

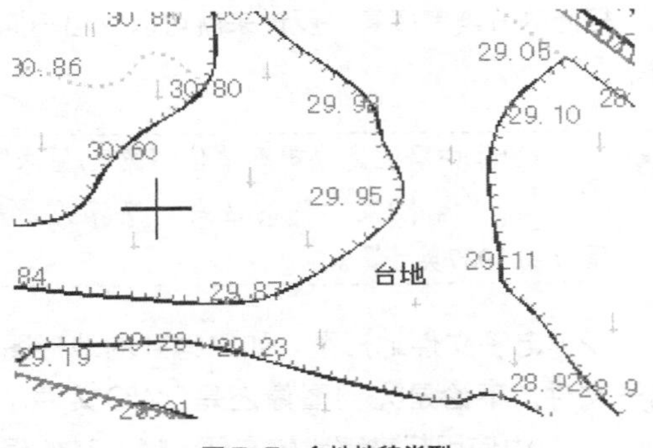

图7-7 台地地貌类型

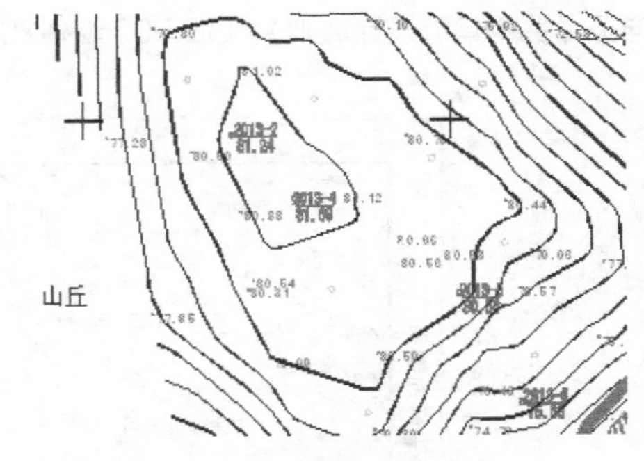

图7-8 山丘地貌类型

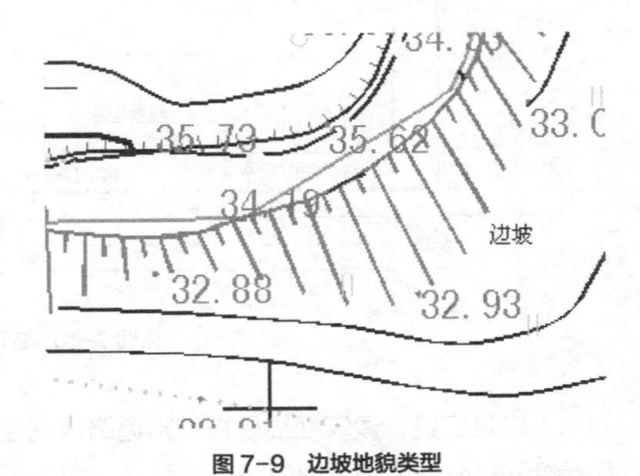

图7-9 边坡地貌类型

3. 用地范围

建筑师手中得到的地形图（或基地图）中一般标明了本建设项目的用地范围。实际上，并不是所有用地范围内都可以布置建筑物。在这里，关于场地界限的几个概念及其关系需要明确，也就是常说的红线及退红线问题。

（1）建设用地边界线。建设用地边界线指业主获得土地使用权的土地边界线，也称为地产线、征地线，如图7-10所示的*ABCD*范围。用地边界线范围表明地产权所属，是法律上权利和义务关系界定的范围。但并不是所有用地面积都可以用来开发建设。如果其中包括城市道路或其他公共设施，则要保证它们的正常使用（图7-10中的用地界限内就包括了城市道路）。

（2）道路红线。道路红线是指规划的城市道路路幅的边界线。也就是说，两条平行的道路红线之间为城市道路（包括居住区级道路）用地。建筑物及其附属设施的地下、地表部分如基础、地下室、台阶等不允许突出道路红线。地上部分主体结构不允许突入道路红线，在满足当地城市规划部门的要求下，允许窗罩、遮阳、雨篷等构件突入，具体规定详见《民用建筑设计通则》(GB 50352—2005)。

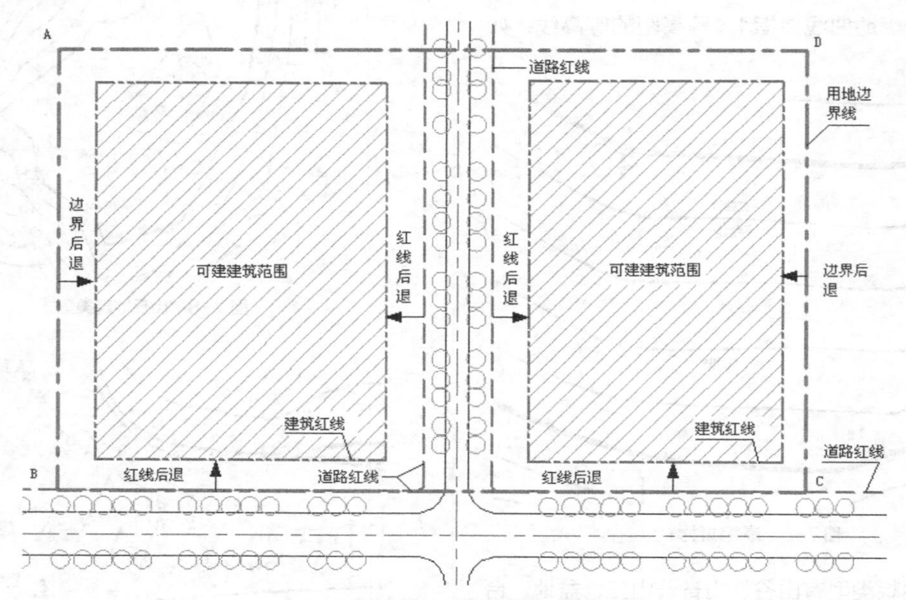

图 7-10 各用地控制线之间的关系

(3)建筑红线。建筑红线是指城市道路两侧控制沿街建筑物或构筑物(如外墙、台阶等)靠临街面的界线,又称建筑控制线。建筑控制线划定可建造建筑物的范围。由于城市规划要求,在用地界线内需要由道路红线后退一定距离确定建筑控制线,这就叫作红线后退。如果考虑到在相邻建筑之间按规定留出防火间距、消防通道和日照间距时,也需要由用地边界后退一定的距离,这叫作后退边界。在后退的范围内可以修建广场、停车场、绿化、道路等,但不可以修建建筑物。至于建筑突出物的相关规定,与道路红线相同。

在拿到基地图时,除了明确地物、地貌外,就是要搞清楚其中对用地范围的具体限定,为建筑设计作准备。

7.2.2 地形图的插入及处理

1. 地形图的格式简介

建筑师得到的地形图有可能是纸质地形图、光栅图像或AutoCAD的矢量图形电子文件。对于不同来源的地形图,计算机操作有所不同。

(1)纸质地形图。纸质地形图是指测绘形成的图纸,首先需要将它扫描到计算机里形成图像文件(tif、jpg、bmp等光栅图像)。扫描时注意分辨率的设置,如果分辨率太小,那么在图纸放大打印时不能满足精度要求,会出现马赛克现象。一般地,如果仅在电脑屏幕上显示,图像分辨率在72像素/厘米以上就能清晰显示,但如果用于打印,分辨率则需要100像素/厘米以上,才能保证打印清晰度要求。在满足这个最低要求的基础上,则根据具体情况选择分辨率的设置。如果分辨率设置太高,图像文件太大,也不便于操作。扫描前后图像分辨率和图纸尺寸之间存在如下计算关系。

扫描分辨率(像素/厘米或英寸)× 扫描区域图纸尺寸(厘米或英寸)=图像分辨率(像素/厘米或英寸)× 图像尺寸(厘米或英寸)

事先搞清楚扫描到电脑里的图像尺寸需要多大,相应的分辨率多高,反过来就可以求出扫描分辨率。

提示 操作中需注意分辨率单位“像素/厘米”与“像素/英寸”的区别,换算关系是“1厘米=0.3937英寸”。

(2)电子文件地形图。如果得到的地形图是电子文件,不论是光栅图像还是DWG文件,在AutoCAD中使用起来都比较方便。通过其他程序可以将光栅图像转换为DWG文件，可视实际情况确定是否需要转换。

2. 插入地形图

AutoCAD中使用的地形图文件有光栅图像和DWG文件两种，下面分别介绍其操作要点。

（1）建立一个新图层来专门放置地形图。

（2）光栅图像插入可通过“插入”菜单中的“光栅图像参照”命令来实现（如图7-11所示）。

① 选择菜单栏中的“插入”/“光栅图像参照”命令，在弹出的“选择参照文件”对话框中找到需要插入的图形，单击打开。注意留意可以插入的文件类型，如图7-12所示。

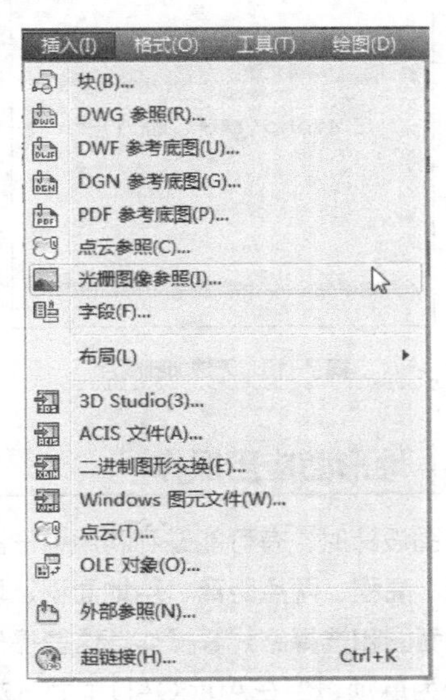

图7-11 “插入”菜单

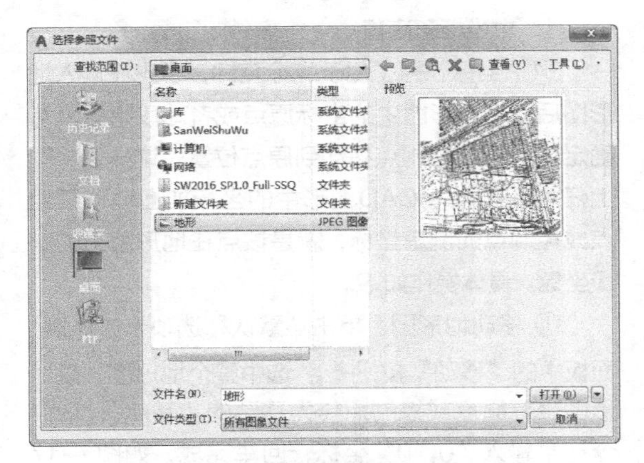

图7-12 选择地形图文件

② 弹出“附着图像”对话框，设置相应的插入点、缩放比例和旋转角度等参数，确定后插入图像，如图7-13所示。

③ 选择在屏幕上指定插入点；如果缩放比例暂无法确定，可以先以原有大小插入，最后再调整比例，结果如图7-14所示。

图7-13 图像文件参数设置

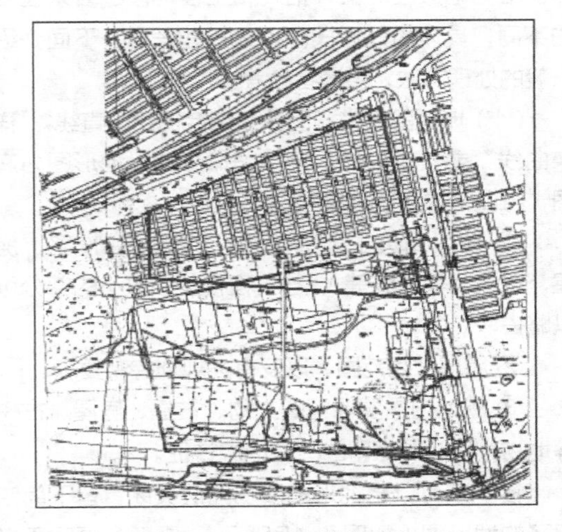

图7-14 插入后的地形图

④ 比例调整：首先测定图片中的尺寸比例与AutoCAD中长度单位比例相差多少，然后将它进行比例缩放，使得比例协调一致。建议将图片的比例调为1∶1，即地形图上表示的长度为多少毫米，在AutoCAD中测量出的长度就是多少毫米。

这样，就完成了地形图的插入。

> **提示** 可以借助“测量距离”命令来测定图片的尺寸大小。菜单栏中的“测量距离”命令调用方式为“工具”/“查询”/“距离”，命令别名为“DI”。可以选中图片按Ctrl+1快捷键在特性窗口中修改比例，还可以借助特性窗口中“比例”文本框右侧的快捷计算功能进行辅助计算。

（3）DWG文件插入。对于DWG文件，一般可采用两种方式来处理。

① 直接打开地形图文件，另存为一个新的文件，然后在这个文件上进行后续操作。注意不要直接在原图上操作，以免修改后无法还原。

② 以“外部参照”的方式插入。这种方式的优点是占用空间小，缺点是不能对插入的“参照”进行图形修改。插入“外部参照”命令位于菜单栏“插入”菜单下，操作类似插入“光栅图像”，在此不再赘述，请读者自己尝试。

3. 地形图的处理

插入地形图后，在正式进行总平面图布置之前，往往需要对地形图做适当的处理，以适应下一步工作。根据地形图的文件格式和工程地段的复杂程度的不同，具体的处理操作存在一些差异。下面介绍一般的处理方法，供读者参考。

（1）地形图为光栅图像。综合使用“直线”“样条曲线”或“多段线”等绘图命令，以地形图为底图，将以下内容准确描绘出来。

① 地段周边主要的地貌、地物（如道路、房屋、河流、等高线等），与工程相关性较小的部分可以略去。

② 用地红线范围，以及有关规划控制要求。

③ 场地内需要保留的文物、古建、房屋、古树等地物，以及需保留的一些地貌特征。

接下来可以将地形图所在图层关闭，留下简洁明了的地段图（如图7-15所示），需要参看时再打开。如果地形图片用途不大，也可以将它删除。

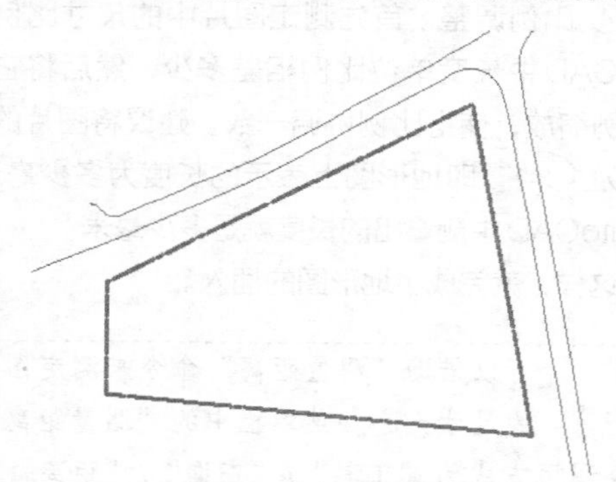

图 7-15　处理后的地段图

（2）地形图为DWG文件。可以直接将不必要的地物、地貌图形综合应用“删除”和“修剪”等命令删除掉，留下简洁明了的地段图。如果地形特征比较复杂，修改工作量较大，也可以将红线和必要的地物、地貌特征提取出来，如同前面光栅图像描绘结果一样，完成总图布置后再考虑重合到原来位置上去。

提示　插入光栅图像后，不能将原来的图片文件删除或移动位置，否则下次打开图形文件时，将无法加载图片，如图7-16所示。这一点，特别是在复制文件到其他地方时注意，需要将图片一同拷走。

E:\temp\新建文件夹\地形.TIF

图 7-16　无法加载图片

7.2.3 地形图应用操作

在总图设计时，有可能碰到利用地形图求出某点的坐标、高程、两点距离、用地面积、坡度，绘制地形断面图和选择路线等操作。这些操作在图纸上操作较为麻烦，但在AutoCAD里面，却变得比较简单。

1. 求坐标和高程

（1）坐标。为了便于坐标查询，事先在插入地形图后，将地形图中的坐标原点或者地段附近具有确定坐标值的控制点移动到原点位置。这样，将图上任意点在AutoCAD图形中的坐标加上地形图原点或控制点的测量坐标，就是该点在地形图上的测量坐标。具体操作如下。

① 移动地形图。单击“默认”选项卡“修改”面板中的“移动”按钮，选中整个地形图，以地形图坐标原点或控制点作为移动的“基点”，在命令行中输入“0，0”坐标，回车完成，如图7-17所示。

② 查询坐标。首先单击“默认”选项卡“绘图”面板中的“多点”按钮，在打算求取坐标的

点上绘一个点；然后选中该点，按Ctrl+1快捷键调出“特性”对话框，从中查到点的坐标（如图7-18所示）；最后将该坐标值加上原点的初始坐标便是待求点的测量坐标。

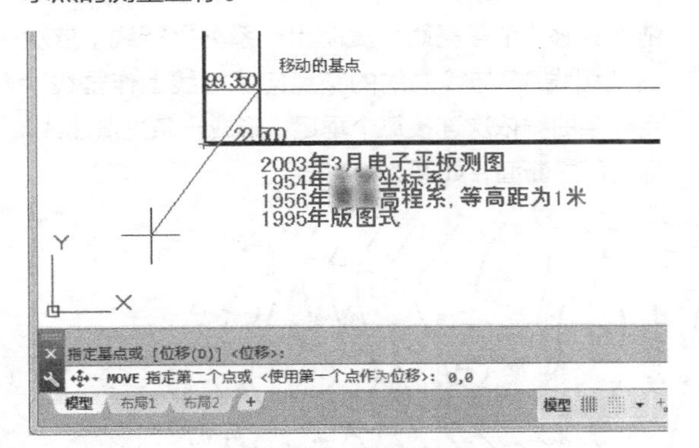

图 7-17 移动地形图

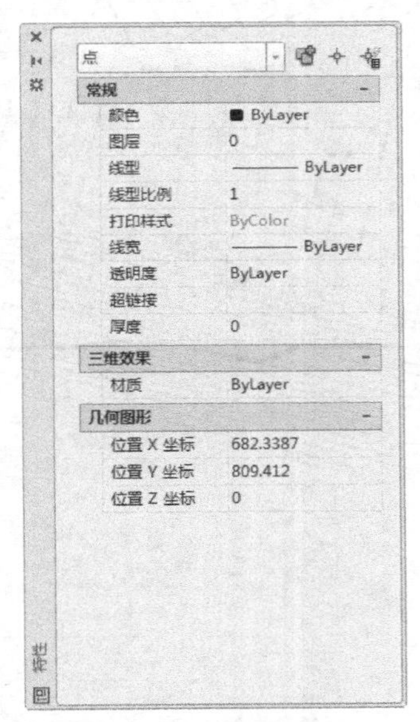

图 7-18 点坐标

（2）高程。等高线上的高程可以直接读出，而不在等高线上的点则需通过内插法求得。在AutoCAD中可以根据内插法原理通过作图方法求高程。例如，求图7-19中*A*点的高程（等高距为1m），操作如下。

①单击“默认”选项卡“绘图”面板中的“多点”按钮，在*A*点处绘一个点。

②单击“默认”选项卡“绘图”面板中的“构造线”按钮，捕捉*A*点为第一点，然后拖动鼠标捕捉相邻等高线上的“垂足”点*B*为通过点，绘出一条过*A*点并垂直于相邻等高线的构造线1，交另一侧等高线于*C*，如图7-20所示。

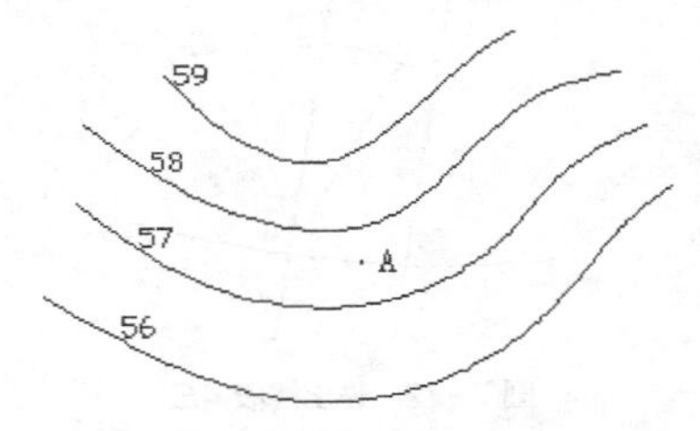

图 7-19 待求高程点 *A*

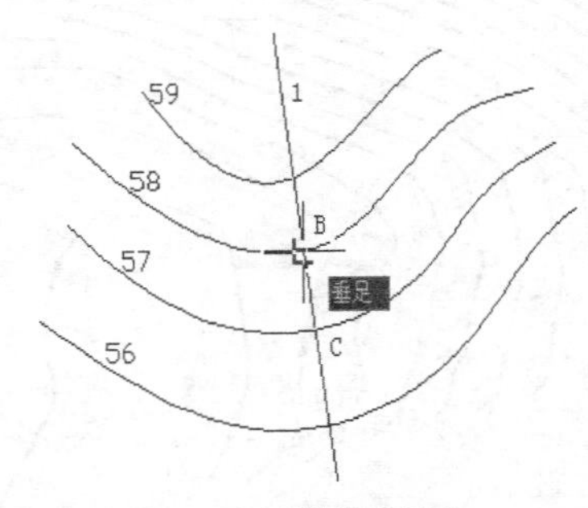

图 7-20 绘制构造线 1

③ 由构造线1偏移1（等高距）复制出另一条构造线2；过点*B*作线段*BD*垂直于该构造线2，如图7-21所示。

④ 连接*CD*；以*B*点为基点复制*BD*到*A*点，交*CD*于*E*，如图7-22所示。

用“距离查询”命令查出*AE*长度为0.71，则*A*点高程为57+0.71=57.71m。

2. 求距离和面积

（1）求距离。用“距离查询”命令“DIST（DI）”查询。

（2）求面积。用“面积查询”命令“AREA（AA）”查询。

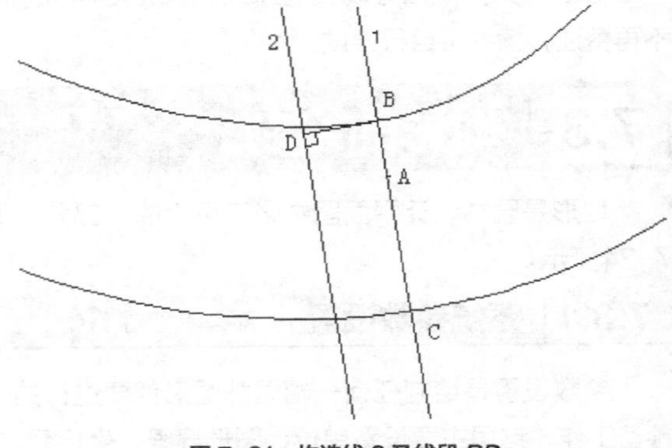

图 7-21 构造线 2 及线段 *BD*

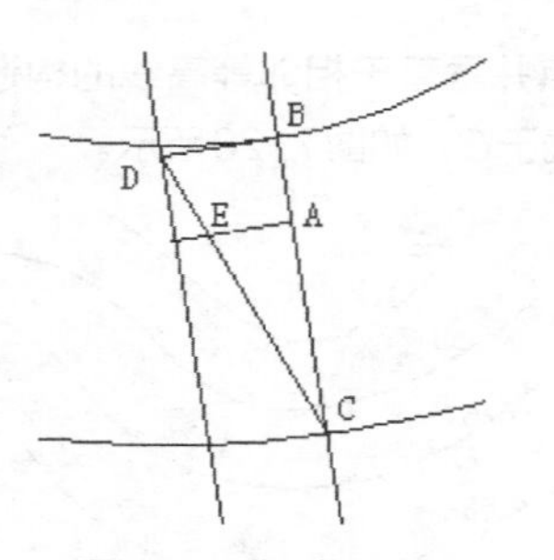

图 7-22　作出线段*AE*

3. 绘制地形断面图

地形断面图可用于建筑剖面设计及分析。在AutoCAD中借助等高线来绘制地形断面图的方法如下。确定剖切线*AB*；由*AB*复制出*CD*；由*CD*依次偏移1个等高距，复制出一系列平行线；依次由剖切线*AB*与等高线的交点向平行线上作垂线；用样条曲线依次连接每个垂足，形成一条光滑曲线，即为所求断面，如图7-23所示。

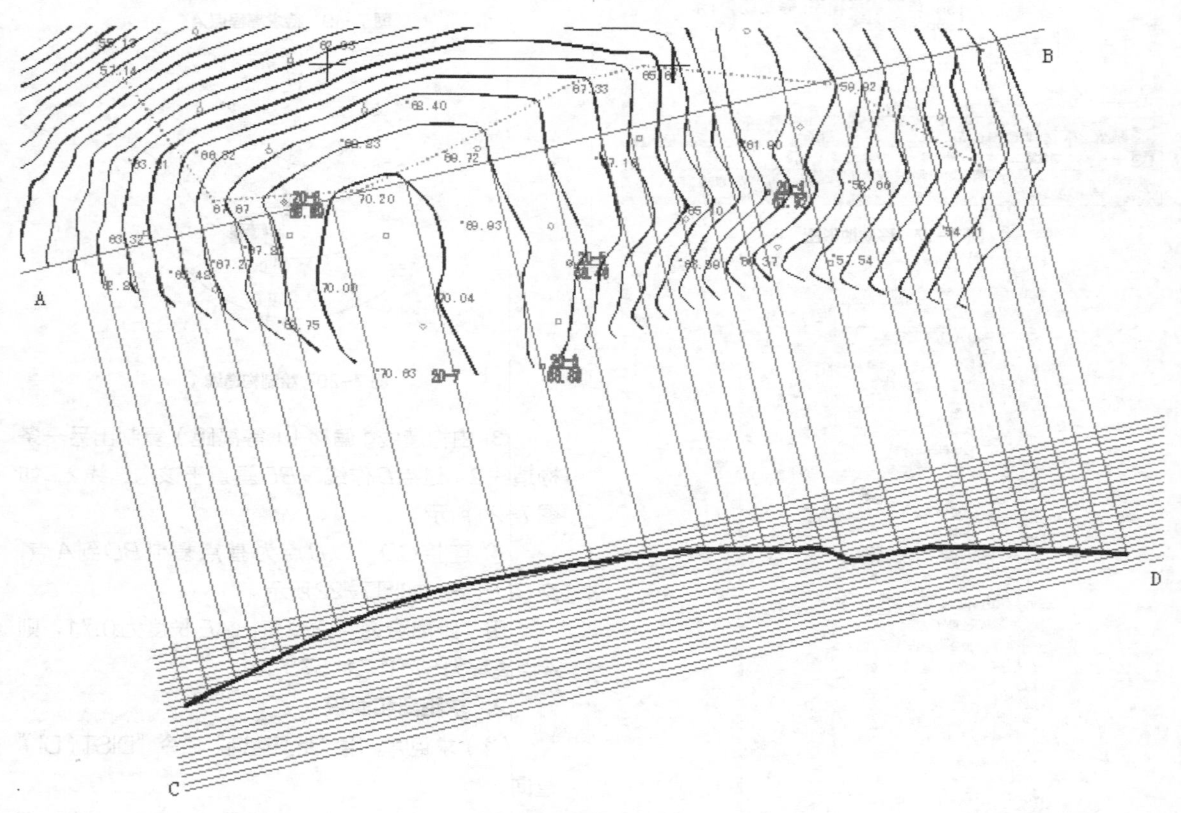

图 7-23　地形断面绘制示意

总之，只要明白等高线的原理和AutoCAD的相关功能，就可以活学活用，不拘一格。其他方面的应用不再赘述，读者可自行尝试。

7.3 地形的绘制

扫一扫

地形是园林设计平面图中必不可少的一部分，下面讲解地形平面图的绘制方法，如图7-24所示。

7.3.1 系统参数设置

参数设置是绘制任何一幅园林图形都要进行的预备工作，这里主要设置单位、图形界限、坐标系。有些具体设置可以在绘制过程中根据需要进行。

STEP 绘制步骤

1. 单位设置

在AutoCAD 2018中，一般以1∶1的比例绘制，到出图时，再根据需要按合适的比例输出。

例如，实际尺寸为3m，在绘图时输入的距离值为3000。因此，将系统单位设为毫米。也可把单位设为米，在绘图时直接输入距离值3。以1：1的比例绘制，输入尺寸时不需换算，比较方便。

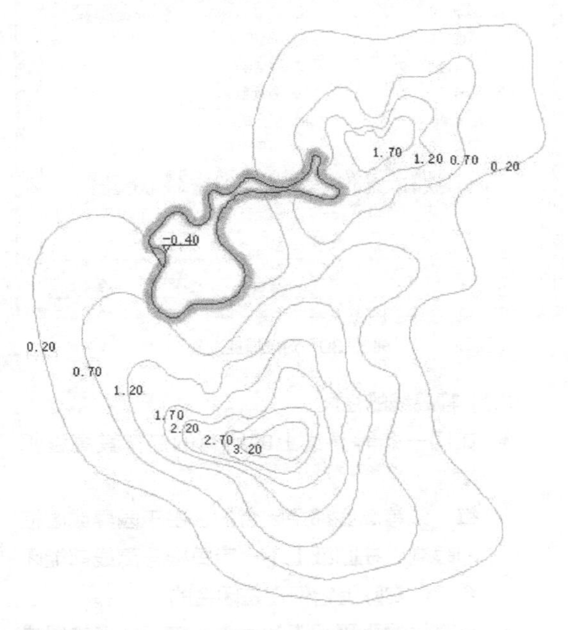

图 7-24 地形的绘制

具体操作是，选择菜单栏中的“格式”/“单位”命令，弹出“图形单位”对话框，如图7-25所示进行设置，然后单击“确定”按钮完成。

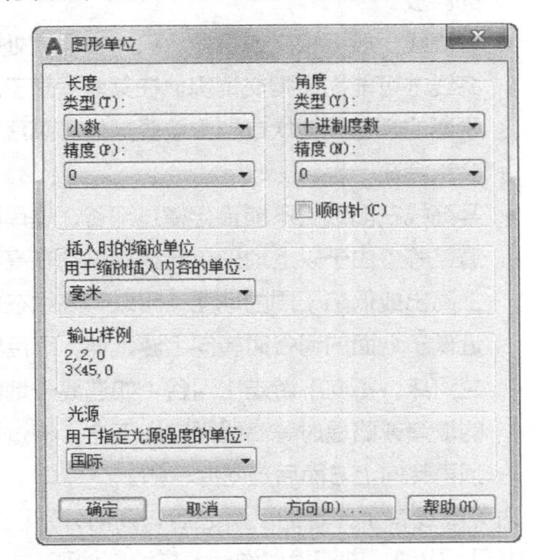

图 7-25 单位设置

2. 图形界限设置

AutoCAD 2018默认的图形界限为420×297，是A3图幅。重新设置的具体操作是，选择菜单栏中的“格式”/“图形界限”命令。

（1）在命令行提示“指定左下角点或[开(ON)/关(OFF)]<0，0>：”后输入“0，0”。

（2）在命令行提示“指定右上角点<420，297>：”后输入“42000，29700”。

3. 坐标系设置

选择菜单栏中的“工具”/“命名UCS”命令，弹出“UCS”对话框，将世界坐标系设置为当前坐标（如图7-26所示），然后选择“设置”选项卡，按图7-27所示设置，单击“确定”按钮完成。这样，UCS标志总位于左下角。

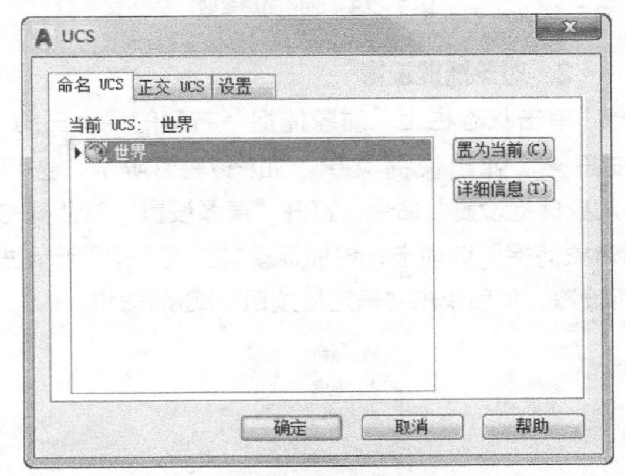

图 7-26 坐标系设置 1

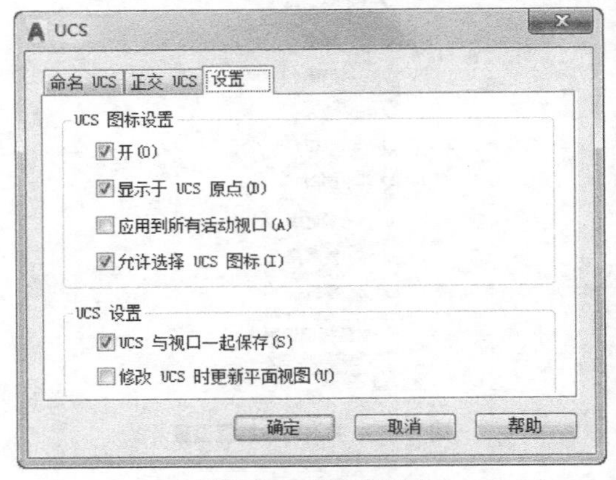

图 7-27 坐标系设置 2

7.3.2 地形的绘制

在绘制地形图时，主要用到了“样条曲线拟合”命令。

STEP 绘制步骤

1. 建立地形图层

在制图中，要将地形单独作为一个图层，便于修改、管理，统一设置图线的颜色、线型、线宽等参数，便于图纸规范、统一、美观。

单击“默认”选项卡“图层”面板中的“图层特性”按钮，弹出“图层特性管理器”对话框，建立一个新图层，命名为“山体”，颜色选取9号灰，线型为Continuous，线宽为0.15，如图7-28所示。再建立一个新图层，命名为“水体”，颜色选取青色，线型为Continuous，线宽为0.7，如图7-28所示。确定后回到绘图状态。

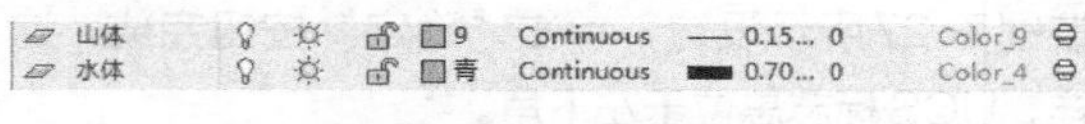

图7-28 地形图层参数

2. 对象捕捉设置

单击状态栏上“对象捕捉”右侧的“小三角”按钮，弹出快捷菜单，如图7-29所示，选择“对象捕捉设置”命令，打开“草图设置”对话框的“对象捕捉”选项卡，将捕捉模式按图7-30所示进行设置，然后单击“确定”按钮；或按F3键。

图7-29 打开对象捕捉设置

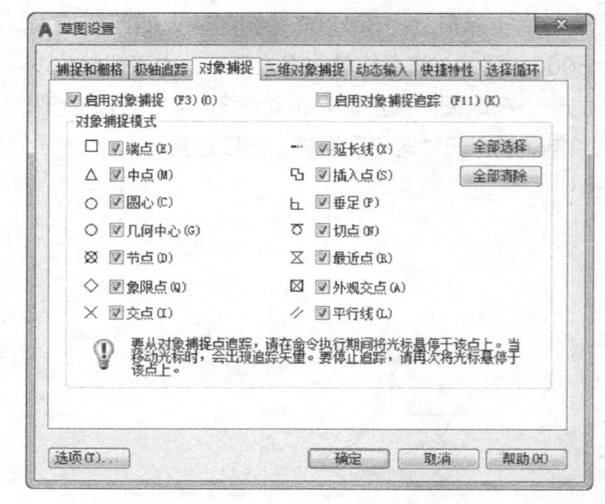

图7-30 对象捕捉设置

3. 绘制地形

地形是用等高线来表示的，在绘制地形之前，首先要明白什么是等高线，以及等高线的性质和特点。

（1）等高线的概念。等高线是一组垂直间距相等、平行于水平面的假想面，与自然地貌相交切所得到的交线在平面上的投影。给这组投影线标注上数值，便可用它在图纸上表示地形的高低陡缓、峰峦位置、坡谷走向及溪池的深度等内容。

（2）等高线的性质。

- 在同一条等高线上的所有的点，其高程都相等。
- 每一条等高线都是闭合的。由于园界或图框的限制，在图纸上不一定每根等高线都能闭合，但实际上它们还是闭合的。
- 等高线的水平间距的大小，表示地形的缓或陡。疏则缓，密则陡。等高线的间距相等，表示该坡面的角度相同，如果该组等高线平直，则表示该地形是一处平整过的同一坡度的斜坡。
- 等高线一般不相交或重叠，只有在悬崖处等高线才可能出现相交情况。在某些垂直于地平面的峭壁、地坎或挡土墙驳岸处等高线才会重合在一起。
- 等高线在图纸上不能直穿横过河谷、堤岸和道路等；由于以上地形单元或构筑物在高程上高出或低陷于周围地面，所以等高线在接近低于地面的河谷时转向上游延伸，而后穿越河床，再向下游走出河谷；如遇高于地面的堤岸或路堤时等高线则转向下方，横过堤顶再转向上方而后走向另一侧。

对等高线有了一定的了解之后，我们分别以山体、山涧、山道、湖泊为例说明怎样绘制地形。

① 山体地形的绘制。

将“山体”图层设置为当前图层，单击“默认”选项卡“绘图”面板中的“样条曲线拟合”按钮，在绘图区左下角适当位置拾取样条曲线的初始点，然后指向需要的第二个点，依次画出第三、四……个点，直至曲线闭合，或按C键闭合，这样就画出第一条等高线。进行“范围缩放”，处理后如图7-31所示。向内依次画出其他几条等高线，等高线水平间距按照设计需要设定，最终如图7-32所示。

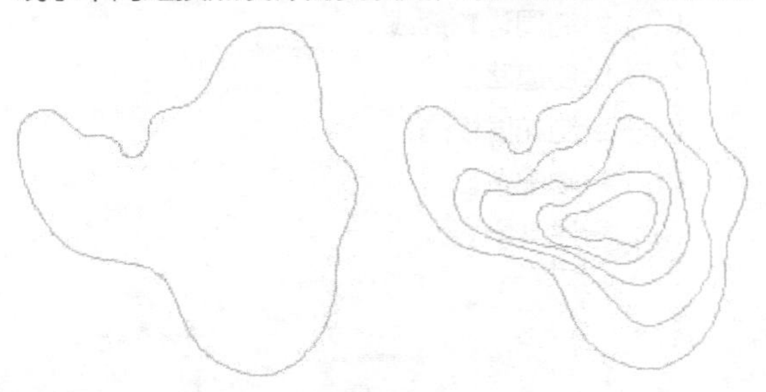

图 7-31　第一条等高线　　图 7-32　全部等高线

② 山涧地形的绘制。

绘制方法同山体地形，注意等高线在图纸上不能直穿横过河谷、堤岸和道路等，如图7-33所示。

③ 山道地形的绘制。

采用山体地形的绘制方法，绘制图7-34所示的山道地形。

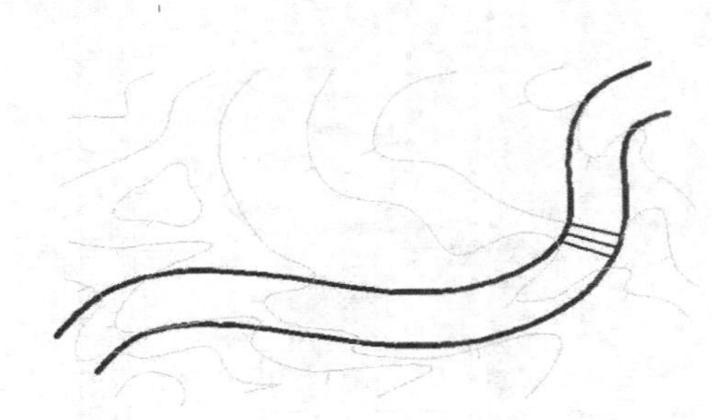

图 7-33　山涧地形

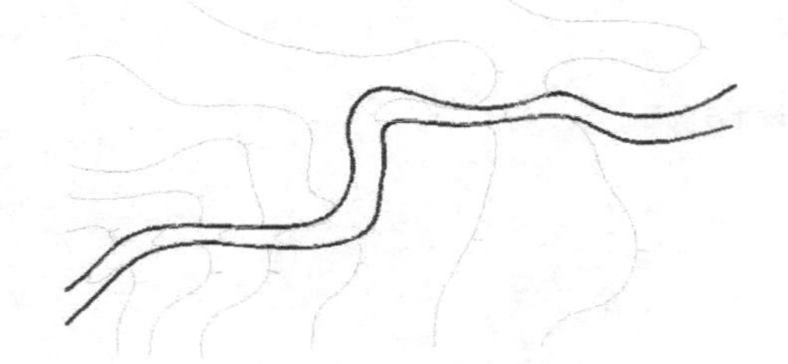

图 7-34　山道地形

④ 湖泊地形的绘制。

将“水体”图层设置为当前图层，单击“默认”选项卡“绘图”面板中的“样条曲线拟合”按钮，在绘图区左下角适当位置拾取样条曲线的初始点，然后指向需要的第二个点，依次画出第三、四……个点，直至曲线闭合，这样就画出水体驳岸轮廓线。向内偏移一条等深线，颜色调整为蓝色，线型为Continuous，线宽为0.15，结果如图7-35所示；整个地形绘制结果如图7-36所示。

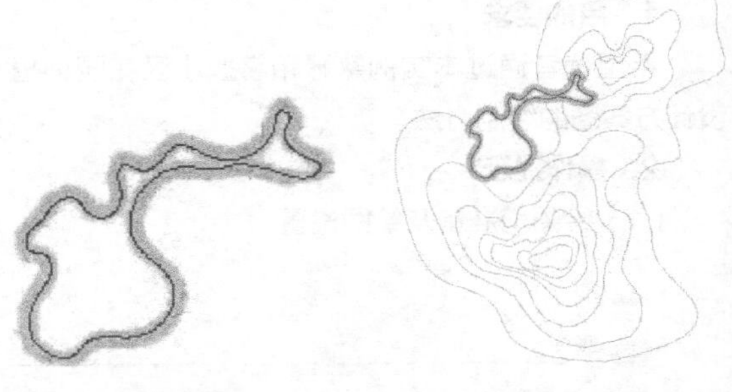

图 7-35　水体　　图 7-36　地形

7.3.3 高程的标注

建立一个新图层，命名为“标高”，颜色选取白色，线型为Continuous，线宽为0.15，并将其设置为当前图层。在标注时要注意等高线的间距多采用0.25、0.50、0.75、1.00等，一张图纸上只能出现一种间距；水体高程的标注方法如图7-37所示，表示常水位的高程。

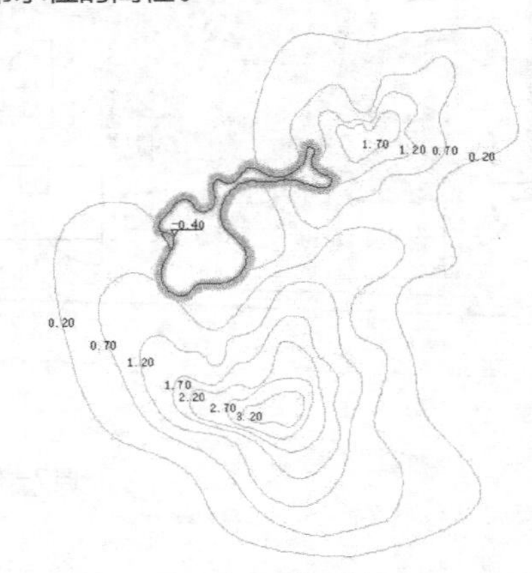

图 7-37　高程的标注

> **提示**　绘制等高线时也可用“多段线”命令，这种命令画出的曲线有一定的弧度，图面表现比较美观；具体操作为，在命令提示行中输入“pl”，确定后输入“a”（代表圆弧），然后按命令提示依次指向下一点。

7.4 上机实验

通过前面的学习，相信读者对本章知识已有了大体的了解，本节通过一个操作练习帮助读者进一步掌握本章知识要点。

【实验】绘制图 7-38 所示的小区花园种植设计方案图。

1. 目的要求

希望读者通过本实例熟悉和掌握小区花园种植设计方案图的绘制方法。

2. 操作提示

（1）绘图前准备及绘图设置。

（2）绘制小区户型图。

（3）绘制周边轮廓线。

（4）绘制道路。

（5）绘制花园设施。

（6）植物配置。

（7）标注文字。

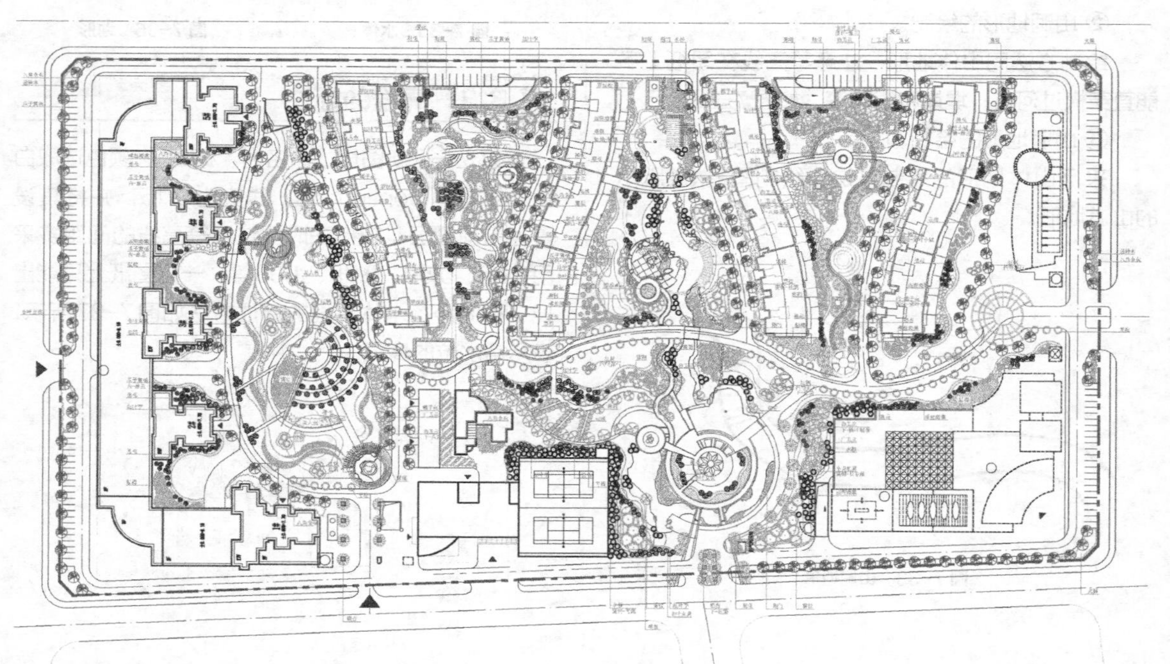

图 7-38 小区花园种植设计方案图

第8章

绘制园林建筑图

建筑是园林的五大要素之一，且形式多样，既有使用价值，又能与环境组成景致，供人们游览和休憩。本章首先对各种类型的建筑进行简单介绍，然后结合实例进行讲解。

学习要点和目标任务

- 园林建筑概述
- 绘制亭平面图
- 绘制亭立面图
- 绘制亭屋顶仰视图
- 绘制亭屋面结构图
- 绘制亭基础平面图
- 绘制亭详图

8.1 园林建筑概述

园林建筑是一种独具特色的建筑，既要满足建筑的使用功能要求，又要满足园林景观的造景要求，并与园林环境密切结合，与自然融为一体。

1. 功能

（1）满足功能要求。园林是改善、美化人们生活环境的设施，也是人们休息、游览、文化娱乐的场所，随着园林活动的日益增多，园林建筑类型也日益丰富起来，主要有茶室、餐厅、展览馆、体育场所等，以满足人们的需要。

（2）满足园林景观要求。

① 点景：点景要与自然风景融会结合，园林建筑常作为园林景观的构图中心的主体，或构建成易于近观的局部小景或构建成主景，以控制全园布局，园林建筑在园林景观构图中常有画龙点睛的作用。

② 赏景：一栋建筑可独立成趣，一组建筑物与游廊相连可成为纵观全景的观赏线。因此，建筑朝向、门窗位置大小要考虑赏景的要求。

③ 引导游览路线：园林建筑常常具有起承转合的作用，当人们的视线触及某处优美的园林建筑时，游览路线就会自然而然地延伸，建筑常成为视线引导的主要目标。人们常说的“步移景异”就是这个意思。

④ 组织园林空间：园林常以一系列的空间变化和巧妙安排给人以艺术享受，构建各种形式的庭院及游廊、花墙、圆洞门等恰是组织空间、划分空间的最好手段。

2. 特点

（1）布局。园林建筑布局上要因地制宜，巧于因借，建筑规划选址除考虑功能要求外，要善于利用地形，结合自然环境，与自然融为一体。

（2）情景交融。园林建筑应结合情景，抒发情趣，尤其在古典园林建筑中，常与诗画结合，加强感染力，达到情景交融的境界。

（3）空间处理。在园林建筑的空间处理上，尽量避免轴线对称。整形布局，力求曲折变化，参差错落，空间布置要灵活，通过空间划分，形成大小空间的对比，增加层次感，扩大空间感。

（4）造型。园林建筑在造型上更重视美观的要求，建筑体型、轮廓要有表现力，增加园林画面美，建筑体量、体态都应与园林景观协调统一，造型要表现园林特色、环境特色、地方特色。一般而言，在造型上，体量宜轻盈，形式宜活泼，力求简洁明快，通透有度，达到功能与景观的有机统一。

（5）装修。在细节装饰上，应有精巧的装饰，增加本身的美观，又以之用来组织空间画面。如常用的挂落、栏杆、漏窗、花格等。

3. 园林建筑的分类

按使用功能可以分为以下几个方面。

（1）游憩性建筑：有休息、游赏使用功能，具有优美造型，如亭、廊、花架、榭、舫、园桥等。

（2）园林建筑小品：以装饰园林环境为主，注重外观形象的艺术效果，兼有一定使用功能，如园灯、园椅、展览牌、景墙、栏杆等。

（3）服务性建筑：为游人在旅途中提供生活上服务的设施，如小卖部、茶室、小吃部、餐厅、小型旅馆、厕所等。

（4）文化娱乐设施：如游船码头、游艺室、俱乐部、演出厅、露天剧场、展览厅等。

（5）办公管理用设施：主要有公园大门、办公室、实验室、栽培温室，动物园等。

4. 园林建筑构成要素

（1）亭。亭在我国园林中是运用最多的一种建筑形式。无论是在传统的古典园林中，或是在解放后新建的公园及风景游览区，都可以看到各种各样的亭子或屹立于山冈之上；或依附在建筑之旁；或漂浮在水池之畔。以玲珑美丽、丰富多样的形象与园林中的其他建筑、山水、绿化等相结合，构成一幅幅生动的画面。在造型上，亭要结合具体地形，自然景观和传统来设计。

亭的构造大致可分为亭顶、亭身、亭基3部分。体量宁小勿大，形制也较细巧，竹、木、石、砖瓦等地方性传统材料均可修建。现在更多的是用钢筋混凝土或兼以轻钢、铝合金、玻璃钢、镜面玻璃、充气塑料等材料组建而成。

亭四面多开放，空间流动，内外交融，榭廊

亦如此。解析了亭也就能举一反三于其他楼阁殿堂。亭榭等体量不大，但在园林造景中作用不小，是室内的室外；而在庭院中则是室外的室内。选择要有分寸，大小要得体，即要有恰到好处的比例与尺度，不可只注重某一方面。任何作品只有在一定的环境下，才是艺术、才是科学。生搬硬套学流行，会失去神韵和灵性，更谈不上艺术性与科学性。

园亭，是指园林绿地中精致细巧的小型建筑物。可分为两类，一是供人休憩观赏的亭，二是具有实用功能的票亭、售货亭等。

① 园亭的位置选择。建亭地点要从两方面考虑，一是由内向外好看，二是由外向内也好看。园亭要建在风景好的地方，使入内歇足休息的人有景可赏，留得住人，园亭在整个园林中往往可以起到画龙点睛的作用。

② 园亭的设计构思。园亭虽小巧却必须深思才能出类拔萃。

首先应确定园亭的形式，是传统或是现代？是中式或是西式？是自然野趣或是奢华富贵？

其次，要斟酌园亭的平面、立面、装修的大小、形样、繁简。例如同样是植物园内的中国古典园亭，牡丹园和槭树园则不同。牡丹亭重檐起翘，大红的柱子；槭树亭白墙灰瓦足矣。这是因它们所在的环境气质不同而异。同样是欧式古典园顶亭，高尔夫球场的和私宅庭园的则在大小上有很大不同，这是因它们所在环境的开阔郁闭不同而异。同是自然野趣，水际竹筏嬉鱼和树上杈窝观鸟不同，这是因环境的功能要求不同而异。

再次，所有的形式、功能、建材是在演变进步之中的，可取长补短，结合创新。例如，在中国古典园亭的梁架上，以卡普隆阳光板作顶代替传统的瓦，古中有今，洋为中用，可以取得很好的效果。又如，以四片实墙，边框采用中国古典园亭的外轮廓，组成虚拟的亭，也是一种创造。

只有深入考虑这些细节，才能标新立异，不落俗套。

③ 园亭的平立面。园亭体量小，平面严谨。自点状伞亭起，三角、正方、长方、六角、八角以至圆形、海棠形、扇形，由简单而复杂，基本上都是规则几何形体，或再加以组合变形。根据这个道理，可构思其他形状，也可以和其他园林建筑如花架、长廊、水榭组合成一组建筑。

园亭的平面组成比较单纯，除柱子、坐凳（椅）、栏杆外，有时也有一段墙体、桌、碑、井、镜、匾等。

园亭的平面布置，一种是一个出入口，终点式的；还有一种是两个出入口，穿过式的。视亭大小而采用。

④ 园亭的立面。因款式的不同有很大的差异。但有一点是共同的，就是内外空间相互渗透，立面显得开畅通透。园亭的立面可以分成几种类型，这是决定园亭风格款式的主要因素，如中国古典和西洋古典传统式样。这种类型都有程式可依，困难的是施工十分繁复。中国传统园亭柱子有木和石两种，用真材或混凝土仿制；但屋盖变化多，如以混凝土代木，则所费工、料均不合算，效果也不甚理想。对于西洋传统式样，现在市面有各种规格的玻璃钢、GRC柱式、檐口，可在结构外套用。

园亭平面和组成均甚简洁，为增强观赏性，屋面变化无妨多一些。如做成折板、弧形、波浪形，或者用新型建材、瓦、板材；或者强调某一部分构件和装修，来丰富园亭外立面。

园亭立面也可做成仿自然、充满野趣的式样。如用竹、松木、棕榈等植物或石材构建立面，另外，用茅草作顶有时也有不俗的效果。

⑤ 有关亭的设计归纳起来有以下几个要点。

- 必须选择好位置，按照总的规划意图选点。
- 亭的体量与造型的选择，主要应看它所处的周围环境的大小、性质等，要因地制宜。
- 亭的材料及色彩，应力求就地选材料，既加工便利，又易于和自然融合。

（2）廊。廊子本来是作为建筑物之间的联系而出现的，中国的建筑物属木构架体系，一般液体建筑的平面形状都比较简单，经常通过廊、墙等把一幢幢的单体建筑组织起来，体现空间层次丰富多变的中国传统建筑的特色。

廊子的设置是空间联系和空间分化的一种重要手段。它不仅具有遮风避雨、交通联系的实际功能，而且对园林中风景的展开和观赏程序起着重要的组织作用。

廊子还有一个特点，它一般是一种“虚”的

建筑元素。在廊子的一边可透过柱子之间的空间观赏廊子另一边的景色，此时，廊子像一层“帘子”一样，似隔非隔、若隐若现，把两边的空间有分又有合地联系起来，起到一般建筑元素达不到的效果。

中国园林中，廊的结构常用的有木结构、砖石结构、钢筋混凝土结构、竹结构等。廊顶有坡顶、平顶和拱顶等。

中国园林中，廊的形式和设计手法丰富多样。其基本类型，按结构形式可分为双面空廊、单面空廊、复廊、双层廊和单支柱廊5种；按廊的总体造型及其与地形、环境的关系可分为直廊、曲廊、回廊、抄手廊、爬山廊、叠落廊、水廊、桥廊等。

① 双面空廊。两侧均为列柱，没有实墙，在廊中可以观赏两面景色。双面空廊不论直廊、曲廊、回廊、抄手廊等都可采用；不论在风景层次深远的大空间中，或在曲折灵巧的小空间中亦都可应用。北京颐和园内的长廊就是双面空廊，全长728m，北依万寿山，南临昆明湖，穿花透树，把万寿山前十几组建筑群联系起来，对丰富园林景色起着突出的作用。

② 单面空廊。一种是在双面空廊的一侧列柱间砌上实墙或半实墙而成的；另一种是一侧完全贴在墙或建筑物边沿上。单面空廊的廊顶有时做成单坡形，以利排水。

③ 复廊。在双面空廊的中间夹一道墙，就成了复廊，又称“里外廊”。因为廊内分成两条走道，所以廊的跨度大些。中间墙上开有各种式样的漏窗，从廊的一边透过漏窗可以看到廊的另一边的景色，一般设置两边景物各不相同的园林空间。苏州沧浪亭的复廊就是一例，它妙在借景，把园内的山和园外的水通过复廊互相引借，使山、水、建筑构成整体。

④ 双层廊。上下两层的廊，又称“楼廊”。它为游人提供了在上下两层不同高程的廊中观赏景色的条件，也便于联系不同标高的建筑物或风景点以组织人流，可以丰富园林建筑的空间构图。

（3）水榭。水榭作为一种临水园林建筑在设计上除了应满足功能需要外，还要与水面、池岸自然融合，并在体量、风格、装饰等方面与所处园林环境相协调。其设计要点如下。

① 在可能范围内，水榭应三面或四面临水。如果不宜突出于池（湖）岸，也应以平台作为建筑物与水面的过渡，以便使用者置身水面之上更好地欣赏景物。

② 水榭应尽可能贴近水面。当池岸地平距离水面较远时，水榭地平应根据实际情况降低高度。此外，不能将水榭地平与池岸地平取齐，这样会将支撑水榭下部的混凝土骨架暴露出来，影响整体景观效果。

③ 全面考虑水榭与水面的高差关系。水榭与水面的高差关系，在水位无显著变化的情况下容易掌握；如果水位涨落变化较大，设计师应在设计前详细了解水位涨落的原因与规律，特别是最高水位的标高。应以稍高于最高水位的标高作为水榭的设计地平，以免水淹。

④ 巧妙遮挡支撑水榭下部的骨架。当水榭与水面之间高差较大，支撑体又暴露得过于明显时，不要将水榭的驳岸设计成整齐的石砌岸边，而应将支撑的柱墩尽量向后设置，在浅色平台下部形成一条深色的阴影，在光影的对比中增加平台外挑的轻快感。

⑤ 在造型上，水榭应与水景、池岸风格相协调，强调水平线条。有时可通过设置水廊、白墙、漏窗，形成平缓而舒朗的景观效果。若在水榭四周栽种一些树木或翠竹等植物，效果会更好。

（4）围墙。

① 围墙设计的原则。

- 能不设围墙的地方尽量不设，让人接近自然。
- 尽量利用空间和自然材料达到隔离的目的。高差的地面、水体的两侧、绿篱树丛，都可以实现隔而不分的目的。
- 围墙能低尽量低，能透尽量透，仅在需掩饰隐私之处用封闭的围墙。
- 使围墙处于绿地之中，成为园景的一部分，减少与人的接触机会，由围墙向景墙转化。善于把空间的分隔与景色的渗透联系统一起来，有而似无，有而生情，才是高超的设计。

② 围墙的构造。围墙的构造有竹木、砖、混凝土、金属材料几种。

- 竹木围墙：这种围墙是过去最常见的围墙，也是最符合生态学要求的围墙。
- 砖墙：墙柱间距3～4m，中开各式漏花窗。这种围墙便于施工和管养，缺点是较为闭塞。
- 混凝土围墙：一是以预制花格砖砌墙，花型富有变化但易爬越；二是混凝土预制成片状，可透绿也易管养。混凝土墙的优点是一劳永逸，缺点是不够通透。
- 金属围墙。
  - 以型钢为材，断面形式多样，表面光洁，性韧易弯不易折断，缺点是每2～3年要油漆一次。
  - 以铸铁为材，可做各种花型，优点是不易锈蚀且价不高，缺点是性脆且光滑度不够。订货时要注意所含成分。
  - 锻铁、铸铝材料。质优而价高，可作为局部花饰或在室内使用。
  - 各种金属网材，如镀锌、镀塑铅丝网、铝板网、不锈钢网等。

现在往往把几种材料结合起来，取长补短。如用混凝土制作墙柱、勒脚墙；用型钢制作透空部分框架；用铸铁制作花饰构件；局部、细微处用锻铁、铸铝。

围墙是长型构造物。长度方向要按要求设置伸缩缝，按转折和门位布置柱位，调整因地面标高变化的立面；横向则涉及围墙的强度，影响用料的大小。合理利用砖、混凝土围墙的平面凹凸、金属围墙构件的前后交错位置，以加大围墙横向断面的尺寸，可以免去墙柱，使围墙更自然通透。

（5）花架。花架是攀缘植物的棚架，又是人们消夏避暑之所。花架在造园设计中往往具有亭、廊的作用，做长线布置时，就像游廊一样能发挥建筑空间的脉络作用，形成导游路线；也可以用来划分空间，增加风景的深度。做点状布置时，就像亭子一般，形成观赏点。花架又不同于亭、廊，其空间更为通透，特别由于绿色植物及花果自由地攀绕和悬挂，更添一翻生气。用其点缀园林建筑的某些墙段或檐头，可使之更加活泼且具有园林的性格。

花架造型比较灵活且富于变化，最常见的形式是梁架式，另外还有半边列柱半边墙垣，并在上边叠架小坊的形式，在划分封闭或开敞的空间上更为自如。其造园趣味类似半边廊，在墙上亦可开设景窗使意境更为含蓄。此外，还有单排柱花架或单柱式花架。

花架的设计往往同其他小品相结合，形成一组内容丰富的小品建筑，如布置坐凳，墙面开设景窗、漏花窗，柱间嵌以花墙，周围点缀叠石、小池等。

花架在庭院中的布局可以采取附件式，也可以采取独立式。附件式属于建筑的一部分，是建筑空间的延续，如在墙垣的上部、垂直墙面的上部水平搁置横墙向两侧挑出。应注意保持建筑自身的统一的比列与尺度，在功能上可供植物攀缘或设桌凳供游人休憩外，也可以只起装饰作用。独立式的布局应在庭院总体设计中加以确定，它可以在花丛中，也可以在草坪边，使庭院空间有起有伏，增加平坦空间的层次，有时亦可傍山临池随势弯曲。

花架如同廊道，也可以起到组织游览路线和组织观赏点的作用。布置花架时，一方面要格调清新，另一方面要注意与周围建筑和绿化栽培在风格上的统一。在我国传统园林中较少采用花架，因其与山水园格调不尽相同。但现代园林融合了传统园林和西洋园林的诸多技法，因此花架这一小品形式在造园艺术中日益为造园设计者所乐用。

① 花架设计要点。

- 要把花架作为一件艺术品，而不单作构筑物来设计，应注意比例尺寸、选材和必要的装修。
- 花架体型不宜太大。太大了不易做得轻巧，太高了不易荫蔽而显空旷，应尽量接近自然。
- 花架的四周，一般都较为通透，除了作支撑的墙、柱的作用，还起空间限定的作用。花架的上下（铺地和檐口）两个平面，也并不一定要对称和相似，可以自由伸缩交叉，相互引申，使花架融汇于自然之中，不受阻隔。
- 最后也是最主要的一点，要根据攀缘植物的特点、环境来构思花架的形体；根据攀缘植物的生物学特性，来设计花架的构造、材料等。

一般情况下，一个花架配置一种或两三种相互搭配的攀缘植物。各种攀缘植物的观赏价值和生长要求不尽相同，设计花架前要有所了解，如紫藤花架，紫藤枝粗叶茂，老态龙钟，尤宜观赏。因此，设计紫藤花架时，要采用能负荷、永久性材料，显古朴、简练的造型。葡萄架、葡萄浆果有许多耐人深思的寓言、童话，设计该花架时可作为参考。种植葡萄，要满足充分的通风、光照条件，还要翻藤修剪，因此要考虑合理的种植间距。猕猴桃棚架，猕猴桃属有30余种，为野生藤本果树，广泛生长于长江流域以南林中、灌丛、路边，枝叶左旋攀缘而上。棚架之花架板最好是双向设计，或者在单向花架板上再放临时“石竹”，以适应猕猴桃只旋而无吸盘的特点。整体造型，纤细现代不如粗犷乡土为宜。对于茎干草质的攀缘植物，如葫芦、茑萝、牵牛等，往往要借助于牵绳而上，因此，种植池要近；在花架柱梁板之间也要有支撑、固定，方可爬满全棚。

② 几种常见花架类型。

- 双柱花架：好似以攀缘植物作顶的休憩廊。值得注意的是，供植物攀缘的花架板，其平面排列可等距（一般为50cm左右），也可不等距，板间嵌入花架砧，取得光影和虚实变化；其立面也不一定是直线的，可设计为曲线、折线，甚至由顶面延伸至两侧地面，如“滚地龙”一般。
- 单柱花架：当花架宽度缩小，两柱接近而成一柱时，花架板变成中部支承两端外悬。为了整体的稳定和美观，单柱花架在平面上宜做成曲线、折线型。
- 各种供攀缘用的花墙、花瓶、花钵、花柱。

③ 花架常用的建材。

- 混凝土材料。是最常见的材料。基础、柱、梁皆可按设计要求，唯花架板因量多距近，且受木构断面影响，宜用光模、高标号混凝土一次捣制成型，以求轻巧挺薄。
- 金属材料。常用于独立的花柱、花瓶等。造型活泼、通透、多变、现代、美观，不过需经常养护油漆，且阳光直晒下温度较高。
- 玻璃钢、CRC等。常用于花钵、花盆。

花架高度应控制在2.5 ~ 2.8m，便于人们近距离观赏。花架开间一般控制在3 ~ 4m，太大了则构件显得笨拙臃肿。进深跨度常用2.7m、3m、3.3m。

8.2 园林建筑图设计

园林建筑的设计程序一般分为初步设计和施工图设计两个阶段，较复杂的工程项目还要进行技术设计。

初步设计主要是提出方案，说明建筑的平面布置、立面造型、结构选型等内容，绘制出建筑初步设计图，送有关部门审批。

技术设计主要是确定建筑的各项具体尺寸和构造方法；进行结构计算，确定承重构件的截面尺寸和配筋情况。

施工图设计主要是根据已批准的初步设计图，绘制出符合施工要求的图纸。园林建筑景观施工图一般包括平面图、施工图、剖面图和建筑详图等内容。与建筑施工图的绘制基本类似。

1. 初步设计图的绘制

（1）初步设计图的内容。包括总平面图、建筑平立剖面图、有关技术和构造说明、主要技术经济指标等。通常要做一幅透视图，表示园林建筑竣工后外貌。

（2）初步设计图的表达方法。初步设计图尽量画在同一张图纸上，图面布置可以灵活些，表达方法可以多样，如可以画上阴影和配景，或用色彩渲染，以加强图面效果。

（3）初步设计图的尺寸。初步设计图上要画出比例尺并标注主要设计尺寸，如总体尺寸、主要建筑的外形尺寸、轴线定位尺寸和功能尺寸等。

2. 施工图的绘制

设计图审批后，再按施工要求绘制出完整的建施、结施图样及有关技术资料。绘图步骤如下。

（1）确定绘制图样的数量。根据建筑的外形、平面布置、构造和结构的复杂程度决定绘制哪些图样。在保证能顺利完成施工的前提下，图样的数量应尽量少。

（2）在保证图样能清晰地表达其内容的情况下，根据各类图样的不同要求，选用合适的比例，平立剖面图尽量采用同一比例。

（3）进行合理的图面布置。尽量保持各图样的投影关系，或将同类型的、内容关系密切的图样集中绘制。

（4）通常先画建筑施工图，一般按总平面→平面图→立面图→剖面图→建筑详图的顺序进行绘制。再画结构施工图，一般先画基础图、结构平面图，然后分别画出各构件的结构详图。图8-1所示为座椅的施工图，单位mm，以下各图，不一一说明。

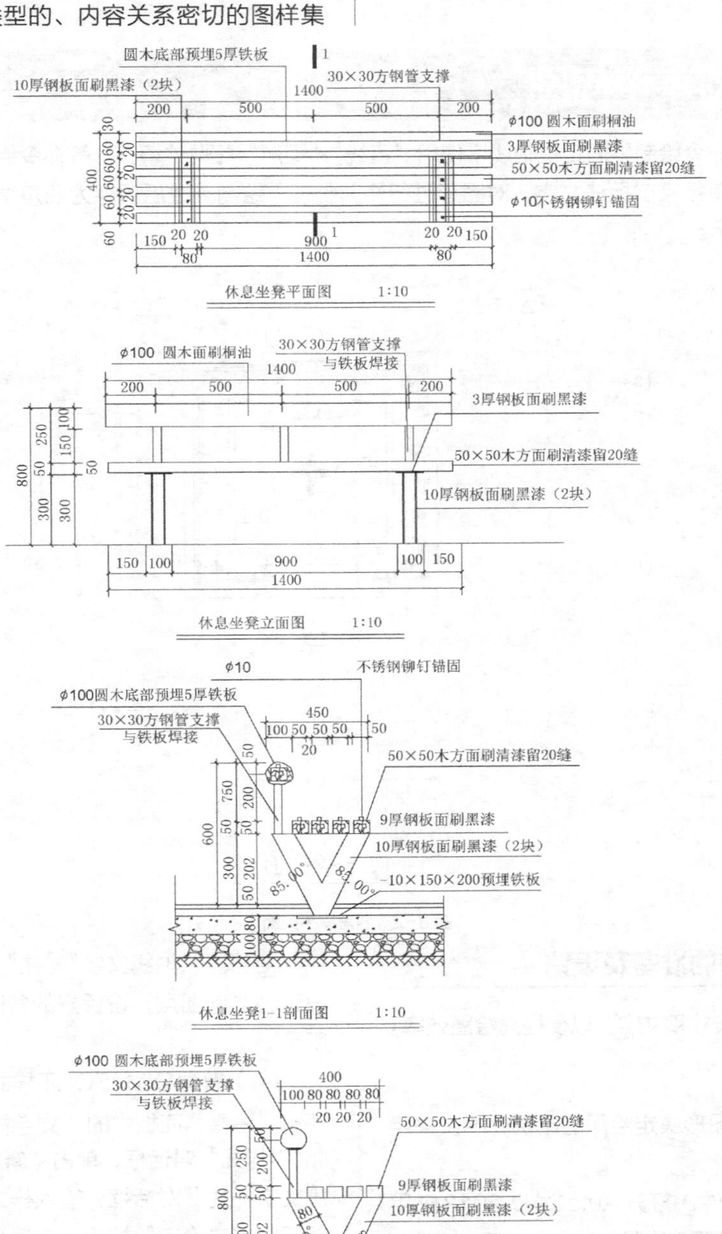

图 8-1　座椅施工图

① 视图包括平、立、剖面图，表达座椅的外形和各部分的装配关系。

② 尺寸在标有建施的图样中，主要标注与装配有关的尺寸、功能尺寸、总体尺寸。

③ 园林建筑施工图常附一个单体建筑物的透视图，特别是没有设计图的情况下更是如此。透视图应按比例用绘图工具画出。

④ 编写施工总说明。施工总说明包括的内容有：放样和设计标高、基础防潮层、楼面、楼地面、屋面、楼梯和墙身的材料和做法，室内外粉刷、装修的要求、材料和做法等。

8.3 绘制亭平面图

使用“直线”命令绘制平面定位轴线；使用“直线”“矩形”“圆”“填充”等命令绘制平面轮廓线；使用单行文字标注文字，对图形进行修剪整理，绘制完成后保存为四角亭平面图，如图8-2所示。

扫一扫

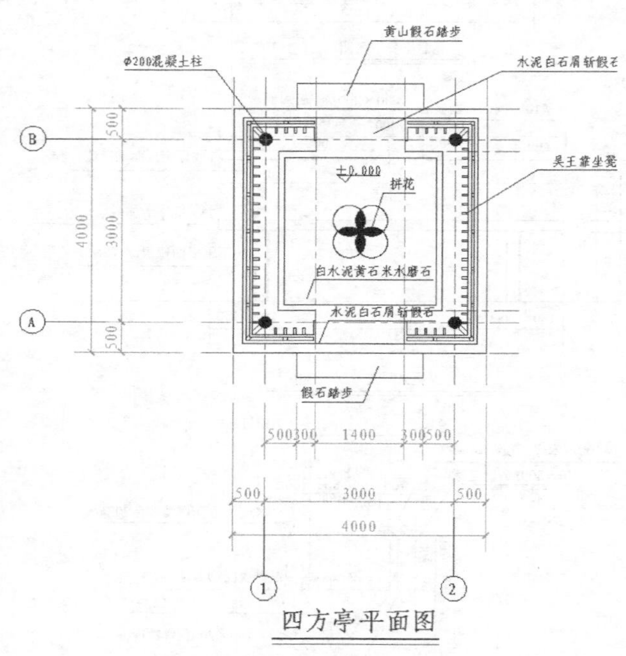

图8-2 四角亭平面图

8.3.1 绘图前的准备及设置

设置好图层、尺寸和文字，以便提高绘图效率。

STEP 绘制步骤

（1）根据绘制图形决定绘图的比例，建议采用1 ∶ 1的比例绘制。

（2）建立新文件。打开AutoCAD 2018应用程序，以“无样板打开-公制”建立一个新的文件，将新文件命名为“亭平面图.dwg”并保存。

（3）设置图层。根据需要设置以下8个图层：“标注尺寸”“文字”“其他线”“台阶”“中心线”“坐凳”“轴线文字”“柱”，把“中心线”图层设置为当前图层，设置好的各图层的属性如图8-3所示。

（4）新建DIM_FONT样式。单击“默认”选项卡“注释”面板中的“文字样式”按钮A，进入“文字样式”对话框，单击“新建”按钮，进入“新建文字样式”对话框，输入样式名为DIM_FONT，然后单击“确定”按钮，重返“文字样式”对话框对字体进行设置，然后单击“确定”按钮完成操作，如图8-4所示。

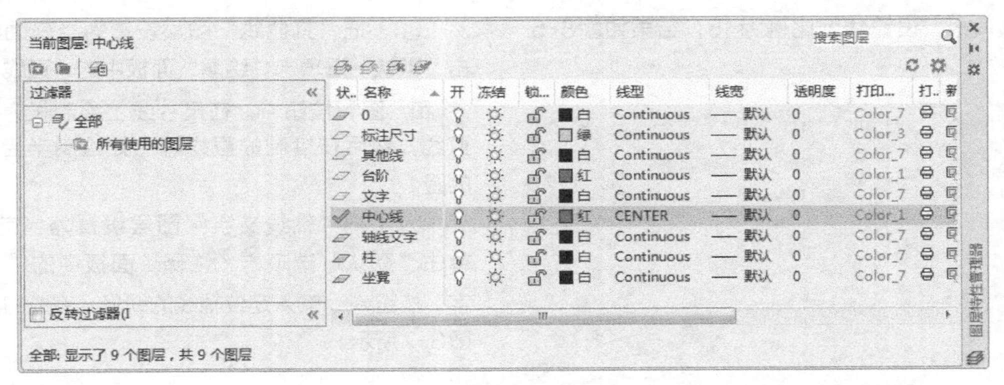

图 8-3 亭平面图图层设置

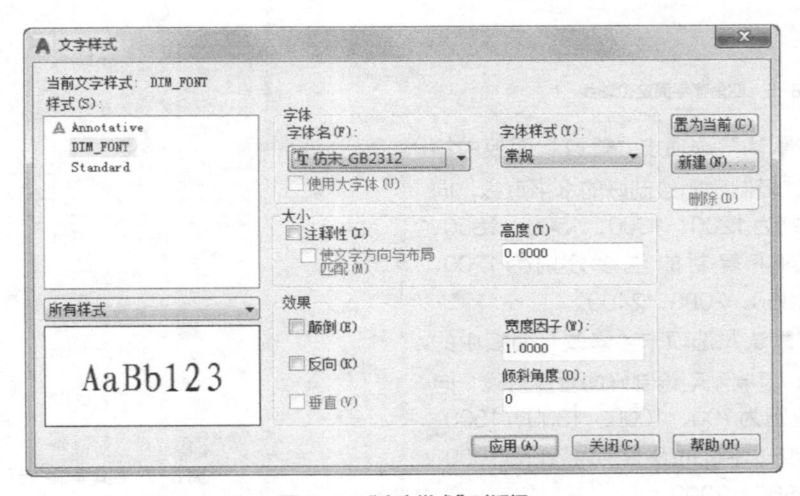

图 8-4 “文字样式”对话框

（5）新建标注样式。单击“默认”选项卡“注释”面板中的“标注样式”按钮，进入“标注样式管理器”对话框，单击“新建”按钮，然后进入创建新标注样式对话框，输入新建样式名，单击“继续”按钮进行标注样式的设置。

设置新标注样式时，根据绘图比例，对“线”“符号和箭头”“文字”“调整”“主单位”选项卡进行设置，具体如下。

① 线：超出尺寸线为250，起点偏移量为300。

② 符号和箭头：第一个为建筑标记，箭头大小为100，圆心标记为0.09。

③ 文字：文字高度为200，文字位置为垂直上，从尺寸线偏移为50，文字对齐为ISO标准。

④ 调整：文字始终保持在尺寸界限之间，文字位置为尺寸线上方不带引线，标注特征比例为使用全局比例。

⑤ 主单位：精度为0，比例因子为1。

8.3.2 绘制平面定位轴线

轴线是绘制图形时定位的重要依据，在轴线的绘制过程中，主要用到的命令是“直线”和“偏移”。

STEP 绘制步骤

（1）在状态栏中单击“正交模式”按钮，打开正交模式；在状态栏中单击“对象捕捉”按钮，打开对象捕捉模式；在状态栏中单击“对象捕捉追踪”按钮，打开对象捕捉追踪。

（2）单击“默认”选项卡“绘图”面板中的“直线”按钮，绘制一条长为5000的水平直线。重复“直线”命令，取水平直线中点绘制一条长为5000的垂直直线，选中两条直线并右击，在弹出的快捷菜单中选择“特性”命令，打开“特性”选项板，设置线型比例为15，结果如图8-5所示。

图8-5 四角亭平面定位轴线

（3）单击“默认”选项卡“修改”面板中的“复制”按钮，复制刚刚绘制好的水平直线，向上复制的位移分别为1200、1300、1500、1850、2000、2400，向下复制的位移分别为1200、1300、1500、1850、2000、2400。

（4）单击“默认”选项卡“修改”面板中的“复制”按钮，复制刚刚绘制好的垂直直线，向右复制的位移分别为700、1000、1300、1500、1850、2000，向左复制的位移分别为700、1000、1300、1500、1850、2000。

（5）把“标注尺寸”图层设置为当前图层，单击“默认”选项卡“注释”面板中的“线性”按钮和“连续”按钮标注尺寸，如图8-6所示。

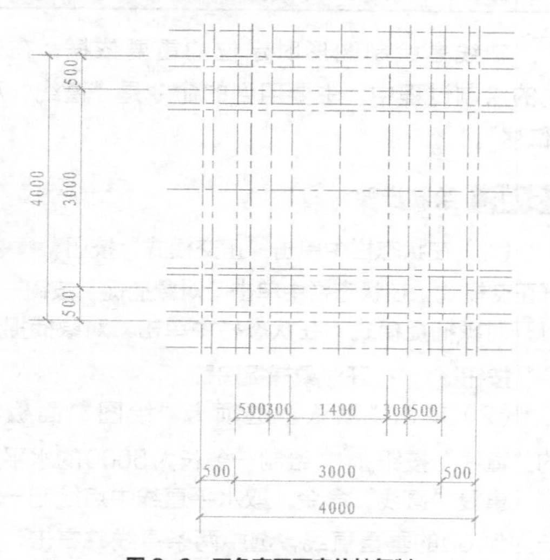

图8-6 四角亭平面定位轴复制

（6）把“其他线”图层设置为当前图层，单击“默认”选项卡“绘图”面板中的“直线”按钮和“圆”按钮，在尺寸线上绘制长为950的直线，然后在绘制的直线端点处绘制半径为200的圆。

（7）把“轴线文字”图层设置为当前图层，单击“默认”选项卡“注释”面板中的“多行文字”按钮A，输入定位轴线的编号，完成的图形如图8-7所示。

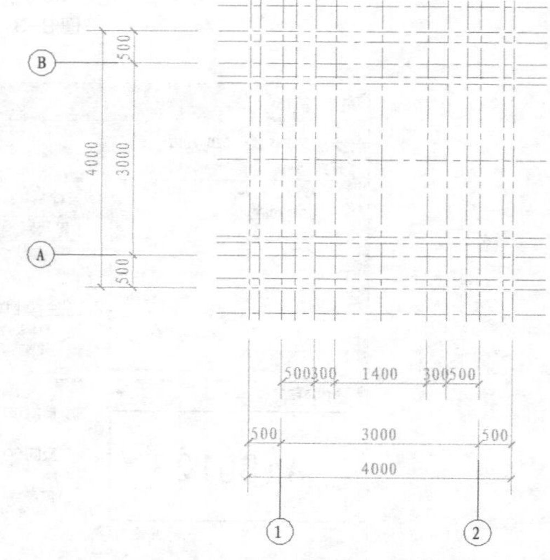

图8-7 四角亭轴线标注

8.3.3 绘制平面轮廓线

应用二维绘图和修改命令绘制平面轮廓线。

STEP 绘制步骤

1. 柱和矩形的绘制

（1）把“柱”图层设置为当前图层，单击“默认”选项卡“绘图”面板中的“圆”按钮，绘制直径为200的圆柱。

（2）单击“默认”选项卡“绘图”面板中的“图案填充”按钮，打开“图案填充创建”选项卡，选择“SOLID”图例进行填充。完成的图形如图8-8（a）所示。

（3）把“其他线”图层设置为当前图层，单击“默认”选项卡“绘图”面板中的“矩形”按钮，绘制4000×4000、3700×3700和2600×2600的矩形。

（4）单击“默认”选项卡“修改”面板中的

“偏移”按钮，把2600×2600的矩形向内偏移100，把3700×3700矩形向内偏移50、100、150。完成的图形如图8-8（b）所示。

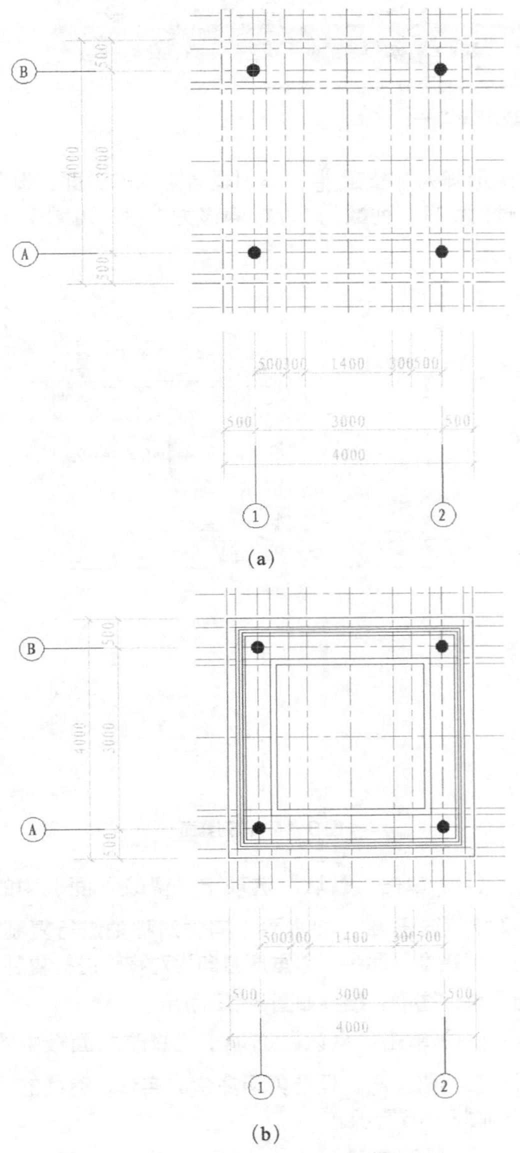

图 8-8　柱和矩形绘制

2. 绘制拼花

（1）将“中心线”图层设置为当前图层，单击“默认”选项卡“绘图”面板中的“直线”按钮，绘制一条长为3000的水平直线。重复“直线”命令，取水平直线中点绘制一条长为2500的垂直直线。

（2）把“其他线”图层设置为当前图层，单击“默认”选项卡“绘图”面板中的“圆”按钮，绘制一个半径为250的圆，如图8-9（a）所示。

（3）单击“默认”选项卡“修改”面板中的“旋转”按钮，把水平线以圆心作为基点，旋转45°，如图8-9（b）所示。

（4）单击“默认”选项卡“绘图”面板中的“圆”按钮，以45°直线与圆的交点为圆心绘制半径为250的圆。完成的图形如图8-9（c）所示。

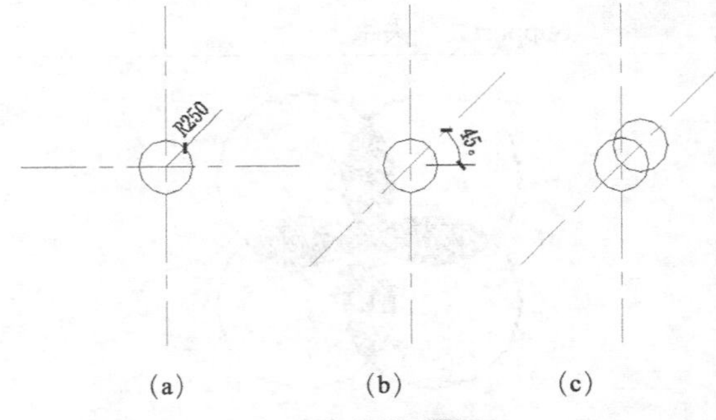

图 8-9　拼花绘制流程

（5）单击“默认”选项卡“修改”面板中的“环形阵列”按钮，阵列刚刚绘制好的圆，设置阵列项目为4，填充角度为360°，如图8-10所示。

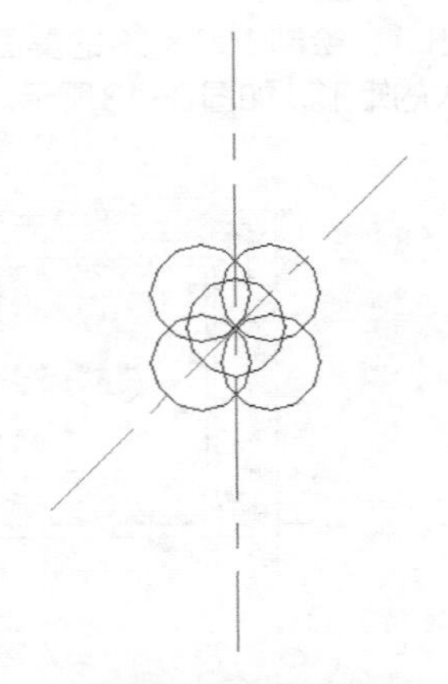

图 8-10　拼花阵列图

（6）单击“默认”选项卡“修改”面板中的“删除”按钮，删除多余圆和轴线。

（7）单击“默认”选项卡“绘图”面板中的“图案填充”按钮，打开“图案填充创建”选项卡，如图8-11所示，选择“石料_12”图例进行填充，设置角度为0，比例为100，完成的图形如图8-12所示。

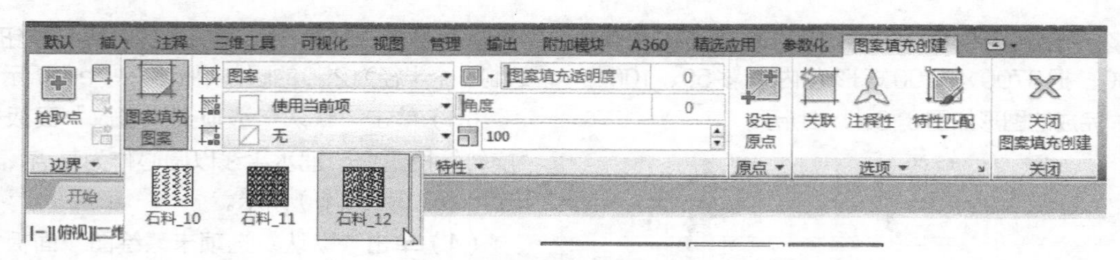

图 8-11 “图案填充创建”选项卡

需要将该图案放置到AutoCAD目录下的Support文件夹中。

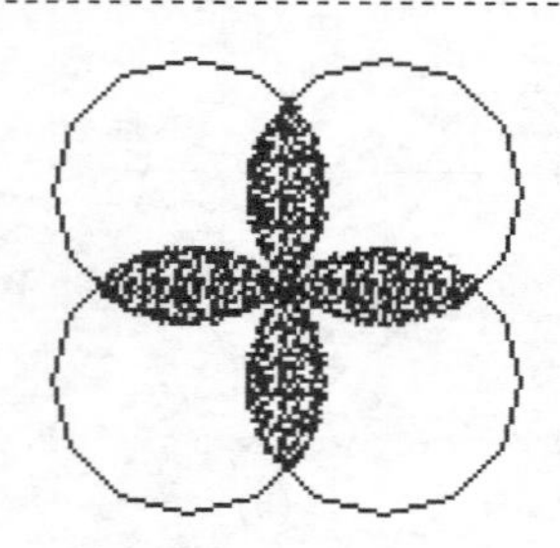

图 8-12 拼花

3. 绘制踏步和坐凳

（1）单击“默认”选项卡“绘图”面板中的“直线”按钮，绘制长为2000、宽为400的踏步。然后单击“默认”选项卡“绘图”面板中的“矩形”按钮，绘制100×30的凳面，同理，再绘制一个较大的矩形，如图8-13所示。

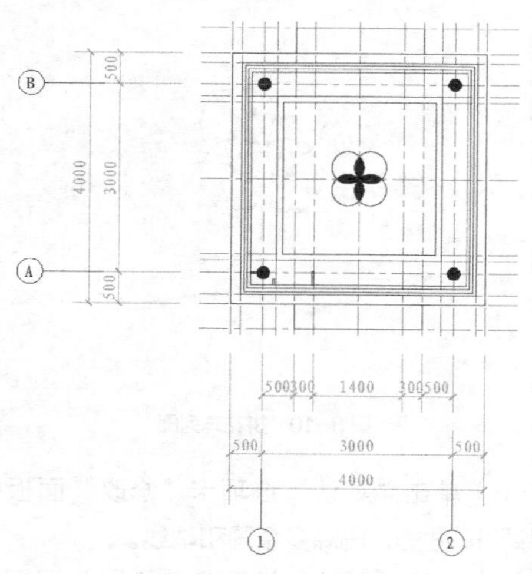

图 8-13 绘制凳面

（2）单击“默认”选项卡“修改”面板中的“复制”按钮，复制水平方向矩形的距离分别为150、300、450。

（3）单击“默认”选项卡“修改”面板中的“矩形阵列”按钮，阵列垂直方向的凳面，设置行数为21，列数为1，行偏移为150，如图8-14所示。

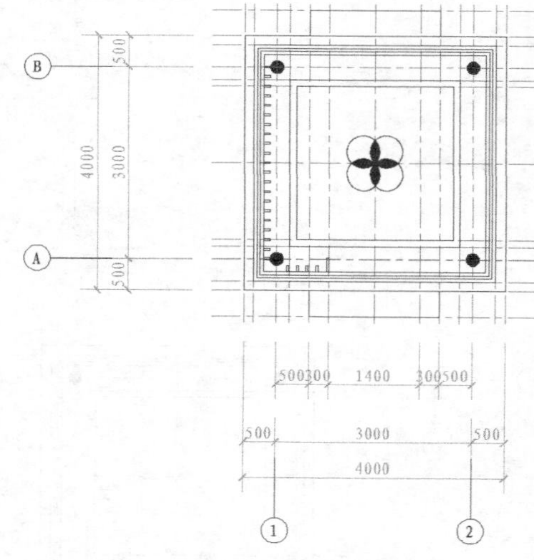

图 8-14 阵列凳面

（4）单击“默认”选项卡“修改”面板中的“镜像”按钮，以水平方向为对称轴进行复制。重复“镜像”命令，以垂直方向为对称轴进行复制。最后整理图形，结果如图8-15所示。

（5）单击“默认”选项卡“修改”面板中的“修剪”按钮，框选剪切多余的实体，完成的图形如图8-16所示。

4. 标注文字

（1）将“文字”图层设置为当前图层，在命令行中输入“QLEADER”命令，标注文字。

（2）单击“默认”选项卡“绘图”面板中的“直线”按钮、“多段线”按钮和“多行文字”按钮A，标注图名。

（3）单击“默认”选项卡“修改”面板中的“删除”按钮，删除多余的对称轴线，如图8-2所示。

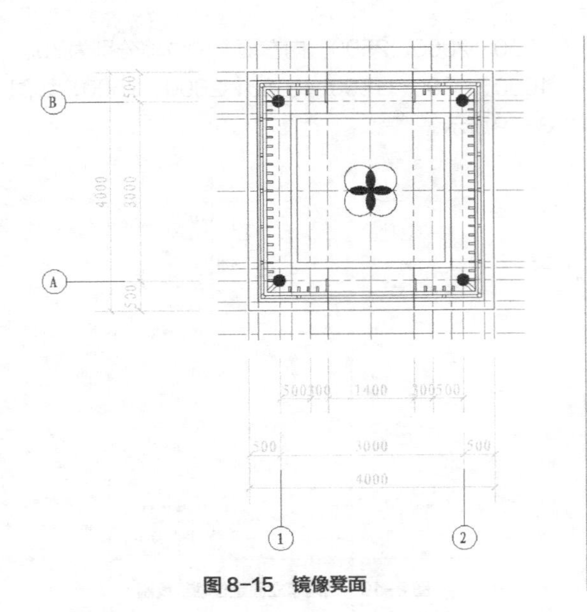

图 8-15 镜像凳面

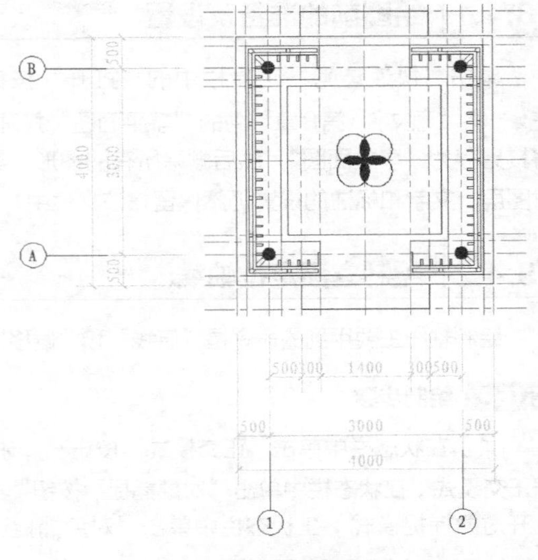

图 8-16 坐凳绘制完成

8.4 绘制亭立面图

扫一扫

使用“直线”命令绘制立面定位轴线；使用“直线”“矩形”“圆”和“填充”等命令绘制立面轮廓线；使用多行文字标注文字，绘制完成后保存为亭立面图，如图8-17所示。

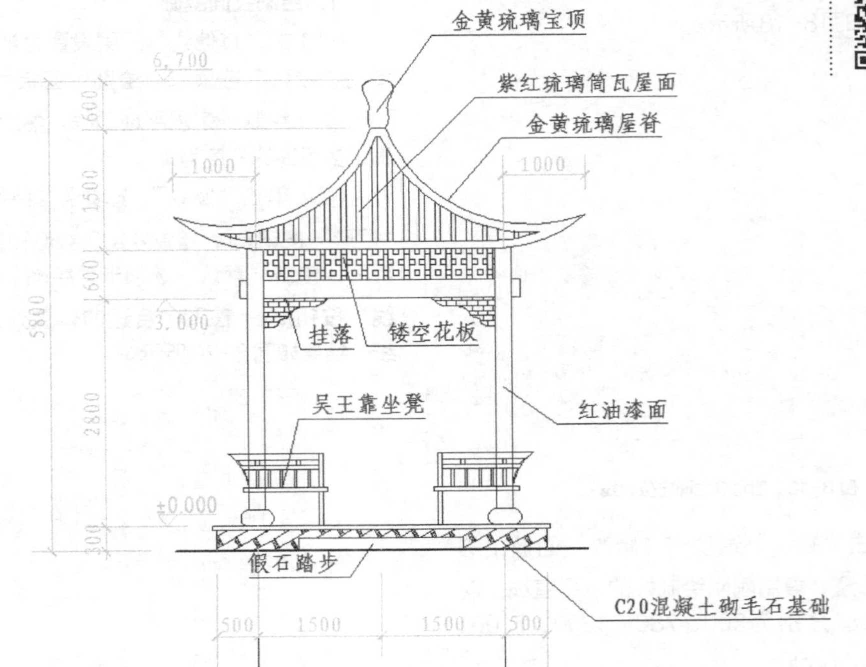

图 8-17 四角亭立面图

8.4.1 绘图前的准备及设置

单击“快速访问”工具栏中的“打开”按钮，将“源文件\第8章”中的“亭平面图”打开，将其另存为“亭立面图”，然后删除所有的图形，其对图层、文字和标注的设置仍然保留在该文件中。

8.4.2 绘制立面定位轴线

绘制轴线主要用到的命令是“直线”和“偏移”。

STEP 绘制步骤

（1）在状态栏中单击“正交模式”按钮，打开正交模式；在状态栏中单击“对象捕捉”按钮，打开对象捕捉模式；在状态栏中单击“对象捕捉追踪”按钮，打开对象捕捉追踪。

（2）将“中心线”图层设置为当前图层，单击“默认”选项卡“绘图”面板中的“直线”按钮，绘制一条长为5000的水平直线。重复“直线”命令，取水平直线中点绘制一条长为5900的垂直直线，选中两条直线并右击，在弹出的快捷菜单中选择“特性”命令，打开“特性”对话框，设置线型比例为15，如图8-18所示。

图 8-18　四角亭立面定位轴线

（3）单击“默认”选项卡“修改”面板中的“复制”按钮，复制刚刚绘制好的水平直线，向上复制的位移分别为300、780、1200、3100、3700、5200、5800。

（4）单击“默认”选项卡“修改”面板中的“复制”按钮，复制刚刚绘制好的垂直直线，向右复制的位移分别为700、1000、1300、1500、1850、2000、2500，向左复制的位移分别为700、1000、1300、1500、1850、2000、2500，如图8-19所示。

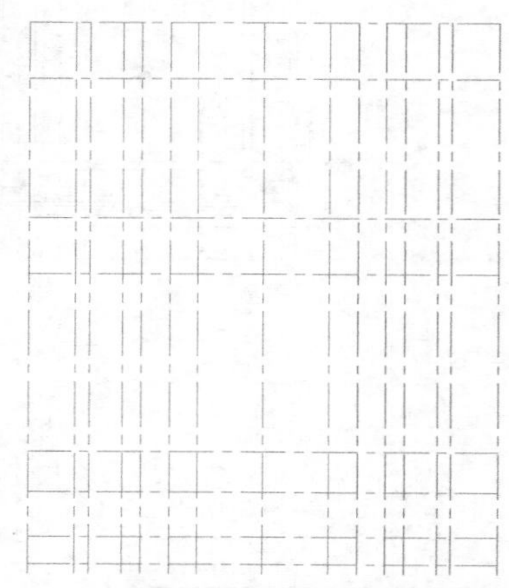

图 8-19　四角亭立面定位轴线复制

8.4.3 绘制立面轮廓线

利用二维绘图和修改命令绘制立面轮廓线。

STEP 绘制步骤

1. 绘制立面基础

（1）把“其他线”图层设置为当前图层，首先单击“默认”选项卡“绘图”面板中的“多段线”按钮，绘制一条水平地面线。然后输入“W”来确定多段线的宽度为10。

（2）单击“默认”选项卡“绘图”面板中的“矩形”按钮，绘制4100×50和2000×150的矩形，单击“默认”选项卡“绘图”面板中的“直线”按钮，在图中合适的位置处绘制两条短直线，结果如图8-20所示。

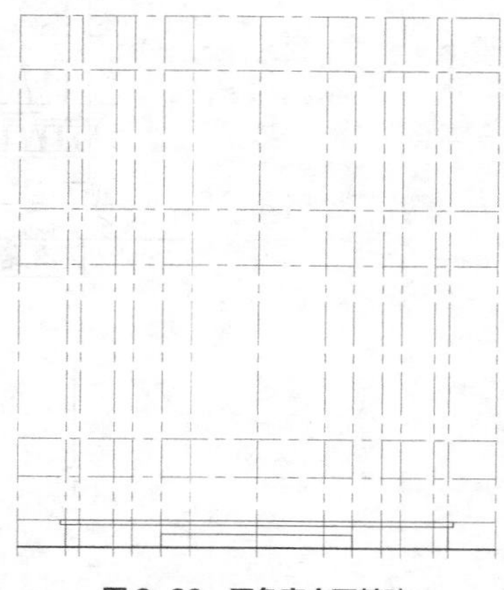

图 8-20　四角亭立面基础

（3）单击“默认”选项卡“绘图”面板中的“图案填充”按钮，打开“图案填充创建”选项卡（如图8-21所示），选择“BRSTONE”图例进行填充，设置角度为30，比例为15，完成的图形如图8-22所示。

2. 绘制圆柱立面

（1）单击“默认”选项卡“绘图”面板中的“矩形”按钮，绘制柱底，输入“F”来确定指定矩形的圆角半径为100，输入“D”来确定矩形的尺寸，指定矩形的长度为400，指定矩形的宽度为200。

（2）单击“默认”选项卡“绘图”面板中的“直线”按钮，绘制立柱，完成的图形如图8-23（a）所示。

（3）单击“默认”选项卡“绘图”面板中的“直线”按钮，绘制坐凳立面水平线。

（4）单击“默认”选项卡“绘图”面板中的“矩形”按钮，绘制坐凳立面竖向线。

（5）单击“默认”选项卡“绘图”面板中的“圆弧”按钮，绘制圆弧。

（6）单击“默认”选项卡“修改”面板中的“镜像”按钮，以垂直中心线为镜像线复制坐凳立面，如图8-23（b）所示。

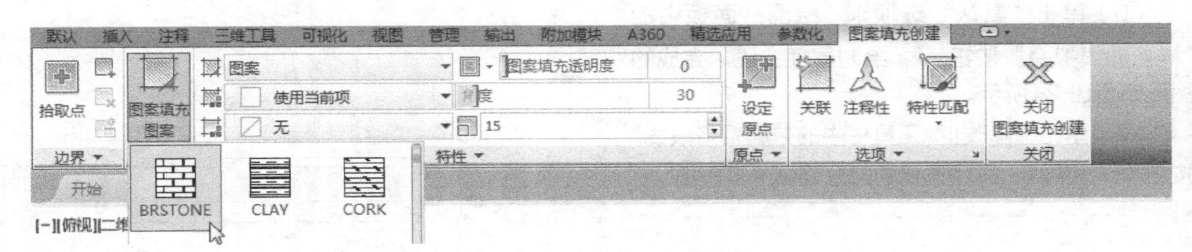

图 8-21 “图案填充创建”选项卡

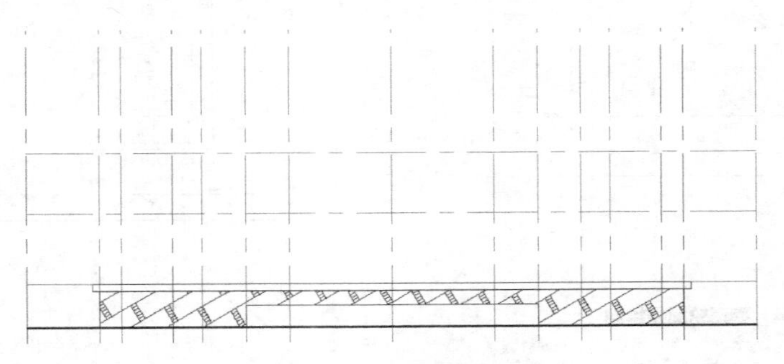

图 8-22 四角亭立面基础填充

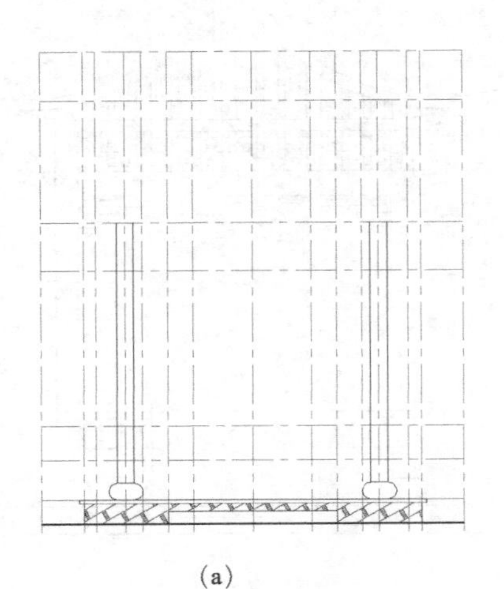

(a)

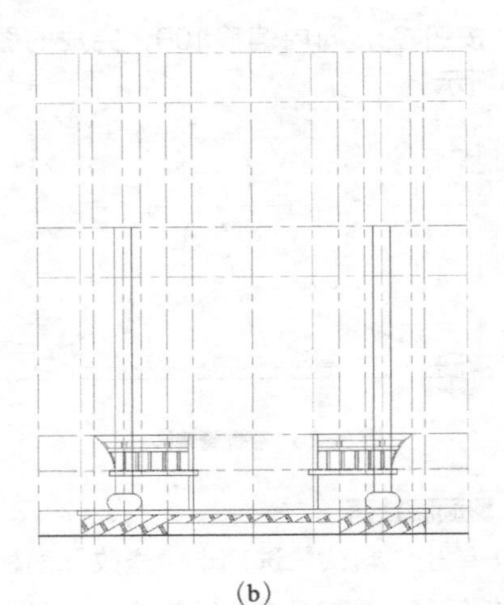

(b)

图 8-23 柱和坐凳立面绘制

3. 绘制亭顶轮廓线

（1）单击“默认”选项卡“绘图”面板中的“矩形”按钮，绘制亭梁。

（2）单击“默认”选项卡“绘图”面板中的“样条曲线拟合”按钮，绘制挂落。

（3）单击“默认”选项卡“绘图”面板中的“直线”按钮，绘制亭屋脊直线。

（4）单击“默认”选项卡“绘图”面板中的“圆弧”按钮，绘制圆弧。

（5）单击“默认”选项卡“绘图”面板中的“直线”按钮，绘制屋顶直线。

（6）单击“默认”选项卡“绘图”面板中的“样条曲线拟合”按钮，绘制屋顶曲线。完成的图形如图8-24所示。

（7）单击“修改II”工具栏中的“编辑多段线”按钮，将图8-24中选择的部分编辑成多段线。

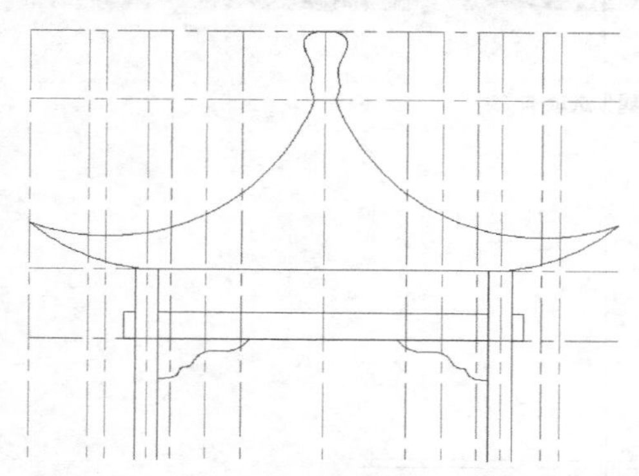

图8-24　亭顶轮廓线绘制

（8）单击“默认”选项卡“修改”面板中的“偏移”按钮，向内偏移100，完成的图形如图8-25所示。

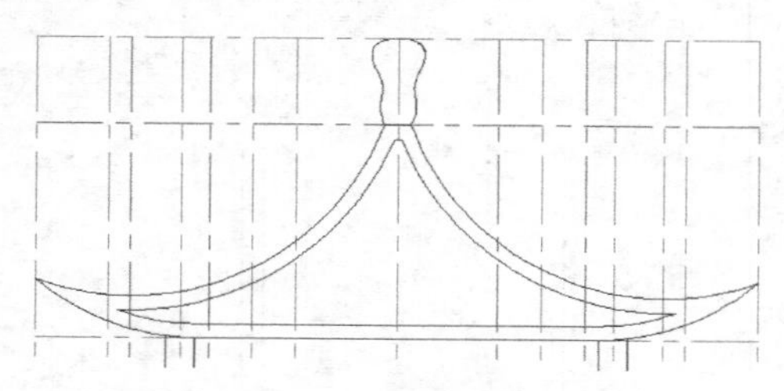

图8-25　亭屋脊偏移

4. 屋面和挂落

（1）单击“默认”选项卡“修改”面板中的“删除”按钮，删除多余的定位轴线，如图8-26（a）所示。

（2）单击“默认”选项卡“绘图”面板中的“图案填充”按钮，打开“图案填充创建”选项卡，设置如下。

①“ANSI32”图例，填充比例和角度分别为20和45°。

②“BOX”图例，填充比例和角度分别为10和180°。

③“BRICK”图例，填充比例和角度分别为10和0°。

图形如图8-26（b）所示。

(a)

(b)

图8-26　屋面、挂落填充

5. 标注尺寸和文字

（1）将“标注尺寸”图层设置为当前图层，单击“默认”选项卡“注释”面板中的“线性”按钮和“连续”按钮，标注尺寸。

（2）单击“默认”选项卡“绘图”面板中的“直线”按钮和“多行文字”按钮A，标注标高。

（3）将“文字”图层设置为当前图层，在命令行中输入“QLEADER”命令，标注文字。

（4）单击“默认”选项卡“绘图”面板中的“直线”按钮、“多段线”按钮和“多行文字”按钮A，标注图名，整理图形，结果如图8-17所示。

扫一扫

8.5 绘制亭屋顶仰视图

调用亭平面图中的定位轴线；使用“直线”“矩形”“圆”和“填充”等命令绘制立面轮廓线；使用多行文字标注文字，绘制完成后保存为亭屋顶仰视图，如图8-27所示。

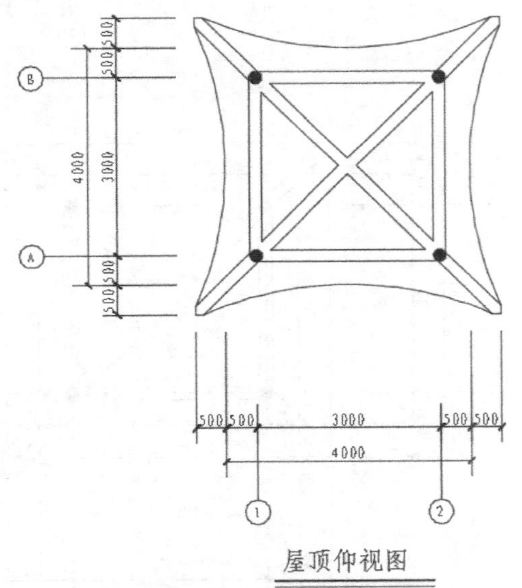

图 8-27 四角亭屋顶仰视图

8.5.1 绘图前的准备及设置

单击“快速访问”工具栏中的“打开”按钮，将“源文件\第8章”中的亭平面图打开，将其另存为“亭屋顶仰视图”，然后删除部分图形并进行整理，结果如图8-28所示。

8.5.2 绘制立面轮廓线

利用二维绘图和修改命令绘制立面轮廓线。

STEP 绘制步骤

（1）在状态栏中单击“正交模式”按钮，打开正交模式；在状态栏中单击“对象捕捉”按钮，打开对象捕捉模式；在状态栏中单击“对象捕捉追踪”按钮，打开对象捕捉追踪。

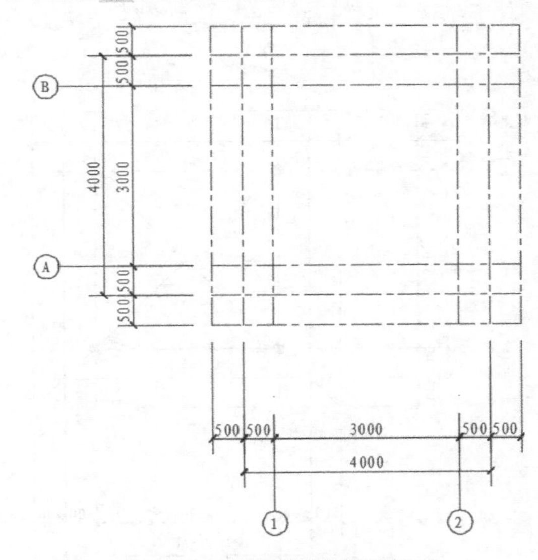

图 8-28 四角亭屋顶仰视图定位轴线

（2）将“柱”图层设置为当前图层，单击“默认”选项卡“绘图”面板中的“圆”按钮，绘制半径为100的圆柱。

（3）单击“默认”选项卡“绘图”面板中的“图案填充”按钮，选择“SOLID”图例填充圆柱，完成的图形如图8-29（a）所示。

（4）将“其他线”图层设置为当前图层，单击“默认”选项卡“绘图”面板中的“矩形”按钮，绘制4000×4000、3000×3000的矩形。

（5）单击“默认”选项卡“绘图”面板中的“直线”按钮，连接矩形对角线，完成的图形如图8-29（b）所示。

（6）单击“默认”选项卡“修改”面板中的

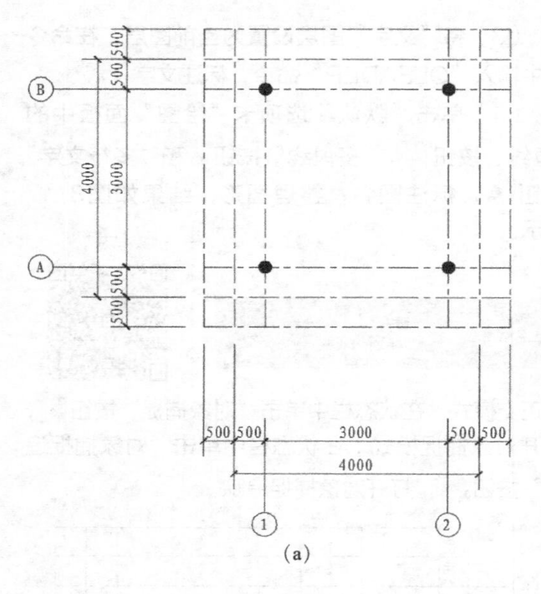

(a)

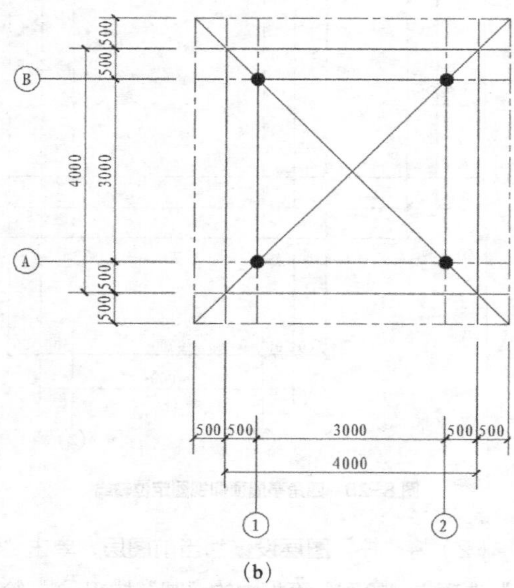

(b)

图 8-29　仰视图绘制流程 1

“偏移”按钮，把300×300矩形和对角线向内外各偏移的距离为100，完成的图形如图8-30（a）所示。

（7）单击“默认”选项卡“修改”面板中的“删除”按钮，删除偏移前绘制的矩形和对角线。

（8）单击“默认”选项卡“修改”面板中的“修剪”按钮，框选剪切多余的实体，完成的图形如图8-30（b）所示。

（9）单击“默认”选项卡“绘图”面板中的“圆弧”按钮，使用三点绘制圆弧，完成的图形如图8-31（a）所示。

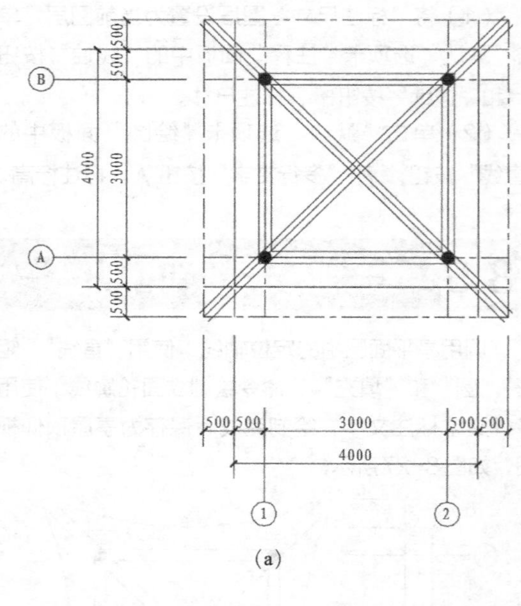

(a)

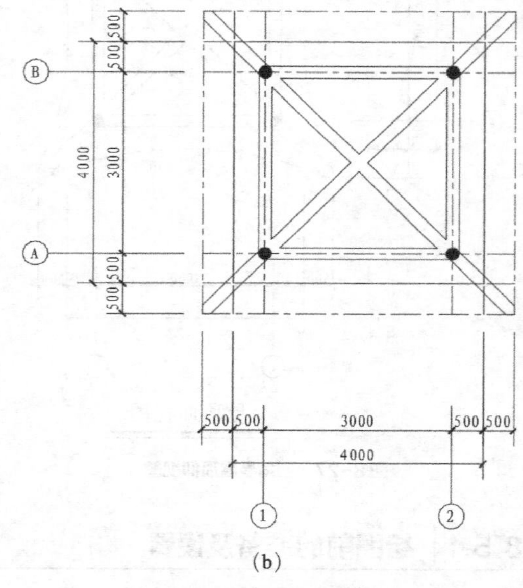

(b)

图 8-30　仰视图绘制流程 2

（10）单击“默认”选项卡“修改”面板中的“删除”按钮，删除多余矩形和轴线。

（11）单击“默认”选项卡“绘图”面板中的“直线”按钮，连接对角线偏移直线两端，完成的图形如图8-31（b）所示。

（12）标注文字。单击“默认”选项卡“注释”面板中的“多行文字”按钮A，标注文字和图名。完成的图形如图8-27所示。

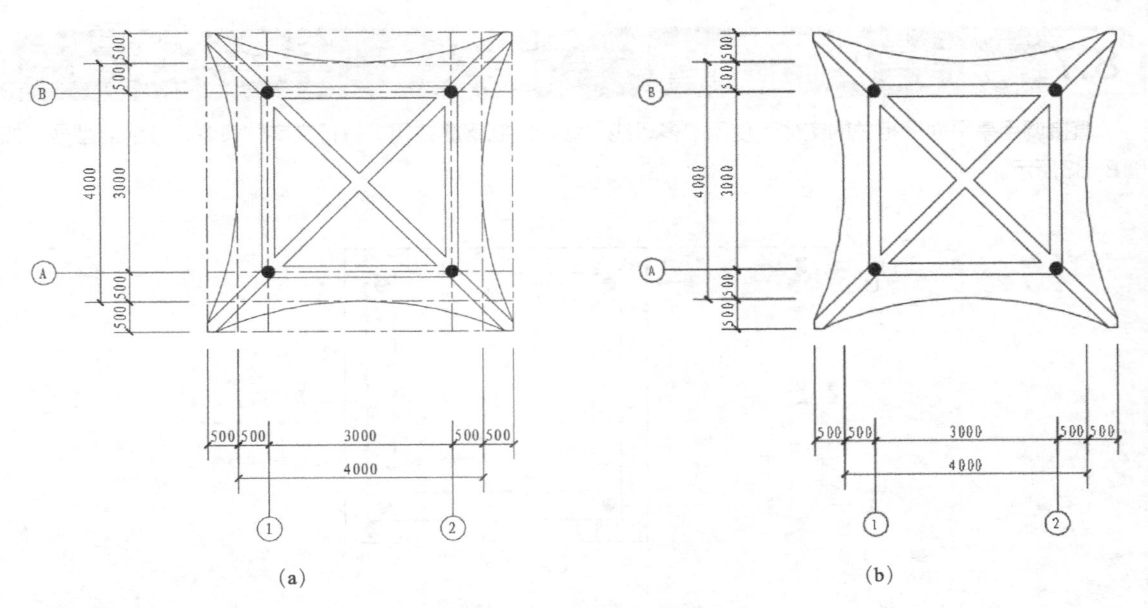

图 8-31 仰视图绘制流程 3

8.6 绘制亭屋面结构图

直接调用屋顶仰视图；使用“多段线”命令绘制钢筋并用“多行文字”命令标注钢筋型号，如图 8-32 所示。

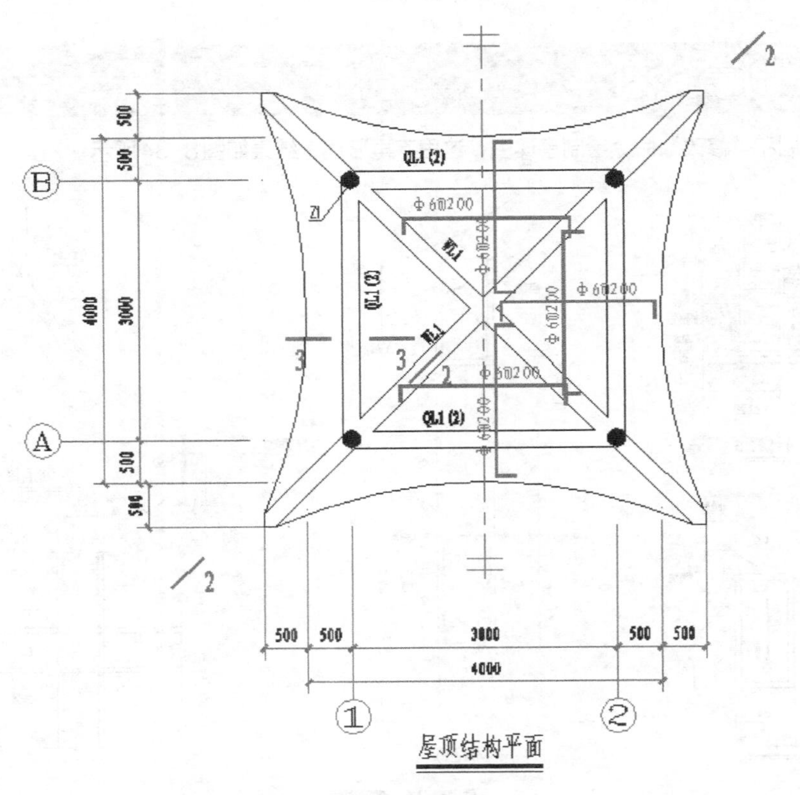

图 8-32 屋面结构图

8.7 绘制亭基础平面图

直接调用亭平面图相关的实体；使用“多段线”命令绘制钢筋并用“多行文字”命令标注钢筋型号，如图8-33所示。

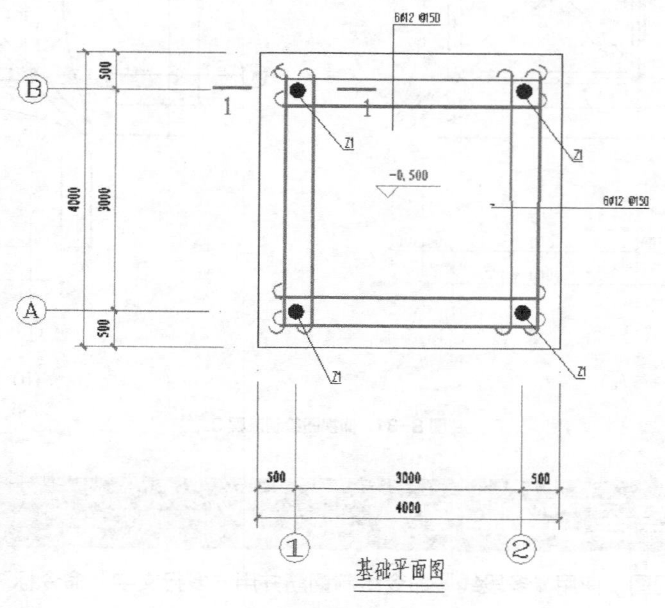

图 8-33　基础平面图

8.8 绘制亭详图

使用二维绘制和“修改”命令绘制亭详图，这里不再赘述，结果如图8-34所示。

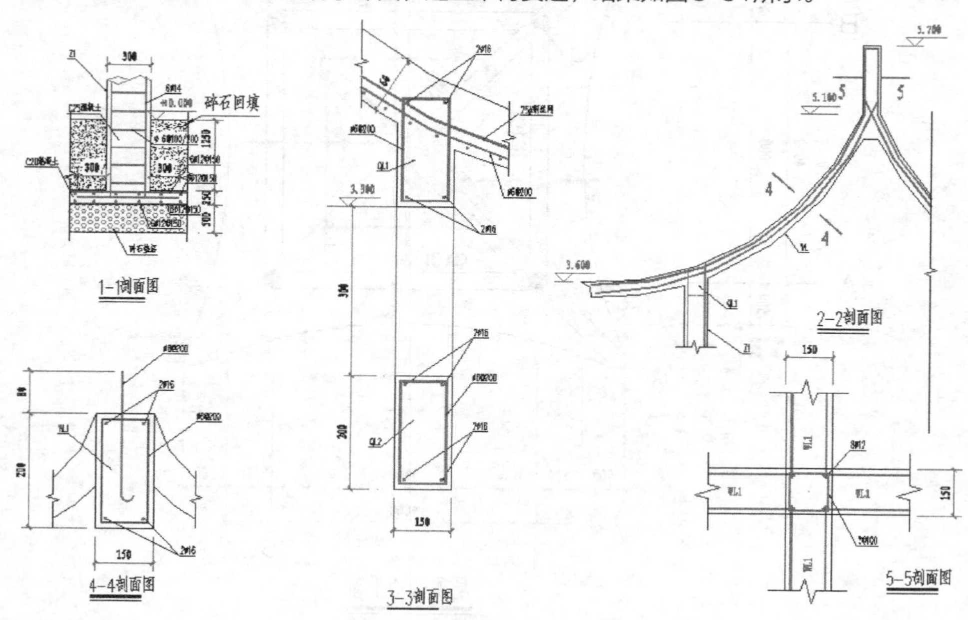

图 8-34　亭详图

8.9 上机实验

通过前面的学习，相信读者对本章知识已有了大体的了解，本节通过几个操作练习帮助读者进一步掌握本章知识要点。

【实验 1】绘制图 8-35 所示的某亭平面图。

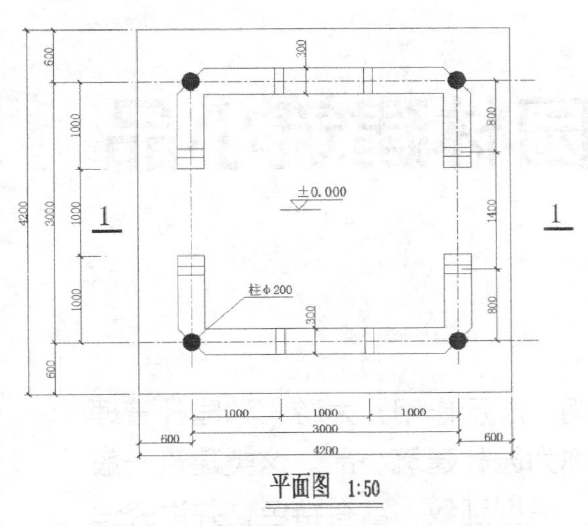

图 8-35 亭平面图

1. 目的要求

希望读者通过本实例熟悉和掌握亭平面图的绘制方法。

2. 操作提示

（1）绘图前准备。

（2）绘制轴线。

（3）绘制轮廓线和柱子。

（4）细化图形。

（5）标注标高、尺寸和文字。

【实验 2】绘制图 8-36 所示的某亭立面图。

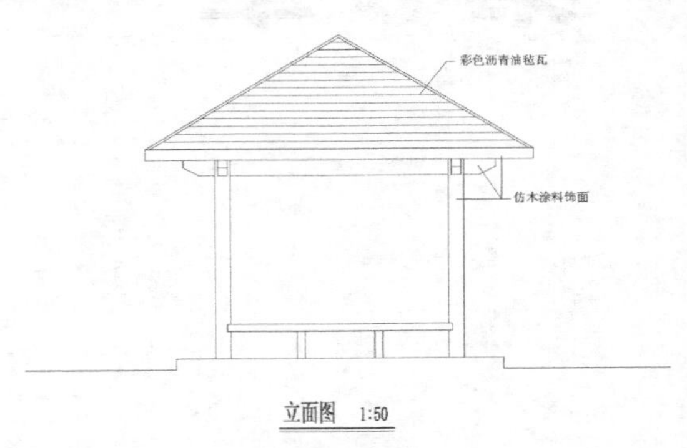

图 8-36 亭立面图

1. 目的要求

希望读者通过本实例熟悉和掌握亭立面图的绘制方法。

2. 操作提示

（1）绘图前准备。

（2）绘制地坪线。

（3）绘制圆柱。

（4）绘制亭顶。

（5）绘制挂落。

（6）标注文字说明。

第 9 章

园林建筑小品

在园林中起装饰、照明、展示作用，为游人和园林管理提供方便的小型建筑设施称为园林建筑小品。这类建筑一般没有内部空间，体量小巧，造型别致，富有特色，并讲究适得其所。园林建筑小品若设置在城市街头、广场、绿地等环境中，便称为城市建筑小品。园林建筑小品既能为游人的文化休息和公共活动提供方便，又能使游人从中获得美的感受。

学习要点和目标任务

- 园林小品的基本特点
- 园林小品的设计原则
- 绘制升旗台
- 绘制茶室

9.1 概述

园林小品是园林环境中不可缺少的因素之一，它虽不像园林建筑那样具有举足轻重的作用，但却像园林中的奇葩，闪烁着别致的光彩。园林小品通常体量小巧，造型新颖，既有简单的使用功能，又有装饰品的造型艺术特点，可以说它既满足了园林建筑技术的要求，又具有造型艺术和空间组合上的美感。常见的园林小品有花池、园桌、园凳、标志牌、升旗台、茶室、栏杆、果皮箱等。小品的设计首先要巧于立意，要表达出一定的意境和乐趣，才能成为耐人寻味的作品；其次，要独具特色，切忌生搬硬套；另外，要追求自然，“虽由人作，宛如天开”；再者，小品作为园林的陪衬，体量要合宜，不可喧宾夺主；最后，由于园林小品绝大多数均有实用意义，因此除了追求造型上的美观外，还要符合实用功能及技术上的要求。本章主要介绍升旗台、茶室的绘制方法。

9.1.1 园林建筑小品的基本特点

1. 园林建筑小品的分类

园林建筑小品按其功能可分为5类。

（1）供休息的小品。包括各种造型的靠背园椅、凳、桌和遮阳的伞、罩等。常结合环境，用自然块石或用混凝土做成仿石、仿树墩的凳、桌；或利用花坛、花台边缘的矮墙和地下通气孔道来当作椅、凳等；围绕大树基部设椅凳，既可休息，又能纳荫。

（2）装饰性小品。各种固定的和可移动的花钵、饰瓶，可以经常更换花卉。装饰性的日晷、香炉、水缸，各种景墙（如九龙壁）、景窗等，在园林中起点缀作用。

（3）照明的小品。园灯的基座、灯柱、灯头、灯具都有很强的装饰作用。

（4）展示性小品。各种布告板、导游图板、指路标牌，以及动物园、植物园和文物古建筑的说明牌、阅报栏、图片画廊等，都对游人有宣传、教育的作用。

（5）服务性小品。如方便游人的饮水泉、洗手池、公用电话亭、时钟塔等；为保护园林设施设置的栏杆、格子垣、花坛绿地的边缘装饰等；为保持环境卫生设置的废物箱等。

2. 园林建筑小品主要构成要素

园景规划设计应该包括园墙、门洞（又称墙洞）、空窗（又称月洞）、漏窗（又称漏墙或花墙窗洞）、室外家具、出入口标志等小品设施。这些小品的设置有利于园林意境的空间创造，可起到分隔空间、增加景深的作用，使方寸之地小中见大。同时，又可作为取景框，达到景随步移的效果，作为造园障景，增加游园乐趣。

（1）墙。园林景墙有分隔空间、组织导游、衬托景物、装饰美化或遮蔽视线的作用，是园林空间构图的一个重要因素。按构造方式可分为实心墙、烧结空心砖墙、空斗墙、复合墙。

（2）装饰隔断。其作用在于加强建筑线条、质地、阴阳、繁简及色彩上的对比。按式样可分为博古式、栅栏式、组合式和主题式等。

（3）门窗洞口。门洞的形式有曲线型、直线型、混合型，现代园林建筑中还出现了一些新的不对称的门洞式样，可以称之为自由型。由于游人进出繁忙，门洞、门框易受碰挤磨损，需要选用坚硬耐磨的材料，特别是门槛的材料，更应如此；若有车辆出入，其宽度应该考虑车辆的净空要求。

（4）园凳、椅。园凳、椅的首要功能是供游人休息，欣赏周围景物。其次，其以优美精巧的造型，点缀园林环境，成为园林景色之一。

（5）引水台、烧烤场及路标等。为了满足游人日常之需和野营等特殊需要，在风景区可设置引水台和烧烤场，并应配置野餐桌、路标、厕所、废物箱、垃圾桶等。

（6）铺地。园中铺地，其实是一种地面装饰。铺地形式多样，有乱石铺地、冰裂纹，以及各式各样的砖花地等。砖花地形式多样，若做得巧妙，则价廉形美。

也有铺地是用砖、瓦等与卵石混用拼出美丽的图案，这种形式是用立砖为界，中间填卵石；也有的用瓦片，以瓦的曲线做出“双钱”及其他带有曲线的图形。这种地面是园林中的庭院常用的铺地形式。另外，还可利用卵石的不同大小或色泽，拼搭出各种图案。例如，以深色（或较大的）卵石为界线，以浅色（或较小的）卵石填入其间，拼填出鹿、鹤、麒麟等，或拼填出“平升三级”等吉祥如意的图形。总之，可以用这种材料铺成各种形象的地面。

用碎的、大小不等的青板石，可以铺出冰裂纹地面。冰裂纹图案除了具有形式美之外，还有文化上的内涵，具有“寒窗苦读”或“玉洁冰清”之意，隐喻出坚毅、高尚、纯朴之意。

（7）花色景梯。园林规划中结合造景和功能之需，可采用不同一般的花色景梯小品，有的依楼倚山，有的凌空展翅，既满足交通功能之需，又以本身姿丽丰富建筑空间。

（8）栏杆边饰等装饰细部。园林中的栏杆除起防护作用外，还可用于分隔不同活动空间、划分活动范围，以及组织人流。造型美观的栏杆还可点缀装饰园林环境。

（9）园灯。园灯中使用的光源及特征如下。

① 汞灯：使用寿命长，是目前园林中最适用的光源之一。

② 金属卤化物灯：发光效率高，显色性好，可用于照射游人多的地方，但使用范围受限制。

③ 高压钠灯：效率高、节能，多用于照度要求高的场所，如道路、广场、游乐场，但不能真实地反映绿色。

④ 荧光灯：照明效果好，寿命长，在范围较小的庭院中适用，但不适用于广场和低温场所。

⑤ 白炽灯：能使红、黄更美丽显目。但寿命短，维修麻烦。

⑥ 水下照明彩灯：能够表现出鲜艳的色彩，但造价一般比较昂贵。

园林中使用的照明器及特征如下。

① 投光器：用在白炽灯和高强度放电处，能营造节日快乐的氛围，还可从反向照射树木、草坪、纪念碑等，以达到特殊的照明效果。

② 杆头式照明器：布置在院落一角或庭院一隅，适于全面照射铺地路面、树木、草坪，可营造静谧浪漫的气氛。

③ 低照明器：有固定式、直立移动式、柱式照明器。低照明器主要用于园路两旁、墙垣之侧或假山岩洞等处，能渲染出特别的灯光效果。

绿化照明的要点如下。

① 植物的照明方法：树木照明可用自下而上照射的方法，以消除叶子间的阴影。尤其当照度为周围倍数时，被照射的树木便具有构景中心感。在一般的绿化环境中，需要的照度为50X～100lX。

② 光源：汞灯、金属卤化物灯都适用于绿化照明，但要看清树或花瓣的颜色，可使用白炽灯。同时应该尽可能地安排不直接出现的光源，以免产生色的偏差。

③ 照明器：一般使用投光器，调整投光的范围和灯具的高度，以取得预期效果。对于低矮植物多半使用仅产生向下配光的照明器。

灯具选择与设计原则如下。

① 外观舒适并符合使用要求与设计意图。

② 艺术性要强，有助于丰富空间的层次和立体感，形成阴影的大小和明暗要有分寸。

③ 与环境和气氛相协调。用“光”与“影”来衬托自然的美，创造一定的场面气氛，分隔与变化空间。

④ 保证安全。灯具线路开关乃至灯杆设置都要采取安全措施。

⑤ 形美价廉，具有能充分发挥照明功效的构造。

园林照明器具构造如下。

① 灯柱：多为支柱形，构成材料有钢筋混凝土、钢管、竹木及仿竹木，柱截面多为圆形和多边形两种。

② 灯具：有球形、半球形、半圆筒形、角形、纺锤形、角锥形、组合形等。所用材料则有铁、镀金金属铝、钢化玻璃、塑胶、搪瓷、陶瓷、有机玻璃等。

③ 灯泡、灯管：普通灯、荧光灯、水银灯、钠

灯及其附件。

园林照明标准如下。

① 照度：目前国内尚无统一标准，一般可采用0.3X ~ 1.51X作为照度保证。

② 光悬挂高度：一般取4.5m高度。而花坛和要求设置低照明度的园路，光源设置高度小于等于1.0m为宜。

（10）雕塑小品。园林建筑的雕塑小品主要是指带观赏性的小品，取材应与园林建筑环境相协调，要有统一的构思。

（11）游戏设施。较为多见的游戏设施有秋千、滑梯、沙场、爬杆、爬梯、绳具、转盘等。

9.1.2 园林建筑小品的设计原则

园林建筑小品在园林中不仅是实用设施，还可作为点缀风景的景观小品，因此它既有园林建筑技术的要求，又有造型艺术和空间组合上的美感要求。一般在设计和应用时应遵循以下原则。

1. 巧于立意

园林建筑装饰小品作为园林中局部主体景物，具有相对独立的意境，应具有一定的思想内涵，才能产生感染力。如我国园林中常在庭院的白粉墙前置玲珑山石、几竿修竹，粉墙花影恰似一幅花鸟国画，很有感染力。

2. 突出特色

园林建筑装饰小品应突出地方特色、园林特色及单体的工艺特色，使其有独特的格调，切忌生搬硬套，产生雷同。如广州某园草地一侧，花竹之畔，设一水罐形灯具，造型简洁，色彩鲜明，灯具紧靠地面与花卉绿草融成一体，独具环境特色。

3. 融于自然

园林建筑小品要将人工与自然融为一体，追求自然又精于人工。如在老榕树下，塑以树根造型的园凳，似在一片林木中自然形成的断根树桩，可达到以假乱真的效果。

4. 注重体量

园林装饰小品作为园林景观的陪衬，一般在体量上力求与环境相适宜。如在大广场中，设巨型灯具，有明灯高照的效果，而在小林荫曲径旁，只宜设小型园灯，不但体量小，造型更应精致；又如喷泉、花池的体量等，都应根据所处的空间大小确定。

5. 因需设计

园林装饰小品，绝大多数有实用意义。如园林栏杆，根据使用目的，对高度有不同的要求；又如园林坐凳，应符合游人休息的尺度要求；又如围墙，则应从围护角度来确定其高度及其他技术上的要求。

6. 地域民族风格浓郁

园林小品的设计应充分考虑地域特征和社会文化特征，应与当地自然景观和人文景观相协调，尤其在旅游城市，建设园林景观时更应充分注意到这一点。

园林小品设计需考虑的问题是多方面的，不能局限于几条原则，应学会举一反三，融会贯通。

9.2 绘制升旗台

升旗台是学校、大型公司、大型公共机构等单位必不可少的一种建筑单元。升旗台的设计应遵循大方规整的原则，以体现庄重、肃穆之感。

9.2.1 绘制升旗台平面图

扫一扫

本节绘制图9-1所示的升旗台平面图。

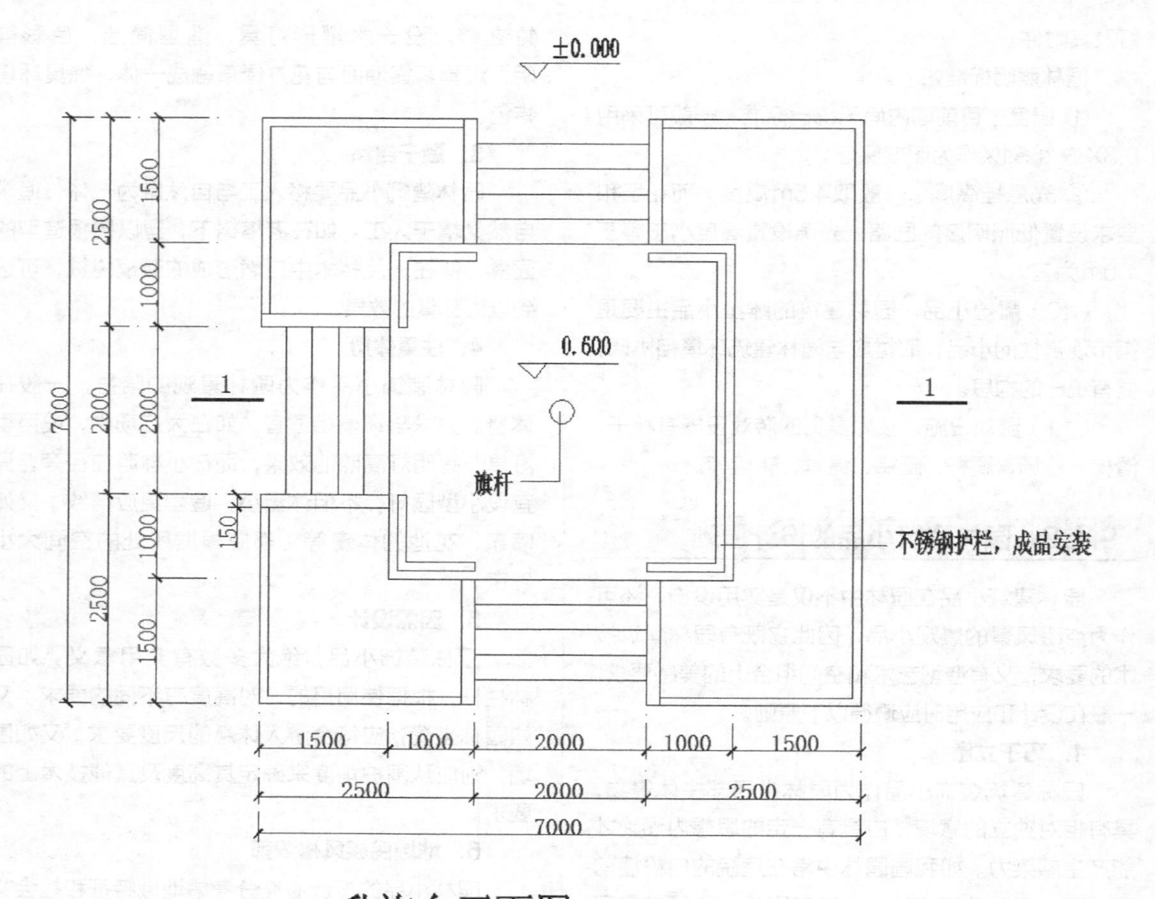

图 9-1 升旗台平面图

STEP 绘制步骤

（1）单击“默认”选项卡“绘图”面板中的“矩形”按钮，绘制一个4000×4000的矩形，如图9-2所示。

图 9-2 绘制矩形

（2）单击“默认”选项卡“修改”面板中的“偏移”按钮，将矩形向内依次偏移100和100，如图9-3所示。

图 9-3 偏移矩形

（3）单击“默认”选项卡“绘图”面板中的“直线”按钮，在图中绘制短直线，如图9-4所示。

图 9-4 绘制短直线

（4）单击“默认”选项卡“修改”面板中的“修剪”按钮，修剪掉多余的直线，完成护栏的绘制，如图9-5所示。

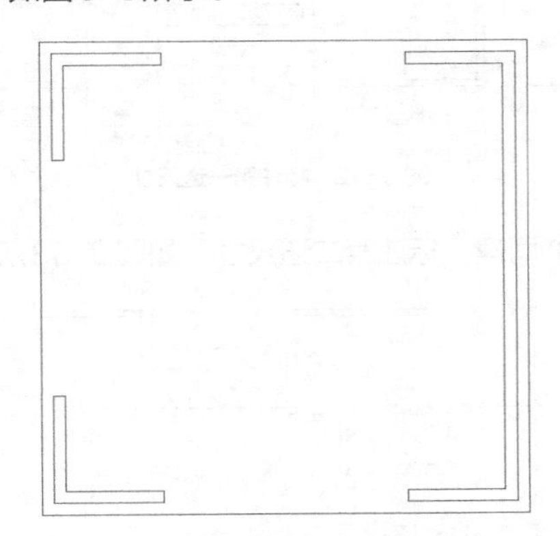

图 9-5 绘制护栏

（5）单击“默认”选项卡“绘图”面板中的“圆”按钮，在中间位置处绘制半径为150的圆作为旗杆，如图9-6所示。

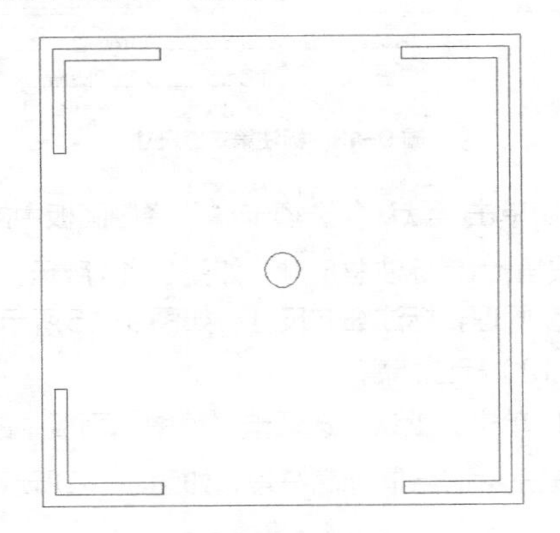

图 9-6 绘制旗杆

（6）单击“默认”选项卡“修改”面板中的“偏移”按钮，将外侧矩形向外依次偏移，偏移距离为1400和100，如图9-7所示。

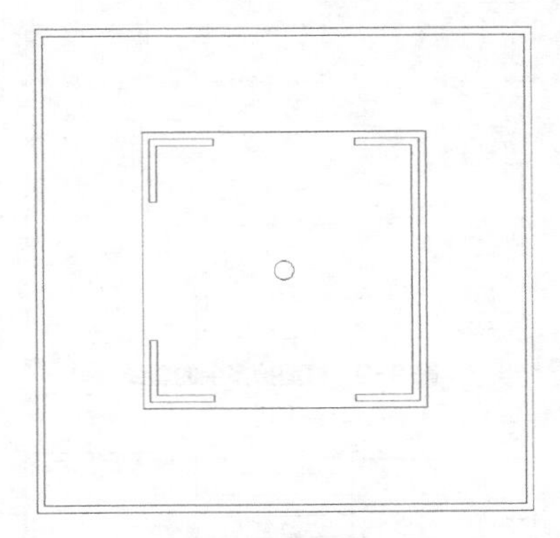

图 9-7 偏移矩形

（7）单击“默认”选项卡“绘图”面板中的“直线”按钮，在图中上侧靠左的位置处绘制一条竖直短直线，然后单击“默认”选项卡“修改”面板中的“偏移”按钮，将短直线依次向右偏移150、2000和150。

（8）同理，绘制其他位置处的短直线，结果如图9-8所示。

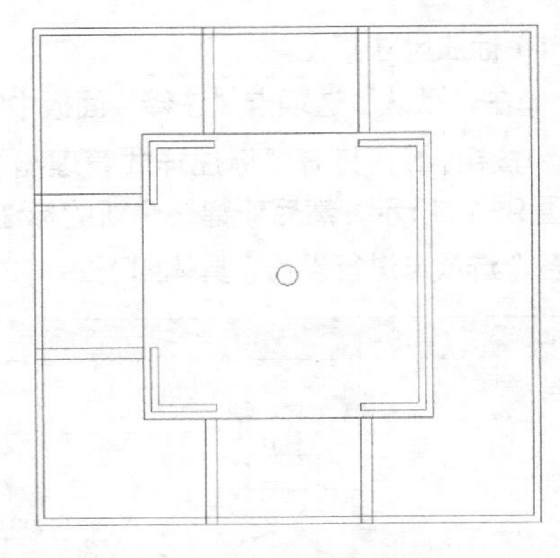

图 9-8 绘制竖直直线

（9）单击“默认”选项卡“修改”面板中的“修剪”按钮，修剪掉多余的直线，如图9-9所示。

（10）单击“默认”选项卡“绘图”面板中的“直线”按钮和“修改”面板中的“偏移”按钮，绘制台阶，设置每个踏步间的距离为300，如图9-10所示。

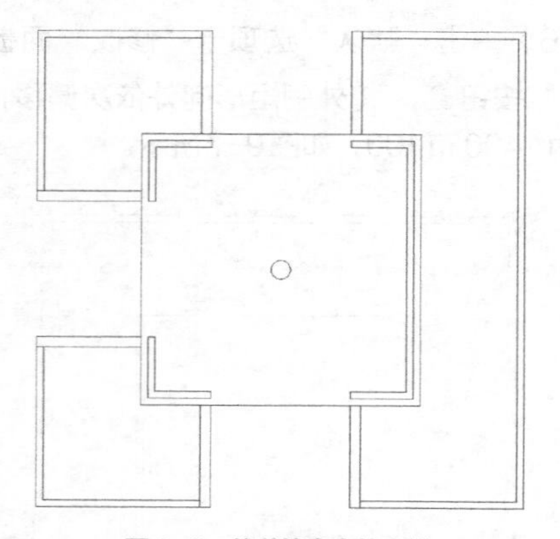

图 9-9　修剪掉多余的直线

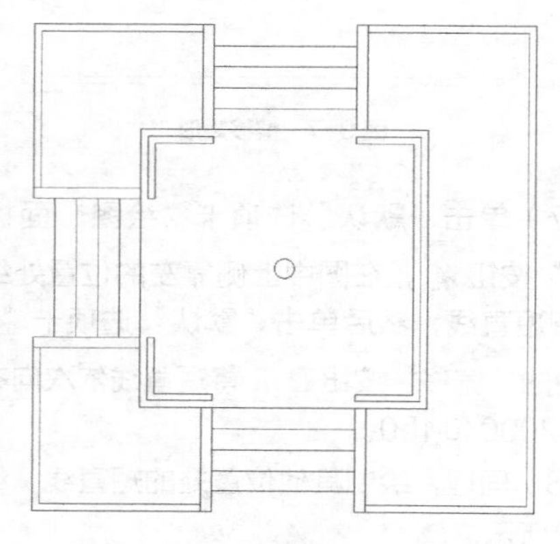

图 9-10　绘制台阶

（11）标注尺寸。

① 单击“默认”选项卡“注释”面板中的“标注样式”按钮，打开“标注样式管理器”对话框，如图9-11所示，然后新建一个新的标注样式，分别对各个选项卡进行设置，具体如下。

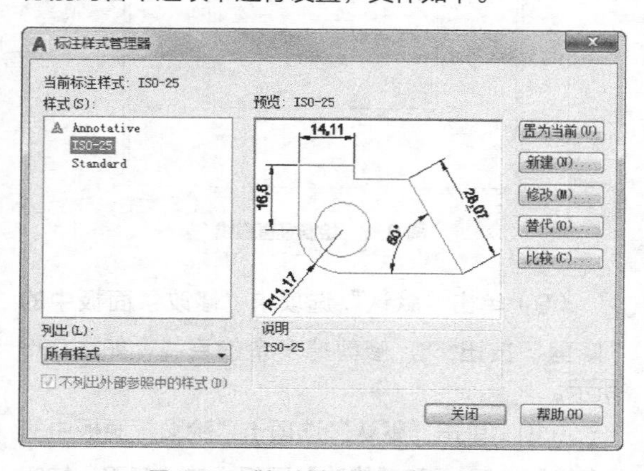

图 9-11　“标注样式管理器”对话框

- 线：超出尺寸线为50，起点偏移量为50。
- 符号和箭头：第一个为用户箭头，选择建筑标记，箭头大小为100。
- 文字：文字高度为200，文字位置为垂直上，文字对齐为ISO标准。
- 主单位：精度为0，比例因子为1。

② 单击“默认”选项卡“注释”面板中的“线性”按钮和“连续”按钮，标注第一道尺寸，如图9-12所示。

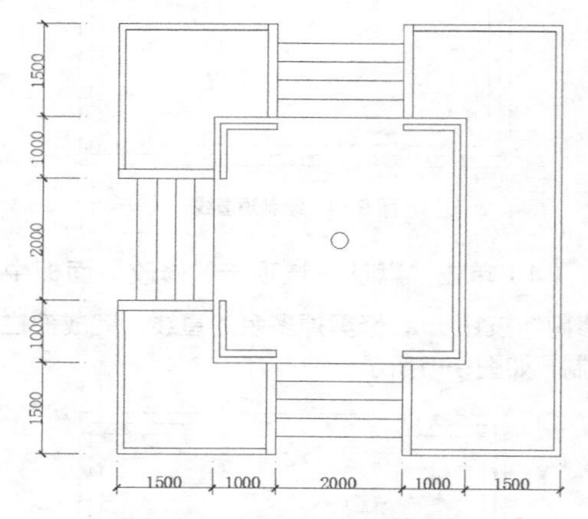

图 9-12　标注第一道尺寸

③ 同理，标注第二道尺寸，如图9-13所示。

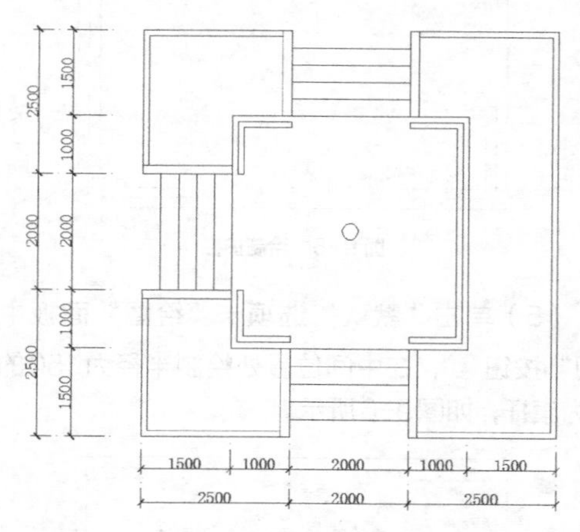

图 9-13　标注第二道尺寸

④ 单击“默认”选项卡“注释”面板中的“线性”按钮，标注总尺寸，如图9-14所示。

⑤ 同理，标注细节尺寸，如图9-15所示。

（12）标注标高。

① 单击“默认”选项卡“绘图”面板中的“直线”按钮，绘制标高符号，如图9-16所示。

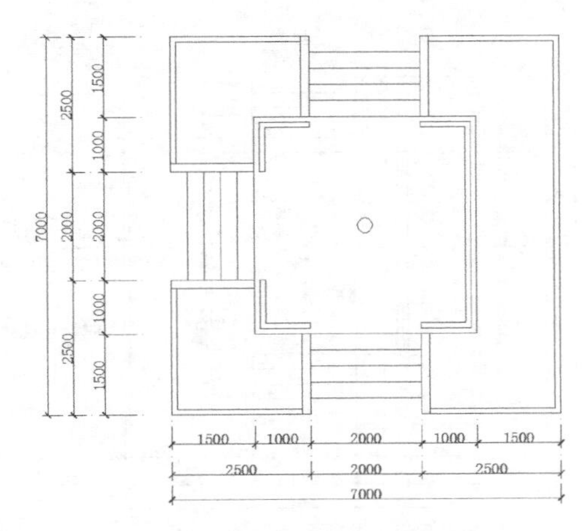

图 9-14 标注总尺寸

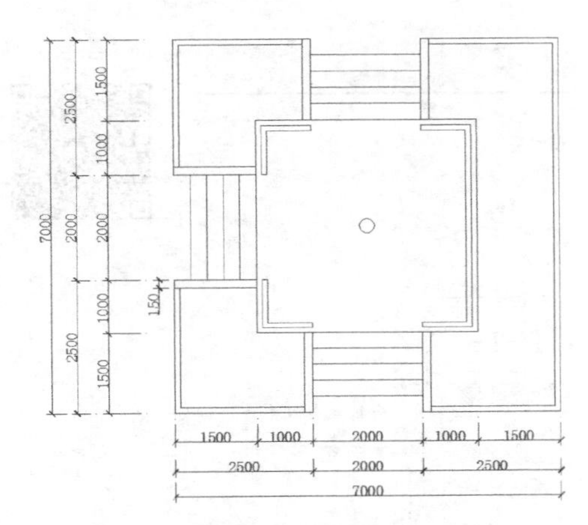

图 9-15 标注细节尺寸

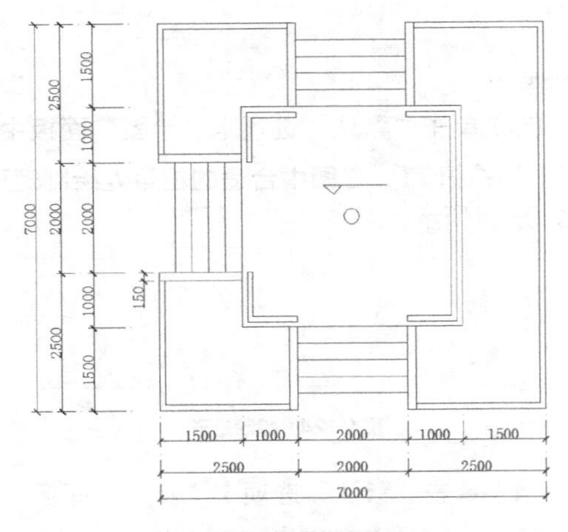

图 9-16 绘制标高符号

② 单击“默认”选项卡“注释”面板中的“多行文字”按钮A，输入标高数值，如图9-17所示。

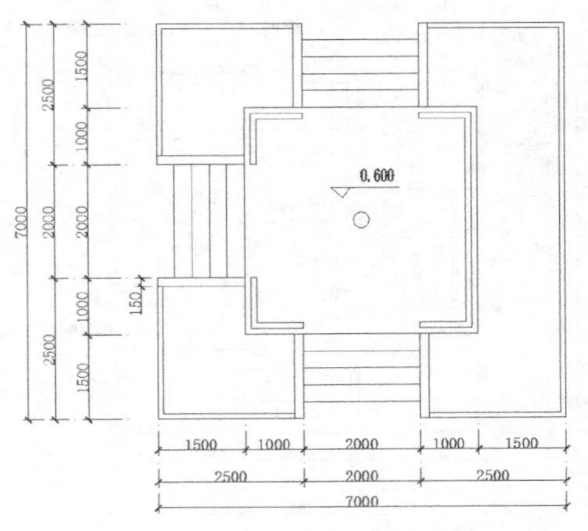

图 9-17 输入标高数值

③ 单击“默认”选项卡“修改”面板中的“复制”按钮，将标高复制到图中其他位置处，然后双击文字，修改文字内容，最终完成标高的绘制，如图9-18所示。

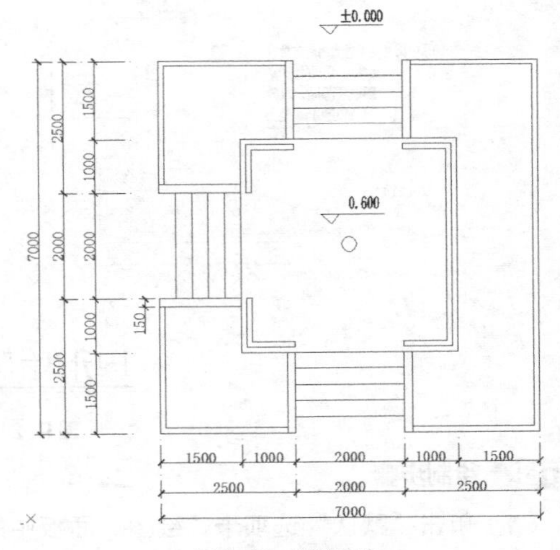

图 9-18 标注标高

（13）标注文字。

① 在命令行中输入“QLEADER”命令，标注文字说明，如图9-19所示。

② 单击“默认”选项卡“绘图”面板中的“多段线”按钮和“多行文字”按钮A，绘制剖切符号，如图9-20所示。

③ 单击“默认”选项卡“绘图”面板中的“直线”按钮、“多段线”按钮和“多行文字”按钮A，标注图名，如图9-1所示。

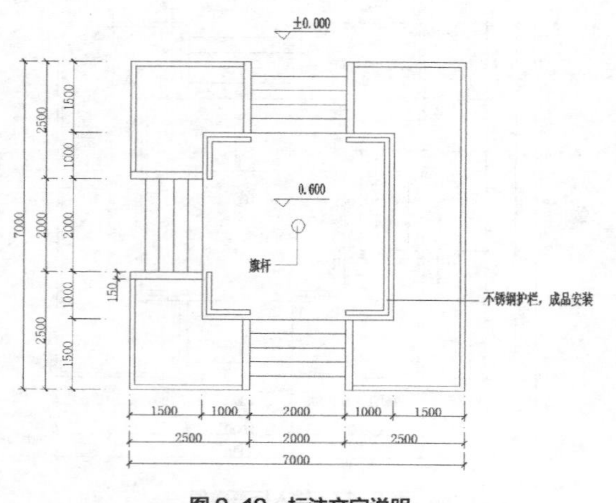

图 9-19　标注文字说明

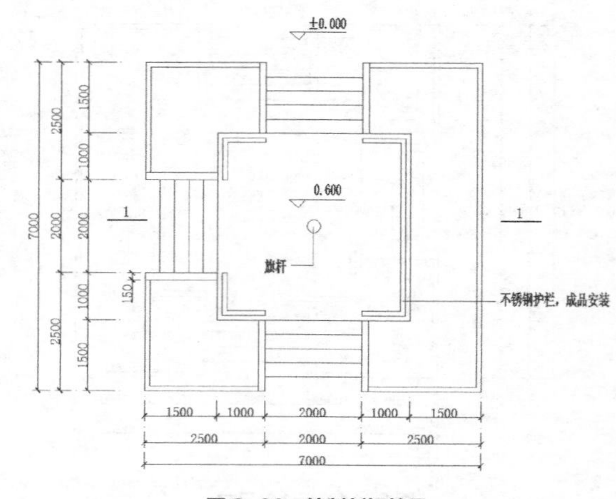

图 9-20　绘制剖切符号

9.2.2　绘制 1-1 升旗台剖面图

扫一扫

本节绘制图9-21所示的1-1升旗台剖面图。

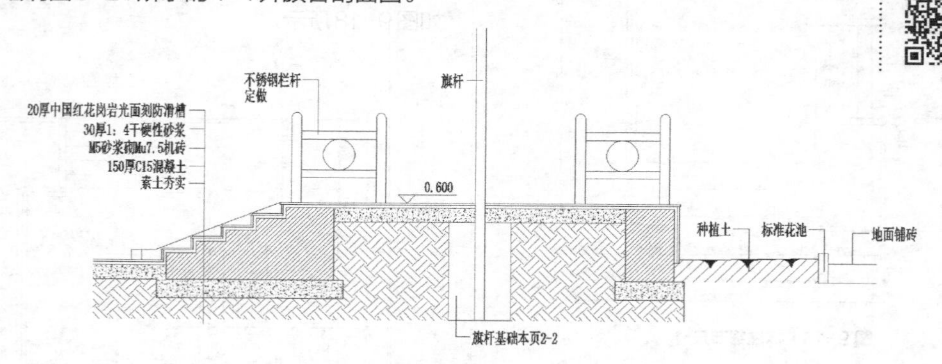

图 9-21　1-1 升旗台剖面图

STEP 绘制步骤

（1）单击“默认”选项卡“绘图”面板中的“直线”按钮，绘制一条长为5900的水平直线，如图9-22所示。

图 9-22　绘制水平直线

（2）单击“默认”选项卡“修改”面板中的“偏移”按钮，将水平直线向上偏移1200，如图9-23所示。

图 9-23　偏移直线

（3）单击“默认”选项卡“绘图”面板中的“矩形”按钮，在图中合适的位置处绘制矩形，如图9-24所示。

图 9-24　绘制矩形

（4）单击“默认”选项卡“修改”面板中的“圆角”按钮，将矩形进行圆角操作，并删除多余的直线，如图9-25所示。

（5）单击“默认”选项卡“绘图”面板中的“直线”按钮和“圆弧”按钮，在图中左侧绘制台阶，如图9-26所示。

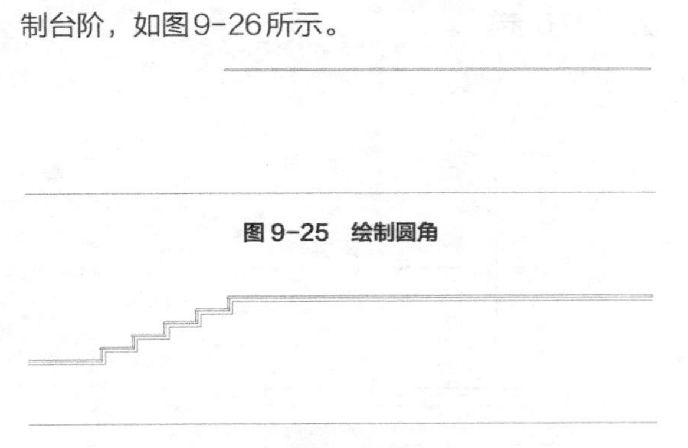

图 9-25 绘制圆角

图 9-26 绘制台阶

（6）单击“默认”选项卡“绘图”面板中的“直线”按钮，绘制左侧图形，如图9-27所示。

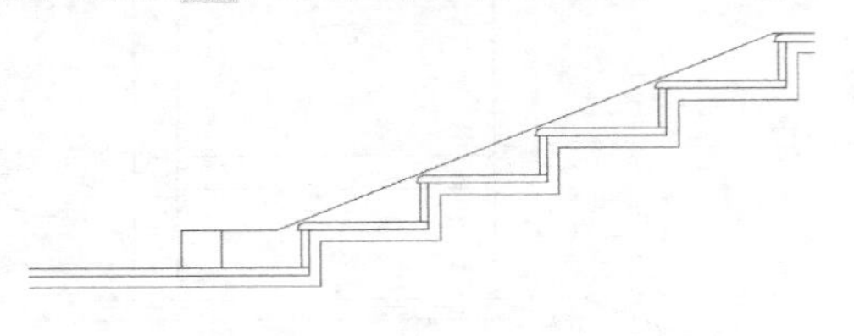

图 9-27 绘制左侧图形

（7）单击“默认”选项卡“绘图”面板中的“直线”按钮，绘制旗杆，如图9-28所示。

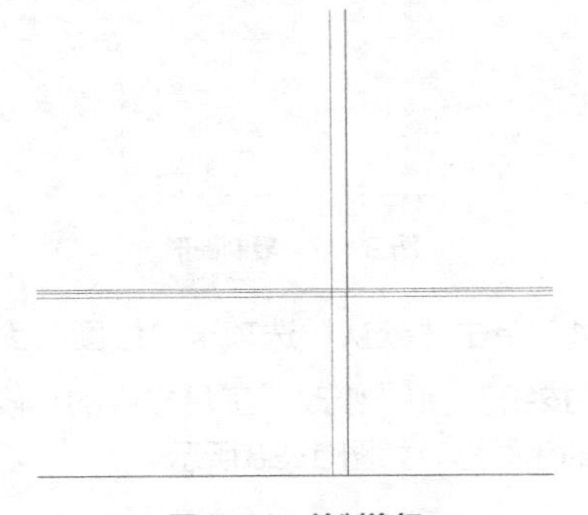

图 9-28 绘制旗杆

（8）单击“默认”选项卡“修改”面板中的“修剪”按钮，修剪掉多余的直线，如图9-29所示。

（9）单击“默认”选项卡“绘图”面板中的“直线”按钮，绘制旗杆基础，如图9-30所示。

图 9-29 修剪掉多余的直线

图 9-30 绘制旗杆基础

（10）绘制栏杆。

① 单击“默认”选项卡“绘图”面板中的“直线”按钮，绘制一条竖直直线，如图9-31所示。

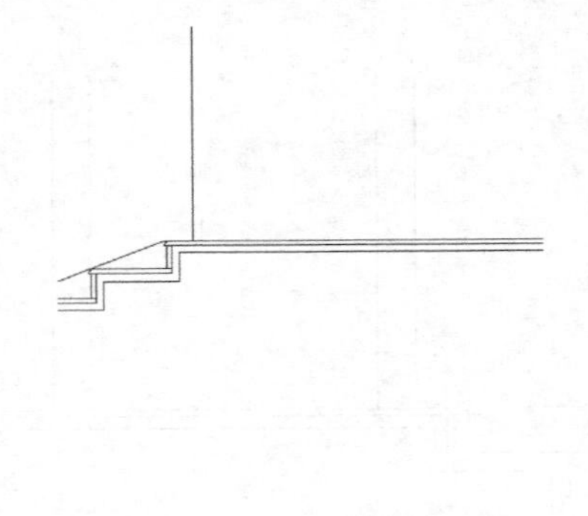

图 9-31 绘制竖直直线

② 单击“默认”选项卡“修改”面板中的“偏移”按钮，将直线向右偏移，如图9-32所示。

③ 单击“默认”选项卡“绘图”面板中的“圆弧”按钮，在步骤①绘制的直线顶部绘制圆弧，如图9-33所示。

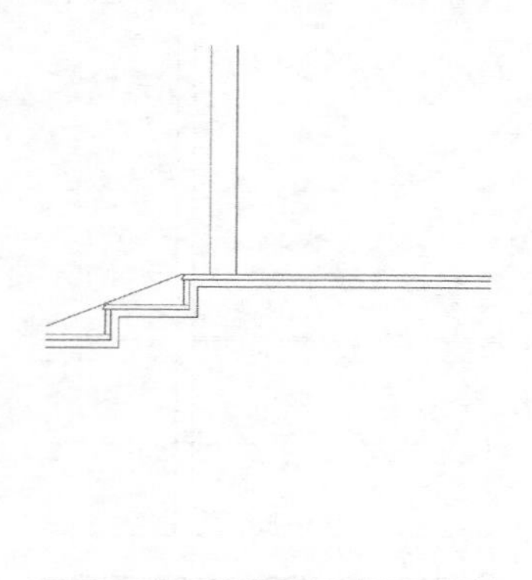

图 9-32　偏移直线

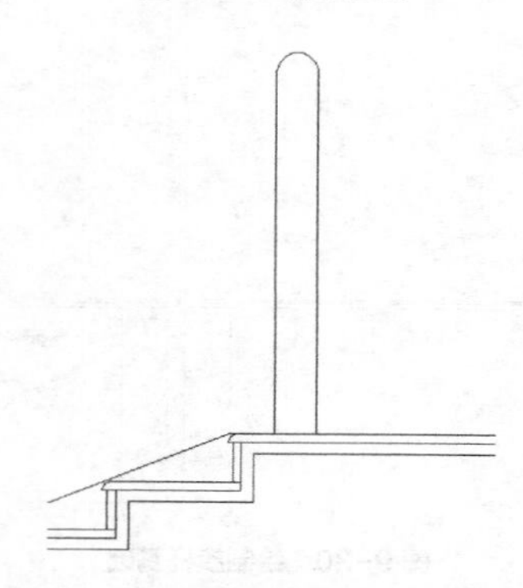

图 9-33　绘制圆弧

④ 单击“默认”选项卡“修改”面板中的“复制”按钮，将图形复制到另外一侧，如图9-34所示。

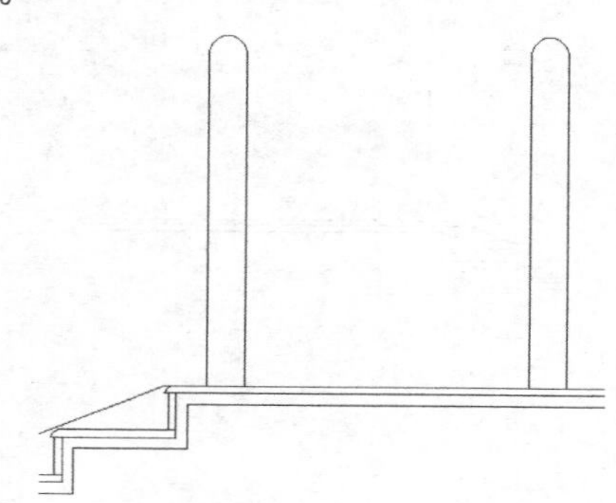

图 9-34　复制图形

⑤ 单击“默认”选项卡“绘图”面板中的“直线”按钮，绘制栏杆，如图9-35所示。

⑥ 单击“默认”选项卡“绘图”面板中的“圆”按钮，在图中绘制一个圆，如图9-36所示。

⑦ 单击“默认”选项卡“修改”面板中的“复制”按钮，将绘制的图形复制到另外一侧，如图9-37所示。

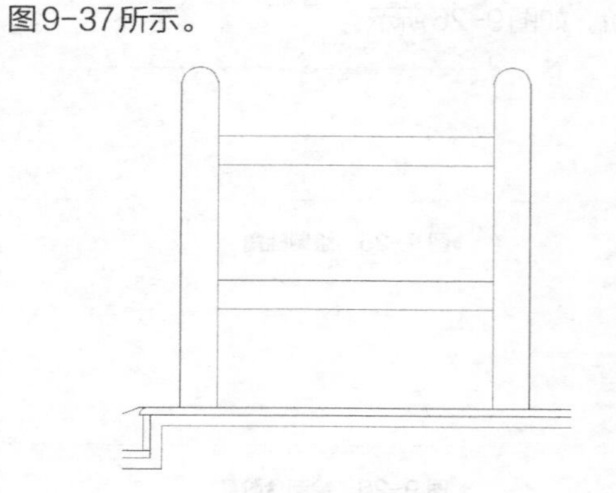

图 9-35　绘制栏杆

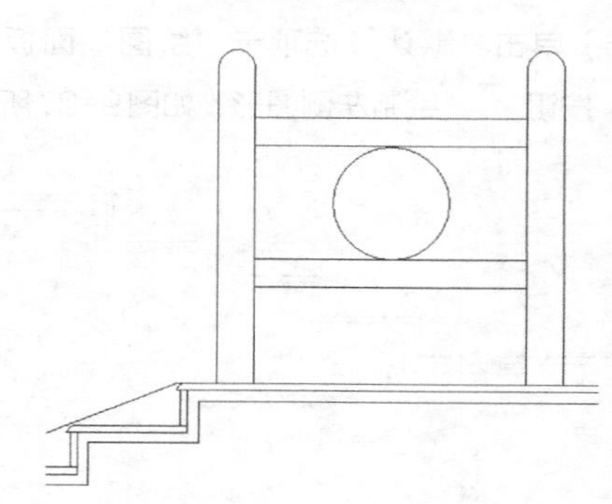

图 9-36　绘制圆

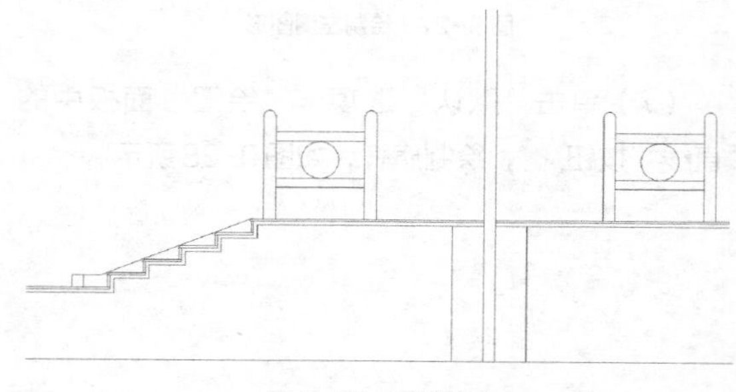

图 9-37　复制图形

（11）单击“默认”选项卡“绘图”面板中的“直线”按钮和“修改”工具栏中的“修剪”按钮，细化图形，如图9-38所示。

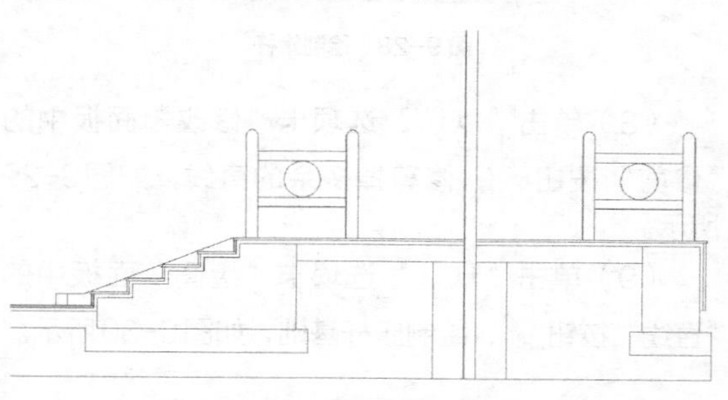

图 9-38　细化图形

（12）单击“默认”选项卡“绘图”面板中的“样条曲线拟合”按钮，在图形右侧绘制样条曲线，如图9-39所示。

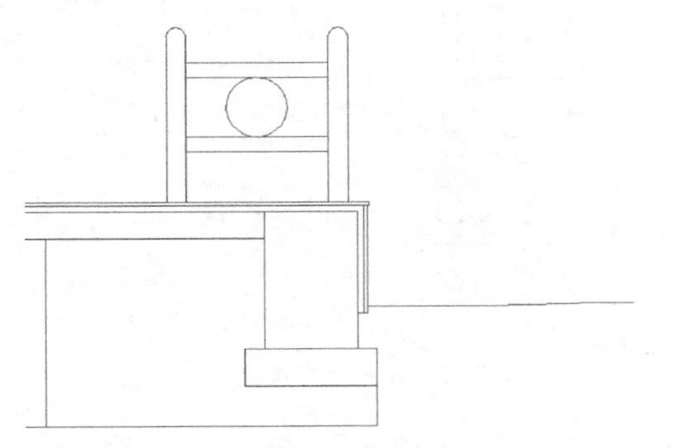

图 9-39 绘制样条曲线

（13）单击“默认”选项卡“绘图”面板中的“圆弧”按钮，在样条曲线下侧绘制圆弧，如图9-40所示。

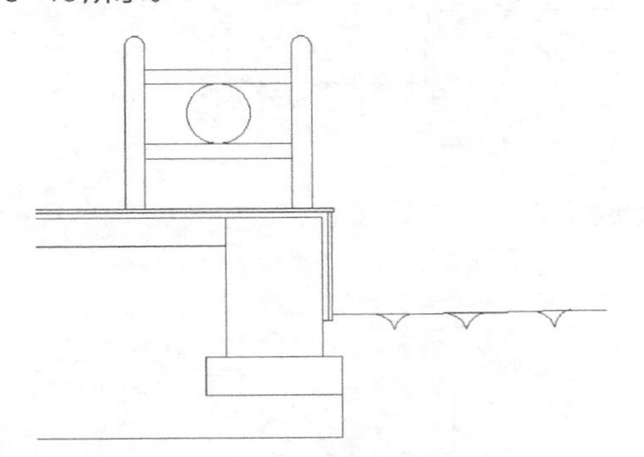

图 9-40 绘制圆弧

（14）单击“默认”选项卡“绘图”面板中的“矩形”按钮，绘制标准花池，如图9-41所示。

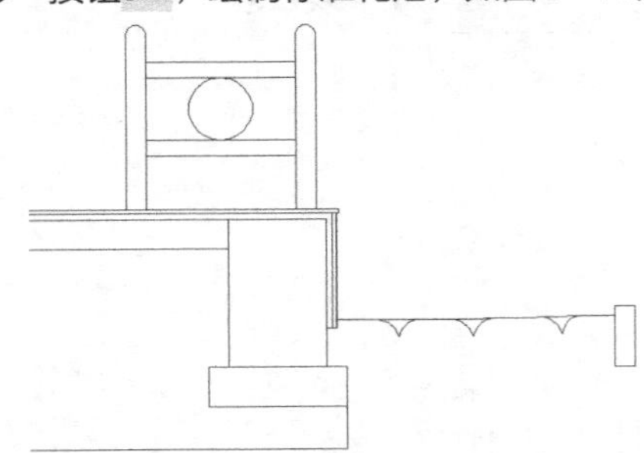

图 9-41 绘制标准花池

（15）单击“默认”选项卡“绘图”面板中的“直线”按钮，绘制地面铺砖，如图9-42所示。

（16）填充图形。

① 单击“默认”选项卡“绘图”面板中的“图案填充”按钮，打开“图案填充创建”选项卡，选择“SOLID”图案，然后填充图形，结果如图9-43所示。

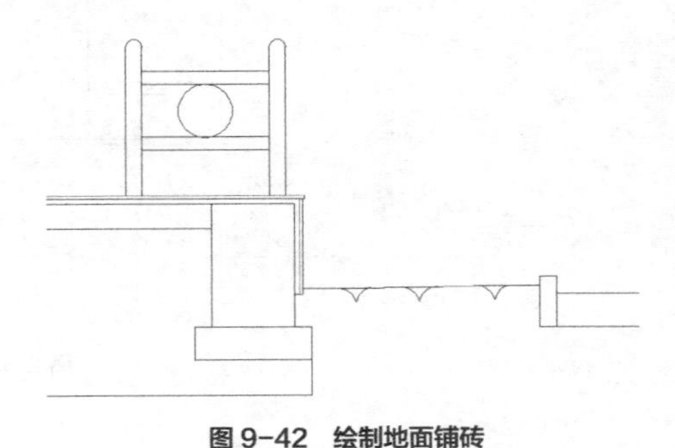

图 9-42 绘制地面铺砖

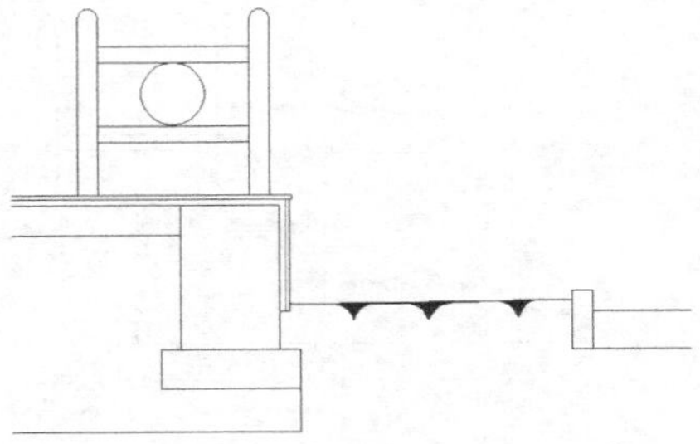

图 9-43 填充图形

② 同理，单击“默认”选项卡“绘图”面板中的“图案填充”按钮，分别选择“ANSI31”图案、“EARTH”图案和“AR-CONC”图案，然后设置填充比例和角度，填充其他图形，并整理图形，结果如图9-44所示。

（17）绘制标高符号。

① 单击“默认”选项卡“绘图”面板中的“直线”按钮，绘制标高符号，如图9-45所示。

② 单击“默认”选项卡“注释”面板中的“多行文字”按钮A，输入标高数值，如图9-46所示。

（18）标注文字。

① 单击“默认”选项卡“绘图”面板中的“直线”按钮，在图中引出直线，如图9-47所示。

② 单击“默认”选项卡“注释”面板中的“多行文字”按钮A，在直线左侧输入文字，如图9-48所示。

③ 单击“默认”选项卡“修改”面板中的“复制”按钮，将文字复制到图中其他位置处，然后双击文字，修改文字内容，以便文字格式的统一，最终完成文字的标注，如图9-49所示。

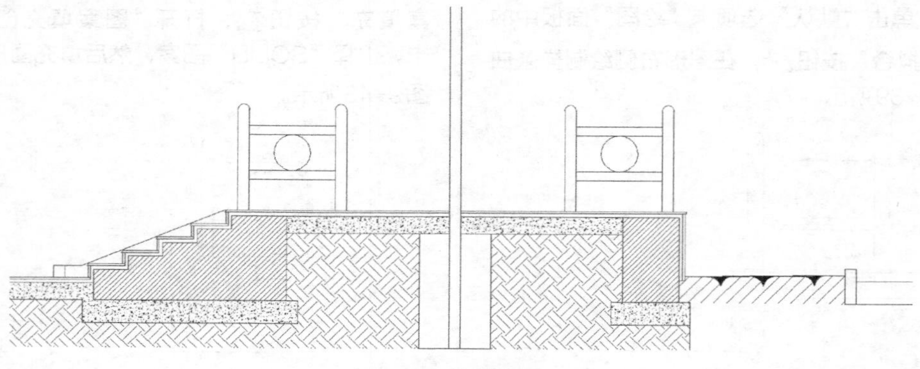

图 9-44　填充其他图形

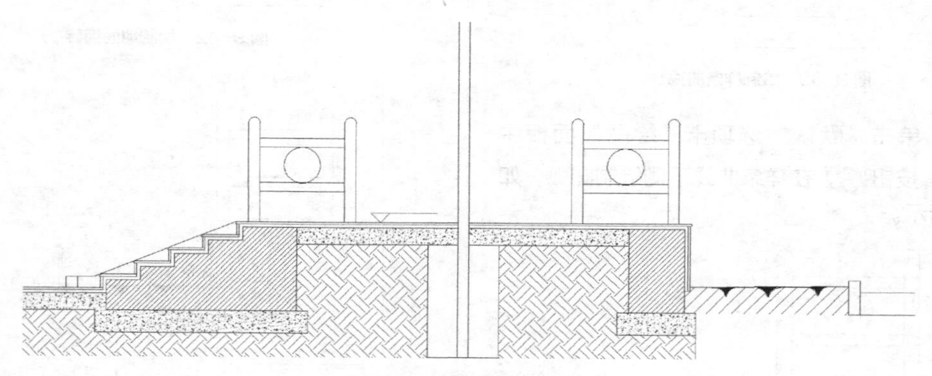

图 9-45　绘制标高符号

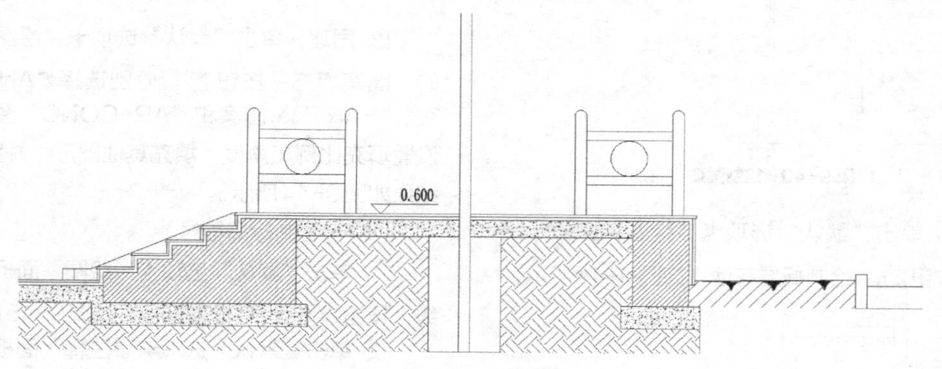

图 9-46　输入标高数值

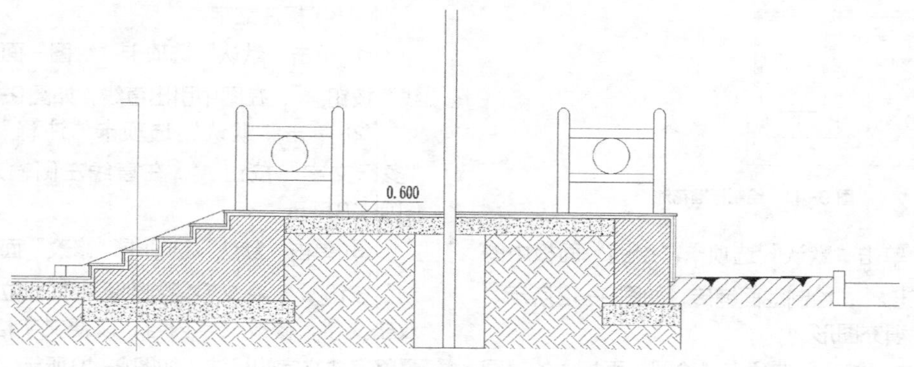

图 9-47　引出直线

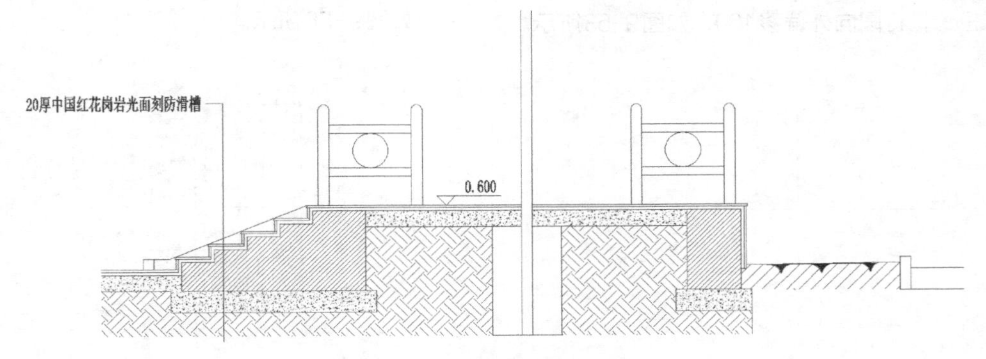

图 9-48 输入文字

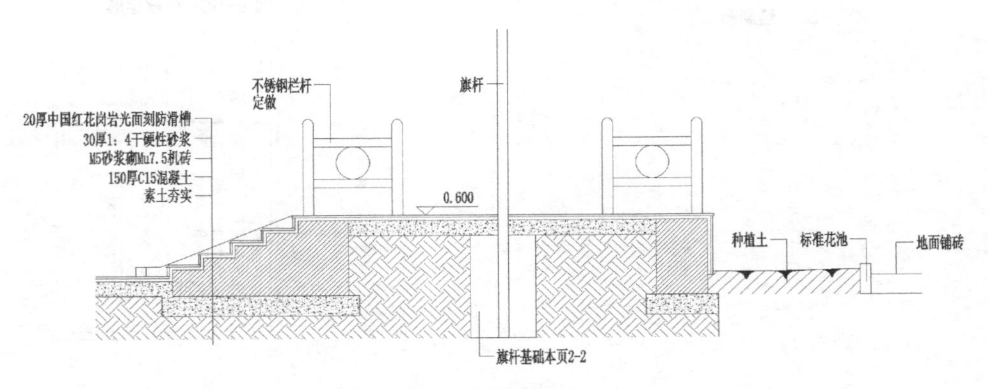

图 9-49 标注文字

④ 单击“默认”选项卡“绘图”面板中的“直线”按钮、“多段线”按钮和“多行文字”按钮，标注图名，如图9-21所示。

9.2.3 绘制旗杆基础平面图

扫一扫

本节绘制图9-50所示的旗杆基础平面图。

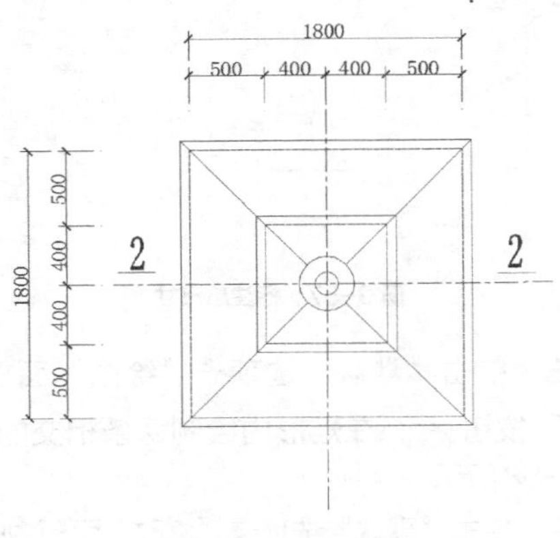

图 9-50 旗杆基础平面图

STEP 绘制步骤

（1）单击“默认”选项卡“绘图”面板中的“直线”按钮，绘制长为3000两条相交的轴线，并设置线型为CENTER，线型比例为5，如图9-51所示。

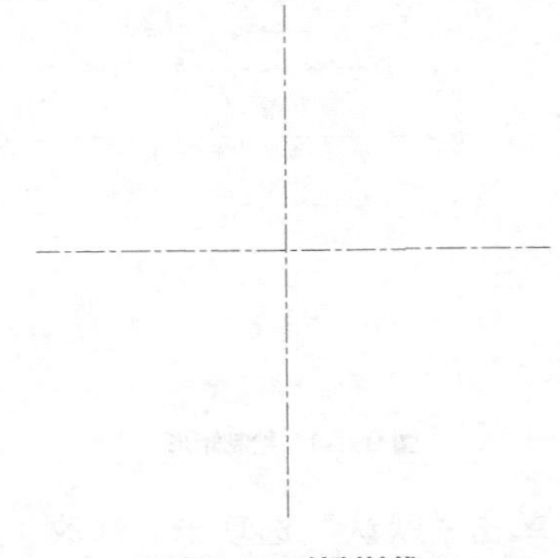

图 9-51 绘制轴线

（2）单击“默认”选项卡“绘图”面板中的“圆”按钮，绘制一个半径为100的圆，如图9-52所示。

（3）单击“默认”选项卡“修改”面板中的“偏

移”按钮，将圆向外偏移100，如图9-53所示。

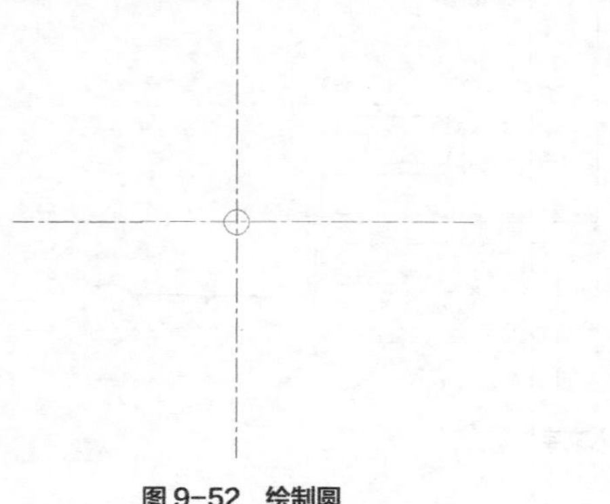

图 9-52　绘制圆

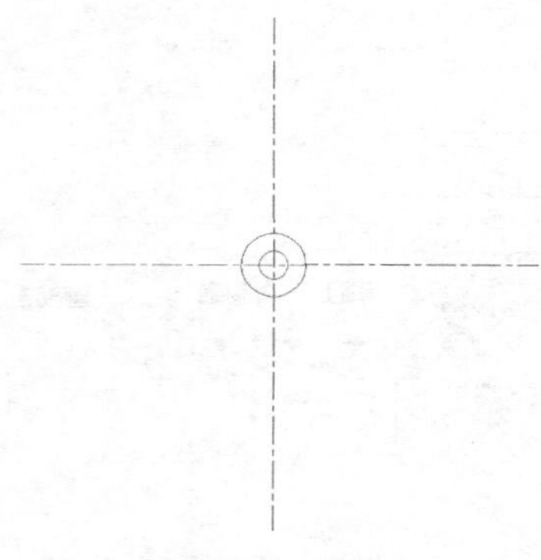

图 9-53　偏移圆

（4）单击“默认”选项卡“绘图”面板中的“矩形”按钮，在图中绘制一个长宽分别为800的矩形，如图9-54所示。

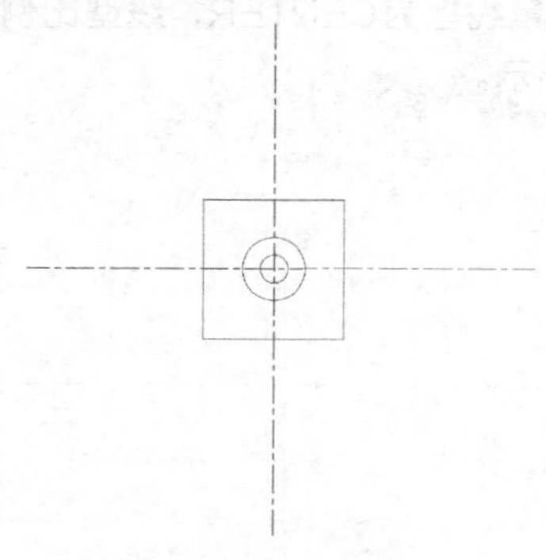

图 9-54　绘制矩形

（5）单击“默认”选项卡“修改”面板中的“偏移”按钮，将矩形向外偏移100、400和100，并将其中两个矩形的线型修改为ACAD_IS002W100，如图9-55所示。

（6）单击“默认”选项卡“注释”面板中的“线性”按钮和“连续”按钮，标注第一道尺寸，如图9-56所示。

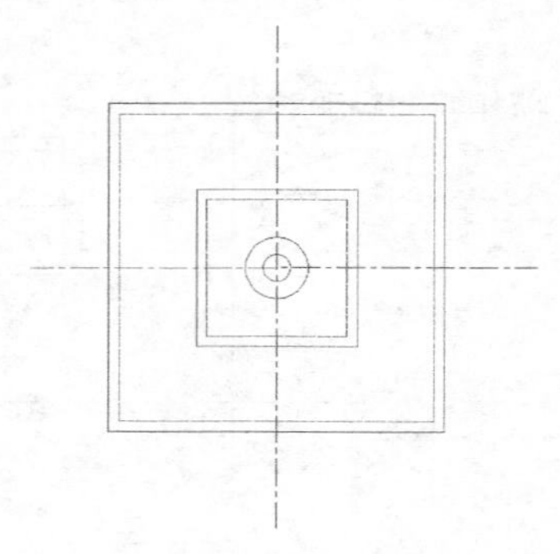

图 9-55　偏移矩形

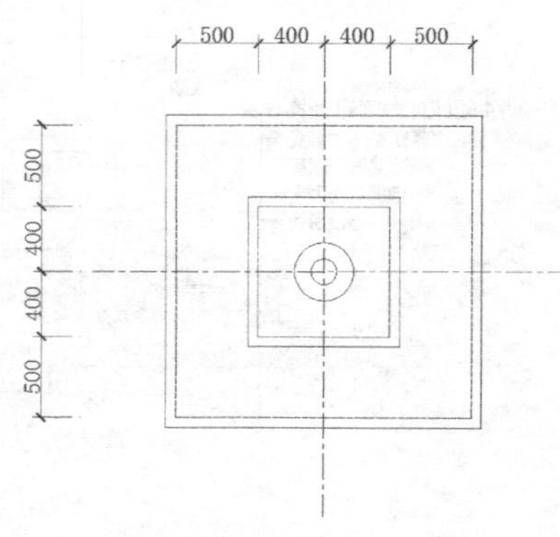

图 9-56　标注第一道尺寸

（7）单击“默认”选项卡“注释”面板中的“线性”按钮，标注总尺寸，如图9-57所示。

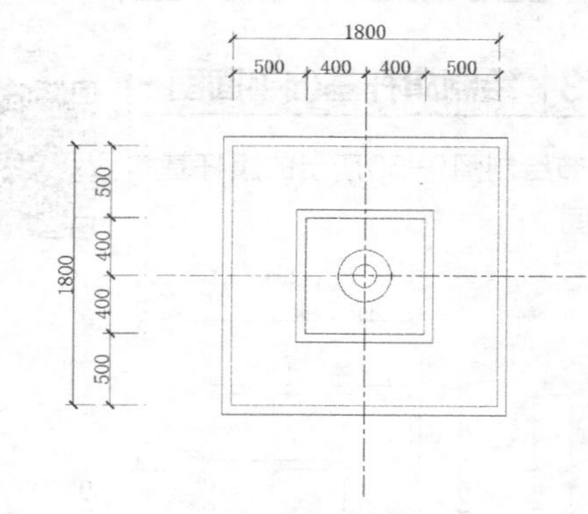

图 9-57　标注总尺寸

（8）单击“默认”选项卡“绘图”面板中的“直线”按钮，在矩形内绘制两条相交的斜线，如图9-58所示。

（9）单击“默认”选项卡“修改”面板中的“修剪”按钮，修剪掉多余的直线，如图9-59所示。

（10）单击“默认”选项卡“绘图”面板中的

“直线”按钮和“多行文字”按钮A，绘制剖切符号，如图9-60所示。

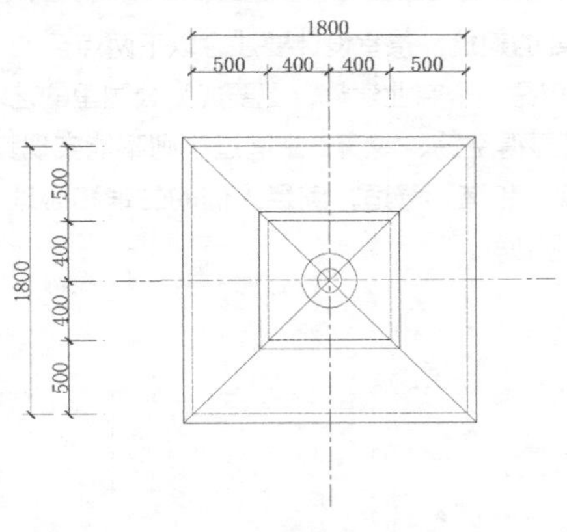

图9-58 绘制直线

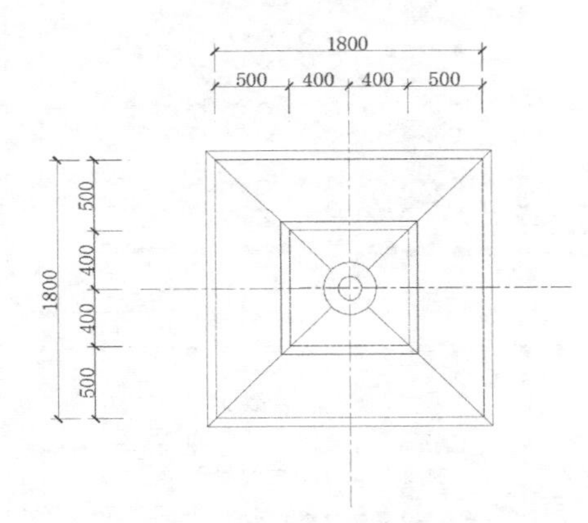

图9-59 修剪掉多余的直线

（11）单击“默认”选项卡“修改”面板中的“复制”按钮，将剖切符号复制到另外一侧，如图9-61所示。

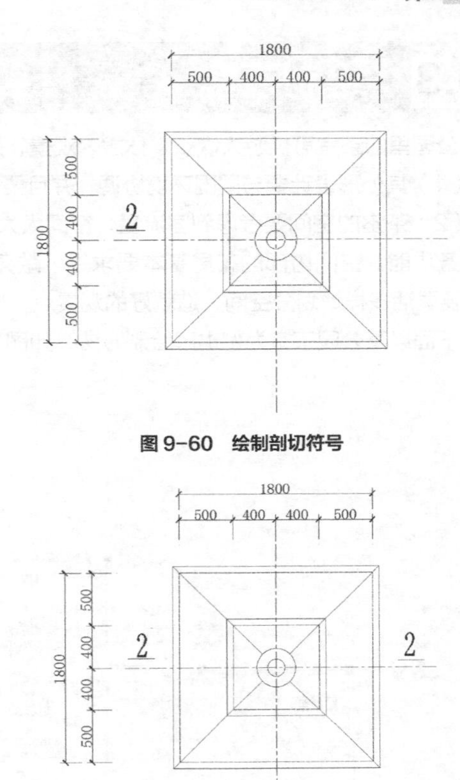

图9-60 绘制剖切符号

图9-61 复制剖切符号

（12）单击“默认”选项卡“绘图”面板中的“直线”按钮、“多段线”按钮和“多行文字”按钮A，标注图名，如图9-50所示。

（13）2-2剖面图的绘制方法与其他图形的绘制方法类似，这里不再赘述，结果如图9-62所示。

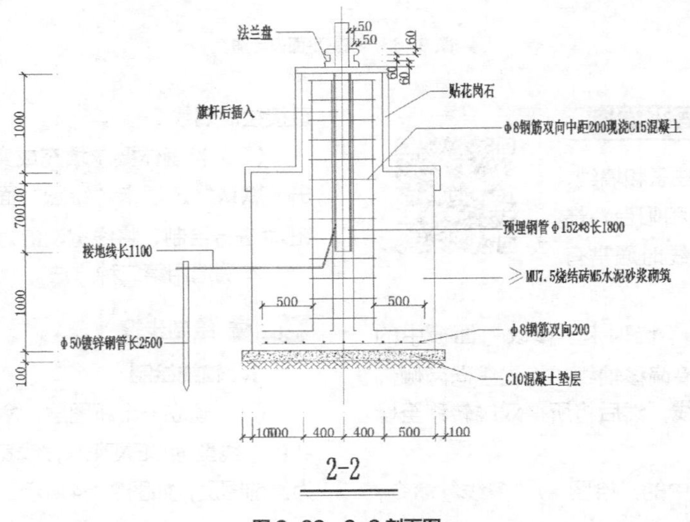

图9-62 2-2剖面图

9.3 绘制茶室

公园里的茶室可供游人饮茶、休憩、观景，是公园里很重要的建筑。茶室设计要注意以下两点。

（1）其外形设计要与周围环境协调，并且要优美，使之不仅是一个商业建筑，更要成为公园里的艺术品。

（2）茶室的空间要考虑到客流量，空间太大会加大成本且显得空荡、冷清；空间过小则不能实现其相应的服务功能。空间内部的布局基本要求是：敞亮、整洁、美观、和谐、舒适，满足人们的生理和心理需求，同时要灵活多样地划分空间，造就好的观景点，形成优美的休闲空间。

下面以某公园茶室为例讲解绘制方法，如图9-63所示。

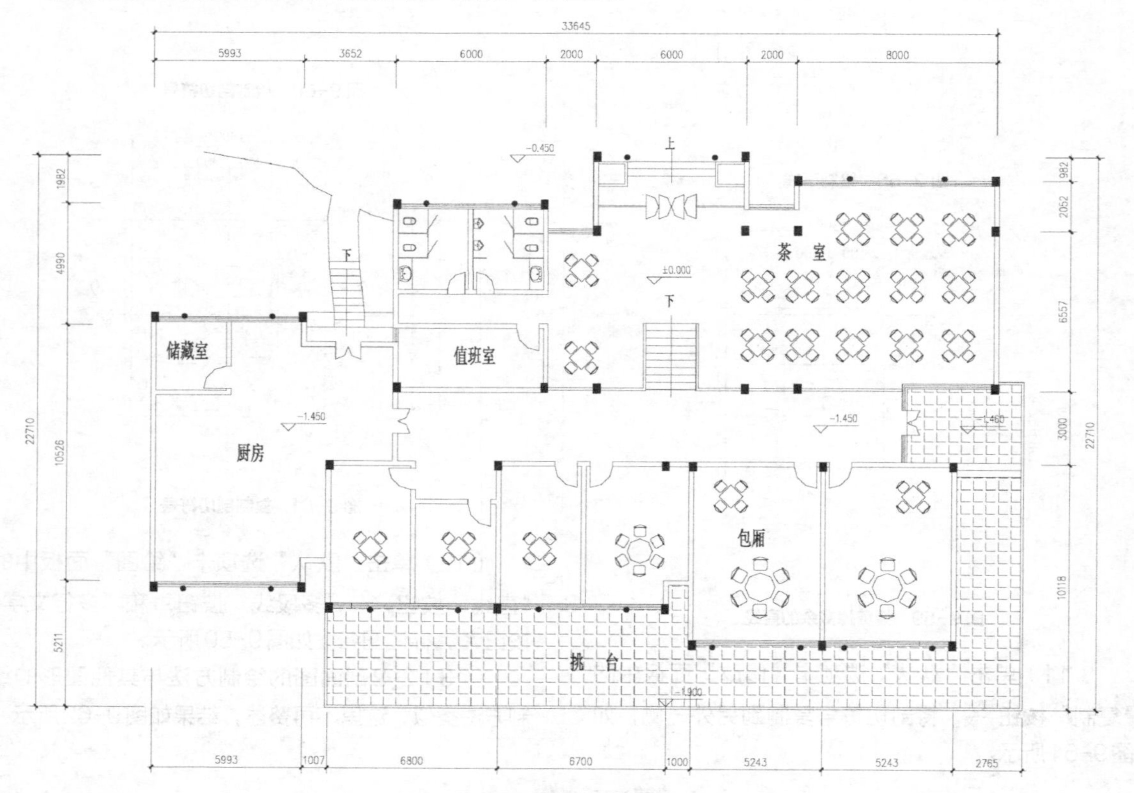

图9-63 茶室平面设计图

9.3.1 绘制茶室平面图

扫一扫

首先绘制轴线、柱子和墙线，然后绘制门窗、楼梯和阳台，最后添加设备。绘制墙线时通常有以下3种方法。

（1）单击“默认”选项卡“修改”面板中的“偏移”按钮，直接偏移轴线，将轴线向两侧偏移一定距离，得到双线，然后将所得双线转移至墙线图层。

（2）选择菜单栏中的“绘图”/“多线”命令，直接绘制墙线。

（3）当墙体要求填充成实体颜色时，也可以单击“默认”选项卡“绘图”面板中的“多段线”按钮进行绘制，将线宽设置为墙厚即可。

本例选用第二种方法。

STEP 绘制步骤

1. 轴线绘制

（1）建立一个新图层，命名为“轴线”，颜色为红色，线型为CENTER，线宽为默认，并将其设置为当前图层，如图9-64所示。确定后回到绘图状态。

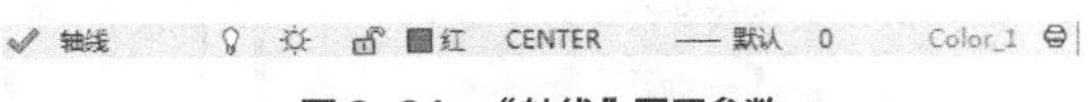

图 9-64 “轴线”图层参数

（2）根据设计尺寸，在绘图区适当位置选取直线的初始点。单击“默认”选项卡“绘图”面板中的“直线”按钮，在绘图区适当位置选取直线的初始点，绘制长为37128的水平直线，重复“直线”命令，绘制长为23268的竖直直线，如图9-65所示。

图 9-65 绘制轴线

（3）单击“默认”选项卡“修改”面板中的“偏移”按钮，将竖直轴线依次向右进行偏移3000、2993、1007、2645、755、2245、1155、1845、1555、445、2855、1000、2145、2000、1098、5243和1659，水平轴线依次向上进行偏移892、2412、1603、2850、150、1850、769、1400、2538、1052、1000和982，并设置线型为40，然后单击“默认”选项卡“修改”面板中的“移动”按钮，将各个轴线上下浮动进行调整并保持偏移的距离不变，结果如图9-66所示。

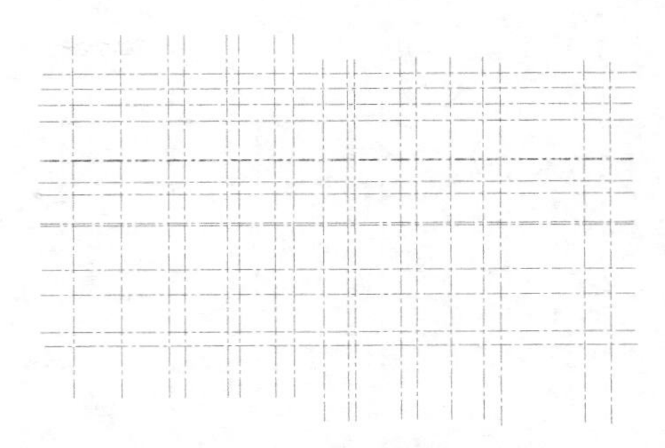

图 9-66 轴线设置

2. 建立“茶室”图层

单击“默认”选项卡“图层”面板中的“图层特性”按钮，弹出“图层特性管理器”对话框，建立一个新图层，命名为“茶室”，颜色为洋红，线型为Continuous，线宽为0.7，并将其设置为当前图层，如图9-67所示。确定后回到绘图状态。

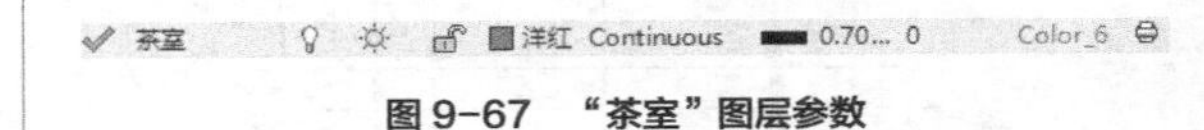

图 9-67 “茶室”图层参数

3. 绘制茶室平面图

（1）柱的绘制。单击“默认”选项卡“绘图”面板中的“矩形”按钮，绘制300×400的矩形，然后单击“默认”选项卡“绘图”面板中的“图案填充”按钮，打开“图案填充创建”选项卡，如图9-68所示，设置图案为“ANSI31”，角度为0，比例为5，填充矩形。最后单击“默认”选项卡“修改”面板中的“移动”按钮和“复制”按钮，将柱移到指定位置，并复制到图中其他位置处，最终完成柱的绘制，结果如图9-69所示。

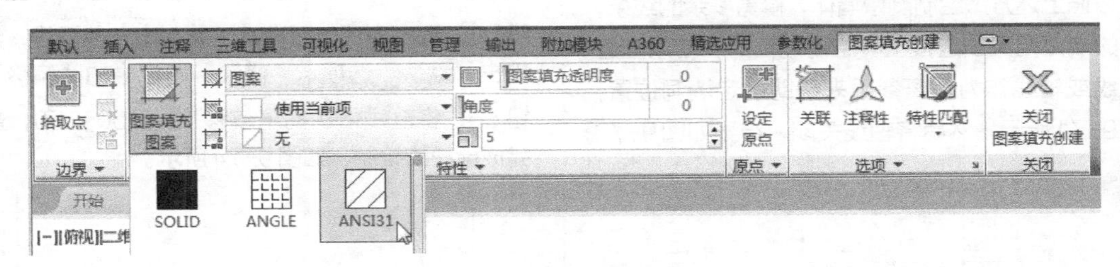

图 9-68 “图案填充创建”选项卡

（2）墙体的绘制。选择菜单栏中的“绘图”/“多线”命令，绘制墙体。

① 在命令行提示“指定起点或 [对正（J）/比例（S）/样式（ST）]：”后输入“J”。

② 在命令行提示“输入对正类型 [上（T）/无（Z）/下（B）]<下>：”后输入“B”。

③ 在命令行提示“指定起点或 [对正（J）/比例（S）/样式（ST）]：”后输入“S”。

④ 在命令行提示“输入多线比例<1.00>：”后输入“200”。

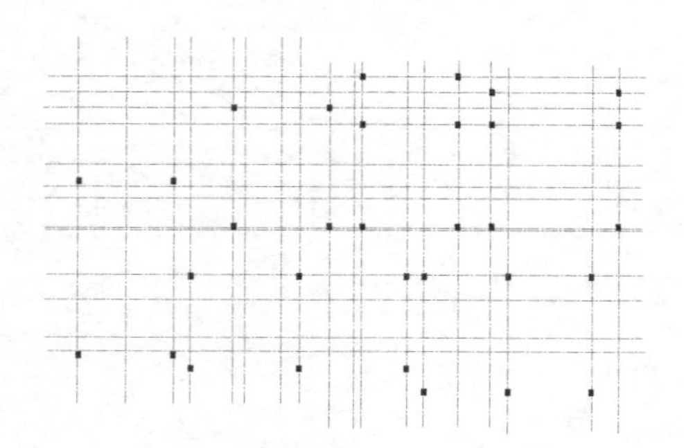

图 9-69　柱的绘制

⑤ 在命令行提示“指定起点或 [对正（J）/比例（S）/样式（ST）]：”后选择柱的左侧边缘。

⑥ 在命令行提示“指定下一点：”后选择柱的左侧边缘。

结果如图9-70所示。

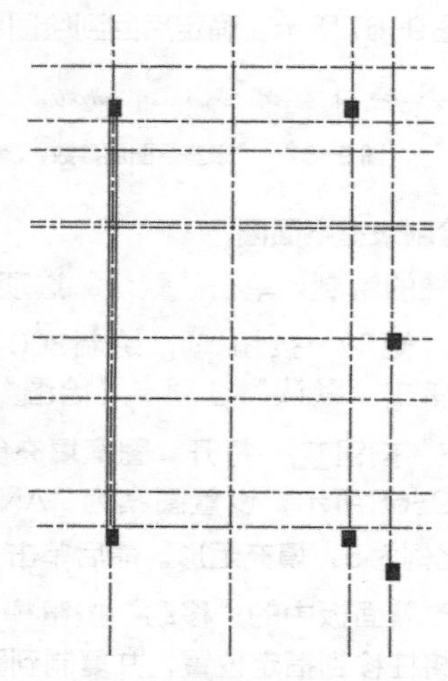

图 9-70　绘制墙体

依照上述方法绘制剩余墙体，修剪多余的线条，将墙的端口用直线连接上。绘制洞口时，常以临近的墙线或轴线作为距离参照来帮助确定墙洞位置，如图9-71所示，然后将轴线关闭，结果如图9-72所示。

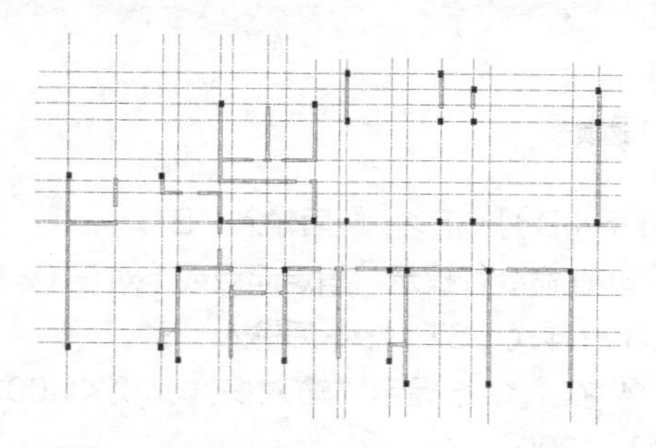

图 9-71　绘制剩余墙体

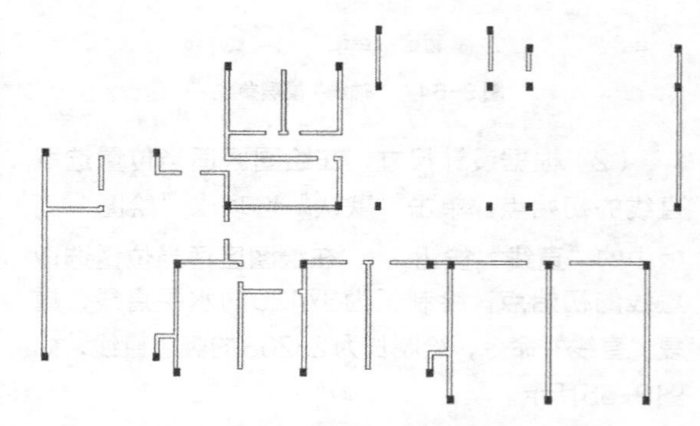

图 9-72　隐藏轴线图层后的平面

（3）入口及隔挡的绘制。单击“默认”选项卡“绘图”面板中的“直线”按钮和“多段线”按钮，以最近的柱为基准，确定入口处的准确位置，绘制相应的入口台阶。新建一图层，命名为“文字”，并将其设置为当前图层，在合适的位置标出台阶的上下关系，结果如图9-73所示。

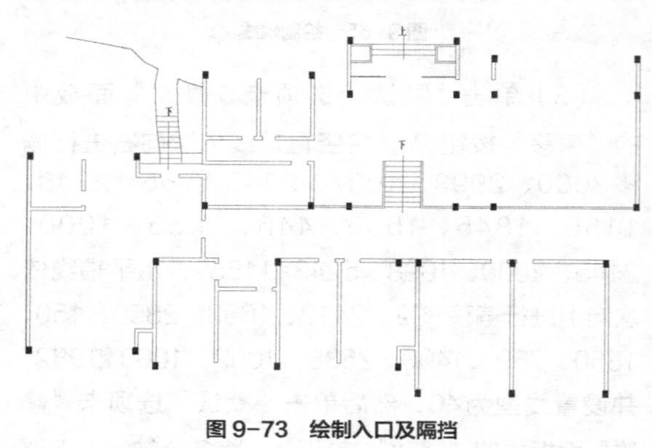

图 9-73　绘制入口及隔挡

（4）窗户的绘制。将“茶室”图层设置为当前图层。单击“默认”选项卡“绘图”面板中的“直线”按钮，找一基准点，绘制出一条直线，然后单击“默认”选项卡“修改”面板中的“偏移”按钮，将直线依次向下偏移50、100和50，最终完成窗户的绘制，如图9-74所示。

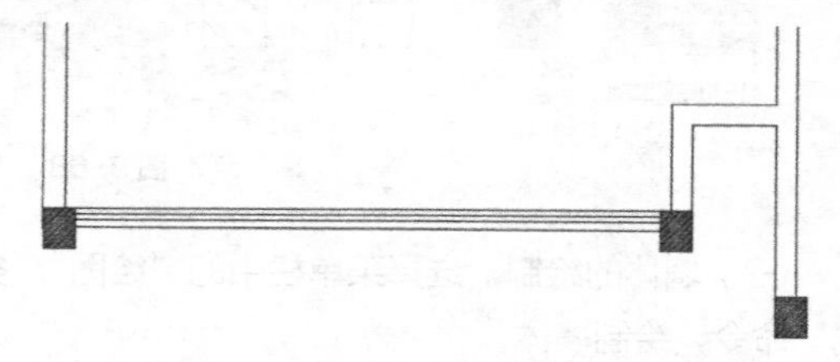

图 9-74　绘制窗户

同理，绘制图中其他位置处的窗户，结果如图9-75所示。

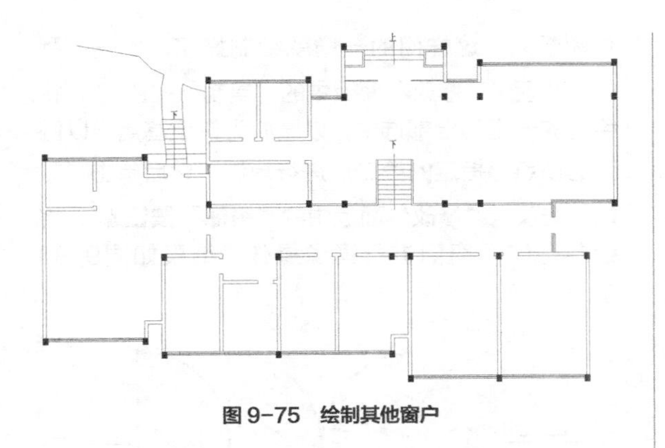

图 9-75 绘制其他窗户

（5）窗柱的绘制。单击“默认”选项卡“绘图”面板中的“圆”按钮，绘制一半径为110的圆，对其进行填充，填充方法同方柱的填充方法。绘制好后，复制到准确位置，结果如图9-76所示。

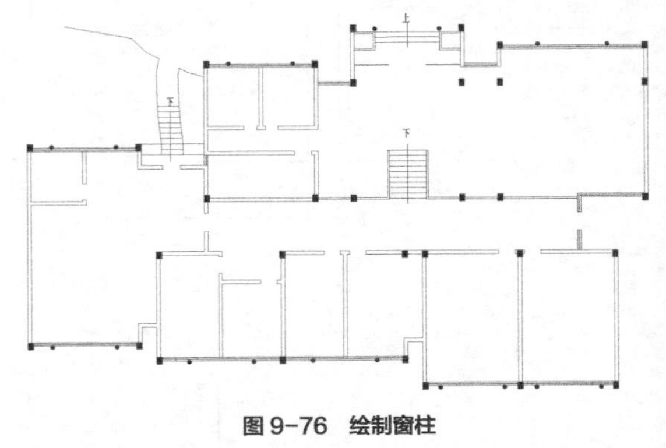

图 9-76 绘制窗柱

（6）阳台的绘制。单击“默认”选项卡“绘图”面板中的“多段线”按钮，绘制阳台的轮廓，然后单击“默认”选项卡“绘图”面板中的“图案填充”按钮，对其进行填充，弹出的“图案填充创建”选项卡设置如图9-77所示。

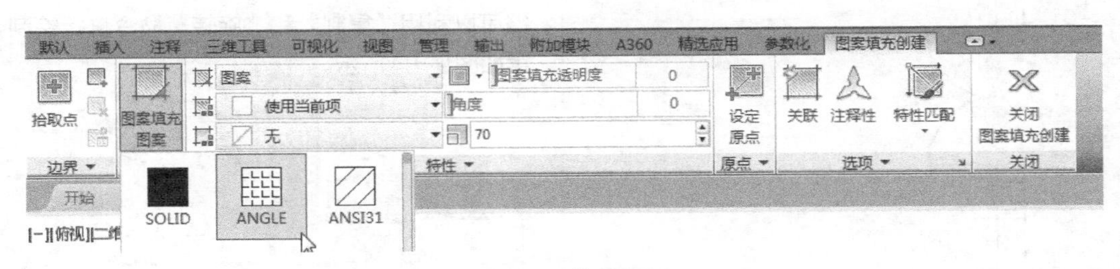

图 9-77 填充设置

结果如图9-78所示。

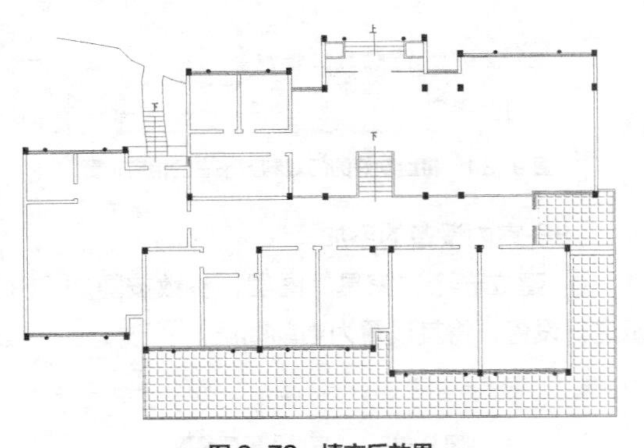

图 9-78 填充后效果

（7）室内门的绘制。

① 室内门分为单拉门和双拉门。单拉门的绘制：单击“默认”选项卡“绘图”面板中的“圆弧”按钮，在门的位置绘制以墙的内侧的一点为起点，半径为900，包含角为-90°的圆弧，如图9-79所示。

② 单击“默认”选项卡“绘图”面板中的“直线”按钮，以圆弧的末端点为第一角点，水平向右绘制一直线段，与墙体相交，如图9-80所示。

③ 双拉门的绘制：单击“默认”选项卡“绘图”面板中的“直线”按钮，以墙体右端点为起点水平向右绘制长为500的水平直线，然后单击“默认”选项卡“绘图”面板中的“圆弧”按钮，绘制半径为500的圆弧。最后单击“默认”选项卡“修改”面板中的“镜像”按钮，将绘制好的门的一侧进行镜像，结果如图9-81所示。

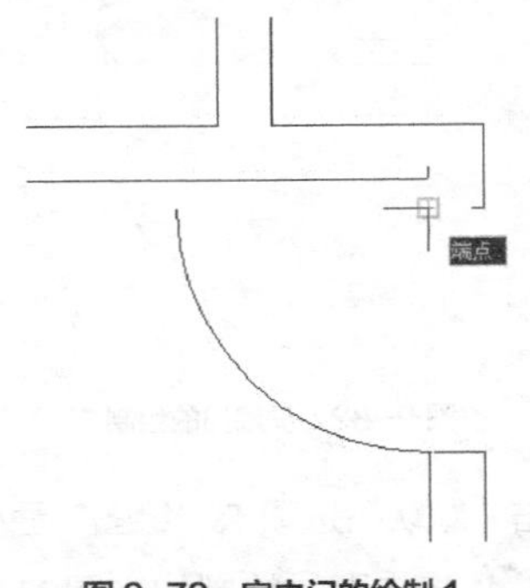

图 9-79 室内门的绘制 1

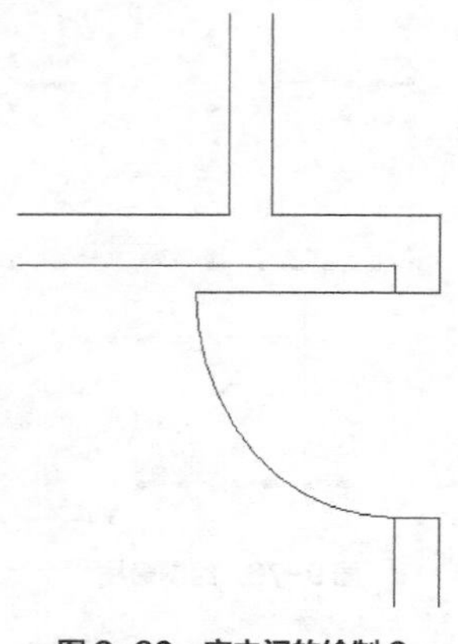

图 9-80　室内门的绘制 2

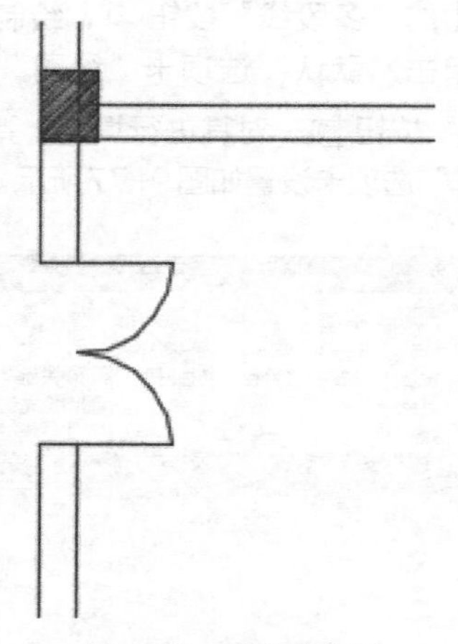

图 9-81　双拉门的绘制

④ 多扇门的绘制：单击“默认”选项卡“绘图”面板中的“圆弧”按钮，以图示直线的端点为圆心，绘制半径500，包含角为-180°的圆弧，如图9-82所示。

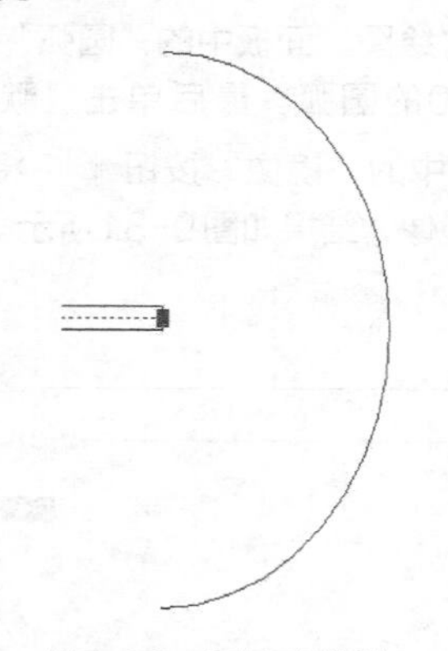

图 9-82　多扇门的绘制 1

⑤ 单击“默认”选项卡“绘图”面板中的“直线”按钮，将步骤④绘制的半圆的直径用直线封闭起来，这样门的一扇就绘制好了。单击“默认”选项卡“修改”面板中的“复制”按钮，将绘制的一扇门全部选中，以圆心为指定基点，以圆弧的顶点为指定的第二点进行复制，然后单击“默认”选项卡“修改”面板中的“镜像”按钮，将绘制好的两扇门进行镜像操作，结果如图9-83所示。

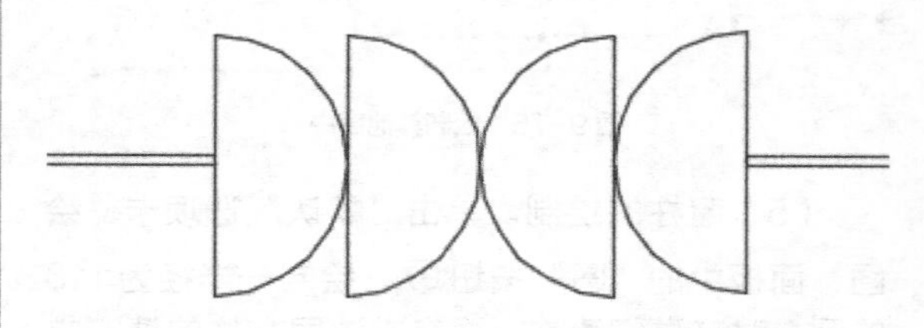

图 9-83　多扇门的绘制 2

同理，绘制茶室其他位置处的门，对于相同的门可以利用“复制”和“旋转”命令进行绘制，结果如图9-84所示。

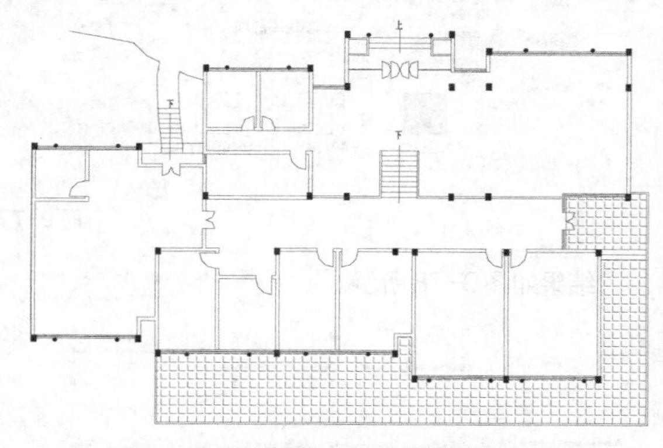

图 9-84　将绘制好的门复制到茶室的相应位置

（8）室内设备的添加。

① 建立一个“家具”图层，参数按图9-85所示进行设置，将其设置为当前图层。

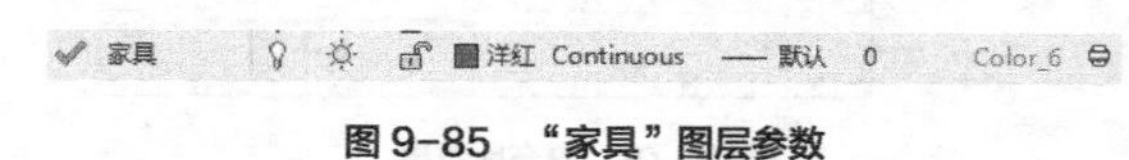

图 9-85　“家具”图层参数

下面的操作需要利用附带配套资源中的素材。

② 室内设备包括卫生间的设备、大厅的桌椅等，单击“默认”选项卡“绘图”面板中的“直线”按钮，绘制卫生间墙体，然后单击“默认”选项卡“块”面板中的“插入”按钮，将源文件中的马桶、小便池和洗脸盆插入到图中，结果如图9-86所示。

③ 单击“默认”选项卡“块”面板中的“插入”按钮，将源文件中的方形桌椅和圆形桌椅插入到图中，结果如图9-87所示。

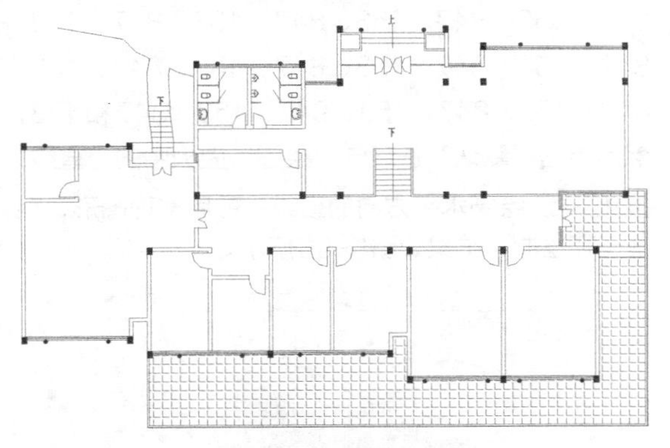

图 9-86 添加室内设备 1

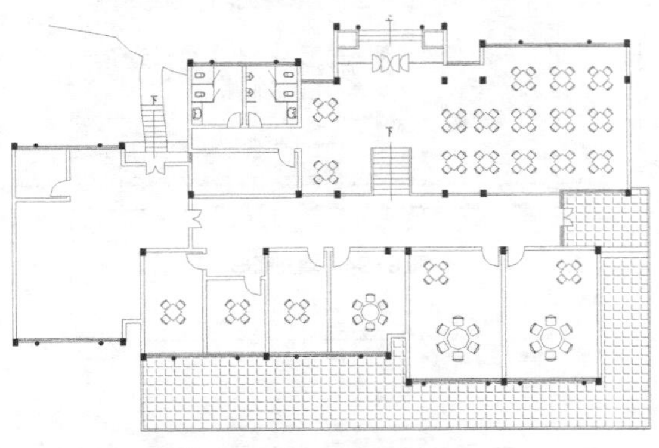

图 9-87 添加室内设备 2

9.3.2 文字、尺寸的标注

为图形标注文字时，可以直接利用“多行文字”命令进行标注，也可以结合“复制”命令，将输入的第一个文字进行复制，然后双击文字，修改对应的文字内容，以便文字格式的统一。

STEP 绘制步骤

1. 文字的标注

将“文字”图层设置为当前图层，单击“默认”选项卡“注释”面板中的“多行文字”按钮，在待标注文字的区域拉出一个矩形，打开“文字编辑器”选项卡。设置好字体及字高后，在文本区输入要标注的文字即可，结果如图9-88所示。

2. 尺寸的标注

（1）建立“尺寸”图层，参数如图9-89所示，并将其设置为当前图层。

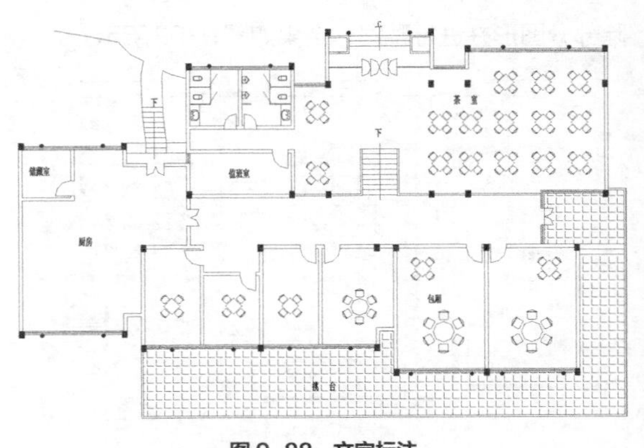

图 9-88 文字标注

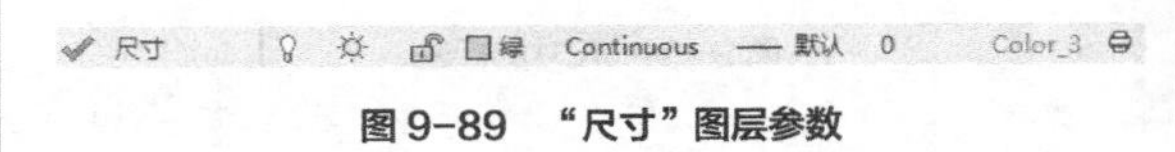

图 9-89 “尺寸”图层参数

（2）单击“默认”选项卡“绘图”面板中的“直线”按钮和“多行文字”按钮，标注标高，如图9-90所示。

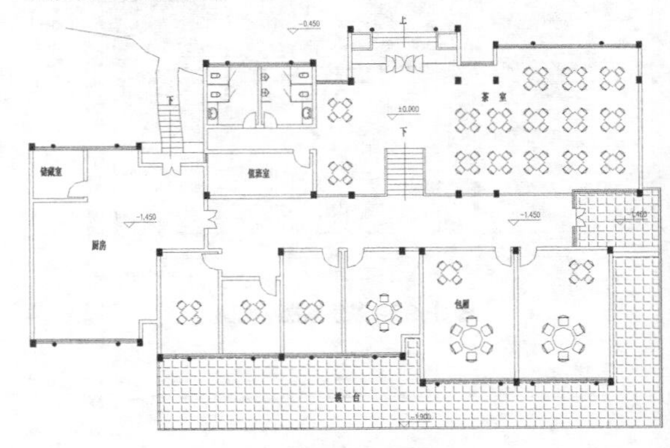

图 9-90 相对高程的标注

（3）将“轴线”图层打开，单击“默认”选项卡“注释”面板中的“线性”按钮和“连续”按钮，标注尺寸，并整理图形，如图9-91所示，然后将“轴线”图层关闭，结果如图9-63所示。

9.3.3 绘制茶室顶视平面图

图9-92所示为茶室顶视平面图。

扫一扫

STEP 绘制步骤

（1）单击“快速访问”工具栏中的“打开”按钮，打开“茶室平面图”文件，将其另存为“茶室顶视平面图”，然后单击“默认”选项卡“修改”面板中的“删除”按钮，删除部分图形并进行整理，结果如图9-93所示。

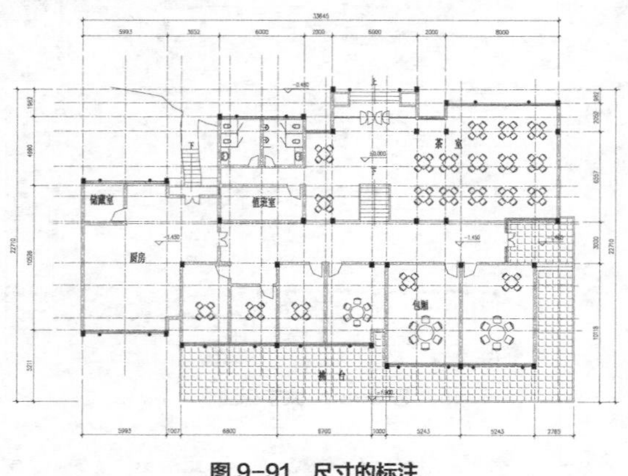

图9-91 尺寸的标注

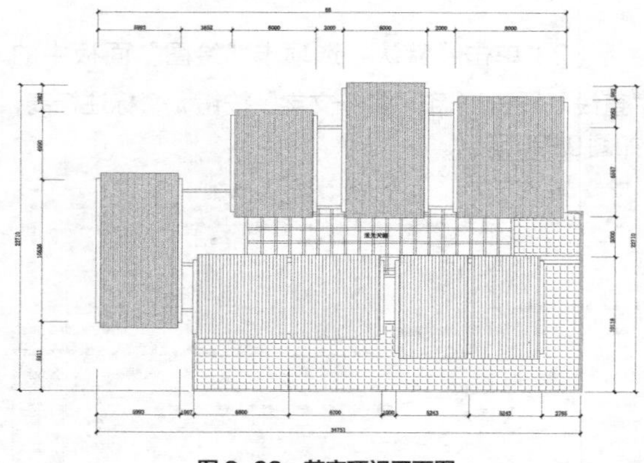

图9-92 茶室顶视平面图

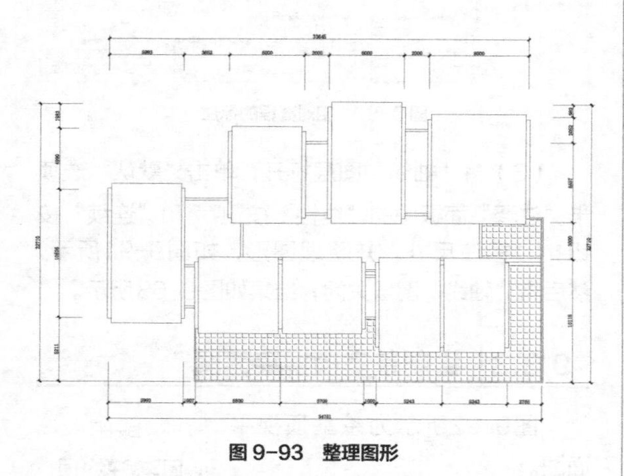

图9-93 整理图形

（2）单击“默认”选项卡“绘图”面板中的“图案填充”按钮，打开“图案填充创建”选项卡，选择“ANSI31”图案，设置角度为45°，比例分别为40和80，填充图形，如图9-94所示。

（3）单击“默认”选项卡“修改”面板中的“偏移”按钮，将图9-94所示的直线1依次向左进行偏移，偏移距离为847、153、847、153、847、153、847、153、847、153、847、153、847、153、847、153、847、153、847、153、847、153、847、153、847、153、847、153、847、153、847、153、847、153、847和153，然后单击“默认”选项卡“绘图”面板中的“直线”按钮，绘制水平方向的直线，最后整理图形，完成天棚绘制，结果如图9-95所示。

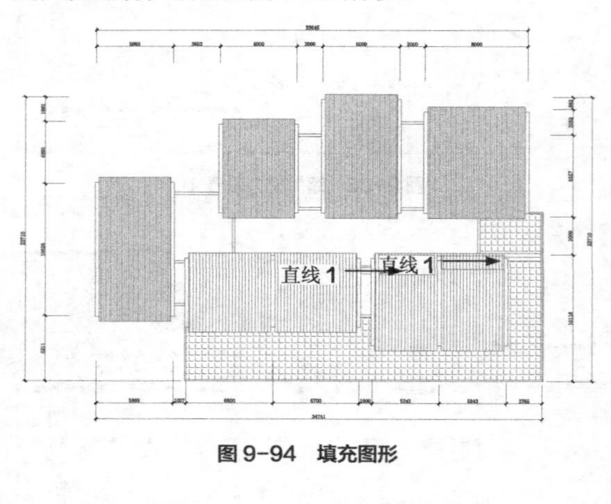

图9-94 填充图形

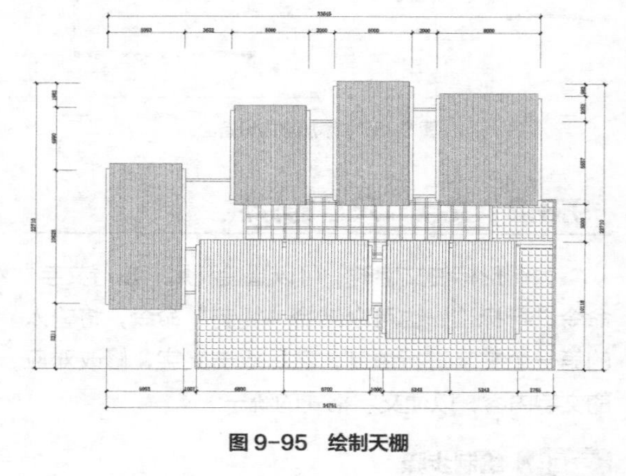

图9-95 绘制天棚

（4）文字标注。将“文字”图层设置为当前图层，然后进行文字标注。单击“默认”选项卡“注释”面板中的“多行文字”按钮A，在待注文字的区域拉出一个矩形，弹出“文字编辑器”选项卡。设置好字体及字高后，在文本区输入要标注的文字即可，如图9-92所示。

以下为附带的茶室的立面图，在此不再详述，如图9-96和图9-97所示。

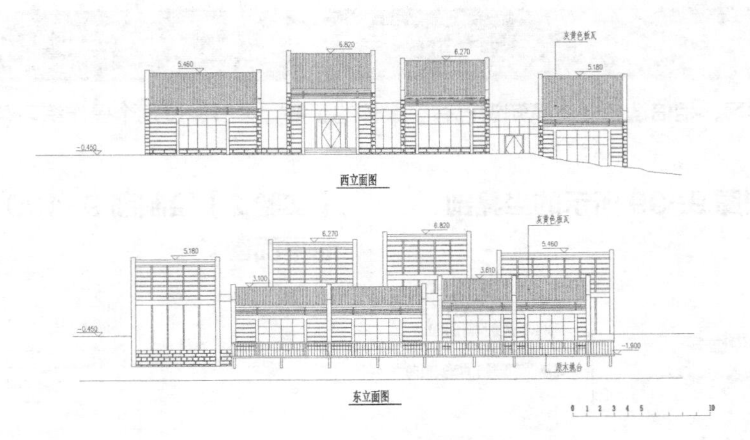

图 9-96 茶室立面图 1

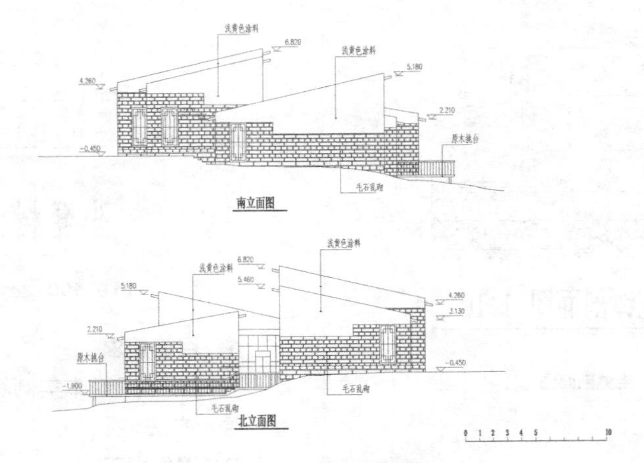

图 9-97 茶室立面图 2

图 9-98 所示为整个茶室的平面及位置图，该茶室依山而建，别具特色。

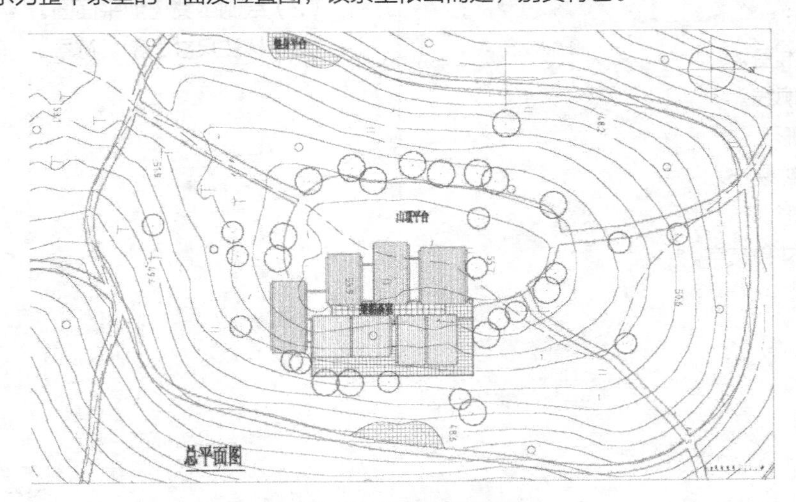

图 9-98 茶室平面位置图

9.4 上机实验

通过前面的学习，相信读者对本章知识已有了大体的了解，本节通过几个操作练习帮助读者进一步掌握本章知识要点。

【实验 1】绘制图 9-99 所示的坐凳剖面图。

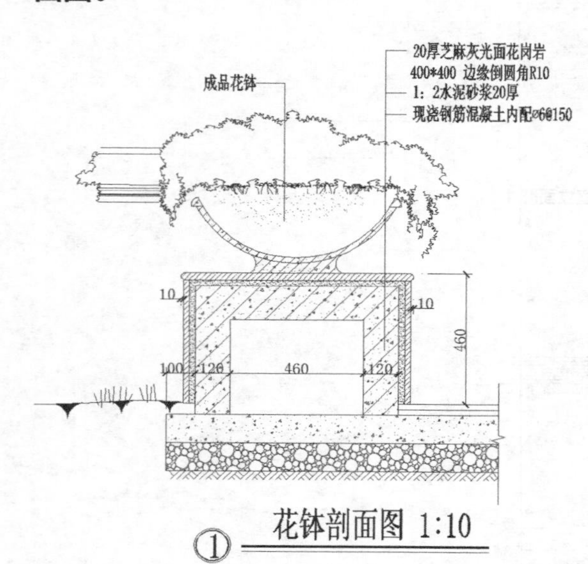

图 9-99　坐凳剖面图

1. 目的要求

希望读者通过本实例熟悉和掌握坐凳剖面图的绘制方法。

2. 操作提示

（1）绘图前准备。

（2）绘制轮廓线。

（3）细化图形。

（4）插入花钵装饰。

（5）填充图形。

（6）标注尺寸和文字。

【实验 2】绘制图 9-100 所示的坐凳树池平面图。

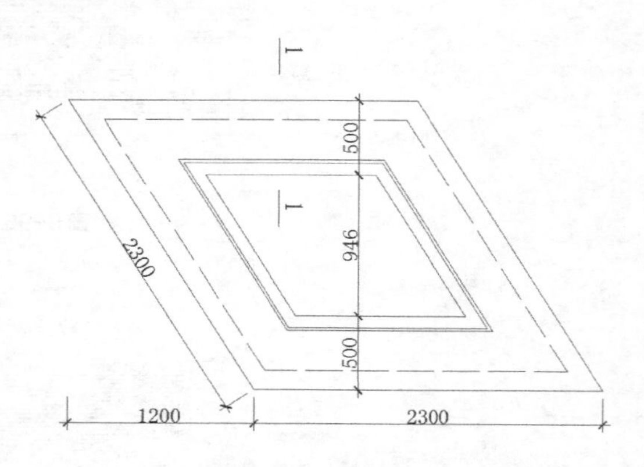

图 9-100　坐凳树池平面图

1. 目的要求

希望读者通过本实例熟悉和掌握坐凳树池平面图的绘制方法。

2. 操作提示

（1）绘图前准备。

（2）绘制坐凳树池平面图。

（3）标注尺寸和剖切符号。

第10章

绘制园林水景图

本章主要讲解园林水景图的绘制方法。水景，作为园林中一道别样的风景，以它特有的气息与神韵感染着每一个游园的人。它是园林景观和给水、排水的有机结合。

学习要点和目标任务

- 园林水景概述
- 绘制园林水景工程图
- 绘制水池

10.1 园林水景概述

1. 园林水景的作用

园林水景的作用和用途主要归纳为以下5个方面。

（1）园林水体景观。如喷泉、瀑布、池塘等，都以水体为题材，无论从艺术还是实用的角度，水都是园林的重要构成要素。冰灯、冰雕是水在非常温状况下的一种表现形式。

（2）改善环境，调节空气，控制噪声。喷泉、瀑布能增加空气湿度，提高空气中负氧离子的含量。

（3）提供娱乐活动场所。如划船、溜冰、水上乐园等。

（4）汇集、排泄天然雨水。若设计得当，会节省不少地下管线的投资，为植物生长创造良好的条件。

（5）防护、隔离、防灾用水。如护城河、隔离河，以水面作为空间隔离，是最自然、最节约的办法。引申来说，水面创造了园林迂回曲折的线路，“隔岸相视，可望不可即也。”城市园林水体可作为救火备用水，郊区园林水体、沟渠，是抗旱天然管网。

2. 园林水景的形态

园林水体的景观形式是丰富多彩的。明袁中郎谓：“水突然而趋，忽然而折，天回云昏，顷刻不知其千里，细则为罗谷，旋则为虎眼，注则为天坤，立则为岳玉；矫而为龙，喷而为雾，吸而为风，怒而为霆，疾徐舒蹙，奔跃万状。”下面以水体存在的4种形态来划分水体的景观。

（1）水体因压力而向上喷，形成各种各样的喷泉、涌泉、喷雾……总称“喷水”。

（2）水体因重力而下跌，高程突变，形成各种各样的瀑布、水帘……总称“跌水”。

（3）水体因重力而流动，形成各种各样的溪流、旋涡……总称“流水”。

（4）水面自然，不受重力及压力影响，称“池水”。

3. 喷水的类型

人工造就的喷水主要有7种景观类型。

（1）水池喷水。这是最常见的形式，通过在水池中安装喷头、灯光等设备来实现。停喷时，则是一个静水池。

（2）旱池喷水。喷头等隐于地下，喷水时人与水可互动，如广场、游乐场。停喷时是场中一块微凹地坪，缺点是水质易污染。

（3）浅池喷水。喷头于山石、盆栽之间，可以把喷水的全范围做成一个浅水盆，也可以仅在射流落点之处设几个水钵。美国迪士尼乐园有座间歇喷泉，由A定时喷一股水流至B，再由B喷一股水流至C，如此循环跳跃下去。

（4）舞台喷水。设置于影剧院、舞厅、游乐场等场所，有时作为舞台前景、背景，有时作为表演场所和活动内容。限于场所面积，水池往往是活动的。

（5）盆景喷水。家庭、公共场所的摆设，大小不一，往往与盆景成套出售。此种以水为主要景观的设施，不限于“喷”的水姿，常依靠高科技做出让人意想不到的景观，很有启发意义。

（6）自然喷水。喷头置于自然水体之中。

（7）水幕影像。如上海城隍庙的水幕电影，由喷水组成10余米宽、20余米长的扇形水幕，与夜晚天际连成一片，电影放映时，人物驰骋万里，来去无影。

4. 水景的类型

水景是园林景观的重要组成部分，水的形态不同，则构成的景观也不同。水景一般可分为以下几种类型。

（1）水池。园林中常以天然湖泊作水池，尤其在皇家园林中，宏旷的水景有一望千顷、海阔天空之气派。而私家园林或小型园林的水池面积较小，其形状可方、可圆、可直、可曲，常以近观为主，不可过分分隔，故给人的感觉是古朴野趣。

（2）瀑布。瀑布在园林中虽用得不多，但它特点鲜明，即充分利用了高差变化，使水产生动态之势。如把石山叠高，下挖成潭，水自高往下倾泻，击石四溅，飞珠若帘，俨如千尺飞流，震撼人心，令人流连忘返。

（3）溪涧。溪涧的特点是水面狭窄而细长，水因势而流，不受拘束。水口的处理应使水声悦耳动听，使人犹如置身于真山真水之间。

（4）泉源。泉源之水通常是溢满的，一直不停地往外流出。古有天泉、地泉、甘泉之分。泉的地势一般比较低，与山石融为一体，光线幽暗，别有一番情趣。

（5）濠濮。濠濮是山水相依的一种景象，其水位较低，水面狭长，往往能产生两山夹岸之感。而护坡置石，植物探水，可营造出幽深濠涧的气氛。

（6）渊潭。潭景一般与峭壁相连。水面不大，深浅不一。大自然之潭周围峭壁嶙峋，俯瞰气势险峻，有若万丈深渊。庭园中潭之创作，岸边宜叠石，不宜披土；光线处理宜荫蔽浓郁，不宜阳光灿烂；水位标高宜低下，不宜涨满。水面集中而空间狭隘是渊潭的设计要点。

（7）滩。滩的特点是水浅而与岸高差很小。滩景宜结合洲、矶、岸等，潇洒自如，极富自然。

（8）水景缸。水景缸是用容器盛水作景。其位置不定，可随意摆放，内可养鱼、种花以作庭园点景之用。

除上述类型外，随着现代园林艺术的发展，水景的表现手法越来越多，如喷泉造景、叠水造景等，均活跃了园林空间，丰富了园林内涵，美化了园林的景致。

5. 喷水池的设计原则

（1）要尽量考虑向生态方向发展，如空调冷却水的利用、水帘幕降温、渔塘增氧、兼作消防水池、喷雾增加空气湿度和负离子，以及作为水系循环水源等。科学研究证明，水滴分裂有带电现象，水滴由加有高压电的喷嘴中以雾状喷出，可吸附微小烟尘乃至有害气体，会大大提高除尘效率。

（2）要与其他景观设施结合。喷水等水景工程是一项综合性工程，需要与园林、建筑、结构、雕塑、自控、电气、给排水、机械等方面相结合来设计，才能做到美观实用。

（3）水景是园林绿化景观中的一部分，配以雕塑、花坛、亭廊、花架、坐椅、地坪铺装、儿童游戏场、露天舞池等内容才能成景。注重喷水效果大于规模，要考虑到喷射时好看，停止时也好看。

（4）要有新意，不落窠臼。例如，日本的喷水，有由声音、风向、光线来控制开启的，还有设计成“急流勇进”的形式，一股股激浪冲向艘艘木舟，激起千堆雪。美国有座喷泉，上喷的水正对着下泻的瀑，水花在空中爆炸，蔚为壮观。

（5）要因地制宜选择合理的喷泉。例如，适于参与、有管理条件的地方采用旱地喷水；而只适于观赏的要采用水池喷泉；园林环境下可考虑采用自然式浅池喷水。

6. 各种喷水款式的选择

现有各种喷头的使用条件是不同的，应根据具体情况选用。

（1）声音。有的喷头噪声很大，如充气喷头；而有的很安静，如喇叭喷头。

（2）风力的干扰。有的喷头受外界风力影响很大，如半圆形喷头，此类喷头形成的水膜很薄，强风下几乎不能成形；有的则没什么影响，如树水状喷头。

（3）水质的影响。有的喷头受水质的影响很大，水质不佳，动辄堵塞，如蒲公英喷头，堵塞局部便会破坏整体造型。但有的影响很小，如涌泉。

（4）高度和压力。各种喷头都有其合理的喷射高度。例如，要喷得高，用中空喷头比用直流喷头好，因为环形水流的中部空气稀薄，四周空气裹紧水柱使之不易分散。而儿童游戏场为安全起见，要选用低压喷头。

（5）水姿的动态。多数喷头是安装后或调整后按固定方向喷射的，如直流喷头。还有一些喷头是动态的，如摇摆和旋转喷头，在机械和水力的作用下，喷射时喷头是移动的，经过特殊设计，有的喷头还按预定的轨迹前进。同一种喷头，由于设计的不同，可喷射出各种高度此起彼伏的水流。无级变速可使喷射轨迹呈曲线形状，甚至时断时续，射流呈现出点、滴、串的水姿，如间歇喷头。多数喷头是安装在水面之上的，但是鼓泡（泡沫）喷头是安装在水面之下的，因水面的波动，喷射的水姿会呈现起伏动荡的变化。使用此类喷头时要注意水池会有较大的波浪出现。

（6）射流和水色。多数喷头喷射时，水色是透明无色的。鼓泡（泡沫）喷头、充气喷头由于空气和水混合，射流是白色的。而雾状喷头要在阳光照射下才会产生瑰丽的彩虹。水盆景、摆设一类水景，往往把水染色，使之在灯光下更显烂漫。

10.2 绘制园林水景工程图

表达水景工程构筑物（如驳岸、码头、喷水池等）的图样称为水景工程图。在水景工程图中，除表达工程设施的土建部分外，一般还有机电、管道、水文地质等专业内容。此处主要介绍水景工程图的表达方法、主要内容和喷水池工程图等。

1．水景工程图的表达方法

（1）视图的配置。水景工程图的基本图样仍然是平面图、立面图和剖面图。水景工程构筑物，如基础、驳岸、水闸、水池等许多部分被土层覆盖，所以剖面图和断面图应用较多。人站在上游（下游），面向建筑物作投射，所得的视图称为上游（下游）立面图，如图10-1所示。

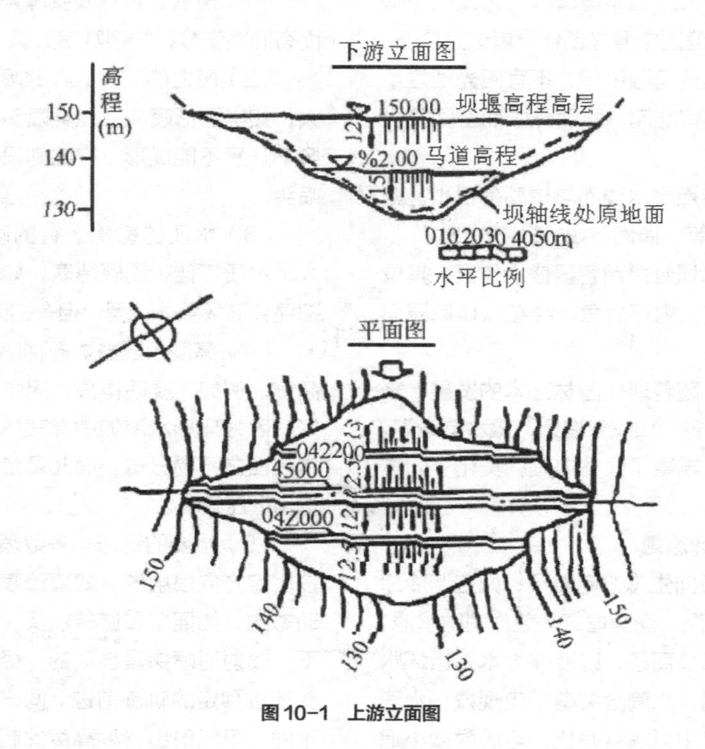

图10-1　上游立面图

为了看图方便，每个视图都应在图形下方标出名称，各视图应尽量按投影关系配置。布置图形时，习惯使水流方向由左向右或自上而下。

（2）其他表示方法。

① 局部放大图：物体的局部结构用较大比例画出的图样称为局部放大图或详图。放大的详图必须标注索引标志和详图标志。

② 展开剖面图：当构筑物的轴线是曲线或折线时，可沿轴线剖开物体并向剖切面投影，然后将所得剖面图展开在一个平面上，这种剖面图称为展开剖面图，在图名后应标注“展开”二字。

③ 分层表示法：当构筑物有几层结构时，在同一视图内可按其结构层次分层绘制。相邻层次用波浪线分界，并用文字在图形下方标注各层名称。

④ 掀土表示法：被土层覆盖的结构，在平面图中不可见。为表示这部分结构，可假想将土层掀开后再画出视图。

⑤ 规定画法：除可采用规定画法和简化画法外，还有以下规定。

构筑物中的各种缝线，如沉陷缝、伸缩缝和材料分界线，两边的表面虽然在同一平面内，但画图时一般按轮廓线处理，用一条粗实线表示。

水景构筑物配筋图的规定画法与园林建筑图相同。如钢筋网片的布置对称可以只画一半，另一半表达构件外形。对于规格、直径、长度和间距相同的钢筋，可用粗实线画出其中一根来表示。同时用一横穿的细实线表示其余的钢筋。

如图形的比例较小，或者某些设备另有专门的图纸来表达，可以在图中相应的部位用图例来表达工程构筑物的位置。常用图例如图10-2所示。

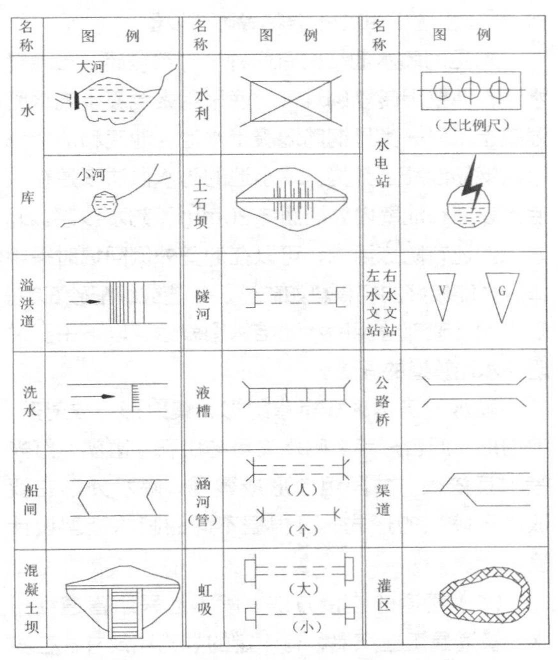

名称	图例	名称	图例	名称	图例
水	大河	水利		水电站	（大比例尺）
库	小河	土石坝			
溢洪道		隧河		左右水文站	V G
洗水		液槽		公路桥	
船闸		涵河（管）	（人）（个）	渠道	
混凝土坝		虹吸	（大）（小）	灌区	

图10-2 常见图例

2. 水景工程图的尺寸注法

投影制图有关尺寸标注的要求，在注写水景工程图的尺寸时也必须遵守。但水景工程图也有它自己的特点，主要如下。

（1）基准点和基准线。要确定水景工程构筑物在地面的位置，必须先定好基准点和基准线在地面的位置，各构筑物的位置均以基准点进行放样定位。基准点的平面位置是根据测量坐标确定的，两个基准点的连线可以定出基准线的平面位置。基准点的位置用交叉十字线表示，引出标注测量坐标。

（2）常水位、最高水位和最低水位。设计和建造驳岸、码头、水池等构筑物时，应根据当地的水情和一年四季的水位变化来确定驳岸和水池的形式和高度。应使常水位时景观最佳，最高水位不至于溢出，最低水位时岸壁的景观也可入画。因此在水景工程图上，应标注常水位、最高水位和最低水位的标高，并将常水位作为相对标高的零点，如图10-3所示。为便于施工测量，图中除注写各部分的高度尺寸外，尚需注出必要的高程。

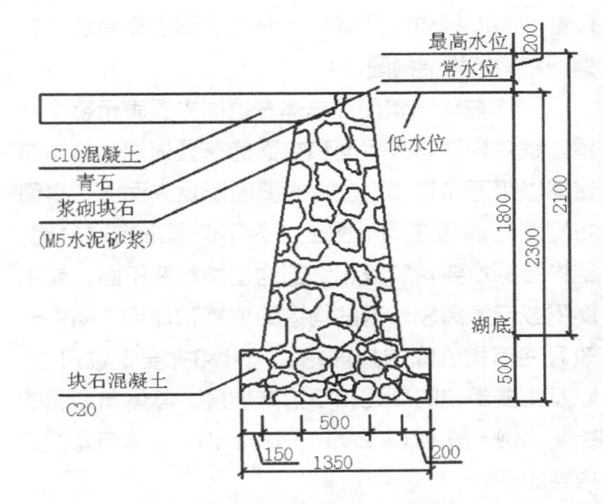

图10-3 驳岸剖面图尺寸标注

（3）里程桩。对于堤坝、渠道、驳岸、隧洞等较长的水景工程构筑物，沿轴线的长度尺寸通常采用里程桩的标注方法。标注形式为k+m，k为公里数，m为米数。如起点桩号标注成0+000，起点桩号之后，k、m为正值；起点桩号之前，k、m为负值。桩号数字一般沿垂直于轴线的方向注写，且标注在同一侧，如图10-4所示。当同一图中几种建筑物均采用“桩号”标注时，可在桩号数字之前加注文字以示区别，如坝0+021.00、洞0+018.30等。

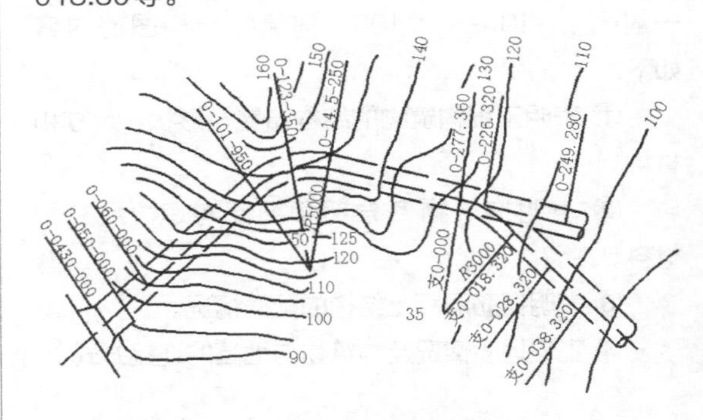

图10-4 里程桩尺寸标注

3. 水景工程图的内容

开池理水是园林设计的重要内容。园林中的水景工程，一类是利用天然水源（河流、湖泊）和现状地形修建的较大型水面工程，如驳岸、码头、桥梁、引水渠道和水闸等；更多的是在街头、游园内修建的小型水面工程，如喷水池、种植池、盆景池、观鱼池等人工水池。水景工程设计一般要经过规划、初步设计、技术设计和施工设计几个阶段。每个阶段都要绘制相应的图样。水景工程图主要有总体布置图和构筑物结构图。

（1）总体布置图。总体布置图主要表示整个水景工程各构筑物在平面和立面的布置情况。总体布置图以平面布置图为主，必要时配置立面图。平面布置图一般画在地形图上；为了使图形主次分明，结构图的次要轮廓线和细部构造均省略不画，或用图例或示意图表示这些构造的位置和作用。图中一般只注写构筑物的外形轮廓尺寸和主要定位尺寸，以及主要部位的高程和填挖方坡度。总体布置图的绘图比例一般为1：200～1：500。总体布置图的内容如下。

① 工程设施所在地区的地形现状、河流及流向、水面、地理方位（指北针）等。

② 各工程构筑物的相互位置、主要外形尺寸、主要构成。

③ 工程构筑物与地面交线、填挖方的边坡线。

（2）构筑物结构图。结构图是以水景工程中某一构筑物为对象的工程图，包括结构布置图、分部和细部构造图和钢筋混凝土结构图。构筑物结构图必须把构筑物的结构形状、尺寸大小、材料、内部配筋及相邻结构的连接方式等都表达清楚。结构图包括平、立、剖面图，详图和配筋图，绘图比例一般为1：10～1：100。构筑物结构图的内容如下。

① 表明工程构筑物的结构布置、形状、尺寸和材料。

② 表明构筑物各分部和细部构造、尺寸和材料。

③ 表明钢筋混凝土结构的配筋情况。

④ 工程地质情况及构筑物与地基的连接方式。

⑤ 相邻构筑物之间的连接方式。

⑥ 附属设备的安装位置。

⑦ 构筑物的工作条件，如常水位和最高水位等。

4. 喷水池工程图

喷水池的面积和深度较小，一般深度仅几十厘米至一米左右，可根据需要建成地面上、地面下或者半地上半地下的形式。人工水池与天然湖池的区别：一是采用各种材料修建池壁和池底，并有较高的防水要求；二是采用管道给排水，要修建闸门井、检查井、排放口和地下泵站等附属设备。

常见的喷水池结构有两种：一类是砖、石池壁水池，池壁用砖墙砌筑，池底采用素混凝土或钢筋混凝土；另一类是钢筋混凝土水池，池底和池壁都采用钢筋混凝土结构。喷水池的防水做法多是在池底上表面和池壁内外墙面抹20mm厚防水沙浆。北方水池还有防冻要求，可以在池壁外侧回填时采用排水性能较好的轻骨料如矿渣、焦渣或级配砂石等。喷水池土建部分用喷水池结构图表达，以下主要说明喷水池管道的画法。

喷水的基本形式有直射形、集射形、放射形、散剔形、混合形等。喷水又可与山石、雕塑、灯光等相互依赖，共同组合形成景观。喷水外形主要取决于喷头的形式，可根据不同的喷水造型设计喷头。

（1）管道的连接方法。喷水池采用管道给排水，管道是工业产品，有一定的规格和尺寸。在安装时加以连接组成管路，其连接方式将因管道的材料和系统而不同。常用的管道连接方式有4种。

① 法兰接：在管道两端各焊一个圆形的法兰盘，在法兰盘中间垫以橡皮，四周钻有成组的小圆孔，在圆孔中用螺栓连接。

② 承插接：管道的一端做成钟形承口，另一端是直管，直管插入承口内，在空隙处填以石棉水泥。

③ 螺纹接：管端加工有外螺纹，用有内螺纹的套管将两根管道连接起来。

④ 焊接：将两管道对接焊成整体，在园林给排水管路中应用不多。

喷水池给排水管路中，给水管一般采用螺纹连接，排水管大多采用承插接。

（2）管道平面图。管道平面图主要用于显示区域内管道的布置。一般游园的管道综合平面图常用比例为1：200 ~ 1：2000。喷水池管道平面图主要能显示清楚该小区范围内的管道即可，通常选用1 ：50 ~ 1：300的比例。管道均用单线绘制，称为单线管道图。但用不同的宽度和不同的线型加以区别。新建的各种给排水管用粗线，原有的给排水管用中粗线。给水管用实线，排水管用虚线等。

管道平面图中的房屋、道路、广场、围墙、草地花坛等原有建筑物和构筑物按建筑总平面图的图例用细实线绘制，水池等新建建筑物和构筑物用中粗线绘制。

铸铁管以公称直径“DN”表示，公称直径指管道内径，通常以英寸为单位（1英寸=25.4mm），也可标注毫米，如DN50。混凝土管以内径“d”表示，如d150。管道应标注起迄点、转角点、连接点、变坡点的标高。给水管宜注管中心线标高，排水管宜注管内底标高。一般标注绝对标高，如无绝对标高资料，也可标注相对标高。给水管是压力管，通常水平敷设，可在说明中注明中心线标高。排水管为简便起见，可在检查井处引出标注，水平线上面注写管道种类及编号，例如W-5，水平线下面注写井底标高。也可在说明中注写管口内底标高和坡度。管道平面图中还应标注闸门井的外形尺寸和定位尺寸，指北针或风向玫瑰图。为便于对照阅读，应附给水排水专业图例和施工说明。施工说明一般包括设计标高、管径及标高、管道材料和连接方式、检查井和闸门井尺寸、质量要求和验收标准等。

（3）安装详图。安装详图主要用于表达管道及附属设备安装情况，或称工艺图。安装详图以平面图作为基本视图，然后根据管道布置情况选择合适的剖面图，剖切位置通过管道中心，但管道按不剖绘制。局部构造，如闸门井、泄水口、喷泉等用管道节点图表达。在一般情况下管道安装详图与水池结构图应分别绘制。

一般安装详图的画图比例都比较大，各种管道的位置、直径、长度及连接情况必须表达清楚。在安装详图中，管径大小按比例用双粗实线绘制，称为双线管道图。

为便于阅读和施工备料，应在每个管件旁边，以指引线引出直径6mm的小圆圈并加以编号，相同的管配件可编同一号码。在每种管道旁边注明其名称，并画箭头以示其流向。

池体等土建部分另有构筑物结构图详细表达其构造、厚度、钢筋配置等内容。在管道安装工艺图中，一般只画水池的主要轮廓，细部结构可省略不画。池体等土建构筑物的外形轮廓线（非剖切）用细实线绘制，闸门井、池壁等剖面轮廓线用中粗线绘制，并画出材料图例。管道安装详图的尺寸包括构筑尺寸、管径及定位尺寸、主要部位标高。构筑尺寸指水池、闸门井、地下泵站等内部长、宽和深度尺寸，沉淀池、泄水口、出水槽的尺寸等。在每段管道旁边注写管径和代号“DN”等，管道通常以池壁或池角定位。构筑物的主要部位（池顶、池底、泄水口等）及水面、管道中心、地坪应标注标高。

喷头是经机械加工的零部件，与管道用螺纹连接或法兰连接。自行设计的喷头应按机械制图标准画出部件装配图和零件图。

为便于施工备料、预算，应将各种主要设备和管配件汇总列出材料表。表列内容包括件号、名称、规格、材料、数量等。

（4）喷水池结构图。喷水池池体等土建构筑物的布置、结构，形状大小和细部构造用喷水池结构图来表示。喷水池结构图通常包括：表达喷水池各组成部分的位置、形状和周围环境的平面布置图，表达喷泉造型的外观立面图，表达结构布置的剖面图和池壁、池底结构详图或配筋图。图10-5所示为钢筋混凝土地上水池的池壁和池底详图。其钢筋混凝土结构的表达方法应符合建筑结构制图标准的规定。

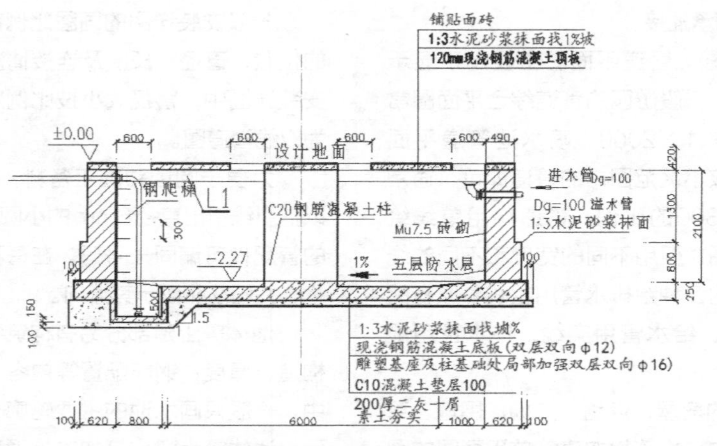

图 10-5　池壁和池底详图

10.3 绘制水池

10.3.1 绘制水池平面图

使用“直线”命令绘制定位轴线；使用“圆”“正多边形”和“延伸”命令绘制水池平面图；用“半径标注”“线性标注”和“连续标注”命令标注尺寸；用引线标注和文字命令标注文字，完成后保存为水池平面图，如图10-6所示。

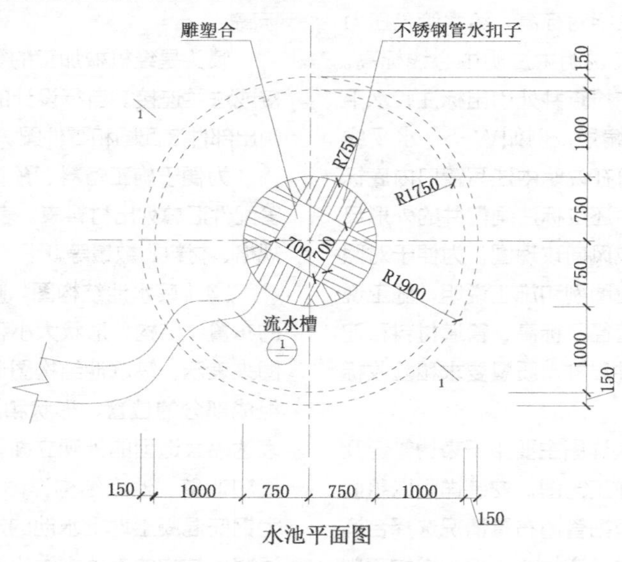

图 10-6　水池平面图

STEP 绘制步骤

1. 绘图前的准备与设置

（1）根据要绘制的图形决定绘图的比例，建议采用1：1的比例绘制。

（2）建立新文件。打开AutoCAD 2018应用程序，建立新文件，将新文件命名为“水池平面图.dwg”并保存。

（3）设置图层。设置以下5个图层：“标注尺寸”“中心线”“轮廓线”“文字”“溪水”，并将这些图层设置成不同的颜色，使图纸显示更加清晰。设置好的图层如图10-7所示。

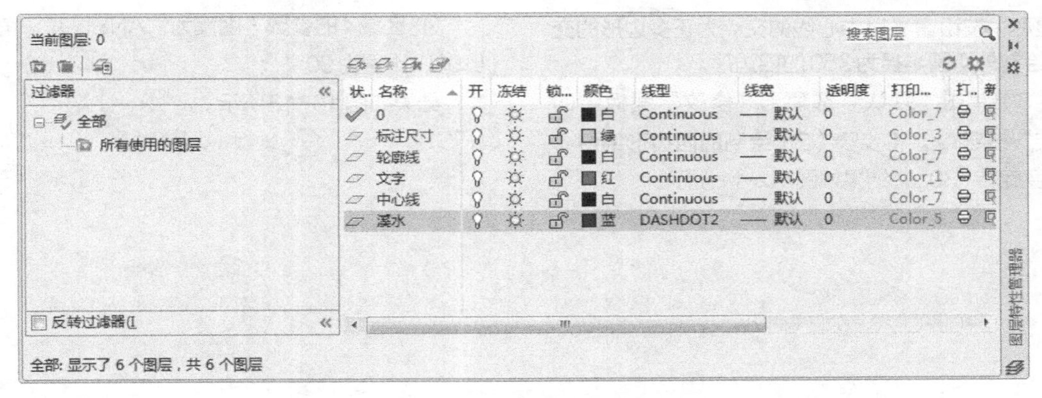

图 10-7　水池平面图图层设置

（4）标注样式的设置。根据绘图比例设置标注样式，对“线”“符号和箭头”“文字”和“主单位”选项卡进行设置，具体如下。

① 线：超出尺寸线为80，起点偏移量为120。

② 符号和箭头：第一个为建筑标记，箭头大小为80。

③ 文字：文字高度为150，文字位置为垂直上，文字对齐为与尺寸线对齐。

④ 主单位：精度为0，比例因子为1。

（5）文字样式的设置。单击“默认”选项卡“注释”面板中的“文字样式”按钮，弹出“文字样式”对话框，选择仿宋字体，如图10-8所示。

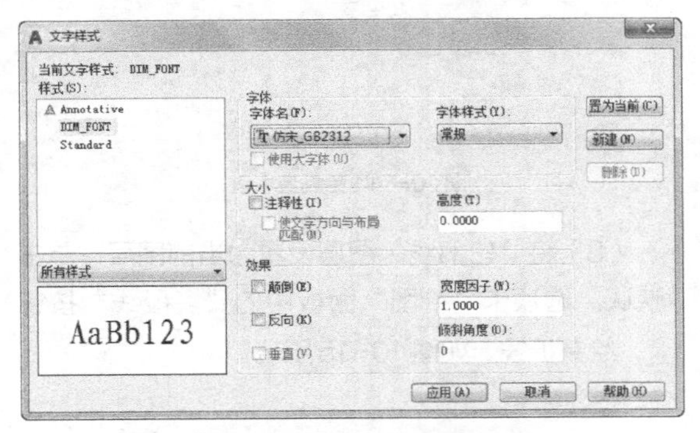

图 10-8　水池平面图文字样式设置

2. 绘制定位轴线

（1）在状态栏中单击“正交模式”按钮，打开正交模式；在状态栏中单击“对象捕捉”按钮，打开对象捕捉模式。

（2）将“中心线”图层设置为当前图层。单击“默认”选项卡“绘图”面板中的“直线”按钮，分别绘制两条均长为5000的竖直中心线和水平中心线。

（3）选中两条相交的直线，右击，在弹出的快捷菜单中选择“特性”命令，打开“特性”对话框，设置线型比例为10，结果如图10-9所示。

图 10-9　绘制定位线

3. 绘制水池平面图

（1）将“溪水”图层设置为当前图层。单击“默认”选项卡“绘图”面板中的“圆”按钮，分别绘制半径为1900和1750的同心圆。将“轮廓线”图层设置为当前图层。重复“圆”命令，绘制半径为750的同心圆，结果如图10-10所示。

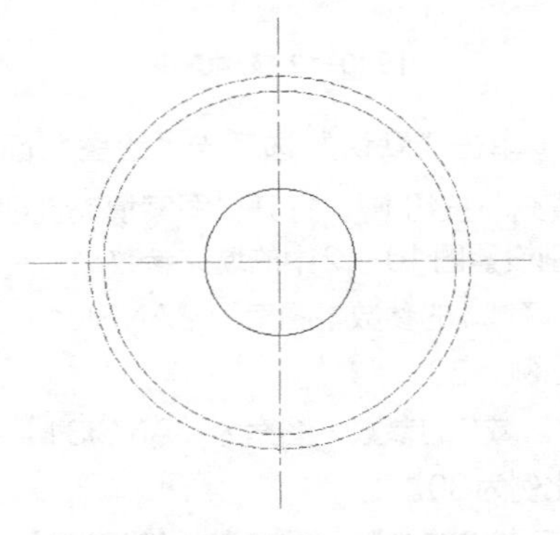

图 10-10　绘制圆

（2）单击“默认”选项卡“绘图”面板中的

“多边形”按钮，以中心线的交点为正多边形的交点，绘制外切圆半径为350的四边形。

（3）单击“默认”选项卡“修改”面板中的“旋转”按钮，将步骤（2）绘制的四边形绕中心线角度旋转-30°，结果如图10-11所示。

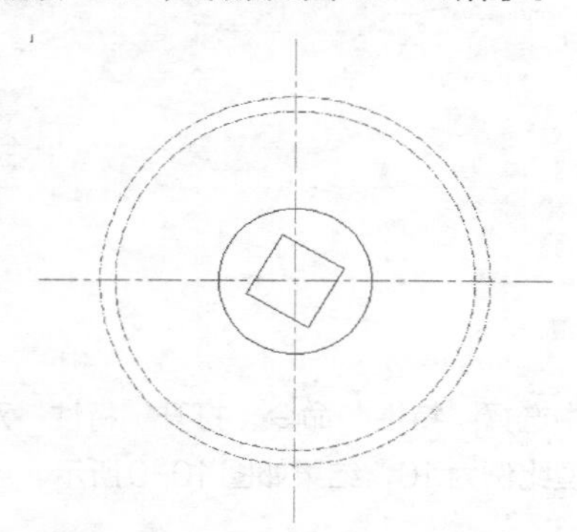

图10-11　绘制正多边形

（4）单击“默认”选项卡“修改”面板中的“分解”按钮，将步骤（3）绘制的正多边形进行分解。

（5）单击“默认”选项卡“修改”面板中的“延伸”按钮，将分解后的四条边延伸至小圆，结果如图10-12所示。

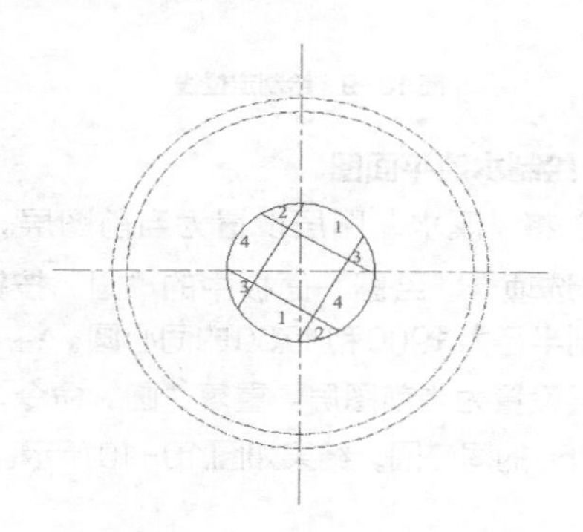

图10-12　延伸直线

（6）单击“默认”选项卡“绘图”面板中的“图案填充”按钮，打开“图案填充创建”选项卡。分别设置图10-12中的填充参数。

① 区域1的参数：图案为“ANSI31”，角度为20°，比例为30。

② 区域2的参数：图案为“ANSI31”，角度为74°，比例为30。

③ 区域3的参数：图案为“ANSI31”，角度为334°，比例为30。

④ 区域4的参数：图案为“ANSI31”，角度为110°，比例为30。

结果如图10-13所示。

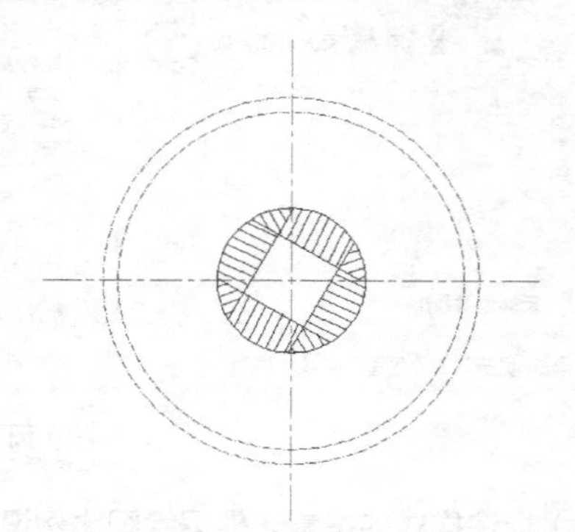

图10-13　填充图案

（7）将“溪水“图层设置为当前图层。单击“默认”选项卡“绘图”面板中的“样条曲线拟合”按钮，在适当位置绘制流水槽，如图10-14所示。

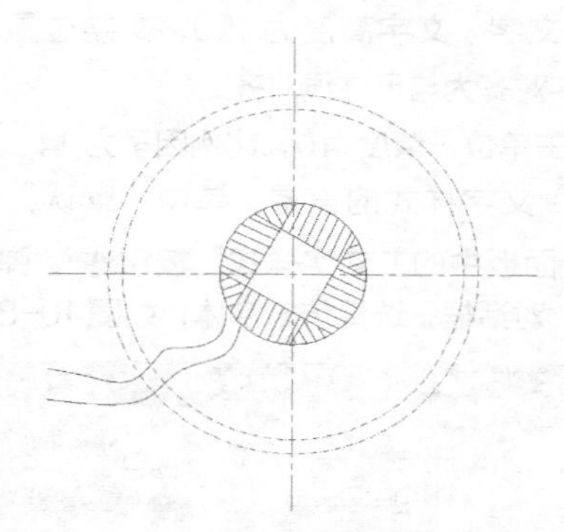

图10-14　绘制流水槽

（8）将“轮廓线”图层设置为当前图层。单击“默认”选项卡“绘图”面板中的“多段线”按钮，绘制折线，如图10-15所示。

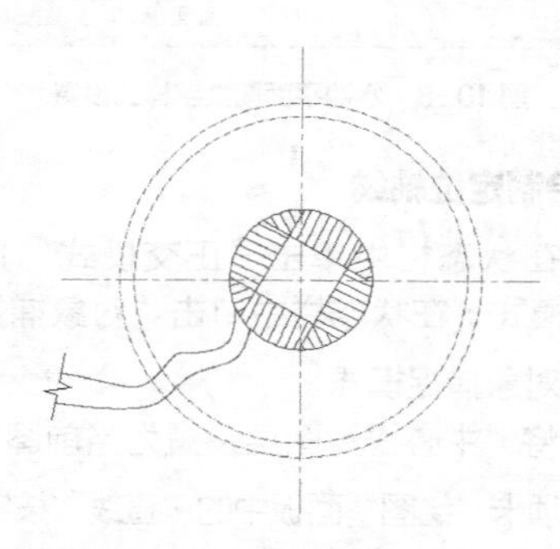

图10-15　绘制折线

4. 标注尺寸和文字

（1）将“标注尺寸”图层设置为当前图层，单击“默认”选项卡“注释”面板中的“半径”按钮，标注半径尺寸，如图10-16所示。

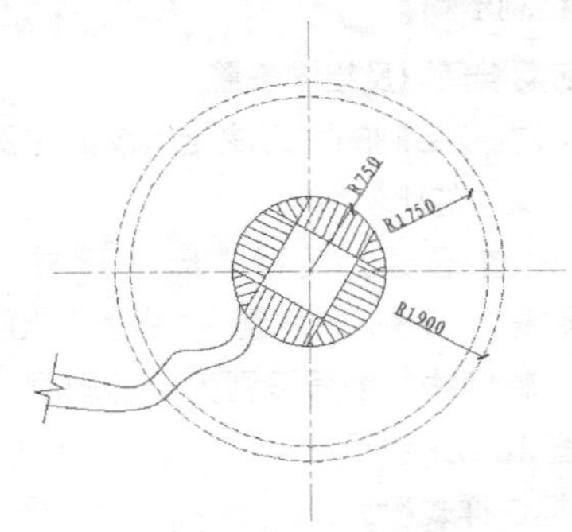

图10-16 标注半径尺寸

（2）单击“默认”选项卡“注释”面板中的“线性”按钮、“对齐”按钮和“连续”按钮，标注线性尺寸，如图10-17所示。

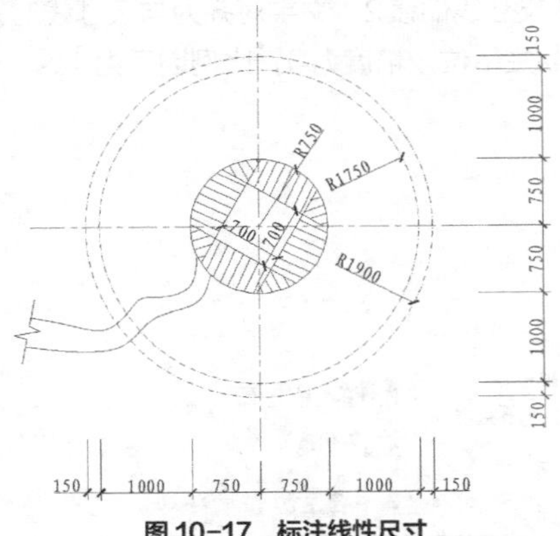

图10-17 标注线性尺寸

（3）单击“默认”选项卡“绘图”面板中的“直线”按钮，绘制剖切线符号，并修改线宽为0.4，如图10-18所示。

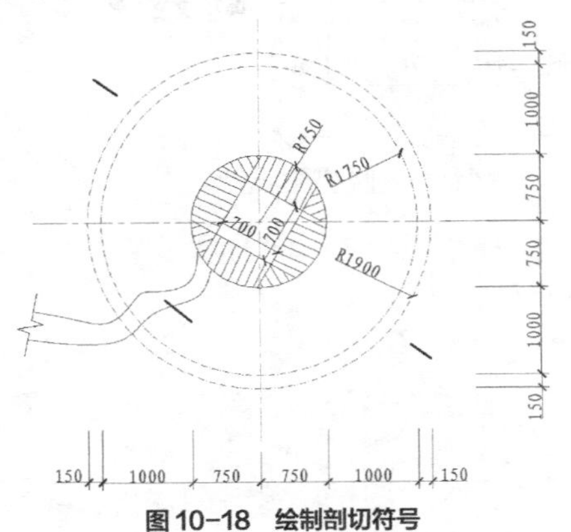

图10-18 绘制剖切符号

（4）将“文字”图层设置为当前图层，在命令行中输入“QLEADER”命令，然后输入“S”，打开“引线设置”对话框，如图10-19所示，然后标注文字，结果如图10-20所示。

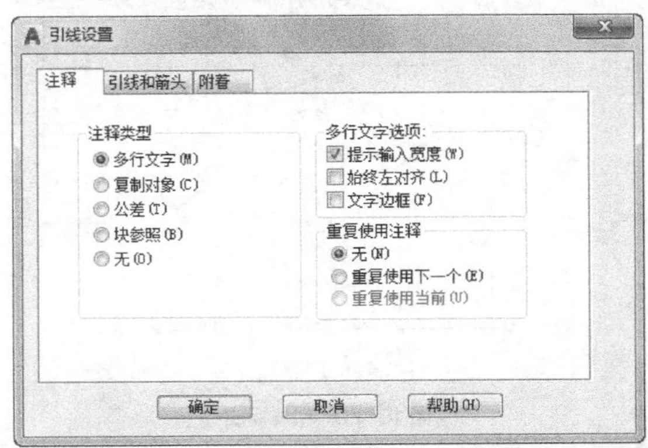

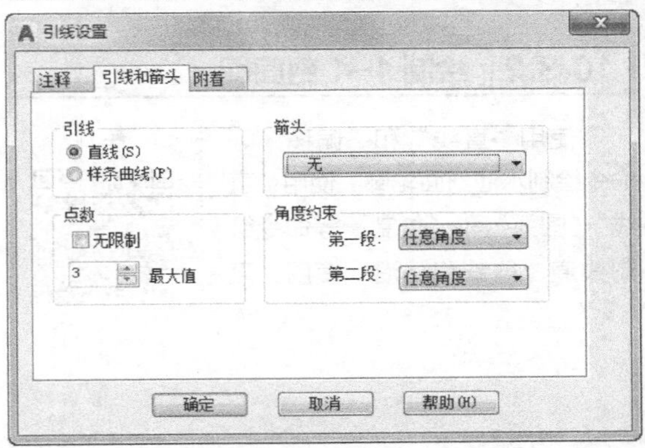

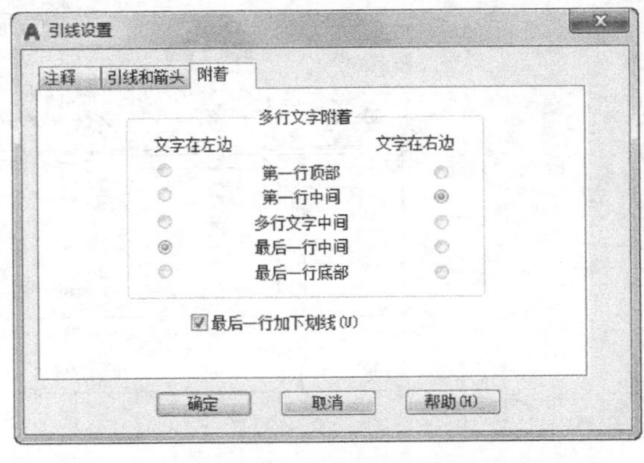

图10-19 “引线设置”对话框

（5）单击“默认”选项卡“块”面板中的“插入”按钮，弹出“插入”对话框，在适当的位置插入标号。

（6）单击“默认”选项卡“注释”面板中的“多行文字”按钮A，标注文字。结果如图10-6所示。

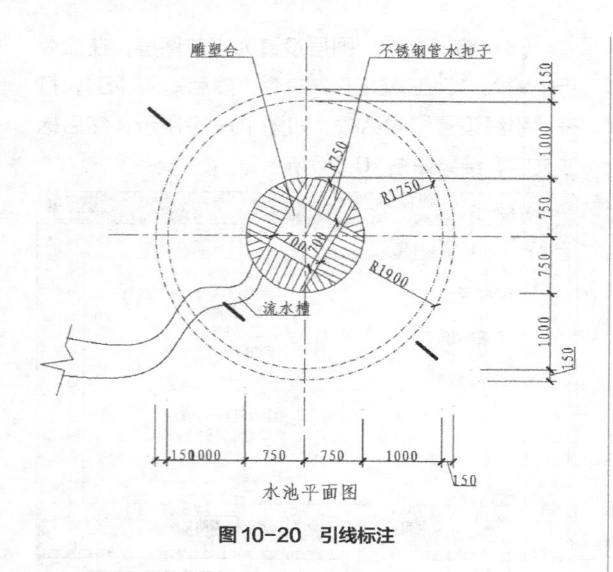

图 10-20 引线标注

10.3.2 绘制 1-1 剖面图

使用“直线”和“偏移”等命令绘制水池剖面轮廓；使用“直线”“圆弧”和“复制”等命令绘制栈道、角铁和路沿；使用“直线”“圆”“圆弧”和“偏移”等命令绘制水管；填充图案；标注尺寸、使用“多行文字”命令标注文字，完成1-1剖面图，如图10-21所示。

扫一扫

STEP 绘制步骤

1. 前期准备以及绘图设置

（1）根据要绘制的图形决定绘图的比例，在此建议采用1 ：1的比例绘制。

（2）设置图层。设置“标注尺寸”“中心线”“轮廓线”“填充”“水管”“栈道”和“路沿”图层，将“轮廓线”图层设置为当前图层。设置好的图层如图10-22所示。

（3）标注样式设置。

① 线：超出尺寸线为50，起点偏移量为120。

② 符号和箭头：第一个为建筑标记，箭头大小为50，圆心标记中的标记为60。

③ 文字：文字高度为100，文字位置为垂直上，从尺寸线偏移2，文字对齐为与尺寸线对齐。

④ 主单位：精度为0，比例因子为1。

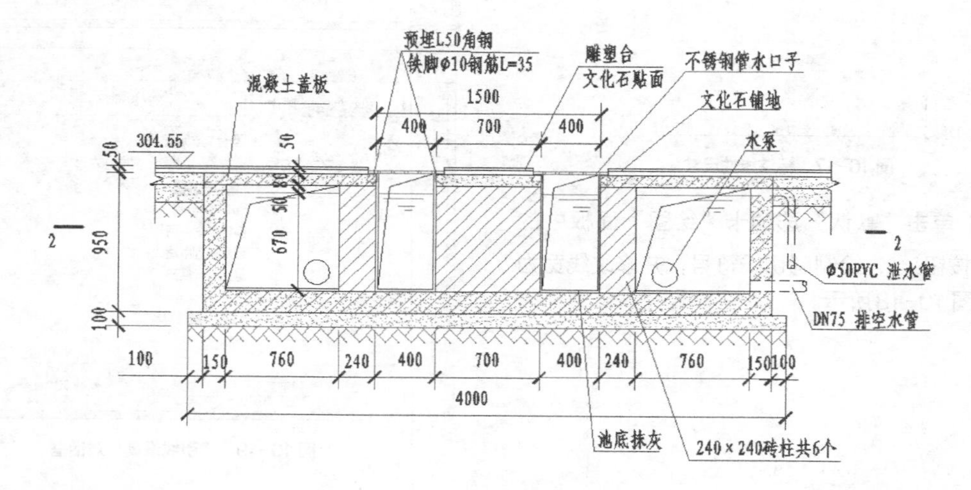

图 10-21 1-1 剖面图

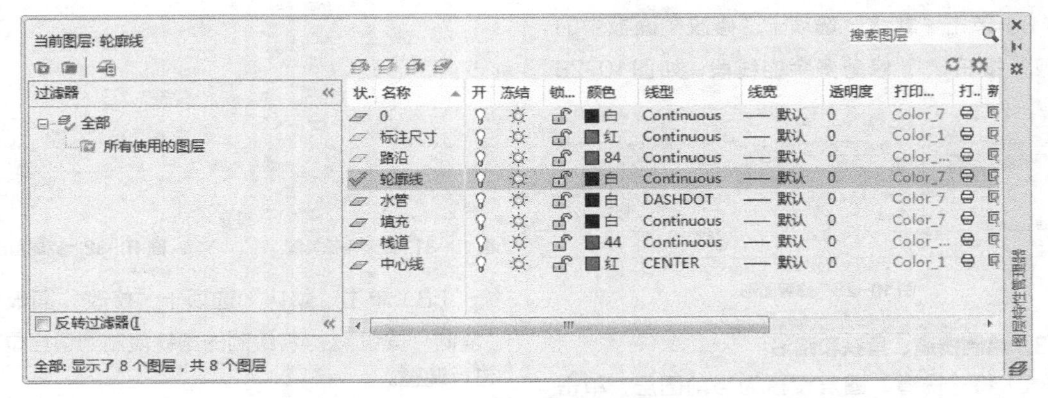

图 10-22　1-1 剖面图图层设置

（4）文字样式的设置。单击“默认”选项卡“注释”面板中的“文字样式”按钮，弹出“文字样式”对话框，选择仿宋字体，宽度因子设置为0.8。

2．绘制剖面轮廓

（1）在状态栏中单击“正交模式”按钮，打开正交模式；在状态栏中单击“对象捕捉”按钮，打开对象捕捉模式。

（2）单击“默认”选项卡“绘图”面板中的“直线”按钮，绘制一条长度为4000的水平直线。重复“直线”命令，以水平直线的端点为起点，绘制一条长度为1100的竖直线，结果如图10-23所示。

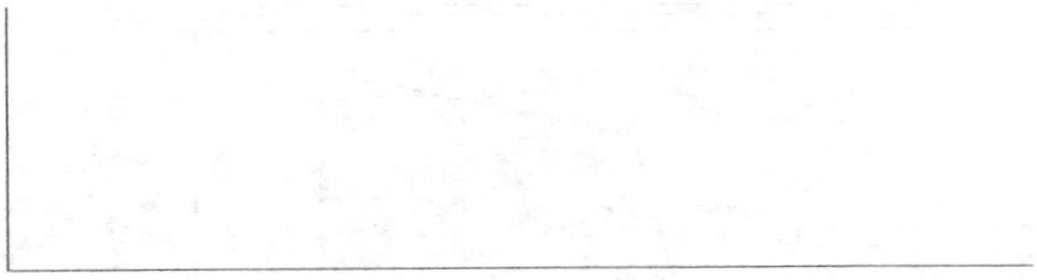

图 10-23　绘制直线

（3）单击“默认”选项卡“修改”面板中的“偏移”按钮，把水平直线向上偏移，偏移距离分别为100、250、920、970和1050。重复“偏移”命令，将竖直直线向右偏移，偏移距离分别为100、250、1010、1250、1650、2350、2750、2990、3750、3900和4000。结果如图10-24所示。

（4）单击“默认”选项卡“修改”面板中的“修剪”按钮，修剪多余的线段，如图10-25所示。

（5）单击“默认”选项卡“修改”面板中的“拉长”按钮，拉伸最上端的水平直线。

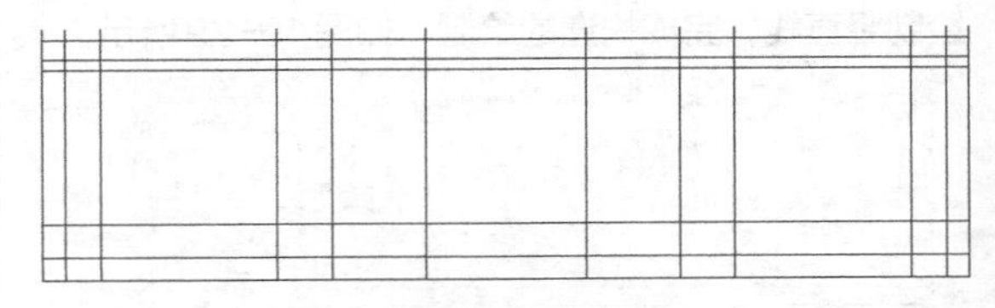

图 10-24　偏移直线

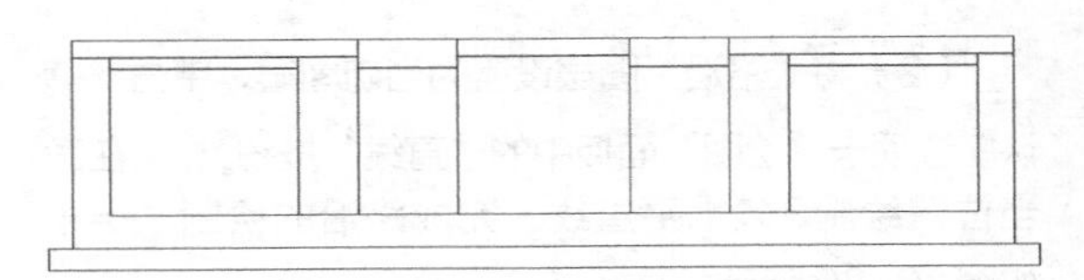

图 10-25　修剪图形

（6）单击“默认”选项卡“修改”面板中的“偏移”按钮，将步骤（5）拉伸的直线向上偏移，偏移距离分别为5、25、30、50。结果如图10-26所示。

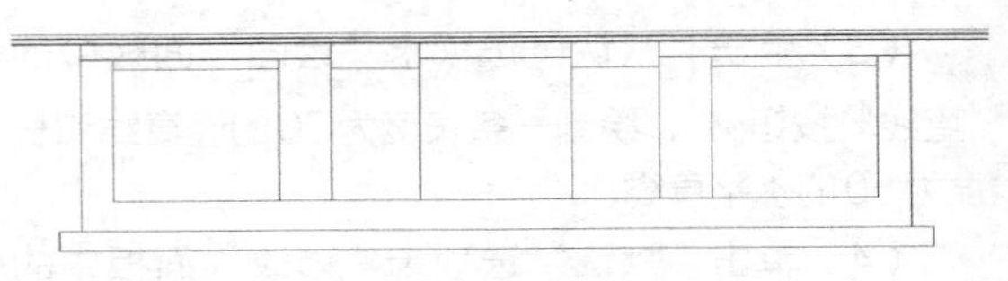

图 10-26　偏移直线

（7）单击“默认”选项卡“绘图”面板中的“直线”按钮，绘制4条竖直线，其间距如图10-27所示。

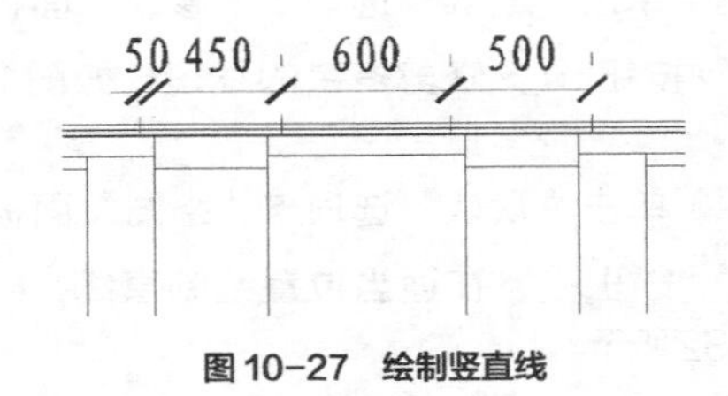

图 10-27　绘制竖直线

（8）单击“默认”选项卡“修改”面板中的“修剪”按钮，修剪多余的线段，如图10-28所示。

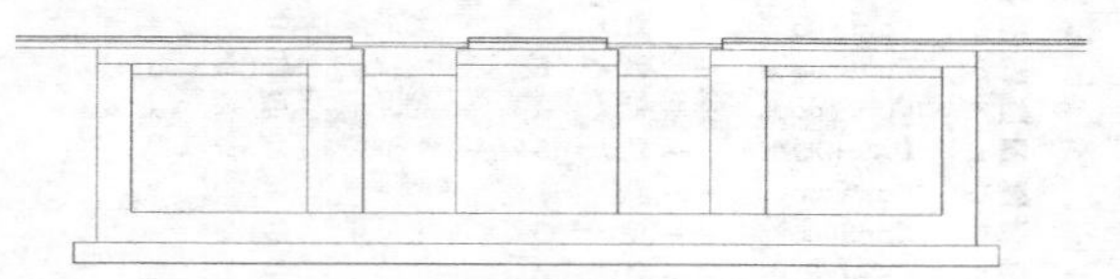

图10-28 修剪图形

3. 绘制栈道、角铁和路沿

（1）将“栈道”图层设置为当前图层，单击“默认”选项卡“绘图”面板中的“直线”按钮，绘制竖直线，完成栈道的绘制，如图10-29所示。

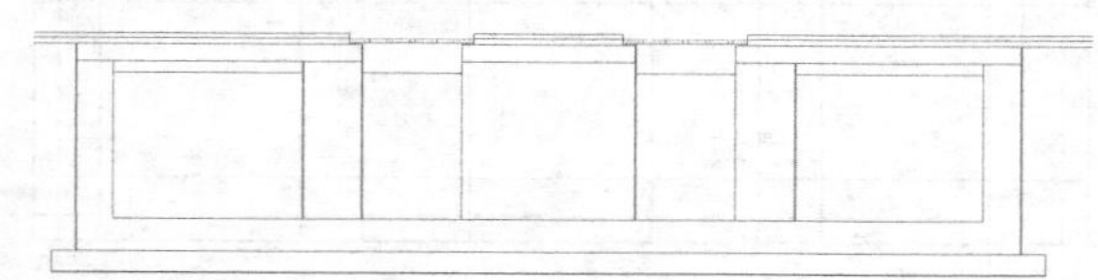

图10-29 绘制栈道

（2）将“路沿”图层设置为当前图层，单击“默认”选项卡“绘图”面板中的“直线”按钮，在适当位置绘制3条水平直线，完成路沿的绘制，结果如图10-30所示。

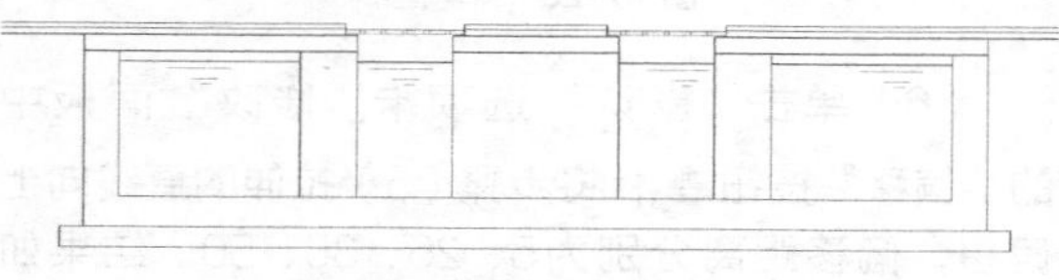

图10-30 绘制路沿

（3）单击“默认”选项卡“绘图”面板中的“直线”按钮，绘制一条长度为50的竖直线和长度为50的水平直线。

（4）单击“默认”选项卡“修改”面板中的“偏移”按钮，将步骤（3）绘制的直线向内偏移，偏移距离为5。

（5）单击“默认”选项卡“绘图”面板中的“圆弧”按钮，在偏移后的直线两端绘制圆弧。

（6）单击“默认”选项卡“修改”面板中的“修剪”按钮，修剪多余的线段，如图10-31所示。

（7）单击“默认”选项卡“绘图”面板中的“直线”按钮，在适当位置绘制直线，结果如图10-32所示。

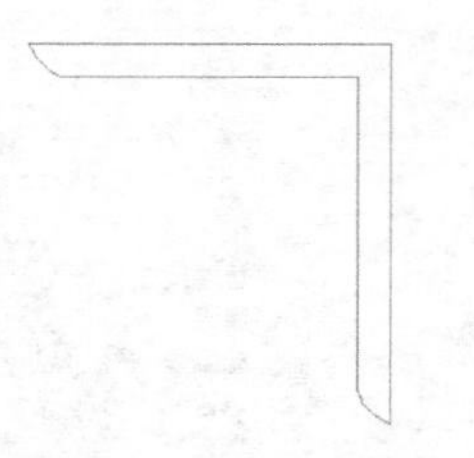

图10-31 绘制角铁轮廓

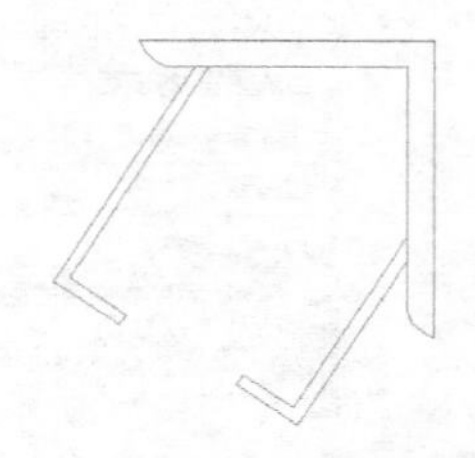

图10-32 完成角铁绘制

（8）单击“默认”选项卡“修改”面板中的“复制”按钮，将绘制的角铁复制到适当位置并进行调整。

（9）单击“默认”选项卡“修改”面板中的“旋转”按钮，将角度不对的角铁旋转，旋转角度为90°，结果如图10-33所示。

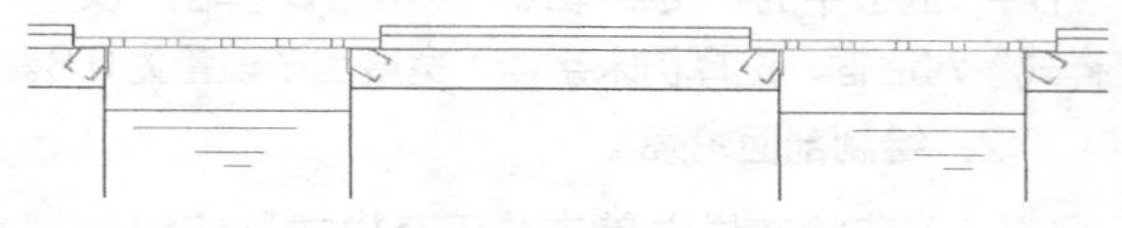

图10-33 布置角铁

4. 绘制水池和水管

（1）单击“默认”选项卡“绘图”面板中的“直线”按钮，在适当位置绘制线段。

（2）单击“默认”选项卡“绘图”面板中的“圆”按钮，在适当位置绘制圆，如图10-34所示。

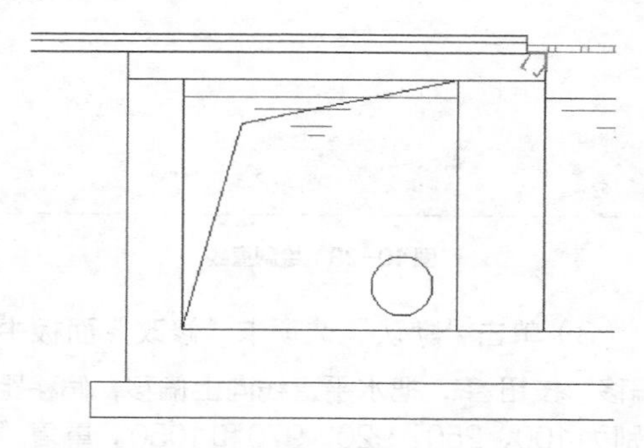

图10-34 绘制水池1

（3）单击“默认”选项卡“修改”面板中的“复制”按钮，将前两步绘制的直线和圆复制到适当位置，结果如图10-35所示。

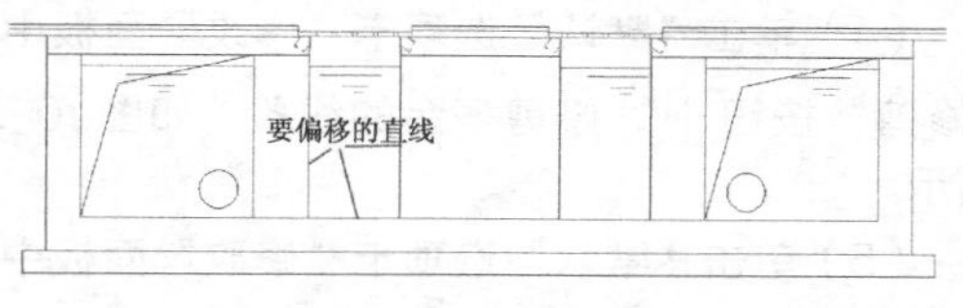

图10-35 复制图形

（4）单击“默认”选项卡“修改”面板中的“偏移”按钮，将图10-35所示绘制的直线向内偏移，偏移距离为13。

（5）单击“默认”选项卡“绘图”面板中的“直线”按钮，在适当位置绘制直线。

（6）单击“默认”选项卡“修改”面板中的“修剪”按钮，修剪多余的线段，结果如图10-36所示。

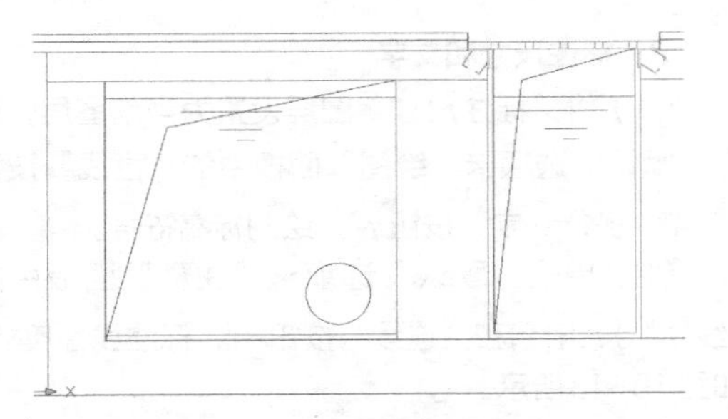

图10-36 绘制水池2

（7）单击“默认”选项卡“修改”面板中的“复制”按钮，将直线复制到适当位置，如图10-37所示，然后单击“默认”选项卡“修改”面板中的“修剪”按钮，修剪多余的直线。

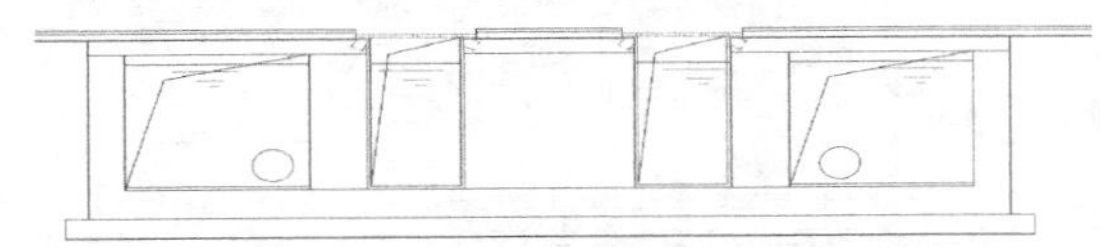

图10-37 完成水池绘制

（8）将“水管”图层设置为当前图层，并修改线型为ACAD_IS002W100。单击“默认”选项卡“绘图”面板中的“直线”按钮，绘制一条水平直线，设置线型比例为8。

（9）单击“默认”选项卡“修改”面板中的“偏移”按钮，将步骤（8）绘制的直线向上偏移，偏移距离为75。

（10）单击“默认”选项卡“绘图”面板中的“圆弧”按钮，在直线端绘制3段圆弧，结果如图10-38所示。

（11）单击“默认”选项卡“绘图”面板中的“直线”按钮，绘制一条水平直线和一条竖直线。

（12）单击“默认”选项卡“修改”面板中的“偏移”按钮，将步骤（11）绘制的直线向外偏移，偏移距离为50。

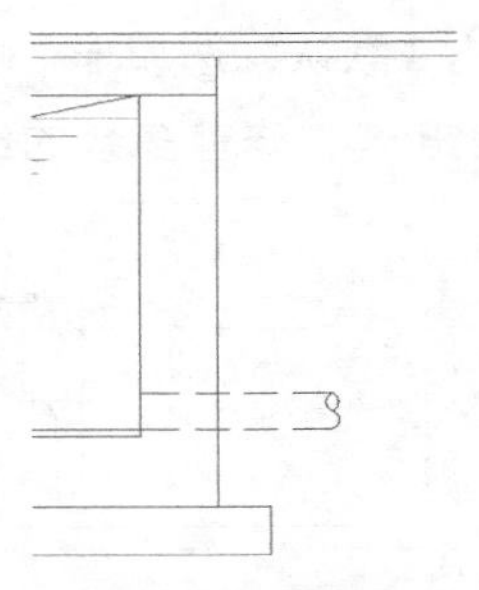

图10-38 绘制排空水管

（13）单击“默认”选项卡“修改”面板中的“圆角”按钮，将步骤（11）绘制的直线进行倒圆角，圆角半径分别为50和100。

（14）单击“默认”选项卡“绘图”面板中的“圆弧”按钮，在直线端绘制3段圆弧，结果如图10-39所示。

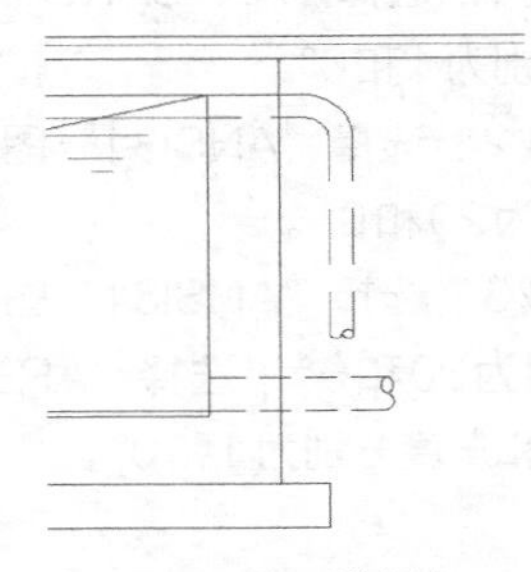

图10-39 泄水管

（15）单击“默认”选项卡“绘图”面板中的“多段线”按钮，在剖面图的一端适当位置绘制折断线。

（16）单击“默认”选项卡“修改”面板中的“复制”按钮，将步骤（15）绘制的折断线复制到剖面图的另一端，如图10-40所示。

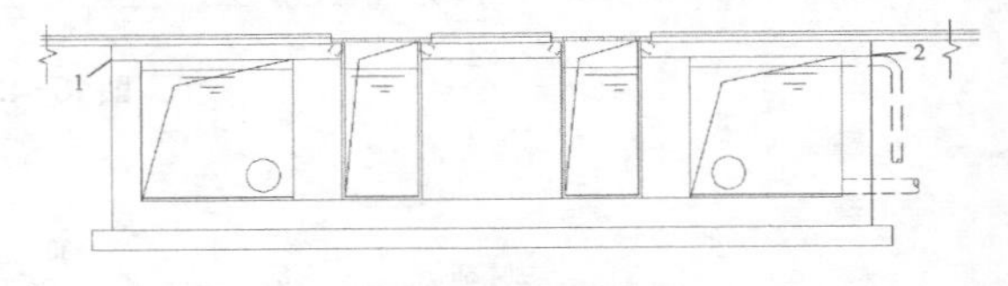

图10-40 绘制折断线

（17）单击“默认”选项卡“绘图”面板中的“直线”按钮，以图10-40所示的端点1和2为起点，绘制直线至折断线。

（18）单击“默认”选项卡“修改”面板中的“偏移”按钮，将步骤（17）绘制的两条直线向下偏移，偏移距离为120。

（19）单击“默认”选项卡“修改”面板中的“修剪”按钮，修剪多余的线段，结果如图10-41所示。

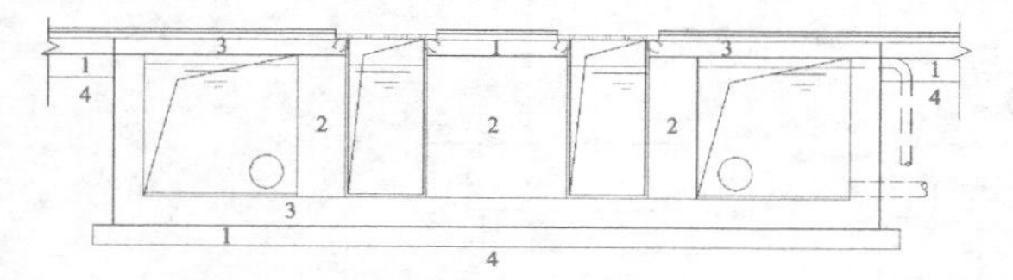

图10-41　整理图形

5. 填充图案

将“填充”图层设置为当前图层，单击“默认”选项卡“绘图”面板中的“图案填充”按钮，打开“图案填充创建”选项卡，填充基础和喷池。各区域设置如下。

（1）区域1：选择“AR-SAND”图例，填充比例和角度分别为1和0°。

（2）区域2：选择“ANSI31”图例，填充比例和角度分别为20和0°。

（3）区域3：选择“ANSI31”图例，填充比例和角度分别为20和0°；选择“AR-SAND”图例，填充比例和角度分别为1和0°。

（4）区域4：选择“AR-HBONE”图例，填充比例和角度分别为0.6和0°。

完成的图形如图10-42所示。

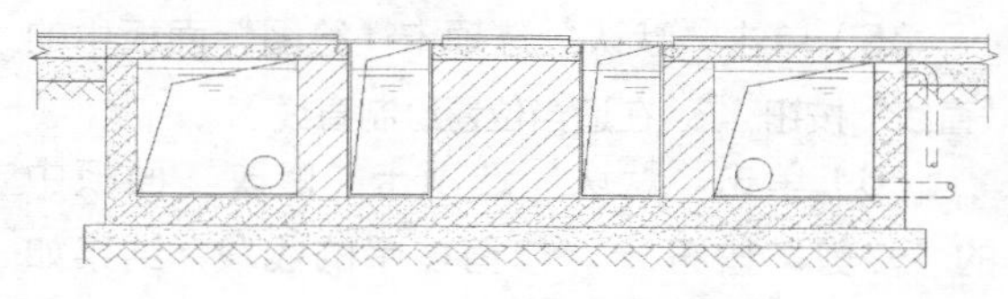

图10-42　1-1剖面的填充

6. 标注尺寸和文字

（1）将“标注尺寸”图层设置为当前图层，单击“默认”选项卡“绘图”面板中的“直线”按钮和“多行文字”按钮，绘制标高符号。

（2）单击“默认”选项卡“注释”面板中的“线性”按钮和“连续”按钮，标注线性尺寸，如图10-43所示。

（3）新建“文字”图层并将其设置为当前图层，单击“默认”选项卡“绘图”面板中的“直线”按钮，绘制剖切线符号，并修改线宽为0.4，如图10-44所示。

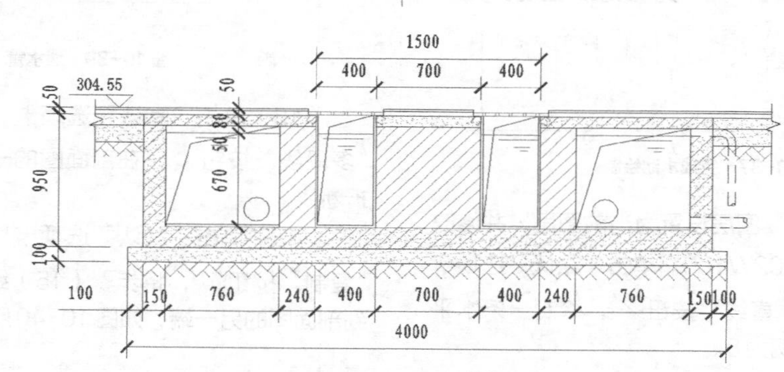

图10-43　标注尺寸

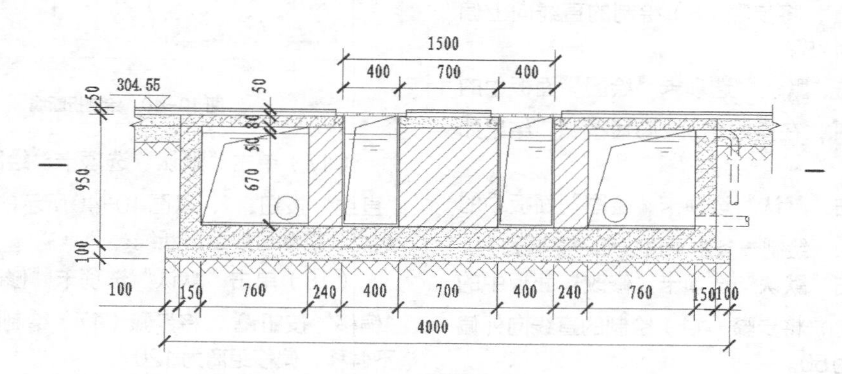

图10-44　绘制剖切符号

（4）单击“默认”选项卡“绘图”面板中的“直线”按钮和“多行文字”按钮，标注文字。结果如图10-21所示。

10.3.3 绘制 2-2 剖面图

使用“直线”命令绘制定位轴线；使用“圆”“多边形”和“延伸”命令绘制水池平面图；用“半径标注”和“对齐标注”命令标注尺寸；用“文字”命令标注文字，完成后保存为水池平面图，如图10-45所示。

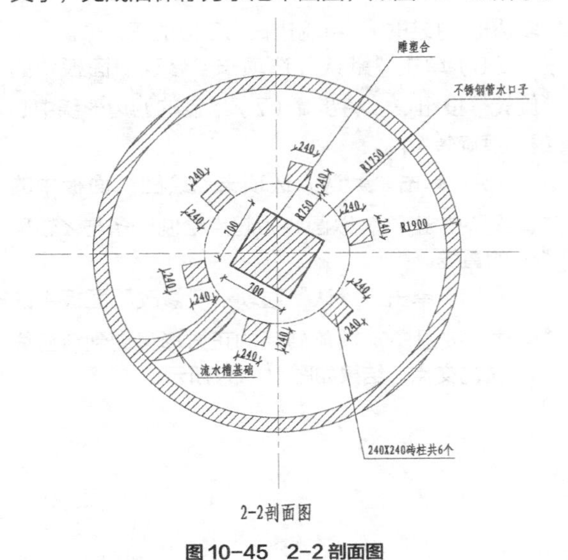

图 10-45　2-2 剖面图

STEP 绘制步骤

1. 前期准备以及绘图设置

（1）根据要绘制的图形决定绘图的比例，在此建议采用1：1的比例绘制。

（2）设置图层。设置“标注尺寸”“中心线”“轮廓线”“溪水”“填充”和“文字”图层，将“轮廓线”图层设置为当前图层。设置好的图层如图10-46所示。

（3）标注样式设置。

① 线：超出尺寸线为50，起点偏移量为120。

② 符号和箭头：第一个为建筑标记，箭头大小为50，圆心标注为标记60。

③ 文字：文字高度为100，文字位置为垂直上，从尺寸线偏移2，文字对齐为与尺寸线对齐。

④ 主单位：精度为0，比例因子为1。

（4）文字样式的设置。单击“默认”选项卡“注释”面板中的“文字样式”按钮，弹出“文字样式”对话框，选择仿宋字体，宽度因子设置为0.8。

2. 绘制剖面图

（1）在状态栏中单击“正交模式”按钮，打开正交模式；在状态栏中单击“对象捕捉”按钮，打开对象捕捉模式。

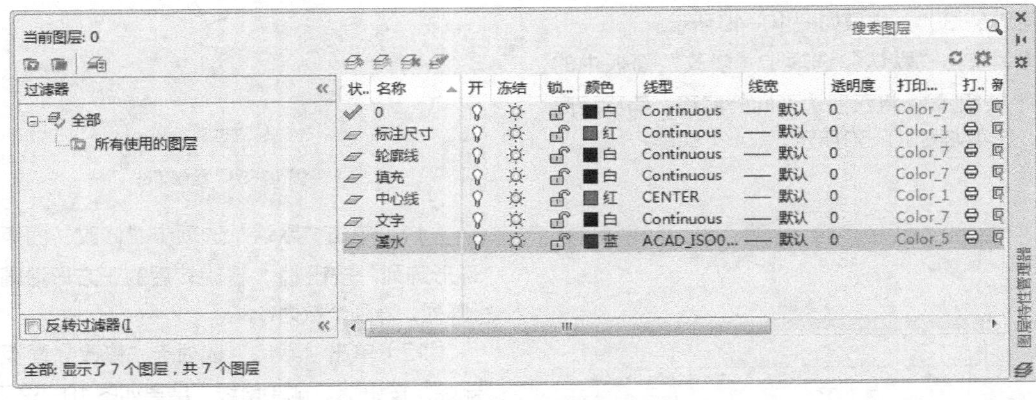

图 10-46　2-2 剖面图图层设置

（2）将“中心线”图层设置为当前图层。单击“默认”选项卡“绘图”面板中的“直线”按钮，绘制一条竖直中心线和水平中心线，并设置线型比例为10，如图10-47所示。

（3）将“轮廓线”图层设置为当前图层。单击“默认”选项卡“绘图”面板中的“圆”按钮，分别绘制半径为1900和1750的同心圆。将“溪水”图层设置为当前图层。重复“圆”命令，绘制半径为750的同心圆，如图10-48所示。

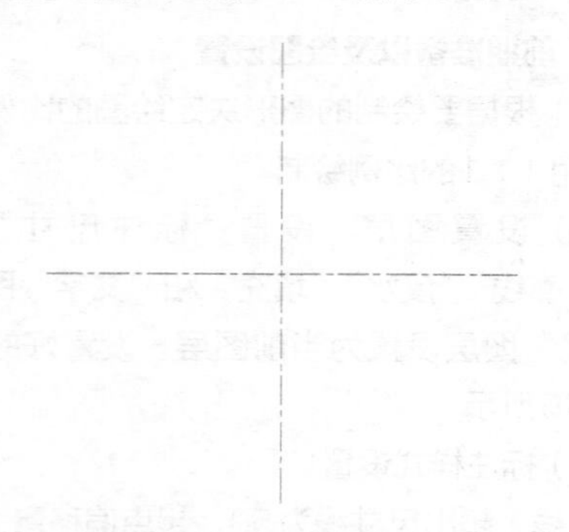

图10-47　绘制定位线

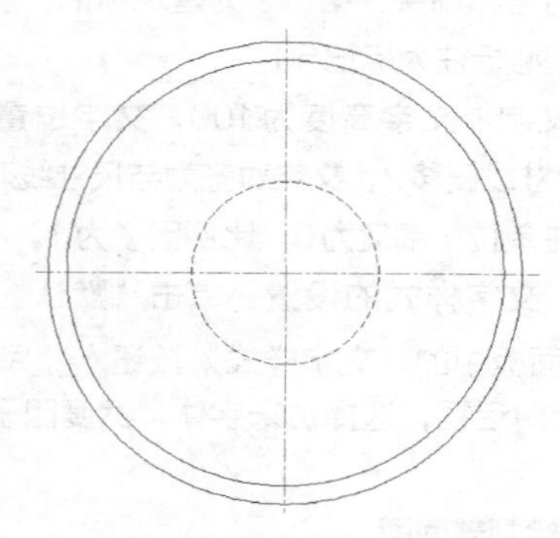

图10-48　绘制圆

（4）单击“默认”选项卡“绘图”面板中的“多边形”按钮，以中心线的交点为正多边形的交点，绘制外切圆半径为350的四边形。

（5）单击“默认”选项卡“修改”面板中的“旋转”按钮，将步骤（4）绘制的四边形绕中心线角度旋转-30°，结果如图10-49所示。

（6）单击“默认”选项卡“修改”面板中的“偏移”按钮，将正四边形向外偏移，偏移距离为10，结果如图10-50所示。

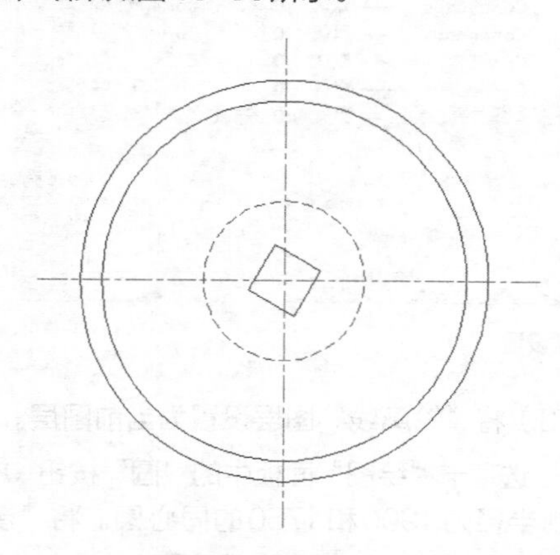

图10-49　绘制正方形

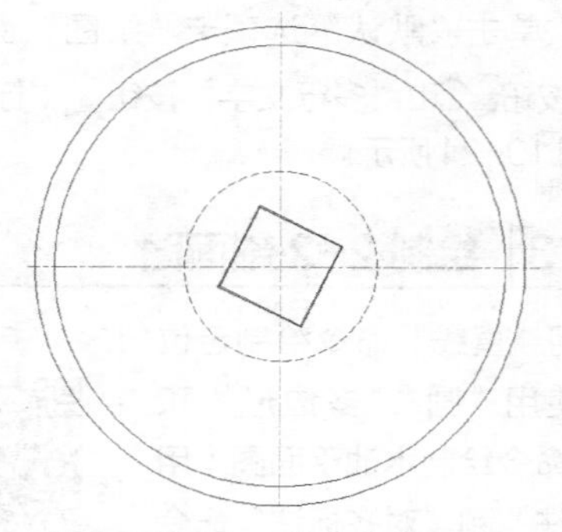

图10-50　偏移正方形

（7）单击“默认”选项卡“绘图”面板中的“多边形”按钮，绘制边长为240的正方形。

（8）单击“默认”选项卡“修改”面板中的“旋转”按钮，将步骤（7）绘制的四边形绕中心线角度旋转14°。

（9）单击“默认”选项卡“绘图”面板中的“直线”按钮，以圆心为起点绘制一条与*X*轴呈15°的直线。

（10）单击“默认”选项卡“修改”面板中的“移动”按钮，将旋转后的正方形移动到斜直线与小圆的交点。结果如图10-51所示。

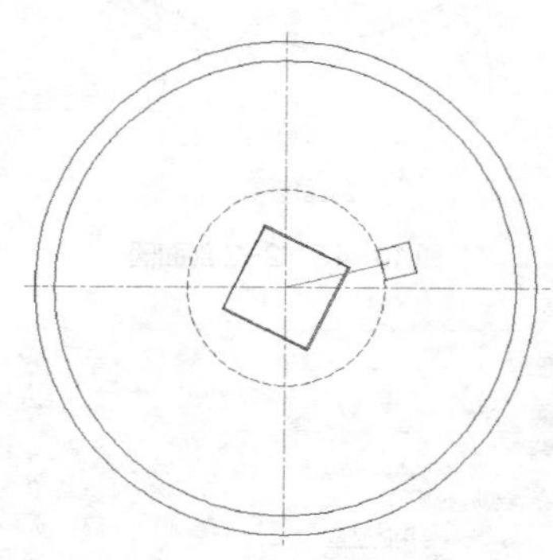

图10-51　绘制砖柱

（11）单击“默认”选项卡“修改”面板中的“环形阵列”按钮，将旋转后的正方形沿圆心进行阵列，阵列个数为6。

（12）单击“默认”选项卡“修改”面板中的“删除”按钮，删除斜线，结果如图10-52所示。

（13）单击“默认”选项卡“绘图”面板中的“圆弧”按钮，在适当的位置绘制圆弧。

（14）单击“默认”选项卡“修改”面板中的“偏移”按钮，将步骤（13）绘制的圆弧向下偏移，偏移距离为240。

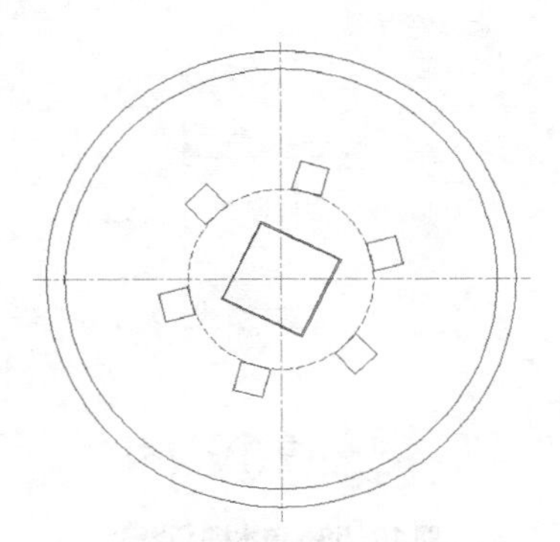

图 10-52　布置砖柱

（15）单击“默认”选项卡“修改”面板中的“修剪”按钮，修剪多余的线段，结果如图10-53所示。

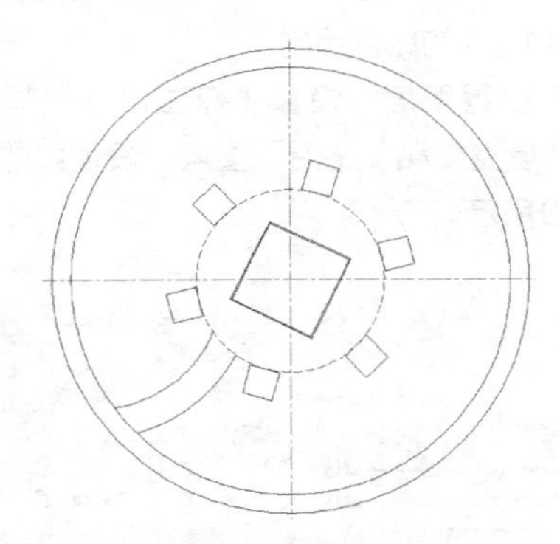

图 10-53　绘制流水槽

（16）单击“默认”选项卡“绘图”面板中的“图案填充”按钮，打开“图案填充创建”选项卡，分别设置填充参数：图案为“ANSI31”，角度为0°，比例为20；图案为“AR-SAND”，角度为0°，比例为1。结果如图10-54所示。

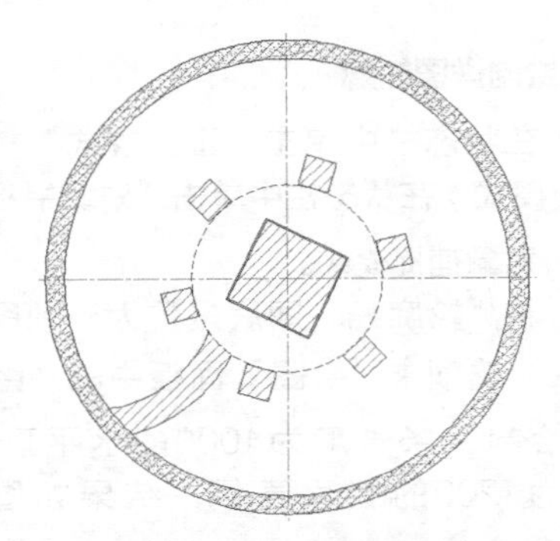

图 10-54　填充图案

3. 标注尺寸和文字

（1）将“标注尺寸”图层设置为当前图层，单击“默认”选项卡“注释”面板中的“半径”按钮，标注半径尺寸，如图10-55所示。

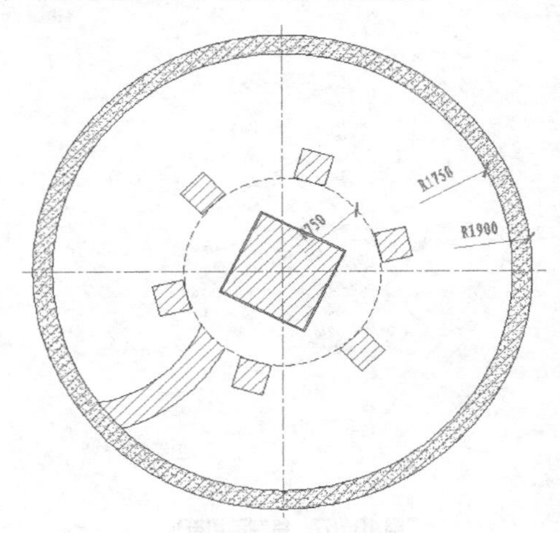

图 10-55　半径标注

（2）单击“默认”选项卡“注释”面板中的“对齐”按钮，标注线性尺寸，如图10-56所示。

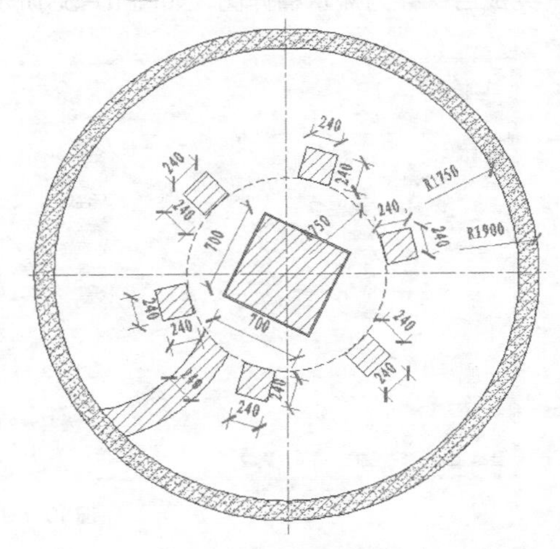

图 10-56　对齐标注

（3）单击“默认”选项卡“绘图”面板中的“直线”按钮，绘制剖切线符号，并修改线宽为0.4，如图10-57所示。

（4）将“文字”图层设置为当前图层，单击“默认”选项卡“绘图”面板中的“直线”按钮和“多行文字”按钮，标注文字。结果如图10-45所示。

10.3.4 绘制流水槽①详图

扫一扫

使用“直线”“圆弧”“偏移”

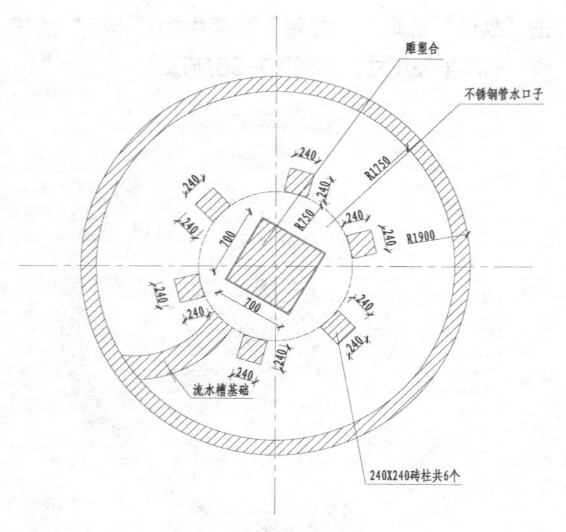

图 10-57　绘制剖切符号

和“修剪”命令绘制流水槽轮廓；用“线性标注”和“连续标注”命令标注尺寸；用“文字”命令标注文字，完成后保存为流水槽详图，如图10-58所示。

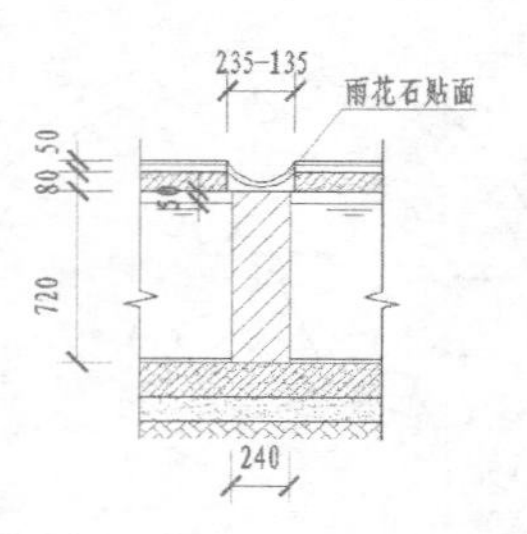

图 10-58　流水槽①详图

STEP 绘制步骤

1. 前期准备以及绘图设置

（1）根据要绘制的图形决定绘图的比例，在此建议采用1：1的比例绘制。

（2）设置图层。设置“标注尺寸”“轮廓线”“文字”“填充”和“路沿”图层，设置好的图层如图10-59所示。

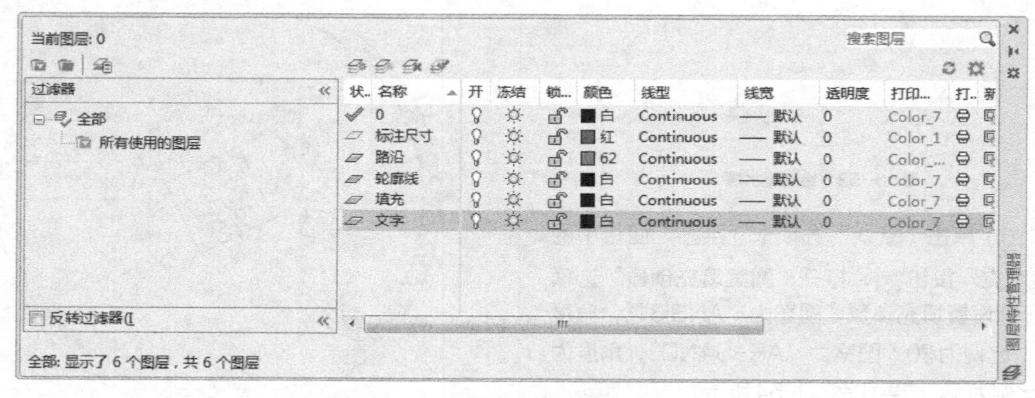

状..	名称	开	冻结	锁...	颜色	线型	线宽	透明度	打印...
✔	0				白	Continuous	—— 默认	0	Color_7
	标注尺寸				红	Continuous	—— 默认	0	Color_1
	路沿				62	Continuous	—— 默认	0	Color_...
	轮廓线				白	Continuous	—— 默认	0	Color_7
	填充				白	Continuous	—— 默认	0	Color_7
	文字				白	Continuous	—— 默认	0	Color_7

图 10-59　流水槽详图图层设置

（3）标注样式设置。

① 线：超出尺寸线为50，起点偏移量为120。

② 符号和箭头：第一个为建筑标记，箭头大小为50，圆心标注为标记60。

③ 文字：文字高度为100，文字位置为垂直上，从尺寸线偏移2，文字对齐为与尺寸线对齐。

④ 主单位：精度为0，比例因子为1。

（4）文字样式的设置。单击“默认”选项卡“注释”面板中的“文字样式”按钮，弹出“文字样式”对话框，选择仿宋字体，宽度因子设置为0.8。

2. 绘制详图轮廓

（1）在状态栏中单击“正交模式”按钮，打开正交模式；在状态栏中单击“对象捕捉”按钮，打开对象捕捉模式。

（2）将“轮廓线”图层设置为当前图层。单击“默认”选项卡“绘图”面板中的“直线”按钮，绘制一条长度为1000的水平直线和一条长度为1200的竖直直线，结果如图10-60所示。

（3）单击“默认”选项卡“修改”面板中的“偏移”按钮，把水平直线向上偏移，偏移距离

分 别 为100、250、920、970、1050、1080和1100。重复“偏移”命令，将竖直直线向两边偏移，偏移距离分别为120和140。结果如图10-61所示。

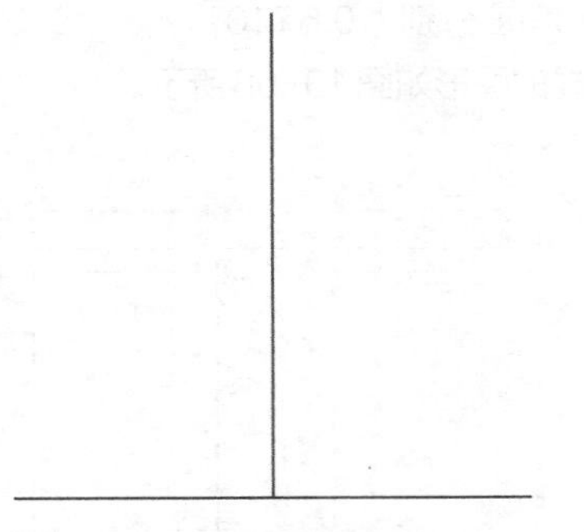

图 10-60　绘制直线

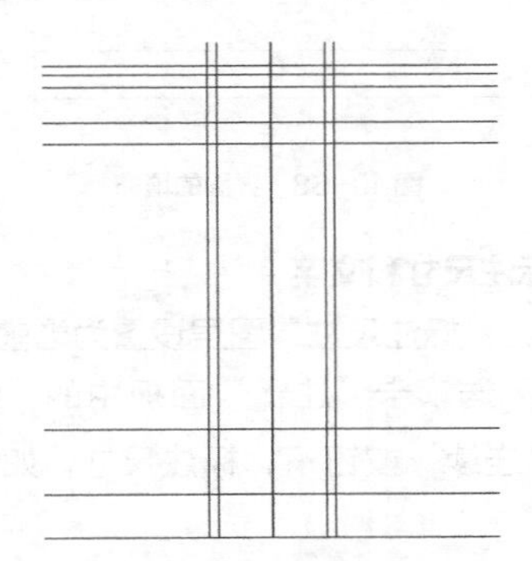

图 10-61　偏移直线

（4）单击“默认”选项卡“修改”面板中的“修剪”按钮，修剪多余的线段，如图10-62所示。

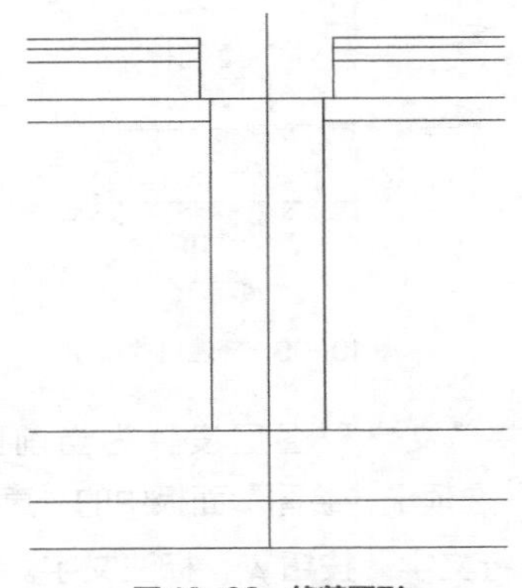

图 10-62　修剪图形

（5）单击“默认”选项卡“绘图”面板中的“圆弧”按钮，绘制两条圆弧。结果如图10-63所示。

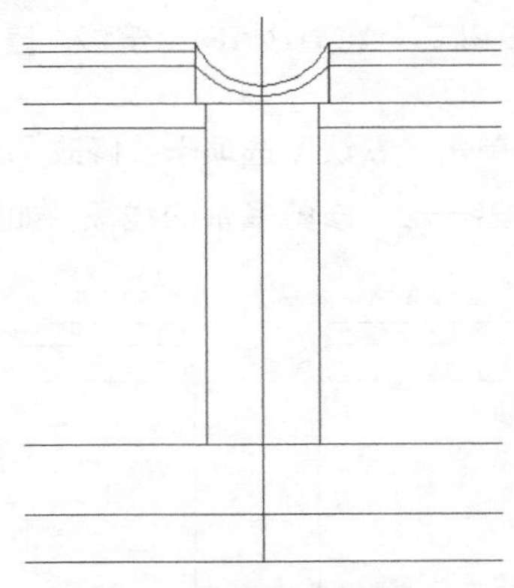

图 10-63　绘制圆弧

（6）将“路沿”图层设置为当前图层，单击“默认”选项卡“绘图”面板中的“直线”按钮，在适当的位置绘制4条水平直线，结果如图10-64所示。

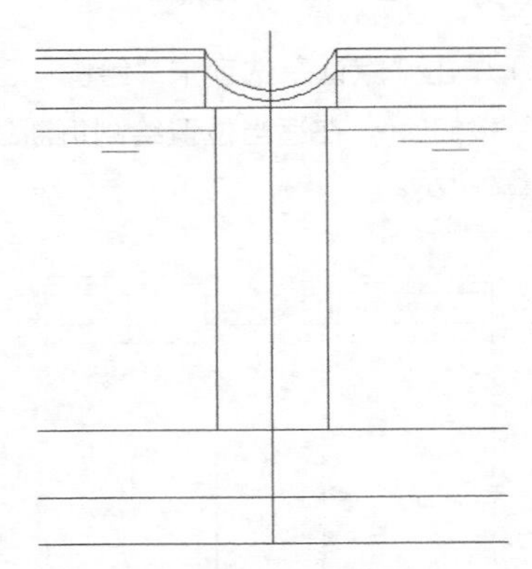

图 10-64　绘制路沿

（7）单击“默认”选项卡“修改”面板中的“删除”按钮，删除中间的竖直线，如图10-65所示。

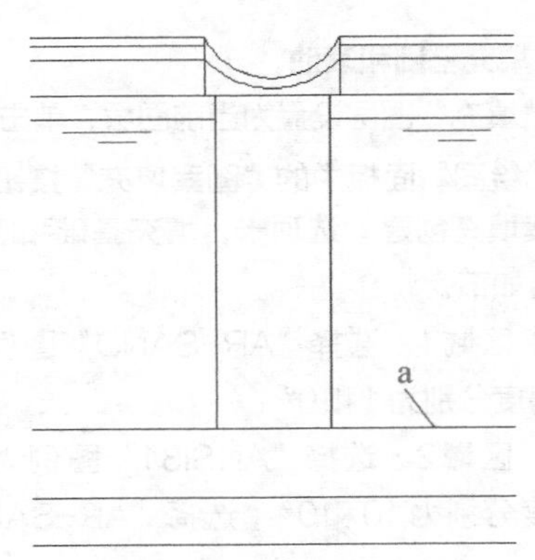

图 10-65　删除线段

（8）单击“默认”选项卡“修改”面板中的

“偏移”按钮，将直线a向上偏移，偏移距离为15。

（9）单击“默认”选项卡“修改”面板中的“修剪”按钮，修剪多余的线段，如图10-66所示。

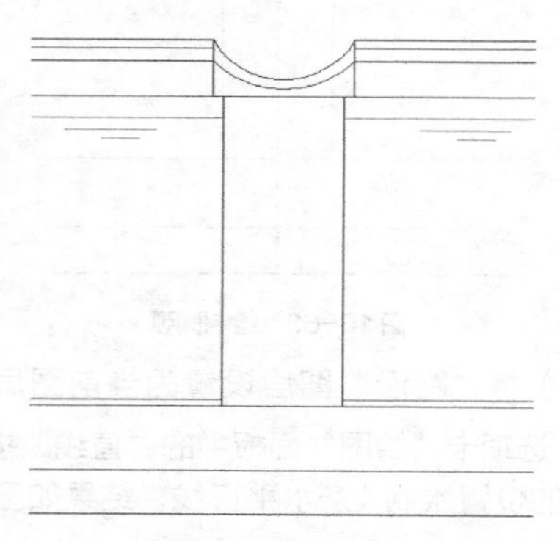

图10-66 修剪图形

（10）单击“默认”选项卡“绘图”面板中的“多段线”按钮，在适当位置绘制折断线，结果如图10-67所示。

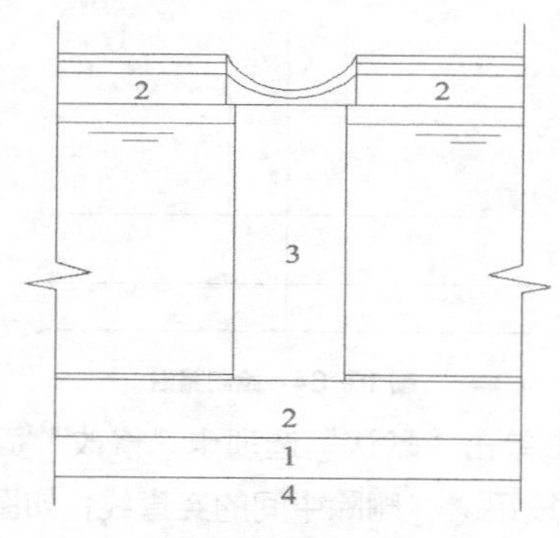

图10-67 绘制折断线

3. 填充基础和喷池

将“填充”图层设置为当前图层，单击“默认”选项卡“绘图”面板中的“图案填充”按钮，打开“图案填充创建”选项卡，填充基础和喷池，各区域设置如下。

（1）区域1：选择“AR-SAND”图例，填充比例和角度分别为1和0°。

（2）区域2：选择“ANSI31”图例，填充比例和角度分别为10和0°；选择“AR-SAND”图例，填充比例和角度分别为1和0°。

（3）区域3：选择“ANSI31”图例，填充比例和角度分别为10和0°。

（4）区域4：选择“AR-HBONE”图例，填充比例和角度分别为0.6和0°。

完成的图形如图10-68所示。

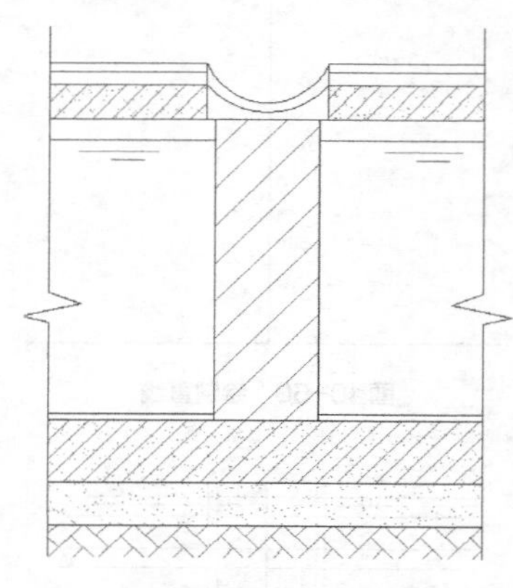

图10-68 详图的填充

4. 标注尺寸和文字

（1）将“标注尺寸”图层设置为当前图层。单击“默认”选项卡“注释”面板中的“线性”按钮和“连续”按钮，标注尺寸，如图10-69所示。

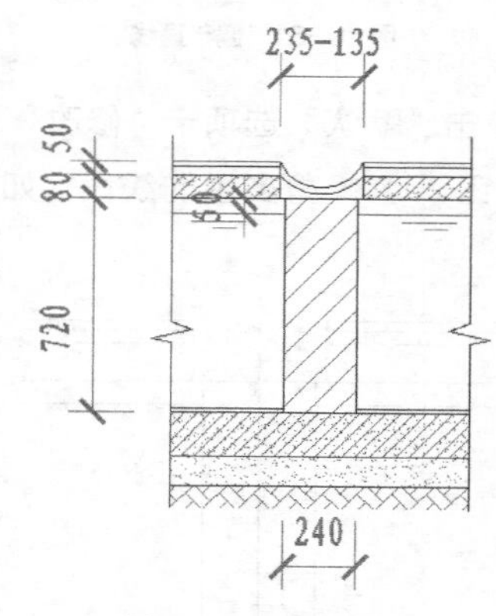

图10-69 标注尺寸

（2）将“文字”图层设置为当前图层，单击“默认”选项卡“绘图”面板中的“直线”按钮和“多行文字”按钮，标注文字。结果如图10-58所示。

10.4 上机实验

通过前面的学习，相信读者对本章知识已有了大体的了解，本节通过几个操作练习帮助读者进一步掌握本章知识要点。

【实验 1】绘制图 10-70 所示的喷泉详图。

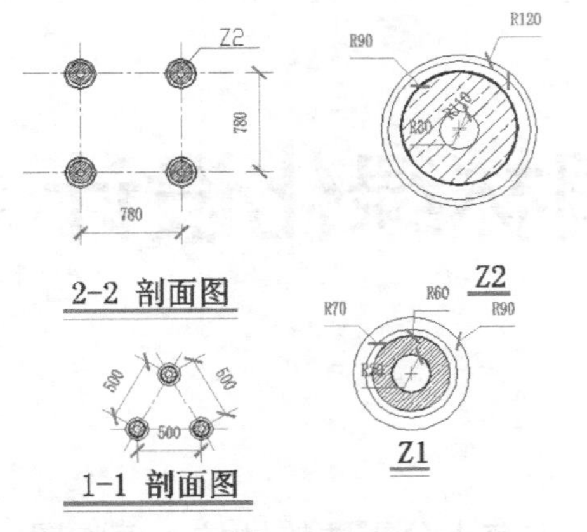

图 10-70 喷泉详图

1. 目的要求

希望读者通过本实例熟悉和掌握喷泉详图的绘制方法。

2. 操作提示

（1）绘图前准备及绘图设置。

（2）绘制定位线（以Z2为例）。

（3）绘制汉白玉石柱。

（4）标注文字。

【实验 2】绘制图 10-71 所示的喷泉剖面图。

1. 目的要求

希望读者通过本实例熟悉和掌握喷泉剖面图的绘制方法。

2. 操作提示

（1）绘图前准备及绘图设置。

（2）绘制基础。

（3）绘制喷泉剖面轮廓。

（4）绘制管道。

（5）填充基础和喷池。

（6）标注文字。

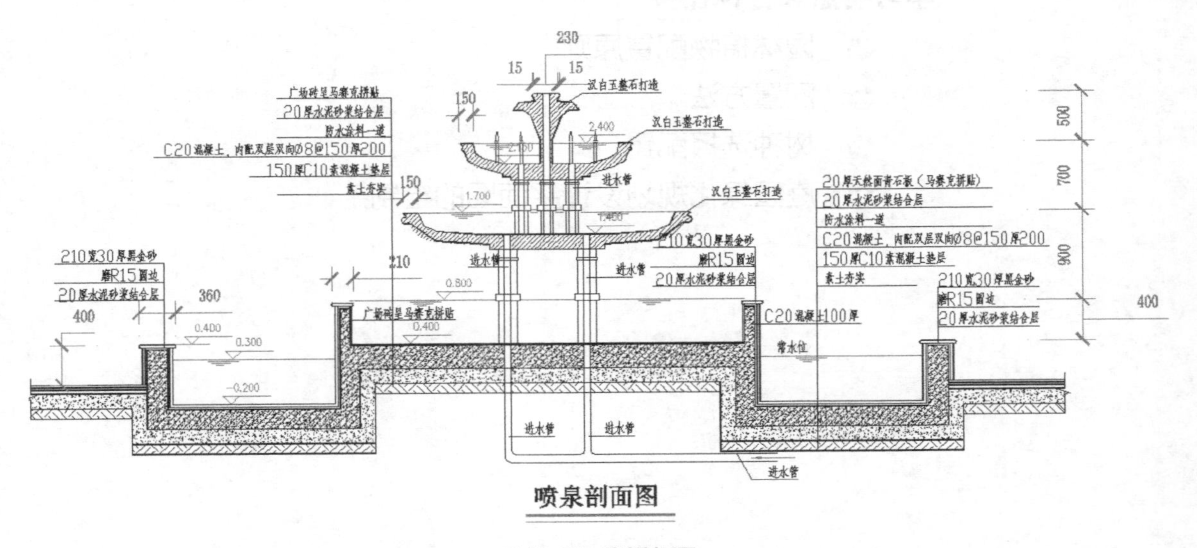

图 10-71 喷泉剖面图

第 11 章

园林绿化设计

园林的绿化在园林设计中占有十分重要的地位，植物景观配置成功与否，将直接影响环境景观的质量及艺术水平。本章首先对植物种植设计进行简单的介绍，然后讲解如何应用 AutoCAD 2018 绘制园林植物图例和进行植物的配置。

学习要点和目标任务

- 园林植物配置原则
- 配置方法
- 树种选择配置
- 庭园绿化规划设计平面图的绘制

11.1 概述

植物是园林设计中有生命的题材。园林植物作为园林空间构成的要素之一，其重要性和不可替代性在现代园林中日益明显地表现出来。园林生态效益的体现主要依靠以植物群落景观为主体的自然生态系统和人工植物群落；园林植物有着多变的形体和丰富的季相变化，其他的构景要素无不需要借助园林植物来丰富和完善，园林植物与地形、水体、建筑、山石、雕塑等有机配置，将形成优美、雅静的环境和艺术效果。

植物要素包括乔木、灌木、攀缘植物、花卉、草坪地被、水生植物等。各种植物在各自适宜的位置上发挥着作用。植物的四季景观，本身的形态、色彩、芳香、习性等都是园林造景的题材。

11.1.1 园林植物配置原则

1. 整体优先原则

城市园林植物配置要遵循自然规律，利用城市所处的环境、地形地貌特征、自然景观、城市性质等进行科学建设或改建。要高度重视保护自然景观、历史文化景观，以及物种的多样性，把握好它们与城市园林的关系，使城市建设与自然和谐，在城市建设中可以回味历史，保障历史文脉的延续。充分研究和借鉴城市所处地带的自然植被类型、景观格局和特征特色，在科学合理的基础上，适当增加植物配置的艺术性、趣味性，使之具有人性化和亲近感。

2. 生态优先的原则

在植物材料的选择、树种的搭配、草本花卉的点缀、草坪的衬托等方面必须最大限度地以改善生态环境、提高生态质量为出发点，应该尽量多地选择和使用乡土树种，创造出稳定的植物群落；充分应用生态位原理和植物他感作用，合理配置植物，只有最适合的才是最好的，才能发挥出最大的生态效益。

3. 可持续发展原则

以自然环境为出发点，按照生态学原理，在充分了解各植物种类的生物学、生态学特性的基础上，合理布局、科学搭配，使各植物种和谐共存，群落稳定发展，达到调节自然环境与城市环境关系的目的，在城市中实现社会、经济和环境效益的协调发展。

4. 文化原则

在植物配置中坚持文化原则，可以使城市园林向充满人文内涵的高品位方向发展，使不断演变起伏的城市历史文化脉络在城市园林中得到体现。在城市园林中把反应某种人文内涵、象征某种精神品格、代表着某个历史时期的植物科学合理地进行配置，形成具有特色的城市园林景观。

11.1.2 配置方法

1. 近自然式配置

所谓近自然式配置，一方面是指植物材料本身为近自然状态，尽量避免人工重度修剪和造型；另一方面是指在配置中要避免植物种类的单一、株行距的整齐划一以及苗木规格的一致。在配置中尽可能自然，通过不同物种、密度、不同规格的适应、竞争实现群落的共生与稳定。目前，城市森林在我国还处于起步阶段，森林绿地的近自然配置应该大力提倡。首先要以地带性植被为样板进行模拟，选择合适的建群种；同时要减少对树木个体、群落的过渡人工干扰。如上海在城市森林建设改造中采用宫胁造林法来模拟地带性森林植被，便是一种有益的尝试。

2. 融合传统园林中植物配置方法

充分吸收传统园林植物配置中模拟自然的方法，师法自然，经过艺术加工来提升植物景观的观赏价值，在充分发挥群落生态功能的同时尽可能创造社会效益。

11.1.3 树种选择配置

树木是森林最基本的组成要素，科学地选择城市森林树种是保证城市森林发挥多种功能的基础，也直接影响城市森林的经营和管理成本。

1. 发展各种高大的乔木树种

在我国城市绿化用地十分有限的情况下，要达到以较少的城市绿化建设用地获得较高生态效益的目的，必须发挥乔木树种占有空间大、寿命长、生态效益高的优势。例如，德国城市森林树木达到12m，修剪6m以下的侧枝，林冠下种植栎类、山毛榉等阔叶树种。我国的高大树木物种资源丰富，30m ~ 40m的高大乔木树种很多，应该广泛加以利用。在高大乔木树种选择的过程中除了重视一些长寿命的基调树种以外，还要重视一些速生树种的使用，特别是在我国城市森林还比较落后的现实情况下，通过发展速生树种可以尽快形成森林环境。

2. 按照我国城市的气候特点和具体城市绿地的环境选择常绿与阔叶树种

乔木树种的主要作用之一是为城市居民提供遮荫环境。在我国，大部分地区都有酷热漫长的夏季，冬季虽然比较冷，但阳光比较充足。因此，我国的城市森林建设方向应是在夏季能够遮荫降温，在冬季要透光增温。而现在许多城市的城市森林建设并没有这种考虑，偏爱使用常绿树种。有些常绿树种引种进来之后由于水土等原因，许多都处在濒死的边缘，几乎没有生态效益。一些具有鲜明地方特色的落叶阔叶树种，不仅能够在夏季旺盛生长而发挥降温增湿、净化空气等生态效益，而且在冬季落叶增加光照，起到增温作用。因此，要根据城市所处地区的气候特点和具体城市绿地的环境需求选择常绿与落叶树种。

3. 选择本地带野生或栽培的建群种

追求城市绿化的个性与特色是城市园林建设的重要目标。地区之间因气候条件、土壤条件的差异造成植物种类上的不同，乡土树种是表现城市园林特色的主要载体之一。使用乡土树种更为可靠、廉价、安全，它能够适应本地区的自然环境条件，抵抗病虫害、环境污染等干扰的能力强。尽快形成相对稳定的森林结构和发挥多种生态功能，有利于减少养护成本。因此，乡土树种和地带性植被应该成为城市园林的主体。建群种是森林植物群落中在群落外貌、土地利用、空间占用、数量等方面占主导地位的树木种类。建群种可以是乡土树种，也可以是在引入地经过长期栽培，已适应引入地自然条件的外来种。建群种无论是在对当地气候条件的适应性、增建群落的稳定性，还是展现当地森林植物群落外貌特征等方面都有不可替代的作用。

11.2 庭园绿化规划设计平面图的绘制

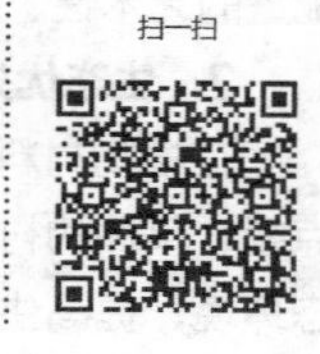

图11-1所示为某庭园的现状图和总平面图，此园长85m，宽65m，西北和西南方向有一些不规则，不过基本上呈规则矩形，面积将近5500m^2。此园东面为一幢3层办公楼，园中心有一个2000m^{2}的水池。

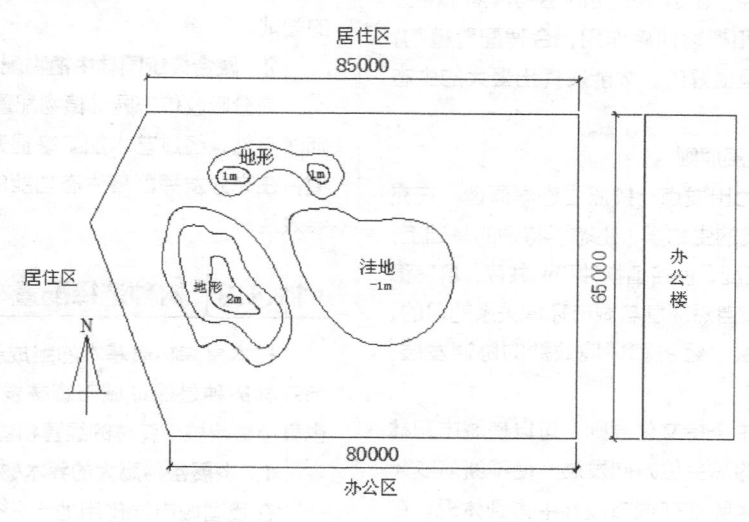

图 11-1 庭园现状图和总平面图

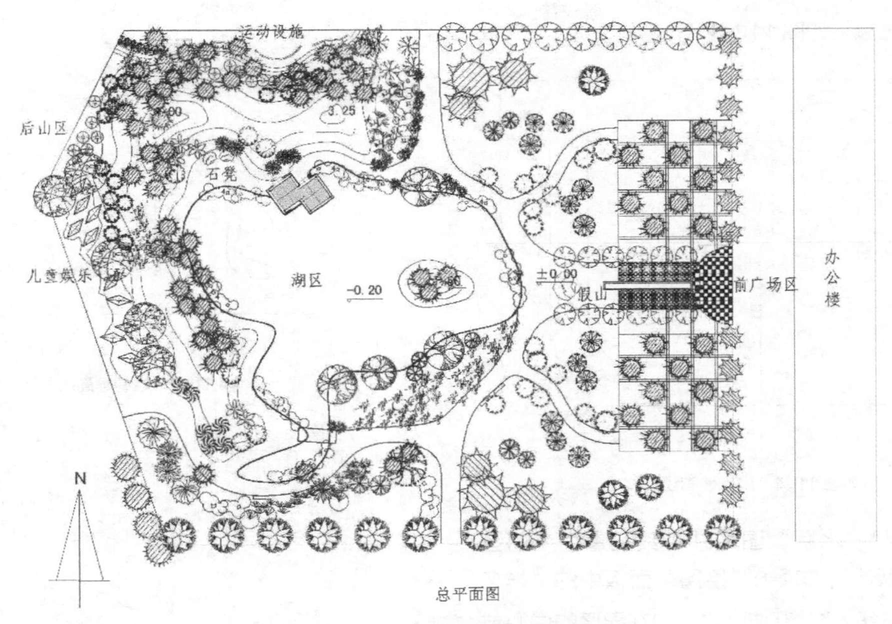

图 11-1 庭园现状图和总平面图（续）

11.2.1 必要的设置

打开源文件中的“规划现状图”进行整理，然后对单位和图形界限进行逐一设置。

11.2.2 出入口确定

应用“直线”命令确定出入口，为后面的绘制打下基础。

STEP 绘制步骤

（1）建立“轴线”图层。建立一个新图层，命名为“轴线”，颜色选取红色，线型为CENTER，线宽为默认，并将其设置为当前图层，如图11-2所示。确定后回到绘图状态。

轴线				红	CENTER	—— 默认	0	Color_1	

图 11-2 “轴线”图层参数

（2）出入口的确定。考虑周围居民的进出方便，设计4个出入口，1个主出入口，3个次出入口。

单击“默认”选项卡“绘图”面板中的“直线”按钮，通过规划区域每一边的中点绘制直线，如图11-3中的框选线所示，确定“出入口”的位置。

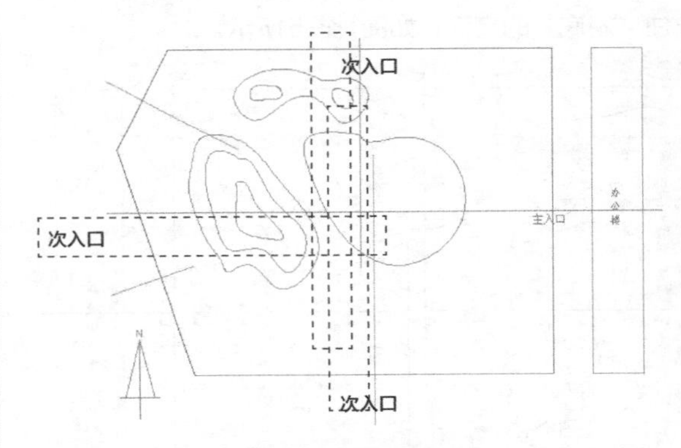

图 11-3 出入口位置的确定

11.2.3 竖向设计

在地形设计中，将原有高地进行整理，山体起伏大致走向和园界基本一致，西北方向为主山，高4m；北面配山高3.25m，西南方向配山高2.5m，主配山相互呼应。

将原有洼地进行修整，湖岸走向大体与山脚相一致，湖岸为坎石驳岸。

STEP 绘制步骤

（1）建立“地形”图层。新建“地形”图层并将其设置为当前图层，单击“默认”选项卡“绘图”面板中的“样条曲线拟合”按钮，沿园界方向绘制地形的坡脚线，如图11-4所示。

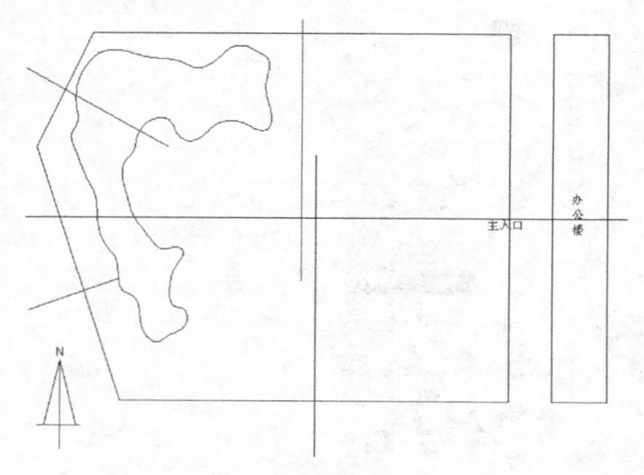

图11-4 地形坡脚线

（2）新建“水系”图层并将其设置为当前图层，单击“默认”选项卡“绘图”面板中的“样条曲线拟合”按钮，沿坡脚线方向在园区的中心位置绘制水系的驳岸线，采用“高程”的标注方法标注“湖底”的高程，如图11-5所示。

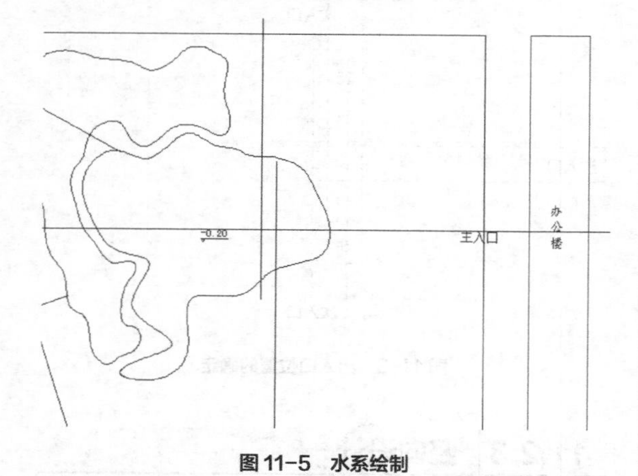

图11-5 水系绘制

（3）绘制地形内部的等高线。将“地形”图层设置为当前图层，单击“默认”选项卡“绘图”面板中的“样条曲线拟合”按钮，沿地形坡脚线方向绘制地形内部的等高线，西北方向为主山，高4m；北面配山高3.25m，西南方向配山高2.5m，如图11-6所示。

（4）湖中心岛的设计。考虑到整个园区构图的均衡，将岛置于出入口的中心线上，结果如图11-7所示。

湖中心岛等高线的绘制。将其最高点设计为1.5m高，结果如图11-8所示。

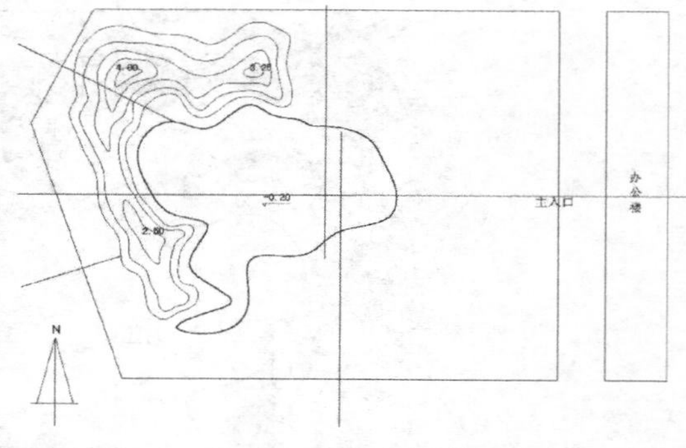

图11-6 绘制等高线

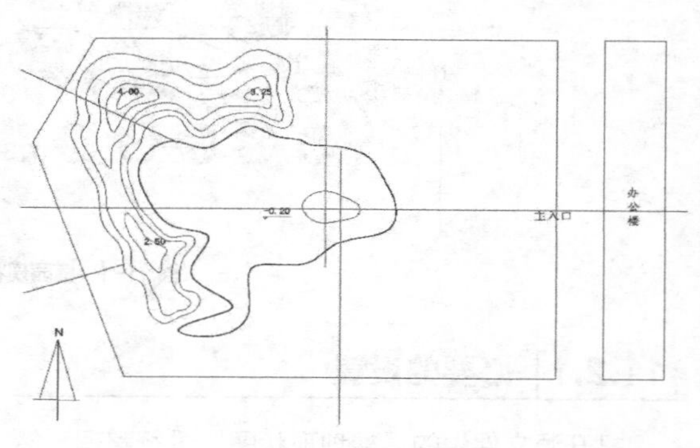

图11-7 湖心岛轮廓

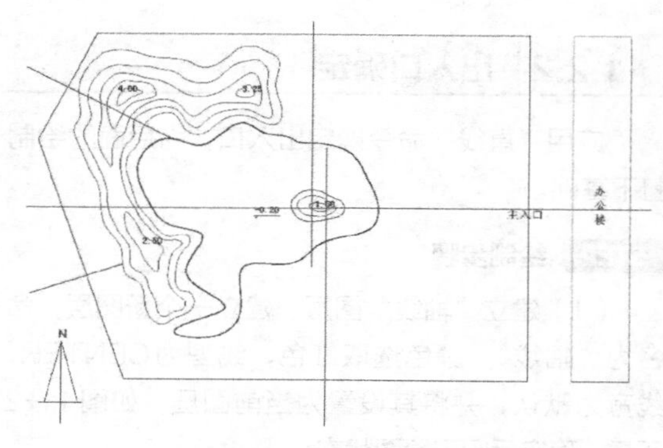

图11-8 湖心岛地形

11.2.4 道路系统

道路设计中，分为主次两级道路系统，主路宽2.5m，贯穿全园，次路宽1.5m。

STEP 绘制步骤

1. 水系驳岸绿地的处理

单击“默认”选项卡“绘图”面板中的“样条曲线拟合”按钮，在图11-9所示位置绘制与水系相交的绿地。

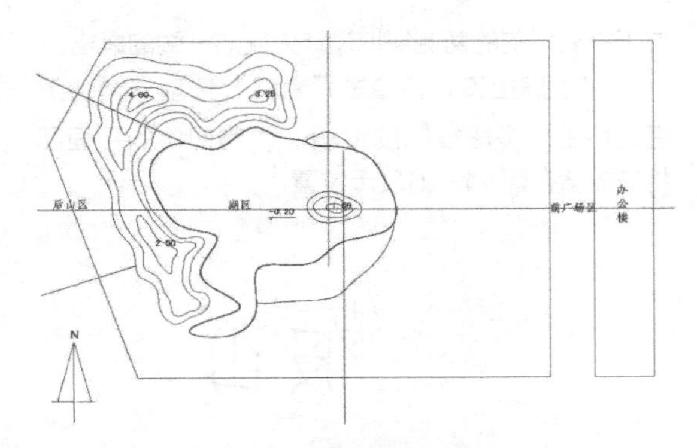

图 11-9　沿水系道路的绘制

2. 入口的绘制

（1）主入口的绘制。

① 主入口设计成半径为5m的半圆形，单击“默认”选项卡“绘图”面板中的“圆弧”按钮，以主入口轴线与园区边界的交点为圆心，起点5000，包含角为180°。

② 单击“默认”选项卡“绘图”面板中的“直线”按钮，以“圆弧”顶点为起点，方向沿中轴线水平向左，绘制长度为12000的直线，然后单击“默认”选项卡“修改”面板中的“偏移”按钮，将绘制好的线条向竖直方向两侧进行偏移，偏移距离为3500。

③ 单击“默认”选项卡“修改”面板中的“延伸”按钮，将偏移后的直线段延伸至弧线。结果如图11-10所示。

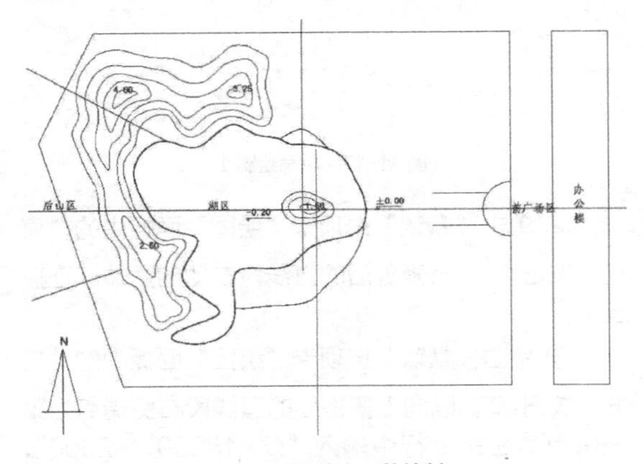

图 11-10　主入口的绘制

（2）次入口的绘制。

① 单击“默认”选项卡“修改”面板中的“偏移”按钮，将南北方向次入口的中轴线向两侧进行偏移，偏移距离为1500。单击“默认”选项卡“绘图”面板中的“直线”按钮，以次入口的中轴线与次入口的交点为起点，向园区内侧竖直方向绘制10m的直线段，作为入口的开始序列。结果如图11-11所示。

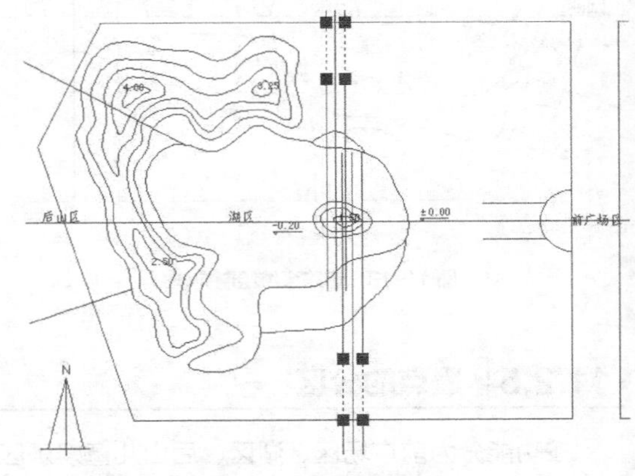

图 11-11　次入口的绘制

② 单击“默认”选项卡“绘图”面板中的“样条曲线拟合”按钮，以两个入口的直线段端点为起点绘制道路的边缘线，且边缘线与驳岸的距离为2500，结果如图11-12所示。

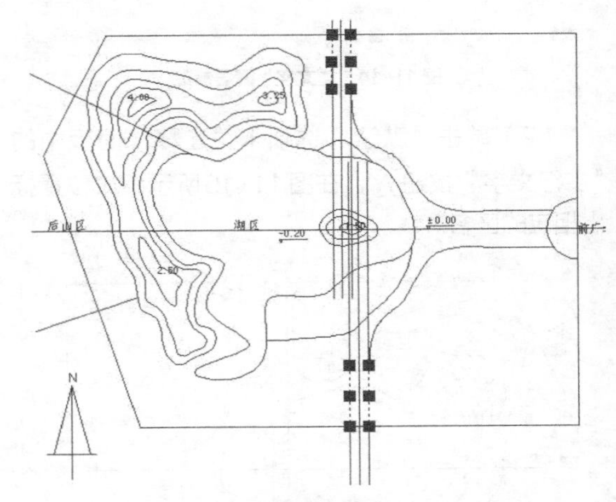

图 11-12　道路边缘线

③ 绘制出西入口与南入口的道路连接，西入口的道路南侧边缘线与中轴线的距离为2500。

（3）水系最窄处设置一平桥。

① 单击“默认”选项卡“绘图”面板中的“矩形”按钮，绘制3000×1500的矩形。

② 单击“默认”选项卡“修改”面板中的“旋转”按钮，将矩形绕左下角旋转-5°，去掉中轴线的偏移线。结果如图11-13所示。

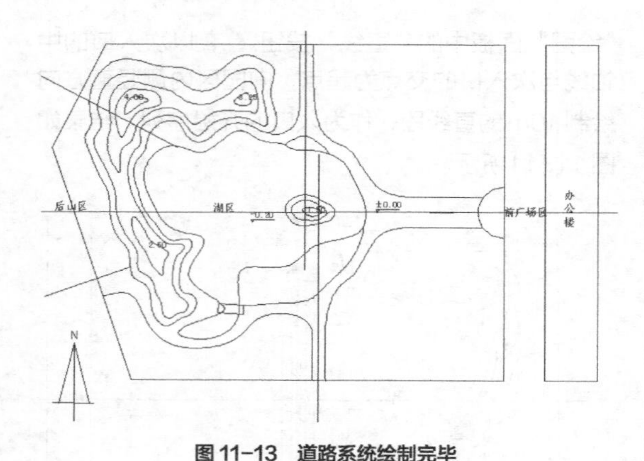

图 11-13 道路系统绘制完毕

11.2.5 景点的分区

按功能分为前广场区、湖区、后山儿童娱乐区和运动设施区4个区。

STEP 绘制步骤

1. 标注区名

（1）建立“文字”图层，参数如图11-14所示，并将其设置为当前图层。

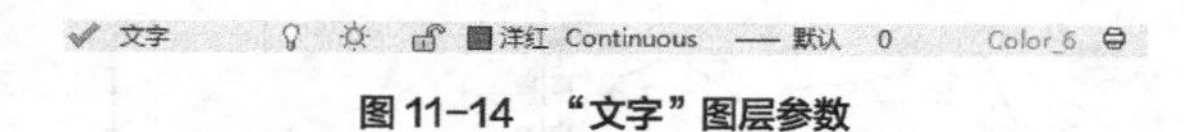

图 11-14 “文字”图层参数

（2）单击“默认”选项卡“注释”面板中的“多行文字”按钮A，在图11-15所示相应位置标出相应的区名。

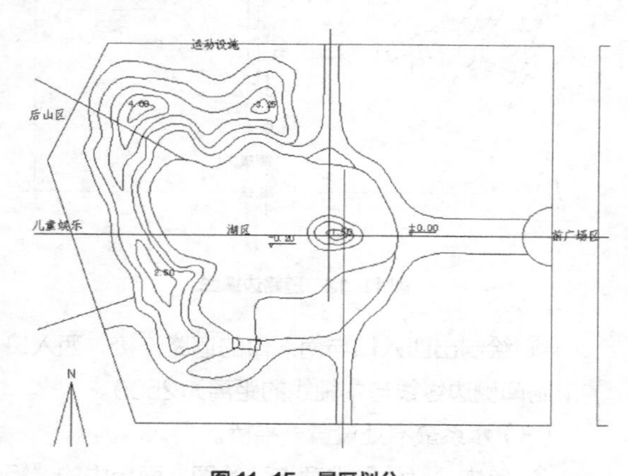

图 11-15 景区划分

2. 前广场区景观设计

主入口处设小型广场用以集散人流，往西一段设计小型涌泉，以5个小型涌泉代表国旗上的五星。位于办公楼前的两侧绿地设计为简洁开阔的风格。

（1）假山设计。单击“默认”选项卡“绘图”面板中的“多段线”按钮，绘制假山的平面图，将其放置在图11-16所示位置。

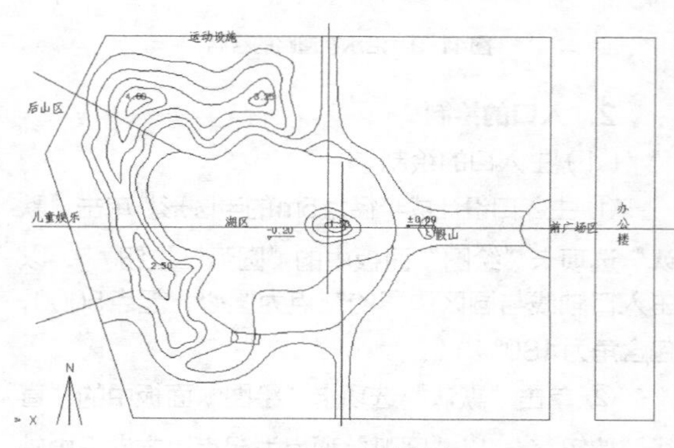

图 11-16 假山设计

（2）喷泉设计。

① 单击“默认”选项卡“修改”面板中的“偏移”按钮，将主入口的中轴线分别向两侧进行偏移，偏移距离为1000。然后单击“默认”选项卡“修改”面板中的“修剪”按钮，以圆弧作为修剪边，对偏移后的直线进行修剪，结果如图11-17所示。

图 11-17 喷泉绘制 1

② 单击“默认”选项卡“绘图”面板中的“直线”按钮，将修剪后的直线段右侧的两端点连接起来。

③ 单击“默认”选项卡“绘图”面板中的“矩形”按钮，以向上偏移后的直线段右侧端点为第一角点，在命令行中输入“@-18000，-2000”，然后单击“默认”选项卡“修改”面板中的“偏移”按钮，将其向内侧进行偏移，偏移距离为250，结果如图11-18所示。

④ 单击“默认”选项卡“绘图”面板中的“直线”按钮，沿中轴线绘制直线段，起点和终点

均选择步骤③偏移后的矩形两侧的中点，结果如图11-19所示。

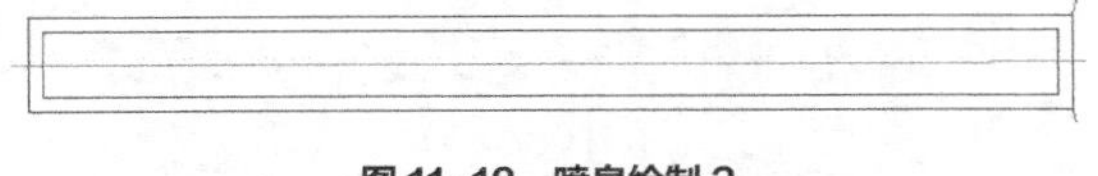

图 11-18 喷泉绘制 2

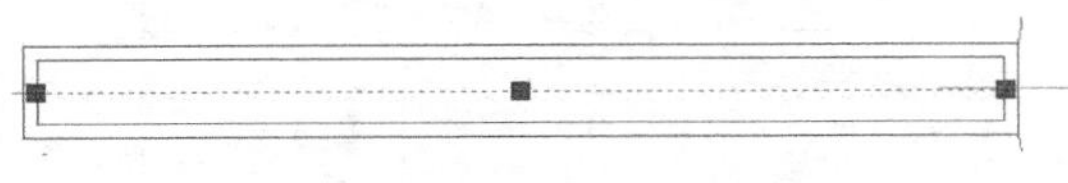

图 11-19 喷泉绘制 3

⑤ 单击“默认”选项卡“绘图”面板中的“圆”按钮，绘制一半径为10的圆，单击“默认”选项卡“块”面板中的“创建”按钮，将其命名为“喷泉”。

⑥ 单击“默认”选项卡“绘图”面板中的“定数等分”按钮。对步骤④绘制的直线段进行“定数等分”，设置等分数目为6，结果如图11-20和图11-21所示。

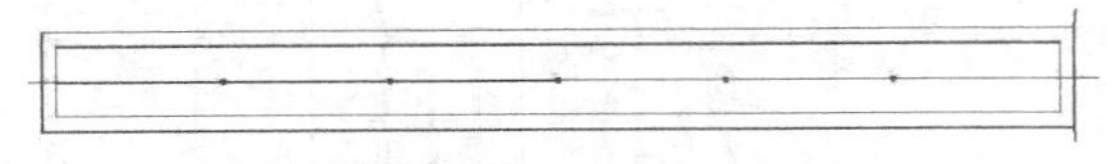

图 11-20 喷泉绘制 4

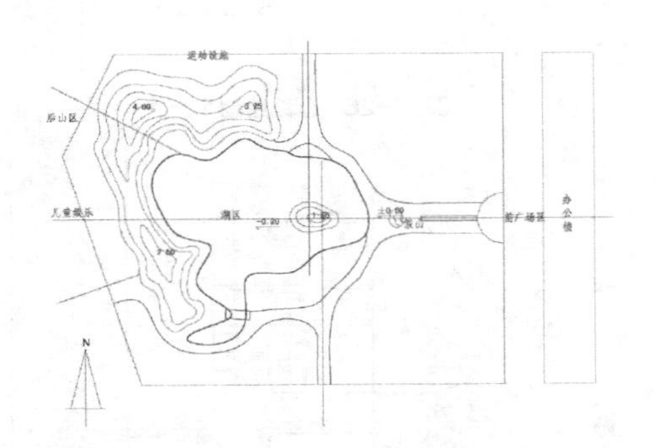

图 11-21 喷泉绘制 5

（3）主入口两侧绿地、广场设计。

① 单击“默认”选项卡“绘图”面板中的“直线”按钮，以主入口处半圆广场的圆心为起点，方向竖直向上，直线长度为25000。

② 单击“默认”选项卡“修改”面板中的“偏移”按钮，将其水平向左进行偏移，偏移距离为15000。

③ 将其上端端点用“直线”命令连接起来，结果如图11-22所示。

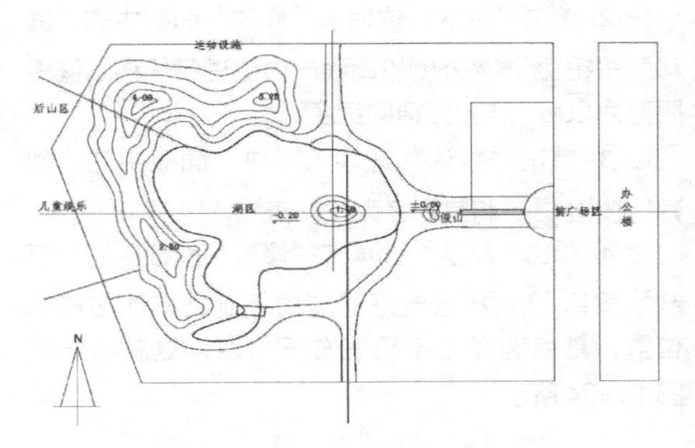

图 11-22 主入口两侧绿地

（4）广场网格的绘制。网格内框的大小设计为2900×2900，网格之间的分隔宽度为20。

① 单击“默认”选项卡“修改”面板中的“偏移”按钮，以步骤（3）偏移后的直线段为基准线，向右侧进行偏移，偏移距离为2900，然后以偏移后的直线段为基准线，水平向右进行偏移，偏移距离为200，然后再以偏移后的直线段为基准线，水平向右进行偏移，偏移距离为2900。用同样方法偏移其他线段。

② 用同样方法偏移水平方向的直线段，进行修剪后的结果如图11-23所示。

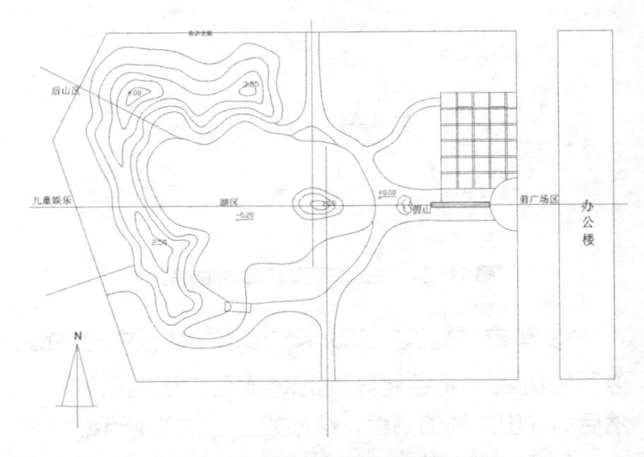

图 11-23 主入口两侧广场网格绘制

（5）广场内树池的绘制。选择图11-23所示的几个网格位置绘制座椅，座椅的宽度为300。

① 单击“默认”选项卡“绘图”面板中的“矩形”按钮，以步骤（4）绘制的2900×2900的小网格内框的左下角点为第一角点，第二角点选择小网格内框的右上角点（或在命令行中输入

“@2900，2900”)，作为座椅的外侧轮廓线。

② 单击“默认”选项卡“修改”面板中的“偏移”按钮，将外侧轮廓线向内侧进行偏移，偏移距离为300，作为座椅的宽度。

③ 单击“默认”选项卡“块”面板中的“创建”按钮，将其命名为“座椅”。

④ 单击“默认”选项卡“修改”面板中的“复制”按钮，将绘制好的座椅复制到其他座椅的位置，基点选择为座椅的左下角点，复制结果如图11-24所示。

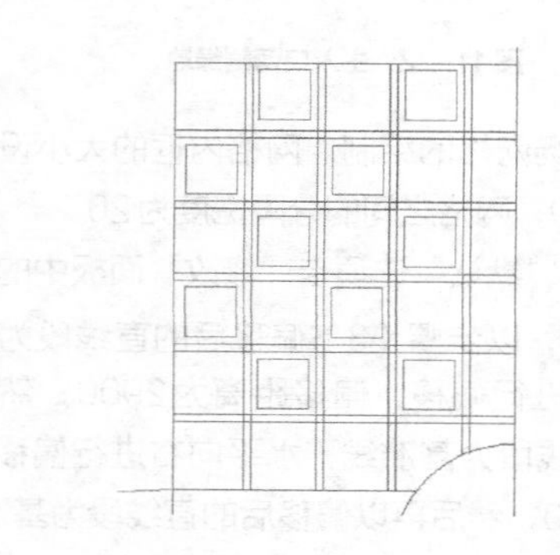

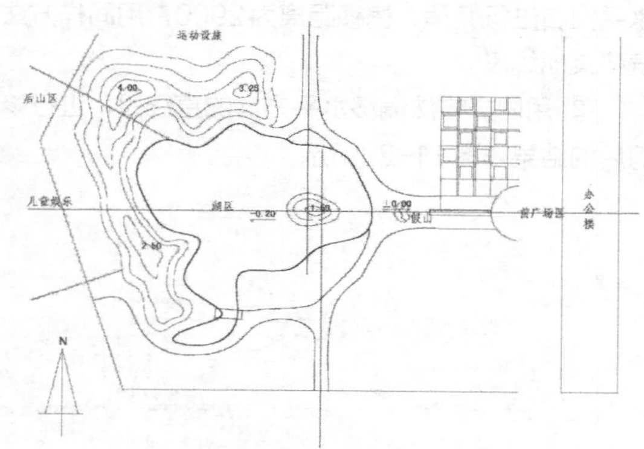

图 11-24 主入口两侧广场树池绘制

⑤ 单击“默认”选项卡“修改”面板中的“镜像”按钮，将绘制好的上侧绿地广场进行镜像；然后标注出广场的高程，结果如图11-25所示。

(6) 广场与主路之间的道路的绘制。

① 单击“默认”选项卡“绘图”面板中的“样条曲线拟合”按钮，在广场外适当的位置绘制道路，结果如图11-26所示。

② 单击“默认”选项卡“修改”面板中的“偏移”按钮，对其进行偏移，偏移距离为2000，结果如图11-27所示。

③ 单击“默认”选项卡“修改”面板中的“修剪”按钮，对道路中间的线段进行修剪，结果如图11-28所示。

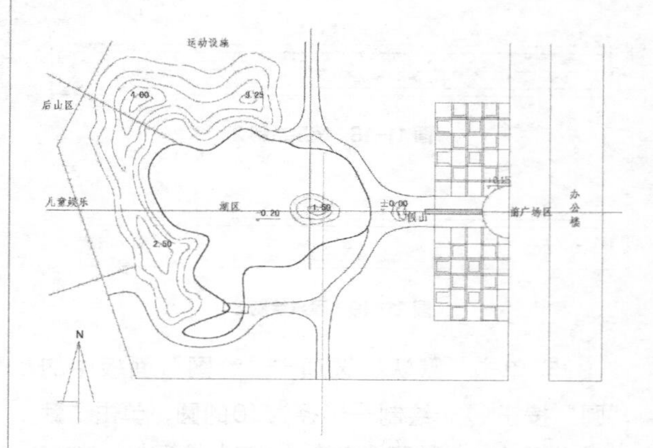

图 11-25 主入口两侧广场绘制完毕

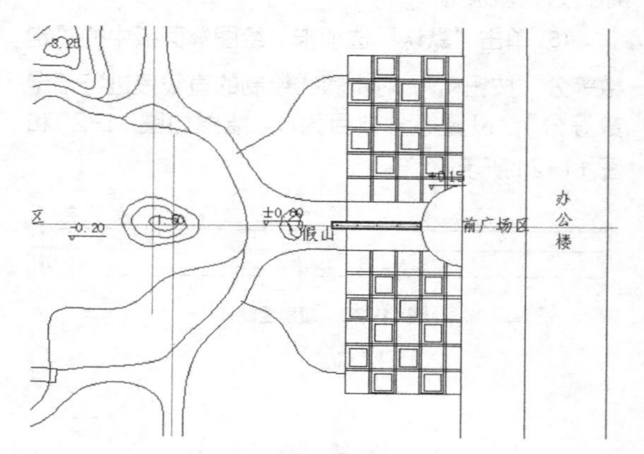

图 11-26 道路绘制 1

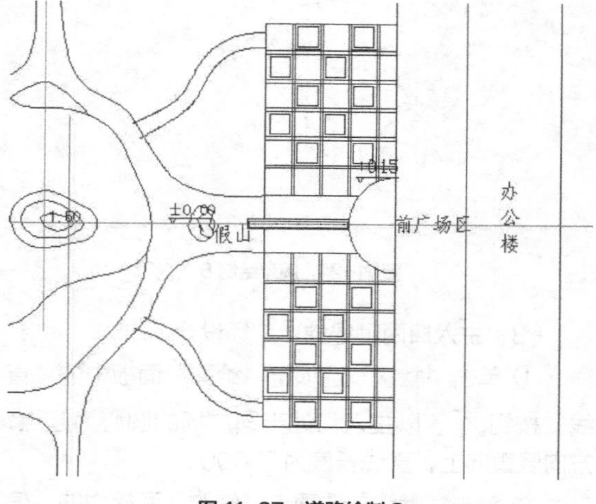

图 11-27 道路绘制 2

④ 单击“默认”选项卡“修改”面板中的“圆角”按钮，将步骤（5）绘制的与广场衔接的

道路进行倒圆角，圆角半径为1000。最终结果如图11-29所示。

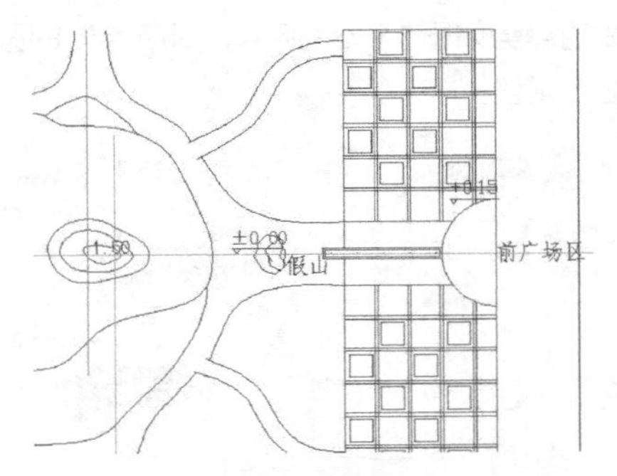

图 11-28 道路绘制 3

（7）主入口广场的材质。

① 单击“默认”选项卡“绘图”面板中的“图案填充”按钮，打开“图案填充创建”选项卡，如图11-30所示。

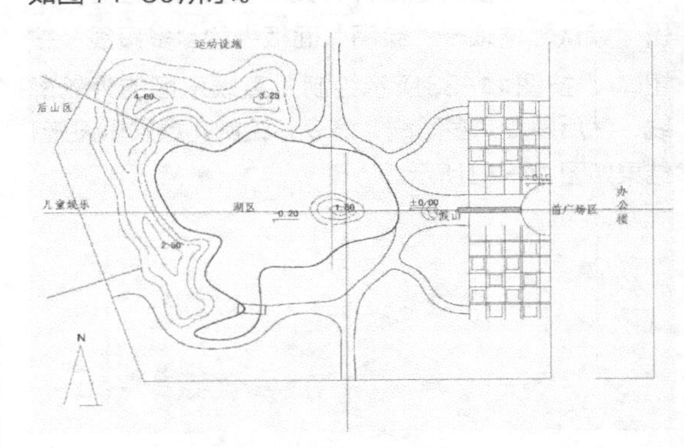

图 11-29 道路绘制 4

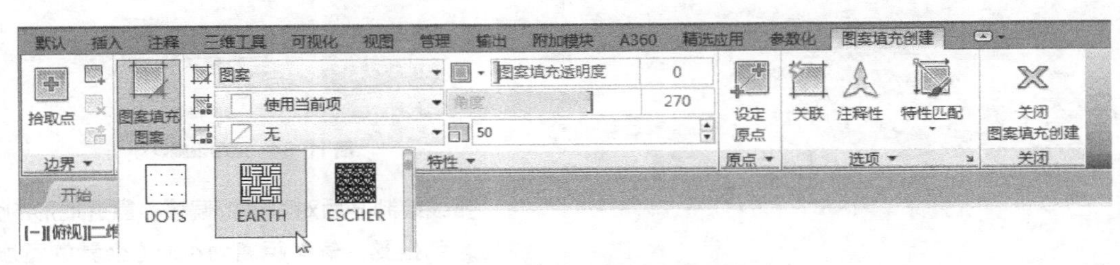

图 11-30 “图案填充创建”选项卡

② 拾取点选择广场通向湖区的甬道的位置，用同样方法对半圆广场进行填充，结果如图11-31所示。

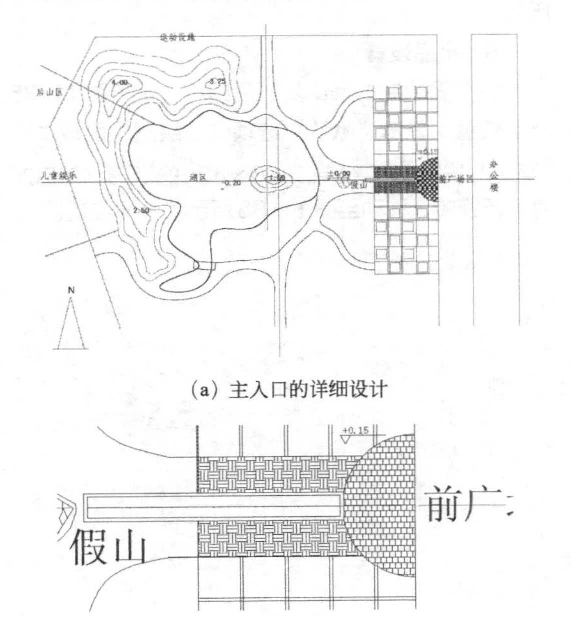

(a) 主入口的详细设计

(b) 主入口的局部放大

图 11-31 填充半圆广场

3. 湖区景点设计

在建筑设计中，在主入口轴线两侧分别设有一亭一桥，互相形成对景，给人们提供了休息场所。

单击“默认”选项卡“块”面板中的“插入”按钮，将“亭”图块插入到图中，然后复制一个，对两个亭进行修改，成为双亭，放置在如图11-32所示的位置。

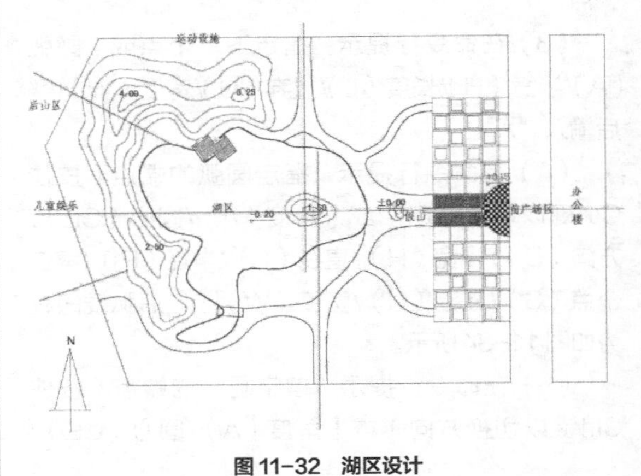

图 11-32 湖区设计

4. 后山儿童娱乐区景点设计

新建“旱溪”图层并将其设置为当前图层，单击“默认”选项卡“绘图”面板中的“多段线”按钮，按图11-33所示绘制儿童娱乐区的外轮廓线，然后重复“多段线”命令，绘制儿童娱乐设施，结果如图11-33所示。

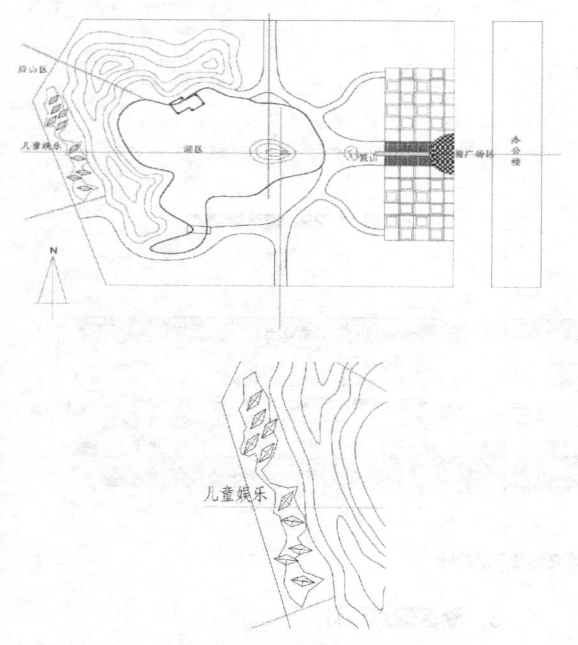

图11-33 儿童娱乐区设计

5. 运动设施的设计

（1）单击“默认”选项卡“绘图”面板中的“多段线”按钮，这种命令画出的曲线有一定的弧度，图面表现比较美观。

（2）在命令行提示“指定起点：”后指定一点。

（3）在命令行提示“指定下一个点或［圆弧（A）/半宽（H）/长度（L）/放弃（U）/宽度（W）］：”后输入“A”。

（4）在命令行提示“指定圆弧的端点（按住Ctrl键以切换方向）或［角度（A）/圆心（CE）/方向（D）/半宽（H）/直线（L）/半径（R）/第二个点（S）/放弃（U）/宽度（W）］：”后弧线的趋势如图11-34所示。

（5）在命令行提示“指定圆弧的端点（按住Ctrl键以切换方向）或［角度（A）/圆心（CE）/闭合（CL）/方向（D）/半宽（H）/直线（L）/半径（R）/第二个点（S）/放弃（U）/宽度（W）］：”后弧线的趋势如图11-34所示，对所绘制的圆弧的顶点进行调整。

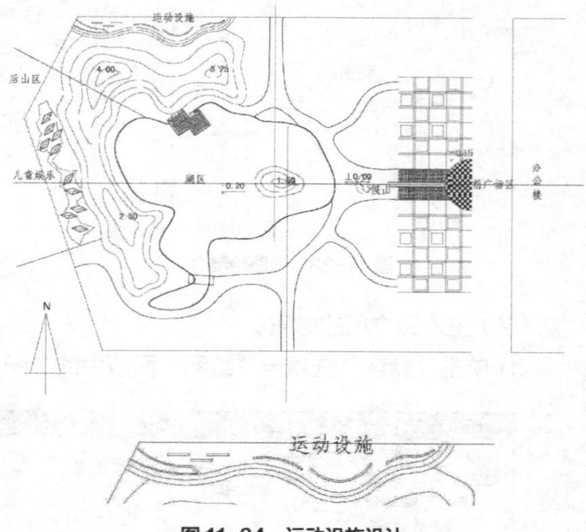

图11-34 运动设施设计

弧线绘制好后对其进行偏移，靠近地形的大弧线为彩色坐凳，偏移距离为400（坐凳的宽度）；新建“设施”图层并将其设置为当前图层，小弧线和直线段用于运动设施的造型，宽度为100，最左端与坐凳交接的弧线为花池，最终结果如图11-34所示。

6. 小品设置

将前面绘制的假山复制后缩小，置于图11-35所示位置；单击“默认”选项卡“绘图”面板中的“矩形”按钮，绘制1800×400的矩形，然后对其进行旋转、移动至图11-35所示的合适位置。

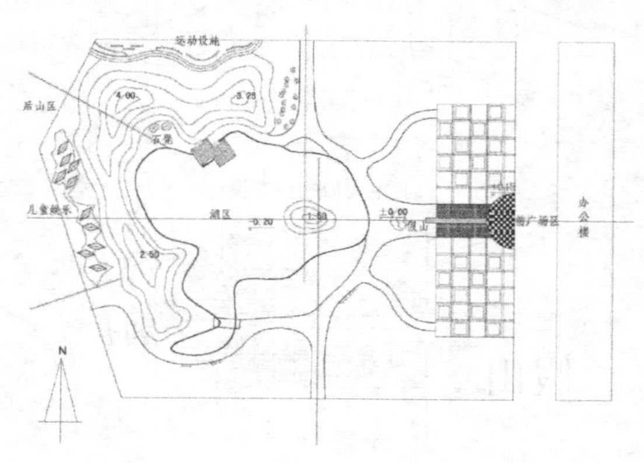

图11-35 小品设置

11.2.6 植物配置

在植物设计方面，采用33种植物资源，均为常见园林植物种类，能确保三季有花，四季常绿。在配置方面，根据不同环境，多考虑常绿树种，山体北面因其阴性环境，选择耐荫性较强的品种，如荚蒾、棣棠等。

打开"源文件\图库\苗木表"文件，选择合适的图例，在窗口中单击鼠标右键，在弹出的快捷菜单中选择"复制"命令，然后将窗口切换至公园设计的窗口；在窗口中单击鼠标右键，在弹出的快捷菜单中选择"粘贴"命令，这样植物的图例就复制到公园设计的图中了。单击"默认"选项卡"修改"面板中的"缩放"按钮，对图例进行缩放或扩大至合适的大小，一般大乔木的冠幅直径是4000mm，小规格苗木相应缩小。苗木表绘制结果如图11-36所示。

图例	名称	图例	名称
	雪松		丁香
	圆柏		红枫
	银杏		紫叶李
	鹅掌楸		芍药
	樱花		牡丹
	白玉兰		合欢
	花石榴		碧桃
	白皮松		玉簪
	油松		垂柳
	海棠		梅花
	连翘		沿阶草
	棣棠		月季
	迎春		槐树
	木槿		竹
	栾树		紫薇
	黄刺玫		南天竹
	荚迷		

图 11-36 苗木表

根据植物的生长特性、采用艺术手法将其布置于公园合适的位置，结果如图11-37所示。局部植物配置如图11-38～图11-41所示。

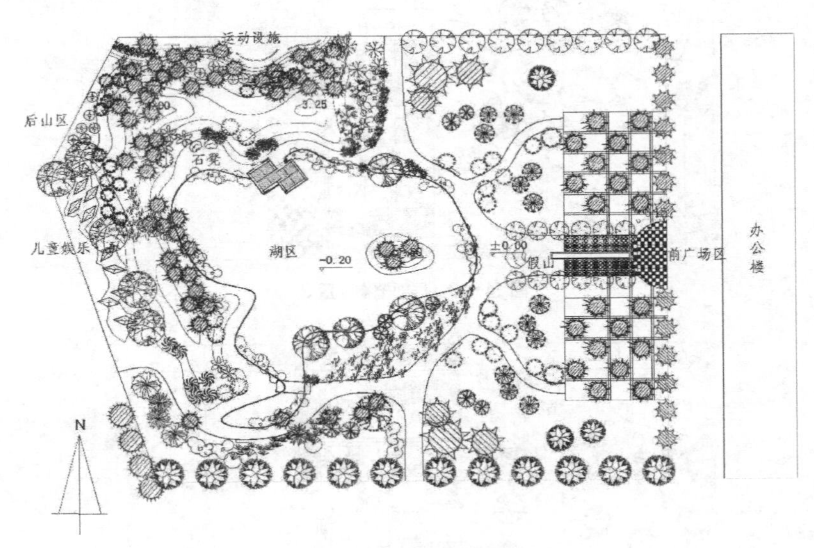

图 11-37 总平面图

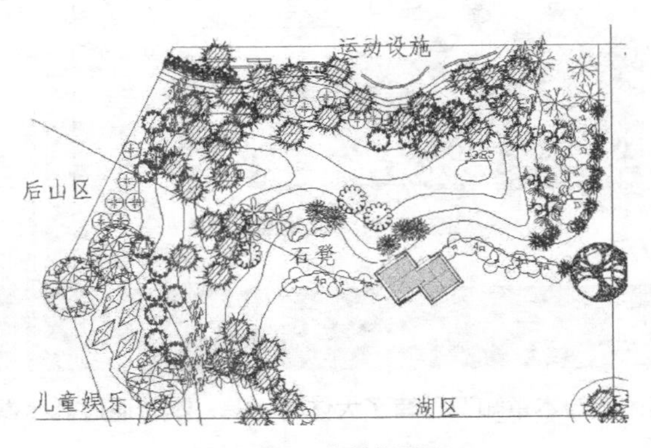

图 11-38 局部植物配置 1

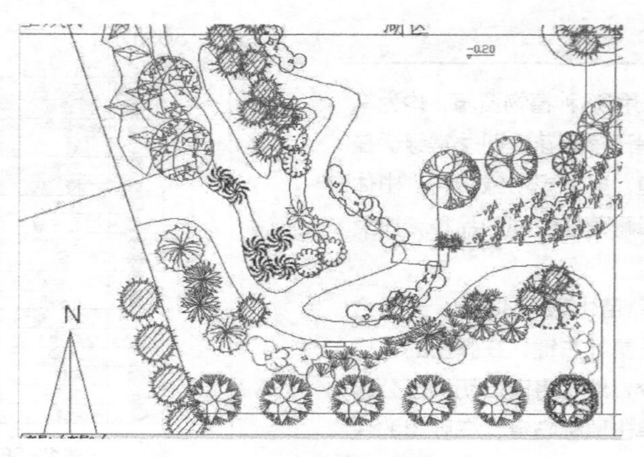

图 11-39　局部植物配置 2

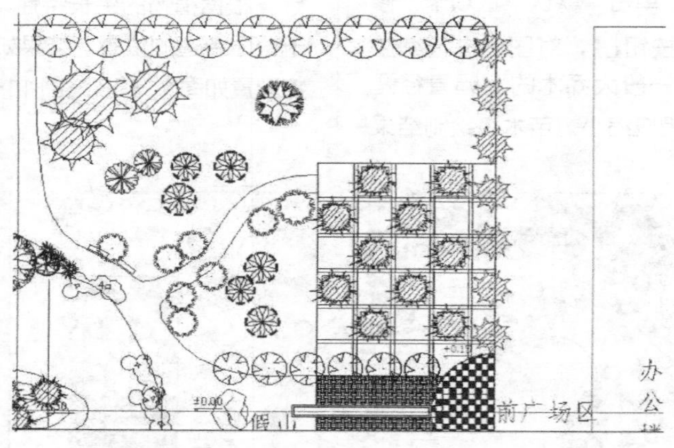

图 11-40　局部植物配置 3

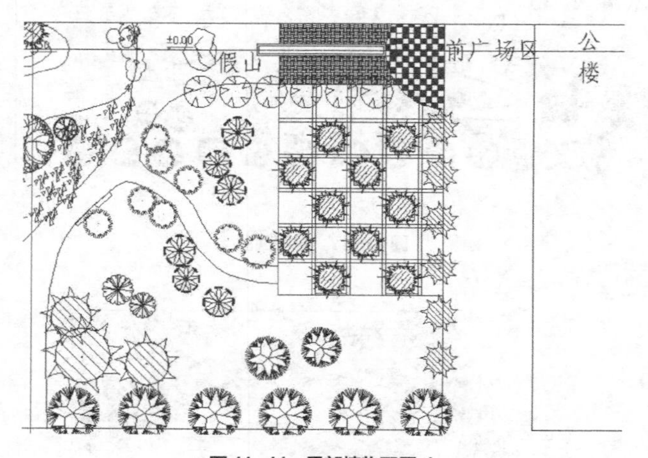

图 11-41　局部植物配置 4

11.3　上机实验

通过前面的学习，相信读者对本章知识已有了大体的了解，本节通过几个操作练习帮助读者进一步掌握本章知识要点。

【实验 1】绘制图 11-42 所示的某学院景观绿化 A 区种植图。

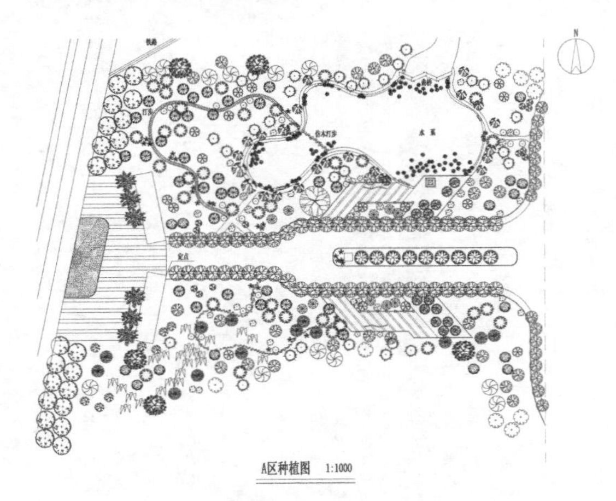

图 11-42 A 区种植图

1. 目的要求

希望读者通过本实例熟悉和掌握学院景观绿化种植图的绘制方法。

2. 操作提示

（1）绘图前准备及绘图设置。

（2）绘制辅助线和道路。

（3）绘制园林设施和广场。

（4）植物配置。

（5）标注文字。

【实验 2】绘制图 11-43 所示的某学院景观绿化 B 区种植图。

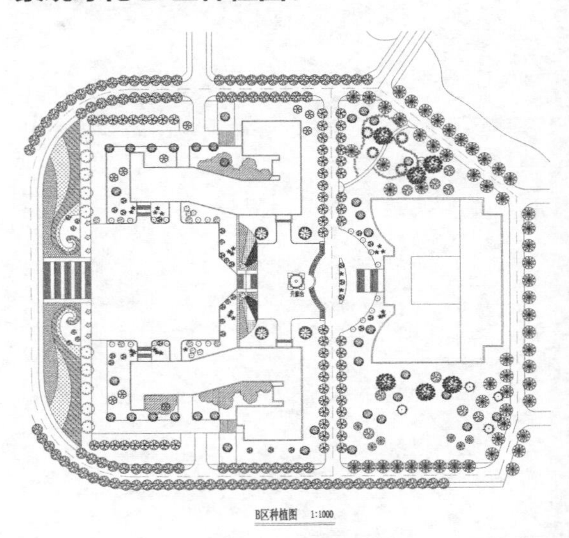

图 11-43 B 区种植图

1. 目的要求

希望读者通过本实例熟悉和掌握学院景观绿化种植图的绘制方法。

2. 操作提示

（1）绘图前准备及绘图设置。

（2）绘制辅助线和道路。

（3）绘制园林设施。

（4）植物配置。

（5）标注文字。

第三篇　综合实例篇

本篇主要结合实例讲解利用AutoCAD 2018进行不同类型园林设计的步骤、方法与技巧等，包括街旁绿地设计、综合公园绿地设计和生态采摘园园林设计。

本篇通过实例加深读者对AutoCAD功能的理解和掌握，更主要的是向读者传授一种园林设计的系统思路。

第12章

街旁绿地设计

街旁绿地是指位于城市道路用地之外，相对独立成片的绿地，是散布于城市中的中小型开放式绿地，具备游憩和美化城市景观的功能，是城市中量大面广的一种公园绿地类型。本章首先介绍街旁绿地的功能与设计要点，然后结合实例详细讲解其绘制方法。

学习要点和目标任务

- 街旁绿地的规划
- 街旁绿地的设计
- 平面图的绘制

12.1 概述

街旁绿地可灵活分布在城市的各个角落，比城市公园更接近人们的生活，成为人们茶余饭后散步、运动、交流的主要场所，为居民提供了大量的户外游憩空间，改善了人们的生活品质。对于绿化面积少的旧城区，街旁绿地的效用尤其明显。另外，街旁绿地也具有一定的生态功能，在一定浓度范围内，街旁绿地中的植物对有害气体有一定的吸收和净化作用，对于烟尘和粉尘也有明显的阻挡、过滤和吸附作用。街旁绿地中的植物的地下根系能吸收大量有害物质而具有净化土壤的能力。此外，街旁绿地还具有改善城市街道局部小气候、减少噪声污染等生态功能。

12.2 街旁绿地的规划设计

12.2.1 街旁绿地的规划

首先要符合城市总体规划。另外，城市街旁绿地作为与城市居民生活密切相关的活动场所，应尽量满足不同人群的需求，特别是要方便少年儿童、老年人、残疾人活动，因为他们比起青壮年人更不易到达城市公园等绿地。因此，规划街旁绿地要均衡配置、灵活多样、方便群众。

12.2.2 街旁绿地的设计

1. 以人为本

在绿地设计中，设计人员必须充分考虑居民的生活特点、游憩需求以及大众心理等因素，使绿地从形式到内容真正贴近居民，既满足居民游憩活动的需要和美化街景的要求，又要达到自然协调的艺术效果。

在具体设计时，可设置多样的步道系统、晨练场地和丰富的游线场所；采用耐践踏的草坪创造聚会空间；利用湿地和水滨步道设置亲水空间；利用多样的生态物种，有助于游人进行生态认知和生态教育。

2. 完善的游憩功能及设施

街旁绿地是城市绿地中最贴近居民、利用率最高的绿地类型之一。所以，在绿地建设中必须充分满足居民的游憩需求，设置数量充足、布置合理的休息、服务设施，真正做到使居民能在绿地中各得其所、各享其乐，在此得到较为全面的游憩服务和享受。

3. 做好树种选择，提高植物配置水平

街旁绿地一般面积较小，需要种植的植物数量不多，植物的配置水平对绿地效果的影响很大。因此，要求设计人员在选择植物品种之前，应认真考察气候条件和土壤条件，然后根据植物的生态习性和生物学特性，选择适应当地条件的植物品种。

4. 因地制宜，形成多样性景观

街旁绿地具有数量大、规模小、分布散等特点。因此，每块街旁绿地应结合所处地段的环境特点，从形式、布局、内容、风格等方面突出体现各自的特色，从而形成城市街旁绿地的多样性特点。

扫一扫

12.3 街旁绿地平面图的绘制

图12-1所示为某三角形街道广场绿地，长为250m，宽为180m，面积将近45000m²。规划区域东西两侧皆为道路用地，北侧为一梯形绿地。现状图中心有两块高地，高3m有余。绘制图12-2所示的街旁绿地平面图。

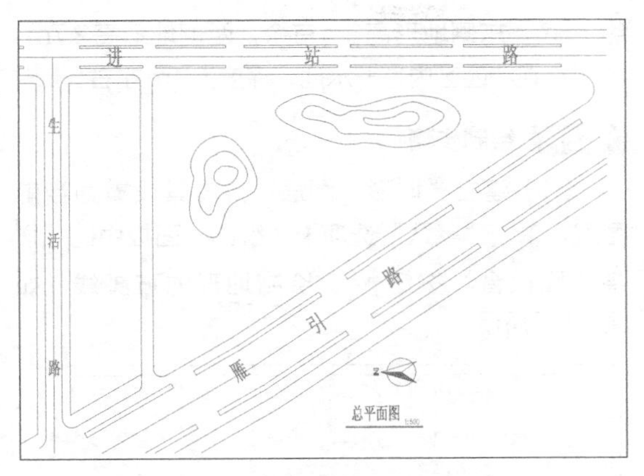

图 12-1　现状图

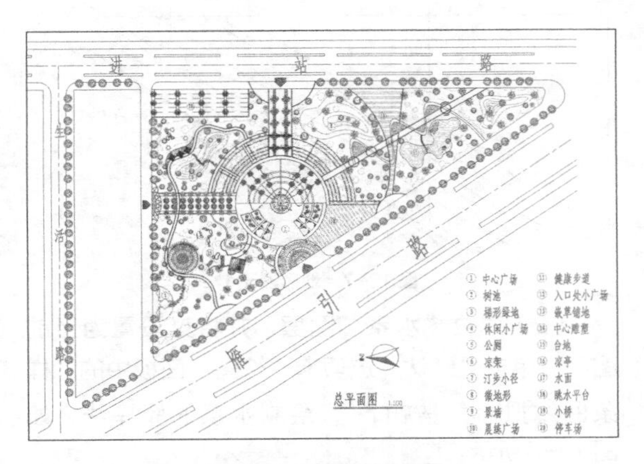

图 12-2　街旁绿地平面图

12.3.1　必要的设置

参数设置是绘制任何一幅园林图形都要进行的预备工作，这里主要设置单位和图形界限。

STEP 绘制步骤

（1）单位设置。将系统单位设为毫米（mm），以1：1的比例绘制，选择菜单栏中的“格式”/“单位”命令，弹出“图形单位”对话框，如图12-3所示。

（2）图形界限设置。AutoCAD 2018默认的图形界限为420×297，是A3图幅，但是我们以1：1的比例绘图，将图形界限设为420000×297000。

12.3.2　出入口确定

应用“多段线”“延伸”“偏移”和“圆角”命令确定出入口，为后面的绘制打下基础。

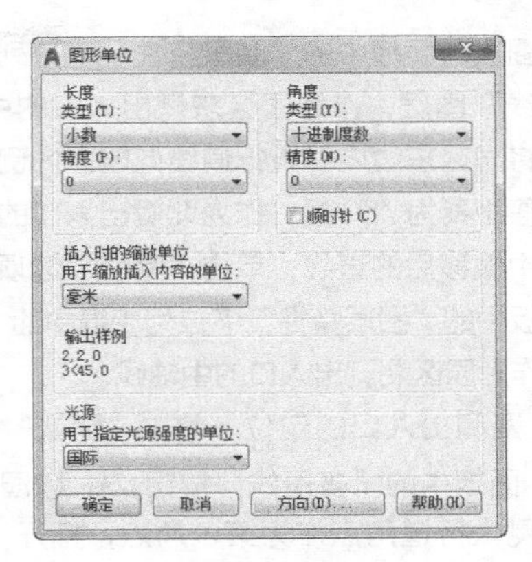

图 12-3　单位设置

STEP 绘制步骤

（1）建立一个新图层，命名为“轴线”，颜色选取红色，线型为CENTER，线宽为默认，并设置为当前图层，如图12-4所示。确定后回到绘图状态。

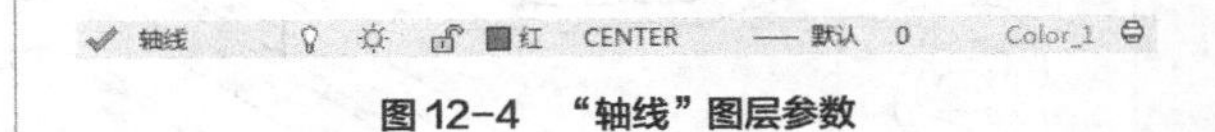

图 12-4　“轴线”图层参数

（2）将鼠标箭头移到状态栏的“对象捕捉”按钮上，单击鼠标右键打开一个快捷菜单，进行设置，然后单击“确定”按钮。

（3）在现状图的基础上，依照北侧人行道的位置，绘制出园区东西两侧人行道。绘制方法如下。

① 单击“默认”选项卡“图层”面板中的“图层特性”按钮，新建“道路”图层。

② 单击“默认”选项卡“修改”面板中的“延伸”按钮，以园区南侧边缘线作为延伸的边，以北侧人行道直线段作为要延伸的对象，延伸后对多余的直线段进行修剪。

③ 单击“默认”选项卡“修改”面板中的“圆角”按钮，对三角形绿地的东南方向的锐角进行圆角，圆角半径为5000，结果如图12-5所示。

（4）出入口设计应考虑周围居民进出方便，设计3个主要出入口，东侧为主出入口，其他为次出入口。

① 确定“出入口”的位置。将“轴线”图层设置为当前图层。单击“默认”选项卡“修改”面板中的“偏移”按钮，将园区的北侧边缘线向右侧进行偏移，偏移距离为83000，作为东侧出入口的中心轴线，选中偏移后的直线，单击“默认”选

项卡“图层”面板中的“图层特性”下拉列表框中的“轴线”图层，作为园区东侧出入口的中轴线。同理，将园区东边内侧人行道线向园区内侧进行偏移，偏移距离为75000，作为北侧出入口的中心轴线，选中偏移后的直线，单击“默认”选项卡“图层”面板中的“图层特性”下拉列表框中的“轴线”图层，作为园区北侧出入口的中轴线。

② 西侧出入口的定位。单击“默认”选项卡“绘图”面板中的“多段线”按钮，以园区西南角的内侧人行道角点作为第一角点，打开“极轴”命令，沿人行道方向输入直线段长度115000，作为南侧出入口的中心点，将“轴线”图层设置为当前图层，通过此点垂直斜边方向绘制轴线。结果如图12-6所示。

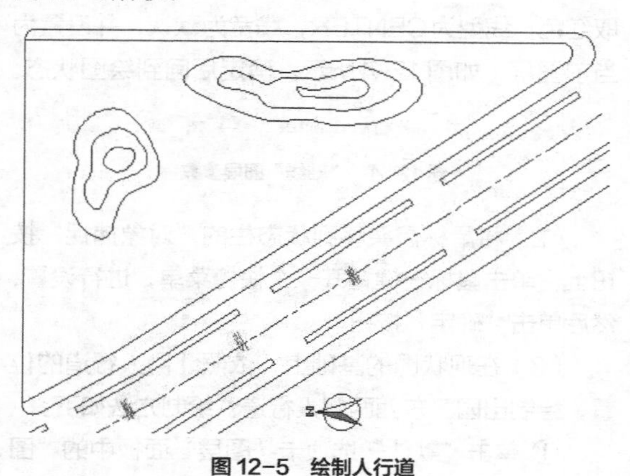

图12-5 绘制人行道

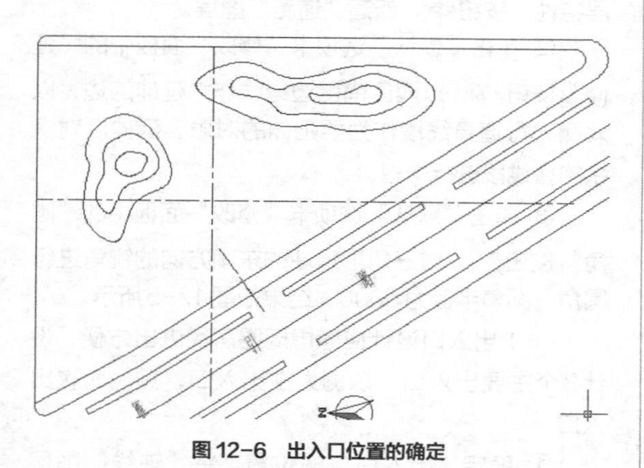

图12-6 出入口位置的确定

12.3.3 地形的设计

在地形设计时，将现状图中的地形进行整理，挖池堆山，将原有高地分成3个地形，北侧地形高约2.5m，东侧地形高3m有余，西侧地形高2.7m。

将现状园区内挖一水池，深度为1m左右。

STEP 绘制步骤

（1）建立“地形”图层，并将其设置为当前图层，单击“默认”选项卡“绘图”面板中的“样条曲线拟合”按钮，绘制地形的坡脚线，如图12-7所示。

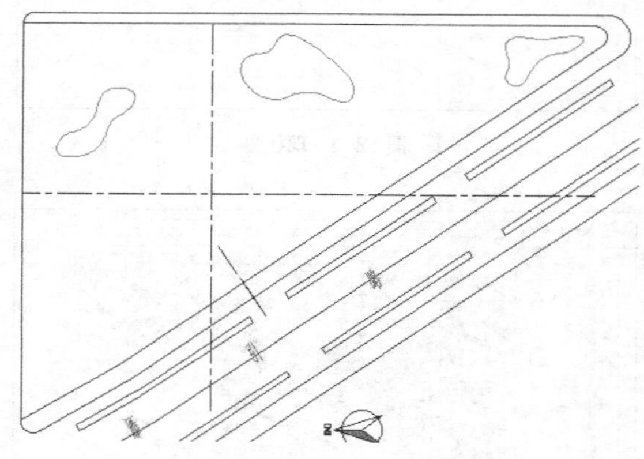

图12-7 地形设计1

（2）建立“水系”图层，并将其设置为当前图层。单击“默认”选项卡“绘图”面板中的“样条曲线拟合”按钮，绘制水系的驳岸线，如图12-8所示。

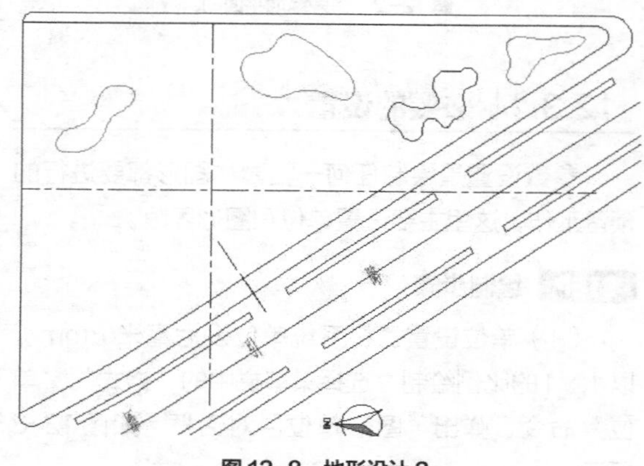

图12-8 地形设计2

（3）地形内部等高线的绘制和水系的处理。将“地形”图层设置为当前图层。

① 单击“默认”选项卡“绘图”面板中的“样条曲线拟合”按钮，沿地形坡脚线方向绘制地形内部的等高线。

② 单击“默认”选项卡“绘图”面板中的“圆弧”按钮，在水系最窄处绘制一桥。

③ 单击“默认”选项卡“绘图”面板中的“直线”按钮，在水系内部绘制长短不一的直线段，表示水系，或者利用样条曲线和图案填充命令绘制水系，结果如图12-9所示。

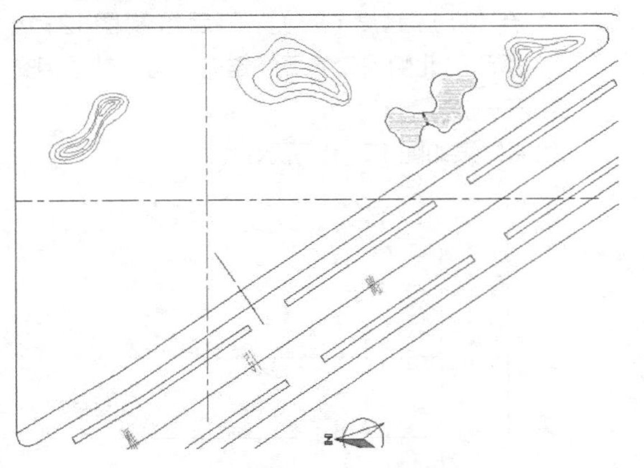

图12-9 地形设计3

12.3.4 道路系统

应用“偏移”命令确定出入口道路的边缘线，然后应用“圆”和“修剪”命令确定中心广场，最后应用“圆”“多段线”“矩形”“圆弧”“偏移”和“镜像”命令绘制多个出入口道路图形。

STEP 绘制步骤

（1）将“道路”图层设置为当前图层，将绘制好的轴线向两侧进行偏移，作为出入口道路的边缘线。单击“默认”选项卡“修改”面板中的“偏移”按钮，将东侧中轴线向两侧进行偏移，偏移距离为7500，选中偏移后的直线段，单击“默认”选项卡“图层”面板中的“图层特性”下拉列表框中的“道路”图层，这样该条直线就成为“道路”图层中的直线。同理，绘制出北侧出入口处的道路，其偏移距离为7000。将偏移后的直线段切换到道路图层中，结果如图12-10所示。

（2）中心广场的确定。单击“默认”选项卡“绘图”面板中的“圆”按钮，以东、北方向主出入口两条中轴线的交点为圆心，绘制半径为30000的圆，作为中心广场，结果如图12-11所示。

（3）单击“默认”选项卡“修改”面板中的“修剪”按钮，对多余的线条进行修剪，然后将“轴线”图层隐藏（将该图层的灯关掉），结果如图12-12所示。

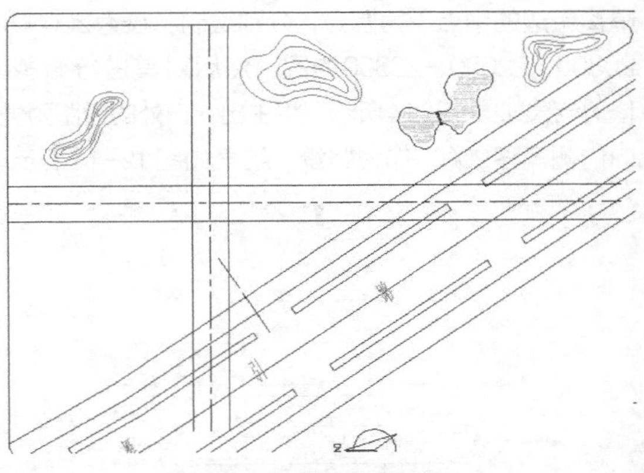

图12-10 修改线型后效果

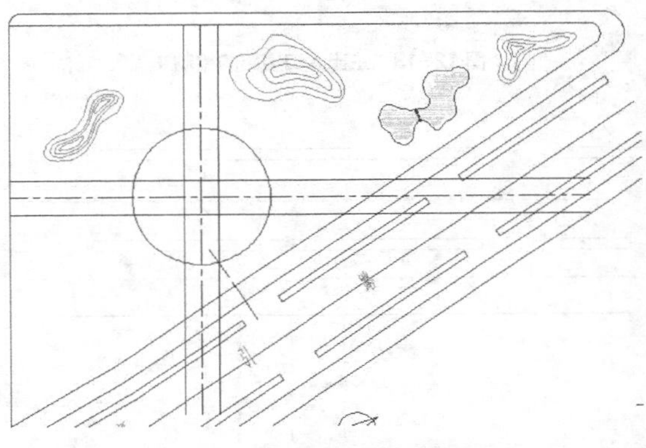

图12-11 中心广场的确定1

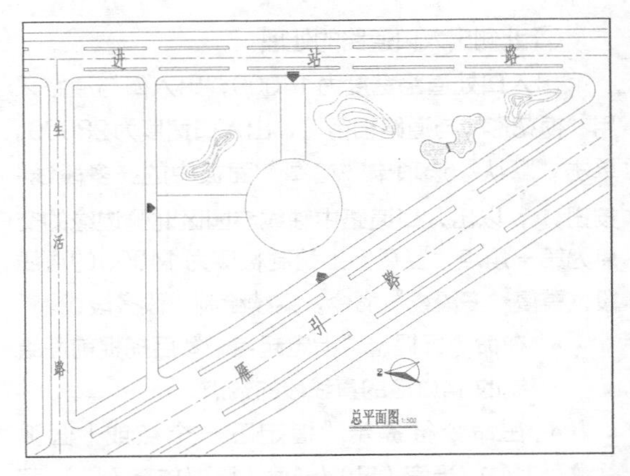

图12-12 中心广场的确定2

（4）出入口处的道路。建立“入口”图层，并将其设置为当前图层。

① 主出入口道路的处理。主出入口处道路前面已经绘制，宽度为15000，主出入口与道路采用半圆形相衔接。单击“默认”选项卡“绘图”面板中的“圆”按钮，以图12-13所示的点（即

隔离带边的中点）为圆心，分别绘制半径为20000、20300、22000、22300的圆。然后对其进行修剪，修剪结果如图12-14所示。将主出入口处的道路两侧向内侧偏移200，作为路缘，结果如图12-14所示。

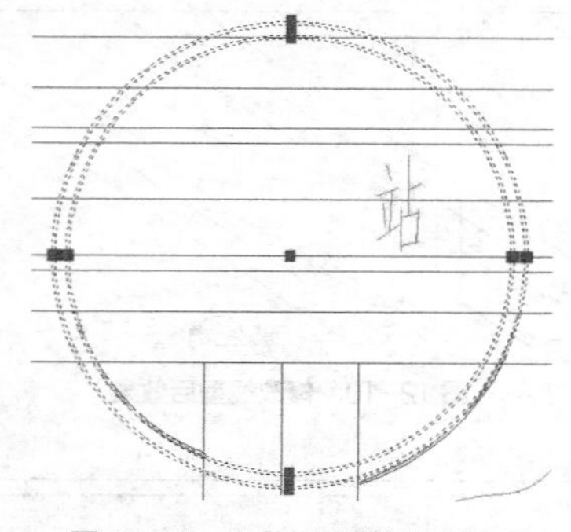

图12-13　主出入口道路的绘制1

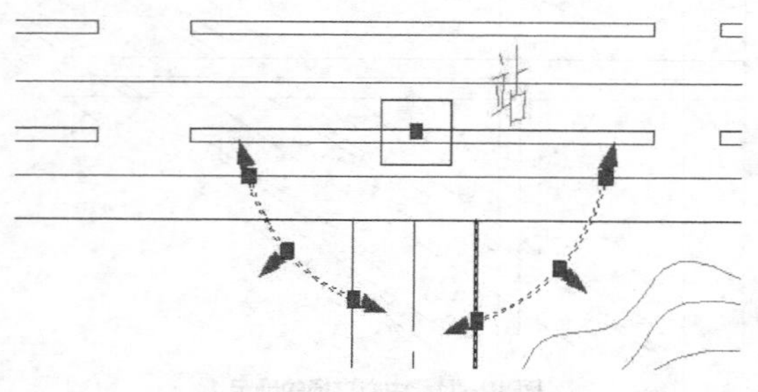

图12-14　主出入口道路的绘制2

② 北侧出入口道路的处理。

出入口处道路宽度为14000，出入口与道路采用“梅花形”与道路相衔接，出入口宽度为28000。单击“默认”选项卡“绘图”面板中的“多段线”按钮，以出入口道路中轴线与园区北侧边缘的交点为第一角点，竖直向上绘制长度为14000的直线段，重复“多段线”命令，继续绘制一段多段线。

- 在命令行提示“指定起点：”后捕捉前面绘制的14000的直线段的端点。
- 在命令行提示“指定下一个点或［圆弧（A）/半宽（H）/长度（L）/放弃（U）/宽度（W）]：”后输入“A”。
- 在命令行提示“指定圆弧的端点（按住Ctrl键以切换方向）或［角度（A）/圆心（CE）/方向（D）/半宽（H）/直线（L）/半径（R）/第二个点（S）/放弃（U）/宽度（W）]：”后绘制图12-14所示的北侧出入口的弧线走向。
- 在命令行提示“指定圆弧的端点（按住Ctrl键以切换方向）或［角度（A）/圆心（CE）/闭合（CL）/方向（D）/半宽（H）/直线（L）/半径（R）/第二个点（S）/放弃（U）/宽度（W）]：”后绘制图12-15所示的北侧入口的弧线走向，与中轴线相交于一点。

绘制结果如图12-15所示。

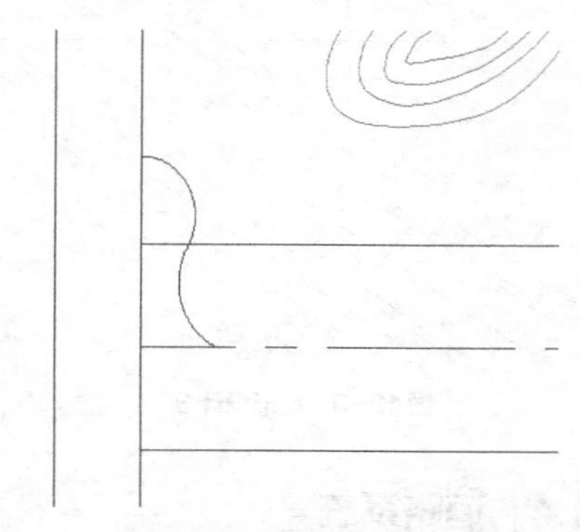

图12-15　主出入口道路的绘制3

对圆弧顶点进行调整，如图12-16所示的北侧出入口处的弧线。单击“默认”选项卡“修改”面板中的“偏移”按钮，将其向外侧进行偏移，偏移距离为150，作为出入口边缘来处理。然后将两条弧线选中，单击“默认”选项卡“修改”面板中的“镜像”按钮，镜像轴线选择中轴线，镜像结果如图12-16所示。

将主出入口处的道路两侧向内侧偏移2000，作为种植带，结果如图12-16所示的北侧出入口道路。

③ 西侧出入口道路的处理。

为和整体风格相一致，西侧处理成一半圆形出入口。单击“默认”选项卡“绘图”面板中的“圆”按钮，以中轴线与南侧园区内侧人行道的交点为圆心，绘制半径为15000的圆，然后对其进行修剪，结果如图12-16所示的南侧入口。入口与园区市政道路的衔接用“圆弧”命令来处理，结果如图12-16所示。

④ 停车场的处理。建立一个新图层，命名为“停车场”，并将其设置为当前图层，确定后回到绘图状态。单击“默认”选项卡“绘图”面板中的“矩形”按钮，以园区东北角人行道内侧的交点为第一角点，在命令行中输入（@62500，-18000），结果如图12-16所示的停车场外轮廓。

（5）其他出入口的处理。考虑园区西侧人流比较分散，因此再增设两个次出入口。单击“默认”选项卡“绘图”面板中的“圆弧”按钮，绘制西侧的弧形出入口。单击“默认”选项卡“修改”面板中的“偏移”按钮，将绘制好的圆弧向外侧进行偏移，偏移距离为300，作为广场的边缘来处理，结果如图12-16所示。

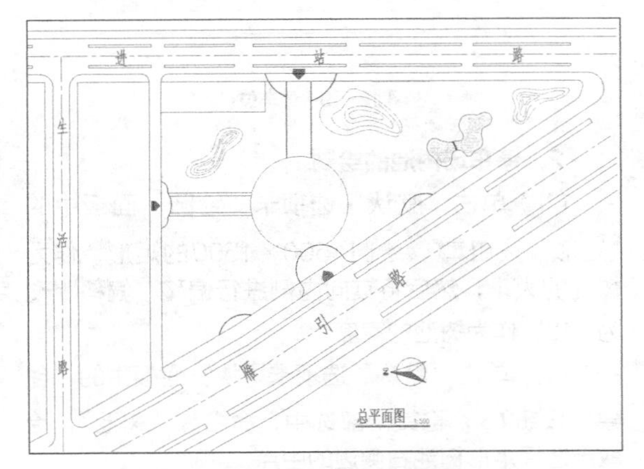

图 12-16 出入口道路的绘制

12.3.5 详细设计

利用二维绘图和修改命令详细绘制道路、广场和水系图形。

STEP 绘制步骤

1. 道路、广场的详细绘制

（1）中心广场的处理：将“道路”图层设置为当前图层。

① 单击“默认”选项卡“修改”面板中的“偏移”按钮，将广场圆向外侧偏移，偏移距离为2000，再以偏移后的圆为偏移对象，向外侧偏移300，然后对其进行修剪，只留上半圆，作为中心广场的边缘来处理。

② 将前面绘制的半圆向外侧进行偏移，偏移距离为16000，作为种植池，再将偏移后的圆弧向外侧进行偏移，偏移距离为300，对其进行修剪，作为种植池的边缘来处理，结果如图12-17所示的中心广场。

（2）从中心广场通向东南角的斜向道路的宽度设计为4m。

① 单击“默认”选项卡“绘图”面板中的“直线”按钮，以中心圆广场的圆心为第一角点，打开“极轴”命令（单击“状态栏”上的“极轴追踪”右侧的“小三角”按钮，在弹出的快捷菜单中选择“正在追踪设置”命令，打开“草图设置”对话框，在“极轴追踪”选项卡中设置“增量角”为30°），沿园区斜边30°方向绘制直线与园区东侧内侧人行道相交。

② 单击“默认”选项卡“修改”面板中的“偏移”按钮，分别将其向上侧和下侧进行偏移，偏移距离为2000，然后对偏移后的直线向内侧进行偏移，偏移距离为300，作为路缘。

③ 单击“默认”选项卡“修改”面板中的“修剪”按钮，对多余的线条进行修剪，结果如图12-17所示。

（3）中心广场通往南侧靠南的圆弧形入口的道路的宽度设计为2500。

① 单击“默认”选项卡“绘图”面板中的“直线”按钮，以中心圆广场的圆心为第一角点，沿水平方向绘制直线与入口弧线相交。

② 单击“默认”选项卡“修改”面板中的“偏移”按钮，将其向上侧和下侧进行偏移，偏移距离为1250，然后将偏移后的直线段分别向内侧进行偏移，偏移距离为300，作为路缘。

③ 单击“默认”选项卡“修改”面板中的“修剪”按钮，对多余的线条进行修剪，结果如图12-17所示。

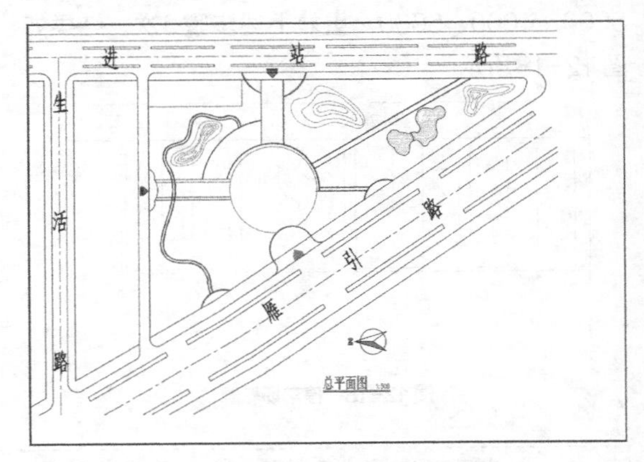

图 12-17 道路、广场的详细绘制

2. 水系的详细绘制

水系的边缘在整理地形水系时已经绘制。单击“默认”选项卡“绘图”面板中的“样条曲线拟合”

按钮，大致沿水系范围走向绘制水系的形状，此样条曲线与水系范围界限之间的区域就作为人们行走的区域。将绘制好的样条曲线向内侧进行偏移，偏移距离为250，作为常水位线；然后以偏移后的样条曲线为要偏移的对象，向内侧偏移80，作为装饰线。结果如图12-17所示的水系。

12.3.6 景点的规划设计

利用二维绘图和修改命令，对停车场、树池、道路、广场、公厕、凉亭、假石山以及建筑等图形进行规划设计。

STEP 绘制步骤

1. 停车场的绘制

（1）单击“默认”选项卡“修改”面板中的“分解”按钮，将前面绘制的矩形停车场边框分解。然后单击“默认”选项卡“修改”面板中的“偏移”按钮，将停车场南侧的边和西侧的边向外侧偏移，偏移距离为500，作为停车场的边缘来处理。然后整理图形，最后进行内部停车位的详细绘制。

（2）单击“默认”选项卡“修改”面板中的“偏移”按钮，将矩形停车场最北侧的边依次向右侧进行偏移，每次偏移均以偏移后的直线段为要偏移的对象，偏移距离为2000、5000、4000、5000，然后重复“偏移”命令，偏移距离为1500、5000、4000、5000。重复上述步骤3次，结果如图12-18所示。

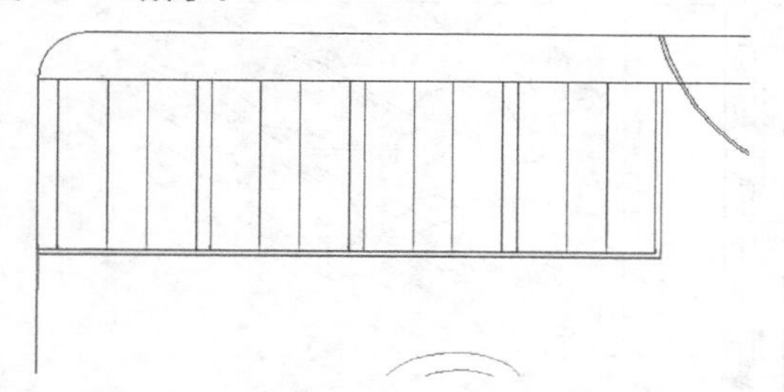

图12-18 停车场轮廓

> 提示：也可以选择“复制”命令，将重复出现的直线段（偏移后的1500、5000、4000、5000直线段）同时选择进行复制。

（3）停车位的绘制。单击“默认”选项卡“修改”面板中的“偏移”按钮，以矩形停车场的东侧边缘直线为要偏移的对象，将其向下侧进行偏移，偏移距离为3000，重复上述步骤4次，将多余的线条修剪、删除后的效果如图12-19所示。

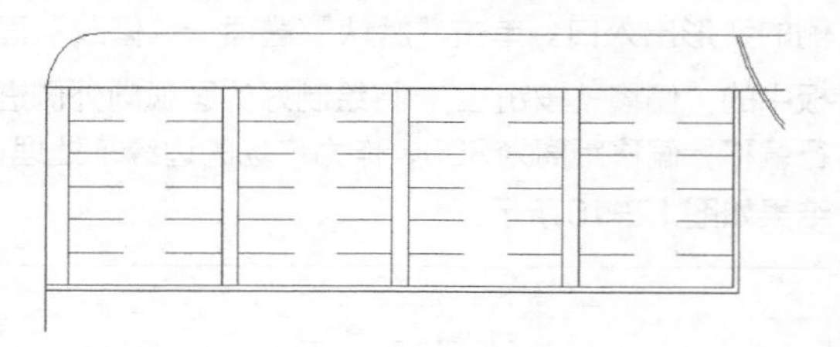

图12-19 停车位

2. 停车场树池的绘制

（1）单击“默认”选项卡“绘图”面板中的“矩形”按钮，绘制1500×1500的矩形，作为树池的大小，然后将其向内侧进行偏移，偏移距离为240，作为树池的宽度。

（2）单击“默认”选项卡“块”面板中的“创建”按钮，将其全部选中，命名为“树池”，拾取点选择矩形树池右侧边的中点。

（3）单击“默认”选项卡“块”面板中的“插入”按钮，选择车位之间的分界线的左端点，插入合适的位置，如图12-20所示。

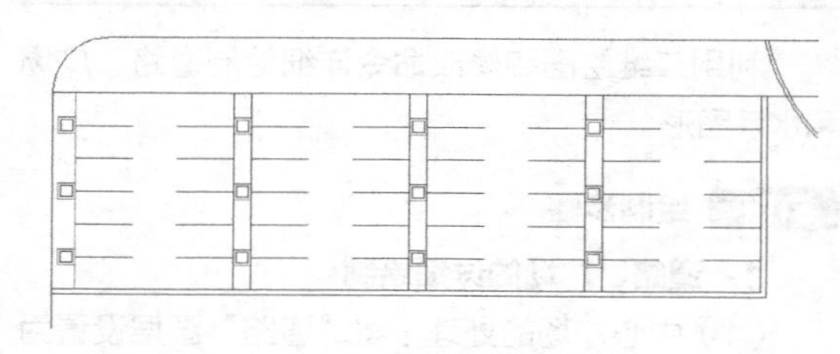

图12-20 停车场树池

3. 园区内曲线道路的绘制

考虑园区内道路的通畅，在园区内设计一条曲线型道路，道路宽度设计为2000。单击“默认”选项卡“绘图”面板中的“样条曲线拟合”按钮，沿图12-21所示方向绘制道路的一侧边缘，再将其向另一侧进行偏移，偏移距离为2000。再将道路的两侧边缘分别向内侧进行偏移，偏移距离为250，修剪多余的线条，结果如图12-21所示。

4. 西北角圆形广场的绘制

（1）单击“默认”选项卡“绘图”面板中的“圆”按钮，绘制一半径为11162的圆，然后将其向内侧偏移，偏移距离分别为272、1126和167，作为圆广场的边缘来处理。

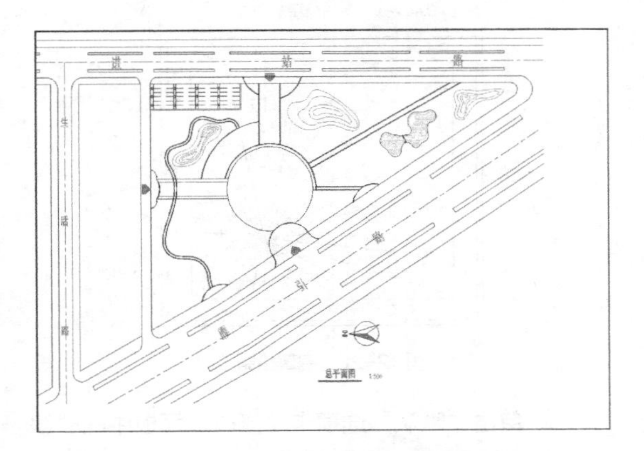

图 12-21　绘制曲线道路

（2）单击“默认”选项卡“修改”面板中的“移动”按钮，将其移动到合适的位置并修剪整理。弧形花架的画法在此不做过多介绍。

（3）单击“默认”选项卡“块”面板中的“插入”按钮，将花架插入圆形广场中相应位置，结果如图 12-22 所示。

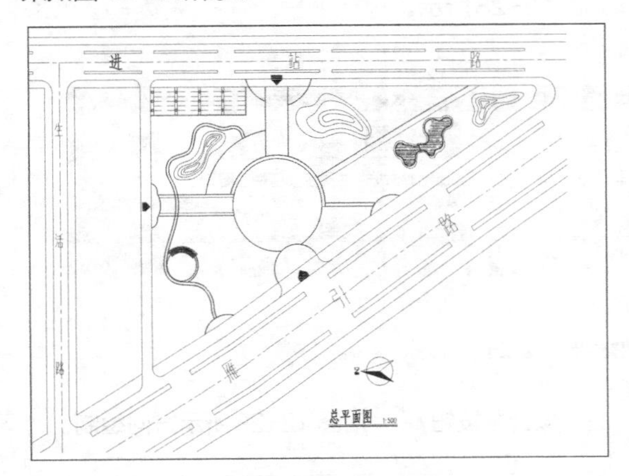

图 12-22　插入花架

5. 中心广场西北方向的建筑——公厕的绘制

（1）建立一个新图层，命名为“建筑”，并将其设置为当前图层，确定后回到绘图状态。

（2）单击“默认”选项卡“绘图”面板中的“矩形”按钮，绘制公厕，其画法在此不做过多介绍。

（3）单击“默认”选项卡“块”面板中的“插入”按钮，将此建筑插入到图中合适位置。

（4）将“道路”图层设置为当前图层，然后单击“默认”选项卡“绘图”面板中的“圆”按钮和“矩形”按钮，绘制大小合适的圆和矩形（即道路的铺装）。

（5）单击“默认”选项卡“修改”面板中的“移动”按钮，移动到合适位置，使厕所和园区道路相连接，如图 12-23 所示。

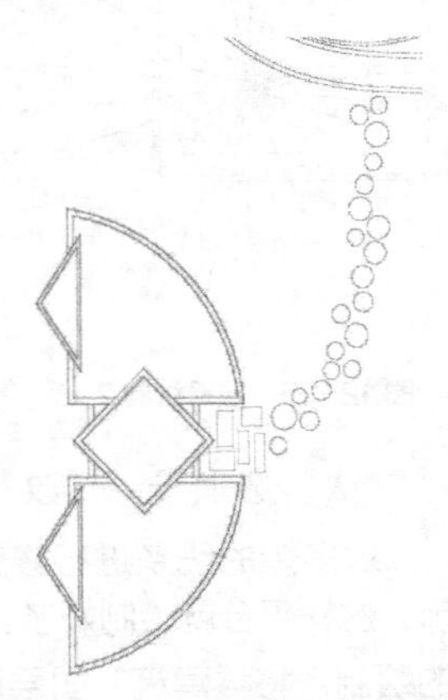

图 12-23　道路、建筑、公厕绘制

6. 中心广场西北方向的建筑及凉亭的绘制

（1）建立一个新图层，命名为“广场”，并将其设置为当前图层，单击“默认”选项卡“绘图”面板中的“矩形”按钮，绘制 9000 × 9000 的矩形，作为平台的轮廓线。

（2）单击“默认”选项卡“修改”面板中的“偏移”按钮，将其向内侧进行偏移，偏移距离为 160，然后以偏移后的矩形为要偏移的对象，向内侧偏移，偏移距离为 660，作为平台的边缘来处理。

（3）在偏移后的矩形内部绘制一条直线段，如图 12-24 所示。

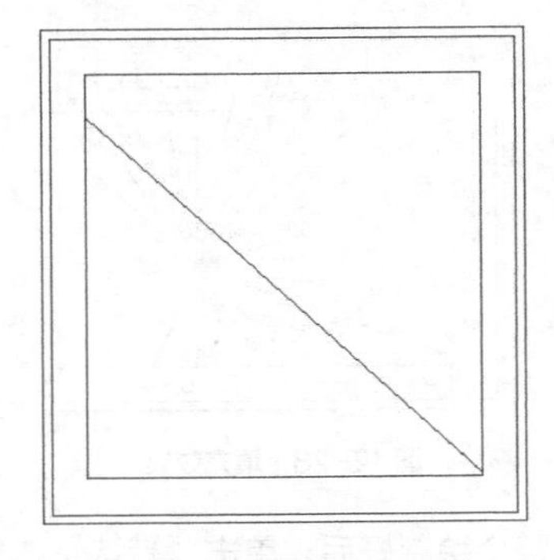

图 12-24　建筑绘制 1

（4）单击“默认”选项卡“修改”面板中的“环形阵列”按钮，将步骤（2）绘制的直线进行阵列。中心点的选择为直线的 1/4 处，阵列项目数为30。阵列结果如图12-25所示。

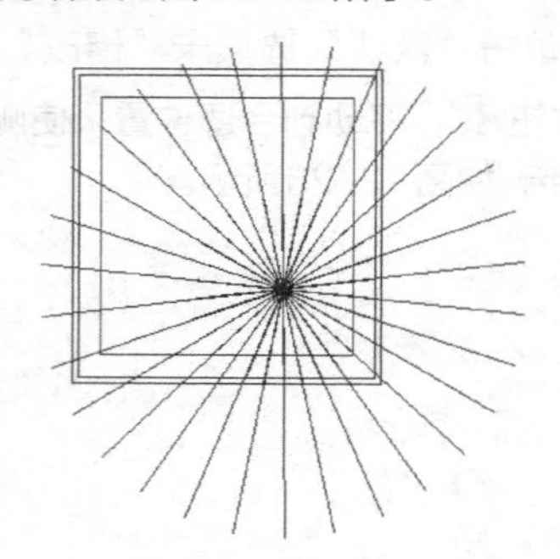

图12-25 建筑绘制2

（5）单击“默认”选项卡“修改”面板中的“修剪”按钮，对多余的线条进行修剪，修剪后如图12-26所示，这样平台就绘制好了。

（6）凉亭的绘制。将“建筑”图层设置为当前图层。

① 单击“默认”选项卡“绘图”面板中的“矩形”按钮，以矩形平台的最外侧右上角点为第一角点，在命令行输入（@-3400，-3400）。

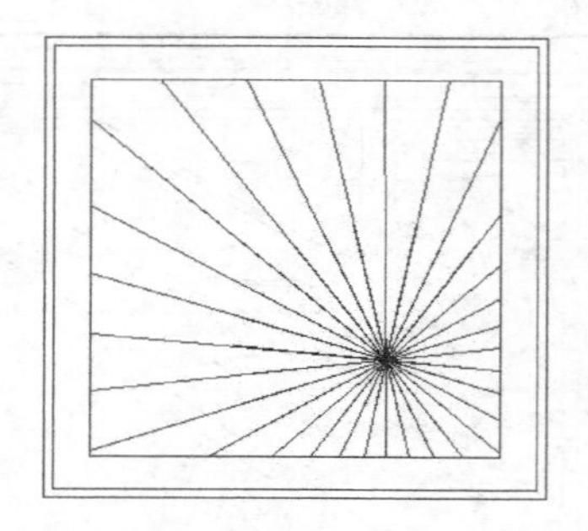

图12-26 建筑绘制3

② 单击“默认”选项卡“修改”面板中的“偏移”按钮，将其向内侧进行偏移，偏移距离为160。

③ 单击“默认”选项卡“修改”面板中的“修剪”按钮，修剪掉多余的直线段。

④ 单击“默认”选项卡“绘图”面板中的“图案填充”按钮，打开“图案填充创建”选项卡，如图12-27所示，对其内部进行填充，填充后结果如图12-28所示。

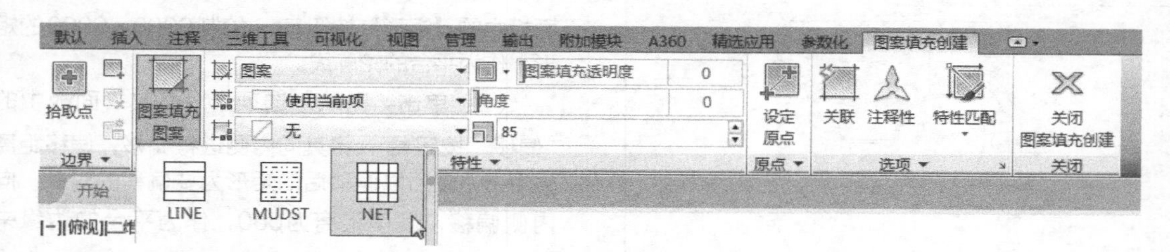

图12-27 “图案填充创建”选项卡

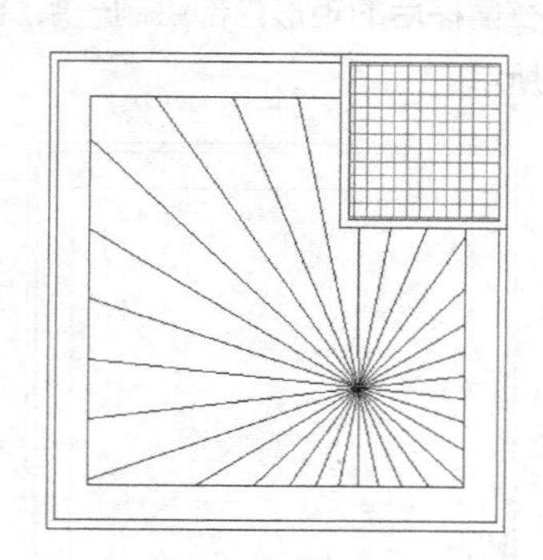

图12-28 填充效果

（7）整个绘制好后，单击“默认”选项卡“修改”面板中的“旋转”按钮，将其进行旋转至图12-29所示方向。

7．广场东南方向曲线型步道的绘制

单击“默认”选项卡“绘图”面板中的“样条曲线拟合”按钮，沿图12-29所示方向绘制。

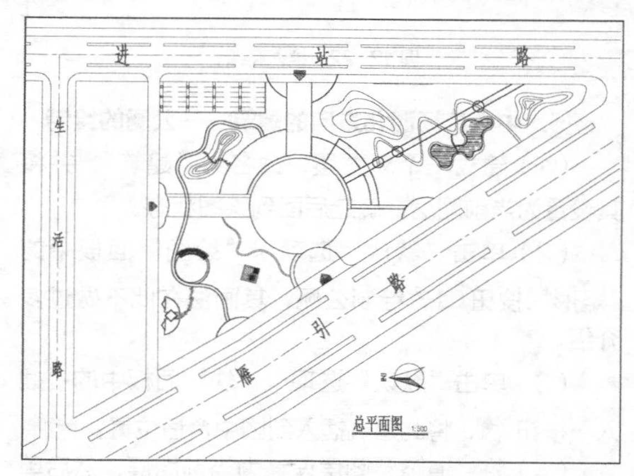

图12-29 景点绘制完毕并移到相应位置

其他景点绘制不再做过多阐述，方法参照前面几章。

最后结果如图 12-29 所示。

8. 凉亭周边假石山的绘制

建立“石山”图层，并将其设置为当前图层。单击“默认”选项卡“绘图”面板中的“多段线”按钮，绘制图 12-30 所示的假石山边缘与石。

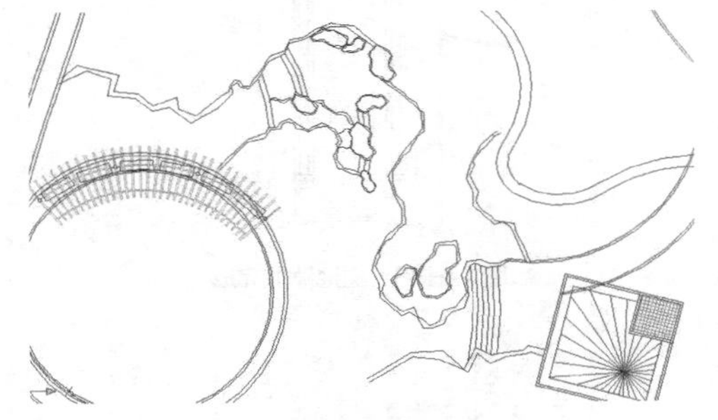

图 12-30 假石山

其他如台阶等的绘制方法不再做详细介绍。

9. 园区南侧新增加一条东西方向的道路

东侧出入口宽度为 36000，西侧宽度为 5000。东侧出入口的北侧边缘与主出入口南侧边缘和内侧人行道的交点之间的距离为 22000。

（1）单击“默认”选项卡“绘图”面板中的“直线”按钮，以上述交点为第一角点，水平向右绘制长度为 22000 的直线，确定出入口北侧边缘点。

（2）单击“默认”选项卡“绘图”面板中的“圆弧”按钮，绘制图 12-31 所示的弧线，与西侧入口相交，然后用“直线”命令找到出入口的南侧边缘。

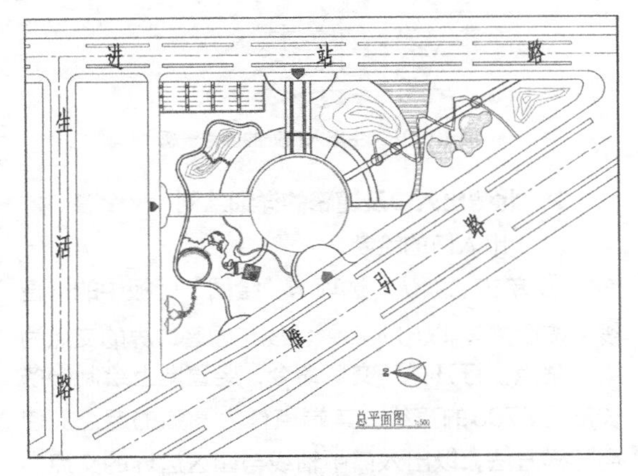

图 12-31 绿地规划平面图

（3）单击“默认”选项卡“绘图”面板中的“直线”按钮，绘制一条直线段，并将弧线和直线段分别向内侧偏移 200，作为路缘。然后对其内部进行填充，结果如图 12-31 所示。

12.3.7 景点细部的绘制

应用“直线”“圆弧”“样条曲线拟合”“圆”“图案填充”“修剪”“偏移”“延伸”“镜像”“圆角”和“矩形阵列”等命令细化出入口道路、广场、灯柱、中心广场及周围花池、广场内休息场地、中心广场西北方向花架广场、水系和凉亭等景点。

STEP 绘制步骤

1. 主出入口道路、广场的详细绘制

（1）单击“默认”选项卡“修改”面板中的“偏移”按钮，将主出入口左边的内侧路缘线（如图 12-32 所示）向右侧偏移，偏移距离依次为 2800、400、700、400，每次偏移总是以偏移后的直线段作为要偏移的对象。同理，将主出入口右边的内侧路缘线向左侧偏移，偏移距离依次为 2800、400、700、400，结果如图 12-33 所示。

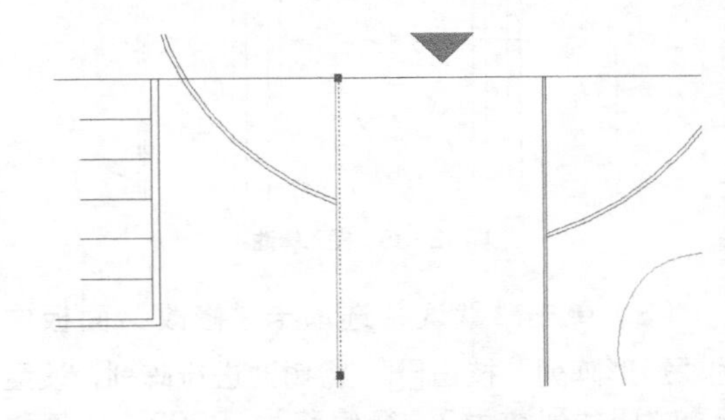

图 12-32 主出入口道路绘制 1

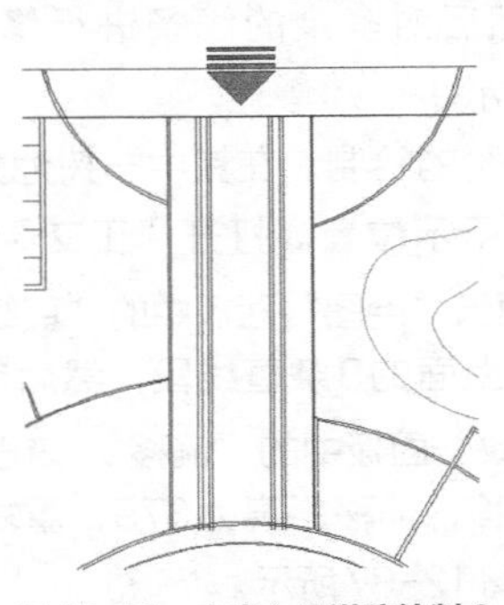

图 12-33 主出入口道路绘制 2

（2）树池位置的确定。由于前面创建过“树池”块，因此直接使用“插入块”命令即可，首先是位置的确定，还要考虑“树池”块的拾取点为树池右侧边的中点。单击“默认”选项卡“绘图”面板中的“直线”按钮，以图12-34所示直线段上端点为第一角点，竖直向下绘制长为6900的直线段，然后以直线段的末端点为插入点，插入“树池”块，结果如图12-35所示。

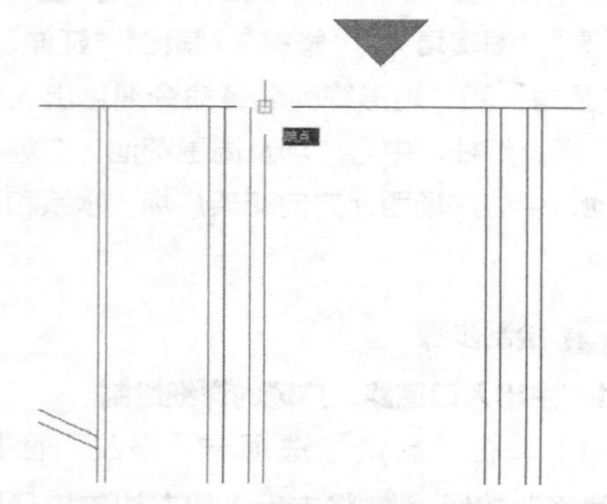

图12-34 绘制直线确定树池位置

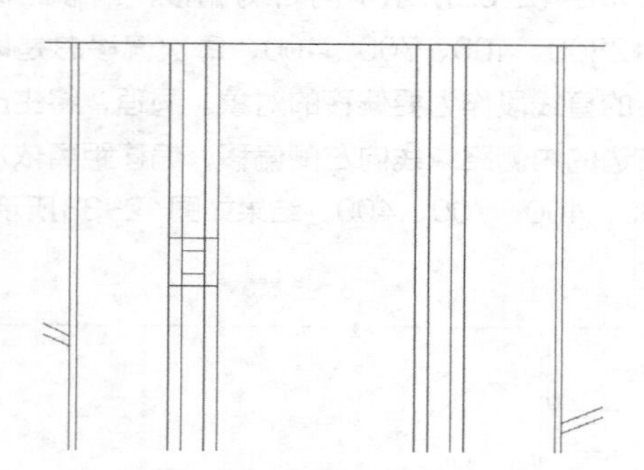

图12-35 插入树池

（3）单击“默认”选项卡“修改”面板中的“矩形阵列”按钮，将树池进行阵列，设置行数为5，列数为2，行偏移为-8000，列偏移为7500。然后对多余的线条进行修剪，结果如图12-36所示。

（4）台阶的绘制。在其中一树池处绘制台阶，如图12-37所示位置。打开“正交”命令，单击“默认”选项卡“绘图”面板中的“直线”按钮，分别绘制最上面的3条直线段，然后单击“默认”选项卡“修改”面板中的“偏移”按钮，将其向下侧进行偏移，偏移距离为375，重复上述命令3次，结果如图12-37所示。

同理，绘制下面的台阶，结果如图12-38所示。

这样，主出入口处的道路景观就做好了。

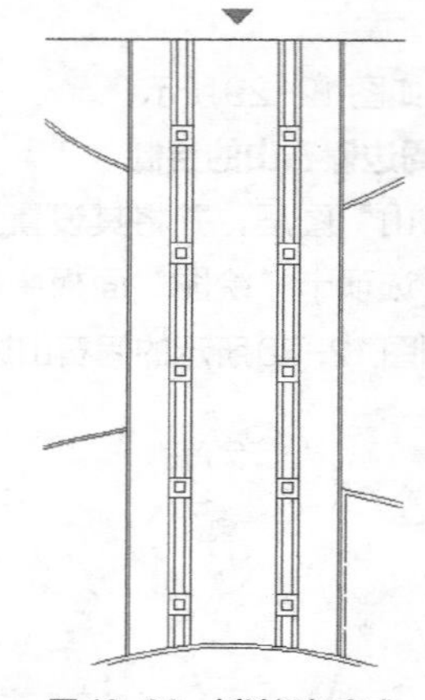

图12-36 树池添加完成

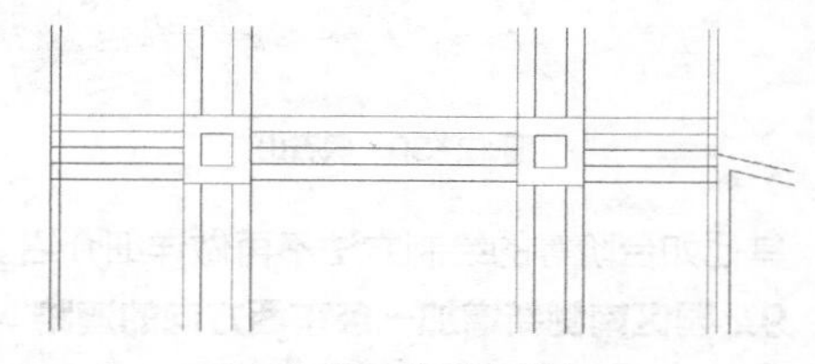

图12-37 台阶的绘制

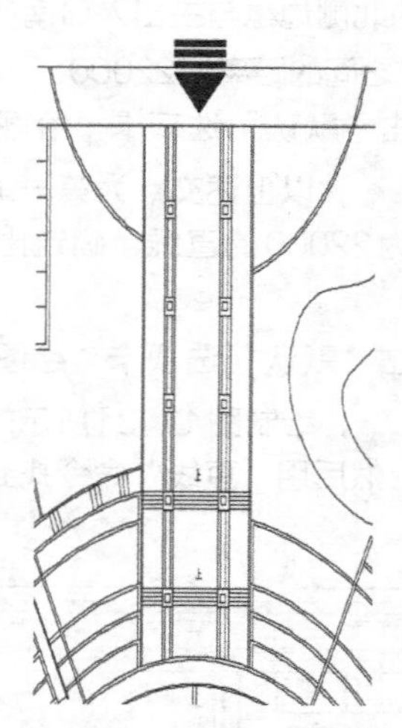

图12-38 主出入口处的道路景观

2. 北侧出入口及道路的详细绘制

（1）出入口的绘制。

① 单击“默认”选项卡“绘图”面板中的“直线”按钮，以出入口中轴线与园区边界的交点为第一角点，打开“正交”命令，竖直向上绘制一条长度为8700的直线，其端点作为圆弧的起点。使用同样方法，以出入口中轴线与园区边界的交点为第一角点，竖直向下绘制一条长度为8700的直线，其端点作为圆弧的终点。同样方法，以出入口中轴

线与园区边界的交点为第一角点，水平向右绘制一条长度为2900的直线，其端点作为圆弧的第二点。单击“默认”选项卡“绘图”面板中的“圆弧”按钮，以上述端点为起点、第二点和终点绘制圆弧，结果如图12-39所示。

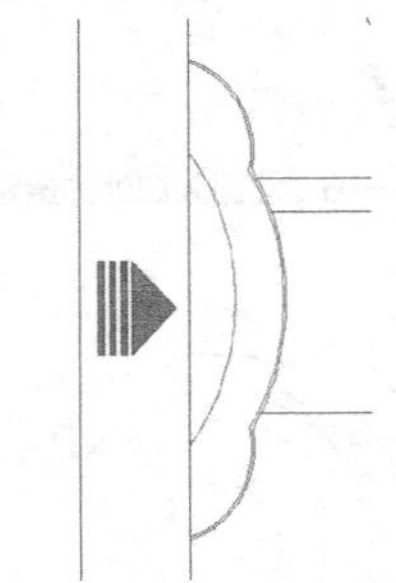

图12-39 北侧出入口图案轮廓

② 单击“默认”选项卡“修改”面板中的“偏移”按钮，将圆弧向右侧偏移1700，单击“默认”选项卡“修改”面板中的“延伸”按钮，将偏移后的圆弧延伸至园区边界。然后调整出入口初绘时最外侧轮廓线的圆弧顶点，使其美观。单击“默认”选项卡“绘图”面板中的“样条曲线拟合”按钮，按图12-40所示绘制弧之间的波浪式纹理。绘制一半，结果如图12-40所示。

③ 单击“默认”选项卡“修改”面板中的“偏移”按钮，将绘制好的样条曲线向右侧进行偏移，偏移距离为160。然后将两条样条曲线选中，单击“默认”选项卡“修改”面板中的“镜像”按钮，进行镜像，结果如图12-41所示。然后单击“默认”选项卡“修改”面板中的“圆角”按钮，将镜像后的波浪式样条曲线交界处进行圆角，圆角半径分别设为200和35，结果如图12-41所示。

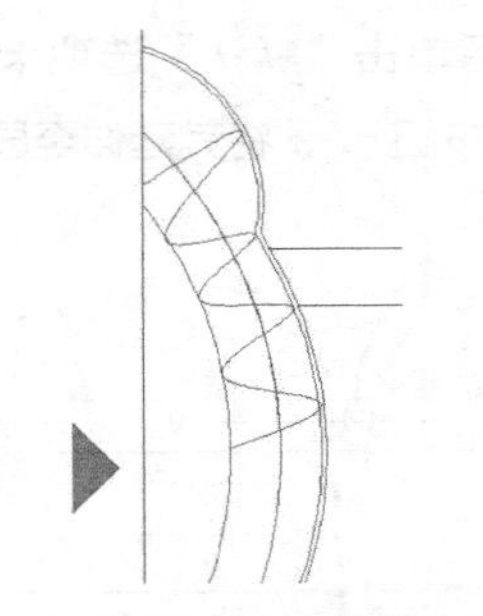

图12-40 北侧出入口图案1

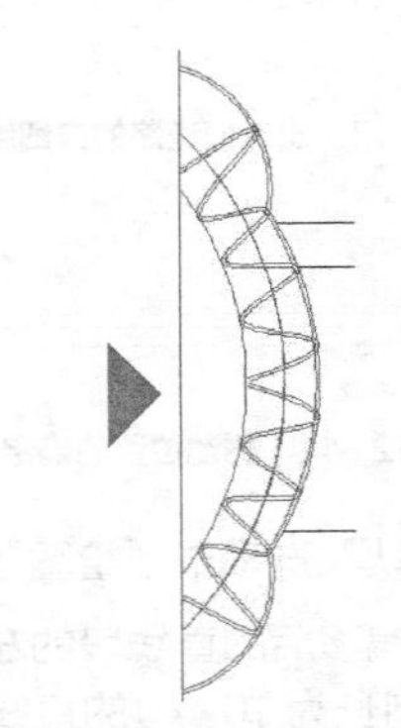

图12-41 北侧出入口图案2

④ 单击“默认”选项卡“绘图”面板中的“图案填充”按钮，打开“图案填充创建”选项卡，对最内侧圆弧内进行填充，设置如图12-42所示。

（2）出入口道路的详细绘制。

① 单击“默认”选项卡“修改”面板中的“偏移”按钮，将出入口道路上边的外侧路缘线按图12-43所示向下侧偏移，偏移距离为300，重复“偏移”命令，将出入口下边的外侧路缘线向上侧偏移，偏移距离为300，作为路缘线。

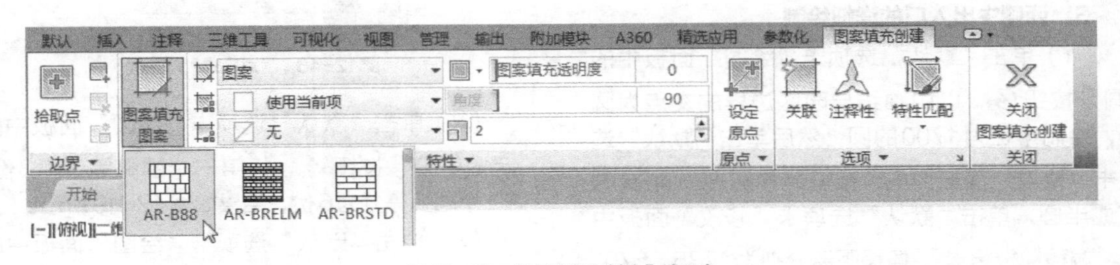

图12-42 “图案填充创建”选项卡

② 考虑前面创建过的“树池”块的拾取点为树池右侧边的中点。单击“默认”选项卡“修改”面板中的“偏移”按钮，将出入口道路上边的外侧路缘线按图12-43所示向下侧偏移，偏移距离

为1000，然后单击“默认”选项卡“修改”面板中的“延伸”按钮，将其延伸至园区北边界，如图12-44所示。

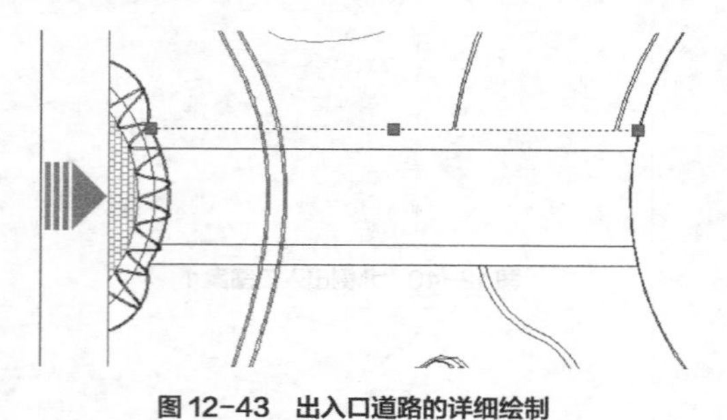

图12-43 出入口道路的详细绘制

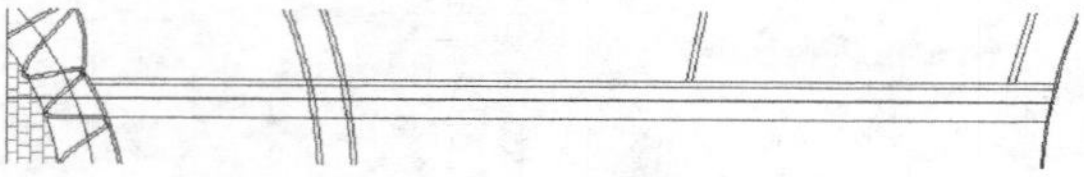

图12-44 树池位置的确定

③ 单击“默认”选项卡“绘图”面板中的“直线”按钮，以偏移后的直线段的左端点为第一角点，水平向右绘制长为10270的直线段，然后以直线段的末端点为插入点，插入“树池”块并调整缩放比例，结果如图12-45所示。

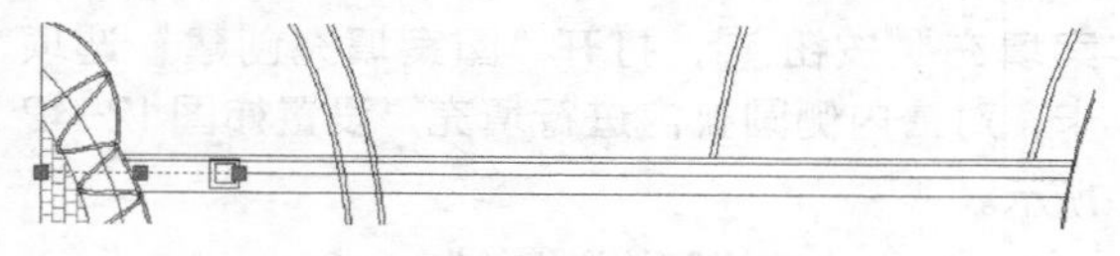

图12-45 插入树池

④ 单击“默认”选项卡“修改”面板中的“矩形阵列”按钮，将树池进行阵列，设置行数为4，列数为9，行偏移为-4000，列偏移为5000，然后对多余的线条进行修剪、删除，结果如图12-46所示。

3. 西侧主出入口的详细绘制

（1）单击“默认”选项卡“绘图”面板中的“圆”按钮，以中轴线与园区边界的交点为圆心，绘制半径为1700的圆，然后单击“默认”选项卡“修改”面板中的“修剪”按钮，将其修剪成半圆，单击“默认”选项卡“修改”面板中的“偏移”按钮，偏移距离分别为1735、570、80、2740、1150、60、1640、120、780、80、1500、40，作为绘制图案的辅助圆弧，如图12-47所示。

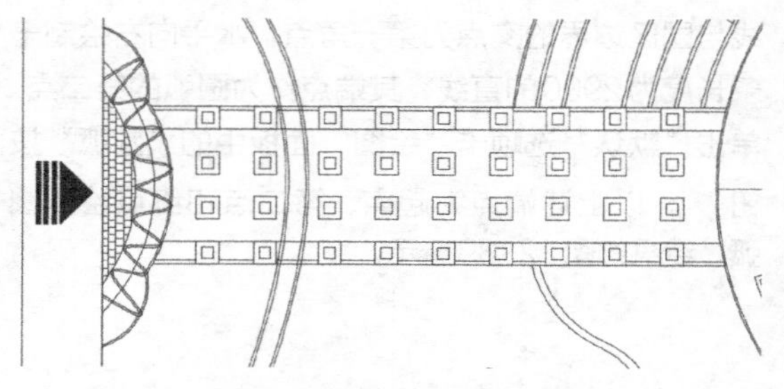

图12-46 北出入口处的道路景观

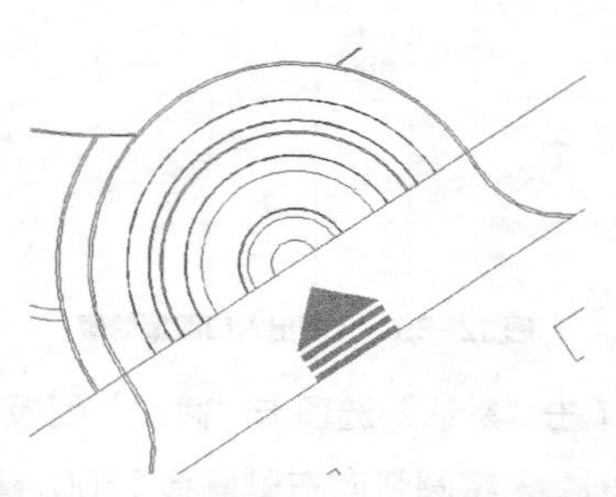

图12-47 西侧主出入口广场图案

（2）绘制从内侧到外侧的第一个圆弧和第二个圆弧之间的图案。单击“默认”选项卡“实用工具”面板中的“点样式”按钮，弹出“点样式”对话框，设置如图12-48所示。

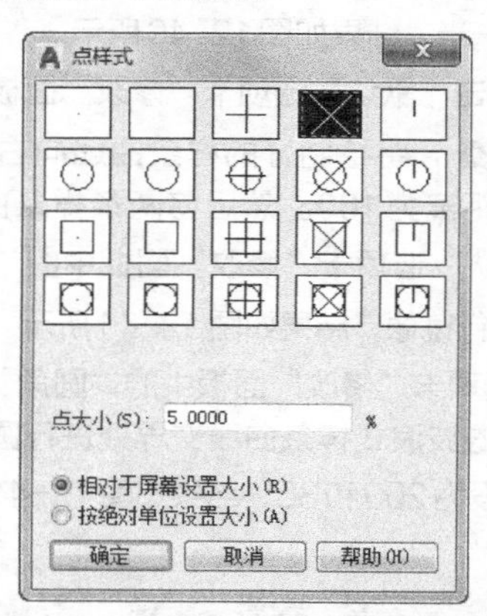

图12-48 “点样式”对话框

（3）单击“默认”选项卡“绘图”面板中的“定数等分”按钮，将第一个圆弧等分为3份，第二个圆弧等分为6份，结果如图12-49所示。

（4）单击“默认”选项卡“绘图”面板中的“圆弧”按钮，绘制图12-50所示圆弧，每个花瓣绘制一半后，另一半花瓣的绘制可用“镜像”命令完成，镜像轴选择第二个圆弧上的点与圆心的连线，如图12-50所示。

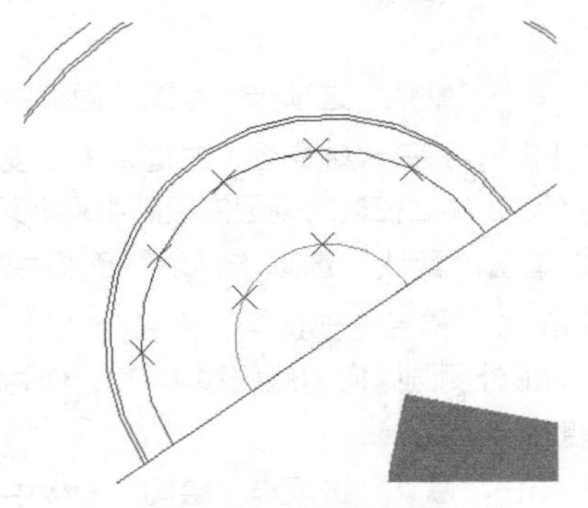

图12-49 定数等分结果

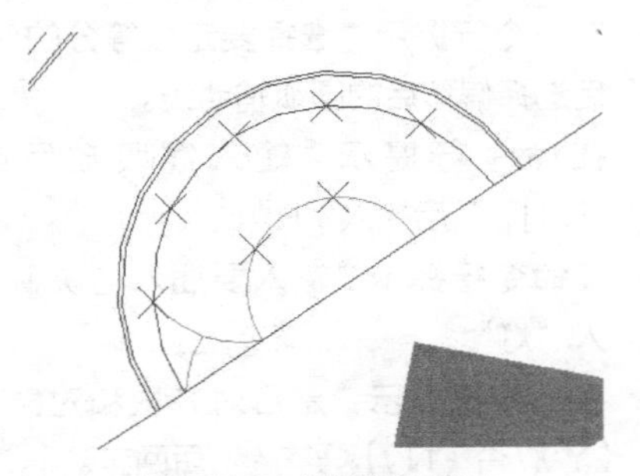

图12-50 绘制花瓣图案1

（5）将左侧一半绘制好后，将其全部选中，如图12-51所示，镜像结果如图12-52所示。

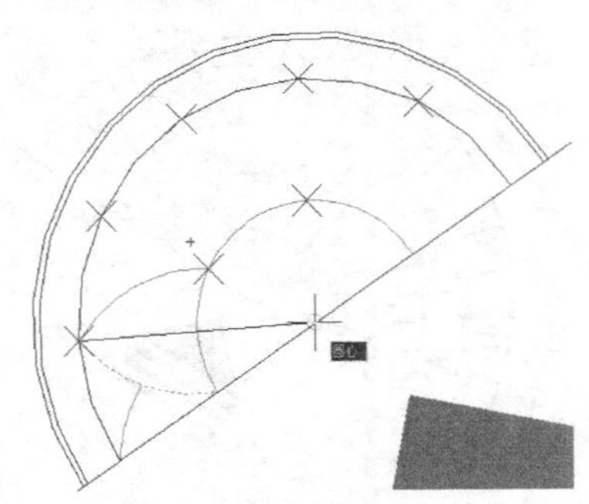

图12-51 绘制花瓣图案2

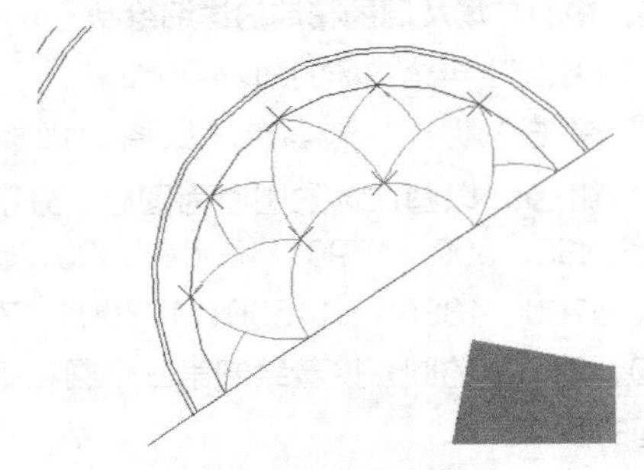

图12-52 镜像另一半图案

（6）第二个圆弧与第五个圆弧之间的图案的绘制。分析整个图案的构成，可首先绘制第二个圆弧与第五个圆弧之间的图案，因为其为一个整体，如图12-53所示。

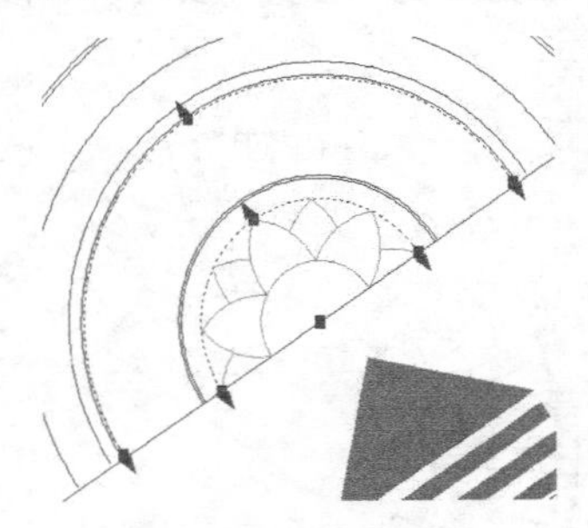

图12-53 选择两个圆弧

（7）单击“默认”选项卡“绘图”面板中的“定数等分”按钮，选择第五个圆弧，输入线段数目为36，重复“定数等分”命令，选择第二个圆弧，输入线段数目为18，单击“默认”选项卡“修改”面板中的“偏移”按钮，将第五个圆弧向外分别偏移60、416和1129并整理图形，结果如图12-54所示。

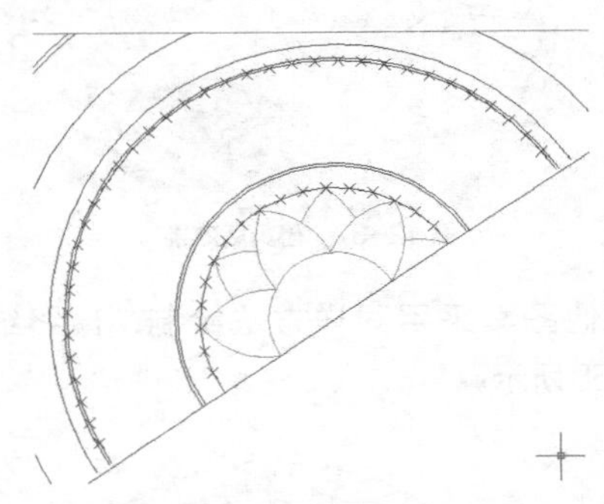

图12-54 将两个圆弧定数等分

（8）绘制一个图案，如图12-55所示。

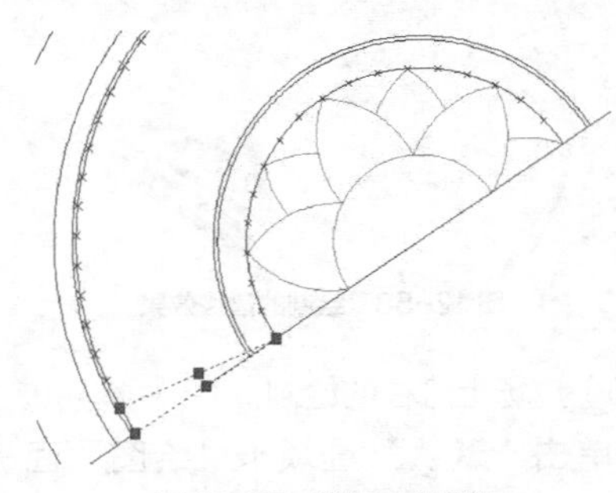

图12-55 绘制一个图案

（9）单击“默认”选项卡“修改”面板中的“环形阵列”按钮，将图12-55所示的选中图形进行阵列，选择圆弧的圆心为阵列中心点，设置项目数为19，如图12-56所示。单击“默认”选项卡“修改”面板中的“修剪”按钮，修剪后如图12-57所示。

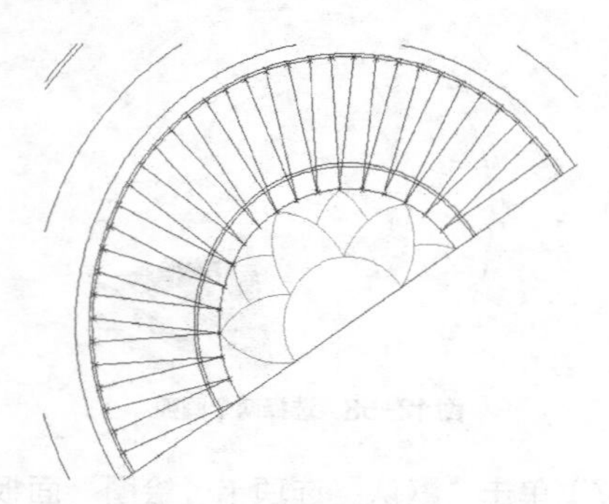

图12-56 阵列后效果

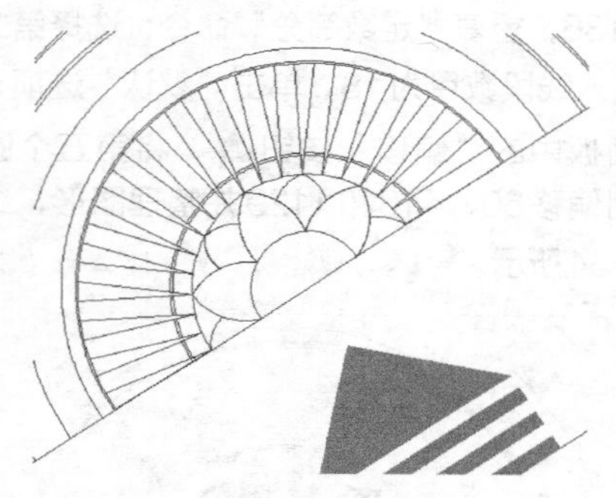

图12-57 修剪后效果

其他图案采用同样方法绘制，最终结果如图12-58所示。

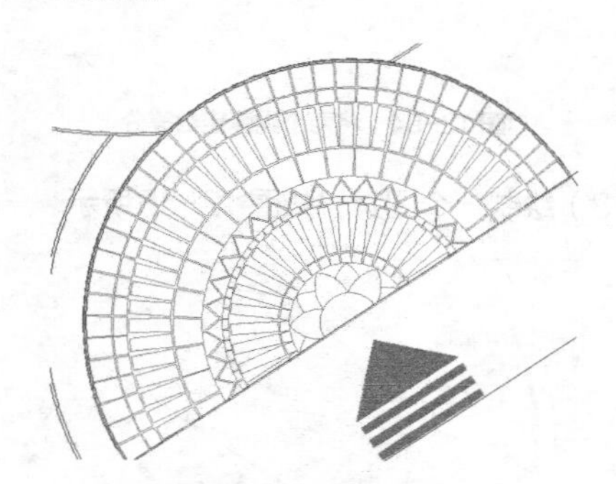

图12-58 绘制的最终效果

（10）广场上灯柱的绘制。

① 单击“默认”选项卡“绘图”面板中的“圆”按钮，绘制半径为280的圆。

② 单击“默认”选项卡“修改”面板中的“偏移”按钮，将其向外侧进行偏移，偏移距离为320，再对偏移后的圆向外侧进行偏移，偏移距离为100。

③ 单击“默认”选项卡“绘图”面板中的“直线”按钮，打开极轴命令，右键单击，设置附加角度为45°，然后在最内侧圆内绘制45°小叉号。

④ 单击“默认”选项卡“块”面板中的“创建”按钮，将其全部选中，命名为“灯”。将广场图案的最外侧圆弧向内侧偏移1100，作为绘制灯柱的辅助线。

⑤ 单击“默认”选项卡“绘图”面板中的“定数等分”按钮，将灯图块分布到图中。

- 在命令行提示“选择要定数等分的对象：”后选择偏移后的圆弧辅助线。
- 在命令行提示“输入线段数目或［块（B）］：”后输入“B”。
- 在命令行提示“输入要插入的块名：后输入“灯”。
- 在命令行提示“是否对齐块和对象？［是（Y）/否（N）]<Y>：”后回车。
- 在命令行提示“输入线段数目：”后输入“7”。

整理图形，结果如图12-59所示。

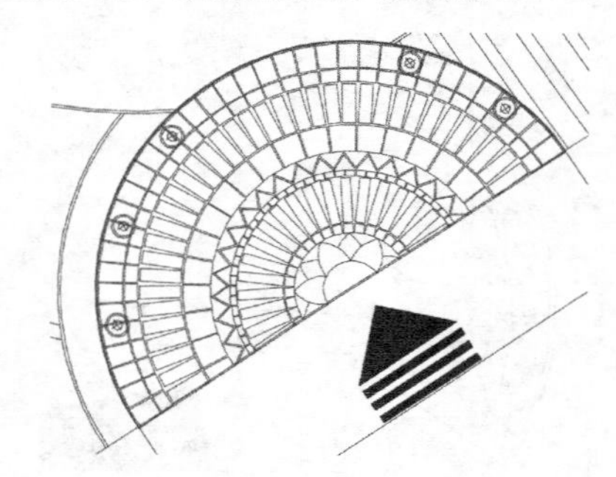

图12-59 灯柱

4. 中心广场及周围花池的详细绘制

（1）绘制上半个广场的图。

① 单击“默认”选项卡“绘图”面板中的“圆”按钮，以圆广场的圆心为圆心，分别绘制半径为335、690、1590、4200、5000、5400、5800、6200、13800、14600、17300、17900、20500、21200的圆。接着绘制第三个圆和第四个圆之间的图案。

② 单击“默认”选项卡“绘图”面板中的“直线”按钮，绘制一条经过圆心的竖直向上的直线段，与圆弧相交，如图12-60所示。

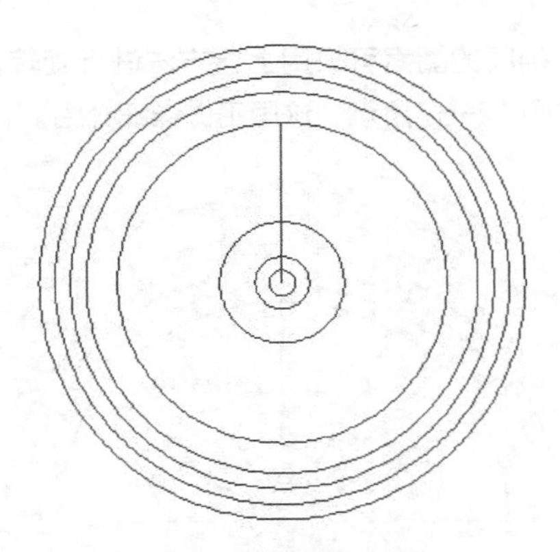

图 12-60 绘制广场的图案 1

③ 单击“默认”选项卡“修改”面板中的“环形阵列”按钮，将步骤①绘制的竖直向上的直线段进行环形阵列，设置阵列中心点为圆的中心，角度为 18°，结果如图 12-61 所示。

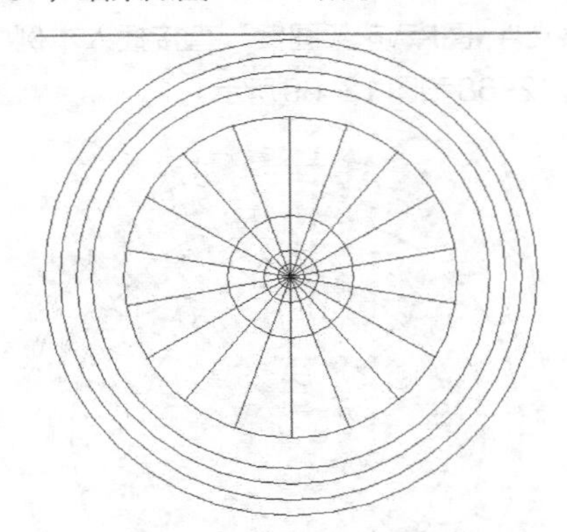

图 12-61 绘制广场的图案 2

④ 单击“默认”选项卡“绘图”面板中的“多段线”按钮，按图 12-62 所示将圆弧上的点连接起来（也可采用阵列）。

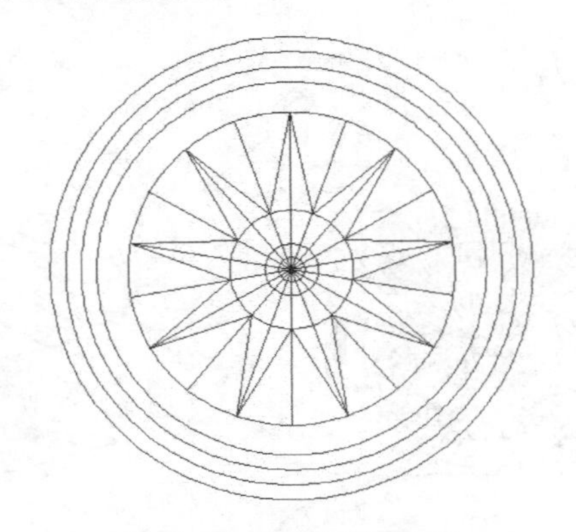

图 12-62 绘制广场的图案 3

⑤ 删掉多余的直线后如图 12-63 所示的第三个圆和第四个圆之间的图案。

⑥ 第四个圆弧与第五个圆弧之间的图案采用同样的方法绘制。

⑦ 斜向直线图案的绘制。

首先绘制左半边的图案，右侧的图案镜像即可。

- 单击“默认”选项卡“绘图”面板中的“直线”按钮，以圆心为第一角点，沿 135° 方向绘制一条直线段与圆广场外轮廓相交于一点。为左半边中间那条斜线，选择这条直线是因为此条直线上的方形为正方形，没有偏移角度。
- 单击“默认”选项卡“修改”面板中的“偏移”按钮，向两侧偏移，偏移距离为 150，修剪多余的线条，再按图中位置绘制矩形，在命令行中输入（1900，1900）。然后对其进行修剪，结果如图 12-63 所示。

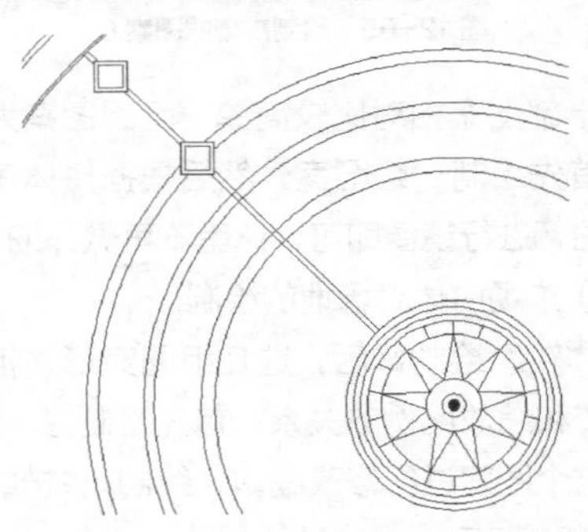

图 12-63 绘制广场的图案 4

- 单击“默认”选项卡“修改”面板中的“旋转”按钮，将斜向直线图案以圆心为基点复制旋转 15°。然后对旋转后的两个图形再添加矩形，修剪结果如图 12-64 所示。

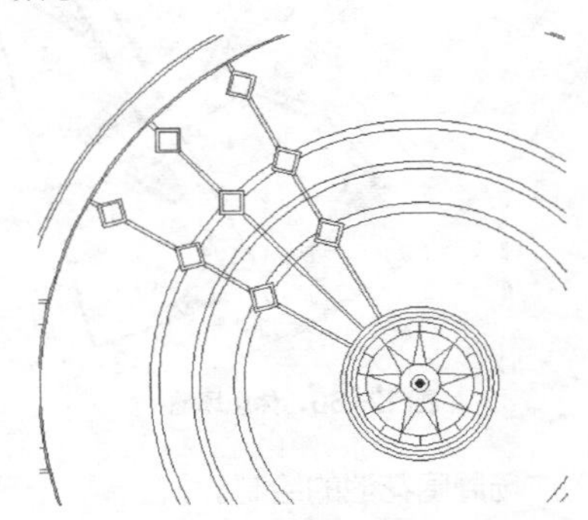

图 12-64 绘制广场的图案 5

- 将所有的图案选中，单击“默认”选项卡“修改”面板中的“镜像”按钮，沿竖向中轴线进行镜像，结果如图12-65所示。

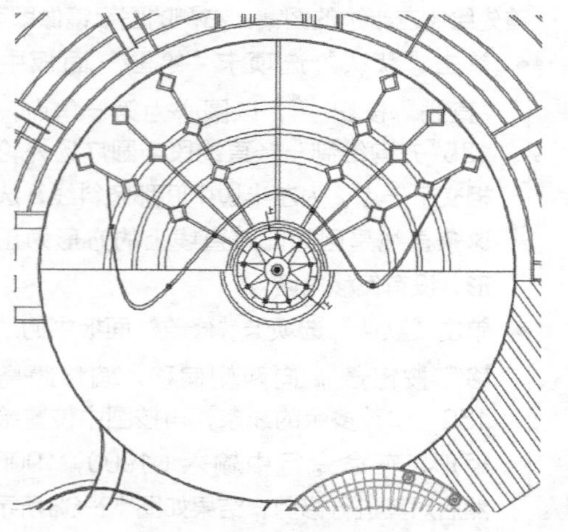

图12-65　绘制广场的图案6

下半部图案相对比较简单，两组图案为镜像的关系，首先绘制一组图案，然后根据具体角度，找好镜像轴，进行镜像即可。这里不再做详细介绍。

（2）广场内休息场地的绘制。

整体轮廓绘制好后，这几组图案形式相同，处理好旋转和缩放比例的关系，首先绘制好一组图案，然后对这个图案进行修改编辑，绘制出其他组图案，如图12-66所示。

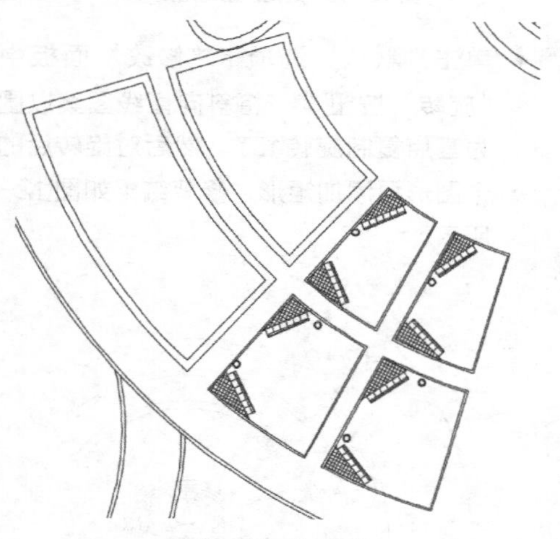

图12-66　休息场地

（3）广场周围花池的绘制。

根据具体尺寸首先绘制圆，然后根据斜线的角度以圆心为第一角点绘制直线段，最后修剪多余的线条。相同的图案可采用上述方法进行旋转，最终结果如图12-67所示，这里不做详细介绍。

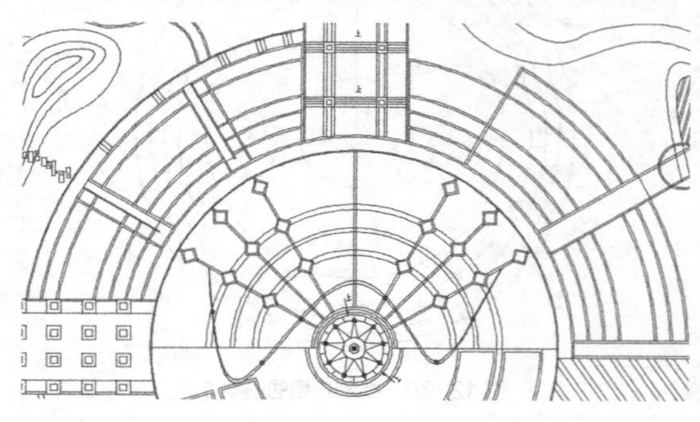

图12-67　花池

5. 中心广场西北方向花架广场的详细绘制

此图案的绘制方法同于西侧主出入口广场的绘制方法，这里不再赘述，可以利用“插入块”命令将“源文件\图库\花架图案”直接插入本例中，结果如图12-68和图12-69所示。

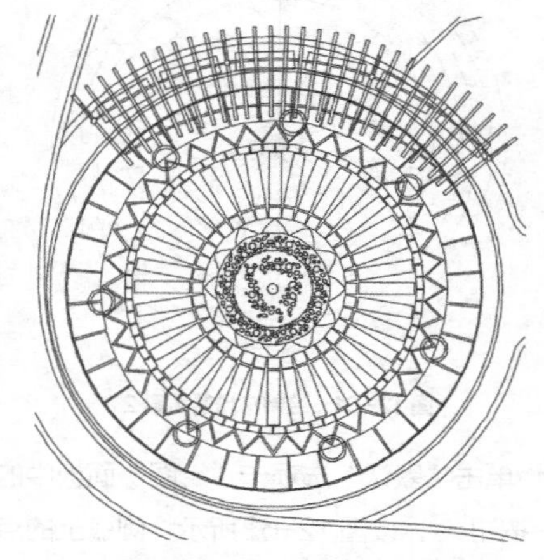

图12-68　西北方向花架广场详图

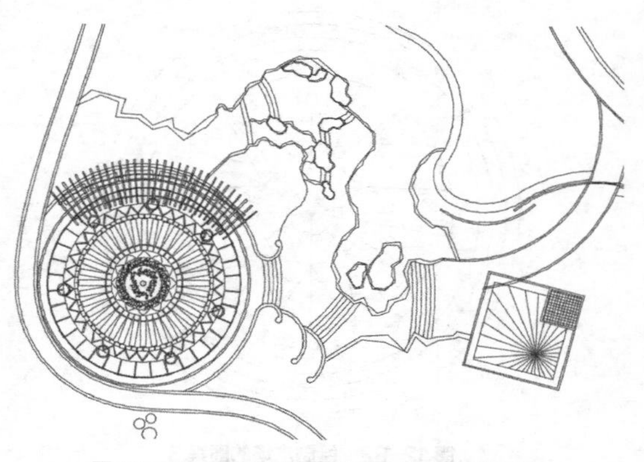

图12-69　西北方向花架广场在绿地中的位置

6. 水系景点的处理

水系处设置以不规则亲水平台，用“样条曲线”命令绘制出边缘线，然后用“图案填充”命令对其进行填充；在亲水平台对岸绘制一个2000×2000的矩形，然后将其向内侧进行偏移300，作为树池的宽度，结果如图12-70所示。

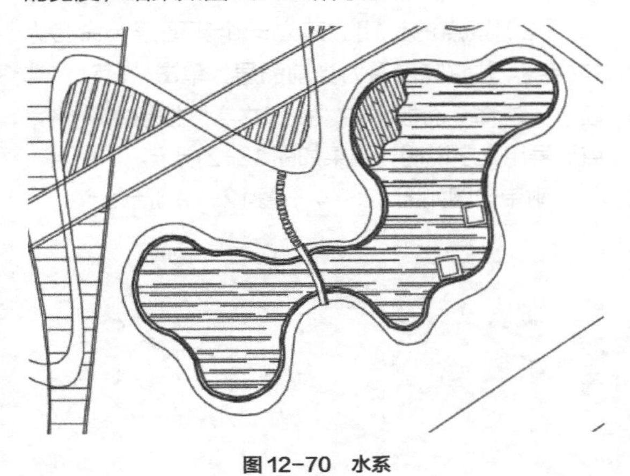

图12-70 水系

7. 凉亭景点的绘制

平台的绘制用“样条曲线”命令，然后对内侧进行填充；凉亭的绘制不再详述，如图12-71所示。

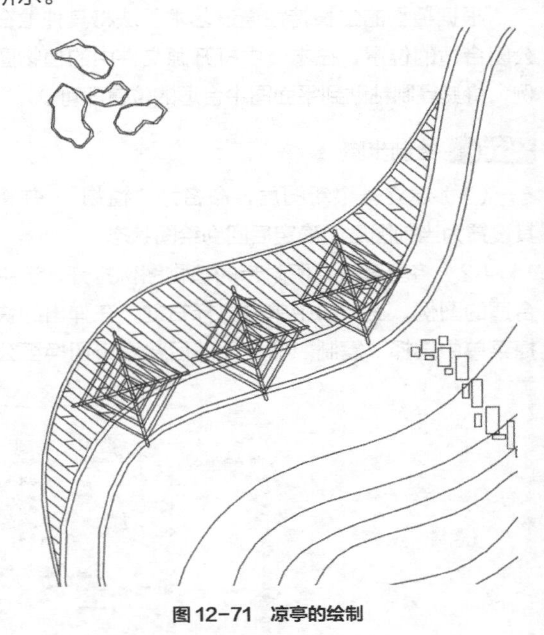

图12-71 凉亭的绘制

最终结果如图12-72所示。

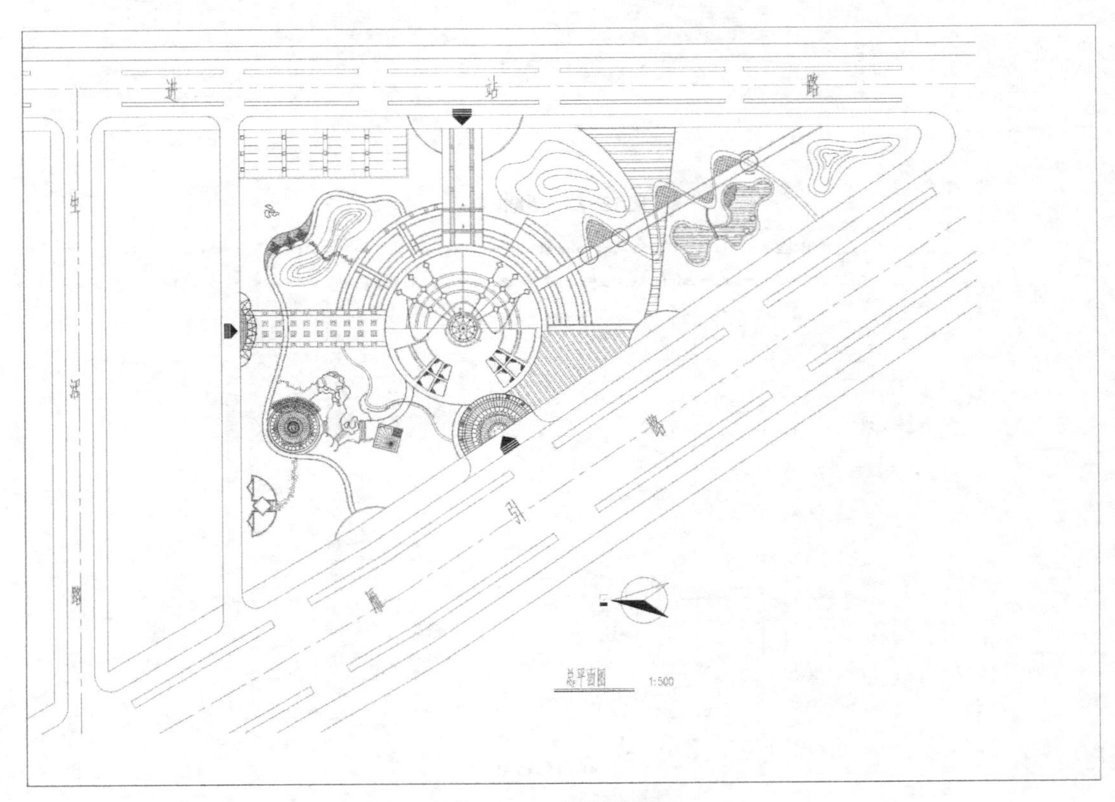

图12-72 绿地景点详图

12.3.8 植物的配置

根据植物的生长特性通过艺术手法将其种植在公园合适的位置，在本节中打开源文件中的植物图例，将其复制粘贴到平面图中合适的位置即可。

STEP 绘制步骤

（1）建立一个新图层，命名为“植物”，并将其设置为当前图层，确定后回到绘图状态。

（2）将配套资源所附带的植物图例打开，选中合适的图例，在窗口中单击鼠标右键，在弹出的快捷菜单中选择“复制”命令，然后将窗口切换至公园设计的窗口，在窗口中单击鼠标右键，在弹出的快捷菜单中选择“粘贴”命令，这样植物的图例就复制到公园设计的图中。单击“默认”选项卡“修改”面板中的“缩放”按钮，对图例进行缩放至合适的大小，一般大乔木的冠幅直径为6000，其他相应缩小，结果如图12-73所示。

（3）景点的说明。建立一个新图层，命名为“文字”，并将其设置为当前图层，单击“默认”选项卡“注释”面板中的“多行文字”按钮 A，将景点标号用文字说明，结果如图12-2所示。

附带详图如图12-74 ~图12-79所示。

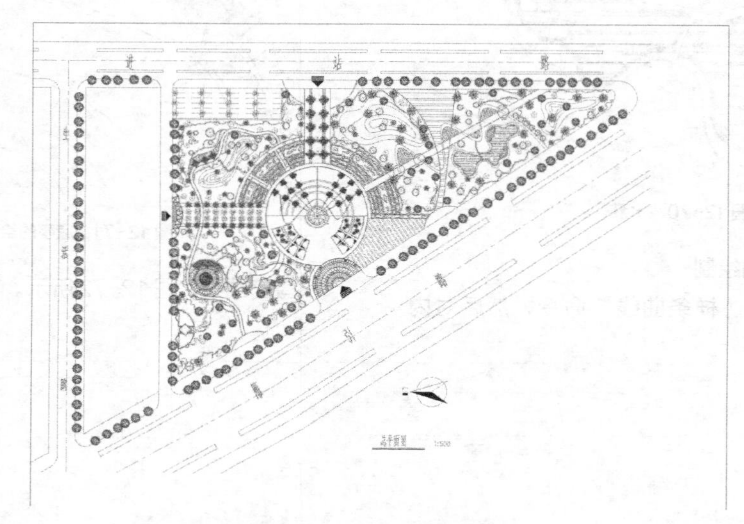

图12-73　植物配置

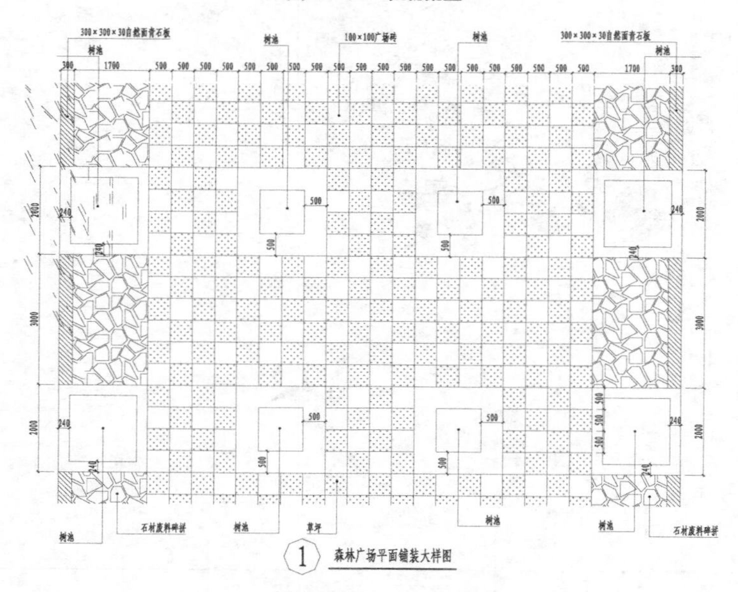

图12-74　详图1

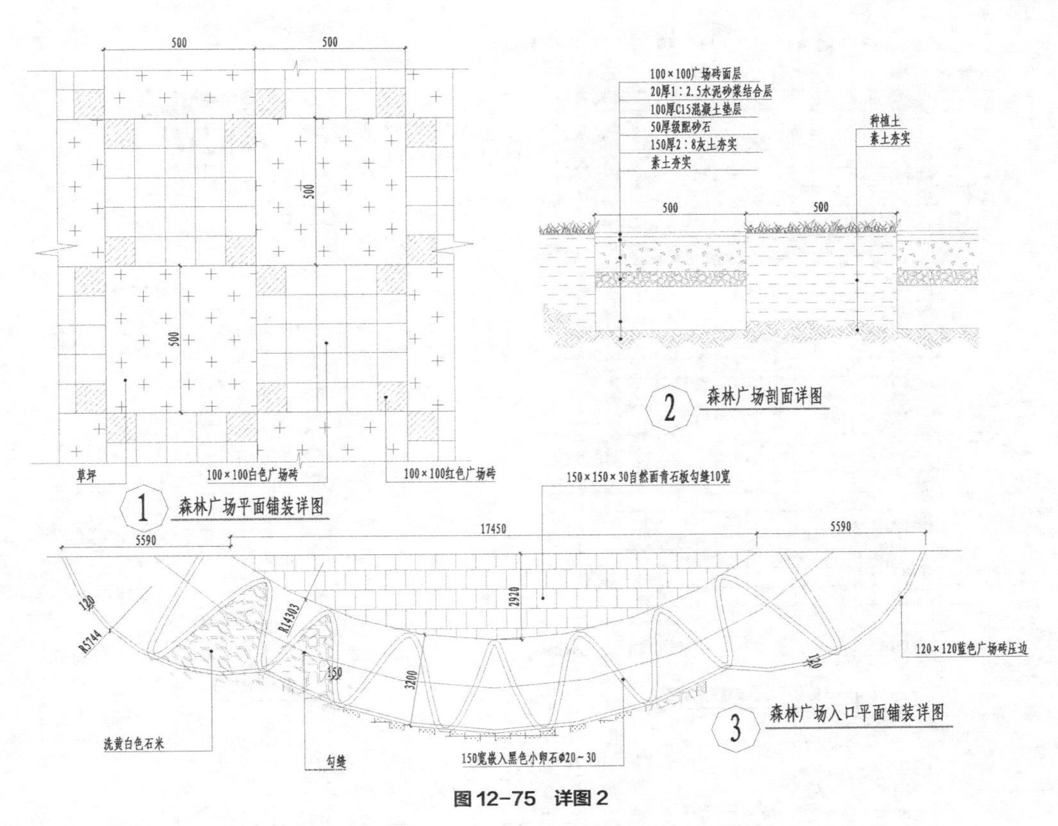

500
500
100×100广场砖面层
20厚1：2.5水泥砂浆结合层
100厚C15混凝土垫层
50厚级配砂石
150厚2：8灰土夯实
素土夯实
种植土
素土夯实
草坪
100×100白色广场砖
100×100红色广场砖
1 森林广场平面铺装详图
2 森林广场剖面详图
150×150×30自然面青石板勾缝10宽
17450
5590
2920
3200
R5744
R14303
120×120蓝色广场砖压边
洗黄白色石米
勾缝
150宽嵌入黑色小卵石φ20～30
3 森林广场入口平面铺装详图

图 12-75 详图 2

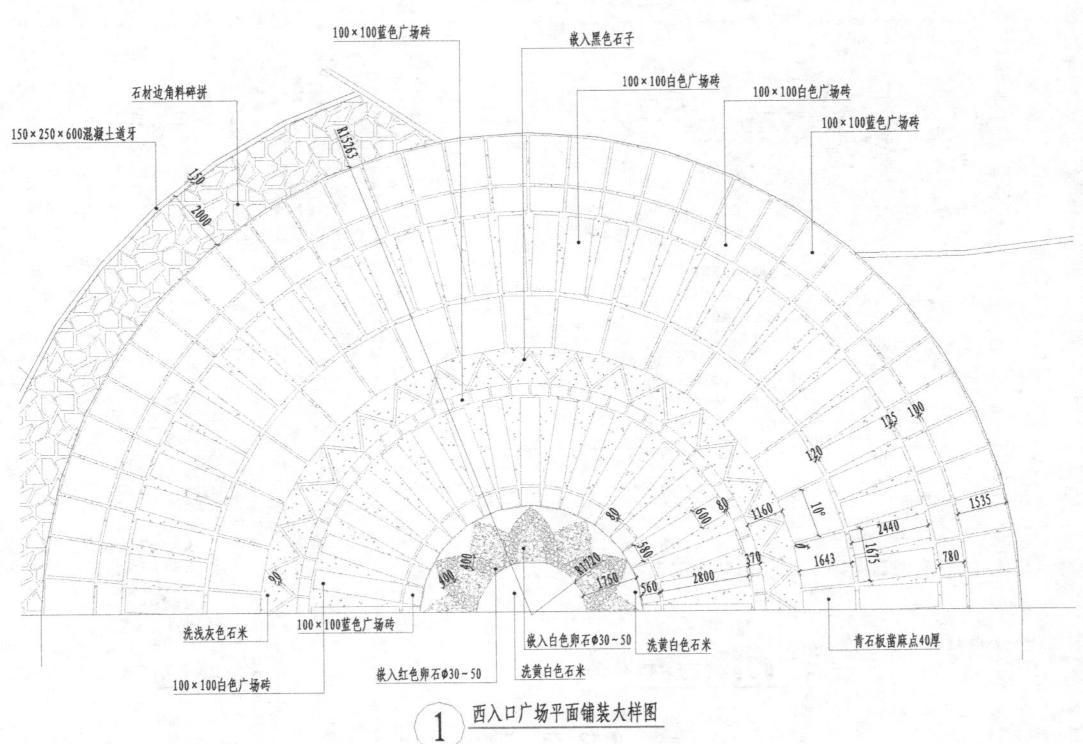

100×100蓝色广场砖
嵌入黑色石子
100×100白色广场砖
100×100白色广场砖
100×100蓝色广场砖
石材边角料碎拼
150×250×600混凝土道牙
R15263
R1320
洗浅灰色石米
100×100蓝色广场砖
嵌入白色卵石φ30～50
洗黄白色石米
青石板凿麻点40厚
嵌入红色卵石φ30～50
洗黄白色石米
100×100白色广场砖
1 西入口广场平面铺装大样图

图 12-76 详图 3

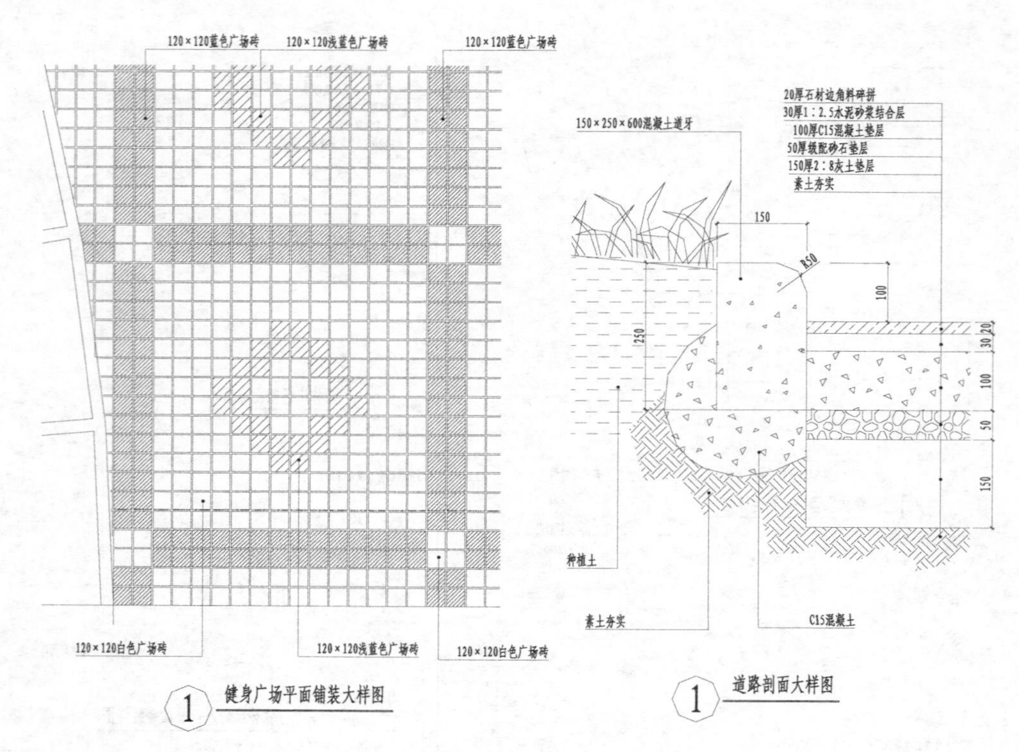

图 12-77 详图 4

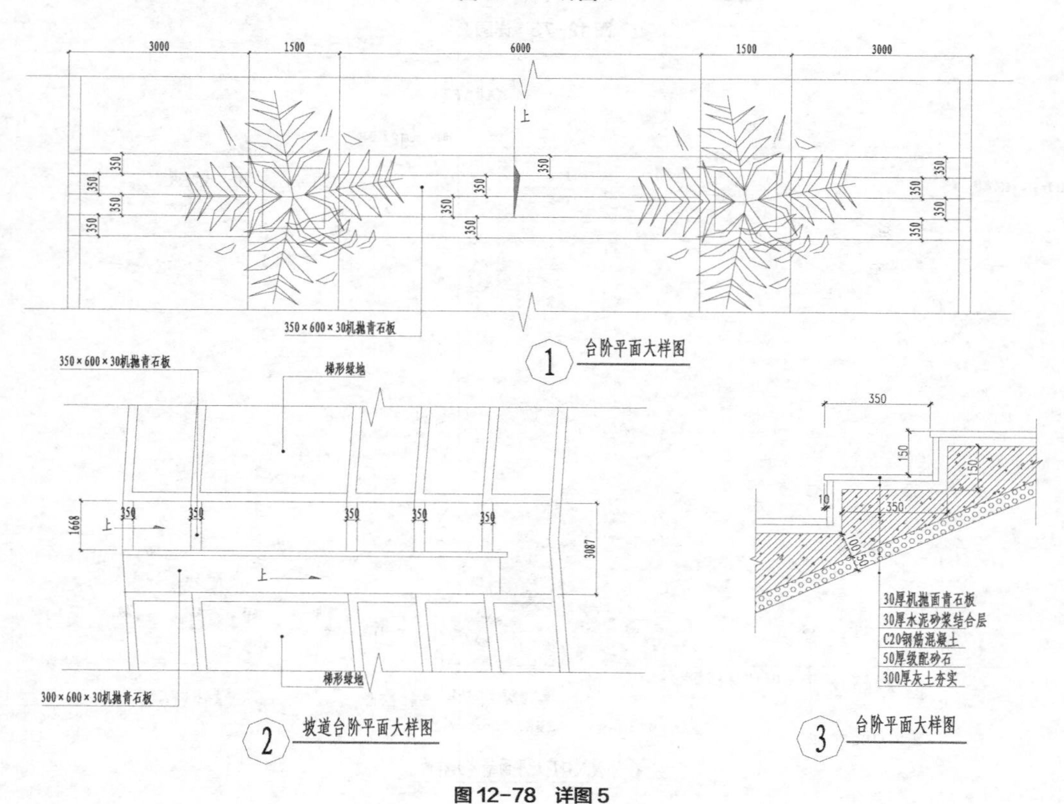

图 12-78 详图 5

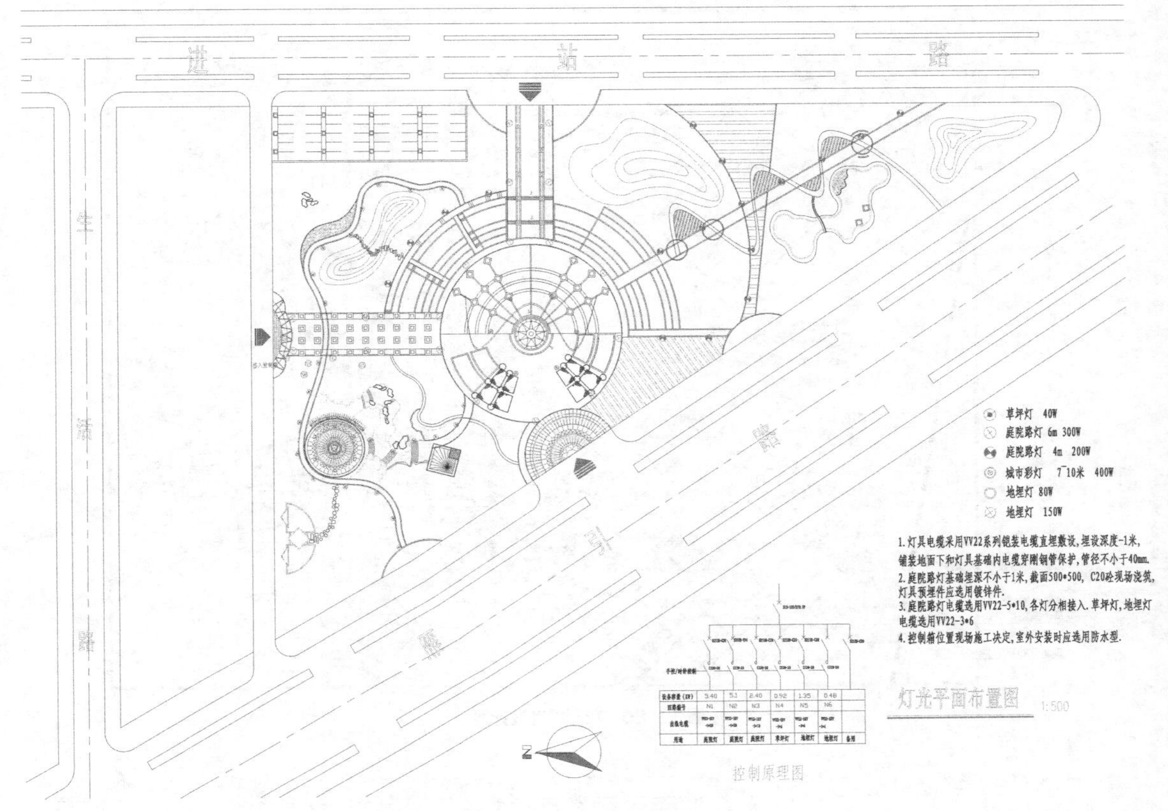

图 12-79 灯光平面布置图

12.4 上机实验

通过前面的学习，相信读者对本章知识已有了大体的了解，本节通过几个操作练习帮助读者进一步掌握本章知识要点。

【实验 1】绘制图 12-80 所示的花园绿地设计图。

1. 目的要求

希望读者通过本实例熟悉和掌握花园绿地设计图的绘制方法。

2. 操作提示

（1）绘图前准备及绘图设置。

（2）绘制出入口和设计地形。

（3）绘制道路系统和广场。

（4）景点的规划设计。

（5）绘制景点细节。

（6）绘制建筑物。

（7）植物的配置。

（8）标注文字。

【实验 2】绘制图 12-81 所示的道路绿化图。

1. 目的要求

希望读者通过本实例熟悉和掌握道路绿化图的绘制方法。

2. 操作提示

（1）绘图前准备及绘图设置。

（2）绘制 B 区道路轮廓线以及定位轴线。

（3）绘制 B 区道路绿化、亮化。

（4）标注文字。

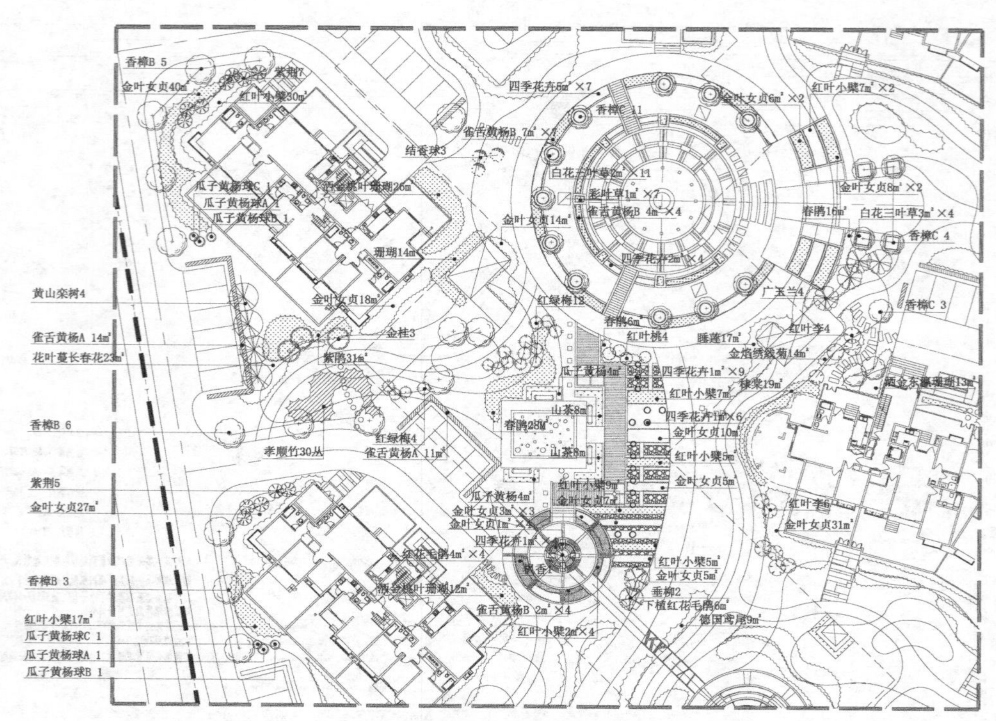

图 12-80　花园绿地设计图

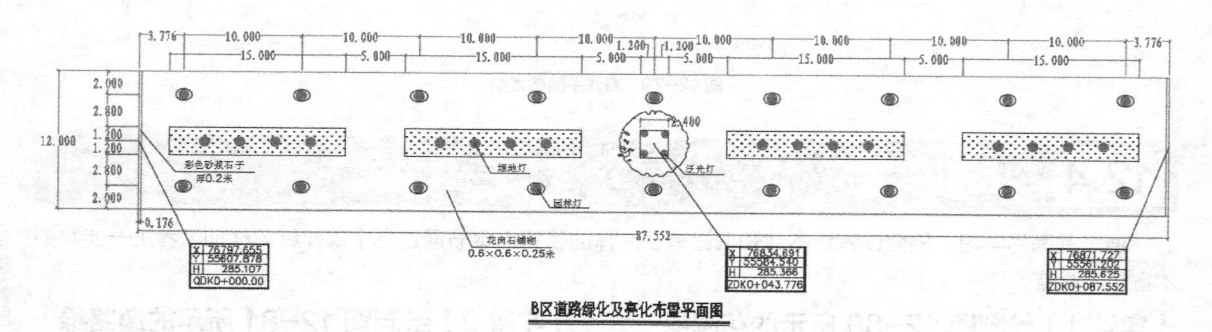

B区道路绿化及亮化布置平面图

5.000

路缘石　埋地灯　高杆灯　香樟

4.0　5.0

人行道绿化及亮化布置平面图

附注:

1.本图尺寸均以米计。
2.B区道路两侧花池规格15米×2.4米×0.4米，中间花池规格15米×2.4米×0.4米。
3.B区道路两侧花池以种植灌木为主，用花卉点缀，每个花池等间距布置4盏埋地灯。
4.B区道路中间花池种植乔木，在花池4个角各布置一盏泛光灯。
5.园林灯高3.6米，每隔10米在步行街两侧布置。
6.高杆灯高10米，每隔30米在人行道两侧布置。
7.人行道每隔5米种植一棵行道树，行道树种植胸径为10~12厘米的香樟。每棵树下设置一盏埋地灯。

图 12-81　道路绿化图

第13章

综合公园绿地设计

综合公园是园林城市、园林绿地、公园系统中的重要组成部分，是城市居民文化生活不可缺少的重要因素。同时，综合公园的设计也是园林设计中的典型，它几乎包含了园林中的全部要素，因此，可以说掌握了综合公园的绘制方法，便可举一反三进行来绘制其他多种类型的公园和绿地了。本章首先对综合公园的性质、规划设计进行概述，然后以某公园为例详细介绍综合公园的绘制过程。

学习要点和目标任务

- 园林设计的程序
- 综合公园的规划设计
- 平面图的绘制

13.1 概述

根据《城市绿地分类标准》（CJJ/T 85-2017），区域性公园属于综合公园。综合公园的内容与国家现行标准《公园设计规范》（GB 51192-2016）的内容保持一致。

综合公园不仅为城镇提供了大片绿地，而且是市民开展文化、娱乐、体育、游憩活动的公共场所。综合公园对于城镇的精神文明、环境保护、社会生活起着重要作用。

综合公园包括全市性公园和区域性公园，与国家现行标准《公园设计规范》（GB 51192-2016）的内容保持一致。因各城市的性质、规模、用地条件、历史沿革等具体情况不同，综合公园的规模和分布差异较大，故此标准对综合公园的最小规模和服务半径没有做具体规定。我们在设计时可参照《公园设计规范》（GB 51192-2016）。

综合性公园的内容应包括多种文化娱乐设施，如剧场、音乐厅、俱乐部、陈列馆、游泳场、溜冰场、餐馆等。院内有明确的功能分区，如文化娱乐区、体育活动区、安静休憩区、儿童游戏场、动物展览区、园务管路区等。在已有动物园的城市，综合性公园内不宜设大型或猛兽类动物展区。公园内还应有风景优美的自然环境、丰富的植物种类、开阔的草地和浓郁的林地，四季都有景可赏。市级和区级公园有一定的差异。市级公园为市政府统一管理，面积10hm^{2}以上，居民乘车约30min可以到达，如广州的越秀公园、西安的兴庆公园、上海的长风公园、北京的陶然亭公园；区级公园为区政府统一管理，面积10hm^{2}左右，居民步行20min可以到达，服务半径不超过1.5km，可供居民整天活动，如北京的朝阳公园。

13.2 园林设计的程序

在进行综合公园的规划设计之前，有必要先了解一下园林设计的程序。具体如下。

13.2.1 园林设计的前提工作

（1）掌握自然条件、环境状况及历史沿革。

（2）搜集图纸资料，如地形图、局部放大图、现状图、地下管线图等。

（3）现场踏查。

（4）编制总体设计任务文件。

13.2.2 总体设计方案阶段

1. 主要设计图纸内容

位置图，现状图，分区图，总体设计方案图，地形图，道路总体设计图，种植设计图，管线总体设计图，电气规划图，园林建筑布局图。

2. 鸟瞰图

直接表达公园设计的意图，通过钢笔、水彩、水粉等绘制均可。

3. 总体设计说明书

总体设计方案除了图纸外，还要求一份文字说明，全面地介绍设计者的构思、设计要点等内容。

4. 工程总匡算

在规划方案阶段，可按面积（hm^2、m^2），根据设计内容，工程复杂程度，结合常规经验匡算。或按工程项目、工程量，分项估算再汇总。

13.3 综合公园的规划设计

综合公园是园林设计中的典型。综合公园的设计主要包括以下几个步骤。

13.3.1 总体规划阶段

确定出入口位置；分区规划；地形的利用与改造；道路布局；建筑布局；植物种植规划；制定建园程序及造价估算等。

1. 确定出入口位置

《公园设计规范》条文说明第4.2.8条指出："公园出入口布局应符合下列规定。1.应根据城市规划和公园内部布局的要求，确定主、次和专用出入口的设置、位置和数量；2.需要设置出入口内外集散广场、停车场、自行车存车处时，应确定其规模要求；3.售票的公园游人出入口外应设集散场地，外集散场地的面积下限指标应以公园游人容量为依据，宜按500m²/万人计算。"另外，为方便游人，一般在公园四周不同方位选定不同出入口。如公园附近的小巷或胡同，可设立小门。

2. 分区规划

公园规划工作中，分区规划的目的是为了满足不同年龄、不同爱好游人的游憩和娱乐要求，合理、有机地组织游人在公园内开展各项游乐活动。同时根据公园所在地的自然条件，如地形、土壤状况、水体、原有植物、已存在并要求保留的建筑物或历史古迹、文物情况，因地制宜地进行分区规划。另外还要依据公园规划中所要开展的活动项目的服务对象，即游人的不同年龄特征，儿童、老人、年轻人等各自游园的目的和要求；不同游人的兴趣、爱好、习惯等游园活动规律进行规划。

公园主要设置内容有观赏游览、文化娱乐、儿童活动、老年人活动、安静休息、体育活动、公园管理等。但这些设施会占去较大的园地面积，因此一定要保证公园的规模。

3. 地形的利用与改造

公园总体规划在出入口确定、功能分区规划的基础上，必须进行整个公园的地形设计。

无论规则式或自然式、混合式园林都存在着地形设计问题。地形设计涉及公园的艺术形象、山水骨架、种植设计的合理性、土方工程等问题。规则式园林的地形设计，主要是应用直线和折线创造不同高程平面的布局。规则式园林多为规则的几何形，底面为平面，在满足排水的要求下，标高基本相等。这几年来，下沉式广场应用很普遍，有良好的景观和使用效果，如北京植物园的月季广场。自然式园林的地形设计，首先要根据公园用地的地形特点，因地制宜地挖湖堆山，即《园冶》中所指出的"高方欲就亭台，低凹可开池沼"。

公园的地形设计还应与全园的植物种植规划紧密结合。密林和草坪应在地形设计中结合山地、缓坡；水面应考虑各种水生植物的不同生物学特性。山林坡地要小于33%，草坪坡度不应大于25%。

地形设计还应结合各分区规划的要求，如安静休息区、老人活动区等要求有一定山林地、溪流蜿蜒的小水面，或利用山水组合空间造成局部幽静环境。而文娱活动区域，不宜地形变化过于强烈，以便开展大量游人短期集散的活动。儿童活动区不宜选择过于陡峭、险峻的地形，以保证儿童活动的安全。

地形设计中，竖向控制应包括下列内容：山顶标高；最高水位、常水位、最低水位标高；水底标高；驳岸顶部标高等。为保证游园安全，水体深度一般控制在1.5m ~ 1.8m之间。硬底人工水体的近岸2.0m范围内的水体不得大于0.7m，超过者应设置护栏。无护栏的园桥，汀步附近2.0m范围以内，水深不得大于0.5m。

竖向控制还包括园路主要转折点、交叉点、变坡点；主要建筑的底层、室外地坪；各出入口内、外地面；地下工程管线及地下构筑物的埋深。

4. 道路布局

在确定了各个出入口后，确定主要广场、主要环路和消防通道，同时规划主干道、次干道以及各种路面的宽度、排水纵坡。初步确定主要道路的路面材料和铺装。

5. 建筑布局

园林中的建筑具有使用和观赏的双重作用，要可居、可游、可观。中国园林建筑的布局手法：山水为主，建筑配合；统一中求变化，对称中有异象。在平面上，要反映全园总体设计中建筑在全园的布局，主要、次要、专用出入口的售票房、管理处、造景等各类建筑的平面造型；大型建筑的平面位置及周围关系；游览性的建筑，如亭、台、楼、阁的平面安排。除了平面图还有主要建筑物的平立面。

6. 植物种植规划

园林种植规划是园林设计全过程中十分重要的

组成部分。

西方园林的植物种植重在体现整理自然、征服自然、改造自然。种植设计按人的理念出发，整形化、图案化。种植形式以建筑式的树墙、绿篱、修建成各种造型的树木为主。中国的园林着重于以花木表达思想感情，追求自然山水构图。混合式园林融东西方园林于一体，中西合璧。园林种植设计将传统的艺术手法与现代精神相结合，旨在创造出符合植物生态要求，环境优美，景色迷人，健康卫生的植物空间，满足游人的观赏要求。

在规划的过程中要注意以下几点。

（1）尊重自然，保护利用。尊重自然，保护生态环境，合理地开发、利用土地和自然资源，才能在真正意义上改善和提高生存与生活环境。植物种植也只有在保护和利用自然植被与地形环境的条件下，才能创造出自然、优美、和谐的园林空间。

（2）尊重科学，符合规律。园林种植必须尊重科学，尤其是生态学科学的规律。要处理好植物与植物之间的关系，如同一生活习性、可以互利共生的植物可以种植在一起；而生活习性相差很大的植物以及偏害共生的不宜种植在一起。充分发挥每一种植物在园林环境中的作用，种植出持久、稳定、均衡的植物群落景观，造就和谐优美、平衡发展的园林生态系统，这样不仅可以模仿出自然界的优美环境，而且养护管理费用会降到很低。

（3）因地制宜，适地适物。园林种植要根据不同的现状条件，设计相应的生境。并考虑植物的生态习性和生长规律，选择适宜的种类，使各种植物都能在良好的立地环境下生长，充分发挥植物个体、种群和群落的景观与生态效益，并为其他生物如鸟类、小兽等提供合适的环境。

（4）合理布局，满足功能。园林种植规划设计要从绿地的性质和功能出发，对不同的景观进行合理的规划布局，满足相应的功能要求。如观赏区域要设置色彩鲜艳的花坛，株型优美、色彩美丽的乔灌木；活动区域要有大草坪；安静休息的区域要设山水丛林、疏林草地。

（5）种类多样，季相变化。大多数的园林植物都有不同的季相变化，春有百花夏有绿，秋有红叶冬有枝，即使常绿的松柏，不同季节的绿色也有深浅浓淡之分。种植应顾及四季景色，应用较多的植物种类，使园林环境在每一个季节都有不同的美丽景观。

（6）密度适宜，远近结合。园林植物的种植密度直接影响到植物的生长发育、景观效果和绿地功能的发挥。密度过大会加剧竞争，影响植物的个体生长和发育，同时降低经济性，浪费苗木；密度过小，又会影响景观效果，降低生态与使用功能。在实际生产实践中，常常结合近期功能与远期目标，进行动态设计：近期密植，等苗木长大后进行间伐；或者速生树与慢生树相结合。

13.3.2 技术（细部）设计阶段

根据总体规划的要求，进行每个局部的技术设计。

主要工作内容有以下3个方面。

1．平面图（一般比例为1：500）

（1）平面图包括如下图面。

公园出入口设计（建筑、广场、服务小品、种植、管线、照明、停车场）。

（2）平面图包括如下设计分区。

① 主要道路（分布走向宽度、标高、材料、曲线转弯半径、行道树、透景线）。

② 主要广场的形式、标高。

③ 建筑及小品（平面大小、位置、标高、平立剖、主要尺寸、坐标、结构、形式、主设备材料）。

④ 植物的种植、花坛、花台面积大小、种类、标高。

⑤ 水池范围、驳岸形状、水底土质处理、标高、水面标高控制。

⑥ 假山位置面积造型、标高、等高线。

⑦ 地面排水设计（分水线、江水线、江水面积、明暗沟、进水口、出水口、窨井）。

（3）平面图包括如下工程序号。

给水、排水、管线、电网尺寸（埋深、标高、坐标、长度、坡度、电杆或灯柱）。

2．横纵剖面图

为更好地表达设计意图，在局部艺术布局最重要的部分，或局部地形变化的部分，做出断面图。一般比例为1：200～1：500。

3．局部种植设计图

局部种植设计图比例一般为1：500，要能够准确地反映乔木的种植点、栽植数量、树种，要标明密林、疏林、树群、树丛、园路树、湖岸树的位置。另外，花坛、花境等的种植设计图的比例尺可放大到1：200 ~ 1：300。

13.3.3 施工设计阶段

在施工设计阶段要作出施工总图、竖向设计图、道路和广场设计图、种植设计图、水系设计图、园林建筑设计图、管线设计图、电气管线设计图、假山设计图、雕塑设计图、栏杆设计图、标牌设计图等；做出苗木表、工程量统计表、工程预算表等。

1. 施工总图（放线图）

表明各设计因素的平面关系和它们的准确位置。图纸包括：保留现有的地下管线（红线表示）、建筑物、构筑物、主要现场树木等；设计地形等高线（细黑虚线表示）高程数字、山石和水体（粗黑线加细线表示）；园林建筑和构筑物的位置（粗黑线表示）；道路广场、园灯、园椅、垃圾桶等（中黑线表示）放线坐标网，做出工程序号、透视线等。

2. 竖向设计图（高程图）

用以表明各设计因素的高差关系。图纸包括平面图和剖面图。平面图依竖向规划，在施工总图的基础上表示出现状等高线、坡坎（细红线表示）、高程（红数字表示）；设计等高线、坡坎（黑线表示）、高程（黑色数字表示）；设计的溪流河湖岸边、河底线及高程、排水方向（黑色箭头表示）；各景区园林建筑、休息广场的位置及高程；挖方填方范围等（注明填方挖方量）。剖面图包括主要部位的山形、丘陵坡地的轮廓线（黑粗线表示）及高度、平面距离（黑细线表示）等。注明剖面的起讫点、编号与平面图配套。

3. 道路和广场设计图

主要表明园内各种道路、广场的具体位置，宽度、高程、纵横坡度、排水方向；路面做法、结构、路牙的安装与绿地的关系；道路广场的交接、拐弯、交叉路口不同等级道路的交接、铺装大样、回车道、停车场等。

平面图要根据道路系统的总体设计，画出各种道路、广场、地坪、台阶、攀山道、山路、汀步、道桥等的位置，并注明每段的高程、纵坡、横坡的数字。一般园路分主路、支路和小路3级。主路宽度一般在5 ~ 6m，支路2 ~ 3m，小路1.2 ~ 1.5m。注意坡度要符合《公园设计规范》。剖面图要表示出各种路面、山路、台阶的宽度及其材料、道路的结构层（面层、垫层、基层等）厚度做法。注意每个剖面都要编号，并与平面配套。

4. 种植设计图

要表现树木花草的种植位置、种类、种植类型、种植距离，以及水生植物等内容。要画出常绿乔木、落叶乔木、常绿灌木、落叶灌木、开花灌木、绿篱、花篱、草地、花卉等的具体位置、品种、数量、种植方式等。同一幅图中树冠的表示不宜变化太多，花卉绿篱的表示也要统一。原有树和新栽树木要区别表示。复层绿化时，可用细线表示大乔木树冠，但不要压下面的花卉、树丛花台等。树冠尺寸以成年树为标准。另外重点树群、树丛、林缘、绿篱、专类园等可附大样图。

5. 水系设计图

表明水体的平面位置、水体形状、大小、深浅及工程做法。首先要绘制进水口、溢水口、出水口大样图。平面图上要绘制出各种水体及水体附属物的平面位置，并分段标明岸边及池底的设计高程；还要有水池循环管道的平面图。剖面图上要表示出水体驳岸、池底、山石、汀步等的工程做法图。

6. 园林建筑设计图

表现各景区园林建筑的位置及建筑本身的组合样式等。要绘制出建筑的平面设计（位置、朝向、周围环境的关系）、建筑底层平面、建筑各方向的剖面、屋顶平面、必要的大样图、建筑结构图等。

7. 管线设计图

在管线规划图的基础上，表现出上水（造景、绿化、生活、消防等）、下水（雨水、污水）、暖气、煤气等各种管网的位置、埋深、规格等。平面图上要表示管线及各种井的具体位置、坐标，并注明每段管的长度、管径、高程以及如何接头，每个井要有编号，原有管线用红线或黑的细线表示，新设计的管线用相应规格的黑色粗线表示。

8. 电气管线设计图

在电气规划图的基础上，将各种电气设备及电缆走向位置表示清楚。用粗黑线表示出各路电缆的位置、走向及各种灯的灯位和编号、电源接口位置等。注明各路用电量和电缆型号敷设、灯具选择及颜色等。

9. 假山、雕塑、栏杆、标牌等小品

设计图参照施工总图做出各种小品的平面图、立面图、剖面图及高度、要求，必要时可制作模型，便于掌握施工意图。

10. 苗木表及工程量统计表

苗木表包括编号、种类、数量、规格（胸径、冠幅）、来源、备注（灌木型、直立型）等，工程量包括项目、数量、规格、预算等。

11. 工程预算表

分土建部分和绿化部分。土建部分可按项目估价，算出汇总价；或按市政工程预算定额中的园林附属工程定额计算。绿化部分可按基本建设材料预算价格中的苗木单价表以及建筑安装工程预算定额的园林绿化工程定额计算。

13.4 综合公园绿地平面图的绘制

假设在某城市近郊设计一个综合公园，图13-1所示为该综合公园的现状图和总平面图。此园南北方向长238米，东西方向长边宽185米，短边宽113米，最宽处208米。园区东侧有一些不规则，面积将近42000平方米，园区四面皆为公路。现状园中心有椭圆形水池，水池的四周有3座高地，水池中亦包含一高地。

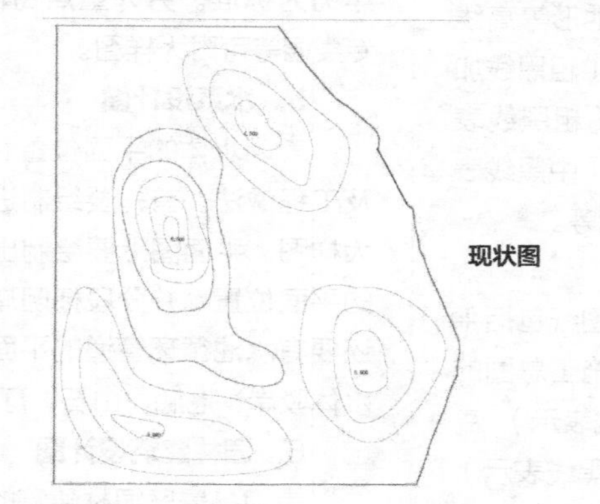

现状图

总平面图

图13-1 公园现状图和总平面图

13.4.1 必要的设置

参数设置是绘制任何一幅园林图形都要进行的预备工作，这里主要设置单位和图形界限。

STEP 绘制步骤

（1）单位设置。将系统单位设为毫米（mm）。以1∶1的比例绘制。选择菜单栏中的“格式”/“单位”命令，弹出“图形单位”对话框，按图13-2所示进行设置，然后单击“确定”按钮完成。

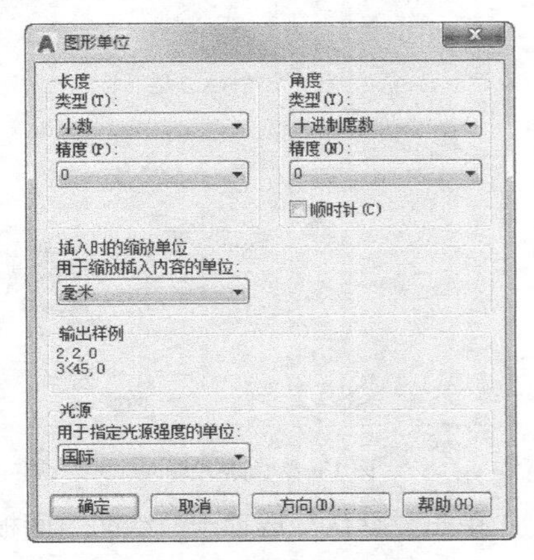

图 13-2 “图形单位”对话框

（2）图形界限设置。AutoCAD 2018默认的图形界限为420×297，是A3图幅，但是我们以1∶1的比例绘图，将图形界限设为420000×297000。

13.4.2 出入口确定

应用“直线”命令确定出入口，为后面的绘制打下基础。

STEP 绘制步骤

（1）建立“轴线”图层。单击“默认”选项卡“图层”面板中的“图层特性”按钮，弹出“图层特性管理器”对话框，建立一个新图层，命名为“轴线”，颜色选取红色，线型为CENTER，线宽为默认，并将其设置为当前图层，如图13-3所示。确定后回到绘图状态。

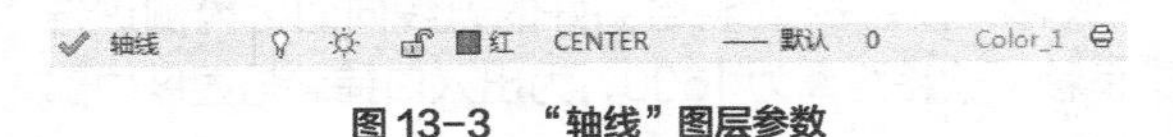

图 13-3 “轴线”图层参数

（2）对象捕捉设置。单击状态栏上“对象捕捉”右侧的“小三角”按钮，弹出快捷菜单，如图13-4所示，选择“对象捕捉设置”命令，打开“草图设置”对话框，将捕捉模式按图13-5所示进行设置，然后单击“确定”按钮。

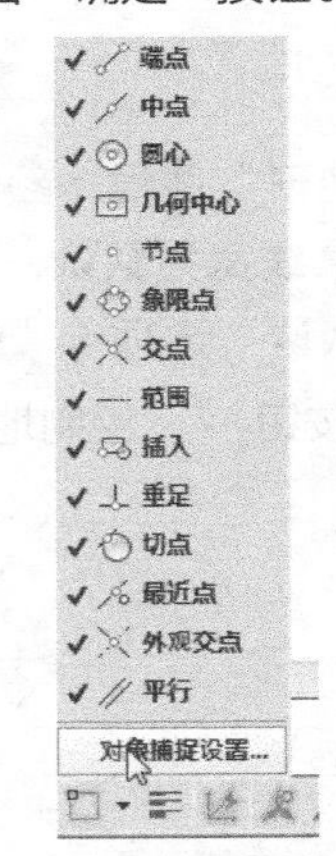

图 13-4 打开对象捕捉设置

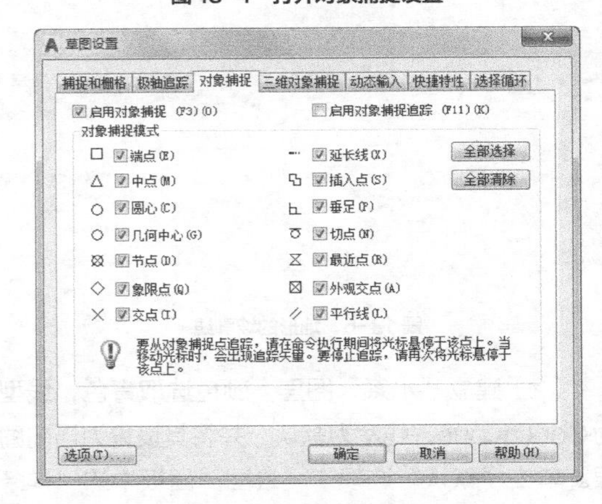

图 13-5 对象捕捉设置

（3）出入口位置的确定应考虑周围居民的进入方便，设计3个出入口，东北方向设一个主出入口，南侧和西侧各设一个次出入口。

（4）单击“默认”选项卡“绘图”面板中的“直线”按钮，通过规划区域的适当位置绘制直线，确定出入口的位置。

13.4.3 竖向设计

在地形设计中，将原有高地进行整理，不做过多处理，湖中心岛为主山，高9m；主出入口南侧将地形处理成6m高，面积稍大于湖心岛，使之与湖心岛遥相呼应，并达到构图上的均衡；西南侧地形不做过高处理，连绵起伏，配山高3～4m，主配山相互呼应。

将原有洼地进行修整，将水系向东侧延伸，一方面隐藏了水尾，另一方面增加了水面的层次感，湖岸为坎石驳岸。

STEP 绘制步骤

（1）建立“地形”图层，颜色选取灰色，线型为Continuous，线宽为默认，并将其设置为当前图层。单击“默认”选项卡“绘图”面板中的“样条曲线拟合”按钮，绘制地形的坡脚线，如图13-6所示。

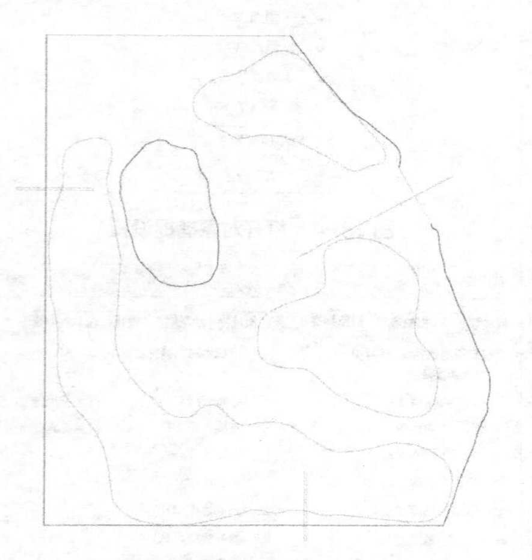

图13-6 地形的坡脚线

（2）建立“水系”图层，颜色选取青色，线型为Continuous，线宽为默认，并将其设置为当前图层。单击“默认”选项卡“绘图”面板中的“样条曲线拟合”按钮，沿坡脚线方向在园区的中心位置绘制水系的驳岸线，另外在园区的东南角水中置一浅滩，为湿地植物种植区，如图13-7所示。

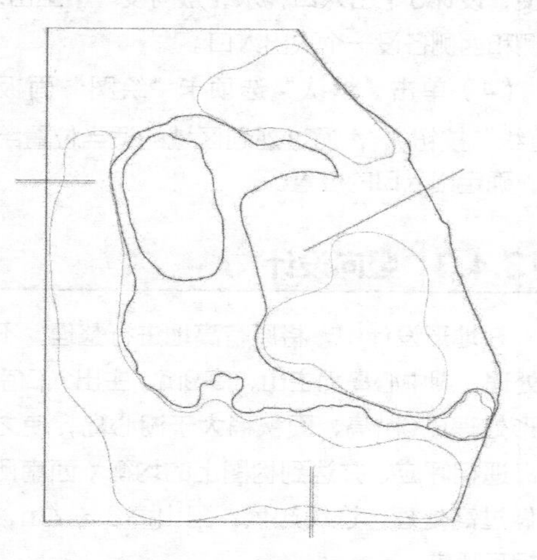

图13-7 水系的驳岸线

（3）将“地形”图层设置为当前图层。绘制地形内部的等高线，单击“默认”选项卡“绘图”面板中的“样条曲线拟合”按钮，沿地形坡脚线方向绘制地形内部的等高线，湖中心岛的最高点为9m，为主山，西侧和北侧为配山，高3 ~ 4m；东侧配山高3 ~ 6m，如图13-8所示。

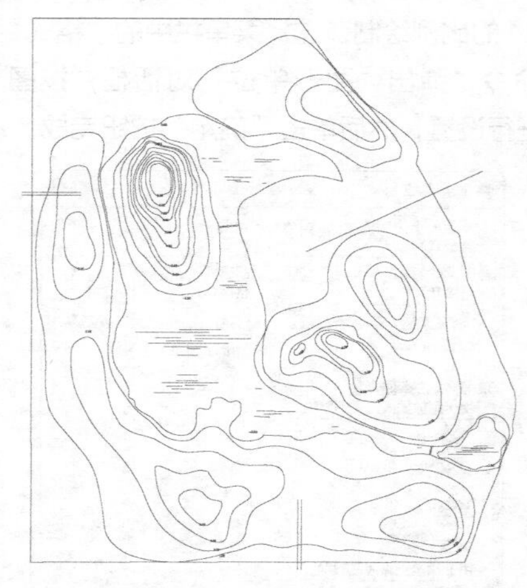

图13-8 地形绘制

（4）单击“默认”选项卡“绘图”面板中的“直线”按钮，在水系内部绘制图13-8所示的短直线，表示水系的区域。

13.4.4 道路系统

分为三级道路系统来设计，主路宽3m，贯穿全园，二级路宽2.0m，三级路宽1.5m。

STEP 绘制步骤

1. 主出入口的绘制

（1）新建“入口”图层，颜色选取黄色，线型为Continuous，线宽为默认，并将其设置为当前图层。主出入口设计成半径为16m的半圆形，单击“默认”选项卡“绘图”面板中的“圆弧”按钮，以主出入口轴线与园区边界的交点为圆心，半径为16000，包含角为180°。

（2）单击“默认”选项卡“修改”面板中的“偏移”按钮，将绘制好的弧线向园区内侧进行偏移，偏移距离为1600，为出入口铺装与园区内部铺装的过渡。

（3）单击“默认”选项卡“绘图”面板中的“直线”按钮，以圆弧顶点为起点，方向沿中轴线方向向左，在命令行中输入“8500”，然后单击“默认”选项卡“修改”面板中的“偏移”按钮，将绘制好的线条向轴线两侧偏移，偏移距离为8000。

（4）单击“默认”选项卡“修改”面板中的“延伸”按钮，将偏移后的直线段延伸至弧线。

（5）关闭“轴线”图层，主出入口如图13-9所示。

2. 南侧次出入口的绘制

（1）单击“默认”选项卡“绘图”面板中的“直线”按钮，以次出入口的中轴线与次出入口的交点为起点，方向沿中轴线方向向左，在命令行中输入“8000”。

（2）单击“默认”选项卡“修改”面板中的“偏移”按钮，将绘制好的线条向轴线两侧进行偏移，偏移距离为2500，作为出入口的开始序列。南侧次出入口如图13-9所示。

3. 西侧次出入口的绘制

西侧次出入口设计成半径为8m的半圆形，单击“默认”选项卡“绘图”面板中的“圆弧”按钮，以出入口轴线与园区边界的交点为圆弧圆心，绘制半径为8000，包含角为-180°。西侧次出入口如图13-9所示。

4. 道路的绘制

（1）新建“道路”图层，颜色选取黄色，线型为Continuous，线宽为默认，并将其设置为当前图层。单击“默认”选项卡“绘图”面板中的“样条曲线拟合”按钮，按照图13-9所示道路系统分别绘制出一级、二级和三级道路。水系中折桥设计成2m宽，直桥设计成1.5m宽。单击“默认”选项卡“绘图”面板中的“多段线”按钮，绘制好桥体的一侧，然后将其进行偏移，桥的栏杆偏移距离设为120，桥体偏移距离设为1500。

（2）主出入口处如图13-9所示，南侧次出入口处理成扇形广场形式，单击状态栏上“极轴追踪”右侧的“小三角”按钮，在弹出的快捷菜单中选择“正在追踪设置”命令，弹出“草图设置”对话框，设置附加角为30°。

（3）单击“默认”选项卡“绘图”面板中的“圆弧”按钮，以道路中心线与南侧出入口中心线的交点为圆心，绘制半径为12000，包含角为120°的圆弧。

（4）单击“默认”选项卡“修改”面板中的“偏移”按钮，将绘制好的圆弧向内侧进行偏移，偏移距离为9000，然后单击“默认”选项卡“绘图”面板中的“直线”按钮，将弧的端点封闭起来，与道路衔接上，南侧出入口处如图13-9所示。

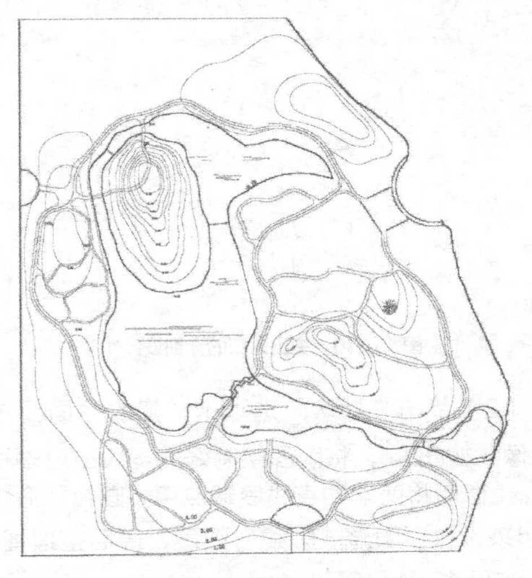

图 13-9 道路系统的绘制

13.4.5 详细设计

首先应用“多段线”和“镜像”命令绘制主出入口细节，再应用“多段线”“矩形”“直线”“偏移”“镜像”“复制”“修剪”和“旋转”等命令绘制广场内部细节部分，然后应用“直线”“圆弧”“图案填充”“矩形”“偏移”和“镜像”等命令绘制水池和文化柱，最后应用“直线”“偏移”和“修剪”命令细化次出入口以及广场中心的标志物。

STEP 绘制步骤

1. 主出入口的详细设计

将“入口”图层设置为当前图层。具体绘制方法如下。

（1）在“图层样式管理器”对话框中打开“轴线”图层上的灯，单击“默认”选项卡“绘图”面板中的“多段线”按钮，以图13-10所示点为第一角点，沿轴线平行方向（打开“极轴追踪”命令，捕捉210°角）绘制直线段，在命令行中输入长度“15000”，然后方向转为轴线垂直方向（“极轴”捕捉120°角），在命令行中输入长度“2000”，再将方向转为轴线平行方向（“极轴”捕捉210°角），在命令行中输入长度“2000”，然后方向转为轴线垂直方向（“极轴”捕捉120°角），在命令行中输入长度“2000”，然后再将方向转为轴线平行方向（“极轴”捕捉210°角），在命令行中输入长度“8000”。

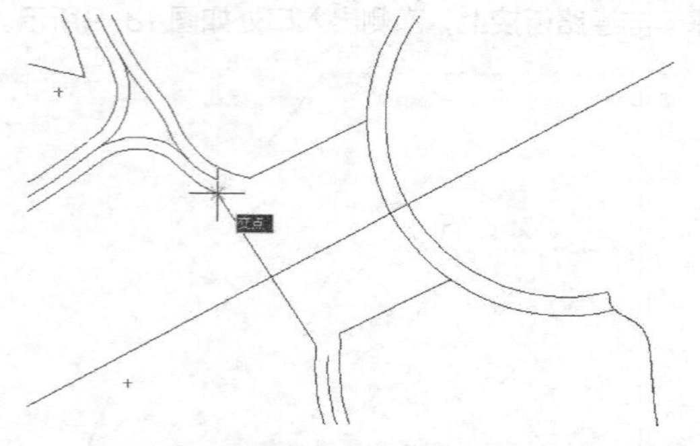

图13-10　主出入口的详细设计1

（2）单击“默认”选项卡“修改”面板中的“镜像”按钮，将前面绘制好的多段线沿轴线镜像，镜像后将两端的直线段端点用“圆弧”命令连接起来，然后隐藏“轴线”图层，最后整理图形，结果如图13-11所示。

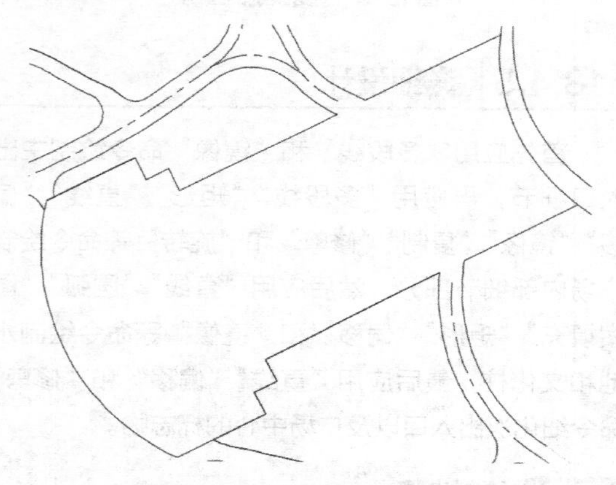

图13-11　主出入口的详细设计2

2. 广场内部的详细绘制

（1）中心标志物雕塑的绘制。在轴线的近端设计一雕塑，具体绘制方法如下。

① 单击“默认”选项卡“绘图”面板中的“多段线”按钮，以出入口处的外侧圆弧的顶点为第一角点（如图13-12所示），沿轴线向园区内侧方向绘制一条长度为30000的直线段，作为雕塑一侧与轴线的交点。

② 重复“多段线”命令，以此点为起点，沿轴线垂直向上方向绘制一条长度为1500的直线段；方向转为与轴线平行向左方向绘制长度为650的直线段；方向转为沿轴线垂直向上方绘制一条长度为650的直线段；方向转为与轴线平行向左方向绘制长度为1500的直线段。

③ 单击“默认”选项卡“修改”面板中的“偏移”按钮，将前面绘制的多段线向内侧进行偏移，偏移距离为180，这样雕塑的1/4就绘制好了。

④ 选中前面绘制的多段线，单击“默认”选项卡“修改”面板中的“镜像”按钮，沿轴线进行镜像，镜像后再将这1/2全部选中，沿图13-13所示直线段为镜像轴线，镜像结果如图13-14所示。

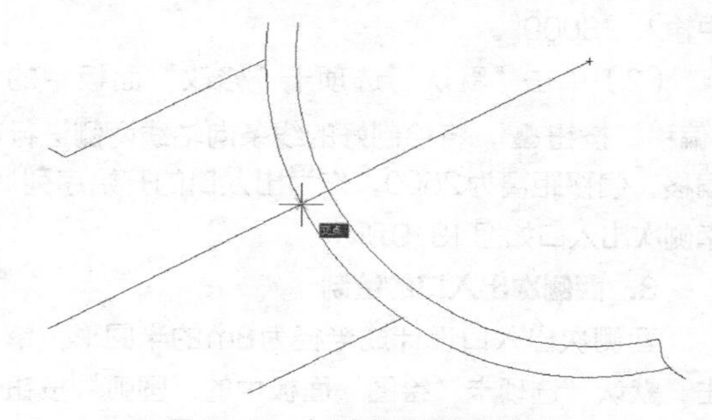

图13-12　中心标志物雕塑的绘制1

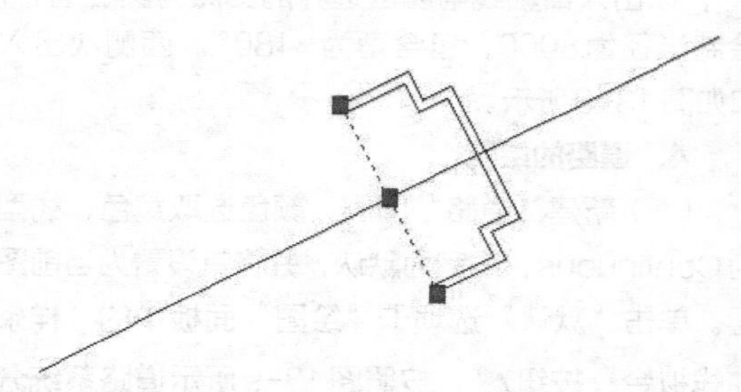

图13-13　中心标志物雕塑的绘制2

（2）台阶的绘制。

① 单击“默认”选项卡“修改”面板中的“偏移”按钮，将轴线向两侧进行偏移，偏移距离为6300，作为台阶的边缘。

② 单击“默认”选项卡“绘图”面板中的“直线”按钮，同样以出入口圆弧与轴线的交点为起点，沿轴线向园区内侧方向绘制一条长度为5600的直线段，作为台阶起始的基点，然后方向转为轴线垂直向上方向，绘制直线与轴线偏移线相交于一点。

③ 单击“默认”选项卡“修改”面板中的“偏移”按钮，将前面绘制的直线向左侧进行偏移，

偏移距离为350，重复“偏移”命令，以偏移后的直线段作为要偏移的对象，继续向左侧进行偏移，偏移距离为350，重复上述步骤，再次偏移350，结果如图13-15所示。

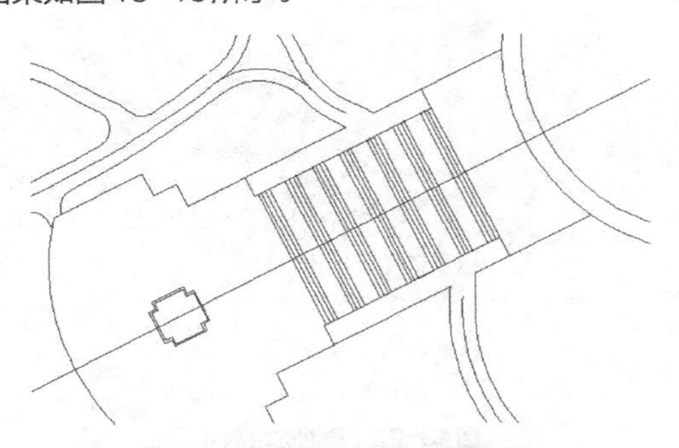

图 13-14 中心标志物雕塑的绘制 3

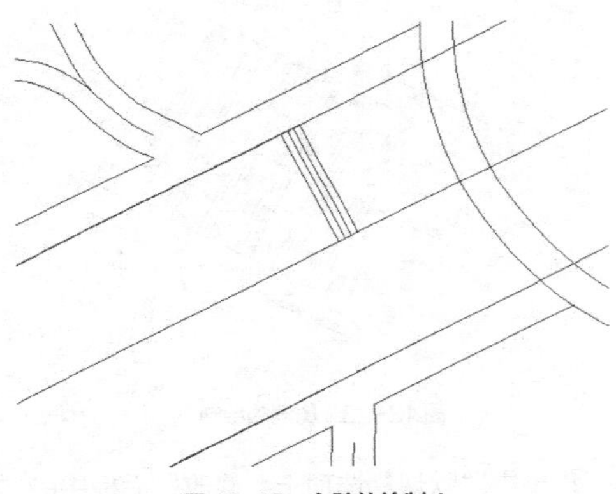

图 13-15 台阶的绘制 1

④ 单击“默认”选项卡“修改”面板中的“复制”按钮，将步骤①绘制的4条直线全部选中后沿偏移的直线进行复制，将其复制6次，间距为2550，结果如图13-16所示。

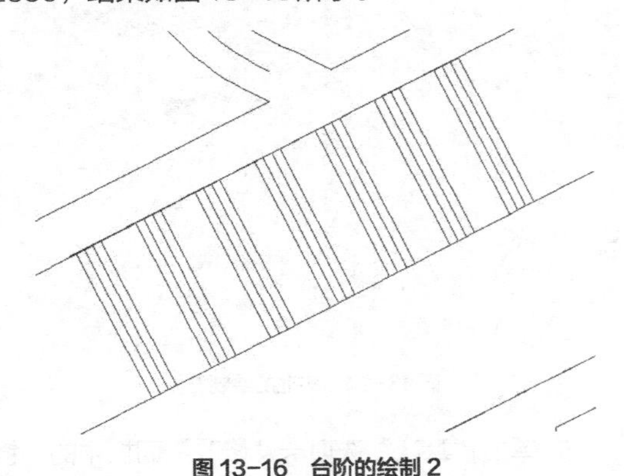

图 13-16 台阶的绘制 2

（3）台阶边缘的处理。

① 单击“默认”选项卡“绘图”面板中的“直线”按钮，在台阶边缘处绘制边缘，然后单击“默认”选项卡“修改”面板中的“修剪”按钮，将多余的线条进行修剪，结果如图13-17所示。

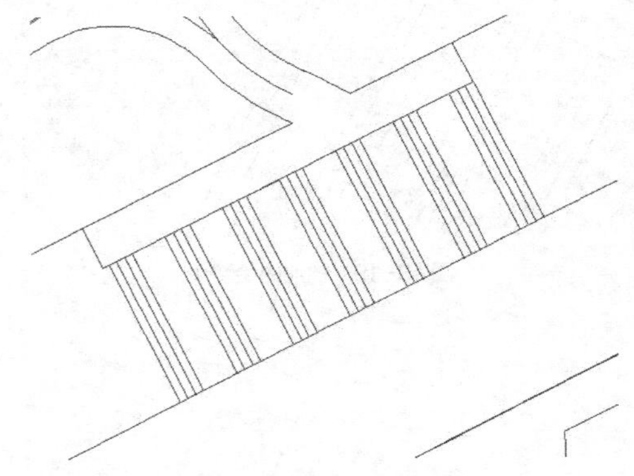

图 13-17 台阶边缘

② 单击“默认”选项卡“修改”面板中的“镜像”按钮，将前面绘制的台阶和台阶的边缘处理全部选中，镜像轴选择中轴线，结果如图13-18所示。

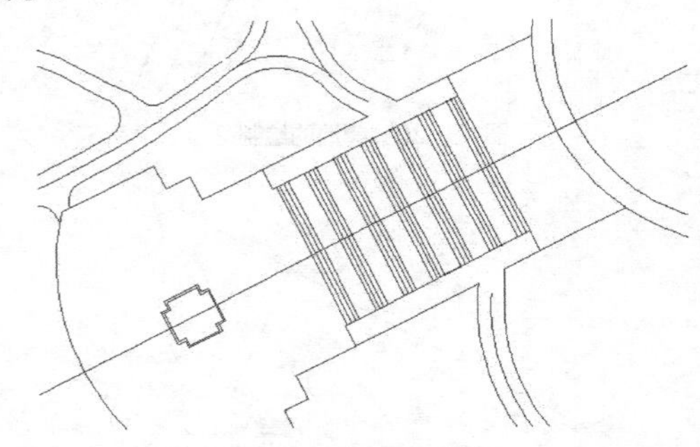

图 13-18 台阶绘制完毕

（4）台阶上树池的绘制。

① 单击“默认”选项卡“绘图”面板中的“矩形”按钮，以图13-19所示点为第一角点绘制矩形，另一角点坐标为（@-1050，-1050），结果如图13-20所示。

② 单击“默认”选项卡“修改”面板中的“旋转”按钮，将矩形旋转到合适的角度，可参照图13-21和图13-22所示的基点。

- 在命令行提示“选择对象：”后选择矩形。
- 在命令行提示“指定基点：”后选择图13-19所示点。
- 在命令行提示“指定旋转角度，或［复制（C）/参照（R）］<0>：”后输入“R”。

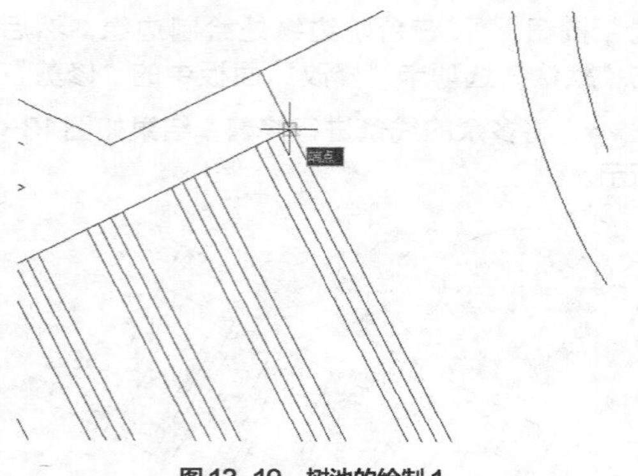

图 13-19　树池的绘制 1

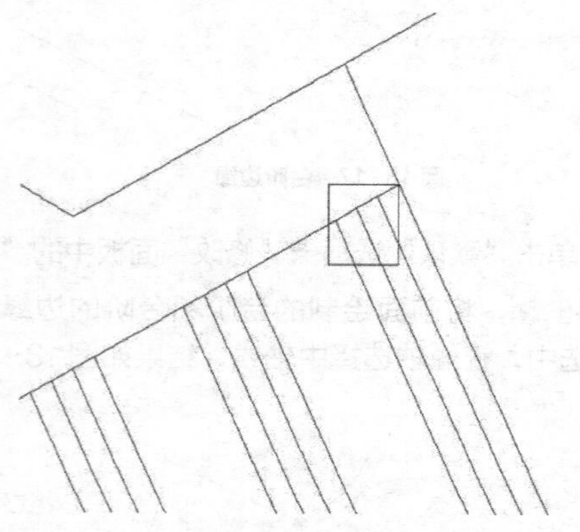

图 13-20　树池的绘制 2

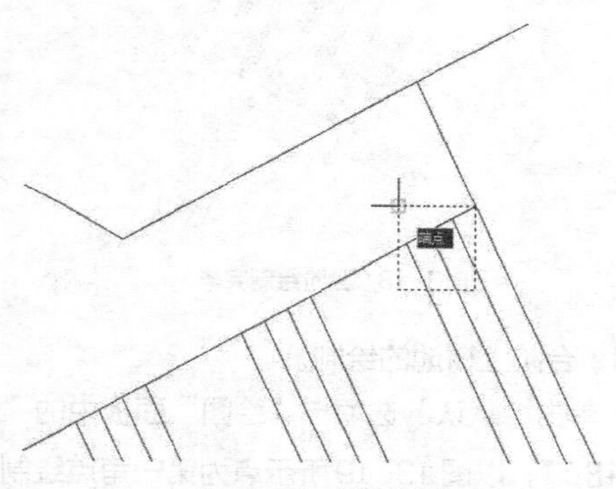

图 13-21　树池的绘制 3

- 在命令行提示“指定参照角<0>：”后选择图13-21所示点。
- 在命令行提示“指定第二点：”后选择图13-22所示点。
- 在命令行提示“指定新角度或［点（P）］<0>：”后指定一点。

③ 单击“默认”选项卡“修改”面板中的“偏移”按钮，将前面绘制的矩形向内侧偏移，偏移距离为170，作为树池的宽。单击“默认”选项卡“修改”面板中的“复制”按钮，将矩形和偏移后的矩形沿右向左进行复制，设置间距为2550，结果如图13-23所示。

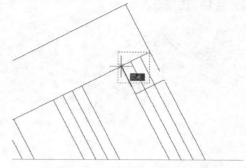

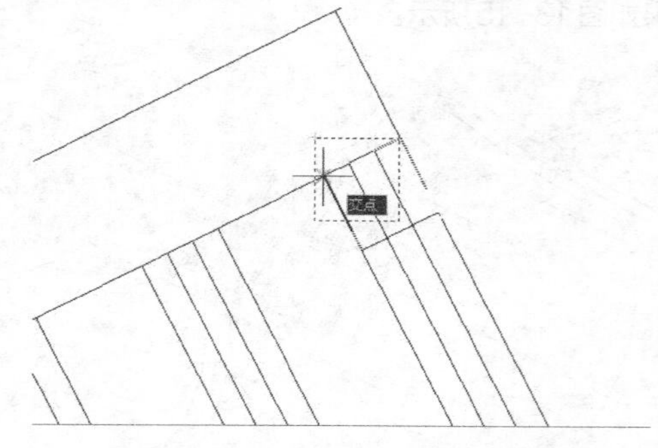

图 13-22　树池的绘制 4

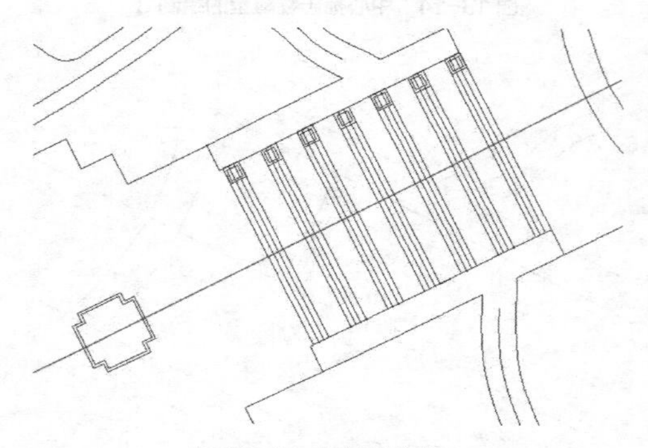

图 13-23　树池的绘制 5

④ 单击“默认”选项卡“修改”面板中的“复制”按钮，将前面绘制的“树池”全部选中，将图13-24所示的点为指定基点，进行复制，结果如图13-25所示。

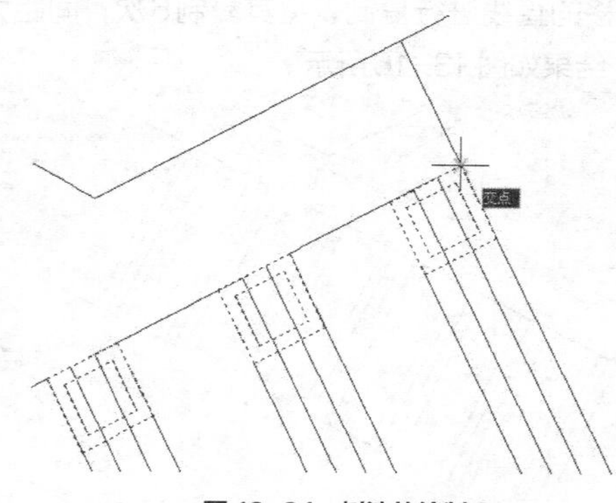

图 13-24　树池的绘制 6

⑤ 单击“默认”选项卡“修改”面板中的“镜像”按钮，将步骤④绘制的两排树池全部选中，镜像轴为中心轴线，镜像后对树池内的直线段进行修剪，结果如图13-26所示。

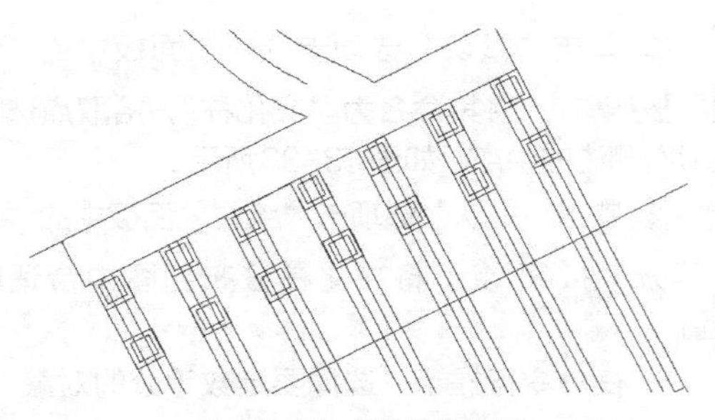

图13-25 树池的绘制7

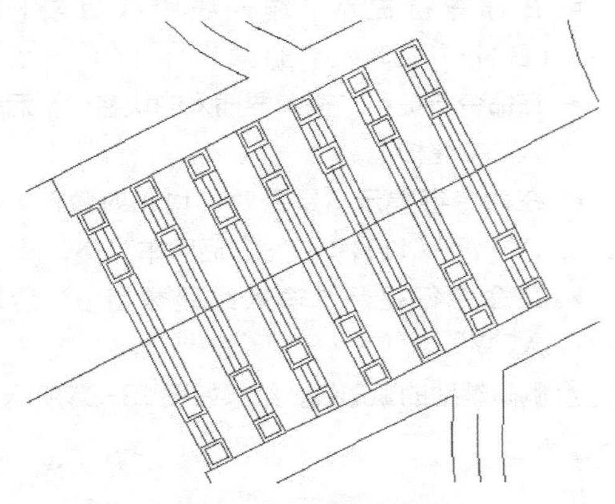

图13-26 树池的绘制8

3. 中间水池的绘制

（1）单击“默认”选项卡“修改”面板中的“偏移”按钮，将轴线分别向上、下进行偏移，偏移距离为1200、100。

（2）单击“默认”选项卡“绘图”面板中的“直线”按钮，确定出直线段的位置，对多余的直线段进行修剪，如图13-27所示。

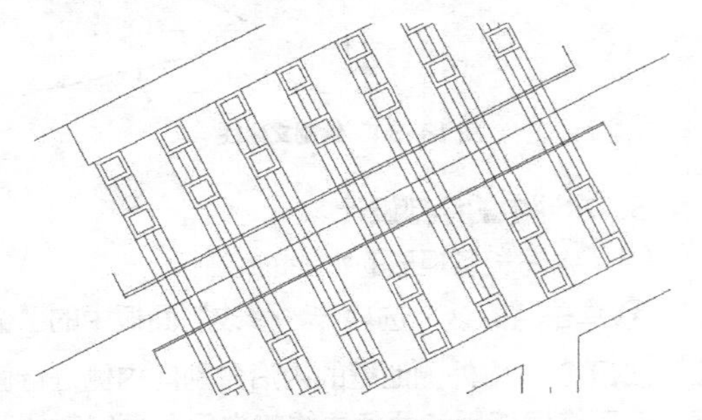

图13-27 水池的绘制1

（3）单击“默认”选项卡“绘图”面板中的“圆弧”按钮，打开“极轴”和“对象捕捉”命令（以便找到圆心），以图13-28所示的点为圆心，图13-29所示的点为圆弧的起点，图13-30所示的点为圆弧的端点，绘制圆弧。

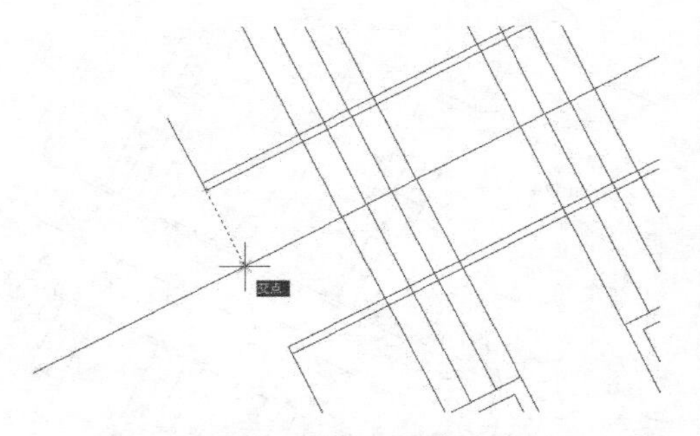

图13-28 水池的绘制2

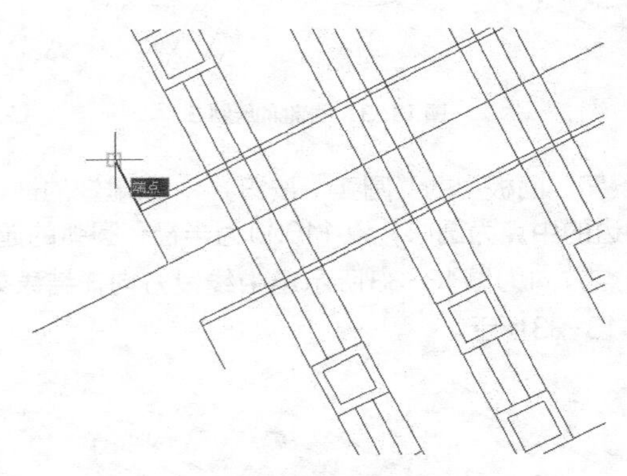

图13-29 水池的绘制3

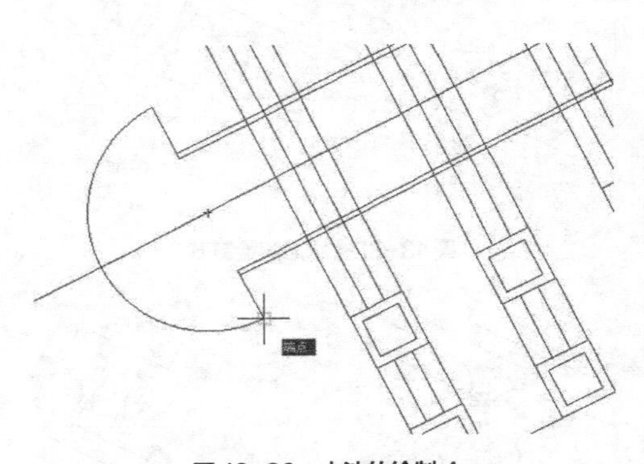

图13-30 水池的绘制4

（4）单击“默认”选项卡“修改”面板中的“偏移”按钮，将步骤（3）绘制的圆弧向内侧进行偏移，偏移距离为180，将与圆弧相交的直线段向左侧偏移180，修剪掉多余的线段，结果如图13-31所示。

（5）用同样方法绘制出台阶右侧的圆弧，或单击“默认”选项卡“修改”面板中的“镜像”按钮，以轴线方向水池的池壁的中点连线为镜像轴，删除多余的线段，结果如图13-32所示。

4. 文化柱的绘制

（1）确定文化柱的位置。单击“默认”选项卡

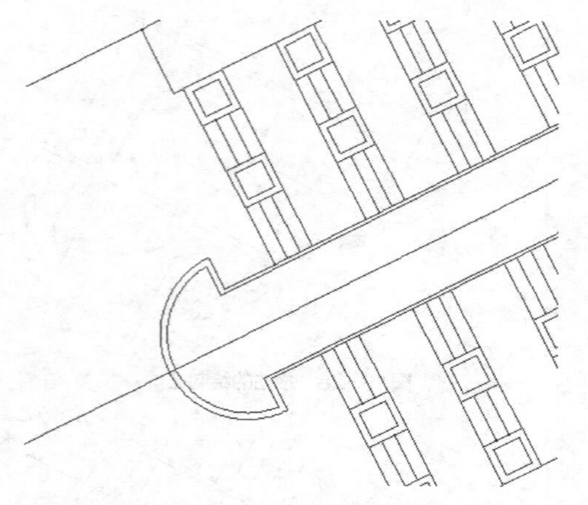

图 13-31　水池的绘制 5

“绘图”面板中的“圆弧”按钮，以雕塑的最右侧边的中点为圆心，以11000为半径，圆弧的起、末点方向为图13-33所示选中线段方向，结果如图13-33所示。

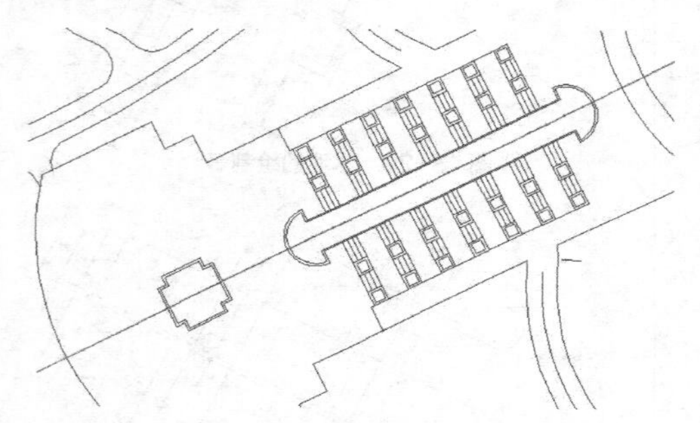

图 13-32　水池的绘制 6

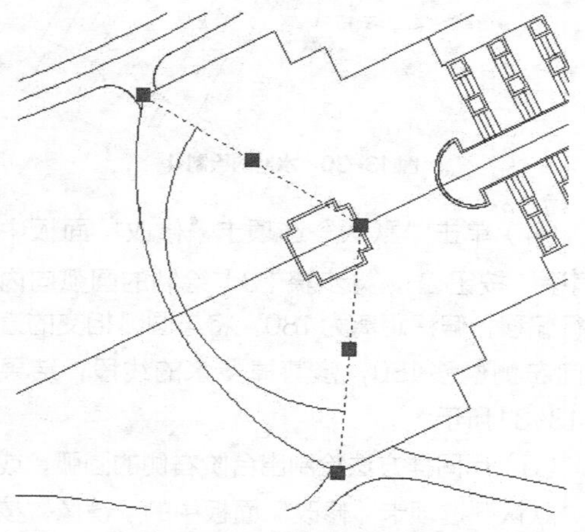

图 13-33　确定文化柱的位置

（2）文化柱的绘制。

① 单击“默认”选项卡“绘图”面板中的“矩形”按钮，绘制650×650的矩形。

② 单击“默认”选项卡“块”面板中的“创建”按钮，将其命名为“文化柱”，拾取点选择矩形右侧边的中点，如图13-33所示。

③ 单击“默认”选项卡“绘图”面板中的“定数等分”按钮，将文化柱分布到图中合适的位置。

- 在命令行提示“选择要定数等分的对象：”后选择圆弧。
- 在命令行提示“输入线段数目或［块(B)］：”后输入“B”。
- 在命令行提示“输入要插入的块名：”后输入“文化柱”。
- 在命令行提示“是否对齐块和对象？［是(Y)/否(N)］<Y>：”后回车。
- 在命令行提示“输入线段数目：”后输入“7”。

④ 删除辅助的弧形线，结果如图13-34所示。

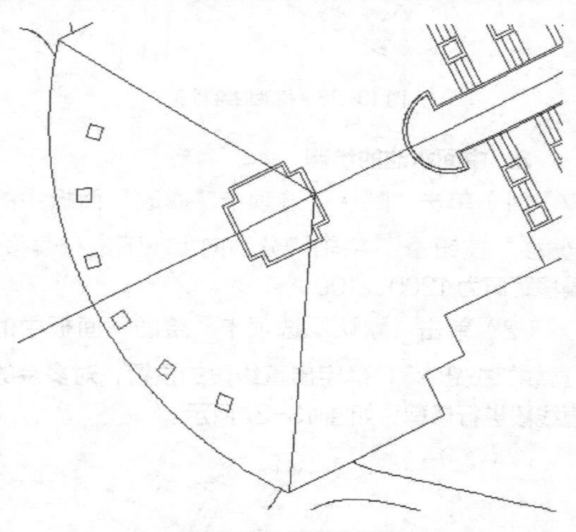

图 13-34　绘制文化柱

5. 水池中的细部设计

（1）中间长条矩形的水池的绘制。

① 单击“默认”选项卡“修改”面板中的“偏移”按钮，将外侧池壁的内沿分别向内侧进行偏移，然后将偏移后的两条直线的端口用直线封闭起来，如图13-35所示。

② 单击“默认”选项卡“修改”面板中的“偏移”按钮，将步骤①偏移后的直线向内侧进行偏移，结果如图13-36和图13-37所示，在此不再详述；半圆池中的喷泉的绘制方法同文化柱的绘制方法，在此也不再详述。

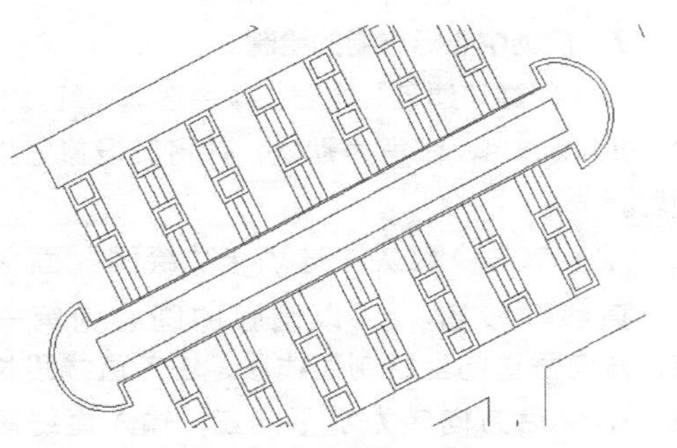

图 13-35 长条矩形的水池绘制 1

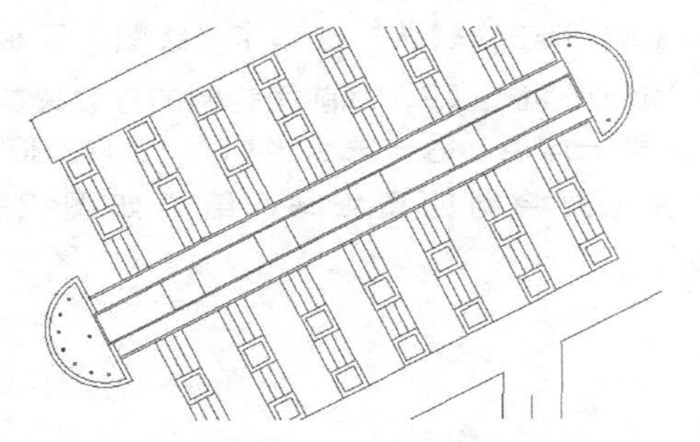

图 13-36 长条矩形的水池绘制 2

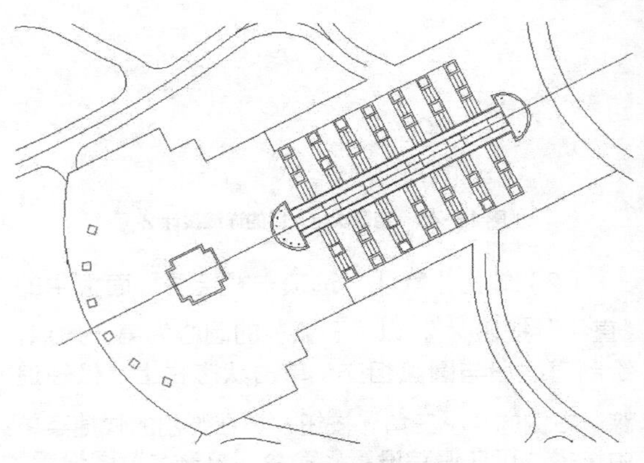

图 13-37 长条矩形的水池绘制 3

（2）水面的绘制。单击“默认”选项卡“绘图”面板中的“图案填充”按钮，打开“图案填充创建”选项卡，设置如图 13-38 所示。填充图形，最终结果如图 13-39 所示。

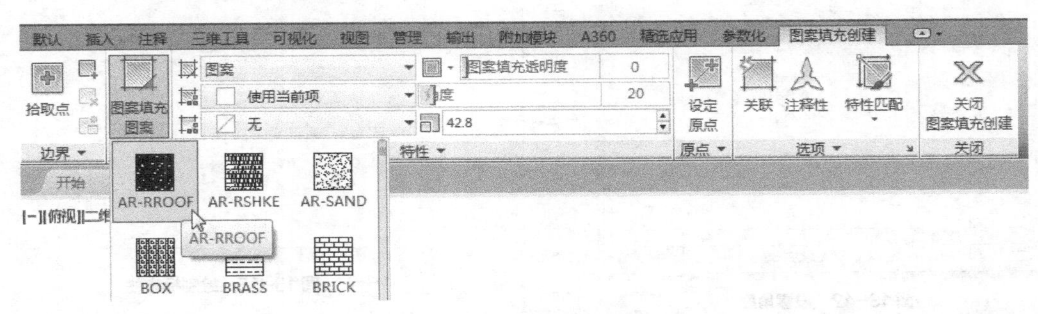

图 13-38 “图案填充创建”选项卡

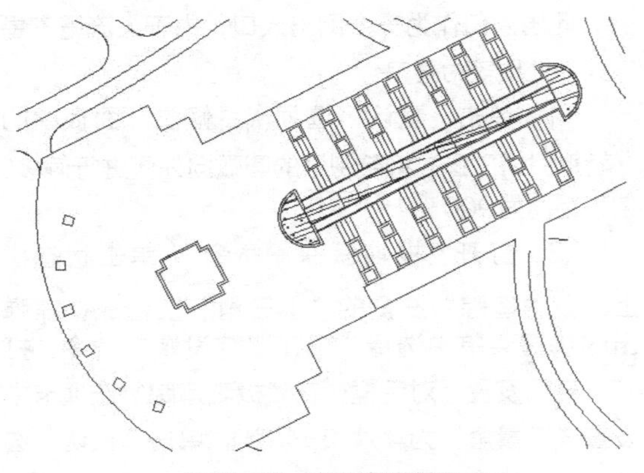

图 13-39 填充水面后效果

6. 南侧次出入口的详细设计

（1）单击“默认”选项卡“修改”面板中的“偏移”按钮，以靠近出入口一侧圆弧为要偏移的对象，如图 13-40 所示向园区内侧进行偏移，偏移几条辅助弧线，偏移过程中都以每一次偏移后的弧线为要偏移的对象，偏移距离分别为 150（竖直向下）、150（以后皆竖直向上）、150、150、150、1000、200、2000、200、1200、800、600、800、600、800，结果如图 13-41 所示。

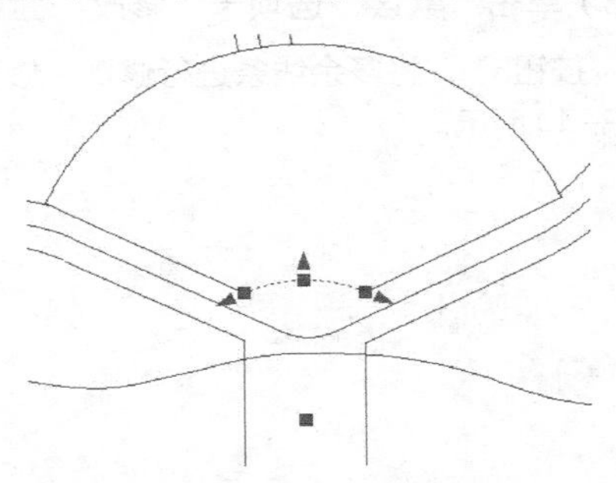

图 13-40 南侧次出入口的详细设计 1

图 13-41　南侧次出入口的详细设计 2

（2）单击“默认”选项卡“绘图”面板中的“直线”按钮，以“圆弧”的圆心为第一角点，绘制直线段与圆弧相交，单击状态栏上“极轴追踪”右侧的“小三角”按钮，在弹出的快捷菜单中选择“正在追踪设置”命令，打开“草图设置”对话框，如图13-42所示，在“增量角”文本框中分别输入角度50°、58°、58.5°、59.5°、60°、110°、116°、120°、120.5°、121.5°、122°、130°，结果如图13-43所示。

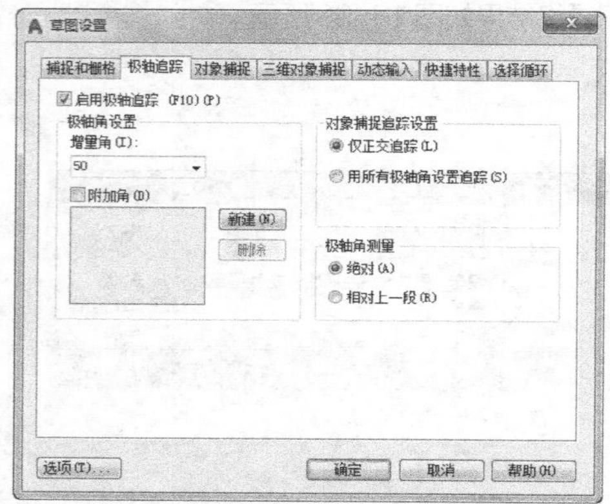

图 13-42　设置角度

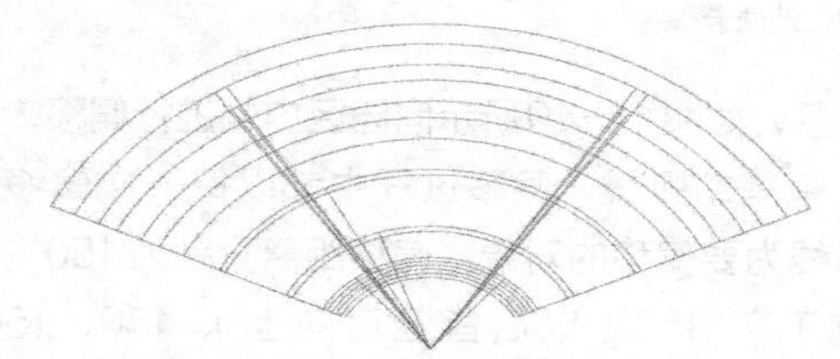

图 13-43　南侧次出入口的详细设计 3

（3）单击“默认”选项卡“修改”面板中的“修剪”按钮，将多余线条进行修剪，修剪结果如图13-44所示。

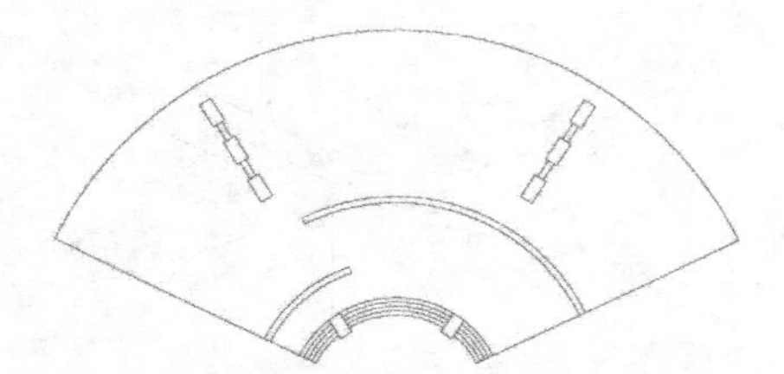

图 13-44　南侧次出入口的详细设计 4

7. 广场中心标志物的绘制

（1）新建“建筑”图层，颜色选取洋红，线型为Continuous，线宽为默认，并将其设置为当前图层。

（2）单击“默认”选项卡“绘图”面板中的“直线”按钮，以圆弧的圆心为第一角点，方向垂直向上绘制直线段，输入直线段长度8000，然后方向转为水平向左，输入直线段长度400。

（3）单击“默认”选项卡“绘图”面板中的“矩形”按钮，以前面绘制的直线段的端点为第一角点，另一角点坐标为（800，800），删除前面绘制的直线段，结果如图13-45所示。

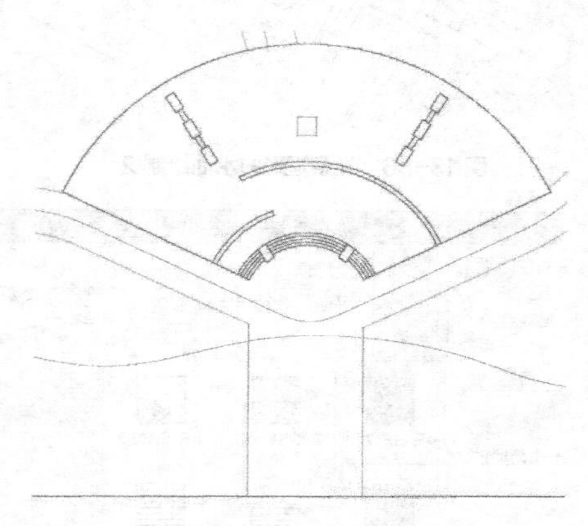

图 13-45　绘制标志物

8. 西侧次出入口的详细设计

此出入口作为一个侧出入口，由于人流量不是很大，处理较为简单。

（1）单击“默认”选项卡“修改”面板中的“偏移”按钮，将绘制好的圆弧向外侧进行偏移，偏移距离为900。

（2）打开“极轴追踪”命令，（单击状态栏上“极轴追踪”右侧的“小三角”按钮，在弹出的快捷菜单中选择“正在追踪设置”命令，打开“草图设置”对话框，在“极轴追踪”选项卡中设置“增量角”为48°和-48°），单击“默认”选项卡“绘图”面板中的“直线”按钮，以“圆弧”的圆心为第一角点，沿48°和-48°方向绘制直线段，与偏移后的圆弧相交，如图13-46所示。

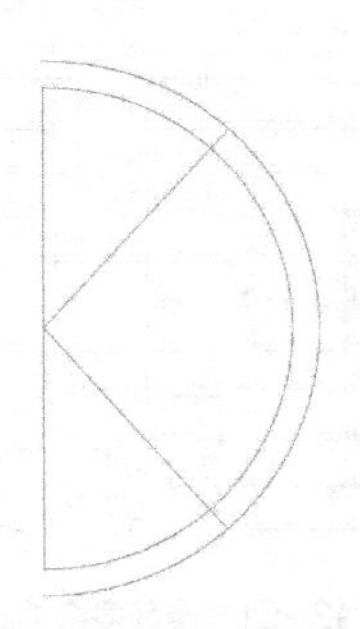

图 13-46 西侧次出入口的详细设计

（3）单击“默认”选项卡“修改”面板中的“修剪”按钮，对多余的线条进行修剪。

（4）单击“默认”选项卡“绘图”面板中的“图案填充”按钮，打开“图案填充创建”选项卡，设置如图 13-47 所示。

（5）圆弧外侧采用同样方法进行填充，选择合适的图案，结果如图 13-48 所示。

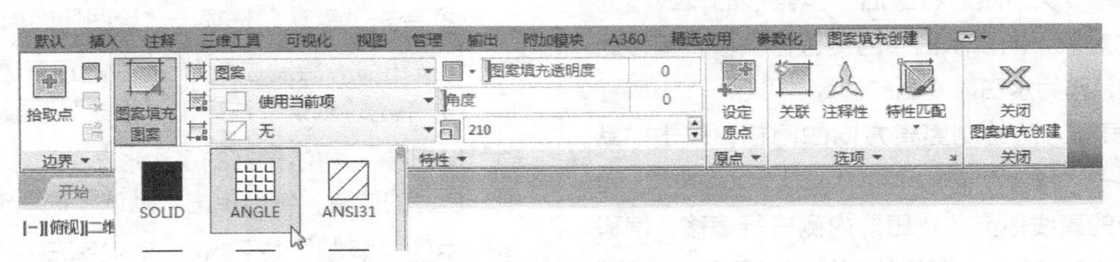

图 13-47 填充设置

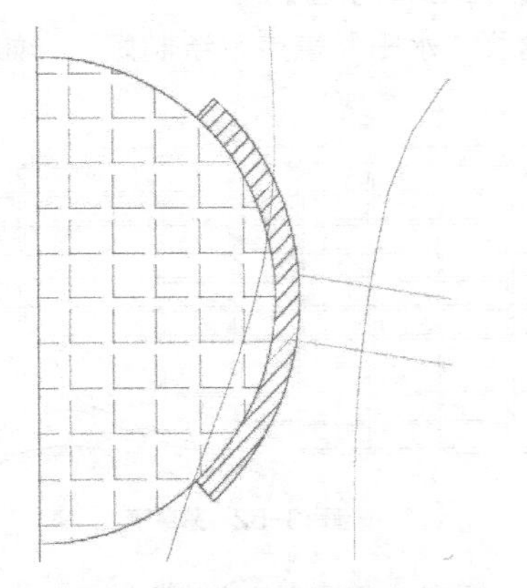

图 13-48 广场填充后的效果

这样，出入口就绘制好了，如图 13-49 所示。

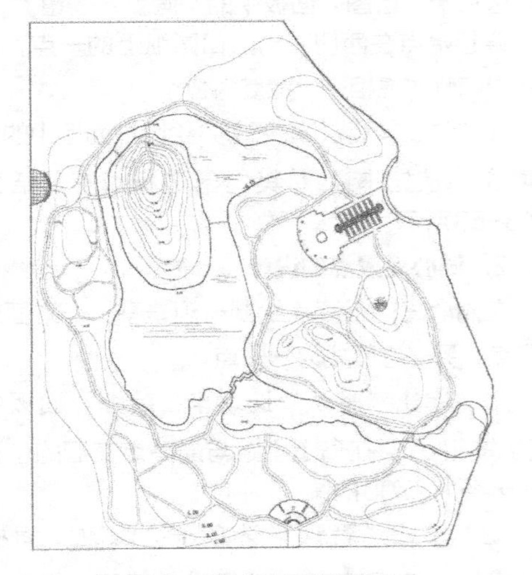

图 13-49 出入口绘制完毕

13.4.6 景点的规划设计

根据公园所在地的自然条件，利用二维绘图和修改命令规划并绘制水田景点、湖心岛景点、儿童娱乐区、百草园景点、水边茶室、亲水平台以及其他小品。

STEP 绘制步骤

1. 水田景点的规划

在园区西北角设计一水田景观，水田中设置茅草亭，供人们休憩。

（1）水田外侧边缘的绘制。

① 新建“水田”图层，颜色选取黄色，线型为Continuous，线宽为默认，并将其设置为当前图层。

② 单击“默认”选项卡“绘图”面板中的“多段线”按钮，以园区的西北角点为第一角点，竖直向下绘制直线段，在命令行中输入直线段长度2000，然后方向转为水平向右，在命令行中输入直线段长度4000，此条多段线作为绘制“水田”景点位置的辅助线段。

③ 单击“默认”选项卡“绘图”面板中的“直线”按钮，以前面绘制的多段线的末端点为第一角点，方向水平向右绘制一条直线段，与园区东侧边界相交，然后还是以那条辅助线段的末端点为第一角点，竖直向下绘制直线段，与西侧次出入口相交。

（2）水田内方格的绘制。

① 单击“默认”选项卡“修改”面板中的“偏移”按钮，将前面绘制的水平方向的直线段向“水田”内侧进行偏移，偏移距离为600，每次偏移都是以偏移后的直线段为要偏移的对象。选中偏移后的直线段，单击“默认”选项卡“修改”面板中的“偏移”按钮，偏移距离为3400，然后再以偏移后的直线段为要偏移的对象，重复以上两步命令，再偏移9次，然后将最后一步偏移的直线段为要偏移的对象，向“水田”内侧进行偏移，偏移距离为600，作为水田最南侧的边缘。

② 同样方法绘制竖直方向的网格，单击“默认”选项卡“修改”面板中的“偏移”按钮，将竖直方向的直线段向“水田”内侧进行偏移，偏移距离为8600，选中偏移后的直线段，重复“偏移”命令，偏移距离为400，再以偏移后的直线段为要偏移的对象，重复以上两步命令，再偏移9次（或者采用“矩形阵列”命令）。

③ 单击“默认”选项卡“绘图”面板中的“直线”按钮，以最后一次偏移竖直方向的直线段与最上端水平方向的直线段的交点为第一角点，竖直向下绘制直线，在命令行中输入直线段长度12600，然后打开“极轴追踪”命令，右键单击设置“增量角”为210°，沿210°方向绘制直线段，与水田最南侧的边缘线相交。

结果如图13-50所示。

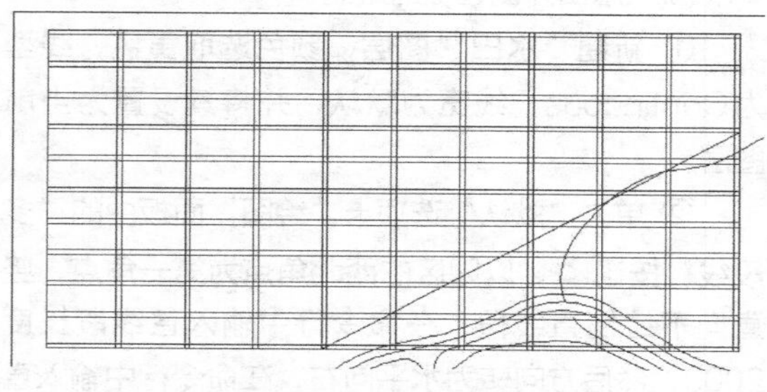

图13-50 绘制水田方格

④ 单击“默认”选项卡“修改”面板中的“修剪”按钮，对多余的线条进行修剪，结果如图13-51所示。

（3）水田中茅草亭的设计。

① 新建“茅草亭”图层，颜色选取红色，线型为Continuous，线宽为默认，并将其设置为当前图层。

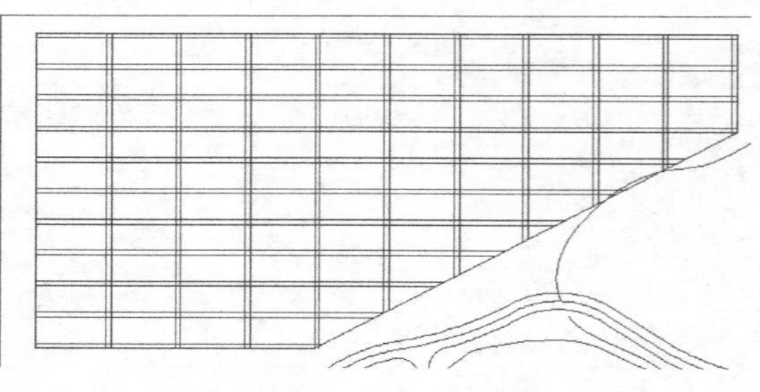

图13-51 修剪多余的线条

② 单击“默认”选项卡“绘图”面板中的“多边形”按钮，绘制边长为5400的正三边形。

③ 单击“默认”选项卡“修改”面板中的“移动”按钮，将绘制好的多边形茅草亭移动到水田中一合适的位置，然后单击“默认”选项卡“修改”面板中的“复制”按钮，对“茅草亭”进行复制，复制到合适的位置。

这样“水田”景点就绘制好了，如图13-52所示。

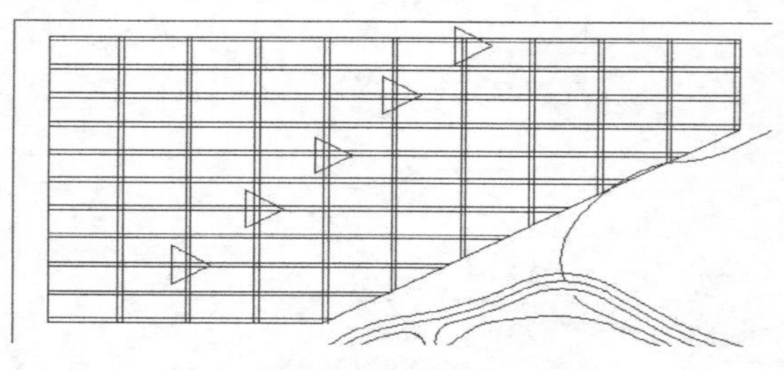

图13-52 茅草亭

（4）通往水田景点的木栈道的绘制。

① 将“建筑”图层置为当前图层。单击“默认”选项卡“绘图”面板中的“圆弧”按钮，绘制两条起始点在西侧次出入口圆弧上的一点，终点与水田南侧边缘相交，宽度为2m。

② 单击“默认”选项卡“绘图”面板中的“图案填充”按钮，对其内部进行填充，结果如图13-53所示。

2. 湖心岛景点的设计

在湖心岛的最高点绘制一观景亭，一方面作为观景点，另一方面成为一景点。

（1）单击“默认”选项卡“绘图”面板中的“圆”按钮，在岛上小路与最高点交汇的位置绘制一半径为2700的圆。

（2）单击“默认”选项卡“修改”面板中的“偏移”按钮，向外侧进行偏移，偏移距离为200，重复上述步骤两次，每次都是以偏移后的圆作为要偏移的对象，然后以最后一步绘制的圆为要偏移的对象，向外侧进行偏移，偏移距离为640。

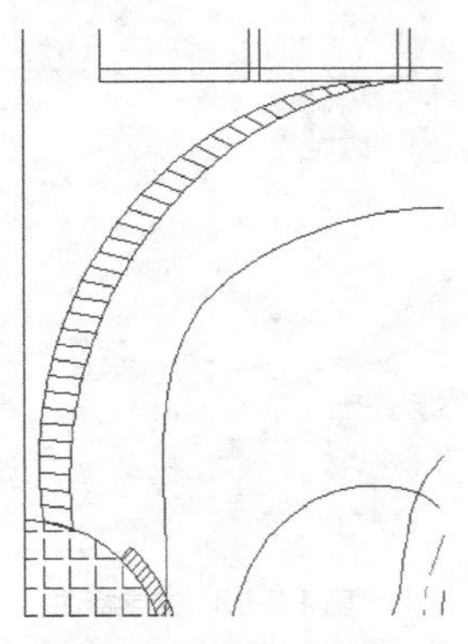

图13-53　绘制栈道

（3）单击“默认”选项卡“修改”面板中的“修剪”按钮，将多余的道路进行修剪，结果如图13-54所示。

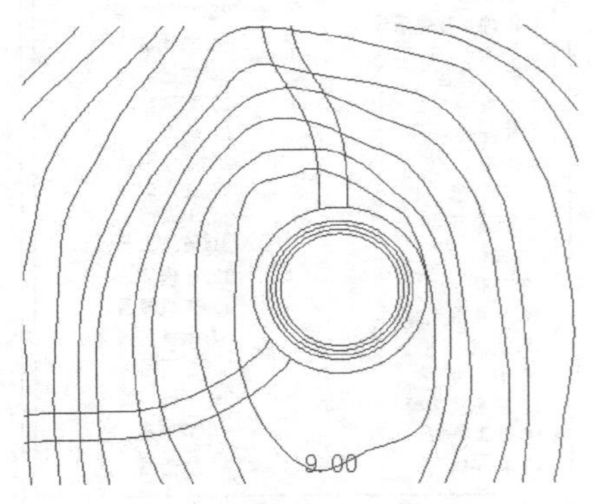

图13-54　湖心岛

3. 儿童娱乐区的设计

儿童娱乐区的设计应考虑到儿童出入的方便，设在主出入口的右侧。儿童娱乐设施的绘制在此不做过多阐述，其平面图例有单独资料，选择合适的器具对其进行复制，放置在合适的位置。

4. 百草园景点的设计

单击“默认”选项卡“绘图”面板中的“样条曲线拟合”按钮，绘制图13-54所示的合适大小、形状的曲线，每一块表示不同种类的植物。

5. 水边茶室、亲水平台以及其他小品的绘制

在此不做详细阐述。

最终结果如图13-55所示。

图13-55　景区绘制完毕

13.4.7 植物的配置

植物是园林设计中必不可少的一部分，要求设计人员首先应认真考察气候条件和土壤条件，然后根据植物的生态习性和生物学特性，选择适应当地条件的植物品种进行布置。

STEP 绘制步骤

（1）新建“乔木”和“灌木”图层，其中“乔木”图层，颜色选取绿色，线型为Continuous，线宽为默认，“灌木”图层的设置同“乔木”图层。将配套资源所附带的植物表和植物图例打开，选中合适的图例，在窗口中单击鼠标右键，在弹出的快捷菜单中选择“复制”命令，然后将窗口切换至公园设计的窗口，在窗口中单击鼠标右键，在弹出的快捷菜单中选择“粘贴”命令，植物的图例就复制到公园设计的图中。单击“默认”选项卡“修改”面板中的“缩放”按钮，将图例缩放至合适的大小，一般大乔木的冠幅直径在6000，其他相应缩小。按照不同植物图例进行命名，结果如图13-56所示。

（2）根据植物的生长特性和采用艺术手法将植物种植在公园合适的位置，结果如图13-57所示。

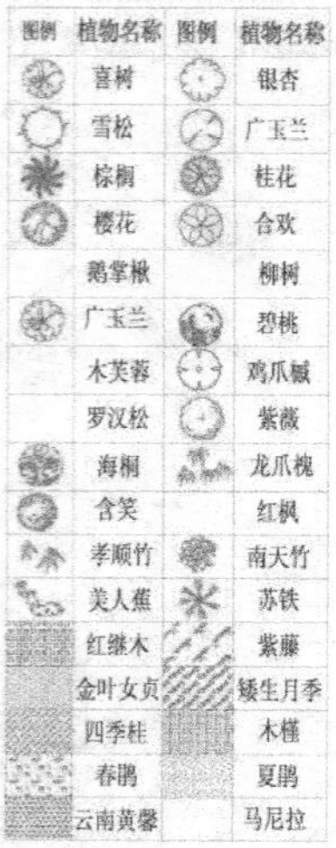

主要植物名录

图例	植物名称	图例	植物名称
	喜树		银杏
	雪松		广玉兰
	棕榈		桂花
	樱花		合欢
	鹅掌楸		柳树
	广玉兰		碧桃
	木芙蓉		鸡爪槭
	罗汉松		紫薇
	海桐		龙爪槐
	含笑		红枫
	孝顺竹		南天竹
	美人蕉		苏铁
	红继木		紫藤
	金叶女贞		矮生月季
	四季桂		木槿
	春鹃		夏鹃
	云南黄馨		马尼拉

图 13-56　主要植物名录

图 13-57　植物配置

（3）新建“文字”图层，颜色选取绿红，线型为Continuous，线宽为默认，并将其设置为当前图层。

（4）单击“默认”选项卡“注释”面板中的“多行文字”按钮A，在图13-58所示相应位置标出景点的标号。

（5）景点的说明。将“文字”图层设置为当前图层，单击“默认”选项卡“注释”面板中的“多行文字”按钮A，将景点标号用文字进行说明，结果如图13-59所示。

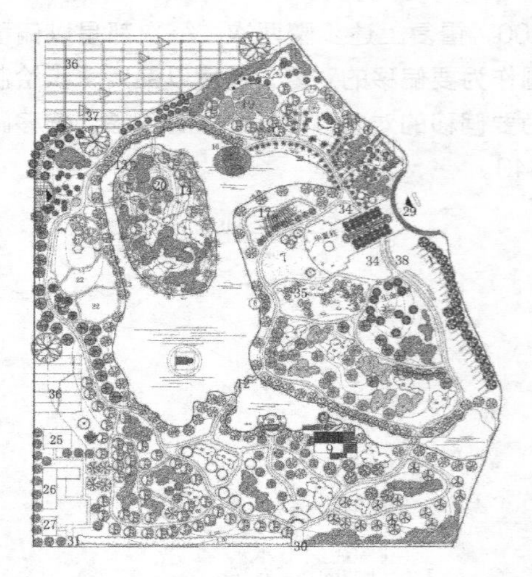

图 13-58　文字标注

说明

1.停车处	20.观景亭
2.树池坐凳	21.帆布帐篷
3.跌水台阶	22.台地烧烤区
4.各种儿童娱乐设施	23.戈壁沙滩
5.厕所	24.木栈道
6.露天舞台	25.苗圃
7.大草坪区	26.管理室
8.环行廊道	27.仓库
9.茶室	28.亲水平台
10.餐饮部	29.主入口
11.观景亭	30.次入口
12.曲桥	31.管理人员入口
13.木桥	32.管理房
14.文化观光廊	33.有氧健身区
15.沙坑	34.晨练区
16.中心湖	35.岩石园
17.抽象式坐椅	36.水田
18.小型舞台	37.茅草亭
19.百草院	38.雕塑墙

设计说明

1：铺砖材质上选用与建筑墙体相近的颜色，又用卵石相嵌，既有统一又有区分。入口用大面积洗米石铺地，增添园林气氛。假山、水池喷泉是主要景观焦点，几株水生植物增添了水池的情趣。

2：在种植设计上，利用植物特性，软化建筑墙角及草坪边界的硬质铺地，防止西晒，美化环境。

图 13-59　文字说明

（6）设计说明。此处仅做简单介绍。

（7）单击“默认”选项卡“块”面板中的“插入”按钮，将指北针和图框插入到图中，整理图形，最终结果如图13-1所示。

13.5 上机实验

通过前面的学习，相信读者对本章知识已有了大体的了解，本节通过操作练习帮助读者进一步掌握本章知识要点。

【实验】绘制图 13-60 所示的公园绿地设计图。

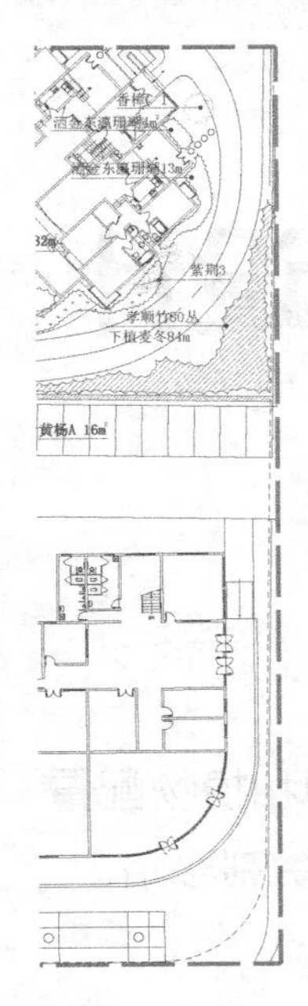

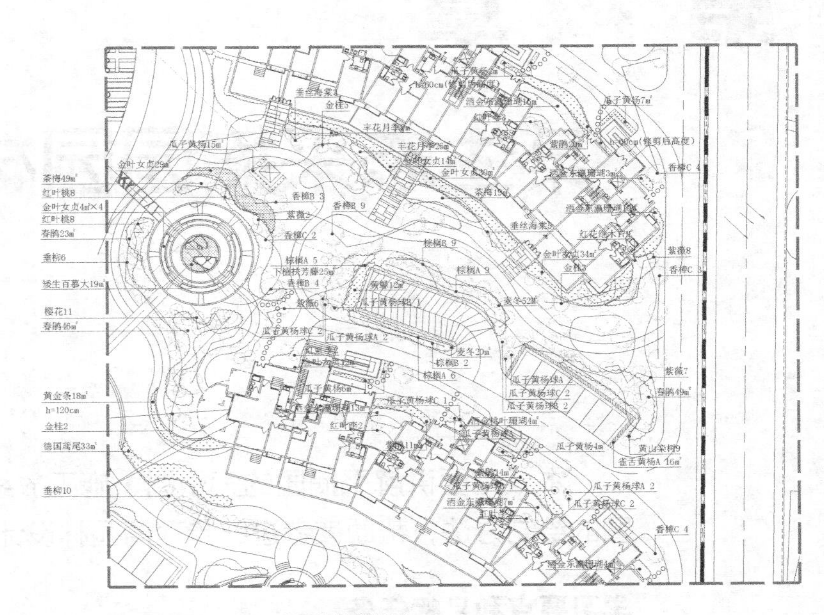

图 13-60 公园绿地设计图

1. 目的要求

希望读者通过本实例熟悉和掌握公园绿地设计图的绘制方法。

2. 操作提示

（1）绘图前准备及绘图设置。

（2）绘制出入口。

（3）绘制道路系统。

（4）绘制建筑物。

（5）景点的规划设计。

（6）植物的配置。

（7）标注文字。

第14章

某生态采摘园园林设计

本章主要讲解采摘园的索引图、施工放线图和植物配置图的绘制方法，帮助读者进一步理清园林设计的绘制思路。

学习要点和目标任务

- 索引图
- 某生态采摘园施工放线图
- 植物配置图

14.1 索引图

本节将绘制图14-1所示的索引图。

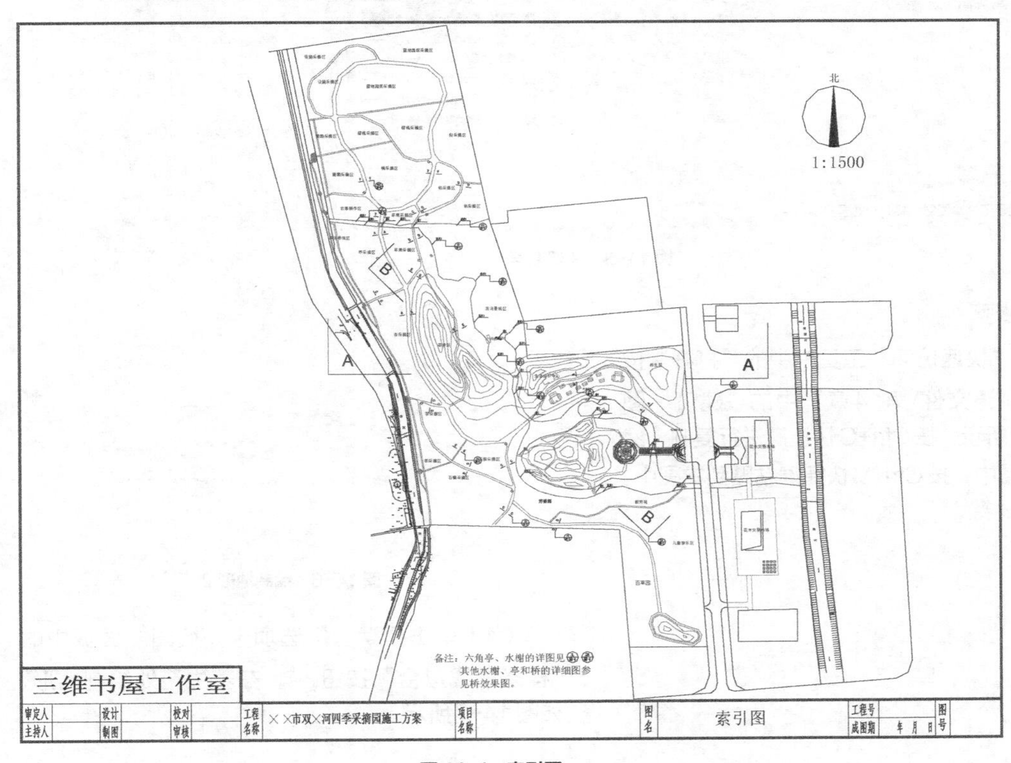

图14-1 索引图

14.1.1 必要的设置

参数设置是绘制任何一幅园林图形都要进行的预备工作，这里主要设置单位、图形界限和图层。

STEP 绘制步骤

（1）单位设置。将系统单位设为毫米（mm），以1：1的比例绘制。选择菜单栏中的“格式”/“单位”命令，打开“图形单位”对话框，按图14-2所示进行设置，然后单击“确定”按钮。

（2）图形界限设置。AutoCAD 2018默认的图形界限为420×297，是A3图幅，但是我们以1：1的比例绘图，将图形界限设为420000×297000。

（3）设置图层。单击“默认”选项卡“图层”面板中的“图层特性”按钮，打开“图层特性管理器”对话框，新建几个图层，如图14-3所示。

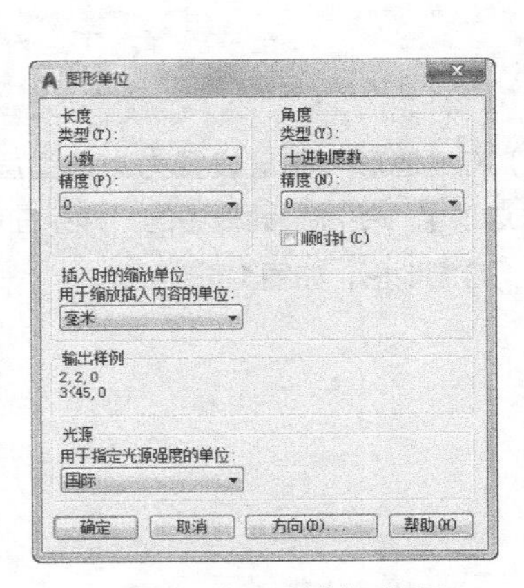

图14-2 “图形单位”对话框

14.1.2 地形的设计

在地形设计中，将现状图中的地形进行整理，本节应用“样条曲线拟合”命令绘制地形。

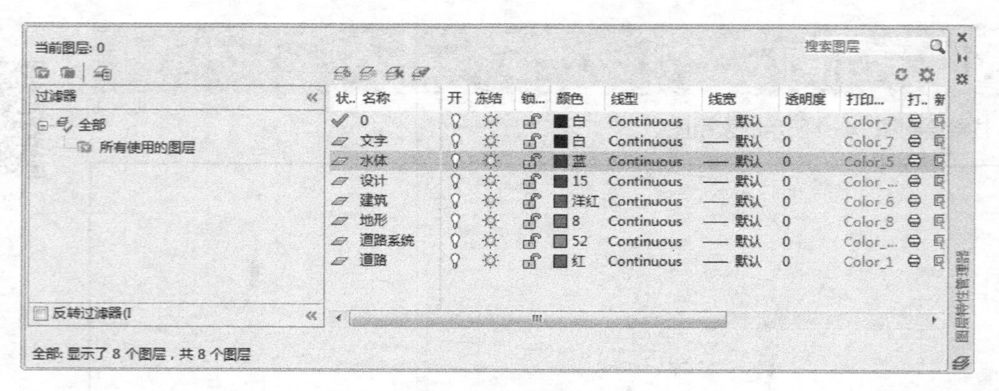

图 14-3 新建图层

STEP 绘制步骤

（1）单击“快速访问”工具栏中的“打开”按钮，打开“源文件\第14章”中的“建筑”图形，如图14-4所示，按Ctrl+C快捷键进行复制，然后返回到索引图中，按Ctrl+V快捷键粘贴到本图中。

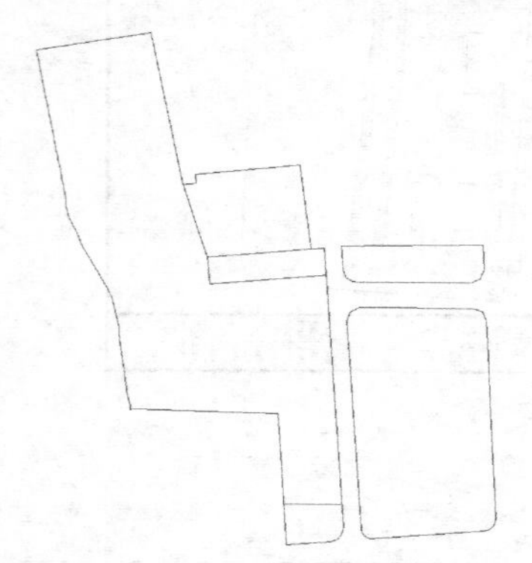

图 14-4 打开“建筑”图形

（2）将“地形”图层设置为当前图层，单击“默认”选项卡“绘图”面板中的“样条曲线拟合”按钮，绘制地形，如图14-5所示。

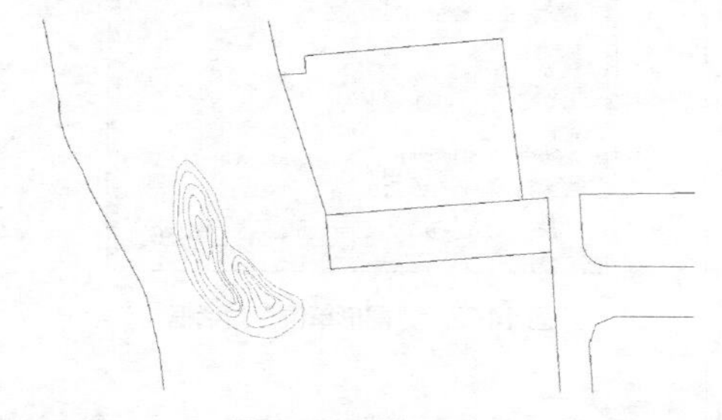

图 14-5 绘制地形 1

（3）单击“默认”选项卡“绘图”面板中的“样条曲线拟合”按钮，在生态会议中心处绘制地形，如图14-6所示。

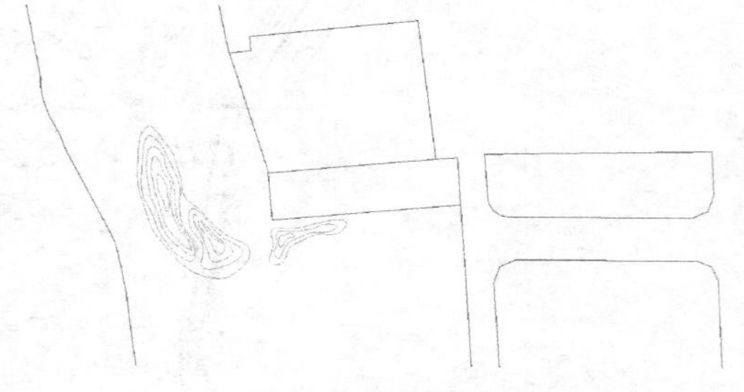

图 14-6 绘制地形 2

（4）单击“默认”选项卡“绘图”面板中的“样条曲线拟合”按钮，在养生苑处绘制地形，如图14-7所示。

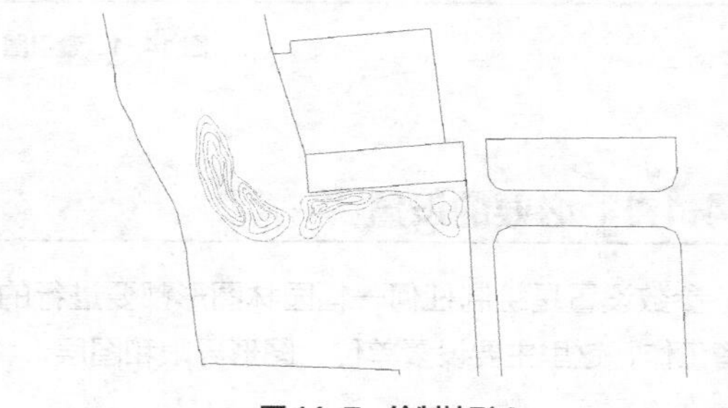

图 14-7 绘制地形 3

（5）单击“默认”选项卡“绘图”面板中的“样条曲线拟合”按钮，在步骤（4）的3个位置处绘制地形，结果如图14-8所示。

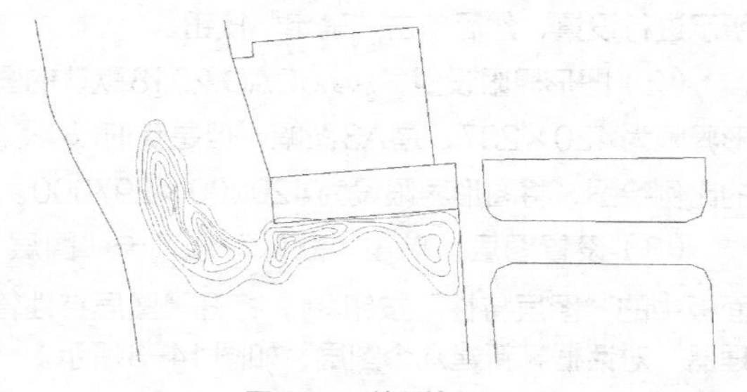

图 14-8 绘制地形 4

（6）单击“默认”选项卡“绘图”面板中的“样条曲线拟合”按钮，在中心区处绘制地形，如图 14-9 所示。

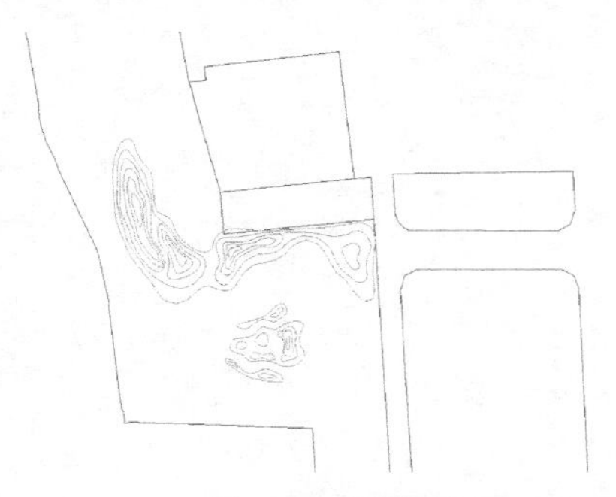

图 14-9 绘制地形 5

（7）单击“默认”选项卡“绘图”面板中的“样条曲线拟合”按钮，在百草园处绘制地形，如图 14-10 所示。

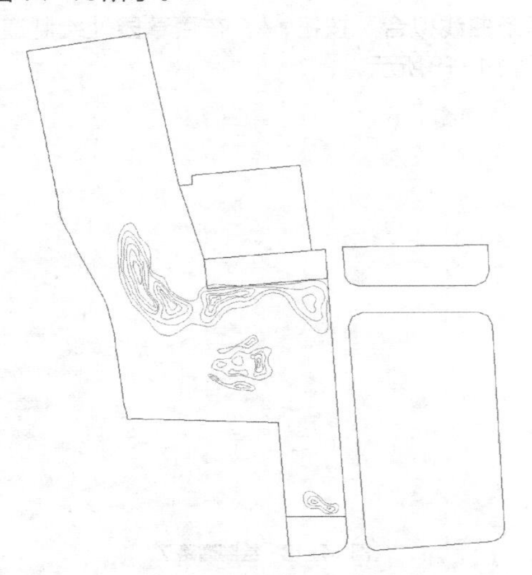

图 14-10 绘制地形 6

14.1.3 绘制道路

应用“直线”“样条曲线拟合”“偏移”和“修剪”命令绘制道路图形。

STEP 绘制步骤

（1）将“道路”图层设置为当前图层，单击“默认”选项卡“绘图”面板中的“样条曲线拟合”按钮和“修改”面板中的“偏移”按钮，在设施采摘区绘制道路，如图 14-11 所示。

（2）单击“默认”选项卡“绘图”面板中的“样条曲线拟合”按钮和“修改”面板中的“偏移”按钮，在露地蔬菜采摘区绘制道路，如图 14-12 所示。

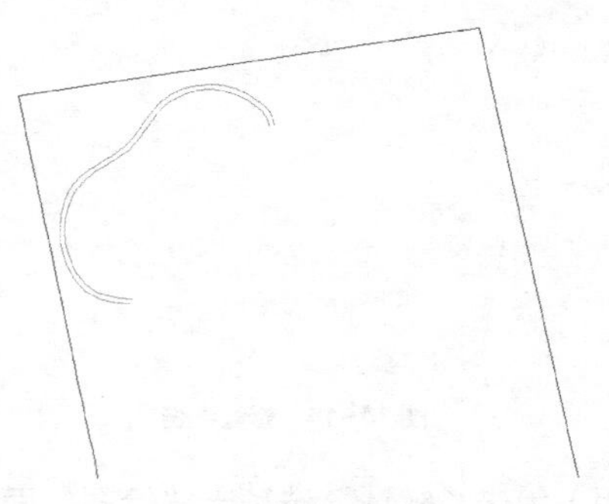

图 14-11 绘制道路 1

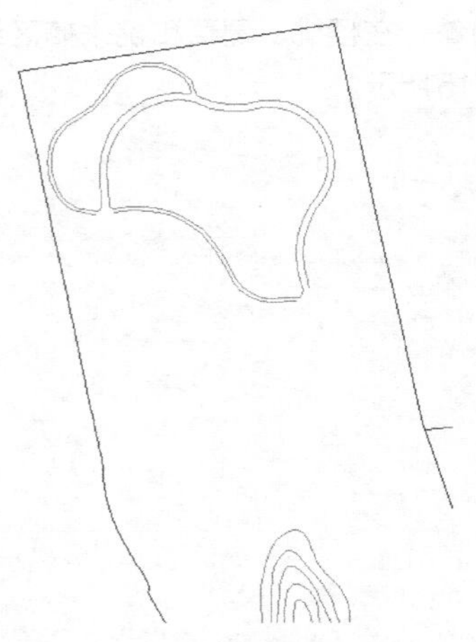

图 14-12 绘制道路 2

（3）单击“默认”选项卡“绘图”面板中的“直线”按钮，在合适的位置处绘制道路，将露地采摘区与樱桃采摘区进行划分，结果如图 14-13 所示。

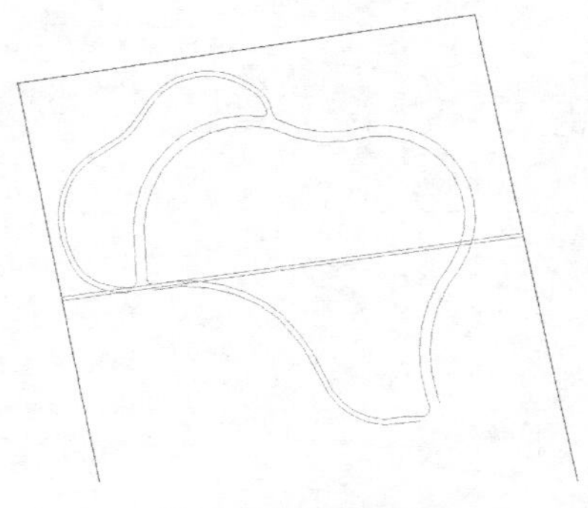

图 14-13 绘制道路 3

（4）单击“默认”选项卡“修改”面板中的“修剪”按钮，修剪掉多余的直线，如图 14-14

所示。

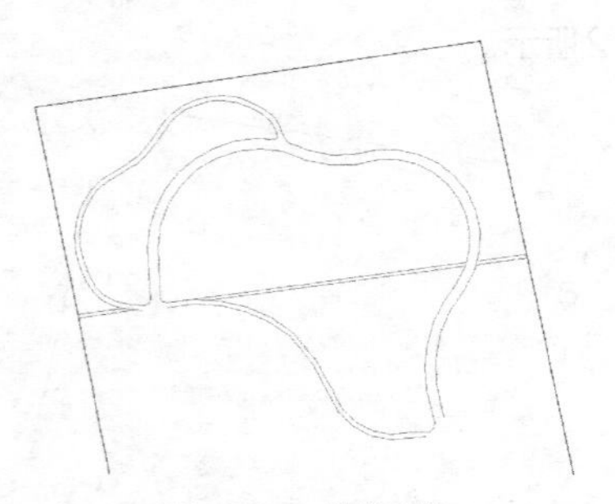

图 14-14　修剪直线

（5）单击“默认”选项卡“绘图”面板中的“样条曲线拟合”按钮和“修改”面板中的“偏移”按钮，在樱桃、葡萄和桃采摘区绘制道路，如图 14-15 所示。

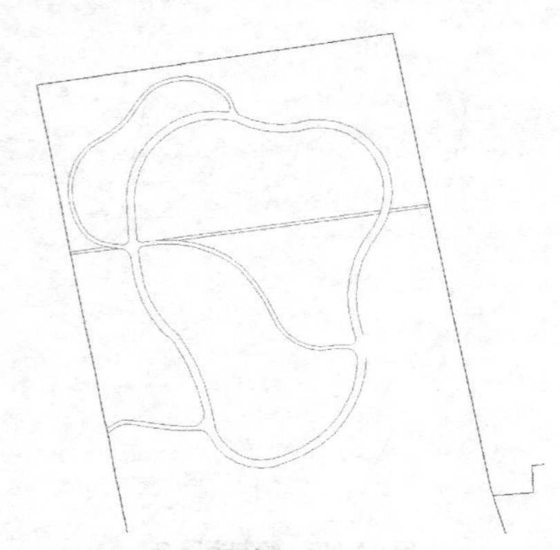

图 14-15　绘制道路 4

（6）单击“默认”选项卡“绘图”面板中的“样条曲线拟合”按钮和“修改”面板中的“偏移”按钮，在柿子采摘区绘制道路，如图 14-16 所示。

图 14-16　绘制道路 5

（7）使用同样的方法，在其他采摘区处绘制道路，如图 14-17 所示。

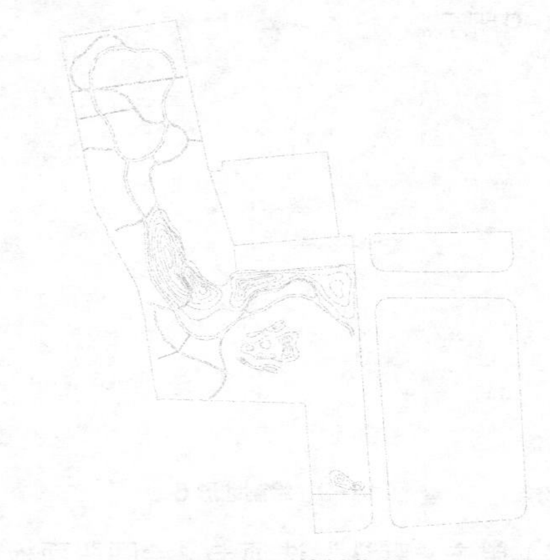

图 14-17　绘制道路 6

（8）单击“默认”选项卡“绘图”面板中的“样条曲线拟合”按钮，在百草园处绘制道路，如图 14-18 所示。

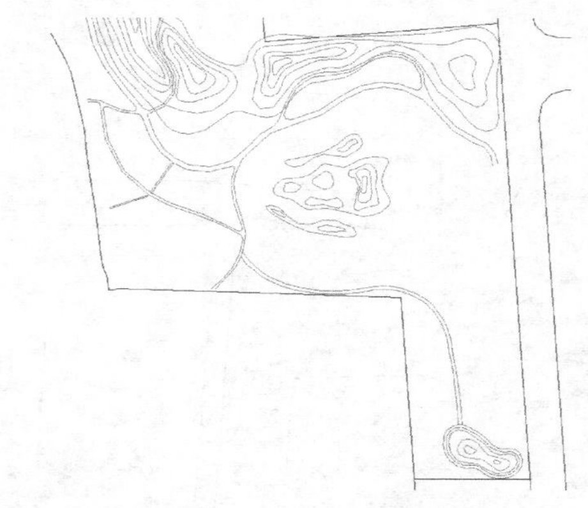

图 14-18　绘制道路 7

（9）单击“默认”选项卡“绘图”面板中的“样条曲线拟合”按钮，在群芳苑处绘制道路，如图 14-19 所示。

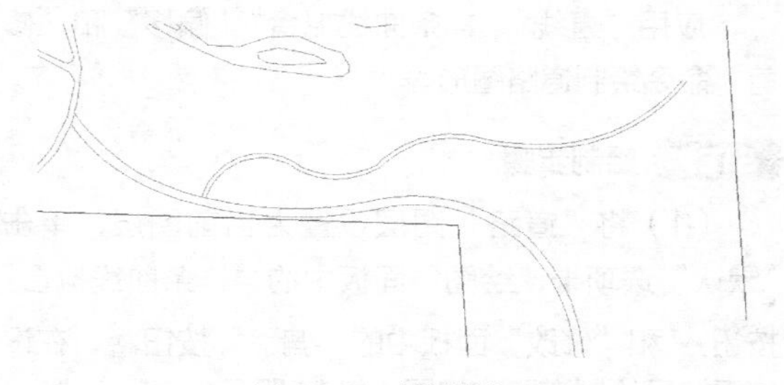

图 14-19　绘制道路 8

（10）将“道路系统”图层设置为当前图层，

单击“默认”选项卡“绘图”面板中的“直线”按钮和“样条曲线拟合”按钮，绘制道路系统，如图14-20所示。

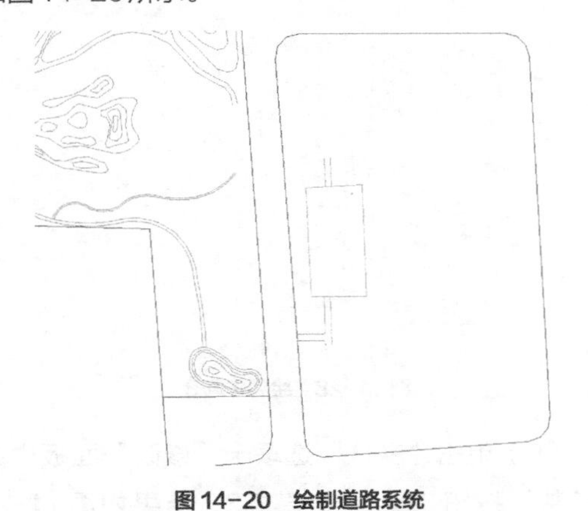

图 14-20 绘制道路系统

14.1.4 绘制水体

水体是地形组成中不可缺少的部分，是园林中的重要组成因素，根据本实例中的地形设计绘制水体。

STEP 绘制步骤

（1）将“水体”图层设置为当前图层，单击“默认”选项卡“绘图”面板中的“样条曲线拟合”按钮，绘制水体，如图14-21所示。

图 14-21 绘制水体 1

（2）单击“默认”选项卡“绘图”面板中的“样条曲线拟合”按钮，在中心区绘制水体，如图14-22所示。

（3）将“道路”图层设置为当前图层，单击“默认”选项卡“绘图”面板中的“样条曲线拟合”按钮，在中心区处补充绘制道路，如图14-23所示。

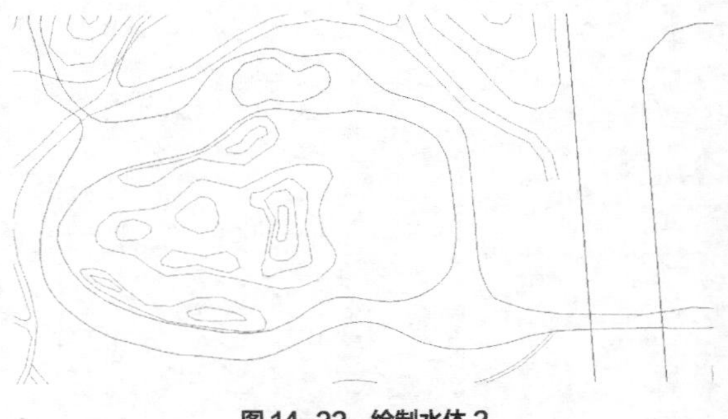

图 14-22 绘制水体 2

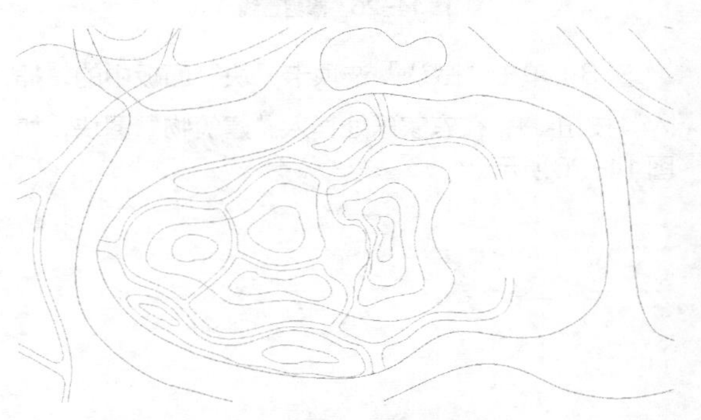

图 14-23 绘制道路

14.1.5 绘制建筑

建筑是园林设计中的点缀，下面应用绘图和修改命令绘制建筑图形。

STEP 绘制步骤

1. 绘制建筑

（1）将“建筑”图层设置为当前图层，单击“默认”选项卡“绘图”面板中的“直线”按钮，在生态会议中心处绘制建筑，如图14-24所示。

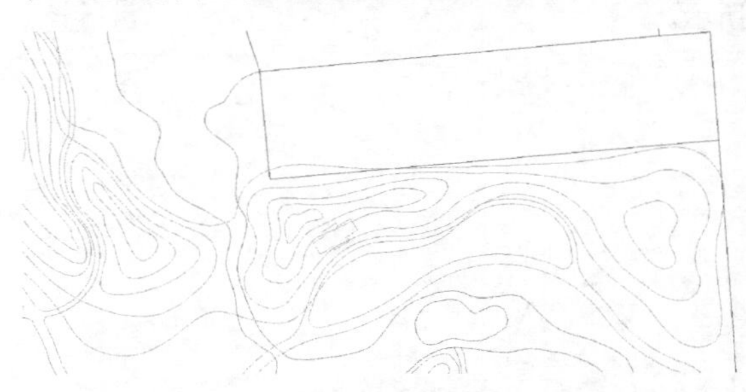

图 14-24 绘制建筑 1

（2）单击“默认”选项卡“修改”面板中的

"修剪"按钮，修剪掉多余的直线，如图14-25所示。

图14-25 修剪直线

（3）单击"默认"选项卡"块"面板中的"插入"按钮，在农家乐处插入"建筑物"图块，如图14-26所示。

图14-26 绘制建筑2

（4）单击"默认"选项卡"修改"面板中的"复制"按钮和"旋转"按钮，将建筑2复制到另外一侧并旋转到合适的角度，如图14-27所示。

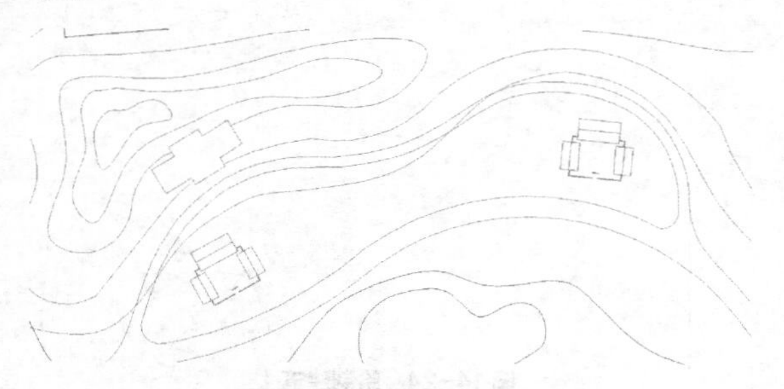

图14-27 复制旋转建筑2

（5）单击"默认"选项卡"绘图"面板中的"直线"按钮，在农家乐其他区域绘制建筑，如图14-28所示。

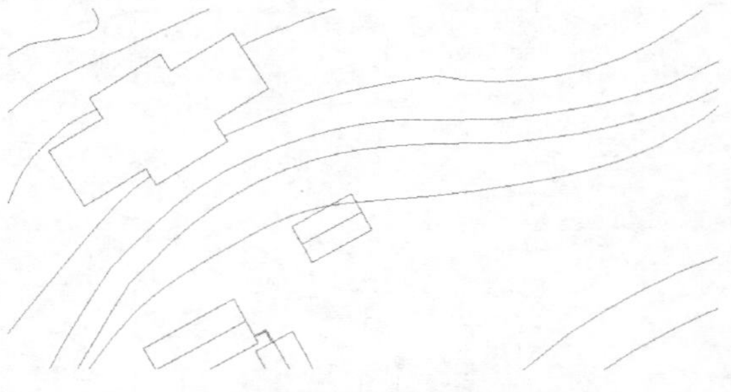

图14-28 绘制建筑3

（6）单击"默认"选项卡"修改"面板中的"复制"按钮，复制建筑3，结果如图14-29所示。

图14-29 复制建筑3

2. 绘制桥

（1）单击"默认"选项卡"绘图"面板中的"直线"按钮，绘制桥1，如图14-30所示。

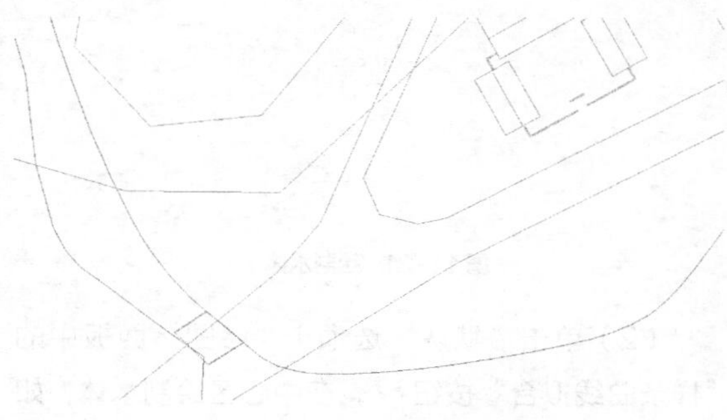

图14-30 绘制桥1

（2）单击“默认”选项卡“绘图”面板中的“多段线”按钮，在合适的位置处绘制连续线段，如图 14-31 所示。

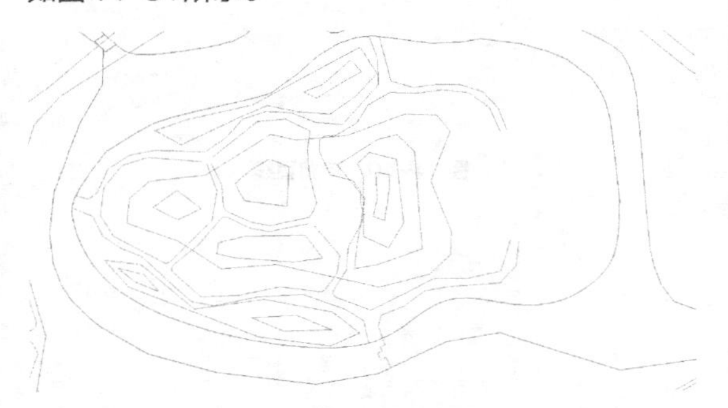

图 14-31 绘制多段线

（3）单击“默认”选项卡“修改”面板中的“偏移”按钮，将多段线进行偏移，如图 14-32 所示。

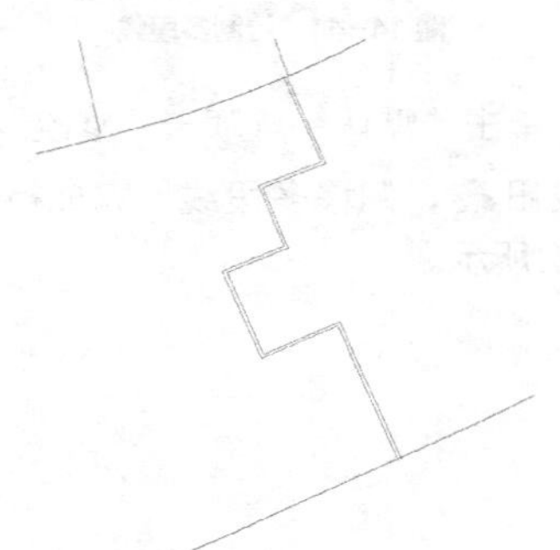

图 14-32 偏移多段线

（4）同理，单击“默认”选项卡“绘图”面板中的“多段线”按钮和“修改”面板中的“偏移”按钮，继续绘制多段线，完成桥 2 的绘制，结果如图 14-33 所示。

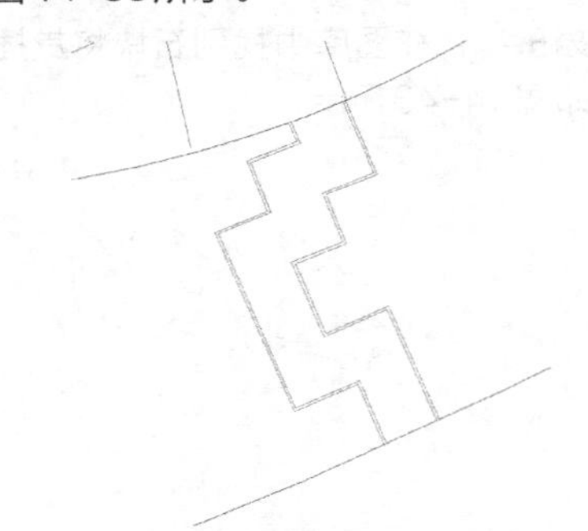

图 14-33 绘制桥 2

（5）单击“默认”选项卡“绘图”面板中的“直线”按钮和“修改”面板中的“偏移”按钮，绘制直线，然后单击“默认”选项卡“修改”面板中的“修剪”按钮，修剪掉多余的直线，完成桥 3 的绘制，结果如图 14-34 所示。

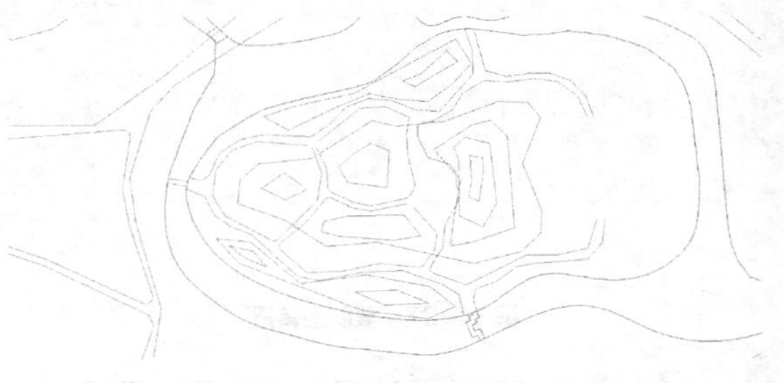

图 14-34 绘制桥 3

（6）单击“默认”选项卡“绘图”面板中的“直线”按钮，绘制桥 4，如图 14-35 所示。

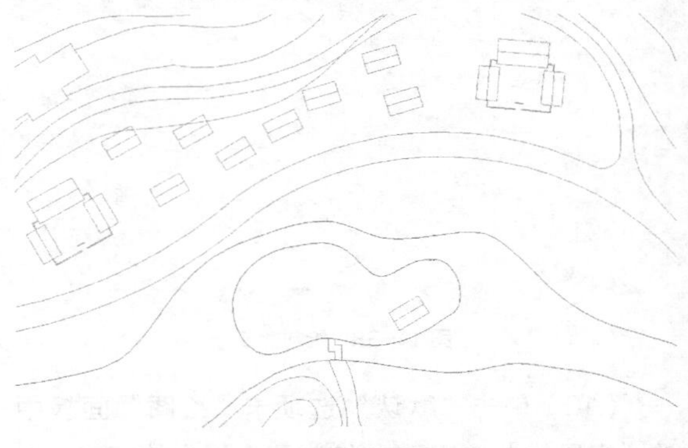

图 14-35 绘制桥 4

（7）单击“默认”选项卡“修改”面板中的“偏移”按钮，将桥进行偏移，然后单击“默认”选项卡“修改”面板中的“修剪”按钮，修剪掉多余的直线，如图 14-36 所示。

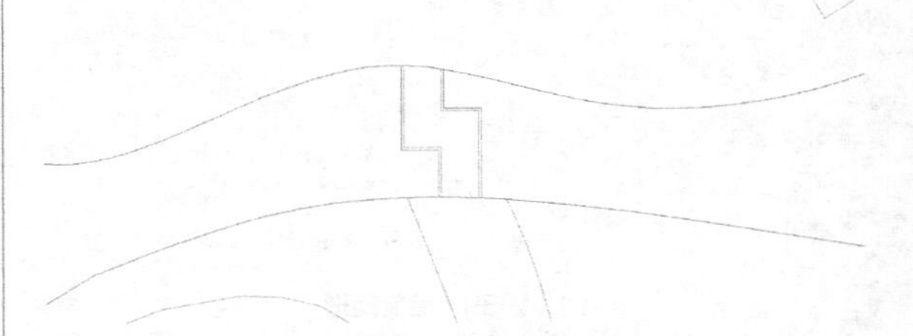

图 14-36 偏移修剪直线

（8）单击“默认”选项卡“修改”面板中的“复制”按钮，将桥复制到中心区水体的另外一侧，然后单击“默认”选项卡“修改”面板中的“旋转”按钮，将桥旋转到合适的角度，结果如图 14-37 所示。

图 14-37 复制旋转桥

（9）单击“默认”选项卡“绘图”面板中的“多段线”按钮和“修改”面板中的“偏移”按钮，绘制桥5，如图14-38所示。

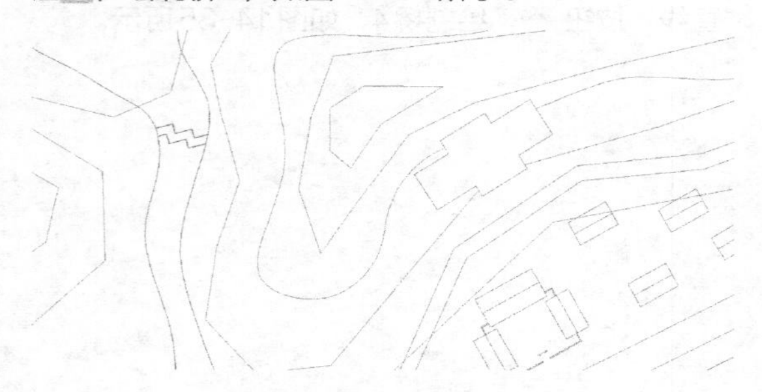

图 14-38 绘制桥 5

（10）单击“默认”选项卡“绘图”面板中的“多段线”按钮，绘制两个相交的矩形，如图14-39所示。

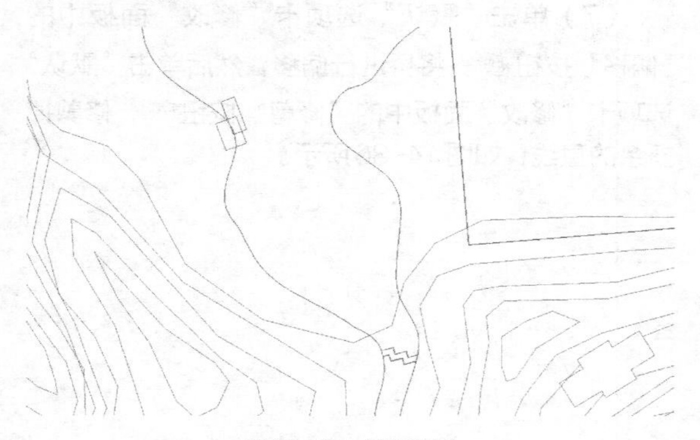

图 14-39 绘制矩形

（11）单击“默认”选项卡“修改”面板中的“修剪”按钮，修剪掉多余的直线，如图14-40所示。

（12）单击“默认”选项卡“绘图”面板中的“多段线”按钮，绘制两条多段线，如图14-41所示。

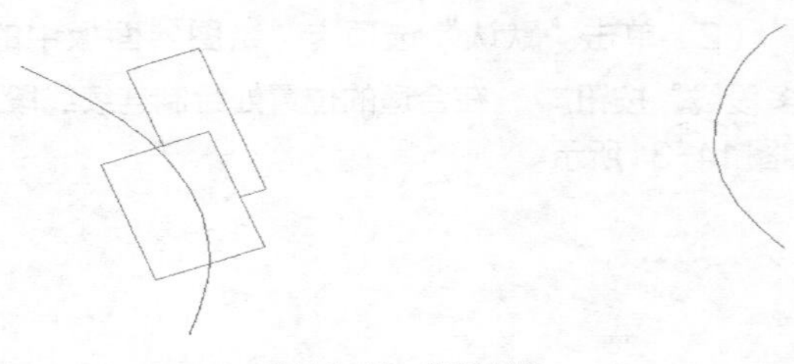

图 14-40 修剪直线

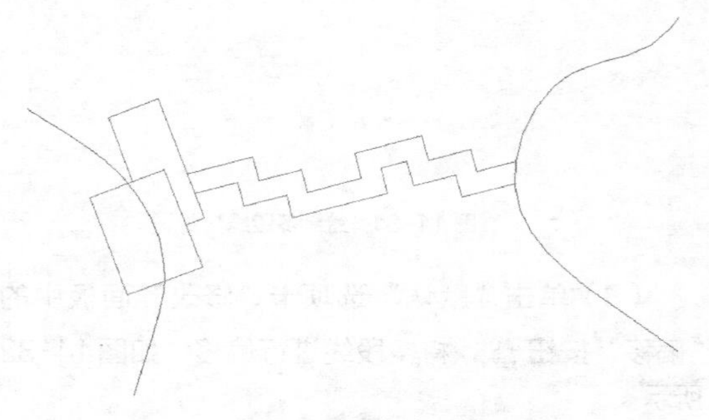

图 14-41 绘制多段线

（13）单击“默认”选项卡“修改”面板中的“偏移”按钮，偏移多段线，完成桥6的绘制，如图14-42所示。

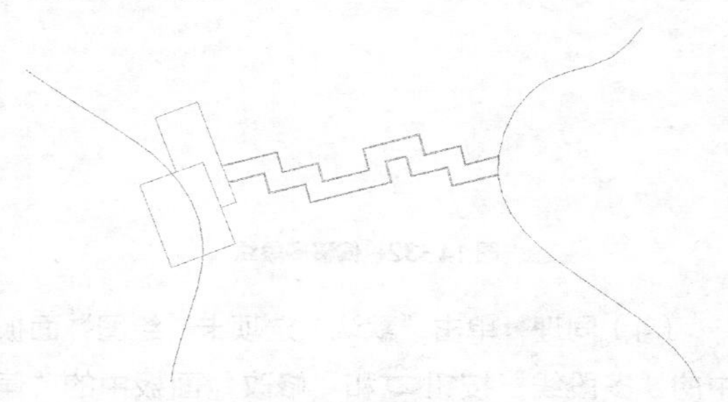

图 14-42 绘制桥 6

（14）单击“默认”选项卡“块”面板中的“插入”按钮，在图库中找到石块将其插入到图中，结果如图14-43所示。

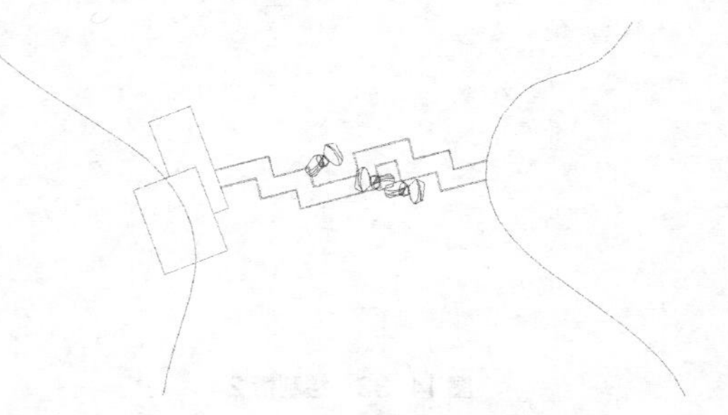

图 14-43 插入石块

（15）同理，单击“默认”选项卡“绘图”面板中的“直线”按钮、“多段线”按钮和“修改”面板中的“修剪”按钮，绘制其他位置处的桥，如图14-44所示。

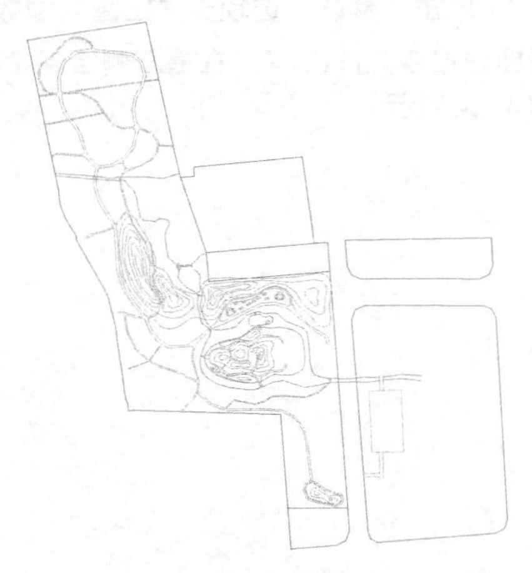

图14-44 绘制桥

3. 绘制园林建筑

（1）单击“默认”选项卡“绘图”面板中的“直线”按钮，绘制4条中心线，如图14-45所示。

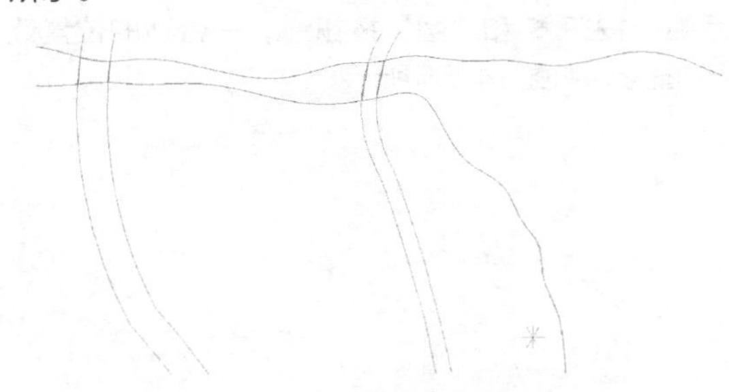

图14-45 绘制中心线

（2）单击“默认”选项卡“绘图”面板中的“多边形”按钮，绘制一个六边形，如图14-46所示。

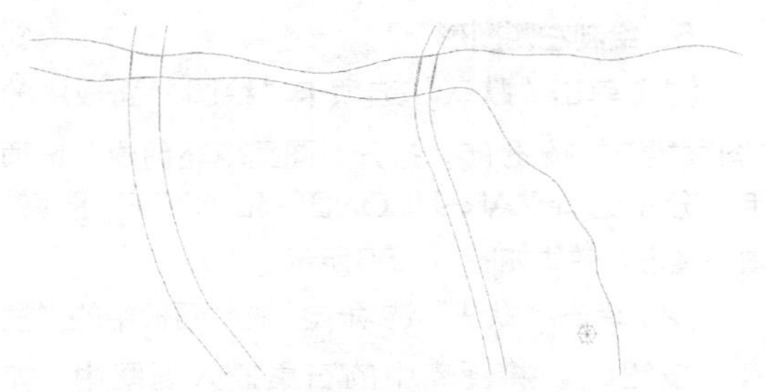

图14-46 绘制六边形

（3）单击“默认”选项卡“修改”面板中的“偏移”按钮，将六边形依次向内进行偏移，偏移4次，如图14-47所示。

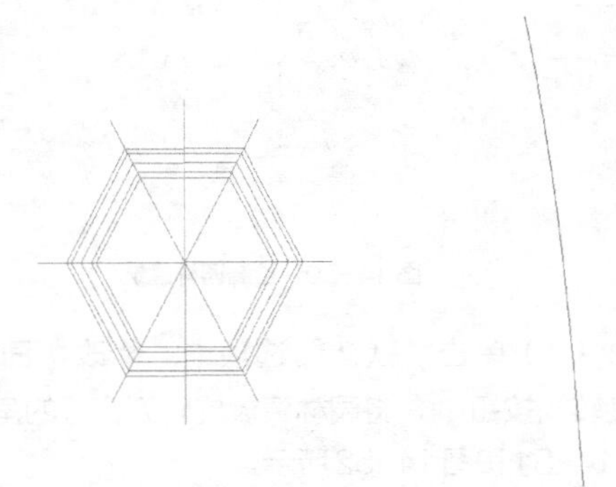

图14-47 偏移六边形

（4）单击“默认”选项卡“绘图”面板中的“直线”按钮和“修改”面板中的“修剪”按钮，绘制图形，如图14-48所示。

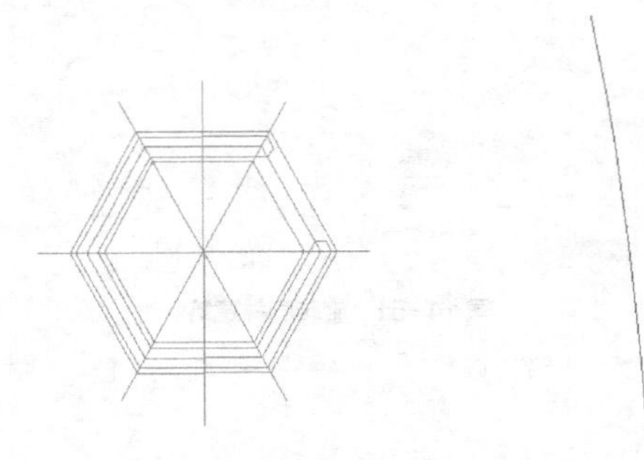

图14-48 绘制图形

（5）单击“默认”选项卡“绘图”面板中的“圆”按钮，在中心线相交处绘制6个圆，如图14-49所示。

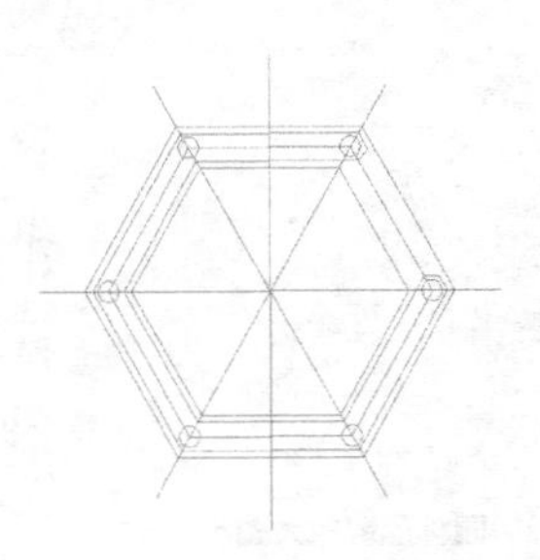

图14-49 绘制圆

（6）单击“默认”选项卡“绘图”面板中的“图案填充”按钮，打开“图案填充创建”选项卡，将6个圆填充，最终完成园林建筑的绘制，结果如图14-50所示。

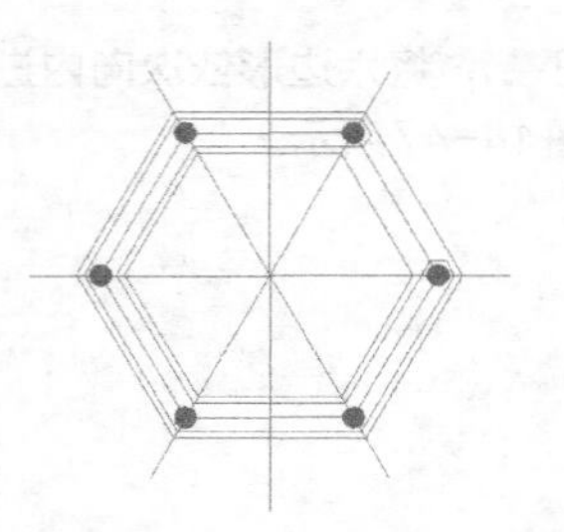

图 14-50　绘制园林建筑

（7）单击“默认”选项卡“修改”面板中的“旋转”按钮，将园林建筑旋转到合适的角度，如图 14-51 和图 14-52 所示。

图 14-51　旋转园林建筑

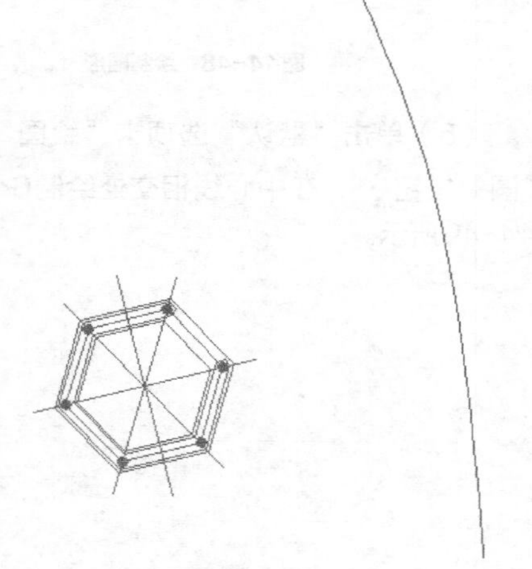

图 14-52　园林建筑放大图

4. 绘制轮廓

（1）单击“默认”选项卡“图层”面板中的“图层特性”按钮，打开“图层特性管理器”对话框，新建“轮廓”图层，设置颜色为红色，然后将其设置为当前图层，结果如图 14-53 所示。

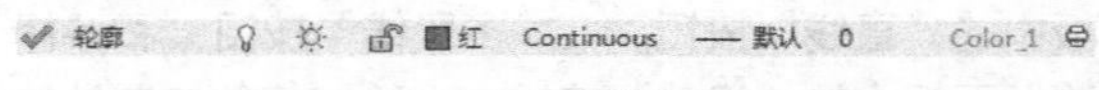

图 14-53　新建图层

（2）单击“默认”选项卡“绘图”面板中的“样条曲线拟合”按钮，在最左侧绘制轮廓线，如图 14-54 所示。

图 14-54　绘制轮廓线

（3）单击“默认”选项卡“绘图”面板中的“圆弧”按钮和“圆”按钮，在合适的位置处绘制图形，如图 14-55 所示。

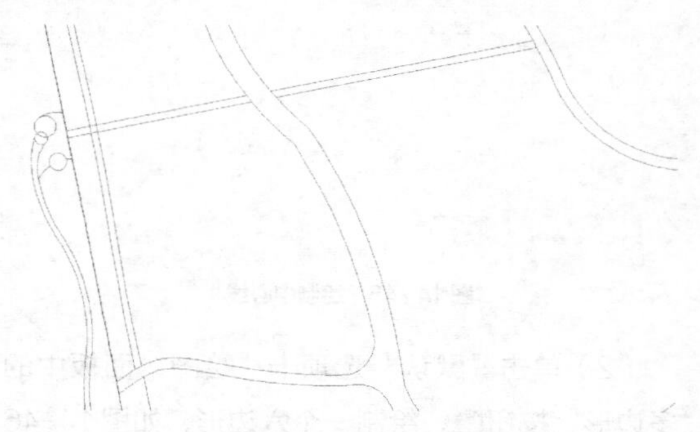

图 14-55　绘制图形

5. 绘制左侧图形

（1）单击“默认”选项卡“绘图”面板中的“图案填充”按钮，打开“图案填充创建”选项卡，分别选择“AR-HBONE”和“NET”图案，填充图形，效果如图 14-56 所示。

（2）单击“默认”选项卡“块”面板中的“插入”按钮，将图库中的石桌插入到图中，如图 14-57 所示。

（3）单击“默认”选项卡“修改”面板中的

“复制”按钮，将石桌复制到其他位置处，如图14-58所示。

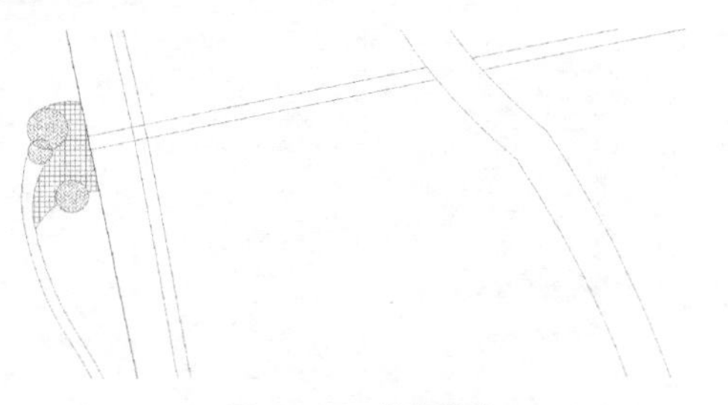

图 14-56 填充图形

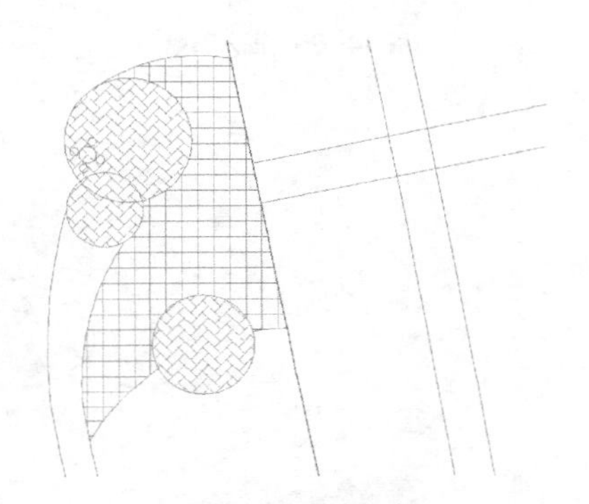

图 14-57 插入石桌

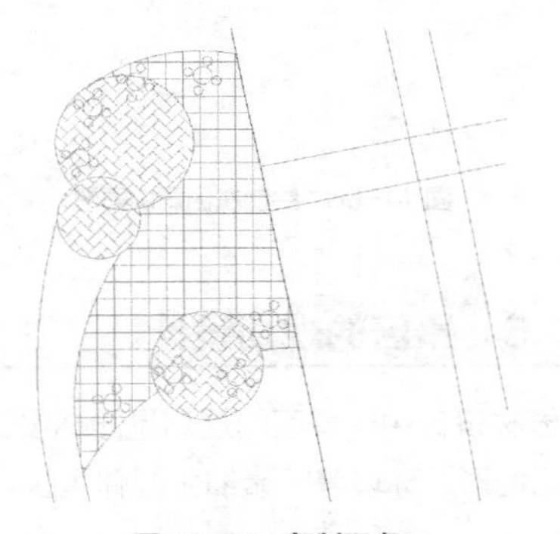

图 14-58 复制石桌

（4）单击“默认”选项卡“绘图”面板中的“矩形”按钮，在合适的位置处绘制两个相交的矩形，然后单击“默认”选项卡“修改”面板中的“旋转”按钮，将矩形旋转到合适的角度，如图14-59和图14-60所示。

图 14-59 绘制矩形

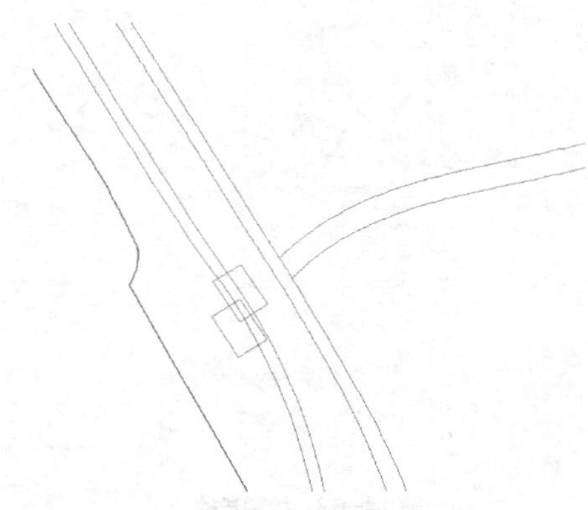

图 14-60 矩形放大图

（5）单击“默认”选项卡“绘图”面板中的“图案填充”按钮，打开“图案填充创建”选项卡，如图14-61所示，选择“双棱形”图案，填充图形，如图14-62所示。

（6）单击“默认”选项卡“绘图”面板中的“直线”按钮，绘制长椅，如图14-63所示。

（7）单击“默认”选项卡“修改”面板中的“分解”按钮，将长椅处的图案分解，然后单击“默认”选项卡“修改”面板中的“修剪”按钮，修剪掉多余的直线，如图14-64所示。

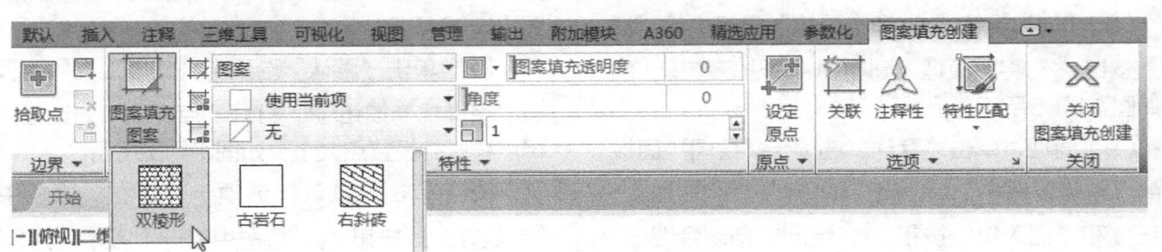

图 14-61 “图案填充创建”选项卡

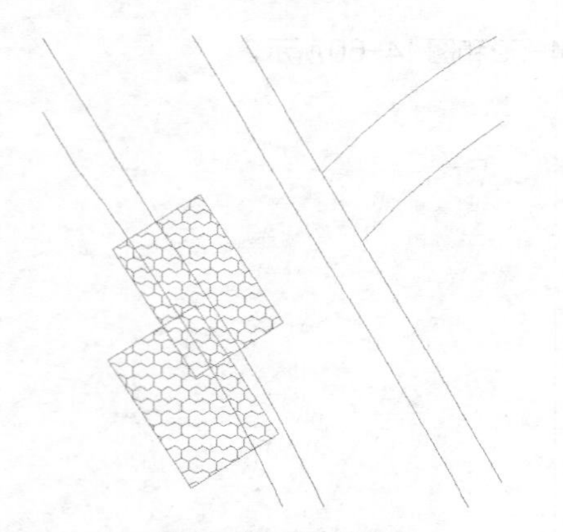

图 14-62　填充图形

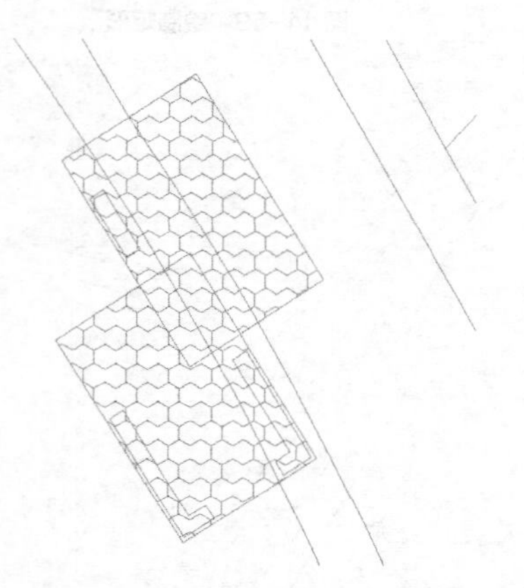

图 14-63　绘制长椅

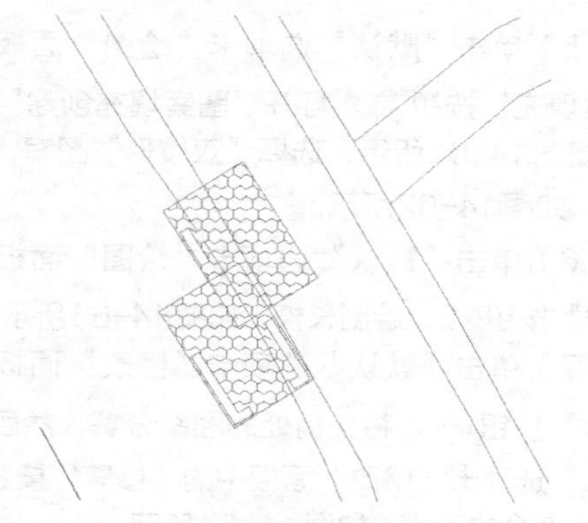

图 14-64　修剪直线

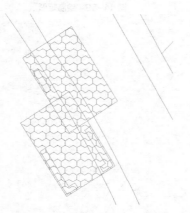

（8）单击“默认”选项卡“块”面板中的“插入”按钮，将石桌插入到图中，并进行整理，结果如图 14-65 所示。

（9）同理，单击“默认”选项卡“绘图”面板中的“直线”按钮、“圆”按钮、“图案填充”按钮和“插入块”按钮，绘制左侧剩余图形，如图 14-66 所示。

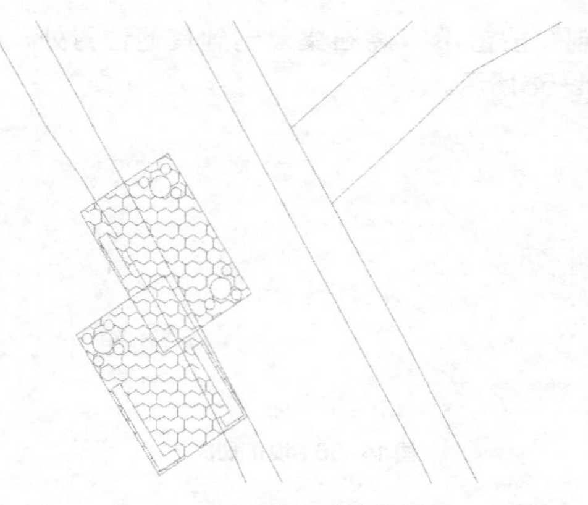

图 14-65　插入石桌

图 14-66　绘制左侧剩余图形

14.1.6 景区的规划设计

在园林设计中，景区的规划是园林设计的核心，下面根据地形、环境等因素细化园林景区。

STEP 绘制步骤

1. 绘制中心区域

（1）将“设计”图层设置为当前图层，单击“默认”选项卡“绘图”面板中的“圆”按钮，在中心区处绘制几个同心圆，如图 14-67 和图 14-68 所示。

（2）单击“默认”选项卡“实用工具”面板中的“点样式”按钮，打开“点样式”对话框，选择点样式并设置点大小，如图 14-69 所示。

（3）单击“默认”选项卡“绘图”面板中的“定数等分”按钮，将图中的一个圆等分为 8 份，如图 14-70 所示。

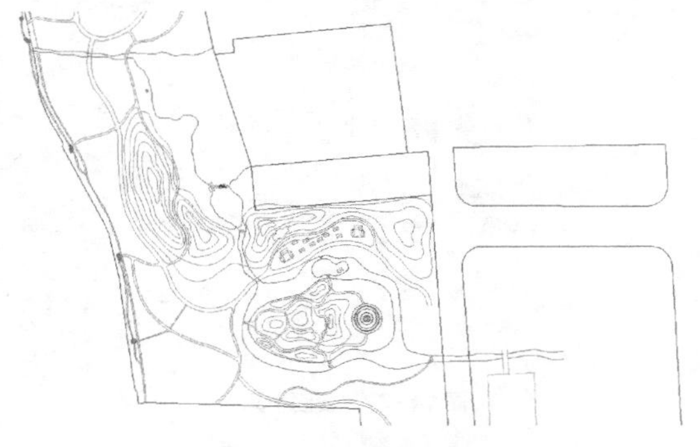

图 14-67　绘制同心圆

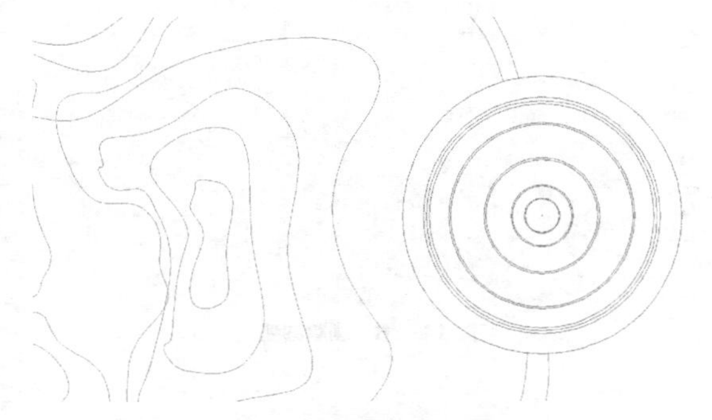

图 14-68　同心圆放大图

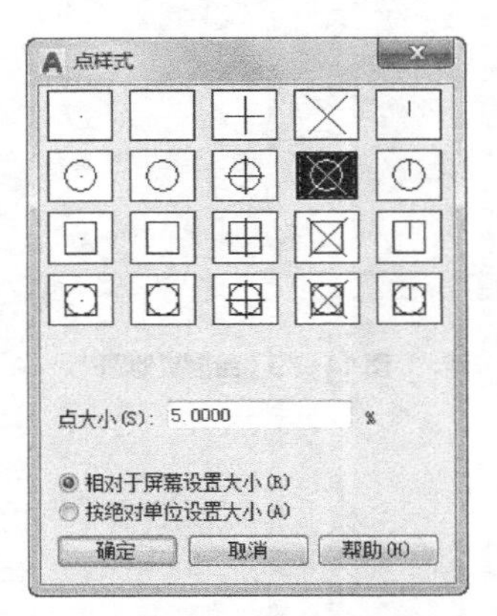

图 14-69　“点样式”对话框

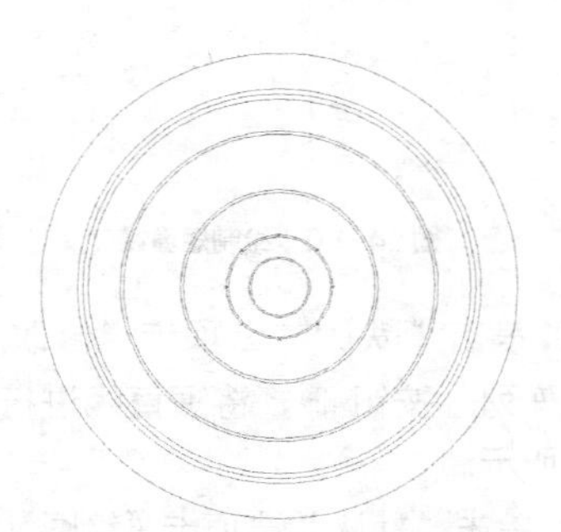

图 14-70　等分圆

（4）单击“默认”选项卡“绘图”面板中的“直线”按钮，绘制图形，如图 14-71 所示。

图 14-71　绘制图形

（5）单击“默认”选项卡“修改”面板中的“删除”按钮，将点样式删除，如图 14-72 所示。

图 14-72　删除点样式

（6）单击“默认”选项卡“修改”面板中的“修剪”按钮，修剪掉多余的直线，如图 14-73 所示。

图 14-73　修剪直线

（7）单击“默认”选项卡“绘图”面板中的“圆”按钮，绘制3个同心圆，如图 14-74 所示。

（8）单击“默认”选项卡“修改”面板中的“修剪”按钮，修剪掉多余的直线，如图 14-75 所示。

图 14-74 绘制 3 个同心圆

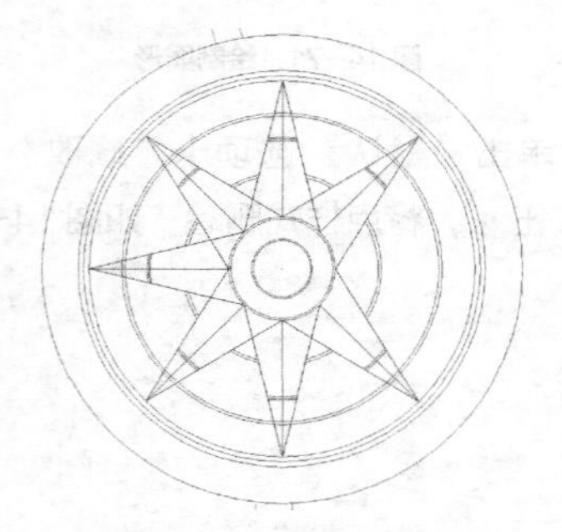

图 14-75 修剪直线

（9）单击“默认”选项卡“绘图”面板中的“圆”按钮，绘制一个小圆，如图14-76所示。

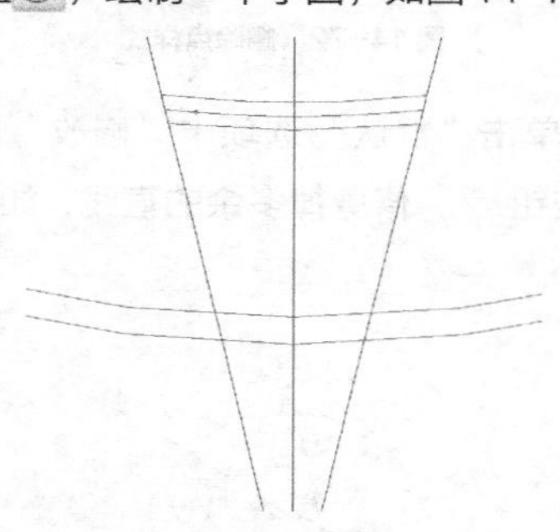

图 14-76 绘制圆

（10）单击“默认”选项卡“修改”面板中的“复制”按钮，将小圆沿圆弧进行复制，如图14-77所示。

（11）单击“默认”选项卡“修改”面板中的“删除”按钮，将路径圆弧删除，如图14-78所示。

（12）同理，绘制其他位置处的圆，结果如图14-79所示。

（13）单击“默认”选项卡“绘图”面板中的“直线”按钮，在合适的位置处绘制短直线，如图14-80所示。

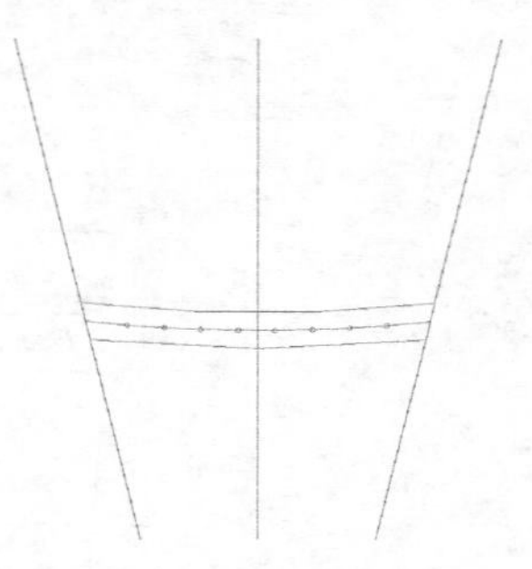

图 14-77 复制小圆

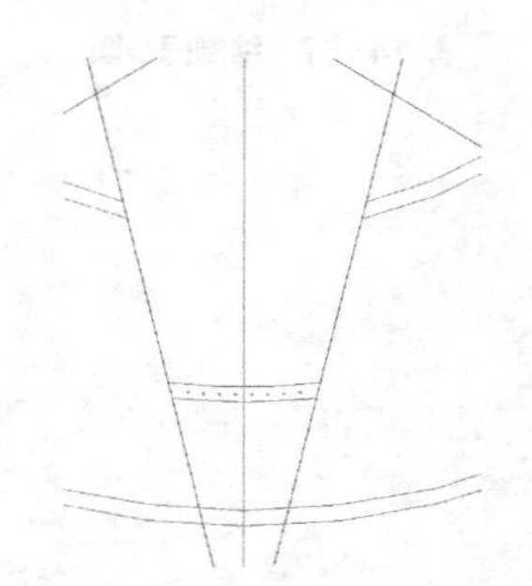

图 14-78 删除圆弧

图 14-79 绘制其他圆

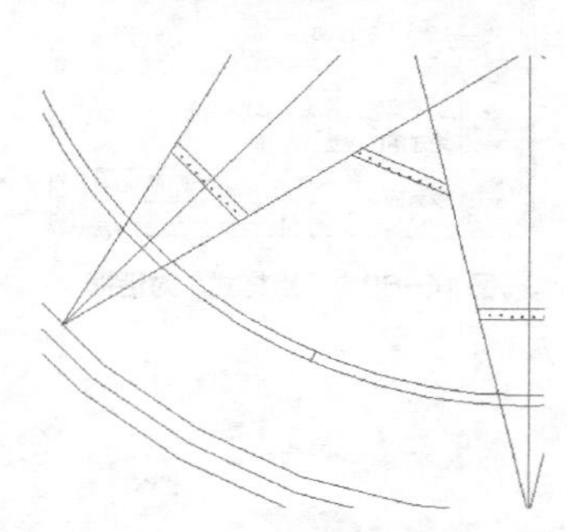

图 14-80 绘制短直线

（14）单击“默认”选项卡“修改”面板中的“环形阵列”按钮，将短直线进行阵列，如图14-81所示。

（15）单击“默认”选项卡“绘图”面板中的“圆”按钮，在外侧圆处绘制圆，如图14-82所示。

图 14-81 阵列短直线

图 14-82 绘制圆

（16）单击“默认”选项卡“绘图”面板中的“直线”按钮，在绘制的圆处绘制直线，然后单击“默认”选项卡“修改”面板中的“修剪”按钮，修剪掉多余的直线，如图 14-83 所示。

图 14-83 修剪直线

（17）单击“默认”选项卡“绘图”面板中的“直线”按钮、“圆”按钮和“修改”面板中的“修剪”按钮，绘制圆处剩余图形，结果如图 14-84 所示。

（18）单击“默认”选项卡“绘图”面板中的“图案填充”按钮，在打开的“图案填充创建”面板中分别选择“ANGLE”“CROSS”和“ANSI37”图案，填充图形，如图 14-85 所示。

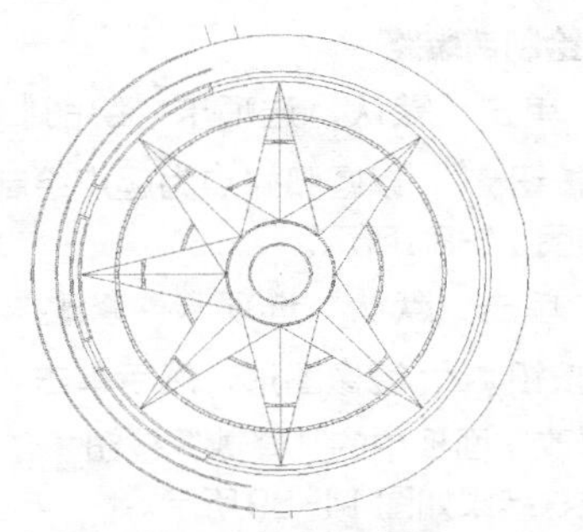

图 14-84 绘制剩余图形

图 14-85 填充图形

（19）单击“默认”选项卡“绘图”面板中的“直线”按钮和“圆弧”按钮，绘制中间位置处的图形，如图 14-86 所示。

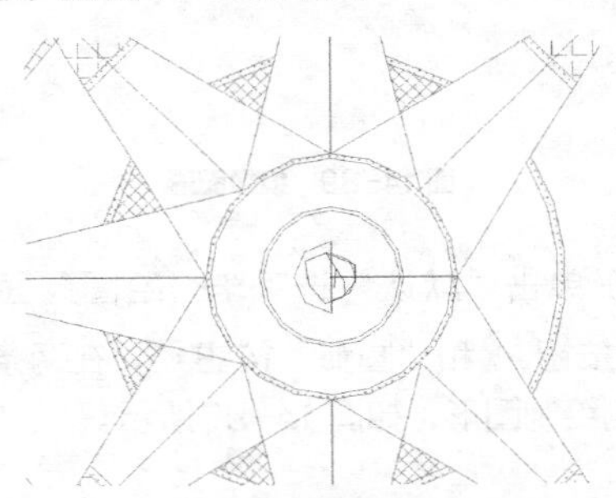

图 14-86 绘制图形

（20）单击“默认”选项卡“绘图”面板中的“圆弧”按钮，在大圆右侧绘制一小段圆弧，如图 14-87 所示。

图 14-87 绘制圆弧

2. 绘制铺装路

（1）单击“默认”选项卡“绘图”面板中的“直线”按钮，以圆弧端点为起点绘制一条水平直线，如图14-88所示。

（2）单击“默认”选项卡“修改”面板中的“镜像”按钮，镜像图形，然后单击“默认”选项卡“修改”面板中的“修剪”按钮，修剪掉多余的直线，结果如图14-89所示。

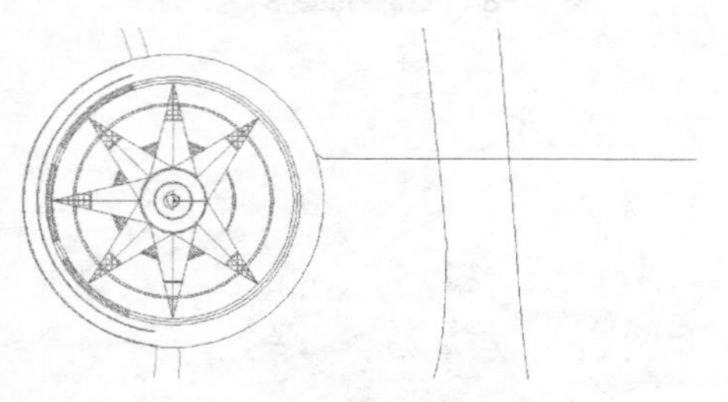

图14-88 绘制直线

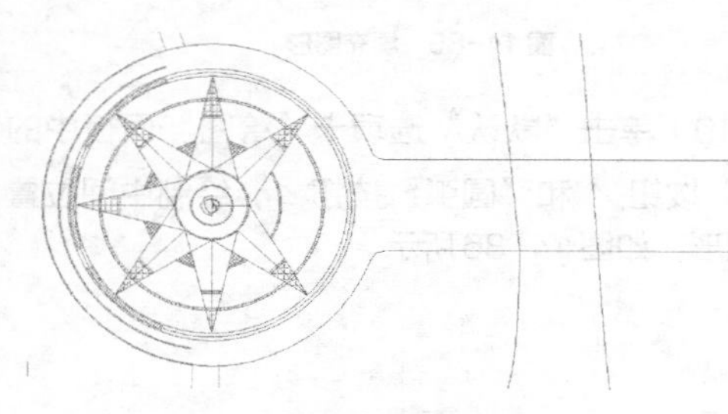

图14-89 镜像图形

（3）单击“默认”选项卡“绘图”面板中的“直线”按钮和“圆弧”按钮，在两条水平直线的内侧绘制图形，如图14-90所示。

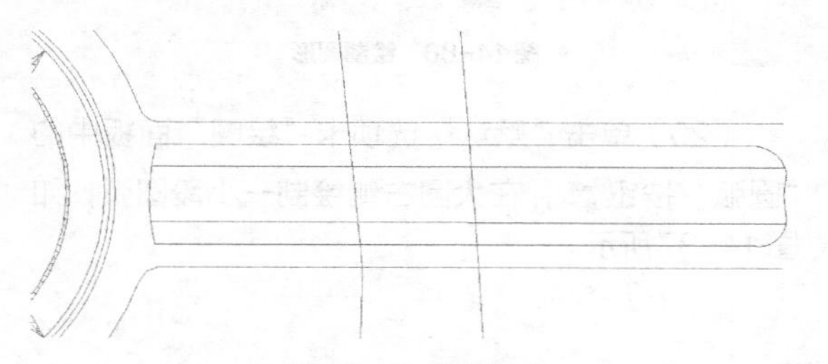

图14-90 绘制图形

（4）单击“默认”选项卡“绘图”面板中的“矩形”按钮，在合适的位置处绘制一个矩形，如图14-91所示。

（5）单击“默认”选项卡“修改”面板中的“复制”按钮，将矩形依次向右进行复制，如图14-92所示。

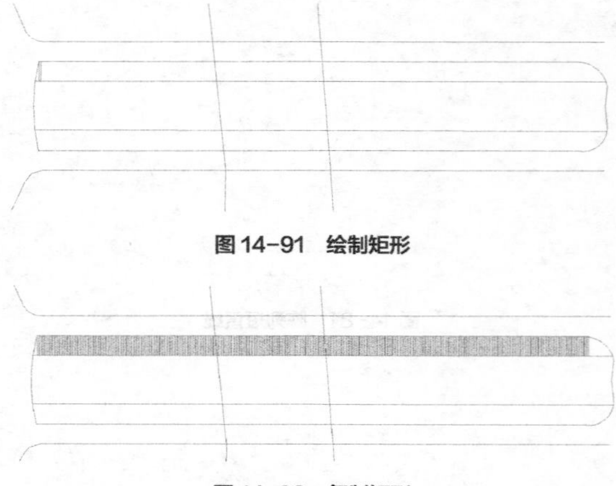

图14-91 绘制矩形

图14-92 复制矩形

（6）单击“默认”选项卡“修改”面板中的“镜像”按钮，将上侧矩形镜像到另外一侧，如图14-93所示。

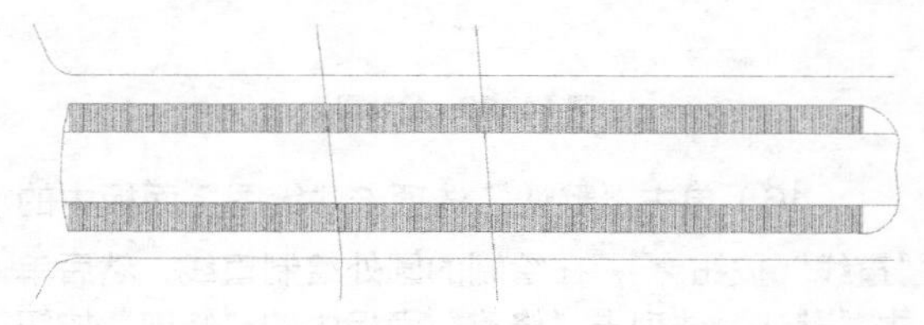

图14-93 镜像矩形

（7）单击“默认”选项卡“绘图”面板中的“图案填充”按钮，设置填充图案为“CROSS”，填充图形结果如图14-94所示。

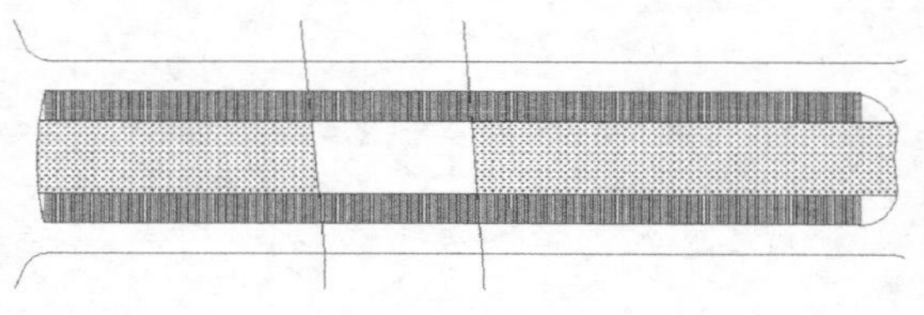

图14-94 填充图形

（8）单击“默认”选项卡“修改”面板中的“修剪”按钮，修剪掉多余的直线，并整理图形，结果如图14-95所示。

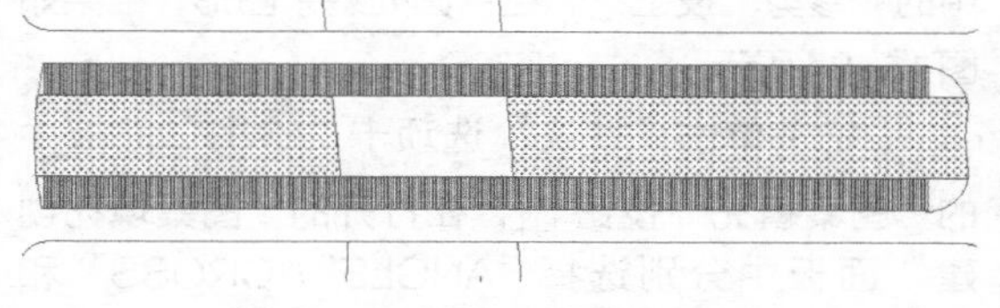

图14-95 修剪图形

（9）单击“默认”选项卡“绘图”面板中的“直线”按钮和“圆弧”按钮，绘制右侧图形，如图14-96所示。

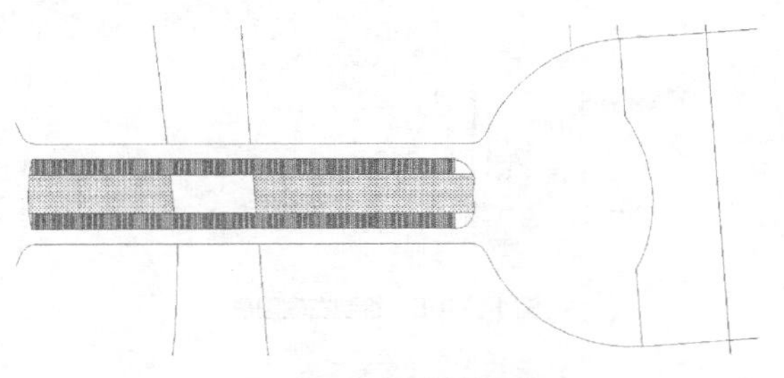

图14-96 绘制右侧图形

（10）单击“默认”选项卡“绘图”面板中的“直线”按钮，绘制石块，如图14-97所示。

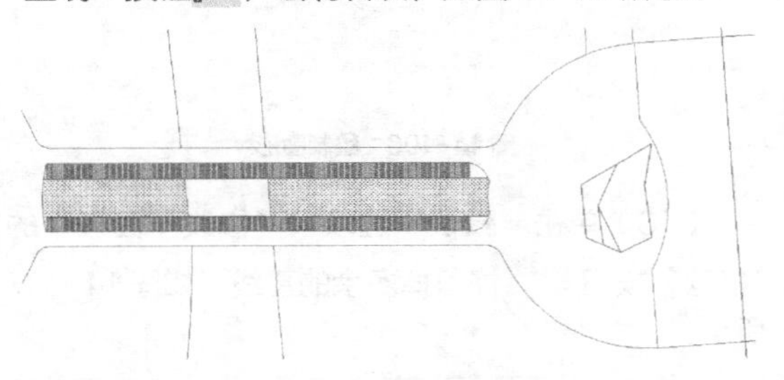

图14-97 绘制石块

3. 绘制花木交易市场

（1）单击“默认”选项卡“绘图”面板中的“直线”按钮和“圆弧”按钮，绘制图形，如图14-98所示。

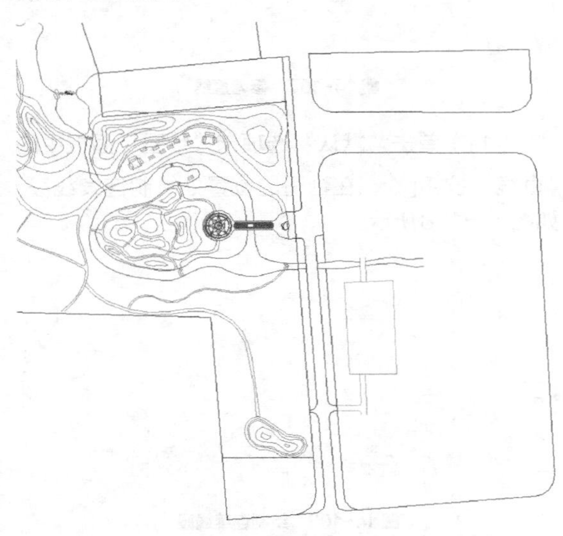

图14-98 绘制图形

（2）单击“默认”选项卡“绘图”面板中的“直线”按钮，在花木交易市场处绘制轮廓线，如图14-99所示。

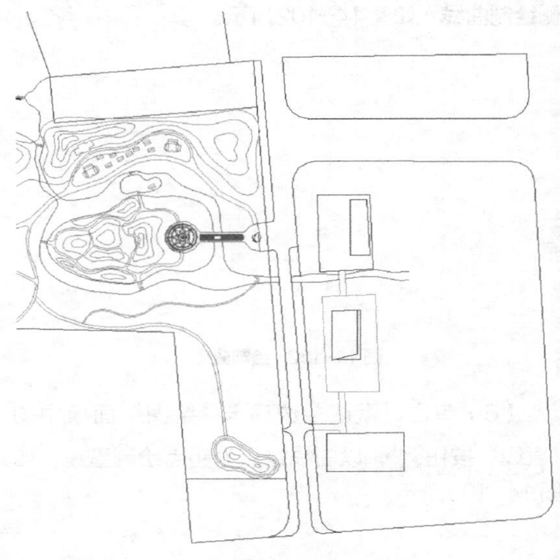

图14-99 绘制轮廓线

（3）单击“默认”选项卡“绘图”面板中的“圆弧”按钮，在合适的位置处绘制圆弧，如图14-100所示。

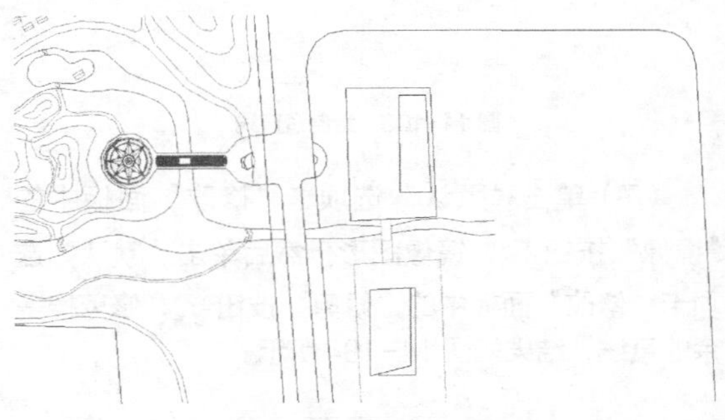

图14-100 绘制圆弧

（4）单击“默认”选项卡“绘图”面板中的“直线”按钮，以圆弧处的任意一点为起点绘制两条直线，如图14-101所示。

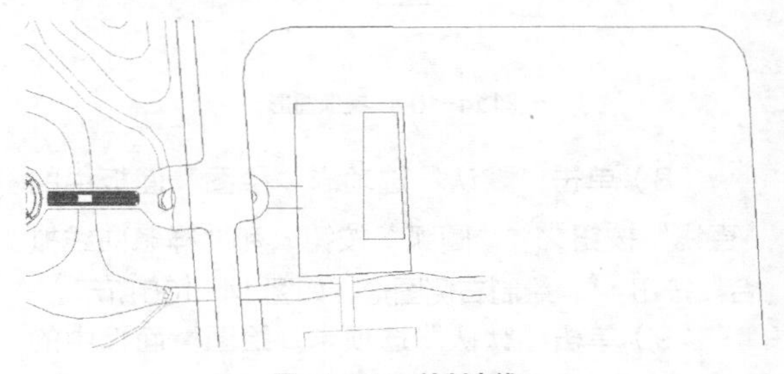

图14-101 绘制直线

（5）单击“默认”选项卡“绘图”面板中的“圆弧”按钮和“样条曲线”按钮，在直线右侧绘制曲线，如图14-102所示。

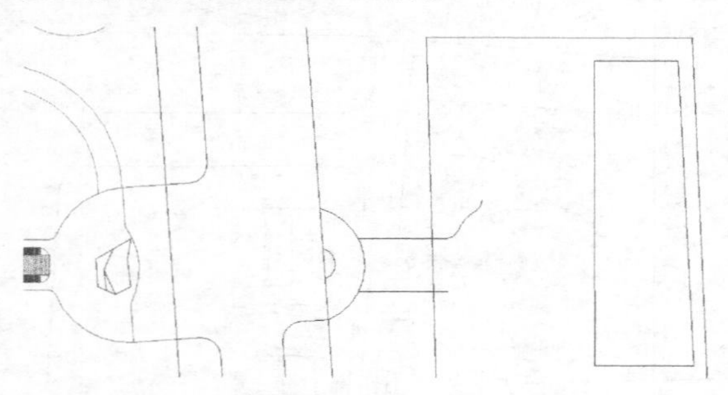

图14-102　绘制曲线

（6）单击“默认”选项卡“绘图”面板中的“直线”按钮，以曲线端点为起点绘制直线，如图14-103所示。

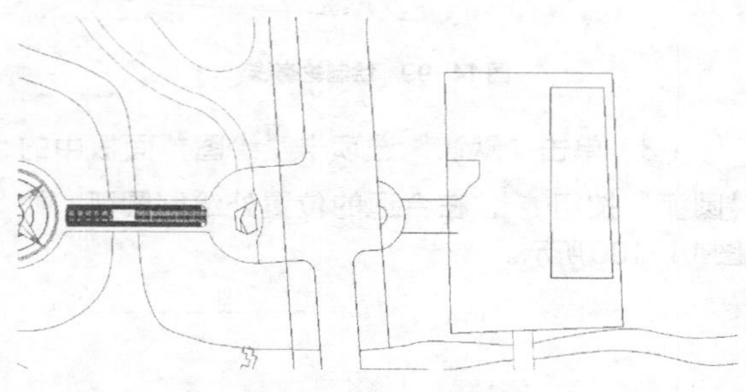

图14-103　绘制短直线

（7）单击“默认”选项卡“修改”面板中的“镜像”按钮，镜像图形，然后单击“默认”选项卡“修改”面板中的“修剪”按钮，修剪掉多余的直线，结果如图14-104所示。

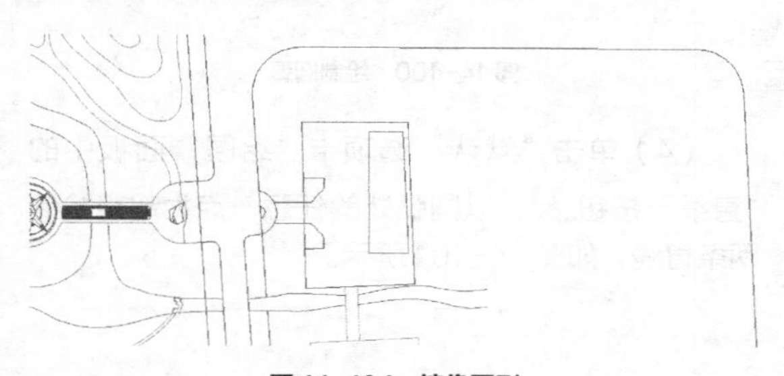

图14-104　镜像图形

（8）单击“默认”选项卡“绘图”面板中的“直线”按钮、“圆弧”按钮和“样条曲线拟合”按钮，绘制右侧图形，如图14-105所示。

（9）单击“默认”选项卡“绘图”面板中的“直线”按钮和“圆弧”按钮，在两条水平直线内绘制图形，如图14-106所示。

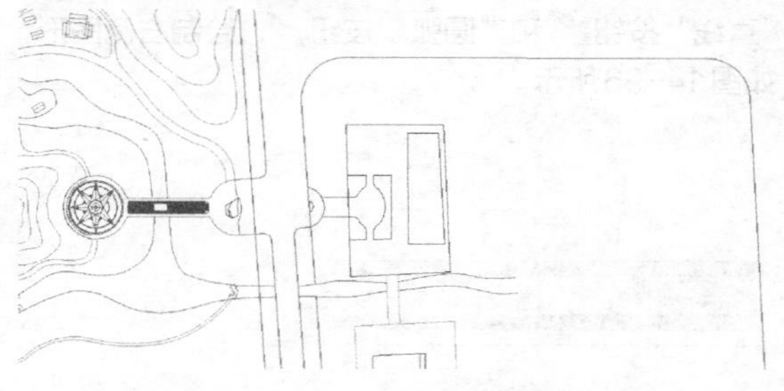

图14-105　绘制右侧图形

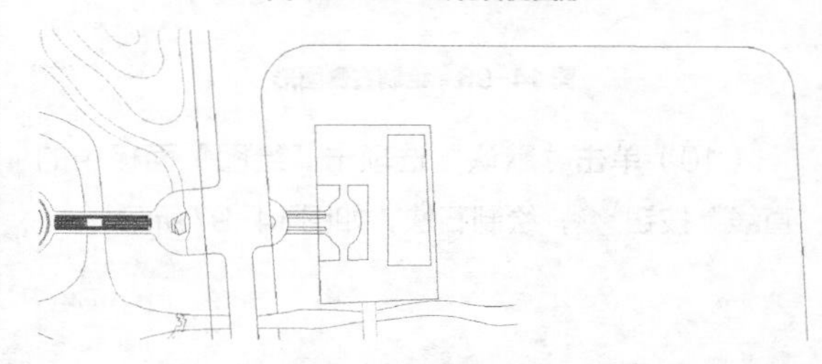

图14-106　绘制图形

（10）单击“默认”选项卡“修改”面板中的“修剪”按钮，修剪掉多余的直线，如图14-107所示。

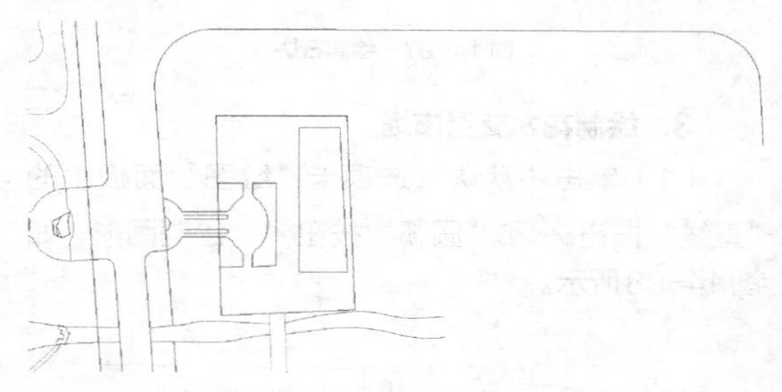

图14-107　修剪直线

（11）单击“默认”选项卡“绘图”面板中的“直线”按钮，在合适的位置处绘制连续线段，如图14-108所示。

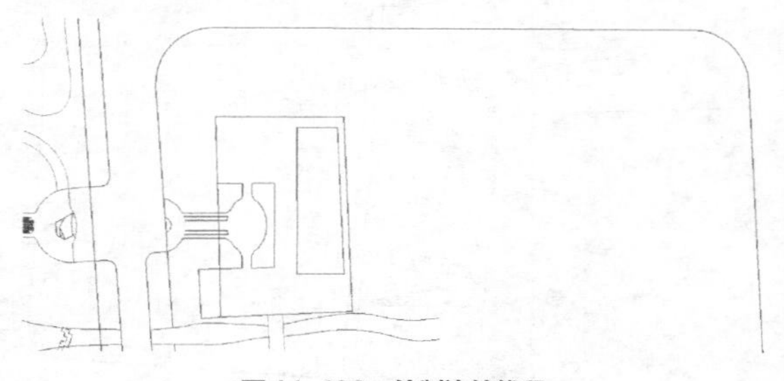

图14-108　绘制连续线段

（12）单击“默认”选项卡“块”面板中的“插入”按钮，将花草插入到图中，如图14-109所示。

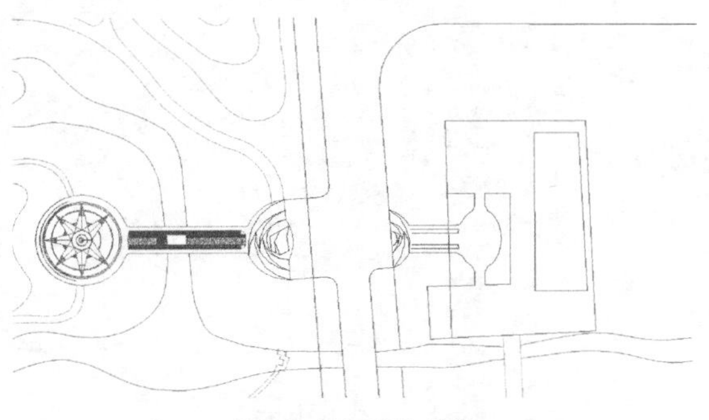

图 14-109 插入花草

（13）单击“默认”选项卡“绘图”面板中的“矩形”按钮，在下侧花木交易市场处绘制小正方形，如图14-110所示。

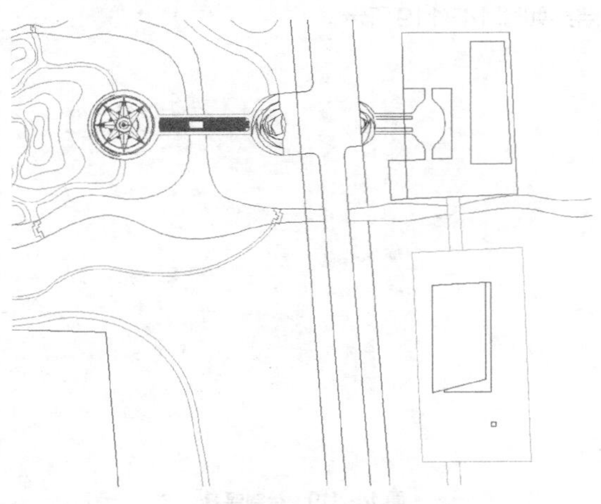

图 14-110 绘制小正方形

（14）单击“默认”选项卡“修改”面板中的“矩形阵列”按钮，设置行数和列数分别为4，行偏移和列偏移分别为6，将小正方形进行阵列，如图14-111所示。

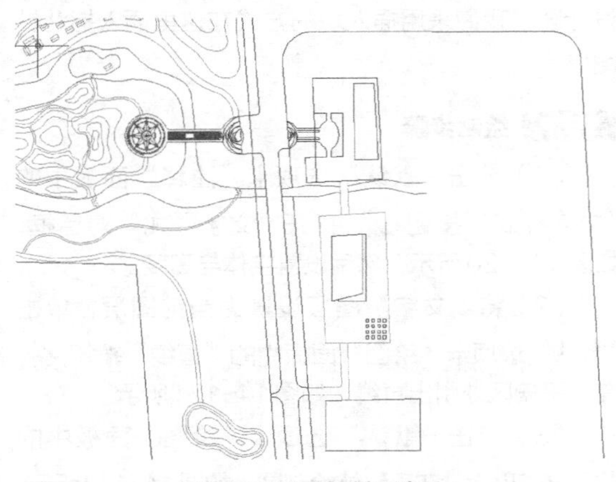

图 14-111 阵列小正方形

4. 细化图形

（1）单击“默认”选项卡“绘图”面板中的“直线”按钮，在顶侧绘制两条直线，如图14-112所示。

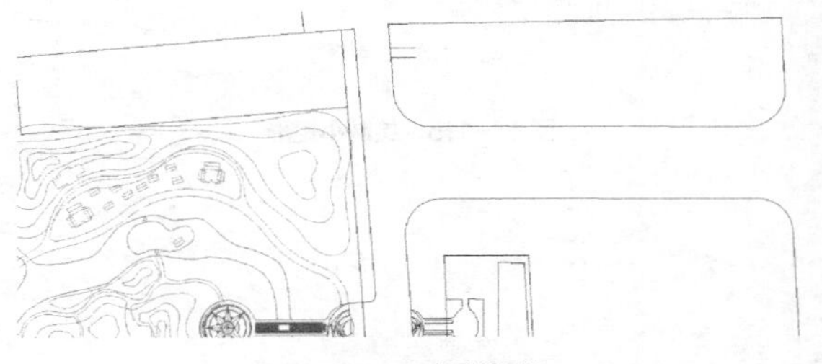

图 14-112 绘制直线

（2）单击“默认”选项卡“绘图”面板中的“矩形”按钮，在直线右侧绘制矩形，如图14-113所示。

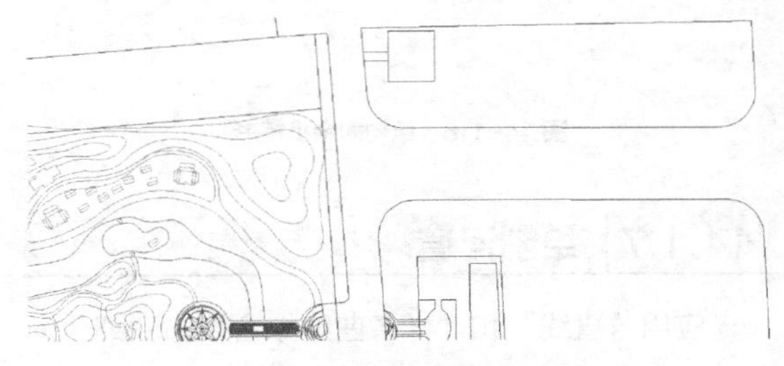

图 14-113 绘制矩形

（3）单击“默认”选项卡“绘图”面板中的“直线”按钮，在矩形内绘制一条直线，如图14-114所示。

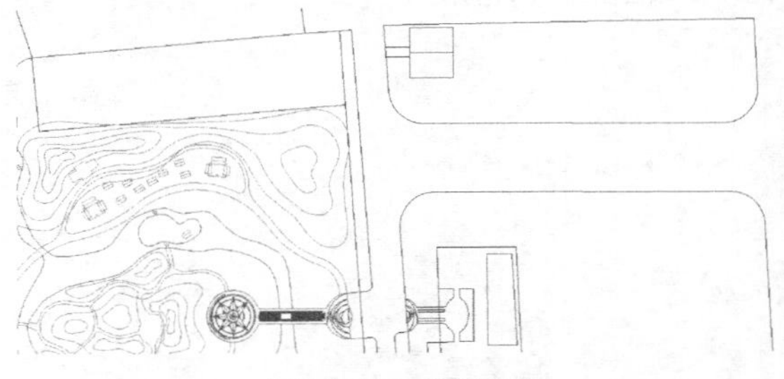

图 14-114 绘制直线

（4）单击“默认”选项卡“绘图”面板中的“矩形”按钮，在枣采摘区处绘制小矩形，如图14-115所示。

（5）同理，绘制其他位置处的小矩形，完成设计类图形绘制，如图14-116所示。

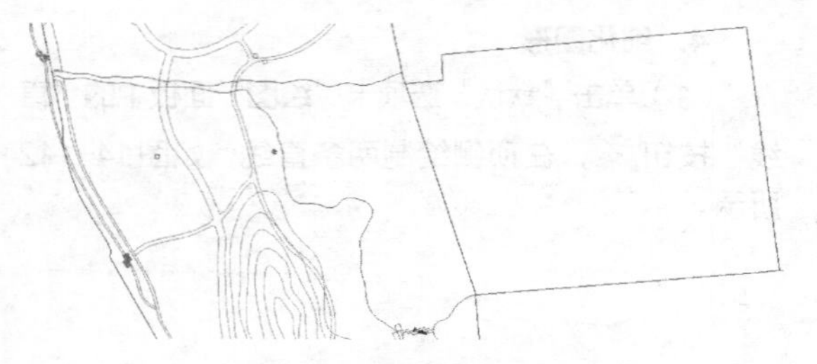

图 14-115　绘制小矩形

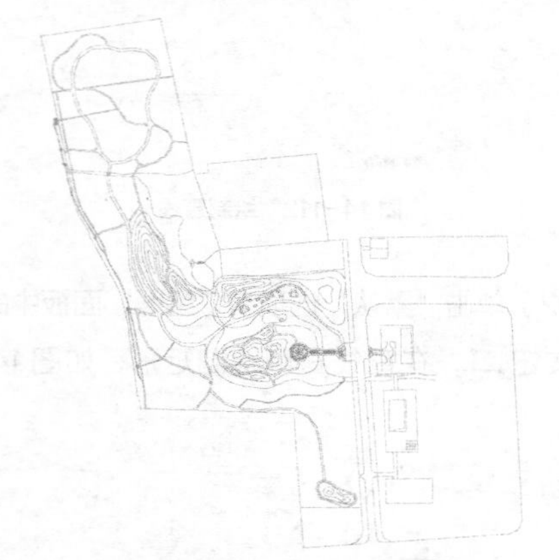

图 14-116　绘制剩余小矩形

14.1.7 绘制河道

应用“直线”和“样条曲线拟合”命令细化河道*A*和*B*图形。

STEP 绘制步骤

（1）单击“默认”选项卡“绘图”面板中的“直线”按钮和“样条曲线拟合”按钮，绘制河*A*，如图14-117所示。

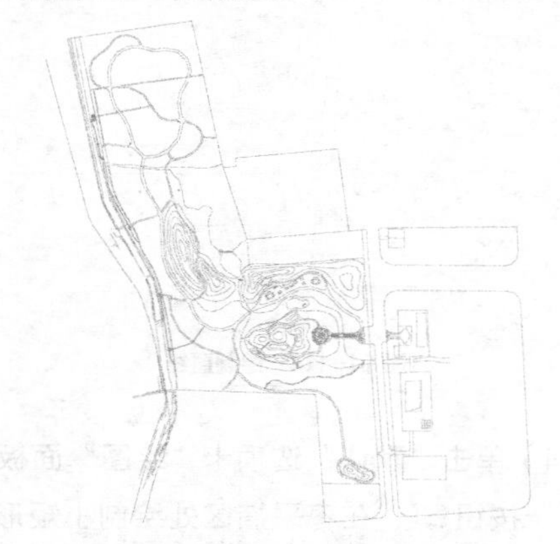

图 14-117　绘制河 *A*

（2）同理，利用二维绘图和修改命令细化河*A*，结果如图14-118所示。

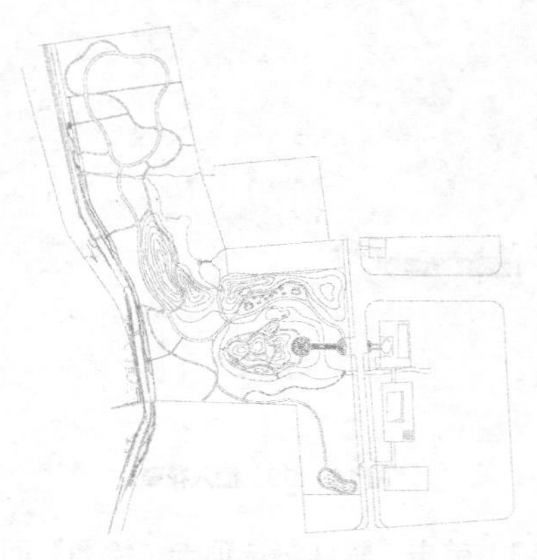

图 14-118　细化河 *A*

（3）同理，在右侧绘制河*B*，这里不再赘述，结果如图14-119所示。

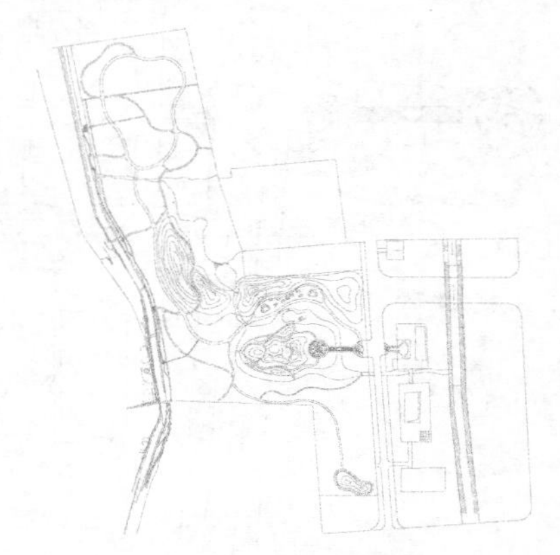

图 14-119　绘制河 *B*

14.1.8 标注文字

在标注文字时需要先设置文字样式，然后应用“多行文字”命令标注文字，为了便于看明园林设计图，我们采用插入块的方式在这里插入指北针图块。

STEP 绘制步骤

（1）单击“默认”选项卡“注释”面板中的“文字样式”按钮，打开“文字样式”对话框，如图14-120所示，然后设置字体与高度。

（2）将“文字”图层设置为当前图层，单击“默认”选项卡“绘图”面板中的“直线”按钮，在桃采摘区处引出直线，如图14-121所示。

（3）单击“默认”选项卡“绘图”面板中的“圆”按钮，在直线处绘制圆，如图14-122所示。

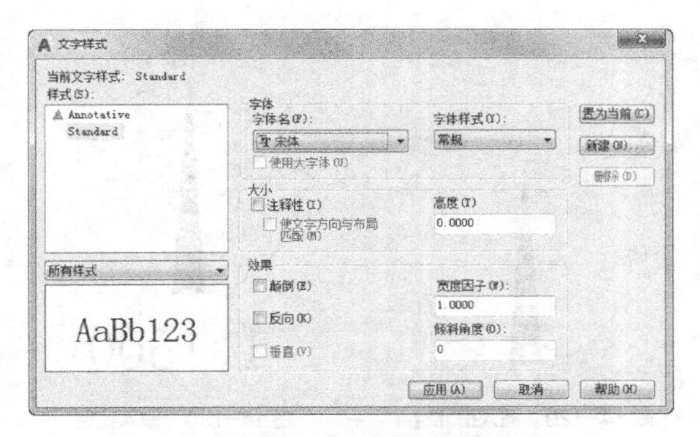

图 14-120 “文字样式”对话框

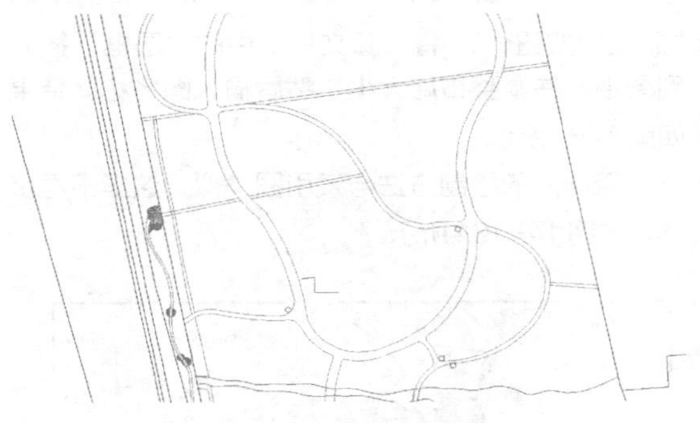

图 14-121 引出直线

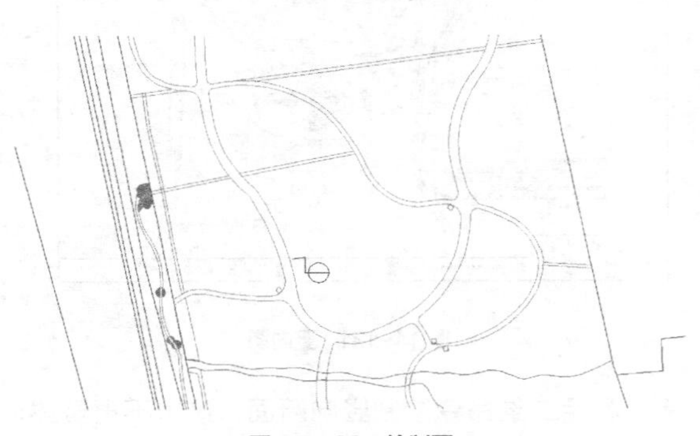

图 14-122 绘制圆

（4）单击“默认”选项卡“注释”面板中的“多行文字”按钮A，在圆内输入文字，如图14-123所示。

图 14-123 输入文字

（5）同理，单击“默认”选项卡“注释”面板中的“多行文字”按钮A，在图中其他位置处标注文字，如图14-124所示。

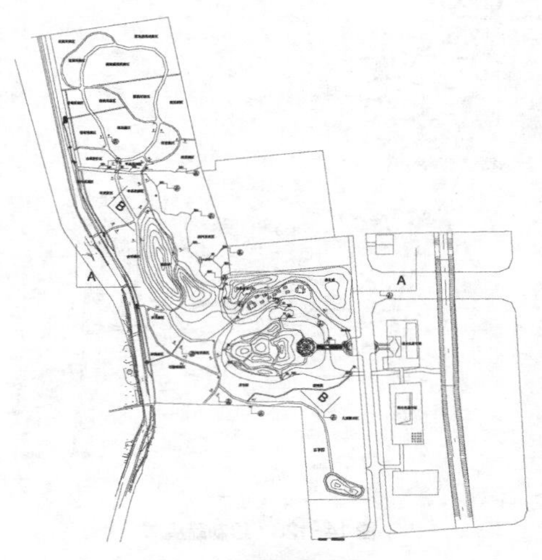

图 14-124 标注文字

（6）单击“默认”选项卡“绘图”面板中的“直线”按钮╱和“多行文字”按钮A，绘制剖切符号，如图14-125所示。

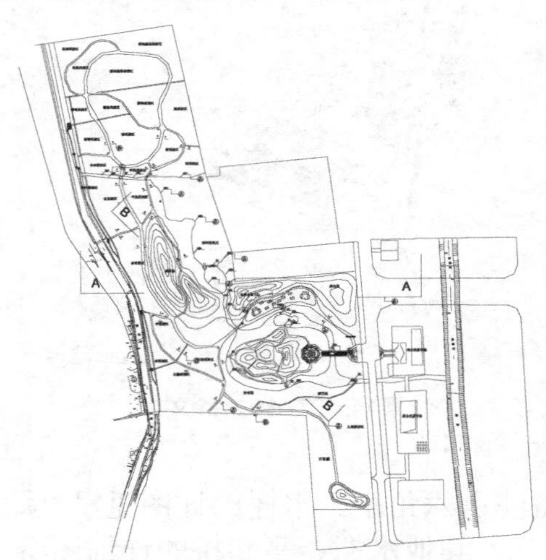

图 14-125 绘制剖切符号

（7）单击“默认”选项卡“绘图”面板中的“直线”按钮╱，在河*A*和河*B*处绘制箭头，如图14-126所示。

（8）单击“默认”选项卡“注释”面板中的“多行文字”按钮A，标注剩余文字，结果如图14-127所示。

（9）单击“默认”选项卡“注释”面板中的“多行文字”按钮A，在图形下方标注文字说明，如

图14-128所示。

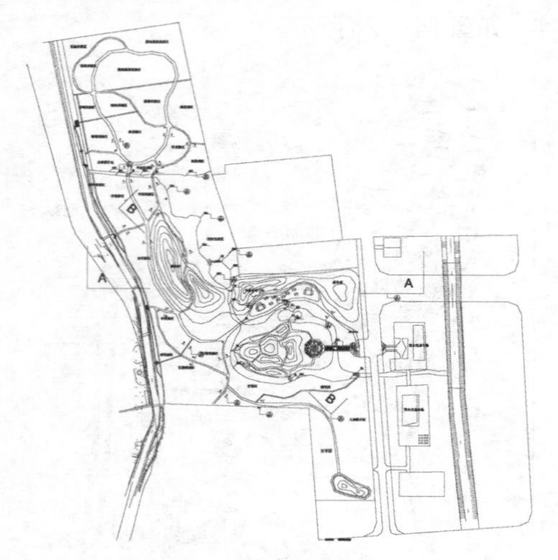

图14-126　绘制箭头

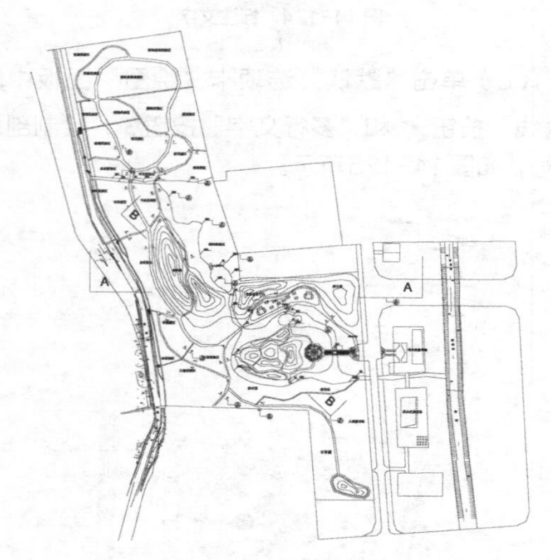

图14-127　标注剩余文字

备注：六角亭、水榭的详图见 1/图-4 2/图-4
其他水榭、亭和桥的详细图参
见桥效果图。

图14-128　标注文字说明

（10）单击“默认”选项卡“块”面板中的“插入”按钮，将指北针1插入到图中右上角，如图14-129所示。

（11）单击“默认”选项卡“注释”面板中的“多行文字”按钮A，在指北针下方输入比例1：1500，如图14-130所示。

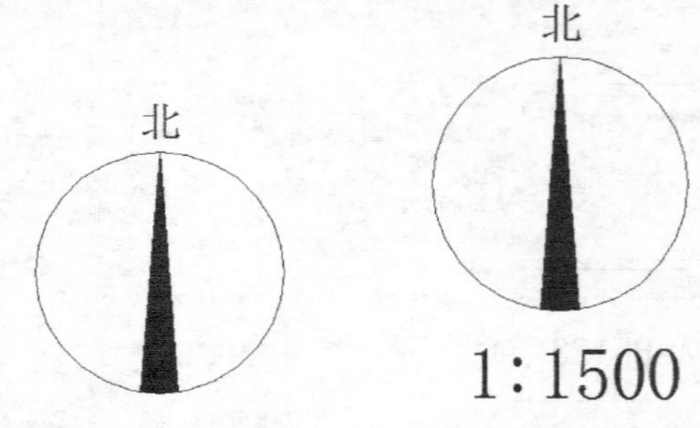

图14-129　插入指北针1　　　图14-130　输入比例

（12）单击“默认”选项卡“块”面板中的“插入”按钮，将“源文件”中的“图框”插入到图中，并调整布局大小，然后输入图名称，结果如图14-1所示。

竖向图的绘制方法与索引图类似，这里不再赘述，如图14-131所示。

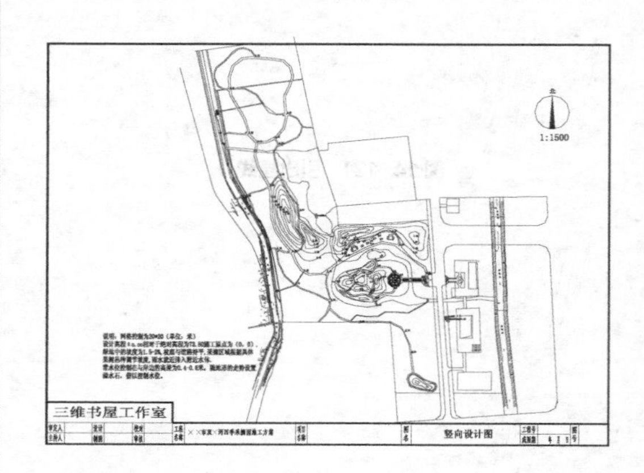

图14-131　竖向图

利用二维命令绘制竖向断面，这里不再赘述，如图14-132所示。

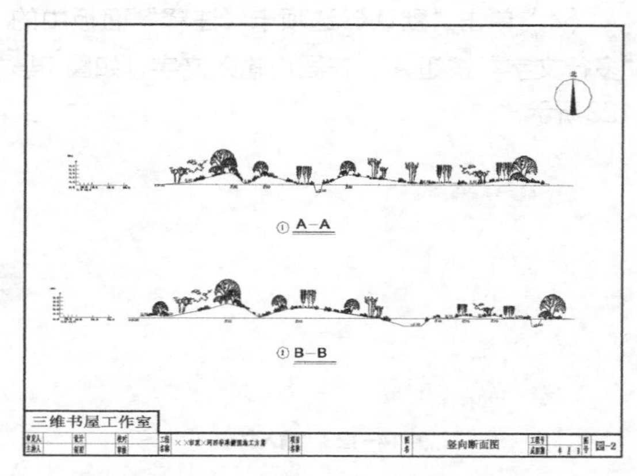

图14-132　绘制竖向断面

14.2 某生态采摘园施工放线图

14.2.1 施工放线图一

扫一扫

本节绘制图14-133所示的施工放线图一。

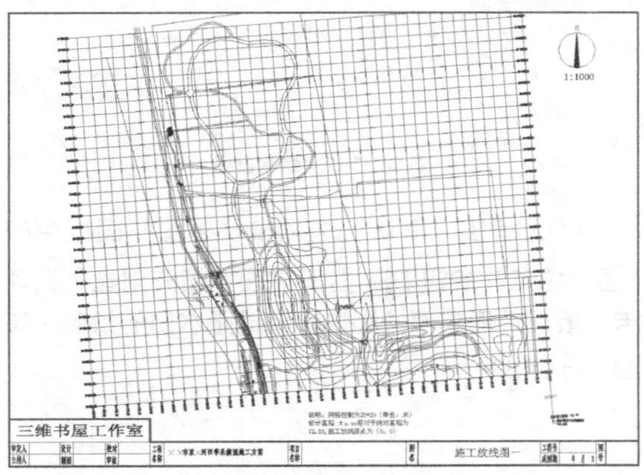

图14-133 施工放线图一

STEP 绘制步骤

（1）打开AutoCAD 2018应用程序，单击“快速访问”工具栏中的“打开”按钮，打开“选择文件”对话框，选择图形文件“索引图”，如图14-134所示。

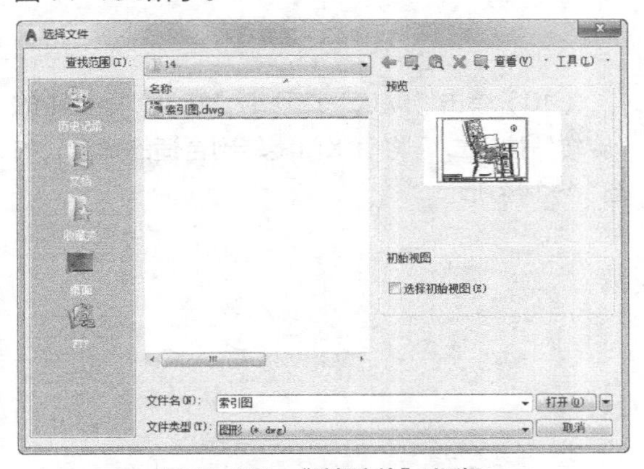

图14-134 “选择文件”对话框

（2）单击“快速访问”工具栏中的“另存为”按钮，打开“图形另存为”对话框，将文件保存为“施工放线图一”，如图14-135所示。

（3）单击“默认”选项卡“修改”面板中的“删除”按钮和“修剪”按钮，删除掉部分图形，并修剪整理，结果如图14-136所示。

（4）单击“默认”选项卡“块”面板中的“插入”按钮，将“源文件\图库”中的“石块1”“石块2”和“石块3”插入到图中，如图14-137所示。

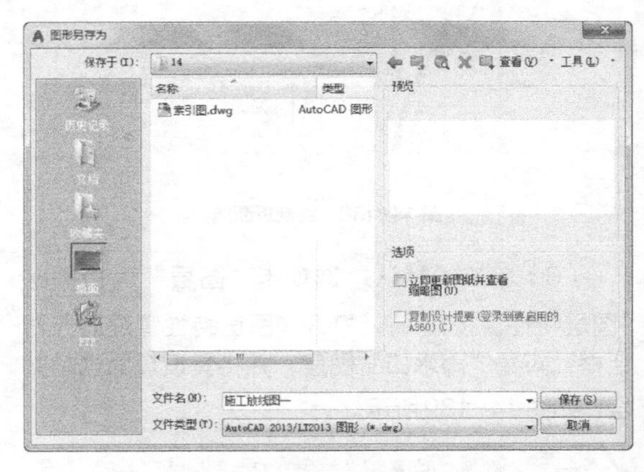

图14-135 “图形另存为”对话框

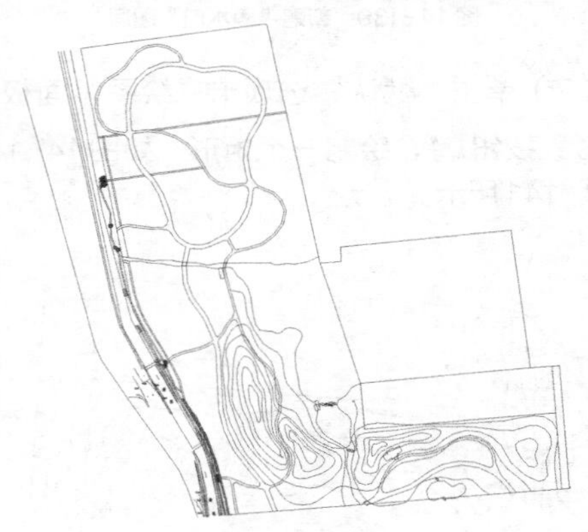

图14-136 整理图形

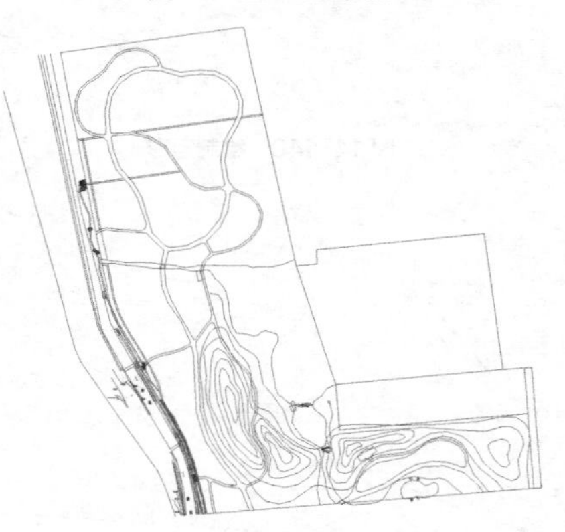

图14-137 插入石块

（5）单击“默认”选项卡“绘图”面板中的“直线”按钮，绘制折断线，如图14-138所示。

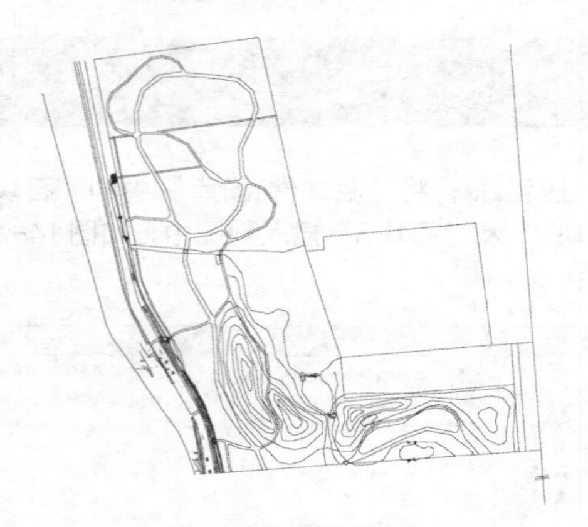

图14-138　绘制折断线

（6）单击“默认”选项卡“图层”面板中的“图层特性”按钮，打开“图层特性管理器”对话框，新建“雨水口”图层，并将其设置为当前图层，如图14-139所示。

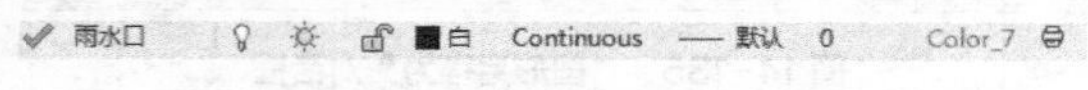

图14-139　新建“雨水口”图层

（7）单击“默认”选项卡“绘图”面板中的“矩形”按钮，绘制一个矩形，如图14-140和图14-141所示。

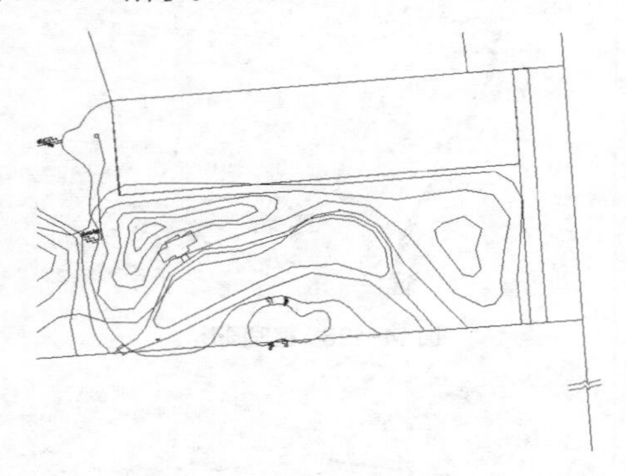

图14-140　绘制矩形

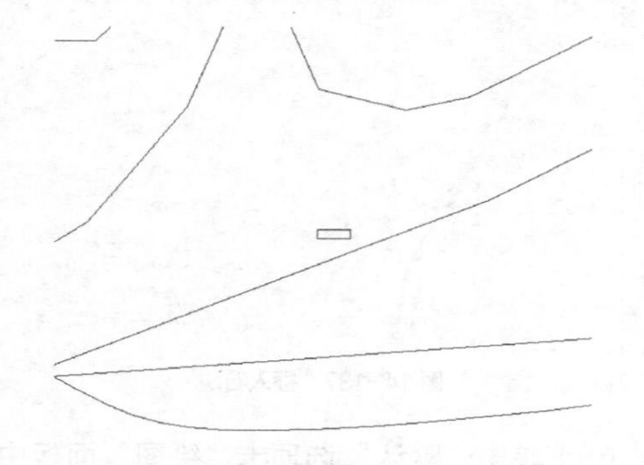

图14-141　矩形放大图

（8）单击“默认”选项卡“绘图”面板中的“直线”按钮，在矩形内绘制一条直线，如图14-142所示。

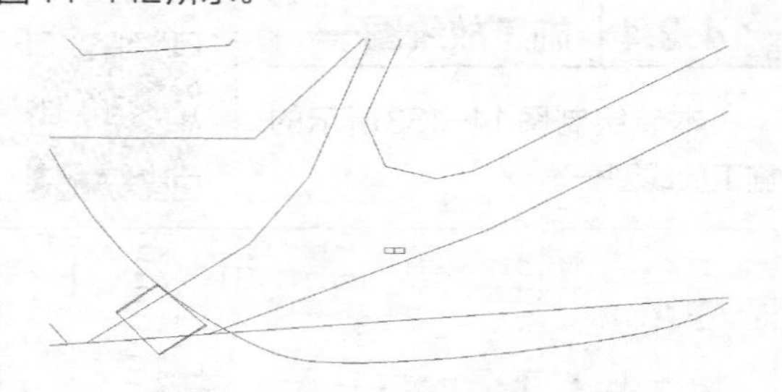

图14-142　绘制直线

（9）单击“默认”选项卡“绘图”面板中的“图案填充”按钮，打开“图案填充创建”选项卡，填充矩形内部分图形，完成雨水口的绘制，如图14-143所示。

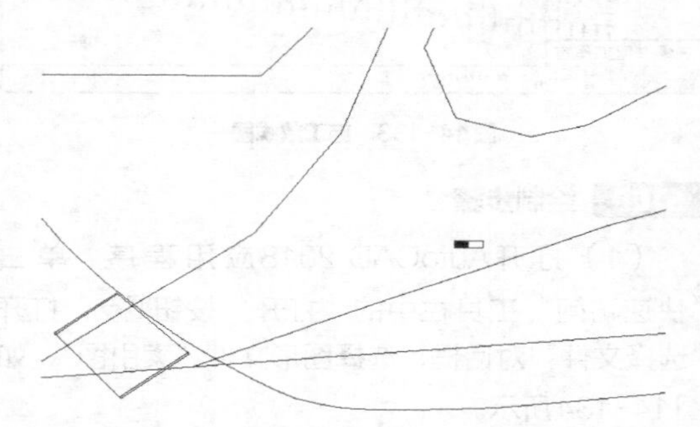

图14-143　填充图形

（10）单击“默认”选项卡“修改”面板中的“旋转”按钮，将雨水口旋转到合适的角度，如图14-144所示。

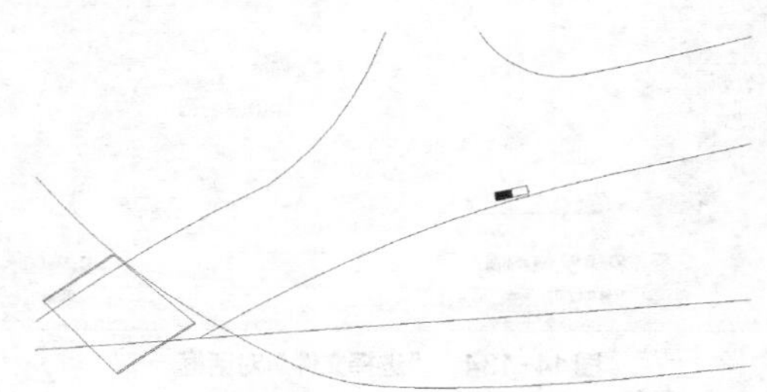

图14-144　旋转雨水口

（11）同理，绘制其他位置处的雨水口，如图14-145所示。

（12）单击“默认”选项卡“绘图”面板中的“直线”按钮，在合适的位置处绘制一条水平斜线和一条竖直斜线，如图14-146所示。

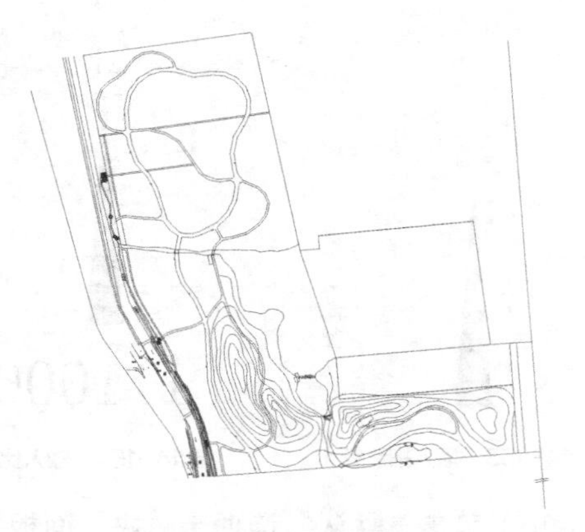

图 14-145 绘制雨水口

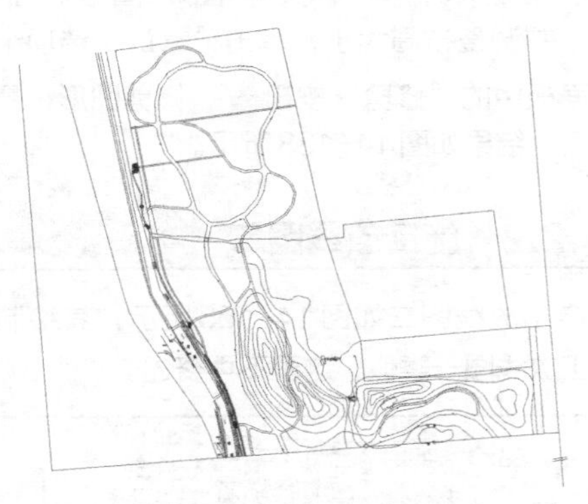

图 14-146 绘制斜线

（13）单击“默认”选项卡“修改”面板中的“偏移”按钮，将竖直斜线依次向右进行偏移，偏移间距为20，如图 14-147 所示。

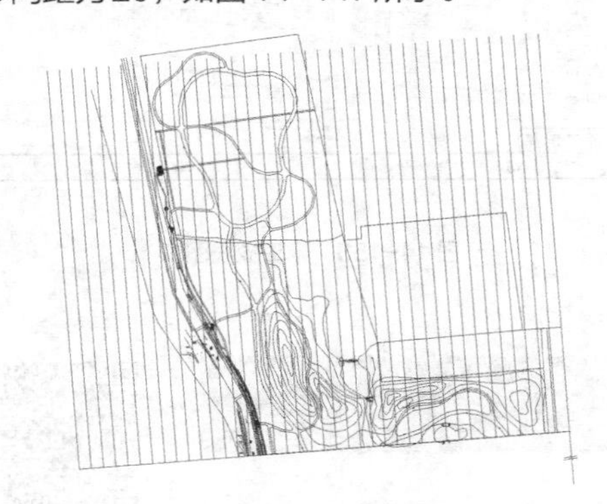

图 14-147 偏移竖直斜线

（14）同理，单击“默认”选项卡“修改”面板中的“偏移”按钮，偏移水平斜线，偏移间距为20，如图 14-148 所示。

（15）标注文字。

① 单击“默认”选项卡“注释”面板中的“多行文字”按钮A，在网格线上标注坐标，如图 14-149 所示。

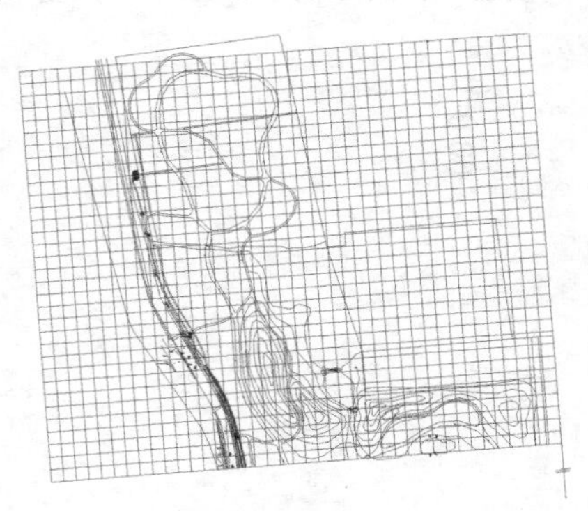

图 14-148 偏移水平斜线

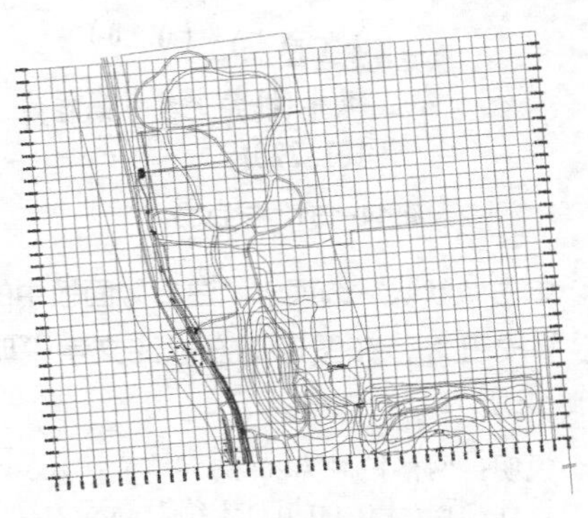

图 14-149 标注网格线的坐标

② 单击“默认”选项卡“绘图”面板中的“直线”按钮和“圆”按钮，在右下角绘制图形，如图 14-150 所示。

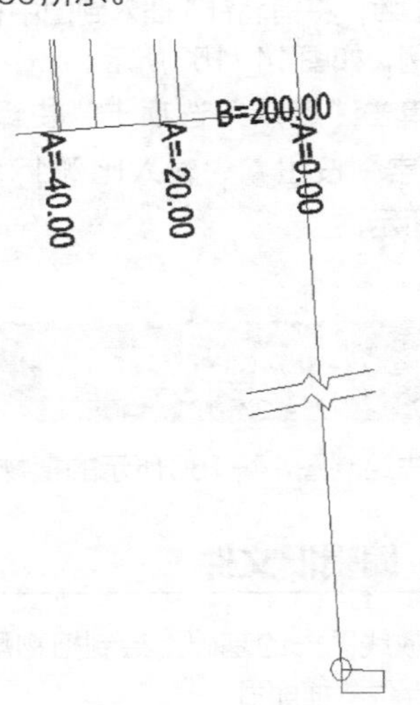

图 14-150 绘制图形

③ 单击“默认”选项卡“注释”面板中的“多行文字”按钮A，在右下角标注文字，如图14-151所示。

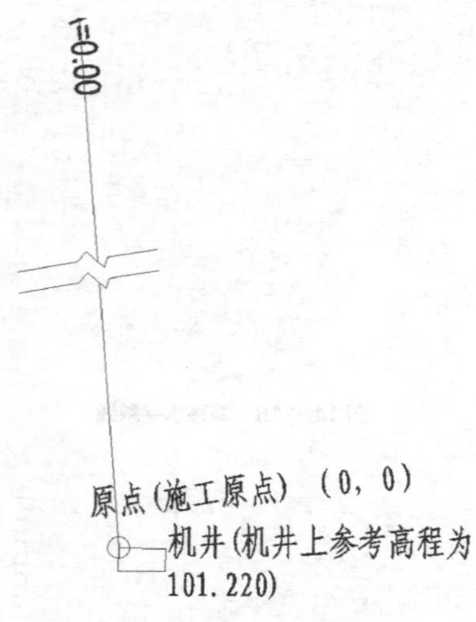

图 14-151 标注文字

④ 单击“默认”选项卡“注释”面板中的“多行文字”按钮A，在图形下方标注文字说明，如图14-152所示。

说明：网格控制为20*20（单位：米）
设计高程 ±0.00相对于绝对高程为
72.80,施工放线原点为（0，0）

图 14-152 标注文字说明

（16）单击“默认”选项卡“块”面板中的“插入”按钮，将指北针1插入到图中右上角，并调整缩放比例，如图14-153所示。

（17）单击“默认”选项卡“注释”面板中的“多行文字”按钮A，输入比例1：1000，如图14-154所示。

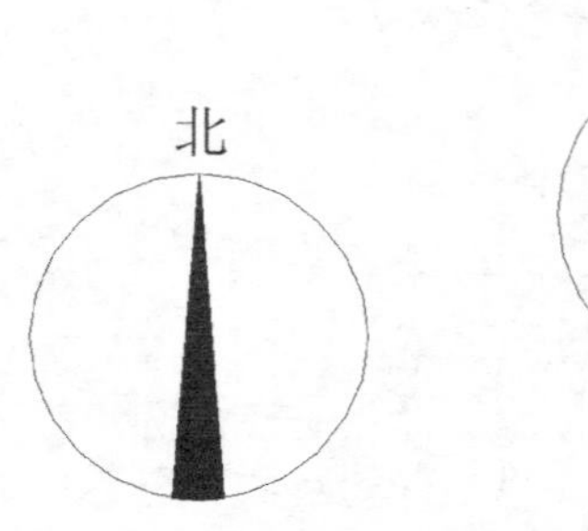

图 14-153 插入指北针1

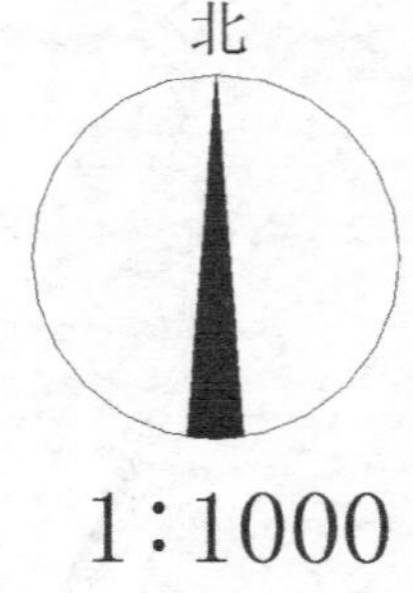

图 14-154 输入比例

（18）单击“默认”选项卡“块”面板中的“插入”按钮，将“源文件\图库\图框1”插入到图中，并调整布局大小，单击“默认”选项卡“修改”面板中的“修剪”按钮，修剪图形，最后输入图名，结果如图14-133所示。

14.2.2 施工放线图二

施工放线图二如图14-155所示，其绘制方法与施工放线图一类似，这里不再赘述。

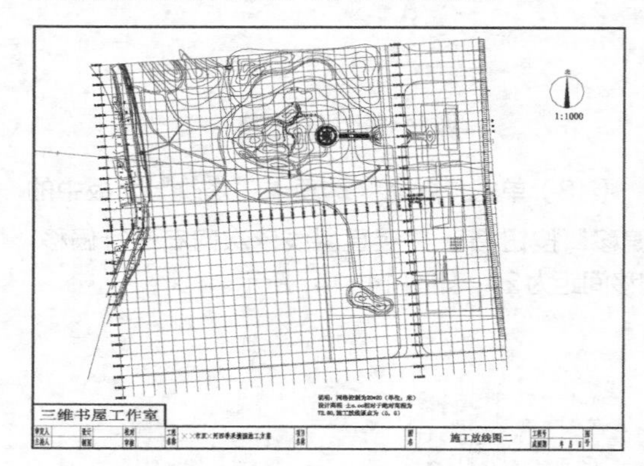

图 14-155 施工放线图二

14.3 植物配置图

扫一扫

本节首先绘制图14-156所示的植物配置图一。

14.3.1 编辑旧文件

在施工放线图一的基础上绘制植物配置图，只需将其打开进行整理即可。

STEP 绘制步骤

（1）打开AutoCAD 2018应用程序，单击“快速访问”工具栏中的“打开”按钮，打开“选择文件”对话框，选择图形文件“施工放线图一”；或者在“文件”下拉菜单中最近打开的文档中选择“施工放线图一”，双击打开文件，将文件另存为“植物配置图一”，打开后的图形如图14-157所示。

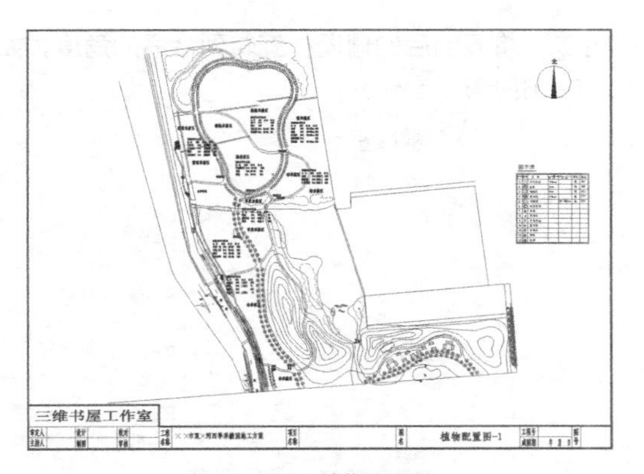

图 14-156 植物配置图一

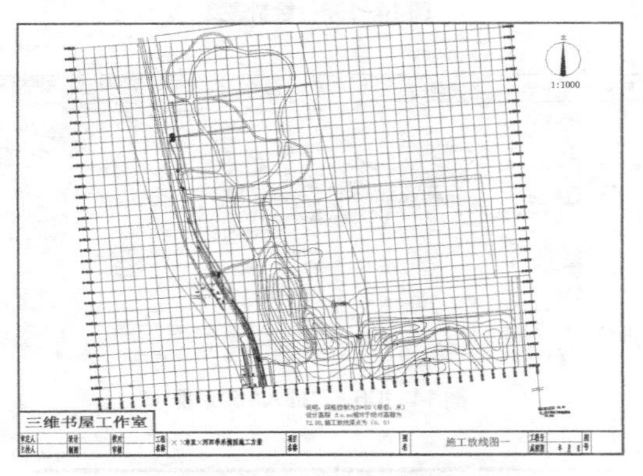

图 14-157 打开“施工放线图一”

（2）单击“默认”选项卡“修改”面板中的“删除”按钮，将多余的图形删除，并整理图形，如图 14-158 所示。

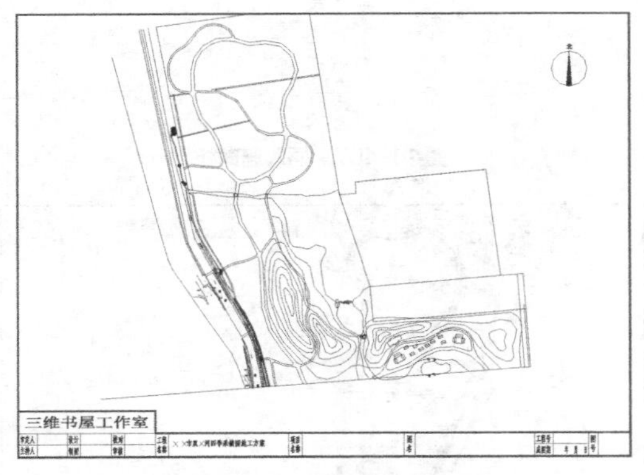

图 14-158 删除多余的图形

14.3.2 植物的绘制

植物是园林设计中有生命的元素，在园林中占有十分重要的地位，其多变的姿态和丰富的季相变化使园林充满生机和情趣。植物景观配置成功与否，将直接影响环境景观的质量及艺术水平。

STEP 绘制步骤

（1）单击“默认”选项卡“图层”面板中的“图层特性”按钮，打开“图层特性管理器”对话框，新建“种植设计”图层，并将其设置为当前图层，如图 14-159 所示。

图 14-159 新建图层

（2）单击“默认”选项卡“绘图”面板中的“徒手画修订云线”按钮，在图形顶侧绘制云线，如图 14-160 所示。

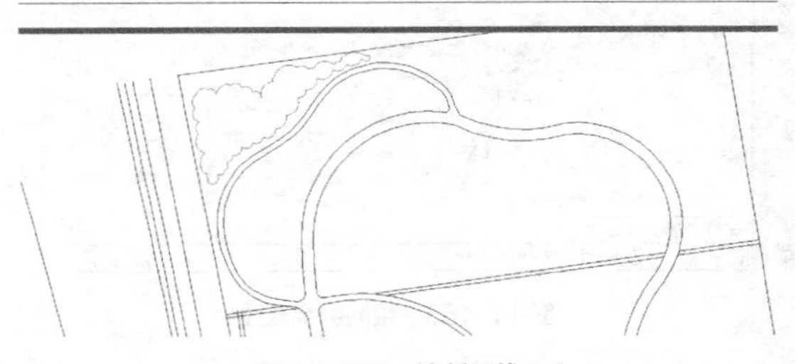

图 14-160 绘制云线 1

（3）同理，单击“默认”选项卡“绘图”面板中的“徒手画修订云线”按钮，在顶侧绘制其他两处的云线，结果如图 14-161 所示。

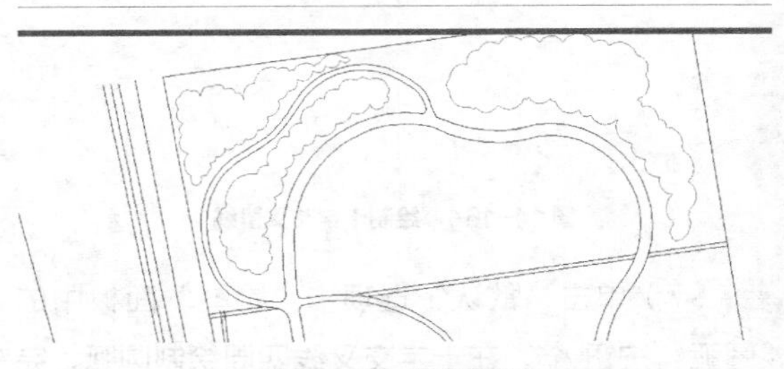

图 14-161 绘制云线 2

（4）单击“默认”选项卡“绘图”面板中的“徒手画修订云线”按钮，在苹果采摘区处绘制云线，如图 14-162 所示。

（5）同理，单击“默认”选项卡“绘图”面板中的“徒手画修订云线”按钮，在其他区域处绘制剩余云线，如图 14-163 所示。

（6）单击“默认”选项卡“绘图”面板中的“直线”按钮，绘制一个十字交叉直线，如图 14-164 所示。

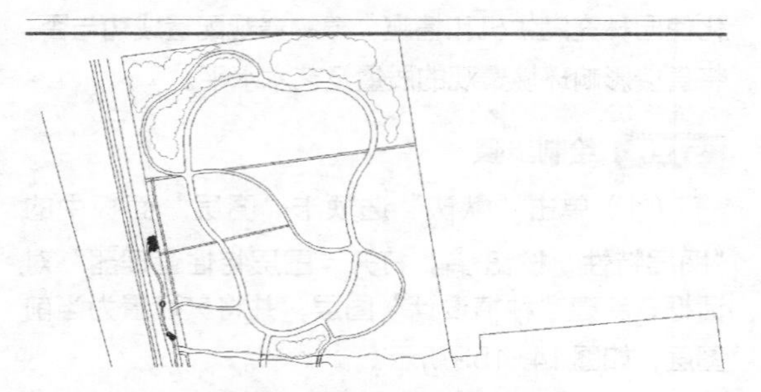

图 14-162　绘制云线 3

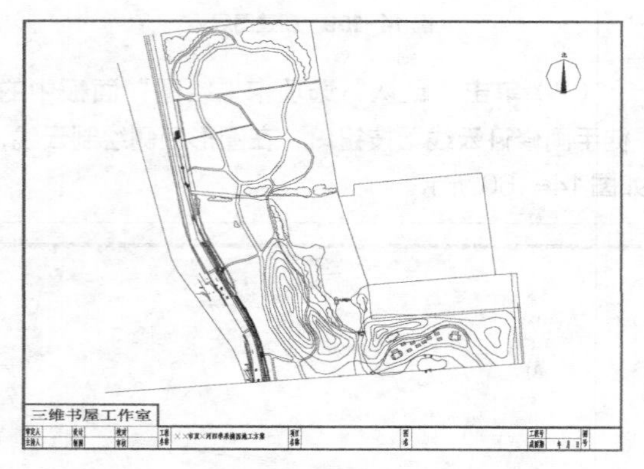

图 14-163　绘制剩余云线

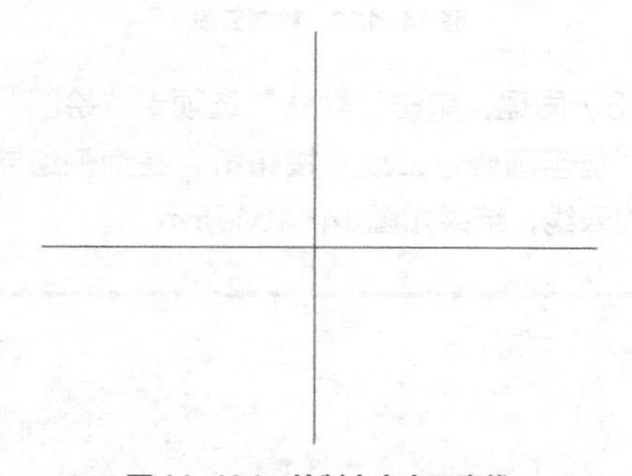

图 14-164　绘制十字交叉直线

（7）单击“默认”选项卡“绘图”面板中的“圆弧”按钮，在十字交叉线四周绘制圆弧，完成珊瑚朴的绘制，如图 14-165 所示。

（8）在命令行中输入“WBLOCK”命令，将珊瑚朴创建为块。

（9）单击“默认”选项卡“块”面板中的“插入”按钮，打开“插入”对话框，如图 14-166 所示，将珊瑚朴插入到图中，如图 14-167 所示。

（10）单击“默认”选项卡“修改”面板中的“复制”按钮，将珊瑚朴复制到图中其他位置处，然后单击“默认”选项卡“修改”面板中的“旋转”按钮，将复制后的珊瑚朴旋转到合适的角度，如图 14-168 所示。

图 14-165　绘制圆弧

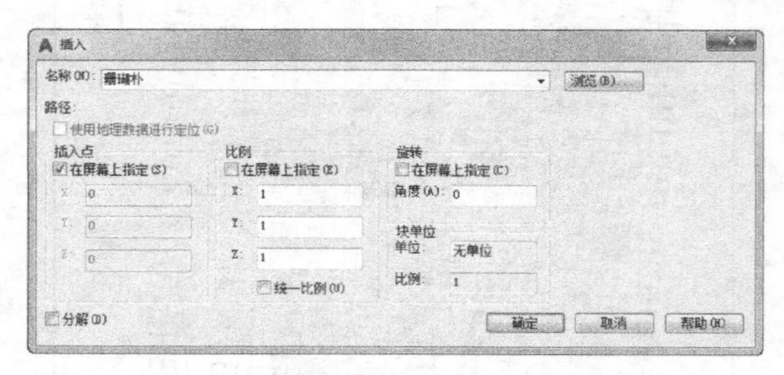

图 14-166　“插入”对话框

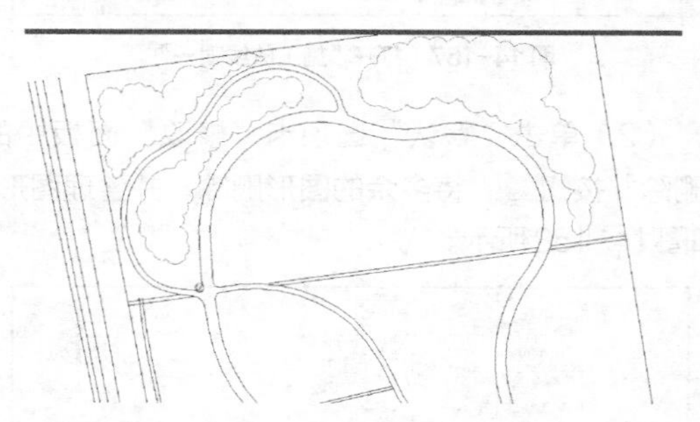

图 14-167　插入珊瑚朴

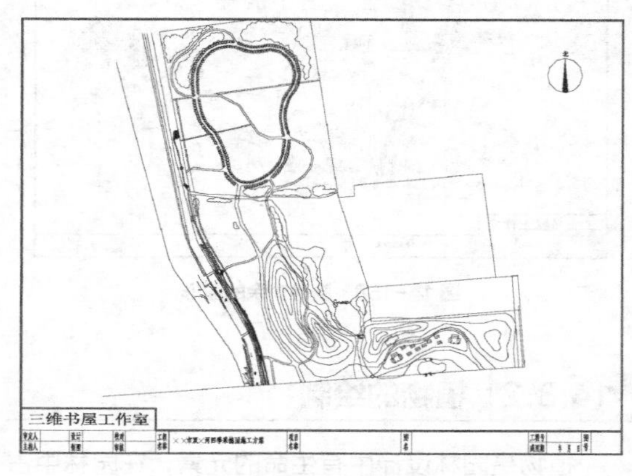

图 14-168　复制珊瑚朴

（11）单击“默认”选项卡“绘图”面板中的“圆”按钮，绘制一个圆，如图14-169所示。

图 14-169 绘制圆

（12）单击“默认”选项卡“绘图”面板中的“直线”按钮，在圆内绘制直线，然后在命令行中输入“WBLOCK”命令，将其创建为块，完成白蜡的绘制，结果如图14-170所示。

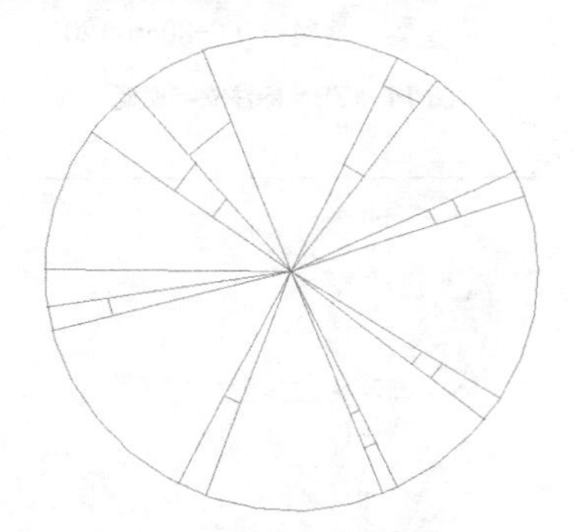

图 14-170 绘制直线

（13）单击“默认”选项卡“块”面板中的“插入”按钮，将白蜡插入到图中，如图14-171所示。

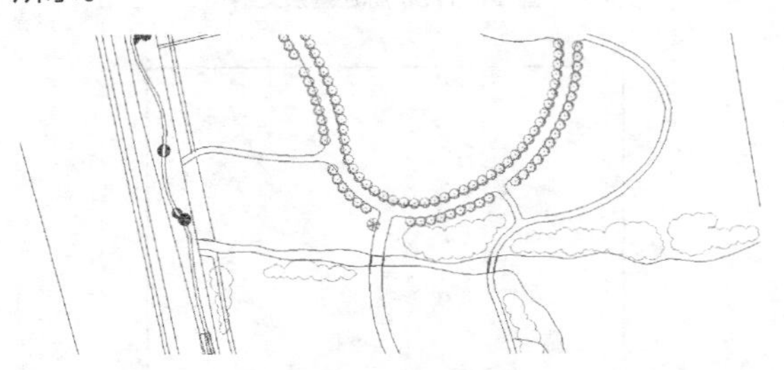

图 14-171 插入白蜡

（14）单击“默认”选项卡“修改”面板中的“复制”按钮，将白蜡复制到图中其他位置处，如图14-172所示。

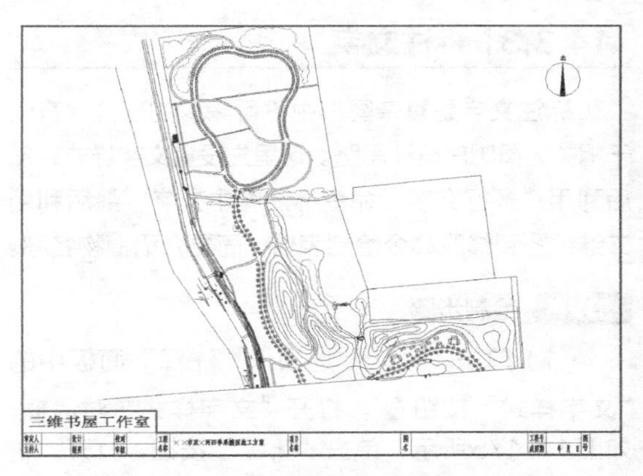

图 14-172 复制白蜡

（15）单击“默认”选项卡“块”面板中的“插入”按钮，将大叶女贞插入到图中，如图14-173所示。

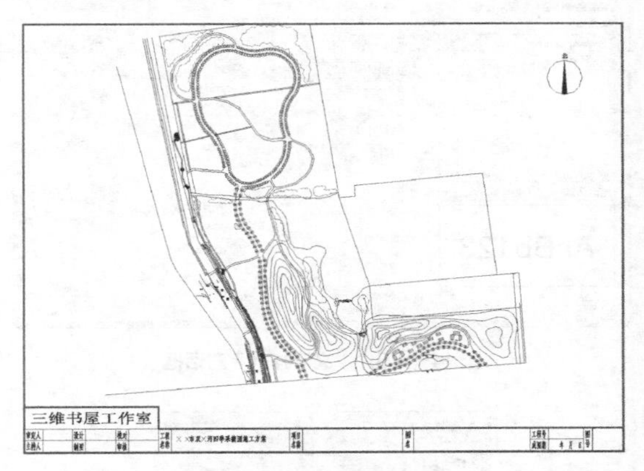

图 14-173 插入大叶女贞

（16）同理，插入图中其他种植物，结果如图14-174所示。

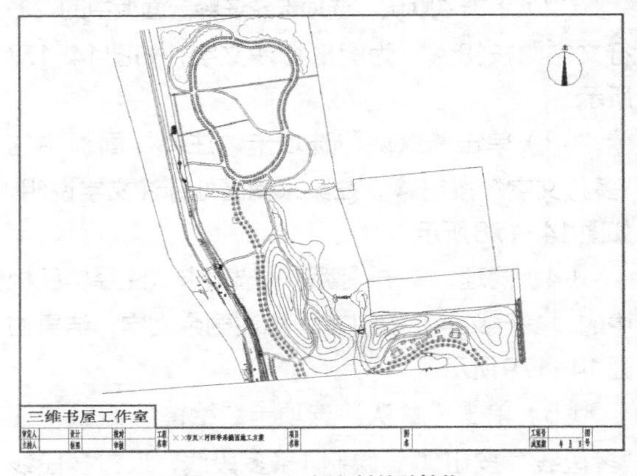

图 14-174 插入其他种植物

14.3.3 标注文字

标注文字是复杂图形中不可缺少的部分，有助于相关人员明白设计思路。这里先设置文字样式，然后利用“多行文字”命令标注图中文字，最后利用二维绘图和修改命令绘制表格，简要介绍植物名称。

STEP 绘制步骤

（1）单击“默认”选项卡“注释”面板中的“文字样式”按钮，打开“文字样式”对话框，如图14-175所示，单击“新建”按钮，打开“新建文字样式”对话框，创建一个新的文字样式，如图14-176所示，然后设置字体为仿宋_GB2312，宽度因子为0.8。

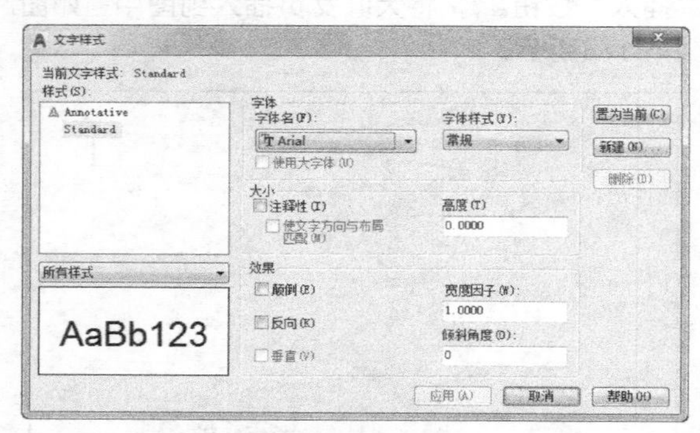

图14-175 “文字样式”对话框

图14-176 “新建文字样式”对话框

（2）单击“默认”选项卡“注释”面板中的“多行文字”按钮A，为图形标注文字，如图14-177所示。

（3）单击“默认”选项卡“注释”面板中的“多行文字”按钮A，在梨采摘区处标注文字说明，如图14-178所示。

（4）同理，单击“默认”选项卡“注释”面板中的“多行文字”按钮A，标注剩余文字，结果如图14-179所示。

（5）单击“默认”选项卡“绘图”面板中的“多段线”按钮，绘制4条多段线，设置多段线的全局宽度为0.42，水平边长为133，竖直边长为135，如图14-180所示。

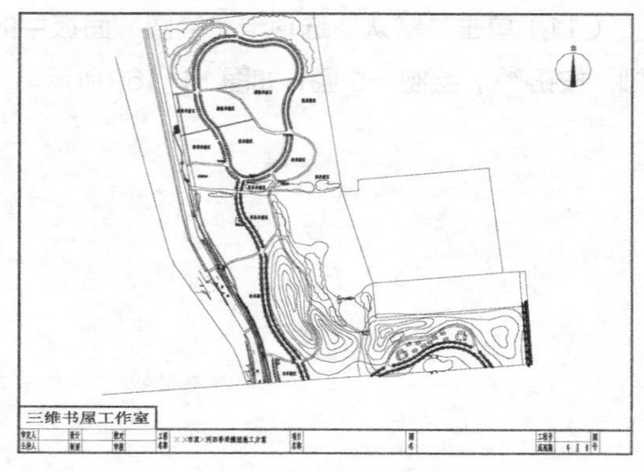

图14-177 标注文字

面积8660平方米

品 种	间距	规 格	数 量
长寿	3*4	60-80cm	120
若光	3*4	60-80cm	120
红太阳	3*4	60-80cm	120
哈密黄梨	3*4		120
黄金梨	3*4	60-80cm	120

图14-178 标注文字说明

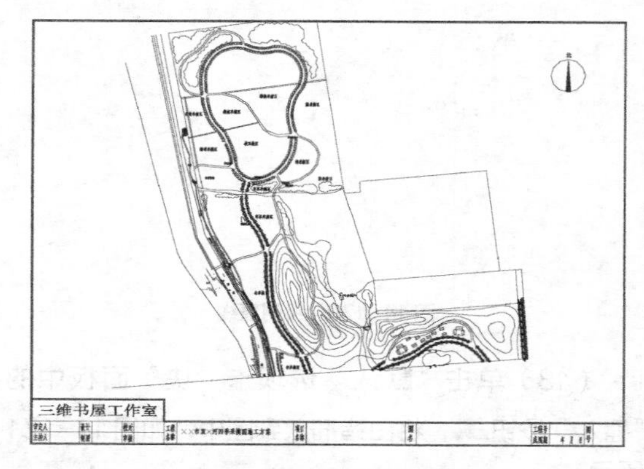

图14-179 标注剩余文字

图14-180 绘制4条多段线

（6）单击“默认”选项卡“修改”面板中的“偏移”按钮，将4条多段线分别向外偏移1.65，然后单击“默认”选项卡“修改”面板中的“分解”按钮，将偏移后的多段线进行分解，如图14-181所示。

图14-181 偏移多段线

（7）单击“默认”选项卡“修改”面板中的“偏移”按钮，将上侧水平多段线依次向下进行偏移，偏移距离为5.1，并将偏移后的多段线分解，删除多余的直线，然后将两边端点延伸到两侧多段线处，最后继续将偏移后的多段线向下进行偏移5.1、9.6、9.6、9.6、9.6、9.6、9.6、9.6、9.6、9.6、9.6、9.6和9.6。同理，将左侧竖直多段线依次向右进行偏移分解，偏移距离为10.5、10.5、38、19、25、14和16，结果如图14-182所示。

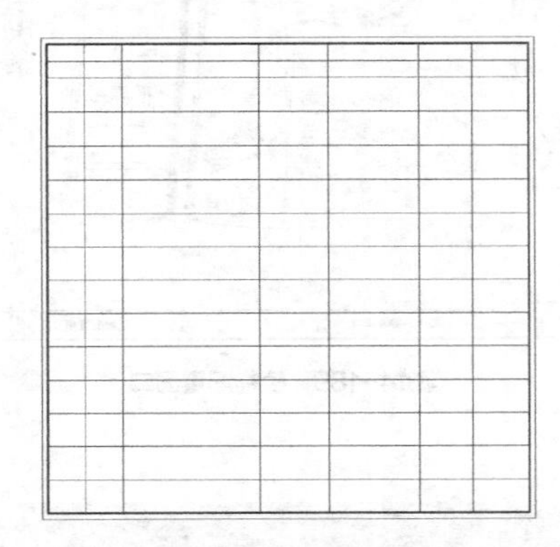

图14-182 复制直线

（8）单击“默认”选项卡“修改”面板中的“修剪”按钮，修剪掉多余的直线，如图14-183所示。

（9）单击“默认”选项卡“注释”面板中的“多行文字”按钮A，在第1行中输入标题，如图14-184所示。

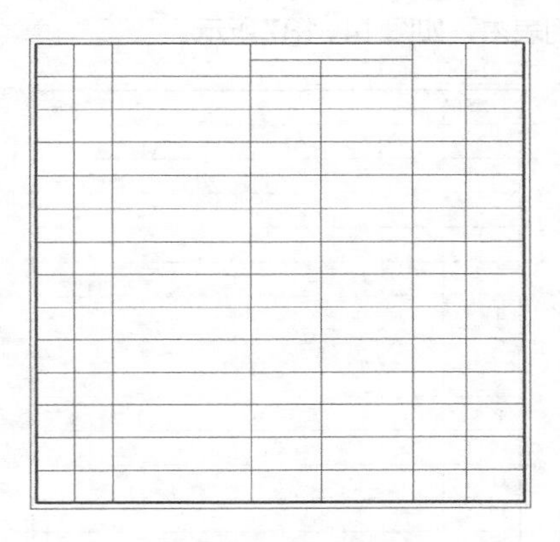

图14-183 修剪直线

图14-184 输入标题

（10）单击“默认”选项卡“修改”面板中的“复制”按钮，将第1行第1列的文字依次向下复制，如图14-185所示，双击文字，修改文字内容，以便文字格式的统一，如图14-186所示。

序号 图例 名 称 规 格 cm 胸 径 高 度 单位 数量
序号

图14-185 复制文字

（11）单击“默认”选项卡“修改”面板中的

“复制”按钮，在种植图中选择各个植物图例，复制到表内，如图14-187所示。

序号	图例	名称	规格cm		单位	数量
			胸径	高度		
1						
2						
3						
4						
5						
6						
7						
8						
9						
10						
11						
12						
13						

图14-186 修改文字内容

序号	图例	名称	规格cm		单位	数量
			胸径	高度		
1						
2						
3						
4						
5						
6						
7						
8						
9						
10						
11						
12						
13						

图14-187 复制植物图例

（12）同理，单击“默认”选项卡“注释”面板中的“多行文字”按钮A和“修改”面板中的“复制”按钮，在各个标题内输入相应的内容，并标注名称，最终完成苗木表的绘制，如图14-188所示。

（13）单击“默认”选项卡“注释”面板中的“多行文字”按钮A，在图框内输入图名，最终完成植物配置图一的绘制，如图14-156所示。

苗木表

序号	图例	名称	规格cm		单位	数量
			胸径	高度		
1		大叶女贞	4-6cm		株	165
2		白蜡	6cm		株	165
3		珊瑚朴	6cm		株	281
4		黄山栾	4-6cm		株	234
5		海桐球		80-120cm	株	234
6		金枝国槐				
7		碧桃				
8		凤尾兰				
9		大叶黄杨				
10		紫叶李				
11		金银木				
12		圆柏				
13		栾树				

图14-188 绘制苗木表

14.3.4 植物配置图二

植物配置图二如图14-189所示，其绘制方法与植物配置图一类似，这里不再赘述。

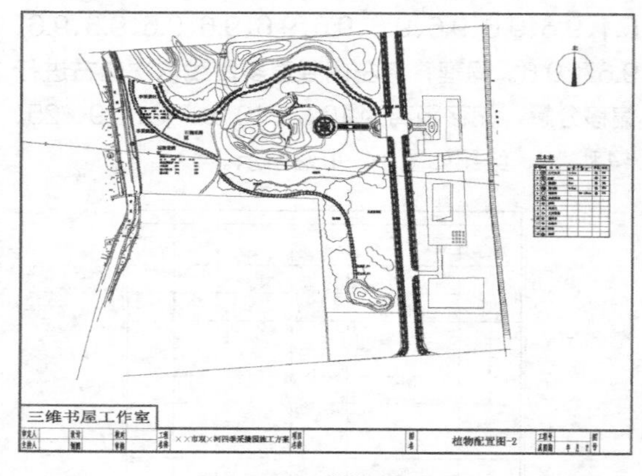

图14-189 植物配置图二

14.4 上机实验

通过前面的学习，相信读者对本章知识已有了大体的了解，本节通过几个操作练习帮助读者进一步掌握本章知识要点。

【实验1】绘制图14-190所示的某学院景观绿化施工图A区放线图。

1. 目的要求

希望读者通过本实例熟悉和掌握学院类景观绿化施工图放线图的绘制方法。

2. 操作提示

（1）绘图前准备及绘图设置。

（2）绘制辅助线和道路。

（3）绘制园林设施和广场。

（4）绘制指北针。

（5）植物配置。

（6）绘制网格线。

（7）标注坐标点。

（8）标注文字。

【实验 2】绘制图 14-191 所示的某学院景观绿化施工图 B 区放线图。

1. 目的要求

希望读者通过本实例熟悉和掌握学院类景观绿化施工图放线图的绘制方法。

2. 操作提示

（1）绘图前准备及绘图设置。

（2）绘制辅助线和道路。

（3）绘制园林设施。

（4）绘制指北针。

（5）植物配置。

（6）绘制网格线。

（7）标注坐标点。

（8）标注文字。

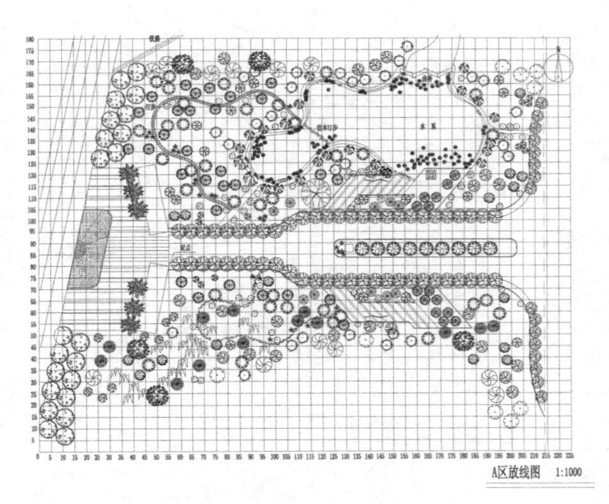

图 14-190　A 区放线图

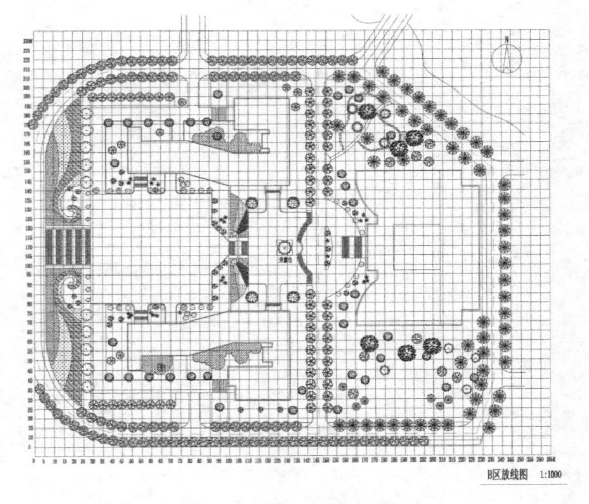

图 14-191　B 区放线图